高等职业教育新形态一体化教材

高等数学实用教程

主编　许艾珍

编者　陈杏莉　余　黎　李　明

徐　杰　吴小艳　钱国钰

苏州大学出版社
Soochow University Press

图书在版编目(CIP)数据

高等数学实用教程 / 许艾珍主编. -- 苏州 ：苏州大学出版社，2024. 6. --（高等职业教育新形态一体化教材）. -- ISBN 978-7-5672-4858-8

Ⅰ. O13

中国国家版本馆 CIP 数据核字第 2024ZK4856 号

内容提要

本书共 10 章，分别介绍了函数、极限与连续性，导数与微分，导数的应用，不定积分，定积分及其应用，常微分方程，线性代数，多元函数微积分，无穷级数和 MATLAB 基础及其应用等内容.附录给出了三位数学家简介和常用积分表.书中的重要知识点配有讲解视频，读者可通过扫描书中二维码获取.

本书结构合理、语言简洁、详略得当，既可作为高职院校高等数学课程教材，也可作为读者学习高等数学的参考用书.

高等数学实用教程

许艾珍　主编

责任编辑　管兆宁

苏州大学出版社出版发行

（地址：苏州市十梓街 1 号　邮编：215006）

苏州市越洋印刷有限公司印装

（地址：苏州市吴中区天鹅荡路 2 号　邮编：215104）

开本 787 mm×1 092 mm　1/16　印张 22.75　字数 565 千

2024 年 6 月第 1 版　2024 年 6 月第 1 次印刷

ISBN 978-7-5672-4858-8　定价：58.00 元

图书若有印装错误，本社负责调换

苏州大学出版社营销部　电话：0512-67481020

苏州大学出版社网址　http://www.sudapress.com

苏州大学出版社邮箱　sdcbs@suda.edu.cn

序 Preface

高职高专教育培养的是高素质技术技能人才，因而它的人才培养模式、教学体系、课程设置及课程内容必然与本科院校有着本质的区别，与之对应的教材内容设置也势必需要具有高职高专特色.

数学学科一直被称为“科学的皇后”，它的系统性、逻辑性、严密性和抽象性让许多高职高专学生望而生畏，而本书在内容的深度和广度上遵循“以应用为目的，以必需、够用为度”的原则，特别是将大量的专业实例引进课堂，将数学建模的思想有机地渗透进课堂，充分地满足了高职高专教育实践性、开放性和职业性的内在需求.

本书最大的特色在于实现了课程内容的“三化”，即内容选取现代化、组织方式模块化、课程功能综合化，突破了传统课程“重知识、轻能力，重模仿、轻思维，重记忆、轻应用”的局限性，发挥了课程内容在知识、技能、思想方法和实际应用方面的综合性功能，从而提高学生的数学素养和实践能力.

本书突破了教材的传统格局，采用问题引领的方式引出教学内容，并较好地将数学建模的思想渗透到教学内容的每一个章节，做到“承前启后”“适度够用”“学以致用”，充分体现了数学的应用性，有助于在教学过程中实现“教、学、做”一体化.

本着“百花齐放，百家争鸣”的原则，苏州工业职业技术学院的数学教师团队敢于实践，勇于探索，通过专业调研，在专家的大力支持和指导下，与上海睿泰企业管理集团有限公司共同编写了这本书.本书力求以服务专业为宗旨、以培养能力为重点、以掌握思想方法为主线、以实际应用为切入点、以信息技术为手段、以文化渗透为亮点、以课程资源建设为抓手，最终实现以全面提升高职高专学生数学素养为目的的教学目标.

在本书即将出版之际，我为此书作序，希望今后能出现更多更好的数学精品教材，为高职高专的数学教学做出更大的贡献.

2024 年 3 月

编者的话

目前，随着高职高专院校的快速发展，新型专业不断出现，不同专业对数学的要求各有差异，高等数学课程改革也应及时做出相应的调整.本书就是按照新形势下高职高专的改革精神，针对高职高专学生学习、考核特点，结合地方和学院的特色而编写的.本书具有以下特点：

1. 依据《高职高专数学课程教学基本要求》编写，力求突出实用性，坚持理论够用为度的原则，在尽可能保持数学学科特点的基础上，注重高职高专教育的特殊性，淡化理论性，对一些定理只给出简单的说明，强化针对性和实用性.

2. 本书基本每章都设置"教学目标""思维导图""本章导引"栏目，每节设有"本节导引"，尽可能从实际问题和实际背景入手，做到先从问题引入，再到理论讲解，最后到问题解决，即遵循"实际—理论—再实际"的教学规则.

3. 为了满足广大学生后续学习和发展的需要，本书在内容上增设了选学板块(用 * 号标示)，使教学内容更具系统性.根据高职高专院校不同专业对数学要求的不同，精选内容，供不同的专业群进行模块化选择，增强数学为专业服务的针对性和实用性.

4. 数学建模是培养和锻炼学生解决实际问题最有效的途径之一.目前，各高职高专院校对数学建模较之以前更为重视，但还有待普及.为此，本书在相关章节后面，根据教材的重点内容和主要思想方法，安排了数学建模专题，让数学建模走进课堂，引导学生开展研究性学习，突出数学的应用性、拓展性和研究性，让学生深切感受数学的价值和魅力，明白学数学不仅能锻炼思维，而且能提高应用技能.

5. 鉴于计算机的广泛应用及数学软件的日臻完善，为了提高学生使用计算机解决数学问题的能力，本书介绍了 MATLAB 软件的使用方法，在相关章节后面增设了数学实验环节，让学生不仅学会手算，还会运用计算机进行计算和绘图.

6. 本书附录简要介绍了三位著名数学家的生平和成就，让学生懂得数学知识的学习不能仅局限于书中的理论知识，更要在实践中应用，从而激发学生对数学的热爱之情.

7. 本书涉及的数学词汇我们都给出了中英文注释，帮助学生从源头上理解有关概念，也有助于学生(未来的高级技术工人)读懂英文作业指导书和说明书.

为了帮助学生更好地理解书中知识,本书章节配置了微课视频资料,学生可以扫描书中的二维码,随时随地进行学习.

本书由苏州工业职业技术学院的许艾珍担任主编,参加编写的还有陈杏莉、余黎、李明、徐杰、吴小艳、钱国钰;全书由许艾珍修改、统稿、定稿.

限于编者水平,加上时间仓促,书中难免有疏漏和不当之处,恳请各位读者批评指正.

编　者

2024 年 3 月于苏州

目录 CONTENTS

第 1 章

函数、极限与连续性

教学目标

1. 知识目标　理解函数极限和连续性的概念;掌握计算函数极限的基本方法.
2. 能力目标　能利用极限的思想方法分析和解决实际问题.
3. 思政目标　通过学习数学史,增强学生的民族自信心和自豪感,厚植爱国主义情怀.

思维导图

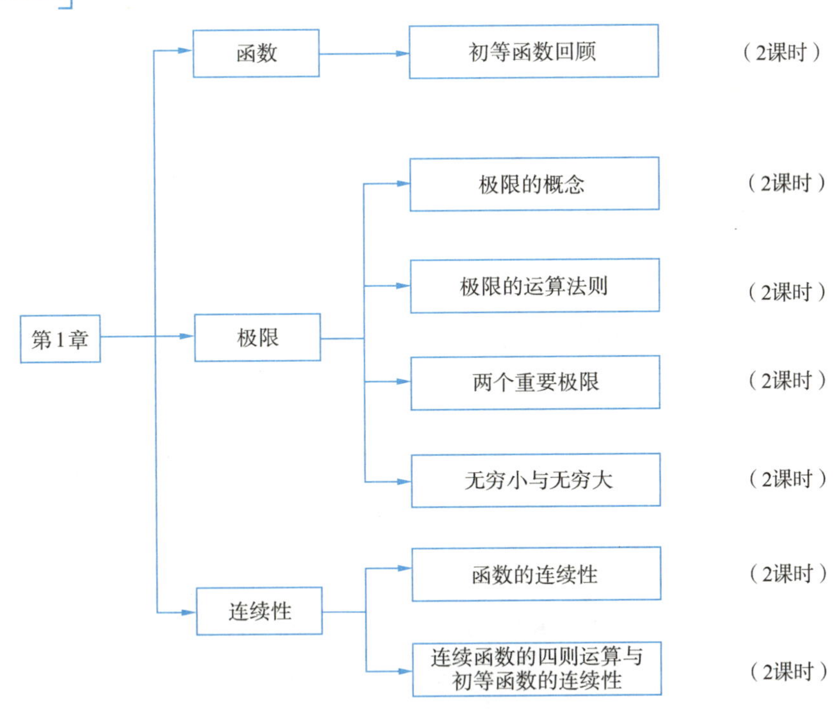

本章导引

函数是数学中的一种对应关系，是从非空数集 A 到数集 B 的对应. 简单地说，甲随乙变，甲就是乙的函数；极限是在某种变化状态下对变量变化最终趋势的描述，它既是一个重要概念，也是研究微积分学的重要工具和思想方法；连续性是许多常见函数的一种共同属性，连续函数是微积分研究的主要对象. 因此，本章主要内容函数、极限与连续性是学习微积分的理论基础，也是学习微积分必须通过的一道门槛. 读者在学习这些知识的同时，应注意提升抽象能力、逻辑推理能力和周密思考能力，这对学好高等数学十分重要.

1.1 初等函数回顾

本节导引

已知一个有盖的圆柱形铁桶容积为 V，试建立圆柱形铁桶的表面积 S 与底面半径 r 之间的函数关系式.

1.1.1 函数的概念

函数的概念

定义 1.1.1 设 x 和 y 是两个变量(variable)，D 是一个给定的数集，如果对于每个数 $x\in D$，变量 y 按照确定的法则总有唯一的数值与其对应，则称 y 是 x 的函数(function)，记作 $y=f(x)$.

数集 D 称为函数 $f(x)$ 的定义域，x 称为**自变量**，y 称为**因变量**. 当 x 取数值 $x_0\in D$ 时，对应的 y 的数值称为函数在 x_0 处的函数值，记作 $f(x_0)$，当 x 取遍 D 内的各个数值时，对应的所有函数值组成的数集 $R=\{y\mid y=f(x),x\in D\}$ 称为函数 $f(x)$ 的**值域**.

在实际问题中，函数的定义域是根据问题的实际意义确定的. 而在数学中，有时抽去函数的实际意义，单纯地讨论用算式表达的函数，此时函数的定义域是使得算式有意义的一切实数组成的数集，这种定义域称为函数的**自然定义域**. 常见的函数的定义域遵循以下原则：

(1) 对于分式函数，分母不能为零，如 $y=\dfrac{x-1}{x+1}$，$x\neq -1$.

(2) 偶次根号下的变量不能小于零，如 $y=\sqrt{x-1}$，$x\geqslant 1$.

(3) 对于对数函数 $y=\log_a x$，规定：底数 $a>0$，$a\neq 1$，真数 $x>0$.

(4) 对于正切函数 $y=\tan x$，规定：$x\neq k\pi+\dfrac{\pi}{2}$，$k\in\mathbf{Z}$.

(5) 对于余切函数 $y=\cot x$，规定：$x\neq k\pi$，$k\in\mathbf{Z}$.

(6) 对于反正弦函数 $y=\arcsin x$ 和反余弦函数 $y=\arccos x$，规定：$-1\leqslant x\leqslant 1$.

1.1.2 函数的几种特性

函数的特性包括有界性、单调性、奇偶性和周期性，这四种特性的定义、图形和几何意义如表 1-1 所示.

表 1-1

特性	定义	图形	几何意义
有界性	若存在正数 M，使函数 $f(x)$ 在区间 D 上恒有 $\lvert f(x)\rvert\leqslant M$，则称 $f(x)$ 在区间 D 上是有界函数；否则，称 $f(x)$ 在区间 D 上是无界函数		有界函数图形夹在两条平行线之间
单调性	对于区间 D 内任意两点 x_1 及 x_2，若当 $x_1<x_2$ 时，有 $f(x_1)<f(x_2)$，则称 $f(x)$ 在 D 上单调增加，区间 D 称为单调增区间；若当 $x_1<x_2$ 时，有 $f(x_1)>f(x_2)$，则称 $f(x)$ 在 D 上单调减少，区间 D 称为单调减区间.单调增区间或单调减区间统称为单调区间	 (a)　(b)	单调增加函数的图形沿 x 轴正向上升；单调减少函数的图形沿 x 轴正向下降
奇偶性	设 D 是关于原点对称的区间，若对于任意 $x\in D$，都有 $f(-x)=f(x)$，则称 $f(x)$ 为偶函数；若 $f(-x)=-f(x)$，则称 $f(x)$ 为奇函数	 (a)　(b)	偶函数的图形关于 y 轴对称，奇函数的图形关于坐标原点对称
周期性	若存在不为零的数 T，使得对于任意 $x\in D$，有 $x+T\in D$，且 $f(x+T)=f(x)$，则称 $f(x)$ 为周期函数.通常所说的周期函数的周期是指它的最小正周期		周期函数的图形在函数定义域内的每个周期有相同的形状

1.1.3 初等函数

1. 基本初等函数

我们把幂函数 $y=x^a(a\in\mathbf{R})$;指数函数 $y=a^x(a>0,a\neq1)$;对数函数 $y=\log_a x(a>0,a\neq1)$;三角函数 $y=\sin x$,$y=\cos x$,$y=\tan x$,$y=\cot x$ 和反三角函数 $y=\arcsin x$,$y=\arccos x$,$y=\arctan x$,$y=\text{arccot}\, x$ 统称为**基本初等函数**.为了方便,很多时候也把多项式函数 $y=a_nx^n+a_{n-1}x^{n-1}+\cdots+a_1x+a_0$ 看作基本初等函数.这些函数是我们今后研究其他各种函数的基础.

一些常用的基本初等函数的定义域、值域、图形和特性如表 1-2 所示.

表 1-2

函数类型	函数	定义域与值域	图形	特性
幂函数	$y=x$	$x\in(-\infty,+\infty)$ $y\in(-\infty,+\infty)$	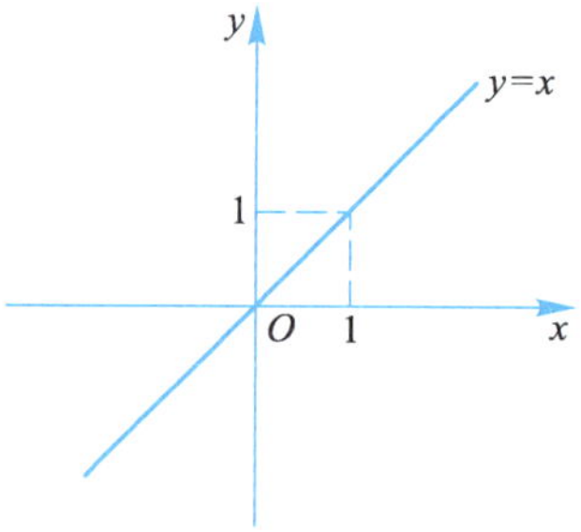	奇函数 单调增加
	$y=x^2$	$x\in(-\infty,+\infty)$ $y\in[0,+\infty)$	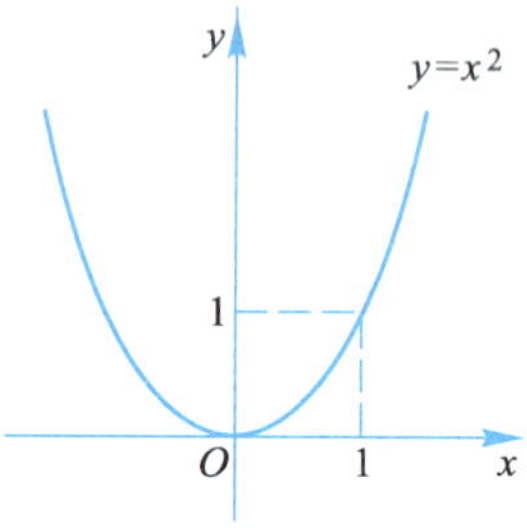	偶函数 在$(-\infty,0)$内单调减少, 在$(0,+\infty)$内单调增加
	$y=x^3$	$x\in(-\infty,+\infty)$ $y\in(-\infty,+\infty)$	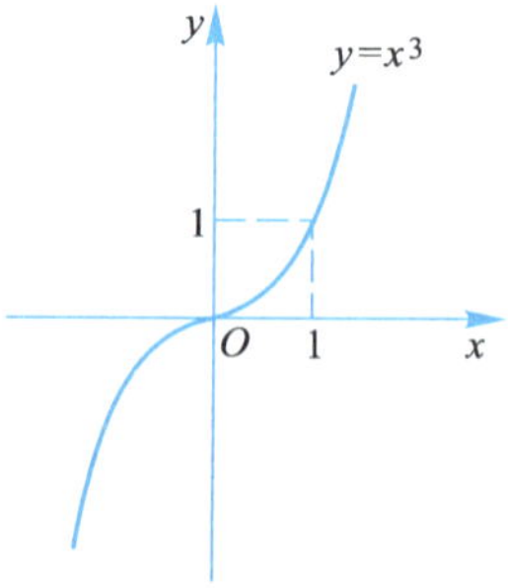	奇函数 单调增加

续表

函数类型	函数	定义域与值域	图形	特性
幂函数	$y=x^{-1}$	$x\in(-\infty,0)\cup(0,+\infty)$ $y\in(-\infty,0)\cup(0,+\infty)$	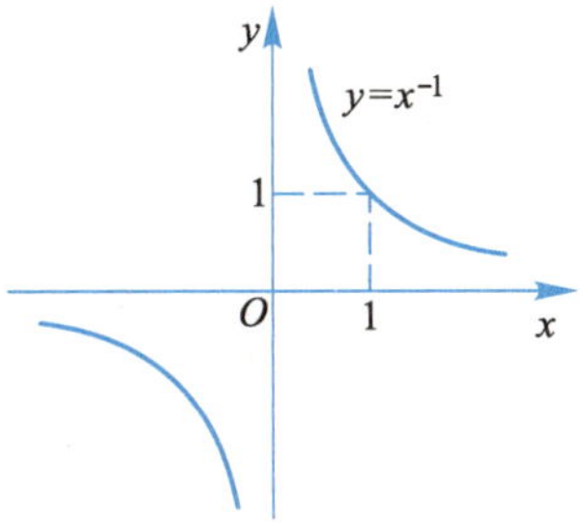 y $y=x^{-1}$ 1 O 1 x	奇函数 单调减少
	$y=x^{-\frac{1}{2}}$	$x\in(0,+\infty)$ $y\in(0,+\infty)$	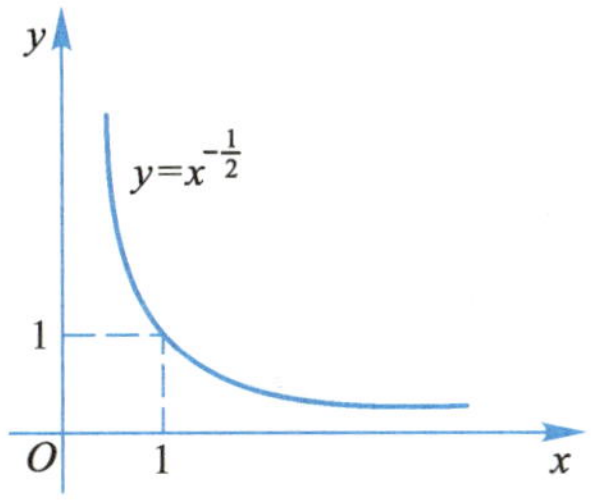 y $y=x^{-\frac{1}{2}}$ 1 O 1 x	单调减少
指数函数	$y=a^x$ $(0<a<1)$	$x\in(-\infty,+\infty)$ $y\in(0,+\infty)$	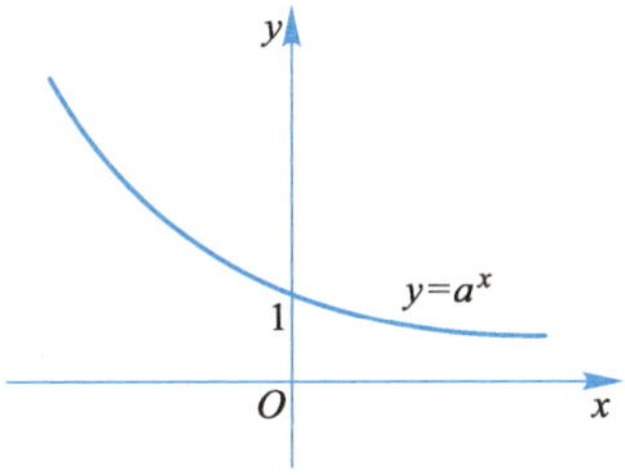 y $y=a^x$ 1 O x	单调减少
	$y=a^x$ $(a>1)$	$x\in(-\infty,+\infty)$ $y\in(0,+\infty)$	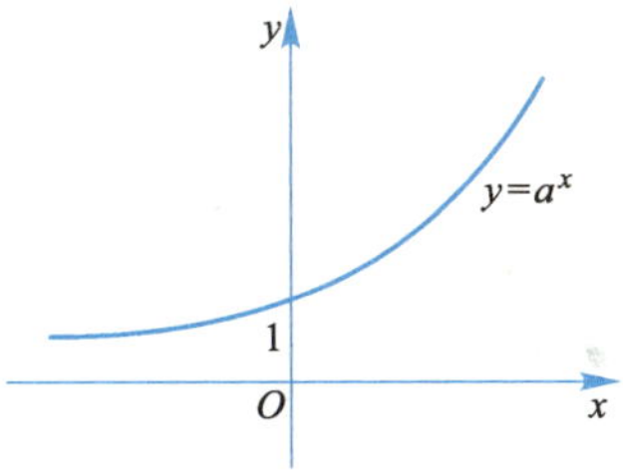 y $y=a^x$ 1 O x	单调增加
对数函数	$y=\log_a x$ $(0<a<1)$	$x\in(0,+\infty)$ $y\in(-\infty,+\infty)$	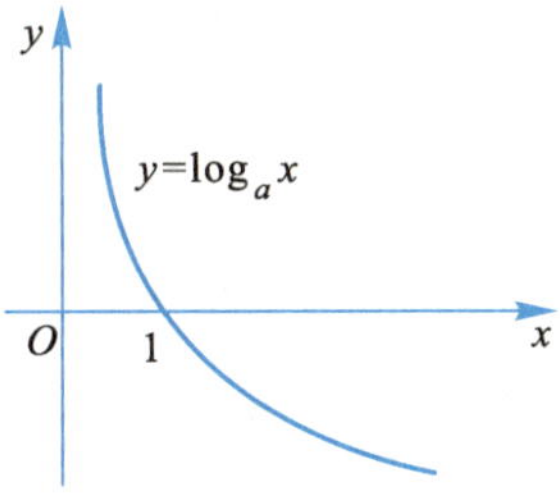 y $y=\log_a x$ O 1 x	单调减少

续表

函数类型	函数	定义域与值域	图形	特性
对数函数	$y=\log_a x$ $(a>1)$	$x\in(0,+\infty)$ $y\in(-\infty,+\infty)$	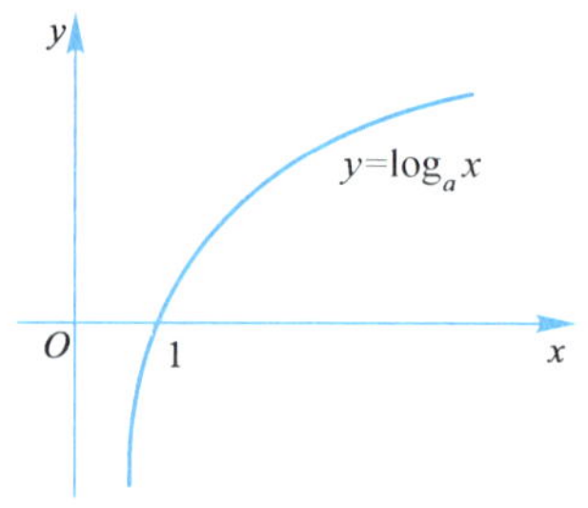 $y=\log_a x$	单调增加
三角函数	$y=\sin x$	$x\in(-\infty,+\infty)$ $y\in[-1,1]$	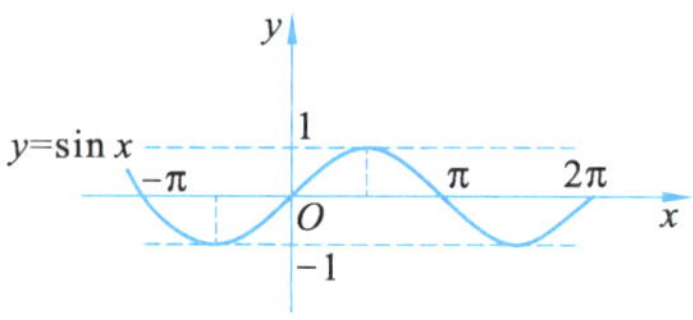 $y=\sin x$	奇函数，周期 2π，有界，在 $\left[2k\pi-\frac{\pi}{2},2k\pi+\frac{\pi}{2}\right]$ 上单调增加，在 $\left[2k\pi+\frac{\pi}{2},2k\pi+\frac{3\pi}{2}\right]$ 上单调减少 $(k\in\mathbf{Z})$
	$y=\cos x$	$x\in(-\infty,+\infty)$ $y\in[-1,1]$	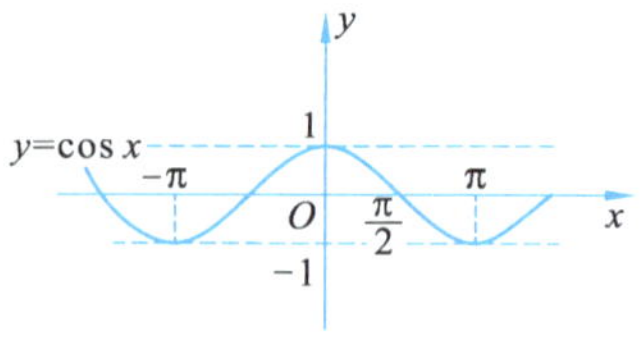 $y=\cos x$	偶函数，周期 2π，有界，在 $[2k\pi,2k\pi+\pi]$ 上单调减少，在 $[2k\pi+\pi,2k\pi+2\pi]$ 上单调增加 $(k\in\mathbf{Z})$
	$y=\tan x$	$x\neq k\pi+\frac{\pi}{2}(k\in\mathbf{Z})$ $y\in(-\infty,+\infty)$	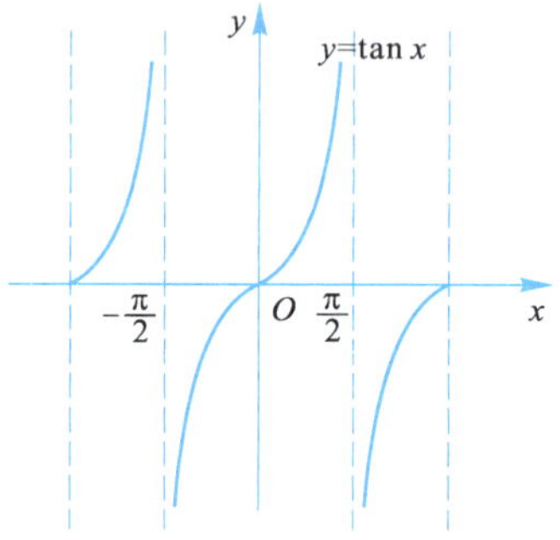 $y=\tan x$	奇函数，周期 π，在 $\left(k\pi-\frac{\pi}{2},k\pi+\frac{\pi}{2}\right)$ 内单调增加 $(k\in\mathbf{Z})$
	$y=\cot x$	$x\neq k\pi(k\in\mathbf{Z})$ $y\in(-\infty,+\infty)$	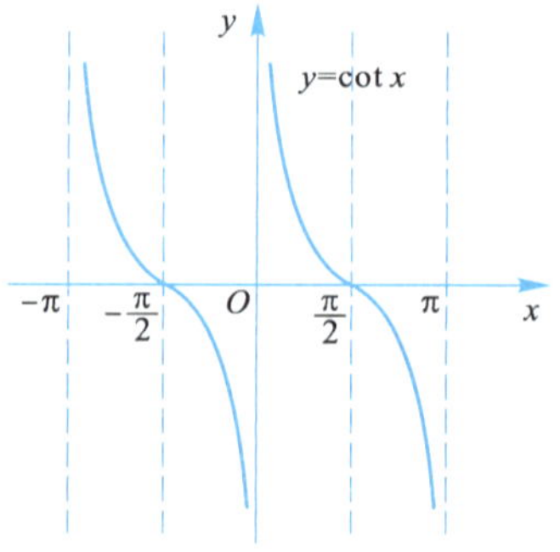 $y=\cot x$	奇函数，周期 π，在 $(k\pi,k\pi+\pi)$ 内单调减少 $(k\in\mathbf{Z})$

续表

函数类型	函数	定义域与值域	图形	特性
反三角函数	$y=\arcsin x$	$x\in[-1,1]$ $y\in\left[-\frac{\pi}{2},\frac{\pi}{2}\right]$	y=arcsin x	奇函数，单调增加，有界
	$y=\arccos x$	$x\in[-1,1]$ $y\in[0,\pi]$	y=arccos x	单调减少，有界
	$y=\arctan x$	$x\in(-\infty,+\infty)$ $y\in\left(-\frac{\pi}{2},\frac{\pi}{2}\right)$	y=arctan x	奇函数，单调增加，有界
	$y=\operatorname{arccot} x$	$x\in(-\infty,+\infty)$ $y\in(0,\pi)$	y=arccot x	单调减少，有界

2. 初等函数

由常数和基本初等函数经过有限次四则运算和有限次的函数复合所构成的，并能用一个式子表示的函数，称为**初等函数**.

初等函数

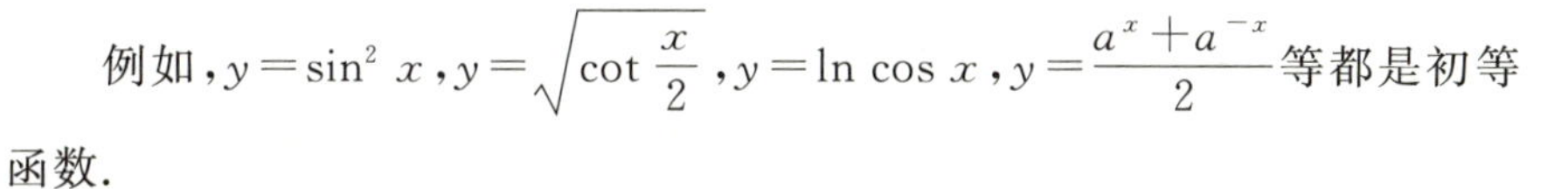

例如，$y=\sin^2 x$，$y=\sqrt{\cot\frac{x}{2}}$，$y=\ln\cos x$，$y=\frac{a^x+a^{-x}}{2}$ 等都是初等函数.

【例 1.1.1】　函数 $y=e^{\arcsin x}$ 是由哪些基本初等函数复合而成的？

解　令 $u=\arcsin x$，则 $y=e^u$，故 $y=e^{\arcsin x}$ 是由 $y=e^u$，$u=\arcsin x$ 复合而成的.

【例 1.1.2】 函数 $y=\tan\frac{1}{\sqrt{x^2+1}}$是由哪些基本初等函数复合而成的?

解 令 $u=\frac{1}{\sqrt{x^2+1}}$,则 $y=\tan u$;再令 $v=\sqrt{x^2+1}$,则 $u=\frac{1}{v}$;再令 $w=x^2+1$,则 $v=\sqrt{w}$. 故 $y=\tan\frac{1}{\sqrt{x^2+1}}$是由 $y=\tan u$,$u=\frac{1}{v}$,$v=\sqrt{w}$,$w=x^2+1$ 复合而成的.

3. 分段函数

若函数 $y=f(x)$在它的定义域内的不同区间(或不同点)上有不同的表达式,则称它为**分段函数**.例如,符号函数

$$y=\operatorname{sgn} x=\begin{cases}-1, & x<0,\\ 0, & x=0,\\ 1, & x>0\end{cases}$$

就是一个分段函数,如图 1-1 所示.

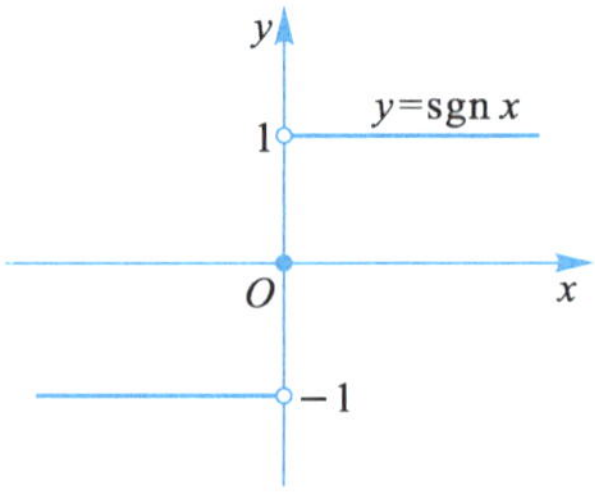

y=sgn x

图 1-1

再如,函数 $f(x)=|x|=\begin{cases}x, & x\geqslant 0,\\ -x, & x<0\end{cases}$ 也是一个分段函数.

注意:分段函数一般不是初等函数.

1.1.4 反函数和复合函数

1. 反函数

在实际问题中,自变量 x 和因变量 y 是可以相互转化的.例如,设物体下落的时间为 t,位移为 s,假定开始下落的时刻时间为 0,那么 s 与 t 之间的关系为 $s=\frac{1}{2}gt^2$.这时,t 为自变量,s 为因变量;反过来,如果已知位移 s 求下落时间 t,那么式子将变为 $t=\sqrt{\frac{2s}{g}}$,这时,s 为自变量,t 为因变量.

从函数 $s=\frac{1}{2}gt^2$ 得到的 $t=\sqrt{\frac{2s}{g}}$ 称为函数 $s=\frac{1}{2}gt^2$ 的反函数.反函数的定义如下:

定义 1.1.2 设 $y=f(x)$为定义在 D 上的函数,其值域为 A,若对于数集 A 上的每个数 y,数集 D 中都有唯一确定的一个数 x 使 $f(x)=y$,即 x 为变量 y 的函数,这个函数称为函数 $y=f(x)$的反函数,记为 $x=f^{-1}(y)$,其定义域为 A,值域为 D.

由于习惯上总是将 x 作为自变量,y 作为函数,故 $y=f(x)$的反函数记为 $y=f^{-1}(x)$,函数 $y=f(x)$与 $y=f^{-1}(x)$的图形关于直线 $y=x$ 对称.

【例 1.1.3】 求函数 $y=4x-1$ 的反函数.

解 由 $y=4x-1$,可解得 $x=\frac{y+1}{4}$.交换 x 和 y 的次序,得 $y=\frac{1}{4}(x+1)$,即 $y=\frac{1}{4}(x+1)$为 $y=4x-1$ 的反函数.

2. 复合函数

定义 1.1.3　设 y 是 u 的函数 $y=f(u)$，而 u 又是 x 的函数 $u=\varphi(x)$，且 $\varphi(x)$ 的值域与 $y=f(u)$ 的定义域的交集非空，那么，y 通过中间变量 u 的联系成为 x 的函数，我们把这个函数称为由函数 $y=f(u)$ 与 $u=\varphi(x)$ 复合而成的复合函数，记作 $y=f[\varphi(x)]$.

必须指出，不是任意两个函数都可以复合成一个复合函数的.如 $\ln u$，$u=-1-x^2$ 就不能复合成一个复合函数，因为 $u=-1-x^2$ 的值域为 $(-\infty,-1]$，与 $y=\ln u$ 的定义域 $(0,+\infty)$ 的交集为空集，因此不能复合.

学习复合函数有两方面要求：一方面，会把几个作为中间变量的函数复合成一个函数，这个复合过程实际上是把中间变量依次代入并确定其定义域的过程；另一方面，会把一个复合函数"拆成"（分解为）几个较简单的函数，这些较简单的函数往往是基本初等函数或是基本初等函数与常数的四则运算所得到的函数.

【例 1.1.4】　已知 $y=\sin u$，$u=x^2$，试把 y 表示为 x 的函数.

解　因为 $y=\sin u$，而 $u=x^2$，u 是中间变量，所以 $y=\sin u=\sin x^2$.

【例 1.1.5】　设 $y=u^2$，$u=\tan v$，$v=\dfrac{x}{2}$，试把 y 表示为 x 的函数.

解　不难看出，u，v 分别是中间变量，故 $y=u^2=\tan^2 v=\tan^2\dfrac{x}{2}$.

从例 1.1.5 可以看出，复合函数的中间变量可以不限于一个.

小结

通过本节的学习，读者应做到以下几点：(1) 理解函数的概念；(2) 掌握函数的几种特性；(3) 掌握反函数和复合函数的概念；(4) 掌握初等函数的性质和图形.

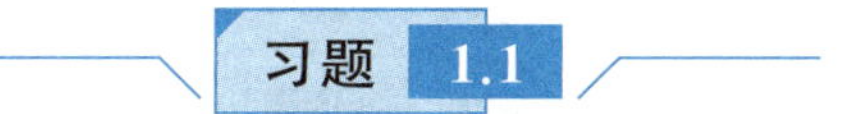

习题 1.1 答案

1. 判断下列说法是否正确.

(1) 复合函数 $y=f[\varphi(x)]$ 的定义域即为 $u=\varphi(x)$ 的定义域；(　　)

(2) 若 $y=f(u)$ 为偶函数，$u=u(x)$ 为奇函数，则 $y=f[u(x)]$ 为偶函数；(　　)

(3) 设 $f(x)=\begin{cases}x, & x\geqslant 0,\\ x+1, & x<0,\end{cases}$ 由于 $y=x$ 和 $y=x+1$ 都是初等函数，所以 $f(x)$ 是初等函数；(　　)

(4) 设 $y=\arcsin u$，$u=x^2+2$，这两个函数可以复合成一个函数 $y=\arcsin(x^2+2)$.(　　)

2. 求下列函数的定义域.

(1) $y=\dfrac{x+2}{1+\sqrt{3x-x^2}}$；

(2) $y=\lg(5-x)+\arcsin\dfrac{x-1}{6}$；

(3) $y=\ln(\ln x)$；

(4) $y=\begin{cases}2x, & -1\leqslant x<0,\\ 1+x, & x>0;\end{cases}$

(5) $y=f(x-1)+f(x+1)$，已知 $f(u)$ 的定义域为 $(0,3)$.

3. 求下列函数的函数值.

(1) 设 $f(x)=\arcsin(\lg x)$，求 $f\left(\frac{1}{10}\right)$，$f(1)$，$f(10)$；

(2) 设 $f(x)=\begin{cases}2x+3, & x\leqslant 0,\\ 2^x, & x>0,\end{cases}$ 求 $f(-2)$，$f(0)$，$f[f(-1)]$；

(3) 设 $f(x)=2x-1$，求 $f(a^2)$，$f[f(a)]$，$[f(a)]^2$.

4. 确定下列函数的奇偶性.

(1) $f(x)=x^4-2x^2-3$；

(2) $f(x)=\frac{x^8\sin x}{1+x^2}$；

(3) $f(x)=\lg\frac{1-x}{1+x}$；

(4) $f(x)=\log_2(x+\sqrt{x^2+1})$.

5. 把下列各题中的 y 表示为 x 的函数.

(1) $y=\sqrt{u}$，$u=x^2+1$；

(2) $y=\ln u$，$u=3^v$，$v=\sin x$.

6. 将下列函数分解为基本初等函数.

(1) $y=\sqrt{3x-1}$；

(2) $y=(1+\lg x)^5$；

(3) $y=\sqrt{\sin\sqrt{x}}$；

(4) $y=e^{\cot x^2}$；

(5) $y=\lg^2\arccos x$；

(6) $y=\arctan(x^2+1)^2$.

7. 假设参加某项活动收入超过 840 元者，需缴纳个人所得税. 超过 840 元但超出部分不超过 500 元者，超出部分按 5% 纳税；超出部分超过 500 元但不超过 2 000 元者，超出部分按 10% 纳税等. 试求个人收入不超过 2 840 元时税金与活动收入的函数关系；并分别求活动收入为 1 700 元和 2 189 元时，应缴纳的税金各是多少.

1.2 极限的概念

本节导引

1. 古希腊哲学家芝诺曾提出的四个悖论对数学乃至哲学都产生了巨大影响. 其中芝诺的第二个悖论是“阿基里斯（荷马史诗中的善跑者）永远追不上一只乌龟”. 若乌龟的起跑点领先阿基里斯一段距离，阿基里斯要想追上乌龟必须首先跑到乌龟的出发点，而在这段时间里乌龟又向前爬过了一段距离，此过程如此进行下去直至无穷，所以阿基里斯永远追不上乌龟. 事实上，我们知道阿基里斯是能追上乌龟的，可该如何解释芝诺悖论呢？

2. 比较 $0.\dot{9}$ 与 1 的大小.

有学生说，$0.\dot{9}$ 无论后面有多少个 9，它永远都比 1 要小. 事实上，我们知道：

$$\frac{1}{9}=0.\dot{1},$$

所以 $0.\dot{9}=\frac{1}{9}\times 9=1$.

我们该如何解释前面学生的想法呢？这两个问题让人想不通的根本原因是，它们都是无限的.人不能用有限的想象去解释无穷的世界.下面，让我们走进无穷的世界，了解极限的概念.

1.2.1 数列的极限

数列的极限

先给出数列的定义：在某一对应规则下，当 $n(n\in\mathbf{N}^*)$ 依次取 1,2,3,…,n,…时，对应的实数排成一列数

$$a_1,a_2,a_3,\cdots,a_n,\cdots \tag{1-1}$$

这列数就称为**数列**(progression)，记为$\{a_n\}$.

从定义看到，数列可以理解为定义域为正整数集 $\mathbf{N}^*$ 的函数

$$a_n=f(n),n\in\mathbf{N}^*,$$

当自变量依次取 1,2,3,…等一切正整数时，对应的函数值就排列成数列$\{a_n\}$.

数列(1-1)中的第 n 个数 a_n 称为数列的**第 n 项**或**通项**.例如，数列

$1,\frac{1}{2},\frac{1}{3},\cdots,\frac{1}{n},\cdots,$ 通项 $a_n=\frac{1}{n}$；

$\frac{1}{2},\frac{2}{3},\frac{3}{4},\cdots,\frac{n}{n+1},\cdots,$ 通项 $a_n=\frac{n}{n+1}$；

$-2,4,-6,8,\cdots,(-1)^n 2n,\cdots,$ 通项 $a_n=(-1)^n 2n$；

$1,-1,1,-1,\cdots,(-1)^{n+1},\cdots,$ 通项 $a_n=(-1)^{n+1}$.

从上述各个数列可以看到，随着 n 的逐渐增大，它们有其各自的变化趋势.

数列$\left\{\frac{1}{n}\right\}$，当 n 无限增大时，它的通项 $a_n=\frac{1}{n}$无限接近于 0；

数列$\left\{\frac{n}{n+1}\right\}$，当 n 无限增大时，它的通项 $a_n=\frac{n}{n+1}$无限接近于 1；

数列$\{(-1)^n 2n\}$，当 n 无限增大时，它的通项 $a_n=(-1)^n 2n$ 的绝对值$|a_n|=2n$ 也无限增大，因此通项 $a_n=(-1)^n 2n$ 不接近于任何确定的常数；

数列$\{(-1)^{n+1}\}$，当 n 无限增大时，它的通项 $a_n=(-1)^{n+1}$有时等于 1(n 为奇数时)，有时等于-1(n 为偶数时)，因此通项 $a_n=(-1)^{n+1}$不接近于任何确定的常数.

通过观察以上四例可以发现，数列$\{a_n\}$的通项 a_n 的变化趋势有两种情形：无限接近于某一个确定的常数或不接近于任何确定的常数，这样可得到数列极限的粗略定义.

定义 1.2.1 如果数列$\{a_n\}$的项数 n 无限增大时，它的通项 a_n 无限接近于某一个确定的常数 a，那么称 a 是数列$\{a_n\}$的极限，此时也称数列$\{a_n\}$收敛于 a，记作

$$\lim_{n\to\infty}a_n=a \text{ 或 } a_n\to a(n\to\infty).$$

例如，$\lim\limits_{n\to\infty}\frac{1}{n}=0$ 或 $\frac{1}{n}\to 0(n\to\infty)$；

$\lim\limits_{n\to\infty}\frac{n}{n+1}=1$ 或 $\frac{n}{n+1}\to 1(n\to\infty)$.

定义 1.2.2 如果数列$\{a_n\}$的项数 n 无限增大时，它的通项 a_n 不接近于任何确定的常数，那么称数列$\{a_n\}$没有极限，或称数列$\{a_n\}$发散.

注意： 当 n 无限增大时，如果 $|a_n|$ 无限增大，则数列没有极限.这时，习惯上也称数列 $\{a_n\}$ 的极限是**无穷大**，记作 $\lim\limits_{n\to\infty}a_n=\infty$.

如 $\lim\limits_{n\to\infty}(-1)^n 2n$ 和 $\lim\limits_{n\to\infty}(-1)^{n+1}$ 都不存在，但是前者可以记作 $\lim\limits_{n\to\infty}(-1)^n 2n=\infty$.

我们再看一下本节导引中的芝诺第二悖论，先做一个假设：假设乌龟的出发点 T_1 在阿基里斯的出发点 T_0 前面 0.9 个单位处，两者都做匀速直线运动，乌龟的速度是阿基里斯的 $\frac{1}{10}$.如图 1-2 所示，当阿基里斯到达 T_1 点时，乌龟向前爬行了 0.09 个单位，到达 T_2 点处，依次推算下去，当阿基里斯到达 T_{n-1} 点时，乌龟又向前爬行了 9×10^{-n} 个单位，到达 T_n 点处.容易理解点 T_n 与点 T_0 的距离依次为

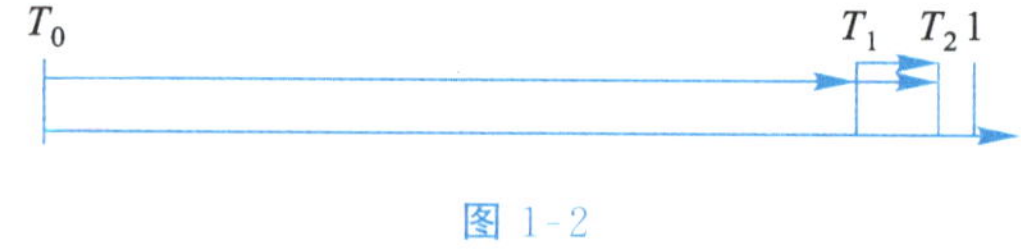

图 1-2

$$0.9,0.99,0.999,\cdots,1-\left(\frac{1}{10}\right)^n,\cdots.$$

我们再假设阿基里斯的速度是 1 单位/s，则阿基里斯从出发到抵达 T_n 点所用时间依次为

$$0.9,0.99,0.999,\cdots,1-\left(\frac{1}{10}\right)^n,\cdots.$$

这是一个收敛于 1，即极限为 1 的数列.所以，阿基里斯将在出发后 $0.\dot{9}$s，即 1 s 时追上乌龟，这时他的行程为 1 个单位，这与我们的经验是一致的.

【例 1.2.1】 ［弹球模型］一只球从 100 m 的高空掉下，每次弹回的高度为上次高度的 $\frac{2}{3}$，这样运动下去，用球第 $1,2,3,\cdots,n,\cdots$ 次的高度来表示球的运动规律，则得数列 100，$100\times\frac{2}{3}$，$100\times\left(\frac{2}{3}\right)^2$，$\cdots$，$100\times\left(\frac{2}{3}\right)^{n-1}$，$\cdots$，从数列的变化趋势可以看出，随着次数 n 的无限增大，数列无限接近于 0，即 $\lim\limits_{n\to\infty}100\times\left(\frac{2}{3}\right)^{n-1}=0$.

选学内容

与数列的极限相关的问题有两类：一是如何判断数列的极限是否存在；二是如何计算极限值.

对于上述一些简单的数列，我们的确可以通过观察来判断其极限是否存在，以及极限等于多少，但是大多数情况下，并没有那么幸运，有时，凭直觉不仅难以估计极限是多少，甚至不能判断极限是否存在，这就需要寻找一种比较科学的判断方法.也就是说，我们要用严格的数学语言来重新定义数列的极限，从而方便论证.

我们说 n 无限增大是什么意思？说 a_n 无限接近于 a 又是什么意思？如果在数轴上把 a_n 和 a 表示出来，那么所谓"当 n 无限增大时，a_n 无限接近于 a"的意思是：当 n 充分大时，a_n 与 a 可以任意靠近，要多近就能多近.也就是说，$|a_n-a|$ 可以小于任意给定的正数，只要 n 充分大.

以数列 $\left\{1+\frac{1}{n}\right\}$ 为例，显然 $\lim\limits_{n\to\infty}a_n=1$，即 $|a_n-1|=\frac{1}{n}$ 随着 n 的增大而越来越小.如何刻画这种越来越小的趋势呢？所谓越来越小，就是你希望它有多小，它就能有多小，只要 n 足

够大就行.例如,能否让$|a_n-1|<\frac{1}{100}$呢?可以的,只要$n>100$,就有$\frac{1}{n}<\frac{1}{100}$.能否让$|a_n-1|<\frac{1}{10^{10}}$呢?只要$n>10^{10}$即可.这就是说,不管我们给定一个多么小的数$\varepsilon$,只要取适当大的$N$,当$n>N$时,就能保证$|a_n-a|<\varepsilon$.

遗憾的是,利用这种方法的前提是必须已经知道数列的极限可能是某个数.但很多情况下,我们很难猜出数列的极限可能是什么.有没有什么方法可以在不知道数列极限可能是什么值的情况下判断极限是否存在呢?柯西收敛准则肯定地回答了这个问题.

定理 1.2.1(柯西收敛准则)　数列$\{a_n\}$收敛的充要条件是:对于任意给定的正数ε,存在正整数N,使得当$m,n>N$时,总有$|a_m-a_n|<\varepsilon$.

利用数列极限的定义,我们可以证明收敛数列的一些有用的性质,读者借此也可加深对数列极限的理解.

定理 1.2.2(唯一性)　若数列$\{a_n\}$收敛,则其极限是唯一的.

定理 1.2.3(有界性)　若数列$\{a_n\}$收敛,则$\{a_n\}$必有界.

定理 1.2.4(保号性)　若数列$\{a_n\}$收敛,且$\lim\limits_{n\to\infty}a_n=a$,则当$a>0$(或$a<0$)时,存在正整数$N$,当$n>N$时,有$a_n>0$(或$a_n<0$).

1.2.2 函数的极限

函数的极限

我们知道数列的本质是自变量只能取自然数的一种特殊的函数,即$y=f(n),n\in\mathbf{N}^*$,数列极限就是研究当自变量$n\to\infty$时,函数值$f(n)$的变化趋势.对于一般函数$y=f(x),x\in I$而言,也可以研究在自变量x的变化过程中函数值$f(x)$的变化趋势.这里的自变量x的变化过程是指两种情形:一种是x的绝对值$|x|$无限增大(记作$x\to\infty$);另一种是x无限接近于某一个值x_0,或者说x趋向于x_0(记作$x\to x_0$).下面分别对x在这两种不同的变化过程中函数$f(x)$的极限问题进行讨论.

1. 当 $x\to\infty$ 时函数 $f(x)$ 的极限

函数的自变量$x\to\infty$是指x的绝对值无限增大,它包括以下两种情况:

(1) x取正值,无限增大,记作$x\to+\infty$;

(2) x取负值,它的绝对值无限增大(x无限减小),记作$x\to-\infty$.

若x不指定正负,只是$|x|$无限增大,则写成$x\to\infty$.

【例 1.2.2】　讨论函数$y=\frac{1}{x}+1$当$x\to\pm\infty$和$x\to\infty$时的变化趋势.

解　作出函数$y=\frac{1}{x}+1$的图形(图 1-3).

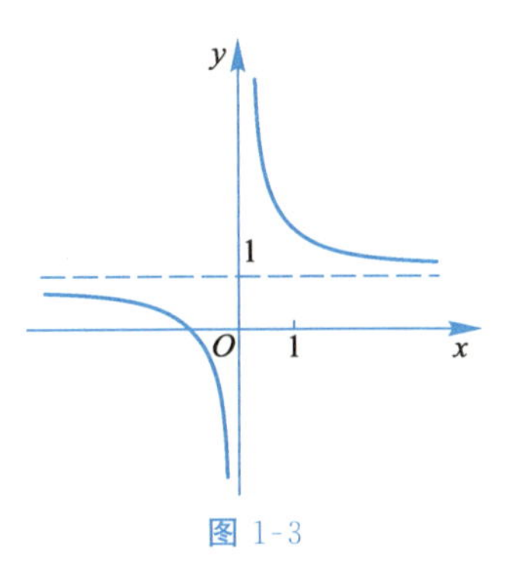

图 1-3

由图可以看出,当$x\to+\infty$和$x\to-\infty$时,$y=\frac{1}{x}+1\to1$,因此当$x\to\infty$时,$y=\frac{1}{x}+1\to1$.

对于自变量 x 的这种变化过程，给出下列定义：

定义 1.2.3 如果当 $|x|$ 无限增大($x\to\infty$)时，函数 $f(x)$ 无限趋近于一个确定的常数 A，那么就称 $f(x)$ 当 $x\to\infty$ 时存在极限 A，称常数 A 为当 $x\to\infty$ 时函数 $f(x)$ 的极限，记作

$$\lim_{x\to\infty}f(x)=A.$$

类似地，如果当 $x\to+\infty$(或 $x\to-\infty$)时，函数 $f(x)$ 无限地趋近于一个确定的常数 A，那么就称 $f(x)$ 当 $x\to+\infty$(或 $x\to-\infty$)时存在极限 A，称常数 A 为当 $x\to+\infty$(或 $x\to-\infty$)时函数 $f(x)$ 的极限. 记作

$$\lim_{x\to+\infty}f(x)=A \text{ 或 } \lim_{x\to-\infty}f(x)=A.$$

【例 1.2.3】 作出函数 $y=\left(\frac{1}{2}\right)^x$ 和 $y=2^x$ 的图形，并求下列极限：

(1) $\lim\limits_{x\to+\infty}\left(\frac{1}{2}\right)^x$；　　(2) $\lim\limits_{x\to-\infty}2^x$.

解 分别作出函数 $y=\left(\frac{1}{2}\right)^x$ 和 $y=2^x$ 的图形(图 1-4). 由图形可以看出：

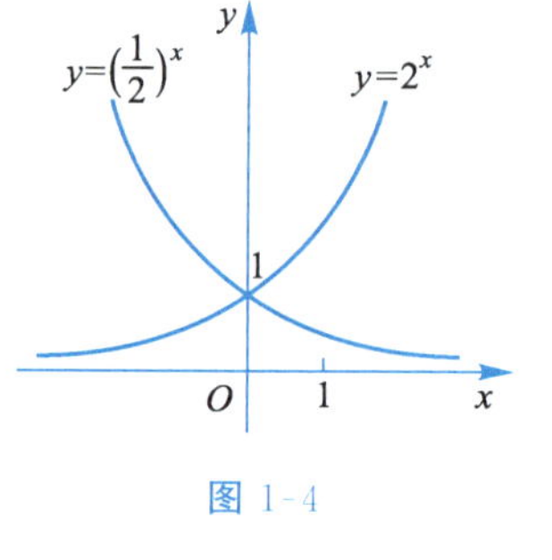

图 1-4

(1) $\lim\limits_{x\to+\infty}\left(\frac{1}{2}\right)^x=0$；　　(2) $\lim\limits_{x\to-\infty}2^x=0$.

【例 1.2.4】 讨论下列函数当 $x\to\infty$ 时的极限：

(1) $y=1+\frac{1}{x^2}$；　　(2) $y=3^x$.

解 (1) 函数的图形如图 1-5 所示. 从图形可知，当 $x\to+\infty$ 时，$y=1+\frac{1}{x^2}\to1$；当 $x\to-\infty$ 时，$y=1+\frac{1}{x^2}\to1$. 因此，当 $|x|$ 无限增大时，函数 $y=1+\frac{1}{x^2}$ 无限地趋近于常数 1，即 $\lim\limits_{x\to\infty}\left(1+\frac{1}{x^2}\right)=1$.

(2) 函数的图形如图 1-6 所示. 从图形可知，当 $x\to+\infty$ 时，$y=3^x\to+\infty$；当 $x\to-\infty$ 时，$y=3^x\to0$. 因此，当 $|x|$ 无限增大时，函数 $y=3^x$ 不可能无限地趋近于某一个常数，即 $\lim\limits_{x\to\infty}3^x$ 不存在. 理论上可以证明：

$\lim\limits_{x\to\infty}f(x)=A$ 的充分必要条件是 $\lim\limits_{x\to+\infty}f(x)=\lim\limits_{x\to-\infty}f(x)=A$.

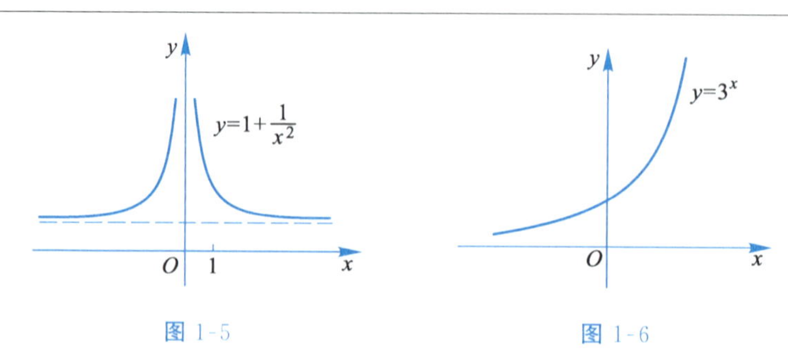

图 1-5　　图 1-6

2. 当 $x \to x_0$ 时函数 $f(x)$ 的极限

与 $x\to\infty$ 的情形类似，$x\to x_0$ 包含 x 从大于 x_0 的方向和 x 从小于 x_0 的方向趋近于 x_0 两种情况，分别用

(1) $x\to x_0^+$ 表示 x 从大于 x_0 的方向趋近于 x_0；

(2) $x\to x_0^-$ 表示 x 从小于 x_0 的方向趋近于 x_0.

记号 $x\to x_0$ 表示无限趋近于 x_0，两个方向都要考虑.

【例 1.2.5】 讨论当 $x\to 2$ 时，函数 $y=x+1$ 的变化趋势.

解　作出函数 $y=x+1$ 的图形(图 1-7).从图形可以看出，无论 x 从小于 2 的方向趋近于 2 还是从大于 2 的方向趋近于 2，函数 $y=x+1$ 的值总是从两个不同的方向越来越接近于 3. 所以，当 $x\to 2$ 时，$y=x+1\to 3$.

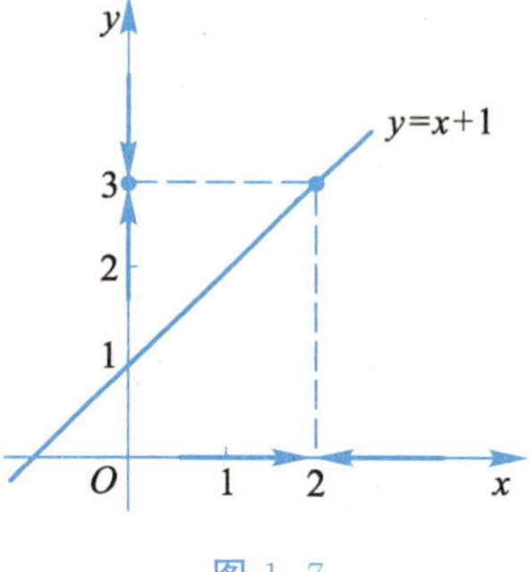

图 1-7

【例 1.2.6】 讨论当 $x\to 1$ 时，函数 $y=\dfrac{x^2-1}{x-1}$ 的变化趋势.

解　作出函数 $y=\dfrac{x^2-1}{x-1}$ 的图形(图 1-8).函数的定义域为 $(-\infty,1)\cup(1,+\infty)$，在 $x=1$ 处函数没有定义，但从图 1-8 可以看出，自变量 x 无论从大于 1 还是从小于 1 这两个方向趋近于 1 时，函数 $y=\dfrac{x^2-1}{x-1}$ 的值从两个不同的方向越来越接近于 2.所以，当 $x\to 1$ 时，$y=\dfrac{x^2-1}{x-1}\to 2$.

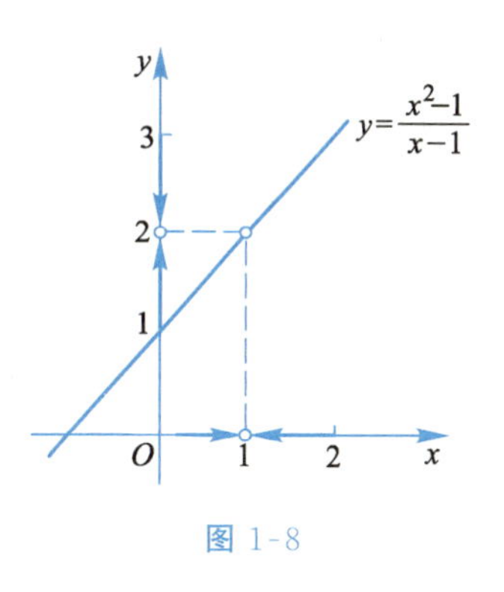

图 1-8

对于上例这种变化趋势，给出如下定义：

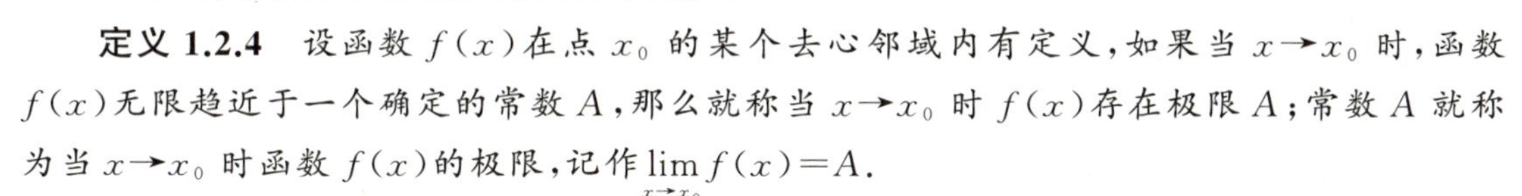

定义 1.2.4　设函数 $f(x)$ 在点 x_0 的某个去心邻域内有定义，如果当 $x\to x_0$ 时，函数 $f(x)$ 无限趋近于一个确定的常数 A，那么就称当 $x\to x_0$ 时 $f(x)$ 存在极限 A；常数 A 就称为当 $x\to x_0$ 时函数 $f(x)$ 的极限，记作 $\lim\limits_{x\to x_0} f(x)=A$.

说明：在数轴上，以点 a 为中心的任何开区间称为 a 的**邻域**.设 δ 为一正数，则开区间 $(a-\delta,a+\delta)$ 就是 a 的一个邻域，称为点 a 的 δ 邻域，如图 1-9(a)所示，记为 $\cup(a,\delta)$，即 $\cup(a,\delta)=\{x\,|\,a-\delta<x<a+\delta\}$，其中 a 称为该邻域的中心，δ 称为该邻域的半径.在上述邻域中除去邻域的中心点 a 称为点 a 的**去心 δ 邻域**，记为 $\mathring{\cup}(a,\delta)$，即 $\mathring{\cup}(a,\delta)=\{x\,|\,0<|x-a|<\delta\}$，如图 1-9(b)所示.

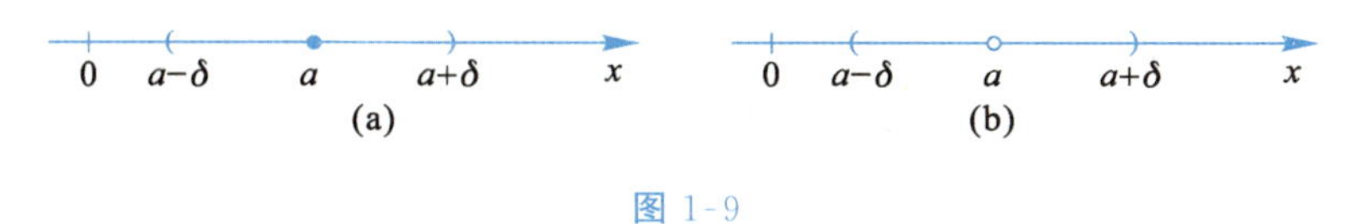

图 1-9

注意：在定义中，"设函数 $f(x)$ 在点 x_0 的某个去心邻域内有定义"反映我们关心的是函数 $f(x)$ 在点 x_0 附近的变化趋势，而不是 $f(x)$ 在 x_0 这一孤立点的情况.在定义极限 $\lim\limits_{x\to x_0} f(x)$ 时，$f(x)$ 有没有极限，与 $f(x)$ 在点 x_0 是否有定义并无关系.

【例 1.2.7】 求下列极限：

(1) $f(x)=x,\lim\limits_{x\to x_0}f(x)$；　　　　(2) $f(x)=C,\lim\limits_{x\to x_0}f(x)$($C$ 为常数).

解　(1) 因为当 $x\to x_0$ 时，$f(x)=x$ 的值无限趋近于 x_0，所以有

$$\lim_{x\to x_0}f(x)=\lim_{x\to x_0}x=x_0.$$

(2) 因为当 $x\to x_0$ 时，$f(x)$的值恒等于 C，所以有 $\lim\limits_{x\to x_0}f(x)=\lim\limits_{x\to x_0}C=C$.

由此可见，常数的极限是其本身.

前面讨论了当 $x\to x_0$ 时 $f(x)$的极限，在那里 x 是以两种方式趋近于 x_0 的.但有时我们还需要知道，x 仅从大于 x_0 的方向趋近于 x_0 或仅从小于 x_0 的方向趋近于 x_0 时，$f(x)$的变化趋势.我们规定：

(1) 如果 x 从大于 x_0 的方向趋近于 $x_0(x\to x_0^+)$时，函数 $f(x)$无限地趋近于一个确定的常数 A，那么就称 $f(x)$在 x_0 处存在右极限 A，常数 A 就称为当 $x\to x_0$ 时函数 $f(x)$的右极限，记作 $\lim\limits_{x\to x_0^+}f(x)=A$；

(2) 如果 x 从小于 x_0 的方向趋近于 $x_0(x\to x_0^-)$时，函数 $f(x)$无限地趋近于一个确定的常数 A，那么就称 $f(x)$在 x_0 处存在左极限 A，常数 A 就称为当 $x\to x_0$ 时函数 $f(x)$的左极限，记作 $\lim\limits_{x\to x_0^-}f(x)=A$.

根据 $x\to x_0$ 时函数 $f(x)$的极限定义和左、右极限的定义，容易证明：

$\lim\limits_{x\to x_0}f(x)=A$ 的充分必要条件是 $\lim\limits_{x\to x_0^+}f(x)=\lim\limits_{x\to x_0^-}f(x)=A$.

【例 1.2.8】　已知函数 $f(x)=\begin{cases}x-1, & x<0,\\ 0, & x=0,\\ x+1, & x>0,\end{cases}$ 讨论当 $x\to 0$ 时的极限.

解　这是一个分段函数在分界点处的极限问题.作出它的图形，如图 1-10 所示，由图可知

$$\lim_{x\to 0^-}f(x)=\lim_{x\to 0^-}(x-1)=-1,$$

$$\lim_{x\to 0^+}f(x)=\lim_{x\to 0^+}(x+1)=1,$$

虽然当 $x\to 0$ 时的左、右极限都存在但不相等，所以当 $x\to 0$ 时 $f(x)$的极限不存在.

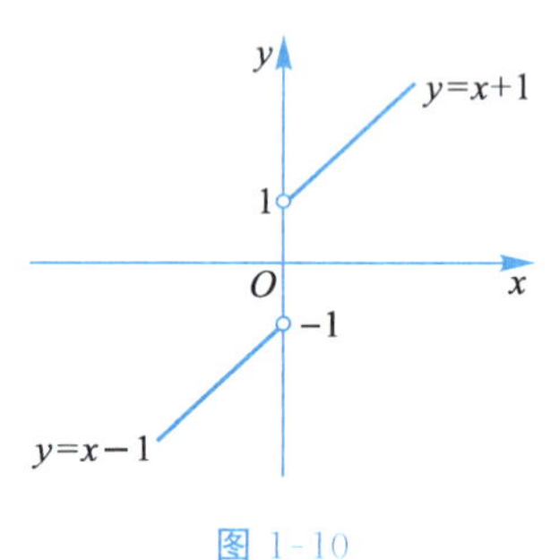

图 1-10

【例 1.2.9】　已知 $f(x)=\begin{cases}x, & x\geqslant 2,\\ 2, & x<2,\end{cases}$ 求 $\lim\limits_{x\to 2}f(x)$.

解　因为 $\lim\limits_{x\to 2^+}f(x)=\lim\limits_{x\to 2^+}x=2,\lim\limits_{x\to 2^-}f(x)=\lim\limits_{x\to 2^-}2=2$，即

$$\lim_{x\to 2^+}f(x)=\lim_{x\to 2^-}f(x)=2,$$

所以

$$\lim_{x\to 2}f(x)=2.$$

【例 1.2.10】　已知 $f(x)=\dfrac{|x|}{x}$，问 $\lim\limits_{x\to 0}f(x)$是否存在？

解　当 $x>0$ 时，$f(x)=\dfrac{|x|}{x}=\dfrac{x}{x}=1$；当 $x<0$ 时，$f(x)=\dfrac{|x|}{x}=\dfrac{-x}{x}=-1$.所以函数可

以分段表示为 $f(x)=\begin{cases}1, & x>0,\\ -1, & x<0,\end{cases}$ 于是 $\lim\limits_{x\to0^+}f(x)=1$，$\lim\limits_{x\to0^-}f(x)=-1$，即 $\lim\limits_{x\to0^+}f(x)\neq\lim\limits_{x\to0^-}f(x)$，所以 $\lim\limits_{x\to0}f(x)$ 不存在.

【例 1.2.11】 ［矩形波分析］已知矩形波函数 $f(x)=\begin{cases}0, & -\pi\leqslant x<0,\\ A, & 0\leqslant x<\pi\end{cases}$ $(A\neq0)$，求 $f(x)$ 在 $x=0$ 处的极限.

解 因为 $\lim\limits_{x\to0^-}f(x)=\lim\limits_{x\to0^-}0=0$，$\lim\limits_{x\to0^+}f(x)=\lim\limits_{x\to0^+}A=A$.故 $\lim\limits_{x\to0^-}f(x)\neq\lim\limits_{x\to0^+}f(x)$.所以，此函数 $f(x)$ 在 $x=0$ 处的极限不存在.

小结

通过本节的学习，读者应该做到以下几点：(1) 知道数列极限的定义；(2) 能观察出简单收敛数列的极限；(3) 知道函数的极限概念；(4) 能熟记函数极限存在的充要条件；(5) 会用单侧极限的方法讨论分段函数在分界点处的极限存在问题.

习题 1.2 答案

习题 1.2

1. 选择题.

(1) 下列数列收敛的是(　　).

A. $5,-5,5,\cdots,(-5)^{n-1},\cdots$

B. $\frac{1}{3},\frac{3}{5},\frac{5}{7},\frac{7}{9},\cdots,\frac{2n-1}{2n+1},\cdots$

C. $\frac{1}{3},-\frac{3}{5},\frac{5}{7},-\frac{7}{9},\cdots,(-1)^{n-1}\frac{2n-1}{2n+1},\cdots$

D. $-\frac{1}{2},\frac{2}{3},-\frac{3}{4},\frac{4}{5},\cdots,(-1)^n\frac{n}{n+1},\cdots$

(2) 下列数列发散的是(　　).

A. $x_n=\begin{cases}1, & n=2k-1,\\ \frac{1}{2^n}, & n=2k\end{cases}$

B. $1,\frac{1}{3},\frac{1}{2},\frac{1}{4},\frac{1}{3},\frac{1}{5},\cdots,\frac{1}{n},\frac{1}{n+2},\cdots$

C. $-1,\frac{1}{2},-\frac{1}{3},\frac{1}{4},-\frac{1}{5},\frac{1}{6}\cdots,(-1)^n\frac{1}{n},\cdots$

D. $1,\frac{1}{3},\frac{1}{5},\frac{1}{7},\cdots,\frac{1}{2n-1},\cdots$

(3) 函数 $f(x)$ 在 $x=x_0$ 处有定义是 $x\to x_0$ 时 $f(x)$ 有极限的(　　).

A. 必要条件　　B. 充分条件　　C. 充要条件　　D. 无关条件

2. 设 $f(x)=\begin{cases}x+4, & x<1,\\ 2x+3, & x\geqslant1,\end{cases}$ 当 $x\to1$ 时，$f(x)$ 的极限是否存在？

3. 证明函数 $f(x)=\begin{cases}x^2+1, & x<1,\\ 1, & x=1,\\ -1, & x>1\end{cases}$ 当 $x\to 1$ 时的极限不存在.

4. 设函数 $f(x)=\begin{cases}e^x+1, & x>0,\\ 2x+b, & x\leqslant 0,\end{cases}$ 要使极限 $\lim\limits_{x\to 0}f(x)$ 存在，b 应取何值？

1.3 极限的运算法则

本节导引

设有一个等边三角形，其边长为 1 cm，连接每边的中点作一个小三角形，再连接这个小三角形每边的中点作一个更小的三角形.重复这个步骤，作出无穷多个三角形，请问这无穷多个三角形边长的总和为多少？

1.3.1 极限的四则运算法则

极限的四则运算法则

前面我们根据自变量的变化趋势，观察和分析了函数的变化趋势，求出了一些简单函数的极限.如果要求一些结构较为复杂函数的极限，就要使用如下的和、差、积、商的极限运算法则.

定理 1.3.1 设 $\lim\limits_{x\to x_0}f(x)=A$，$\lim\limits_{x\to x_0}g(x)=B$，则

(1) $\lim\limits_{x\to x_0}[f(x)\pm g(x)]=\lim\limits_{x\to x_0}f(x)\pm\lim\limits_{x\to x_0}g(x)=A\pm B$.

(2) $\lim\limits_{x\to x_0}[f(x)\cdot g(x)]=\lim\limits_{x\to x_0}f(x)\cdot\lim\limits_{x\to x_0}g(x)=A\cdot B$；

特别地，$\lim\limits_{x\to x_0}[C\cdot f(x)]=C\cdot\lim\limits_{x\to x_0}f(x)=C\cdot A$（$C$ 为常数）.

(3) $\lim\limits_{x\to x_0}\dfrac{f(x)}{g(x)}=\dfrac{\lim\limits_{x\to x_0}f(x)}{\lim\limits_{x\to x_0}g(x)}=\dfrac{A}{B}(B\neq 0)$.

说明：

(1) 使用这些运算法则的前提是自变量的同一变化过程中 $f(x)$ 和 $g(x)$ 的极限都存在；

(2) 上述运算法则对于 $x\to\infty$ 等其他变化过程也同样成立；

(3) 法则(1)、(2)可推广到有限个函数的情况，于是有

$$\lim_{x\to x_0}[f(x)]^n=[\lim_{x\to x_0}f(x)]^n, n\in\mathbf{N}^*.$$

【例 1.3.1】 求 $\lim\limits_{x\to 2}(x^3+2x-1)$.

解 $\lim\limits_{x\to 2}(x^3+2x-1)=\lim\limits_{x\to 2}x^3+\lim\limits_{x\to 2}2x-1=(\lim\limits_{x\to 2}x)^3+2\lim\limits_{x\to 2}x-1=8+4-1=11$.

【例 1.3.2】 求 $\lim\limits_{x\to 1}\dfrac{x^2-2}{x^2-x+1}$.

解 由于当 $x\to1$ 时，$(x^2-x+1)\to1$，分母的极限不为 0，由商的极限运算法则，得

$$\lim_{x\to1}\frac{x^2-2}{x^2-x+1}=\frac{\lim\limits_{x\to1}(x^2-2)}{\lim\limits_{x\to1}(x^2-x+1)}=-1.$$

注意：从例 1.3.1、例 1.3.2 可以看出，求多项式 $P(x)$ 当 $x\to x_0$ 时的极限时，只要用 x_0 代替多项式中的 x，即 $\lim\limits_{x\to x_0}P(x)=P(x_0)$. 对于有理分式函数 $\frac{P(x)}{Q(x)}$[其中 $P(x)$，$Q(x)$ 为多项式]，当分母 $Q(x)\neq0$ 时，应用商式的极限运算法则，有 $\lim\limits_{x\to x_0}\frac{P(x)}{Q(x)}=\frac{\lim\limits_{x\to x_0}P(x)}{\lim\limits_{x\to x_0}Q(x)}=\frac{P(x_0)}{Q(x_0)}$.

【例 1.3.3】 求 $\lim\limits_{x\to1}\frac{x^3-1}{x-1}$.

解 当 $x\to1$ 时，$x-1\to0$，分母的极限是 0，不能直接应用商的极限运算法则. 通常的方法是先设法消去分母为零的因式，然后再利用有理运算法则.

$$\lim_{x\to1}\frac{x^3-1}{x-1}=\lim_{x\to1}\frac{(x-1)(x^2+x+1)}{x-1}=\lim_{x\to1}(x^2+x+1)=3.$$

【例 1.3.4】 求 $\lim\limits_{x\to4}\frac{x-4}{\sqrt{x+5}-3}$.

解 当 $x\to4$ 时，$(\sqrt{x+5}-3)\to0$，不能直接使用商的极限运算法则，但可采用分母有理化消去分母中的零因子.

$$\lim_{x\to4}\frac{x-4}{\sqrt{x+5}-3}=\lim_{x\to4}\frac{(x-4)(\sqrt{x+5}+3)}{(\sqrt{x+5}-3)(\sqrt{x+5}+3)}$$

$$=\lim_{x\to4}\frac{(x-4)(\sqrt{x+5}+3)}{x-4}=\lim_{x\to4}(\sqrt{x+5}+3)=\lim_{x\to4}\sqrt{x+5}+3=6.$$

【例 1.3.5】 求 $\lim\limits_{n\to\infty}\frac{n^2+2n+1}{2n^2+3n+4}$.

解 当 $n\to\infty$ 时，分式的分子、分母都趋向于无穷大，极限都不存在，故不能直接使用商的极限运算法则.

当 $n\to\infty$ 时，

$$\frac{n^2+2n+1}{n^2}=\left(1+\frac{2}{n}+\frac{1}{n^2}\right)\to1,\ \frac{2n^2+3n+4}{n^2}=\left(2+\frac{3}{n}+\frac{4}{n^2}\right)\to2,$$

因此，求 $\lim\limits_{n\to\infty}\frac{n^2+2n+1}{2n^2+3n+4}$ 时，可以首先将分式的分子与分母同除以分子、分母中自变量的最高次幂，然后再用极限运算法则，即

$$\lim_{n\to\infty}\frac{n^2+2n+1}{2n^2+3n+4}=\lim_{n\to\infty}\frac{1+\frac{2}{n}+\frac{1}{n^2}}{2+\frac{3}{n}+\frac{4}{n^2}}=\frac{\lim\limits_{n\to\infty}\left(1+\frac{2}{n}+\frac{1}{n^2}\right)}{\lim\limits_{n\to\infty}\left(2+\frac{3}{n}+\frac{4}{n^2}\right)}=\frac{1}{2}.$$

【例 1.3.6】 求 $\lim\limits_{x\to\infty}\frac{x^2-3x+1}{2x^3+x^2-5}$.

解 仿照例 1.3.5，分子、分母同除以分子、分母中自变量的最高次幂，得

$$\lim_{x\to\infty}\frac{x^2-3x+1}{2x^3+x^2-5}=\lim_{x\to\infty}\frac{\frac{1}{x}-\frac{3}{x^2}+\frac{1}{x^3}}{2+\frac{1}{x}-\frac{5}{x^3}}=\frac{0}{2}=0.$$

【例 1.3.7】 求$\lim\limits_{x\to1}\left(\frac{1}{x-1}-\frac{2}{x^2-1}\right)$.

解 由于当$x\to1$时，括号中两项均无限变大，极限都不存在，故不能直接使用减法运算法则，可以考虑消去分母为零的因式.

$$\lim_{x\to1}\left(\frac{1}{x-1}-\frac{2}{x^2-1}\right)=\lim_{x\to1}\frac{x-1}{x^2-1}=\lim_{x\to1}\frac{1}{x+1}=\frac{1}{2}.$$

注意：例 1.3.3～例 1.3.7 的解法启示我们：在应用极限的四则运算法则求极限时，首先要判断是否满足法则中的条件，如果不满足，那么还要先根据具体情况作适当的恒等变换，使之符合条件，然后再使用极限的运算法则求出结果.

1.3.2 复合函数的极限法则

定理 1.3.2 设函数$y=f(u)$与$u=\varphi(x)$满足如下两个条件：

(1) $\lim\limits_{u\to a}f(u)=A$；

(2) 当$x\neq x_0$时，$\varphi(x)\neq a$，且$\lim\limits_{x\to x_0}\varphi(x)=a$，

则$\lim\limits_{x\to x_0}f[\varphi(x)]=\lim\limits_{u\to a}f(u)=A=f[\lim\limits_{x\to x_0}\varphi(x)]$.

该定理可以形象地解释为“极限可以放到函数号里面去进行”.

【例 1.3.8】 求$\lim\limits_{x\to0}\ln(\cos x)$.

解 令$u=\cos x$，从而可把$\ln(\cos x)$看作是由$y=\ln u$，$u=\cos x$复合而成的，所以

$$\lim_{x\to0}\ln(\cos x)=\ln(\lim_{x\to0}\cos x)=\ln 1=0.$$

【例 1.3.9】 求$\lim\limits_{x\to1^+}\arccos\sqrt{x^2-1}$.

解 令$v=x^2-1$，$u=\sqrt{v}$，从而可把$\arccos\sqrt{x^2-1}$看作是由$y=\arccos u$，$u=\sqrt{v}$，$v=x^2-1$复合而成的，所以

$$\lim_{x\to1^+}\arccos\sqrt{x^2-1}=\arccos(\lim_{x\to1^+}\sqrt{x^2-1})=\arccos 0=\frac{\pi}{2}.$$

【例 1.3.10】 [产品价格预测] 设某一产品的价格满足$P(t)=20-20e^{-\frac{t}{2}}$（单位：元），随着时间的推移，产品价格会随之变化，请你对该产品的长期价格做一个预测.

解 下面通过求产品价格在$t\to+\infty$时的极限来分析该产品的长期价格：

$$\lim_{t\to+\infty}P(t)=\lim_{t\to+\infty}(20-20e^{-\frac{t}{2}})=\lim_{t\to+\infty}20-\lim_{t\to+\infty}20e^{-\frac{t}{2}}=20-0=20,$$

即该产品的长期价格为 20 元.

*1.3.3 函数极限的性质

设$\lim\limits_{x\to x_0}f(x)=A$，则有

(1) 唯一性：当$x\to x_0$时$f(x)$的极限是唯一的；

(2) 局部有界性：在 x_0 的某个去心邻域内，函数 $f(x)$ 有界；

(3) 局部保号性：当 $A>0$（或 $A<0$）时，在 x_0 的某个去心邻域内，$f(x)>0$[或 $f(x)<0$]；

(4) 保序性：又设 $\lim\limits_{x\to x_0} g(x)=B$ 且在 x_0 的某个去心邻域内恒有 $f(x)\leqslant g(x)$，则必有 $A\leqslant B$.

*1.3.4 两个重要准则

定理 1.3.3（夹逼准则）　若函数 $f(x)$，$g(x)$，$h(x)$ 在点 a 的某去心邻域内满足条件

(1) $g(x)\leqslant f(x)\leqslant h(x)$；

(2) $\lim\limits_{x\to\infty(x\to a)} g(x)=A$，$\lim\limits_{x\to\infty(x\to a)} h(x)=A$，

则函数 $f(x)$ 必收敛，且 $\lim\limits_{x\to\infty(x\to a)} f(x)=A$.

定理 1.3.3′（数列的夹逼准则）　设数列 $\{a_n\}$，$\{b_n\}$，$\{c_n\}$ 满足条件

(1) $b_n\leqslant a_n\leqslant c_n$；

(2) $\lim\limits_{n\to\infty} b_n=a$，$\lim\limits_{n\to\infty} c_n=a$，

则数列 $\{a_n\}$ 必收敛，且 $\lim\limits_{n\to\infty} a_n=a$.

【例 1.3.11】　求 $\lim\limits_{n\to\infty}\left(\dfrac{1}{\sqrt{n^2+1}}+\dfrac{1}{\sqrt{n^2+2}}+\cdots+\dfrac{1}{\sqrt{n^2+n}}\right)$.

解　应用夹逼准则.

因为 $\dfrac{n}{\sqrt{n^2+n}}\leqslant\dfrac{1}{\sqrt{n^2+1}}+\dfrac{1}{\sqrt{n^2+2}}+\cdots+\dfrac{1}{\sqrt{n^2+n}}\leqslant\dfrac{n}{\sqrt{n^2+1}}$，

且
$$\lim_{n\to\infty}\frac{n}{\sqrt{n^2+n}}=1,\lim_{n\to\infty}\frac{n}{\sqrt{n^2+1}}=1,$$

所以
$$\lim_{n\to\infty}\left(\frac{1}{\sqrt{n^2+1}}+\frac{1}{\sqrt{n^2+2}}+\cdots+\frac{1}{\sqrt{n^2+n}}\right)=1.$$

定理 1.3.4（单调有界准则）　单调有界数列必收敛.

图 1-11 所示为单调增加有上界的数列的情形.从数轴上看，对应于单调数列的点 x_n 只能向一个方向移动（单调增加数列只向右方移动，单调减少数列只向左方移动），所以只有两种可能情形：一种是点 x_n 沿数轴向无穷远处（$x_n\to+\infty$ 或 $x_n\to-\infty$）；另一种是点 x_n 无限接近于某个定点 A（但不会超过上界 M 或小于下界 m）.

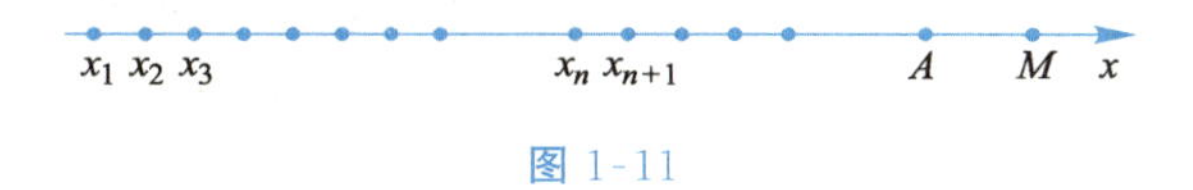

图 1-11

小结

对于一个初等函数，计算其极限前首先要分析此函数是如何由基本初等函数经四则运算或有限次复合而成的，然后综合运用极限的四则运算法则、复合函数求极限法则，求得极限.在运用这些运算法则时，一定要注意它们的适用条件，如果条件不具备，要设法通过变形使原有的法则能够适用.

习题 1.3 答案

习题 1.3

1. 计算下列极限.

(1) $\lim\limits_{x\to 2}(x^2+3x-4)$;　　(2) $\lim\limits_{x\to 1}\dfrac{x^2-1}{x+3}$;

(3) $\lim\limits_{x\to 1}\dfrac{x^2-1}{x^2-3x+2}$;　　(4) $\lim\limits_{x\to 0}\dfrac{1-\sqrt{x+1}}{2x}$;

(5) $\lim\limits_{n\to\infty}\dfrac{n^2-5n+4}{2n^2+n+1}$;　　(6) $\lim\limits_{x\to\infty}\dfrac{2x^3-x^2+9}{3x^3+1}$.

2. 计算下列极限.

(1) $\lim\limits_{x\to 0}\dfrac{x+5}{x^2-3}$;　　(2) $\lim\limits_{x\to 1}\dfrac{x^2-1}{x^2+1}$;

(3) $\lim\limits_{x\to 1}\dfrac{x-1}{x^2-1}$;　　(4) $\lim\limits_{x\to 1}\dfrac{x^2+2x-3}{x^2-1}$;

(5) $\lim\limits_{x\to 0}\dfrac{\sqrt{1+x^2}-1}{x}$;　　(6) $\lim\limits_{h\to 0}\dfrac{(x+h)^2-x^2}{h}$;

(7) $\lim\limits_{x\to\infty}\dfrac{x^2+1}{x^4+1}$;　　(8) $\lim\limits_{x\to 1}\left(\dfrac{1}{1-x}+\dfrac{1-3x}{1-x^2}\right)$;

(9) $\lim\limits_{n\to\infty}\left(1+\dfrac{1}{2}+\dfrac{1}{2^2}+\cdots+\dfrac{1}{2^n}\right)$.

3. 已知$\lim\limits_{x\to 1}\dfrac{x^2+ax+b}{1-x}=1$,试求 a 和 b 的值.

1.4 两个重要极限

本节导引

思考下列问题:

1. 如图 1-12 所示,⊙O 为单位圆,A,B 为圆的内接正 n 边形的相邻两个顶点,则△OAB 的面积可用 α 表示为________;内接正 n 边形的面积可用 α 表示为________$\left(\text{显然},\alpha=\dfrac{2\pi}{n},\text{即 } n=\dfrac{2\pi}{\alpha}\right)$;当 $n\to\infty$,即 $\alpha\to 0$ 时,⊙O 内接正 n 边形的面积的极限应该就是________的面积,为________.

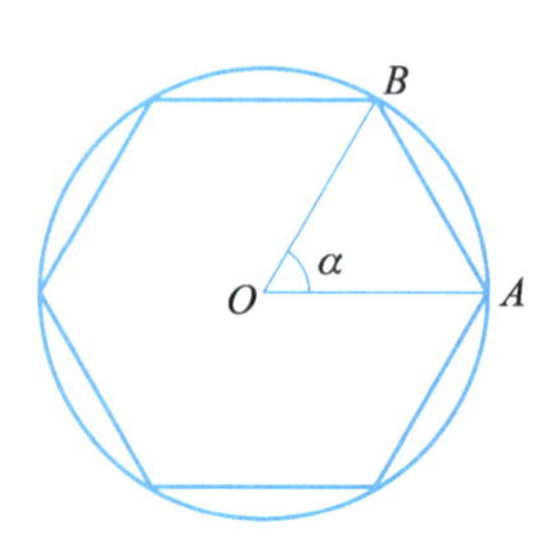

图 1-12

2. 从上一个问题你能看出$\lim\limits_{x\to 0}\dfrac{\sin x}{x}$的极限吗?

3. 用计算器计算下列数据,并试求极限:

x	1	2	10	1 000	10 000	100 000	1 000 000	…
$\left(1+\frac{1}{x}\right)^x$								…

猜想：$\lim\limits_{x\to\infty}\left(1+\frac{1}{x}\right)^x=$________.

第一个重要极限

1.4.1 第一个重要极限

第一个重要极限是 $\boxed{\lim\limits_{x\to 0}\frac{\sin x}{x}=1.}$

注意：如果$\lim\limits_{x\to a}\varphi(x)=0$（$a$ 可以是有限数 x_0，$\pm\infty$，∞），那么得到推广的结果如下：

$$\boxed{\lim_{x\to a}\frac{\sin[\varphi(x)]}{\varphi(x)}=\lim_{\varphi(x)\to 0}\frac{\sin[\varphi(x)]}{\varphi(x)}=1.}$$

第一个重要极限本身及上述推广的结果，在极限计算及理论推导中有着广泛的应用.

【例 1.4.1】 求$\lim\limits_{x\to 0}\frac{\tan x}{x}$.

解 $\lim\limits_{x\to 0}\frac{\tan x}{x}=\lim\limits_{x\to 0}\frac{\frac{\sin x}{\cos x}}{x}=\lim\limits_{x\to 0}\frac{\sin x}{x}\cdot\frac{1}{\cos x}=\lim\limits_{x\to 0}\frac{\sin x}{x}\cdot\lim\limits_{x\to 0}\frac{1}{\cos x}=1\cdot 1=1.$

【例 1.4.2】 求$\lim\limits_{x\to 0}\frac{\sin 3x}{x}$.

解 $\lim\limits_{x\to 0}\frac{\sin 3x}{x}=\lim\limits_{x\to 0}\frac{3\sin 3x}{3x}\xlongequal{(令\ 3x=t)}3\lim\limits_{t\to 0}\frac{\sin t}{t}=3.$[$3x$ 相当于推广中的 $\varphi(x)$]

【例 1.4.3】 求$\lim\limits_{x\to 0}\frac{1-\cos x}{x^2}$.

解 $\lim\limits_{x\to 0}\frac{1-\cos x}{x^2}=\lim\limits_{x\to 0}\frac{2\sin^2\frac{x}{2}}{x^2}=\lim\limits_{x\to 0}\frac{\sin^2\frac{x}{2}}{2\left(\frac{x}{2}\right)^2}=\frac{1}{2}\lim\limits_{x\to 0}\left(\frac{\sin\frac{x}{2}}{\frac{x}{2}}\right)^2=\frac{1}{2}.$

【例 1.4.4】 求$\lim\limits_{x\to 0}\frac{\arcsin x}{x}$.

解 令 $\arcsin x=t$，则 $x=\sin t$ 且 $x\to 0$ 时 $t\to 0$，于是

$$\lim_{x\to 0}\frac{\arcsin x}{x}=\lim_{t\to 0}\frac{t}{\sin t}=1.$$

选学内容

应用夹逼定理，证明重要极限：

$$\boxed{\lim_{x\to 0}\frac{\sin x}{x}=1.}$$

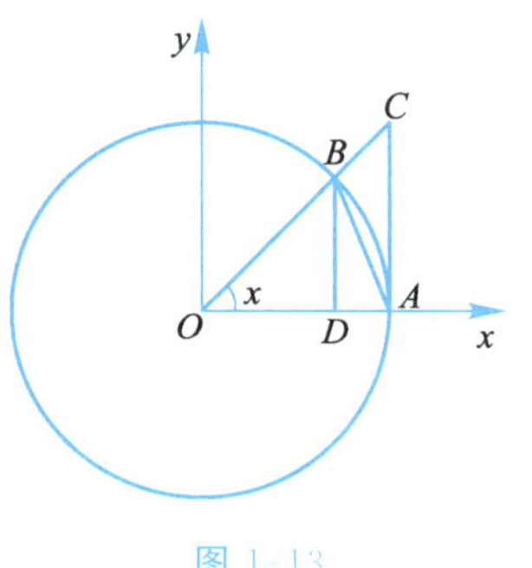

图 1-13

证明 先设 $x\in\left(0,\frac{\pi}{2}\right)$，作一单位圆如图 1-13 所示，设圆心角 $\angle AOB=x$，x 取弧度 $\left[x\in\left(0,\frac{\pi}{2}\right)\right]$.

易见：$\triangle AOB$ 的面积 $<$ 扇形 AOB 的面积 $<$ $\triangle AOC$ 的面积，故 $\frac{1}{2}\sin x<\frac{1}{2}x<\frac{1}{2}\tan x$，$x\in\left(0,\frac{\pi}{2}\right)$，即 $\sin x<x<\tan x$.

由于 $\sin x>0$，上式同除以 $\sin x$，得

$$1<\frac{x}{\sin x}<\frac{1}{\cos x}\text{ 或 }\cos x<\frac{\sin x}{x}<1,$$

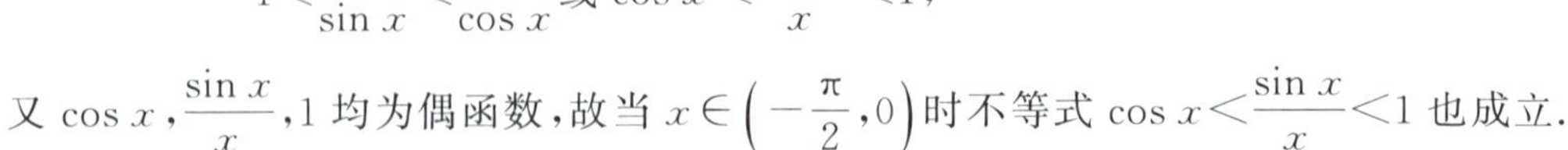

又 $\cos x$，$\frac{\sin x}{x}$，1 均为偶函数，故当 $x\in\left(-\frac{\pi}{2},0\right)$ 时不等式 $\cos x<\frac{\sin x}{x}<1$ 也成立.

又 $\lim\limits_{x\to0}\cos x=1$，$\lim\limits_{x\to0}1=1$，由不等式及夹逼定理，得

$$\lim_{x\to0}\frac{\sin x}{x}=1.$$

1.4.2 第二个重要极限

第二个重要极限

第二个重要极限是 $\boxed{\lim\limits_{x\to\infty}\left(1+\frac{1}{x}\right)^{x}=\mathrm{e}.}$

注意：这个重要极限也可以变形和推广.

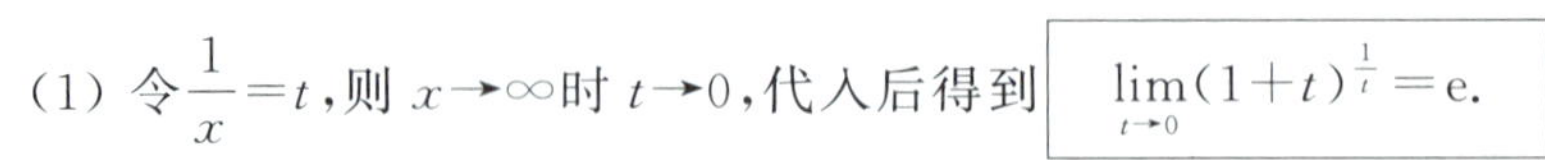

(1) 令 $\frac{1}{x}=t$，则 $x\to\infty$ 时 $t\to0$，代入后得到 $\boxed{\lim\limits_{t\to0}(1+t)^{\frac{1}{t}}=\mathrm{e}.}$

(2) 若 $\lim\limits_{x\to a}\varphi(x)=\infty$（$a$ 可以是有限数 x_0，$\pm\infty$，∞），则

$$\boxed{\lim_{x\to a}\left[1+\frac{1}{\varphi(x)}\right]^{\varphi(x)}=\lim_{\varphi(x)\to\infty}\left[1+\frac{1}{\varphi(x)}\right]^{\varphi(x)}=\mathrm{e}.}$$

(3) 若 $\lim\limits_{x\to a}\varphi(x)=0$（$a$ 可以是有限数 x_0，$\pm\infty$，∞），则

$$\boxed{\lim_{x\to a}[1+\varphi(x)]^{\frac{1}{\varphi(x)}}=\lim_{\varphi(x)\to0}[1+\varphi(x)]^{\frac{1}{\varphi(x)}}=\mathrm{e}.}$$

(4) 若 $\lim\limits_{x\to a}f(x)=0$，$\lim\limits_{x\to a}\varphi(x)=\infty$（$a$ 可以是有限数 x_0，$\pm\infty$，∞），则

$$\boxed{\lim_{x\to a}[1+f(x)]^{\varphi(x)}=\mathrm{e}^{\lim\limits_{x\to a}f(x)\cdot\varphi(x)}.}$$

第二个重要极限及其变形和推广，在 1^{∞} 不定式极限计算及理论推导中也有重要应用.

【例 1.4.5】 求 $\lim\limits_{x\to\infty}\left(1-\frac{2}{x}\right)^{x}$.

解法一 令 $-\frac{2}{x}=t$，则 $x=-\frac{2}{t}$. 当 $x\to\infty$ 时 $t\to0$，于是

$$\lim_{x\to\infty}\left(1-\frac{2}{x}\right)^{x}=\lim_{t\to0}(1+t)^{-\frac{2}{t}}=\left[\lim_{t\to0}(1+t)^{\frac{1}{t}}\right]^{-2}=\mathrm{e}^{-2}.$$

解法二 $\lim\limits_{x\to\infty}\left(1-\frac{2}{x}\right)^{x}=e^{\lim\limits_{x\to\infty}-\frac{2}{x}\cdot x}=e^{-2}$.

【例 1.4.6】 求$\lim\limits_{x\to\infty}\left(\frac{3-x}{2-x}\right)^{x}$.

解法一 令$\frac{3-x}{2-x}=1+u$,则 $x=2-\frac{1}{u}$.当 $x\to\infty$时 $u\to0$,于是

$$\begin{aligned}\lim_{x\to\infty}\left(\frac{3-x}{2-x}\right)^{x}&=\lim_{u\to0}(1+u)^{2-\frac{1}{u}}=\lim_{u\to0}\left[(1+u)^{-\frac{1}{u}}\cdot(1+u)^{2}\right]\\&=\left[\lim_{u\to0}(1+u)^{\frac{1}{u}}\right]^{-1}\cdot\left[\lim_{u\to0}(1+u)^{2}\right]=e^{-1}.\end{aligned}$$

解法二 $\lim\limits_{x\to\infty}\left(\frac{3-x}{2-x}\right)^{x}=\lim\limits_{x\to\infty}\left(1+\frac{1}{2-x}\right)^{x}=e^{\lim\limits_{x\to\infty}\frac{1}{2-x}\cdot x}=e^{-1}$.

【例 1.4.7】 求$\lim\limits_{x\to0}(1+\tan x)^{\cot x}$.

解法一 设 $t=\tan x$,则当 $x\to0$ 时 $t\to0$,于是

$$\lim_{x\to0}(1+\tan x)^{\cot x}=\lim_{t\to0}(1+t)^{\frac{1}{t}}=e.$$

解法二 $\lim\limits_{x\to0}(1+\tan x)^{\cot x}=e^{\lim\limits_{x\to0}\tan x\cdot\cot x}=e$.

【例 1.4.8】 设某人以本金 Q 元进行一项投资,投资的年利率为 r,如果按月计算复利(每月结算一次利息并把利息加入本金继续投资,按利率 r 累计利息),那么 x 年末资金的总额是多少? 如果每时每刻都计算复利,那么 x 年末资金的总额是多少?

解 由于年利率为 r,故月利率为$\frac{r}{12}$,从而有

第一个月末资金变为 $Q+Q\frac{r}{12}=Q\left(1+\frac{r}{12}\right)$(元);

第二个月末资金变为 $Q\left(1+\frac{r}{12}\right)+Q\left(1+\frac{r}{12}\right)\frac{r}{12}=Q\left(1+\frac{r}{12}\right)^{2}$(元);

第三个月末资金变为 $Q\left(1+\frac{r}{12}\right)^{3}$(元);

第一年末资金变为 $Q\left(1+\frac{r}{12}\right)^{12}$(元);

于是第 x 年末资金为 $Q\left(1+\frac{r}{12}\right)^{12x}$(元).

现在若以天为单位计算复利,则 x 年末资金总额为 $Q\left(1+\frac{r}{365}\right)^{365x}$(元);

若以$\frac{1}{n}$年为单位计算复利,则 x 年末资金总额为 $Q\left(1+\frac{r}{n}\right)^{nx}$(元);

若令 $n\to\infty$,即每时每刻计算复利(称为连续复利),则 x 年末资金总额为

$\lim\limits_{n\to\infty}Q\left(1+\frac{r}{n}\right)^{nx}=Q\lim\limits_{n\to\infty}\left[\left(1+\frac{r}{n}\right)^{\frac{n}{r}}\right]^{rx}=Q\cdot e^{rx}$(元).

小结

本节所学的两个极限存在准则是非常重要的理论依据,而两个重要极限又是我们解决很多极限问题的有力工具,会用两个重要极限求一些相关的简单极限是对每一位读者的基本要求.

数学实验

1. MATLAB 中求函数极限的命令格式.

符号变量说明：

```
syms  x  y  t  h  a
```

五种命令格式：

limit(f,x,a)	求变量 x→a 时 f 的极限
limit(f,a)	求默认变量 x→a 时 f 的极限
limit(f)	求 x→0 时 f 的极限
limit(f,x,a,'right')	求 x→a⁺ 时 f 的极限(右极限)
limit(f,x,a,'left')	求 x→a⁻ 时 f 的极限(左极限)

2. 举例.

求 $\lim\limits_{x\to0}\dfrac{\sin x}{x}$，$\lim\limits_{x\to\infty}\dfrac{\sin x}{x}$，$\lim\limits_{x\to2}\dfrac{x-2}{x^2-4}$，$\lim\limits_{x\to0^+}\dfrac{1}{x}$，$\lim\limits_{x\to0^-}\dfrac{1}{x}$，$\lim\limits_{h\to0}\dfrac{\sin(h+x)-\sin x}{h}$，$\lim\limits_{x\to a}\left(1+\dfrac{a}{x}\right)\cdot\sin x$.

程序：	结果：
syms x h a	
limit(sin(x)/x)	1
limit(sin(x)/x,inf)	0
limit((x-2)/(x^2-4),2)	1/4
limit(1/x,x,0,'right')	inf
limit(1/x,x,0,'left')	-inf
limit((sin(x+h)-sin(x))/h,h,0)	cos(x)
limit((1+a/x)·sin(x),x,a)	2·sin(a)

习题 1.4

习题 1.4 答案

1. 计算下列极限.

(1) $\lim\limits_{x\to0}\dfrac{\sin kx}{x}$；

(2) $\lim\limits_{x\to0}\dfrac{\tan kx}{x}$；

(3) $\lim\limits_{x\to0}\dfrac{\sin 2x}{\tan 3x}$；

(4) $\lim\limits_{x\to0}\dfrac{x-\sin x}{x+\sin x}$；

(5) $\lim\limits_{x\to0}\dfrac{1-\cos 2x}{x\sin x}$；

(6) $\lim\limits_{n\to\infty}3^n\sin\dfrac{x}{3^n}$（常数 $x\neq0$）；

(7) $\lim\limits_{x\to a}\dfrac{\sin x-\sin a}{x-a}$；

(8) $\lim\limits_{x\to\pi}\dfrac{\sin x}{\pi-x}$.

2. 计算下列极限.

(1) $\lim\limits_{x\to 0^+}(1-x)^{\frac{1}{x}}$；　　(2) $\lim\limits_{x\to\infty}\left(1+\dfrac{5}{x}\right)^{-x}$；

(3) $\lim\limits_{x\to 0}(1+\sin x)^{2\csc x}$；　　(4) $\lim\limits_{x\to\infty}\left(\dfrac{3x+4}{3x-1}\right)^{x+1}$；

(5) $\lim\limits_{x\to\infty}\left(\dfrac{2-2x}{3-2x}\right)^{x}$；　　(6) $\lim\limits_{m\to\infty}\left(1-\dfrac{1}{m^2}\right)^{m}$.

1.5 无穷小与无穷大

本节导引

考察下列两组函数的极限：

(1) $\lim\limits_{x\to 1}\dfrac{x-1}{x^2+1}=0,\lim\limits_{x\to 0}(e^x-1)=0,\lim\limits_{x\to 0}\arctan x=0,\lim\limits_{x\to 0}(1-\cos x)=0,\lim\limits_{x\to 0}\dfrac{\ln(x+1)}{e^x}=0$；

(2) $\lim\limits_{x\to+\infty}e^x=+\infty,\lim\limits_{x\to 0^+}\ln x=-\infty,\ \lim\limits_{x\to\left(\frac{\pi}{2}\right)^-}\tan x=+\infty,\lim\limits_{x\to 0^+}\dfrac{1}{x}=+\infty,\lim\limits_{x\to\infty}x^3=\infty$.

第一组的极限都是零，第二组的极限都是无穷大（有正无穷大，有负无穷大，也有无穷大），下面我们就研究这两种极限情况.

1.5.1 无穷小

1. 无穷小的定义

考察函数 $f(x)=x-1$，由图 1-14 可知，当 x 从左右两个方向无限趋近于 1 时，$f(x)$ 都无限地趋向于 0.对于这种变化趋势，给出以下定义：

定义 1.5.1　如果当 $x\to x_0$ 时，函数 $f(x)$ 的极限为 0，那么就称函数 $f(x)$ 为 $x\to x_0$ 时的无穷小(infinitesimal)，记作

$$\lim_{x\to x_0}f(x)=0.$$

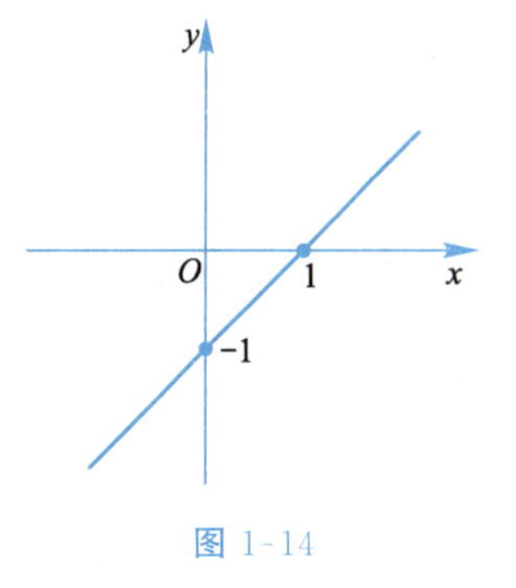

图 1-14

例如，因为 $\lim\limits_{x\to 1}(x-1)=0$，所以函数 $x-1$ 是当 $x\to 1$ 时的无穷小.

上述 $x\to x_0$ 时无穷小的定义，很容易推广到 $x\to x_0^+,x\to x_0^-,x\to+\infty,x\to-\infty$ 时的情形.

又如，因为 $\lim\limits_{x\to\infty}\dfrac{1}{x}=0$，所以函数 $\dfrac{1}{x}$ 是当 $x\to\infty$ 时的无穷小.

引例中的第一组都是相应条件下的无穷小.

注意：

(1) 一个函数 $f(x)$ 是无穷小，是与自变量 x 的变化过程紧密相连的，因此必须指明自

变量 x 的变化过程.例如,函数 $x-1$ 是当 $x\to 1$ 时的无穷小,而当 x 趋向于其他数值时,它就不是无穷小了.

(2) 不要把绝对值很小的常数(如 0.000 000 000 1 或 −0.000 000 000 1)说成是无穷小,无穷小表示的是一个函数,这个函数在自变量的某个变化过程中的极限为 0,而绝对值很小的数无论自变量是何种变化过程,其极限都不是 0.

(3) 零这个常数作为无穷小是特殊情形,因为常数零在自变量的任何一个变化过程中,极限总是零,因此零是可以作为无穷小中唯一的常数.

2. 无穷小的性质

性质 1 有限个无穷小之和仍是无穷小.

性质 2 有界函数与无穷小之积仍是无穷小.

推论 1 常数与无穷小之积仍是无穷小.

推论 2 有限个无穷小之积仍是无穷小.

性质 2 实际上提供了一种求极限的方法,请看下例.

【例 1.5.1】 求 $\lim\limits_{x\to 0}x\cdot\sin\dfrac{1}{x}$.

解 因为 $\lim\limits_{x\to 0}x=0$,所以 x 是 $x\to 0$ 时的无穷小.而 $\left|\sin\dfrac{1}{x}\right|\leqslant 1$,所以 $\sin\dfrac{1}{x}$ 是有界函数.根据无穷小的性质 2,可知 $\lim\limits_{x\to 0}x\cdot\sin\dfrac{1}{x}=0$.

【例 1.5.2】 求 $\lim\limits_{x\to\infty}x\cdot\sin\dfrac{1}{x}$.

解 因为 $x\cdot\sin\dfrac{1}{x}=\dfrac{\sin\frac{1}{x}}{\frac{1}{x}}$,令 $\dfrac{1}{x}=t$,则 $x\to\infty$,$t\to 0$,根据第一个重要极限,可知 $\lim\limits_{x\to\infty}x\cdot\sin\dfrac{1}{x}=\lim\limits_{t\to 0}\dfrac{\sin t}{t}=1$.

【例 1.5.3】 求 $\lim\limits_{x\to\infty}\dfrac{\sin x}{x}$.

解 因为 $\dfrac{\sin x}{x}=\dfrac{1}{x}\cdot\sin x$,而 $\dfrac{1}{x}$ 是当 $x\to\infty$ 时的无穷小,$\sin x$ 是有界函数.根据无穷小的性质 2,可知 $\lim\limits_{x\to\infty}\dfrac{\sin x}{x}=0$.

读者自然要问,两个无穷小的商是否也是无穷小呢?答案是否定的.例如,x,x^2,$\sin x$,$x\sin\dfrac{1}{x}$ 都是当 $x\to 0$ 时的无穷小,但当 $x\to 0$ 时它们的比会出现下列多种情况:$\dfrac{x^2}{x}\to 0$;$\dfrac{x}{x^2}\to\infty$;$\dfrac{\sin x}{x}\to 1$;$\dfrac{x\sin\frac{1}{x}}{x}$ 极限不存在.

3. 函数极限与无穷小的关系

无穷小之所以重要,是因为它与极限有密切的关系,下面的定理将说明函数、函数的极限与无穷小三者之间的重要关系.

定理 1.5.1　$\lim\limits_{x\to x_0} f(x)=A \Leftrightarrow f(x)=A+\alpha$,其中$\lim\limits_{x\to x_0}\alpha=0$,即当 $x\to x_0$ 时 $f(x)$以 A 为极限的充分必要条件是 $f(x)$能表示为 A 与一个 $x\to x_0$ 时的无穷小之和.

这个定理是证明前面极限四则运算法则的主要根据.

1.5.2 无穷大

无穷小是绝对值无限变小的变量,它的对立面就是绝对值无限增大的变量,称为**无穷大量**(简称无穷大).

考察函数 $f(x)=\dfrac{1}{x-1}$.由图 1-15 可知,当 x 从左右两个方向趋近于 1 时,$|f(x)|$都无限增大.对于这种变化趋势,给出下列定义:

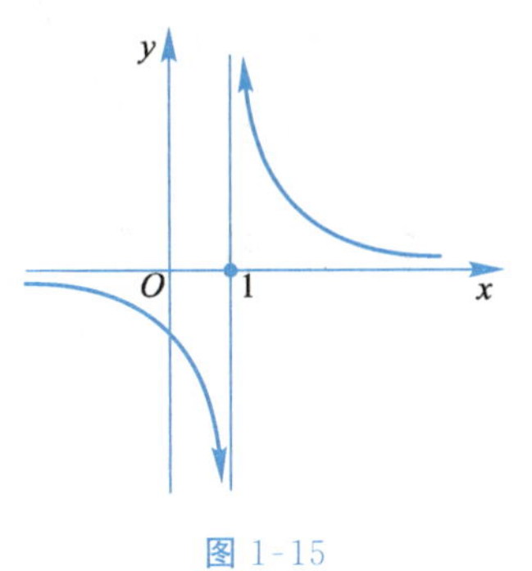

图 1-15

定义 1.5.2　如果当 $x\to x_0$ 时,函数 $f(x)$的绝对值无限增大,那么称函数 $f(x)$为当 $x\to x_0$ 时的无穷大(infinity).

如果函数 $f(x)$为当 $x\to x_0$ 时的无穷大,那么它的极限是不存在的.但为了便于描述函数的这种变化趋势,我们也说“函数的极限是无穷大”,并记作

$$\lim_{x\to x_0} f(x)=\infty.$$

注意:式中的“∞”是一个记号而不是确定的数,记号的含义仅表示“$f(x)$的绝对值无限增大”.

例如,当 $x\to 1$ 时,$\left|\dfrac{1}{x-1}\right|$无限增大,所以$\dfrac{1}{x-1}$是当 $x\to 1$ 时的无穷大,记作 $\lim\limits_{x\to 1}\dfrac{1}{x-1}=\infty$.

上述 $x\to x_0$ 时的无穷大的定义,很容易推广到 $x\to x_0^+$,$x\to x_0^-$,$x\to+\infty$,$x\to-\infty$时的情形.

又如,当 $x\to\infty$时,$|x|$无限增大,所以 x 是当 $x\to\infty$时的无穷大,记作$\lim\limits_{x\to\infty}x=\infty$.

当 $x\to+\infty$时,2^x 总取正值且无限增大,所以 2^x 是当 $x\to+\infty$时的无穷大,记作 $\lim\limits_{x\to+\infty}2^x=+\infty$.

当 $x\to 0^+$ 时,$\ln x$ 总取负值且无限减小,所以 $\ln x$ 是 $x\to 0^+$ 时的无穷大,记作 $\lim\limits_{x\to 0^+}\ln x=-\infty$.

注意:

(1) 一个函数 $f(x)$是无穷大,是与自变量 x 的变化过程紧密相连的,因此必须指明自变量 x 的变化过程.例如,函数$\dfrac{1}{x}$是当$x\to 0$ 时的无穷大,而当 x 趋向于其他数值时它就不是无穷大.

(2) 不要把绝对值很大的数(如 1 000 000 000 或$-$1 000 000 000)说成是无穷大,无穷大表示的是一个函数,这个函数的绝对值在自变量的某个变化过程中的变化趋势是无限增

大，而绝对值很大的数为常数，无论自变量如何变化，其极限都为常数本身，并不会无限增大或减小.

无穷小与无穷大可以看作宇宙的数学模型，无穷小反映了微观世界的本质，无穷大反映了宏观世界的本质.

1.5.3 无穷大与无穷小的关系

定理 1.5.2 在自变量的同一变化过程中，若 $\lim f(x)=\infty$，则 $\lim \frac{1}{f(x)}=0$；若 $\lim f(x)=0$，则 $\lim \frac{1}{f(x)}=\infty$.

下面我们利用无穷大与无穷小的关系来求一些函数的极限.

【例 1.5.4】 求 $\lim\limits_{x\to 1}\frac{x+4}{x-1}$.

解 因为 $\lim\limits_{x\to 1}\frac{x-1}{x+4}=0$，即 $\frac{x-1}{x+4}$ 是当 $x\to 1$ 时的无穷小，根据无穷大与无穷小的关系可知，它的倒数 $\frac{x+4}{x-1}$ 是当 $x\to 1$ 时的无穷大，即 $\lim\limits_{x\to 1}\frac{x+4}{x-1}=\infty$.

【例 1.5.5】 求 $\lim\limits_{x\to\infty}\frac{2x^3-x^2+5}{x^2+7}$.

解 因为 $\lim\limits_{x\to\infty}\frac{x^2+7}{2x^3-x^2+5}=\lim\limits_{x\to\infty}\frac{\frac{1}{x}+\frac{7}{x^3}}{2-\frac{1}{x}+\frac{5}{x^3}}=0$，所以 $\lim\limits_{x\to\infty}\frac{2x^3-x^2+5}{x^2+7}=\infty$.

分析本节例 1.5.5 和上节例 1.3.5、例 1.3.6 的特点和结果，可得自变量趋向于无穷大时有理分式函数求极限的法则：

(1) 若分式中分子和分母是同次的，则其极限等于分子和分母的最高次项的系数之比.

(2) 若分式中分子的次数高于分母的次数，则该分式的极限为无穷大.

(3) 若分式中分子的次数低于分母的次数，则该分式的极限为零.

即

$$\lim_{x\to\infty}\frac{a_0x^m+a_1x^{m-1}+\cdots+a_m}{b_0x^n+b_1x^{n-1}+\cdots+b_n}=\begin{cases}\frac{a_0}{b_0}, & m=n,\\ \infty, & m>n,\\ 0, & m<n.\end{cases}$$

1.5.4 无穷小的比较

我们已经知道，自变量同一变化过程的两个无穷小的和及乘积仍然是这个过程的无穷小.但是两个无穷小的商却会出现不同的结果.例如，x，$2x$，x^2 都是当 $x\to 0$ 时的无穷小，而 $\lim\limits_{x\to 0}\frac{x^2}{2x}=0$，$\lim\limits_{x\to 0}\frac{2x}{x^2}=\infty$，$\lim\limits_{x\to 0}\frac{2x}{x}=2$.产生这种不同结果的原因，是因为当 $x\to 0$ 时三个无穷小趋于 0 的速度是有差别的，如表 1-3 所示.

表 1-3

x	1	0.5	0.1	0.01	0.001	$\to 0$
$2x$	2	1	0.2	0.02	0.002	$\to 0$
x^2	1	0.25	0.01	0.000 1	0.000 001	$\to 0$

下面就以两个无穷小之商的极限所出现的各种情况来比较两个无穷小.

定义 1.5.3　设 α,β 是当自变量 $x\to a$（a 可以是有限数 x_0，也可以是 $\pm\infty$ 或 ∞）时的两个无穷小，且 $\beta\neq 0$.

(1) 如果 $\lim\limits_{x\to a}\dfrac{\alpha}{\beta}=0$，那么称当 $x\to a$ 时 α 是 β 的高阶无穷小，或称 β 是 α 的低阶无穷小，记作 $\alpha=o(\beta)(x\to a)$；

(2) 如果 $\lim\limits_{x\to a}\dfrac{\alpha}{\beta}=A(A\neq 0)$，那么称当 $x\to a$ 时 α 与 β 是同阶无穷小；

(3) 如果 $\lim\limits_{x\to a}\dfrac{\alpha}{\beta}=1$，那么称当 $x\to a$ 时 α 与 β 是等价无穷小，记作 $\alpha\sim\beta(x\to a)$.

注意：记号"$\alpha=o(\beta)(x\to a)$"并不意味着 α,β 的数量之间有什么相等关系，它仅表示 α,β 是 $x\to a$ 时的无穷小，且 α 是 β 的高阶无穷小.

例如，因为 $\lim\limits_{x\to 0}\dfrac{x^2}{2x}=0$，所以当 $x\to 0$ 时，x^2 是 $2x$ 的高阶无穷小，所以 $x^2=o(2x)(x\to 0)$；因为 $\lim\limits_{x\to 3}\dfrac{x^2-9}{x-3}=6$，所以当 $x\to 3$ 时，x^2-9 是 $x-3$ 的同阶无穷小；因为 $\lim\limits_{x\to 0}\dfrac{\sin x}{x}=1$，$\sin x$ 与 x 是 $x\to 0$ 时的等价无穷小，所以 $\sin x\sim x(x\to 0)$；因为 $\lim\limits_{x\to 0}\dfrac{1-\cos x}{x}=0$，$\lim\limits_{x\to 0}\dfrac{\tan x}{x}=1$，$\lim\limits_{x\to 0}\dfrac{\sqrt{1+x}-1}{\frac{1}{2}x}=\lim\limits_{x\to 0}\dfrac{2x}{x(\sqrt{1+x}+1)}=\lim\limits_{x\to 0}\dfrac{2}{\sqrt{1+x}+1}=1$，所以 $1-\cos x=o(x)(x\to 0)$，$\tan x\sim x$，$\sqrt{1+x}-1\sim\dfrac{1}{2}x(x\to 0)$.

关于等价无穷小，有下面的定理.

定理 1.5.3（等价无穷小的替换原理）　设 $\alpha,\beta,\alpha',\beta'$ 是 $x\to a$ 时的无穷小，且 $\alpha\sim\alpha'$，$\beta\sim\beta'$，则当极限 $\lim\limits_{x\to a}\dfrac{\alpha'}{\beta'}$ 存在时，极限 $\lim\limits_{x\to a}\dfrac{\alpha}{\beta}$ 也存在，且 $\lim\limits_{x\to a}\dfrac{\alpha}{\beta}=\lim\limits_{x\to a}\dfrac{\alpha'}{\beta'}$.

这个定理表明，在计算极限时，可将分子或分母中的因式换成其等价无穷小.

由本节及前几节的讨论，可以得到以下等价无穷小：

$$\boxed{\sin x\sim x,\tan x\sim x,\arcsin x\sim x,\arctan x\sim x,1-\cos x\sim\frac{1}{2}x^2(x\to 0)}.$$

$$\boxed{\ln(1+x)\sim x,\mathrm{e}^x-1\sim x,(1+x)^a-1\sim ax(x\to 0)(a\in\mathbf{R})}.$$

在定理中灵活地应用这些无穷小的等价性，可以为求极限提供极大的方便. 例如，$1-\cos 2x\sim 2x^2$，$a^x-1\sim x\ln a(x\to 0)(a>0)$，$\ln x\sim x-1(x\to 1)$.

【例 1.5.6】 求$\lim\limits_{x\to 0}\dfrac{\sin 3x}{\tan 5x}$.

解 因为 $\sin 3x\sim 3x$, $\tan 5x\sim 5x\ (x\to 0)$,所以$\lim\limits_{x\to 0}\dfrac{\sin 3x}{\tan 5x}=\lim\limits_{x\to 0}\dfrac{3x}{5x}=\dfrac{3}{5}$.

【例 1.5.7】 求$\lim\limits_{x\to 0}\dfrac{\ln(1+x^2)(e^x-1)}{(1-\cos x)\sin 2x}$.

解 因为 $e^x-1\sim x$, $\ln(1+x^2)\sim x^2$, $\sin 2x\sim 2x$, $1-\cos x\sim\dfrac{1}{2}x^2\ (x\to 0)$,

所以
$$\lim_{x\to 0}\frac{\ln(1+x^2)(e^x-1)}{(1-\cos x)\sin 2x}=\lim_{x\to 0}\frac{x^2\cdot x}{\frac{1}{2}x^2\cdot 2x}=1.$$

【例 1.5.8】 用等价无穷小的代换,求$\lim\limits_{x\to 0}\dfrac{\tan x-\sin x}{x^3}$.

解 因为 $\tan x-\sin x=\tan x(1-\cos x)$,而 $\tan x\sim x$, $1-\cos x\sim\dfrac{1}{2}x^2\ (x\to 0)$,

所以
$$\lim_{x\to 0}\frac{\tan x-\sin x}{x^3}=\lim_{x\to 0}\frac{x\cdot\frac{1}{2}x^2}{x^3}=\frac{1}{2}.$$

注意:若在本例中以 $\tan x\sim x$, $\sin x\sim x$ 代入分子,将得到下面的错误结果:$\lim\limits_{x\to 0}\dfrac{\tan x-\sin x}{x^3}=\lim\limits_{x\to 0}\dfrac{x-x}{x^3}=0$.因为只有当用等价无穷小代换因式时极限才保持不变,而这样的代换,分子 $\tan x-\sin x$ 与 $x-x$ 不是等价无穷小.

因此,必须注意在用等价无穷小代换求极限时,只能代换其中的因式,而不能代换用加减号连结的项.

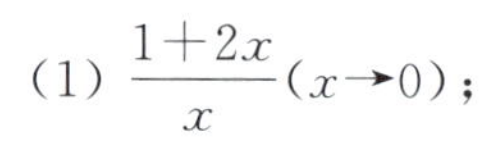

小结

通过本节的学习,读者应该做到以下几点:(1) 理解无穷小与无穷大的概念;(2) 掌握利用性质 2 求极限的方法;(3) 掌握利用等价无穷小的替换原则求极限的方法.

习题 1.5 答案

习题 1.5

1. 下列各题中,哪些是无穷小? 哪些是无穷大?

(1) $\dfrac{1+2x}{x}\ (x\to 0)$;　　(2) $\dfrac{x+1}{x^2-9}\ (x\to 3)$;

(3) $2^{-x-1}\ (x\to 0)$;　　(4) $\ln x\ (x\to 1)$;

(5) $\left(\dfrac{1}{e}\right)^x\ (x\to +\infty)$;　　(6) $\dfrac{\sin x}{\cos x+1}\ (x\to 0)$.

2. 求下列极限.

(1) $\lim\limits_{x\to\infty}(2x^5-x+1)$;　　(2) $\lim\limits_{x\to\infty}\dfrac{4x^3-2x+8}{3x^2+1}$;

(3) $\lim\limits_{x\to\infty}\dfrac{x^2-3}{x^4+x^2+1}$；　　(4) $\lim\limits_{x\to\infty}\dfrac{(2x-3)^{20}}{(x+1)^{12}(4x-3)^8}$；

(5) $\lim\limits_{x\to\infty}\dfrac{\cos 2x}{x^2}$；　　(6) $\lim\limits_{x\to\infty}\dfrac{\arctan x}{x}$.

3. 利用等价无穷小的性质，计算下列极限.

(1) $\lim\limits_{x\to 0}\dfrac{\sin(x^n)}{(\sin x)^m}$（$m,n$ 为正整数）；　　(2) $\lim\limits_{x\to 0}\dfrac{\tan 4x}{\sin 5x}$；

(3) $\lim\limits_{x\to 0}\dfrac{\tan x-\sin x}{\ln(x^3+1)}$；　　(4) $\lim\limits_{n\to\infty}n[\ln(n+1)-\ln n]$；

(5) $\lim\limits_{x\to 0}\dfrac{(e^x-1)\sin x}{1-\cos x}$；　　(6) $\lim\limits_{x\to\infty}x^2\left(1-\cos\dfrac{1}{x}\right)$.

1.6　函数的连续性

本节导引

观察图 1-16(a)和图 1-16(b)，它们最大的差别在于前者图形连贯，一笔画到底，后者中间断开，不能一笔画成.

如何描述这一现象，这就是本节要讲的内容——函数的连续性.

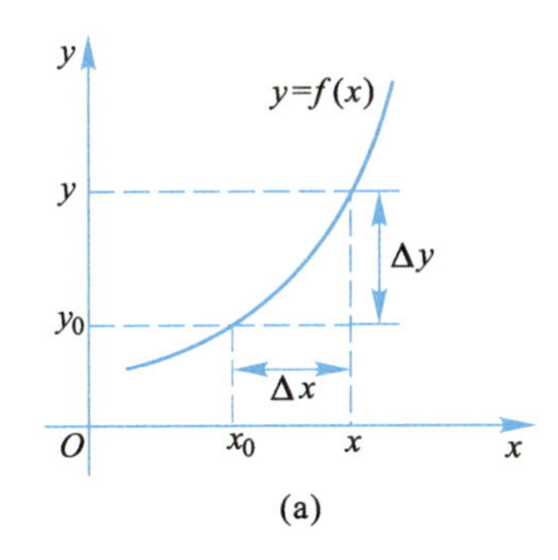

(a)

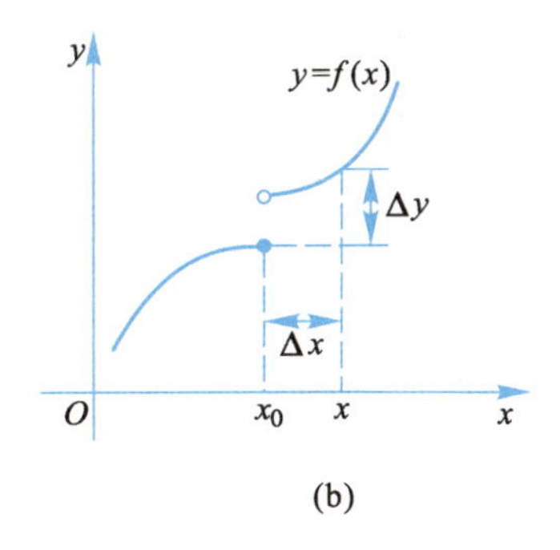

(b)

图 1-16

1.6.1　函数的连续性

函数的连续性

仔细分析导引不难发现，如果我们用函数 $y=f(x)$来描述运动，自变量的改变量很微小时，相应函数值的改变量 Δy 也很微小，则此函数 $y=f(x)$的几何图形是一条连续不断的曲线，如图 1-16(a)所示；如果自变量在某点处的改变量 Δx 很微小，相应函数值的改变量 Δy 不是很微小，即对应的函数值有明显的变化，则曲线 $y=f(x)$在相应点 $x=x_0$ 处出现了间断，如图 1-16(b)所示.

由以上分析可见，我们可以利用 $f(x)$在 x_0 处的极限来刻画 $f(x)$在 x_0 处的连续性.

1. 函数在一点处连续

定义 1.6.1　设函数 $f(x)$在 x_0 的某一邻域内有定义，如果当自变量 x 在 x_0 处的增量

Δx 趋于零时，相应的函数增量 $\Delta y=f(x_0+\Delta x)-f(x_0)$ 也趋于零，即 $\lim\limits_{\Delta x\to 0}\Delta y=0$，则称函数 $f(x)$ 在 x_0 处连续(continuous)，称 x_0 为函数 $f(x)$ 的连续点.

由定义 1.6.1 可知 $\Delta x=x-x_0$，所以 $x=x_0+\Delta x$，因而

$$\Delta y=f(x_0+\Delta x)-f(x_0)=f(x)-f(x_0)\text{，即 } f(x)=f(x_0)+\Delta y.$$

可见，$\Delta y\to 0$ 时，$f(x)\to f(x_0)$，所以 $\lim\limits_{\Delta x\to 0}\Delta y=0$ 与 $\lim\limits_{x\to x_0}f(x)=f(x_0)$ 等价.

于是，可以对函数 $y=f(x)$ 在点 x_0 处连续作如下定义：

定义 1.6.2 设函数 $y=f(x)$ 在点 x_0 的某一邻域内有定义，如果函数 $f(x)$ 当 $x\to x_0$ 时的极限存在，且等于它在 x_0 处的函数值 $f(x_0)$，即 $\lim\limits_{x\to x_0}f(x)=f(x_0)$，则称函数 $f(x)$ 在 x_0 处连续.

注意：从定义 1.6.2 可以看出，函数 $f(x)$ 在 x_0 处连续必须同时满足以下三个条件.

(1) 函数 $f(x)$ 在 x_0 处及其附近有定义；

(2) 极限 $\lim\limits_{x\to x_0}f(x)$ 存在；

(3) 极限值等于函数值，即 $\lim\limits_{x\to x_0}f(x)=f(x_0)$.

【例 1.6.1】 研究函数 $f(x)=x^2+1$ 在 $x=2$ 处的连续性.

解 函数 $f(x)=x^2+1$ 在 $x=2$ 的邻域内有定义，且 $\lim\limits_{x\to 2}f(x)=\lim\limits_{x\to 2}(x^2+1)=5$，而 $f(2)=5$，所以 $\lim\limits_{x\to 2}f(x)=f(2)$. 因此，函数 $f(x)=x^2+1$ 在 $x=2$ 处连续.

相应地，可以引出函数 $f(x)$ 在 x_0 处的左、右极限的概念.

定义 1.6.3 如果函数 $y=f(x)$ 在 x_0 及其左侧邻域内有定义，且 $\lim\limits_{x\to x_0^-}f(x)=f(x_0)$，则称函数 $y=f(x)$ 在 x_0 处左连续. 如果函数 $y=f(x)$ 在 x_0 及其右侧邻域内有定义，且 $\lim\limits_{x\to x_0^+}f(x)=f(x_0)$，则称函数 $y=f(x)$ 在 x_0 处右连续.

由定义 1.6.1 和定义 1.6.2 可得：

$$\boxed{y=f(x)\text{ 在 }x_0\text{ 处连续}\Leftrightarrow y=f(x)\text{ 在 }x_0\text{ 处既左连续又右连续}}.$$

【例 1.6.2】 讨论函数 $f(x)=\begin{cases}1+\cos x, & x<\dfrac{\pi}{2},\\ \sin x, & x\geqslant\dfrac{\pi}{2}\end{cases}$ 在 $x=\dfrac{\pi}{2}$ 处的连续性.

解 由于 $f(x)$ 在 $x=\dfrac{\pi}{2}$ 处的左、右表达式不同，所以先讨论函数 $f(x)$ 在 $x=\dfrac{\pi}{2}$ 处的左、右连续性.

由于
$$\lim_{x\to\frac{\pi}{2}^-}f(x)=\lim_{x\to\frac{\pi}{2}^-}(1+\cos x)=1+\cos\frac{\pi}{2}=1=f\left(\frac{\pi}{2}\right),$$
$$\lim_{x\to\frac{\pi}{2}^+}f(x)=\lim_{x\to\frac{\pi}{2}^+}\sin x=\sin\frac{\pi}{2}=1=f\left(\frac{\pi}{2}\right),$$

所以 $f(x)$ 在 $x=\dfrac{\pi}{2}$ 处左、右连续，因此 $f(x)$ 在 $x=\dfrac{\pi}{2}$ 处连续.

2. 区间上的连续函数

定义 1.6.4　如果函数 $y=f(x)$ 在开区间 (a,b) 内每一点都是连续的，则称函数 $y=f(x)$ 在开区间 (a,b) 内连续，或者说 $y=f(x)$ 是 (a,b) 内的连续函数.

如果函数 $y=f(x)$ 在开区间 (a,b) 内连续，且在区间的两个端点 $x=a$ 与 $x=b$ 处分别是右连续和左连续，即 $\lim\limits_{x\to a^+}f(x)=f(a)$，$\lim\limits_{x\to b^-}f(x)=f(b)$，则称函数 $f(x)$ 在闭区间 $[a,b]$ 上连续，或者说 $f(x)$ 是闭区间 $[a,b]$ 上的连续函数.

若函数 $f(x)$ 在定义域内的每一点都连续，则称 $f(x)$ 为连续函数.

【例 1.6.3】［出租车费用］设某城市出租车白天的收费 $y=f(x)$（单位：元）与路程 x（单位：km）之间的关系为

$$f(x)=\begin{cases}5+1.2x, & 0<x\leqslant 7,\\ 13.4+2.1(x-7), & x>7.\end{cases}$$

(1) 求 $\lim\limits_{x\to 7}f(x)$；

(2) 问函数 $y=f(x)$ 在 $x=7$ 处连续吗？在 $x=1$ 处连续吗？

解　(1) 因为 $\lim\limits_{x\to 7^-}f(x)=\lim\limits_{x\to 7^-}(5+1.2x)=13.4$，

$$\lim_{x\to 7^+}f(x)=\lim_{x\to 7^+}[13.4+2.1(x-7)]=13.4,$$

所以

$$\lim_{x\to 7}f(x)=13.4.$$

(2) 因为 $\lim\limits_{x\to 7}f(x)=13.4=f(7)$，所以函数 $y=f(x)$ 在 $x=7$ 处连续.

因为 $x=1$ 是初等函数 $f(x)=5+1.2x$ 定义域内的点，所以函数 $f(x)$ 在 $x=1$ 处连续.

1.6.2　函数的间断点及其分类

函数的间断点

1. 间断点的概念

定义 1.6.5　设函数 $y=f(x)$ 在 x_0 的某去心邻域内有定义，若下列条件之一发生：

(1) 函数 $f(x)$ 在 x_0 处无定义；

(2) 函数 $f(x)$ 在 x_0 处有定义，但极限 $\lim\limits_{x\to x_0}f(x)$ 不存在；

(3) 函数 $f(x)$ 在 x_0 处有定义，极限 $\lim\limits_{x\to x_0}f(x)$ 存在，但 $\lim\limits_{x\to x_0}f(x)\neq f(x_0)$，

则称点 x_0 为 $f(x)$ 的间断点，或者说函数 $f(x)$ 在 x_0 处不连续.

函数在一点 x_0 处间断的情况是多种多样的，从函数的图形上看，主要有下面几种类型：

在图 1-17(a) 中，虽然极限 $\lim\limits_{x\to x_0}f(x)$ 存在，但是由于 $f(x)$ 在 x_0 处无定义而造成间断；在图 1-17(b) 中，尽管极限 $\lim\limits_{x\to x_0}f(x)$ 存在且 $f(x)$ 在 x_0 处有定义，但由于 $\lim\limits_{x\to x_0}f(x)\neq f(x_0)$，从而出现间断.其余四个图形都是由于 $\lim\limits_{x\to x_0}f(x)$ 不存在而造成间断，其中，图 1-17(c) 所示是 $f(x)$ 在 x_0 的左、右极限都存在但不相等；图 1-17(d) 所示是 $x\to x_0$ 时 $f(x)\to+\infty$；图 1-17(e) 所示反映了 $f(x)$ 在 x_0 处左极限存在，但当 $x\to x_0^+$ 时 $f(x)\to+\infty$；图 1-17(f) 所示是 $y=\sin\dfrac{1}{x}$ 的图形，函数在 $x=0$ 附近无限次等幅振荡.

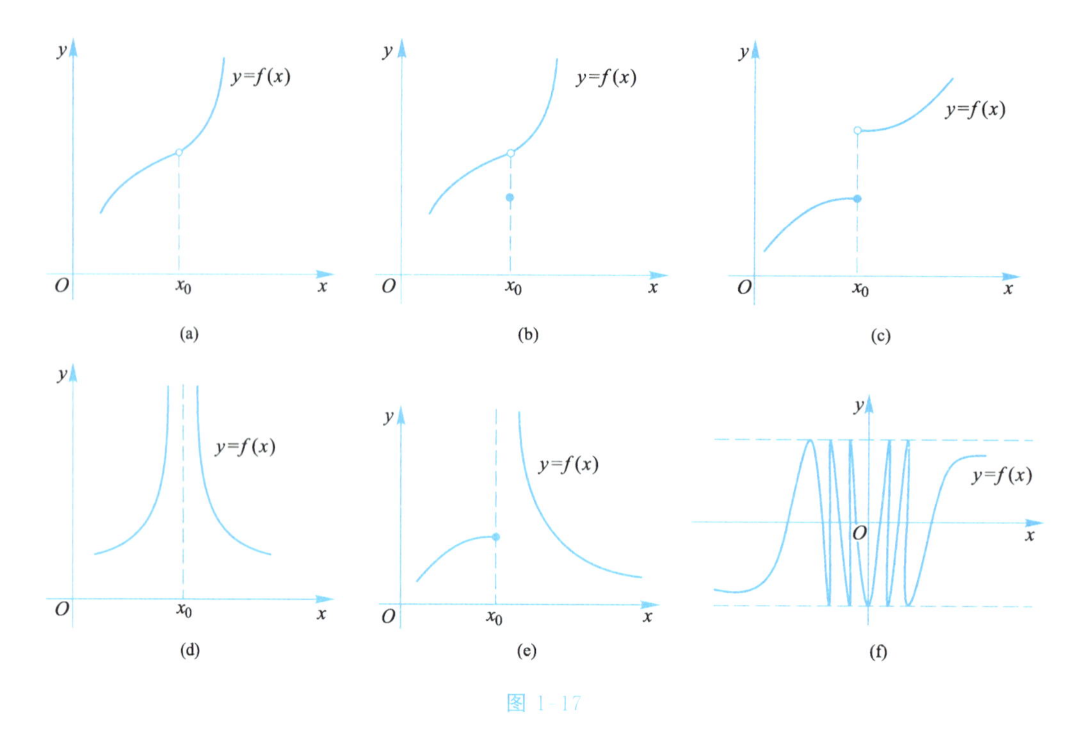

图 1-17

2. 间断点的分类

由以上各种情况,我们可以将间断点分成两种类型:

(1) 左、右极限都存在的间断点称为**第一类间断点**,如图 1-17(a)至图 1-17(c)所示;

(2) 凡不属于第一类间断点的都称为**第二类间断点**,如图 1-17(d)至图 1-17(f)所示.

选学内容

第一类间断点又可分为可去间断点和跳跃间断点.

(1) 如果左、右极限存在且相等,由于 $f(x)$ 在 x_0 处无定义[图 1-17(a)]或者虽有定义但是极限值与函数值不等[图 1-17(b)]所造成的间断,则称 x_0 为 $f(x)$ 的**可去间断点**.之所以称为可去间断点,是因为这时我们可以通过补充定义 $f(x_0)$,或改变函数 $f(x)$ 在 x_0 的值使得 $f(x)$ 在 x_0 处连续.

(2) 如果左、右极限存在但不相等,$f(x)$ 的值在 x_0 处产生跳跃[图 1-17(c)],这时称 x_0 为 $f(x)$ 的**跳跃间断点**.

第二类间断点又可分为无穷间断点和振荡间断点.

(1) 当 $x\to x_0^-$ 或 $x\to x_0^+$ 时,$f(x)$ 至少在 x_0 的一侧无限增大,则称 x_0 为 $f(x)$ 的**无穷间断点**[图 1-17(d)、图 1-17(e)];

(2) 当 $x\to x_0$ 时,$f(x)$ 至少在 x_0 的一侧无限次振荡且振幅不衰减为 0,则称 x_0 为 $f(x)$ 的**振荡间断点**[图 1-17(f)].

【例 1.6.4】 函数 $f(x)=\dfrac{\sin x}{x}$ 在 $x=0$ 处无定义,故 $x=0$ 是间断点.又由于 $\lim\limits_{x\to 0}\dfrac{\sin x}{x}=1$,即左、右极限存在且相等,所以 $x=0$ 是第一类(可去)间断点.

【例 1.6.5】 函数 $f(x)=\begin{cases}\dfrac{x^2-4}{x-2}, & x\neq 2,\\ 2, & x=2\end{cases}$ 在 $x=2$ 处有定义 $f(2)=2$，且 $\lim\limits_{x\to 2}f(x)=\lim\limits_{x\to 2}\dfrac{x^2-4}{x-2}=\lim\limits_{x\to 2}(x+2)=4$，但是 $\lim\limits_{x\to 2}f(x)=4\neq 2=f(2)$，即极限存在但不等于函数值，所以 $x=2$ 是第一类(可去)间断点.

【例 1.6.6】 函数 $f(x)=\begin{cases}x-4, & -2\leqslant x<0,\\ -x+1, & 0\leqslant x<2.\end{cases}$

由于 $\lim\limits_{x\to 0^+}f(x)=\lim\limits_{x\to 0^+}(-x+1)=1$，$\lim\limits_{x\to 0^-}f(x)=\lim\limits_{x\to 0^-}(x-4)=-4$，即左、右极限不相等，所以 $\lim\limits_{x\to 0}f(x)$ 不存在，因此 $x=0$ 是 $f(x)$ 的第一类(跳跃)间断点.

【例 1.6.7】 函数 $f(x)=\dfrac{x^2-1}{x(x-1)}$，在 $x=0,1$ 处没有定义，所以 $x=0$，$x=1$ 是间断点.

在 $x=0$ 处，因为 $\lim\limits_{x\to 0}f(x)=\lim\limits_{x\to 0}\dfrac{x^2-1}{x(x-1)}=\infty$，所以 $x=0$ 是 $f(x)$ 的第二类(无穷)间断点；在 $x=1$ 处，因为 $\lim\limits_{x\to 1}f(x)=\lim\limits_{x\to 1}\dfrac{x^2-1}{x(x-1)}=\lim\limits_{x\to 1}\dfrac{x+1}{x}=2$，所以 $x=1$ 是 $f(x)$ 的第一类(可去)间断点.

【例 1.6.8】 [冰融化所需要的热量] 设 1 g 冰从 -40 ℃升到 100 ℃所需要的热量(单位：J)为

$$f(x)=\begin{cases}2.1x+84, & -40\leqslant x<0,\\ 4.2x+420, & x\geqslant 0.\end{cases}$$

试问当 $x=0$ 时，函数是否连续？若不连续，指出其间断点的类型，并解释其几何意义.

解 因为

$$\lim_{x\to 0^-}f(x)=\lim_{x\to 0^-}(2.1x+84)=84,$$
$$\lim_{x\to 0^+}f(x)=\lim_{x\to 0^+}(4.2x+420)=420,$$

则

$$\lim_{x\to 0^-}f(x)=84\neq 420=\lim_{x\to 0^+}f(x),$$

可知 $\lim\limits_{x\to 0}f(x)$ 极限不存在，所以函数 $f(x)$ 在 $x=0$ 处不连续.

由于此时函数 $f(x)$ 在 $x=0$ 处的左、右极限都存在，所以 $x=0$ 为函数 $f(x)$ 的第一类间断点.这说明冰化成水时需要的热量会突然增加.

小结

函数的连续性是微积分学中许多重要结论成立的前提.通过本节的学习，读者应该做到以下几点：(1) 理解函数的连续性概念；(2) 熟悉函数在一点连续的两个等价定义；(3) 了解间断点的概念并会对间断点进行分类.

习题 1.6

习题 1.6 答案

1. 选择题.

(1) 设函数 $f(x)=5x^2$,当自变量 x 有增量 Δx 时,函数 $f(x)$ 的相应增量 $\Delta y=$( ).

A. $10x\Delta x$ B. $10+5\Delta x$

C. $10x\Delta x+5(\Delta x)^2$ D. $10\Delta x+(\Delta x)^2$

(2) 设 $f(x)=\begin{cases}(1-x)^{\frac{1}{x}}, & x\neq 0,\\ k, & x=0\end{cases}$ 在点 $x=0$ 处连续,则 $k=$( ).

A. 1 B. e C. $\dfrac{1}{\mathrm{e}}$ D. -1

(3) $f(x)=\begin{cases}x-1, & 0<x\leqslant 1,\\ 2-x, & 1<x\leqslant 3\end{cases}$ 在点 $x=1$ 处不连续,是因为( ).

A. $f(x)$ 在 $x=1$ 处无定义 B. $\lim\limits_{x\to 1^-}f(x)$ 不存在

C. $\lim\limits_{x\to 1^+}f(x)$ 不存在 D. $\lim\limits_{x\to 1}f(x)$ 不存在

(4) 函数 $y=f(x)$ 在点 $x=x_0$ 处有定义是 $f(x)$ 在 x_0 处连续的( ).

A. 必要条件 B. 充分条件 C. 充要条件 D. 无关条件

(5) 函数 $f(x)=\begin{cases}2x, & 0\leqslant x<1,\\ a-3x, & 1\leqslant x<2\end{cases}$ 在点 $x=1$ 处连续,则 $a=$( ).

A. 2 B. 5 C. 3 D. 4

2. 设函数 $f(x)=\begin{cases}\mathrm{e}^x, & x<0,\\ x+a, & x\geqslant 0,\end{cases}$ 问常数 a 为何值时,函数 $f(x)$ 在 $x=0$ 处连续?

3. 设函数 $f(x)=\begin{cases}\dfrac{1}{x}\sin x, & x<0,\\ k, & x=0,\\ x\sin\dfrac{1}{x}+1, & x>0,\end{cases}$ 问常数 k 为何值时,函数 $f(x)$ 在 $x=0$ 处连续?

4. 讨论函数 $f(x)=\dfrac{x^2-1}{x^2-3x+2}$ 的间断点,并指出其间断点的类型.

1.7 连续函数的四则运算与初等函数的连续性

本节导引

在前一节我们已经看到了许多函数都会有间断点,那么什么样的函数是连续的呢?连续函数经过各种运算是否仍然连续呢?例如,讨论函数 $y=\cos\sqrt{x}$ 和 $y=\sqrt{\cos x}-1$ 的连续性.

1.7.1 连续函数的四则运算

由函数在一点处连续的定义和函数极限的四则运算法则,可以得到

定理 1.7.1　如果函数 $f(x)$ 和 $g(x)$ 在点 x_0 处连续,那么

(1) 函数 $f(x) \pm g(x)$;

(2) 函数 $f(x) \cdot g(x)$;

(3) 函数 $\dfrac{f(x)}{g(x)}$[当 $g(x_0) \neq 0$ 时]都在点 x_0 处连续.

【例 1.7.1】　因为 $\sin x$ 与 $\cos x$ 都在 $(-\infty, +\infty)$ 上连续,所以根据定理 1.7.1 的(3), $\tan x = \dfrac{\sin x}{\cos x}$ 与 $\cot x = \dfrac{\cos x}{\sin x}$ 在各自定义区间内连续.

定理 1.7.1 的直接推论是连续函数的线性法则:在定理 1.7.1 的假设条件下,对任意实数 α, β,函数 $\alpha f(x) + \beta g(x)$ 在 x_0 处连续.

1.7.2 复合函数的连续性

定理 1.7.2　设函数 $y = f(u)$ 在点 $u = u_0$ 处连续,函数 $u = \varphi(x)$ 在点 $x = x_0$ 处连续,且 $\varphi(x_0) = u_0$,则复合函数 $y = f[\varphi(x)]$ 在点 $x = x_0$ 处连续.

可见,求复合函数的极限时,如果函数 $u = \varphi(x)$ 在点 x_0 处的极限存在,又 $y = f(u)$ 在对应的 u_0 处连续,则极限符号可以与函数符号交换.这里把本章第三节中关于复合函数的极限法则的运用推广到了一般的连续函数 $f(u)$.

【例 1.7.2】　讨论函数 $y = \sin \dfrac{1}{x}$ 的连续性.

解　函数 $y = \sin \dfrac{1}{x}$ 可看作由 $y = \sin u$ 及 $u = \dfrac{1}{x}$ 复合而成的复合函数,$\sin u$ 在 $(-\infty, +\infty)$ 上是连续的,$\dfrac{1}{x}$ 在 $(-\infty, 0)$ 和 $(0, +\infty)$ 内是连续的,根据定理 1.7.2 知,函数 $\sin \dfrac{1}{x}$ 在区间 $(-\infty, 0)$ 和 $(0, +\infty)$ 内是连续的.

【例 1.7.3】　求极限 $\lim\limits_{x \to \infty} \arctan\left(1 + \dfrac{1}{x}\right)^x$.

解　函数 $y = \arctan\left(1 + \dfrac{1}{x}\right)^x$ 是由 $y = \arctan u$ 与 $u = \left(1 + \dfrac{1}{x}\right)^x$ 复合而成的复合函数,因为 $\lim\limits_{x \to \infty} u = \lim\limits_{x \to \infty}\left(1 + \dfrac{1}{x}\right)^x = \mathrm{e}$,而函数 $y = \arctan u$ 在 $u = \mathrm{e}$ 处连续,故极限符号可以与函数符号交换,从而有

$$\lim_{x \to \infty} \arctan\left(1 + \frac{1}{x}\right)^x = \arctan\left[\lim_{x \to \infty}\left(1 + \frac{1}{x}\right)^x\right] = \arctan \mathrm{e}.$$

【例 1.7.4】　求 $\lim\limits_{x \to 0} \dfrac{\log_a(1+x)}{x}$.

解　$\lim\limits_{x \to 0} \dfrac{\log_a(1+x)}{x} = \lim\limits_{x \to 0} \log_a(1+x)^{\frac{1}{x}} = \log_a \mathrm{e} = \dfrac{1}{\ln a}$.

【例 1.7.5】 求$\lim\limits_{x\to 0}\arcsin\left(\dfrac{\tan x}{x}\right)$.

解 函数$f(x)=\arcsin\left(\dfrac{\tan x}{x}\right)$可视为由函数$y=\arcsin u$, $u=\dfrac{\tan x}{x}$复合而成的复合函数,尽管在点$x=0$处$f(x)$无定义,但由于$\lim\limits_{x\to 0}\dfrac{\tan x}{x}=1=u_0$,
而$y=\arcsin u$在对应点$u_0=1$处连续,因此由复合函数的极限运算法则,得

$$\lim_{x\to 0}\arcsin\left(\frac{\tan x}{x}\right)=\arcsin\left(\lim_{x\to 0}\frac{\tan x}{x}\right)=\arcsin 1=\frac{\pi}{2}.$$

1.7.3 初等函数的连续性

初等函数的连续性

我们已经知道基本初等函数在它们的定义区间内都是连续的.在上述定理的基础上,又可得到一个重要结论:**一切初等函数在其定义区间内都连续.**

例如,初等函数$y=\sqrt{1+x^3}\sin 4x$, $y=\ln(x+\sqrt{1+x^2})$, $y=\operatorname{arccot}(x^2+x)$等都在其定义区间内连续.

利用初等函数的连续性的结论可得:

如果$f(x)$是初等函数,且点x_0在$f(x)$的定义区间内,那么$\lim\limits_{x\to x_0}f(x)=f(x_0)$.因此,计算$f(x)$当$x\to x_0$时的极限,只要计算对应的函数值$f(x_0)$即可.

例如,$x_0=\dfrac{\pi}{2}$是初等函数$y=\ln\sin x$的定义区间$(0,\pi)$内的点,所以

$$\lim_{x\to\frac{\pi}{2}}\ln\sin x=\ln\sin x\big|_{x=\frac{\pi}{2}}=\ln 1=0.$$

又如,$y=\sqrt{1-x^2}$的定义区间是$[-1,1]$, $x=1\in[-1,1]$,则

$$\lim_{x\to 1^-}\sqrt{1-x^2}=\sqrt{1-x^2}\big|_{x=1}=0.$$

再如,$y=\arcsin\ln x$的定义区间是$[e^{-1},e]$, $x=e\in[e^{-1},e]$,所以

$$\lim_{x\to e^-}\arcsin\ln x=\arcsin\ln x\big|_{x=e}=\arcsin 1=\frac{\pi}{2}.$$

【例 1.7.6】 设函数

$$f(x)=\begin{cases}\dfrac{\sin x}{x}, & x<0,\\ a, & x=0,\\ \dfrac{2(\sqrt{1+x}-1)}{x}, & x>0,\end{cases}$$

选择适当的数a,使得$f(x)$成为$(-\infty,\infty)$内的连续函数.

解 当$x\in(-\infty,0)$时,$f(x)=\dfrac{\sin x}{x}$是初等函数,根据初等函数的连续性,$f(x)$连续;当$x\in(0,+\infty)$时,$f(x)=\dfrac{2(\sqrt{1+x}-1)}{x}$也是初等函数,所以也是连续的;在$x=0$处,

$f(0)=a$,又

$$\lim_{x\to 0^-}f(x)=\lim_{x\to 0^-}\frac{\sin x}{x}=1,$$

$$\lim_{x\to 0^+}f(x)=\lim_{x\to 0^+}\frac{2(\sqrt{1+x}-1)}{x}=\lim_{x\to 0^+}\frac{2(\sqrt{1+x}-1)(\sqrt{1+x}+1)}{x(\sqrt{1+x}+1)}=1,$$

故$\lim\limits_{x\to 0}f(x)=1$.当$a=1$时,$f(x)$在$x=0$处连续.

综上所述,$a=1$时,$f(x)$在$(-\infty,+\infty)$内成为连续函数.

1.7.4　闭区间上连续函数的性质

闭区间上连续函数有很多性质,利用连续函数的几何图形可以很容易理解这些性质,但证明这些性质却不容易且超出了本书的范围,所以下面我们以定理的形式把这些性质叙述出来,而略去证明.

定理 1.7.3(最大值和最小值定理)　闭区间上连续函数必有最值.

图 1-18 给出了该定理的几何直观图形.

注意:定理的条件是充分的,也就是说,在满足定理的条件时,函数一定在闭区间上能取得最大值和最小值.在不满足定理的条件时,有的函数也可能取得最大值和最小值,如图 1-19 所示的函数,在开区间内不连续,但在开区间(a,b)上也存在最大值和最小值.

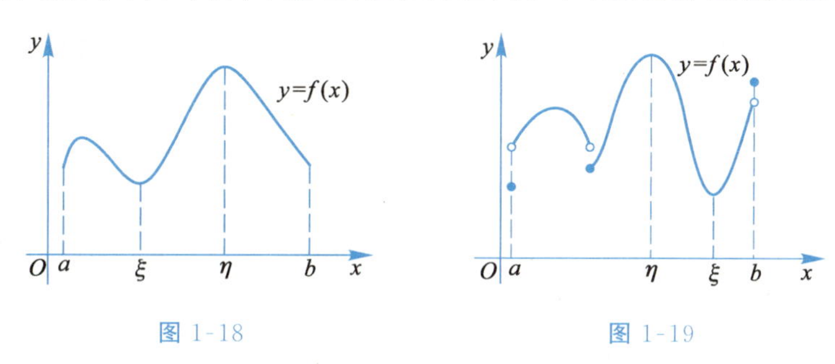

图 1-18　　　　图 1-19

若存在x_0使得$f(x_0)=0$,则x_0称为函数$f(x)$的零点.

定理 1.7.4(零点定理)　如果函数$f(x)$在闭区间$[a,b]$上连续,且$f(a)\cdot f(b)<0$,则在开区间(a,b)内至少存在函数$f(x)$的一个零点,即至少有一点$\xi(a<\xi<b)$,使得

$$f(\xi)=0.$$

从几何图形上看,定理 1.7.4 表示:如果连续曲线弧$y=f(x)$的两个端点位于x轴的不同侧,那么这段曲线弧与x轴至少有一个交点$\xi(a<\xi<b)$,如图 1-20 所示.

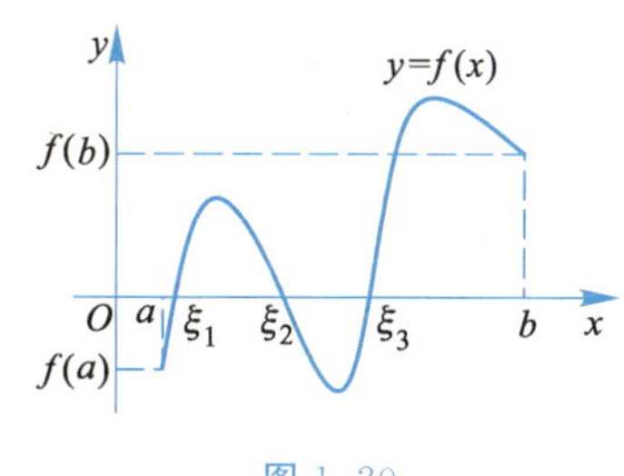

图 1-20

零点定理表明,若函数$f(x)$在闭区间$[a,b]$上连续,且$f(a)\cdot f(b)<0$,则方程$f(x)=0$在开区间(a,b)内至少存在一个根,所以它称为**根的存在定理**.

作为零点定理的应用,举例如下:

【例 1.7.7】　证明方程$x=\cos x$在$\left(0,\frac{\pi}{2}\right)$内至少有一个实根.

证明　方程$x=\cos x$等价于$x-\cos x=0$.如上所说,要证明$x-\cos x=0$有实根,就

是要证明函数 $f(x)=x-\cos x$ 有零点.令 $f(x)=x-\cos x, 0\leqslant x\leqslant\frac{\pi}{2}$,则 $f(x)$ 在 $\left[0,\frac{\pi}{2}\right]$ 上连续,且 $f(0)=-1<0, f\left(\frac{\pi}{2}\right)=\frac{\pi}{2}>0$.由根的存在定理,在 $\left(0,\frac{\pi}{2}\right)$ 内至少有一点 ξ,使 $f(\xi)=\xi-\cos\xi=0$,即方程 $x=\cos x$ 在 $\left(0,\frac{\pi}{2}\right)$ 内至少有一个实根.

定理 1.7.5(介值定理) 如果函数 $f(x)$ 在闭区间 $[a,b]$ 上连续,且在此区间的端点处取不同的函数值 $f(a)=A, f(b)=B$,那么,对于 A 与 B 之间的任意一个数 C,在闭区间 $[a,b]$ 上至少有一点 ξ,使 $f(\xi)=C(a\leqslant\xi\leqslant b)$.

定理 1.7.5 的几何意义是:连续曲线 $y=f(x)$ 与水平直线 $y=C$ 至少相交于一点,图 1-21 所示的点 P_1, P_2, P_3 都是曲线 $y=f(x)$ 与直线 $y=C$ 的交点.

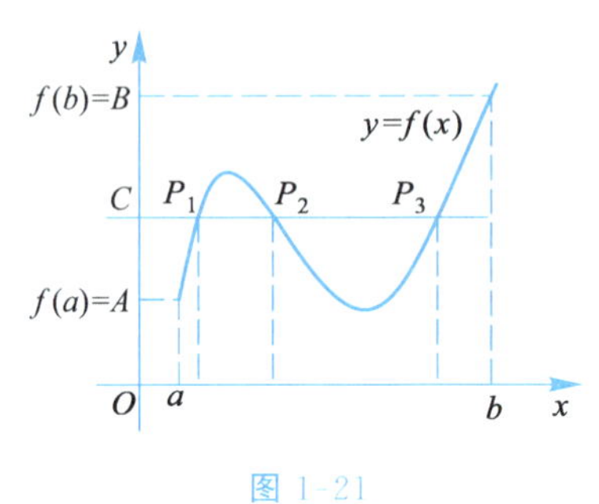

图 1-21

推论 在闭区间上连续的函数一定能取得介于最大值 M 和最小值 m 之间的任意值.

设 $m=f(x_1), M=f(x_2)$ 且 $m\neq M$,在闭区间 $[x_1,x_2]$(或 $[x_2,x_1]$)上利用介值定理,就可以得到上述推论.

小结

通过本节学习,读者应该做到以下几点:(1) 了解复合函数的连续性;(2) 掌握初等函数的连续性;(3) 熟悉闭区间上连续函数的性质.

扫一扫

习题 1.7 答案

习题 1.7

1. 求下列函数的连续区间,并求极限.

(1) $f(x)=\frac{1}{\sqrt[3]{x^2-3x+2}}$,求 $\lim\limits_{x\to 0}f(x)$;　(2) $f(x)=\ln(2-x)$,求 $\lim\limits_{x\to -8}f(x)$;

(3) $f(x)=\sqrt{x-4}+\sqrt{6-x}$,求 $\lim\limits_{x\to 5}f(x)$;　(4) $f(x)=\ln\arcsin x$,求 $\lim\limits_{x\to\frac{1}{2}}f(x)$.

2. 求下列极限.

(1) $\lim\limits_{x\to 0}\sqrt{x^2-2x+5}$;　(2) $\lim\limits_{x\to\frac{\pi}{4}}(\sin 2x)^3$;

(3) $\lim\limits_{x\to\frac{\pi}{6}}\ln(2\cos 3x)$;　(4) $\lim\limits_{x\to\infty}\cos\left[\ln\left(1+\frac{2x-1}{x^2}\right)\right]$.

3. 求下列极限.

(1) $\lim\limits_{x\to 0}\ln\frac{\sin x}{x}$;　(2) $\lim\limits_{x\to 0}\cos\left(\frac{\sin\pi x}{x}\right)$;

(3) $\lim\limits_{x\to 0}(1+3\tan^2x)^{\cot^2x}$;　(4) $\lim\limits_{x\to\frac{\pi}{2}}(1+\cos x)^{-2\sec x}$.

4. 证明方程 $x^4-4x+2=0$ 在区间 $(1,2)$ 内至少有一个根.

5. 验证方程 $x\cdot 2^x=1$ 至少有一个小于 1 的正根.

1.8　利用极限建模

极限就是一种简单的数学模型.但是运用这种简单的模型得到的许多深刻的结论却令人震惊.很多结果都与我们的直观认识有冲突,用初等数学的思想方法都难以解释和理解.

【例 1.8.1】　计算 $1+\frac{1}{2}+\frac{1}{3}+\frac{1}{4}+\cdots+\frac{1}{n}+\cdots=\sum\limits_{n=1}\frac{1}{n}$.

打开 MATLAB,首先建立一个 m 文件,其方法是单击"File",然后单击"new",最后单击"M-Fille",即可建立 m 文件.

进入 m 文件窗口,输入如下程序:

```
n = input('n = ')              % 给 n 赋一个值
s = 0                          % 给 s 赋予初值 0
for i = 1 : n                  % i 从 1 循环到 n
s = s + 1/i                    % 把 i 从 1 到 n 代入计算
end                            % 循环结束
disp(s)                        % 显示结果 s
```

以 thjs.m(调和级数)的文件名保存.

最后在命令窗口中调用 thjs 三次,分别输入 $n=10\ 000$,$n=100\ 000$,$n=1\ 000\ 000$,得到结果:9.787 6,12.090 1,14.392 7.

即
$$\sum_{n=1}^{10\ 000}\frac{1}{n}=9.787\ 6,\ \sum_{n=1}^{100\ 000}\frac{1}{n}=12.090\ 1,\ \sum_{n=1}^{1\ 000\ 000}\frac{1}{n}=14.392\ 7.$$

事实上,$\sum\limits_{n=1}^{10\ 000}\frac{1}{n}$ 将以非常慢的速度向无穷大靠近,慢的速度有些令人不可思议.

通过上面的计算可知,前 1 万项的和仅为 9.787 6,前 10 万项的和仅为 12.090 1,前 100 万项的和仅为 14.392 7.这是历史上第一个发散级数(调和级数)的例子,奥雷斯姆于 1350 年证明了调和级数的发散性.

【例 1.8.2】　某收藏品今年的价值是 A_0(万元),据估计其价值的年化增长率是 r,求其经过 t 年后的价值 A.

解　将 t 年时间 n 等分成小的时间段 $\frac{t}{n}$,经过一个这样的小时间段后,该收藏品的价值变成 $A_1=A_0\left(1+\frac{t}{n}r\right)$,经过 t 年,实际上是经过 n 个这样的小时间段,所以该收藏品的价值变成 $A_n=A_0\left(1+\frac{rt}{n}\right)^n$.

因为时间是连续变化的,理论上讲收藏品的价值每时每刻都在变化,所以当 n 越大时收藏品的价值就越准确,所以当 $n\to\infty$ 时,对 $A_n=A_0\left(1+\frac{rt}{n}\right)^n$ 取极限就可以得到 A,于是有

$$A=\lim_{n\to\infty}A_n=\lim_{n\to\infty}A_0\left(1+\frac{rt}{n}\right)^n=A_0\lim_{n\to\infty}\left(1+\frac{rt}{n}\right)^{\frac{n}{rt}\cdot rt}=A_0\mathrm{e}^{rt}.$$

复习题一

复习题一答案

一、填空题.

1. $\lim\limits_{x\to 0}(e^{2x}+x^2-1)=$______.

2. $\lim\limits_{x\to\infty}\dfrac{(2x-3)^{30}}{(3x+5)^{20}(2x-1)^{10}}=$______.

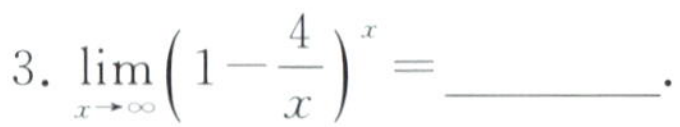

3. $\lim\limits_{x\to\infty}\left(1-\dfrac{4}{x}\right)^x=$______.

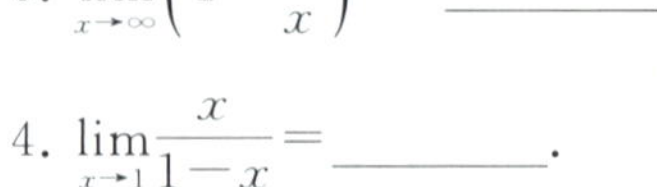

4. $\lim\limits_{x\to 1}\dfrac{x}{1-x}=$______.

5. 函数 $y=\ln\sin^2 x$ 的复合过程为______.

6. 设 $f(x)=\begin{cases}x^2+2x-3, & x\leqslant 1,\\ x, & 1<x<2,\\ 2x-2, & x\geqslant 2,\end{cases}$ 则

$\lim\limits_{x\to 0}f(x)=$______; $\lim\limits_{x\to 1}f(x)=$______; $\lim\limits_{x\to 2}f(x)=$______; $\lim\limits_{x\to 4}f(x)=$______.

7. 设 $f(x)=x\sin\dfrac{1}{x}$, $g(x)=\dfrac{\sin x}{x}$. 则

$\lim\limits_{x\to 0}f(x)=$______; $\lim\limits_{x\to\infty}f(x)=$______; $\lim\limits_{x\to 0}g(x)=$______; $\lim\limits_{x\to\infty}g(x)=$______.

8. 函数 $f(x)=\dfrac{\sqrt{x+2}}{(x+1)(x-4)}$ 的连续区间为______.

二、选择题.

1. 函数 $f(x)$ 在 x_0 处连续是 $\lim\limits_{x\to x_0}f(x)$ 存在的(　　).

A. 必要条件　　B. 充分条件　　C. 充要条件　　D. 无关条件

2. 若 $\lim\limits_{x\to x_0^+}f(x)=\lim\limits_{x\to x_0^-}f(x)=A$, 则下列说法正确的是(　　).

A. $f(x_0)=A$　　B. $\lim\limits_{x\to x_0}f(x)=A$

C. $f(x)$ 在 x_0 处有定义　　D. $f(x)$ 在 x_0 处连续

3. 设 $f(x)=\dfrac{|x-1|}{x-1}$, 则 $\lim\limits_{x\to 1}f(x)$ 是(　　).

A. 1　　B. -1　　C. 不存在　　D. 0

4. 在给定的变化过程中,(　　)是无穷小.

A. $\dfrac{\sin x}{x}, x\to 0$　　B. $\dfrac{\cos x}{x}, x\to\infty$　　C. $\dfrac{x}{\sin x}, x\to 0$　　D. $\dfrac{x}{\cos x}, x\to\infty$

5. 函数 $f(x)=\dfrac{x-2}{x^3-x^2-2x}$ 的间断点是(　　).

A. $x=0, x=-1$　　B. $x=0, x=2$

C. $x=0, x=-1, x=2$　　D. $x=-1, x=2$

6. 函数 $y=\frac{1}{\sqrt{x^2-x-6}}+\ln(3x-8)$ 的定义域为(　　).

A. $(-\infty,2)\cup\left(\frac{8}{3},+\infty\right)$　　B. $\left(\frac{8}{3},+\infty\right)$

C. $(3,+\infty)$　　D. $(-\infty,-2)$

7. $\lim\limits_{x\to 0}\frac{e^{-x^2}-1}{\sin^2 x}=($　　$)$.

A. 0　　B. 1　　C. ∞　　D. -1

8. $\lim\limits_{x\to -1}(x+2)^{\frac{1}{x+1}}=($　　$)$.

A. 1　　B. e　　C. $\frac{1}{e}$　　D. ∞

三、求下列极限.

1. $\lim\limits_{x\to 2}\frac{x^3-8}{x^2-4}$.

2. $\lim\limits_{x\to 0}\frac{\sqrt[3]{1+x}-1}{x}$.

3. $\lim\limits_{x\to\infty}\frac{x^k+1}{x^2+x+1}$($k$ 为常数).

4. $\lim\limits_{x\to 1}\left(\frac{3}{1-x^3}-\frac{1}{1-x}\right)$.

5. $\lim\limits_{x\to 0}x\left(\sin\frac{1}{x^2}-\frac{1}{\sin 2x}\right)$.

6. $\lim\limits_{x\to\infty}\left(\frac{3x-1}{3x+1}\right)^{2x}$.

7. $\lim\limits_{x\to 0^+}\frac{e^{-2x}-1}{\ln(1+\tan 2x)}$.

8. $\lim\limits_{x\to 0}\left(\frac{1}{\sin x}-\frac{1}{\tan x}\right)$.

四、设 $f(x)=\begin{cases}x+4, & x\leqslant 0,\\ e^x+x+3, & 0<x\leqslant 2,\\ (x+1)^2, & x>2,\end{cases}$ 求 $\lim\limits_{x\to 1}f(x)$,$\lim\limits_{x\to 2}f(x)$.

五、讨论 $f(x)=\begin{cases}2+x, & 0<x<2,\\ 4, & \text{其他}\end{cases}$ 的连续性.

六、已知 $f(x)=\begin{cases}3x+2, & x\leqslant -1,\\ \frac{\ln(x+2)}{x+1}+a, & -1<x<0,\\ -2+x+b, & x\geqslant 0\end{cases}$ 在 $(-\infty,+\infty)$ 内连续,求 a,b 的值.

七、证明方程 $x^3+3x-1=0$ 至少有一个小于1的正根.

八、求函数 $f(x)=\frac{1}{1-e^{\frac{x}{1-x}}}$ 的间断点,并对间断点进行分类.

第 2 章

导数与微分

教学目标

1. 知识目标　理解导数和微分的概念及意义;掌握一元函数求导的四则运算法则和一元复合函数求导方法.

2. 能力目标　能运用高阶导数求解法则,培养学生发现规律和归纳总结的能力;会运用微分思想对误差进行计算,解决实际问题.

3. 思政目标　通过学习导数定义的产生、发展和形成过程,培养学生崇正义、求大同的思想.

思维导图

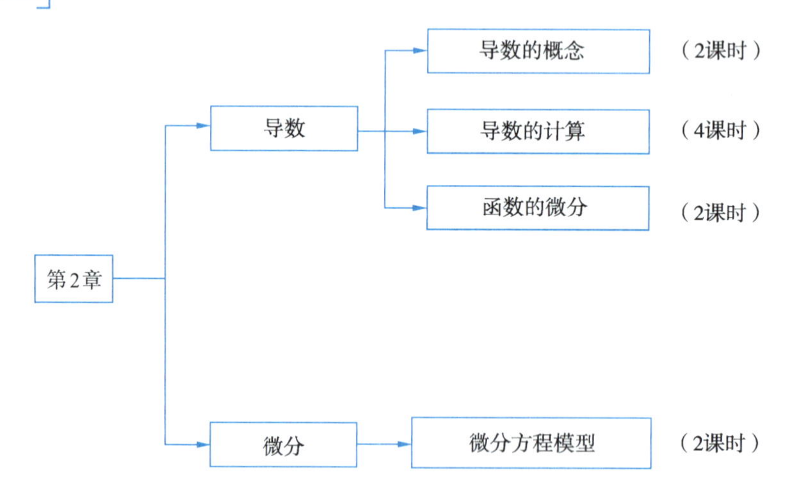

本章导引

导数的概念和其他数学概念一样，同样源于人类的实践.具体来讲，导数的思想最初是由法国数学家费马(Fermat)为研究极值问题而引入的，后经牛顿(Newton)、莱布尼茨(Leibniz)等数学家的努力，提炼出了导数的思想，给出了导数的精确定义.

本章将沿着极限方法的足迹建立描述变量变化快慢程度的方法——导数与微分.导数与微分概念的确立是高等数学发展的第一个里程碑，为当时的生产与技术领域解决了两个迫切需要解决的问题：一个是变速直线运动的速度问题；另一个是曲线的切线问题.

2.1 导数的概念

本节导引

17 世纪生产与技术领域两个迫切需要解决的问题引出了导数与微分的概念，那么我们就从这两个典型例子入手，进入导数的学习.

引例 1(瞬时速度)　物体做自由落体运动的方程：$s=s(t)=\frac{1}{2}gt^2$，位移单位是 m，时间单位是 s，其中 $g=9.8\ \mathrm{m/s^2}$，问物体在第 2 s 时刻的速度是多少？

解　速度随时间变化的情况如表 2-1 所示.

表 2-1

t	[1.5,2]	[1.99,2]	[1.999 9,2]	…	2	…	[2,2.001]	[2,2.01]	[2,2.5]
Δt	0.5	0.01	0.000 1	→	0	←	0.001	0.01	0.5
$\bar{v}$	17.51	19.551	19.599 5	→	19.6	←	19.605	19.649	22.05

由表 2-1 可知，不同时间段的平均速度 $\bar{v}$ 不同，当时间段 Δt 很小时，平均速度 $\bar{v}$ 将接近于某个确定的常数 19.6，因此 19.6 应理解为物体在第 2 s 时刻的瞬时速度.

归纳　这里体现了极限的思想，即在 $t=2$ s 这一时刻的瞬时速度 v 等于物体在 $t=2$ s 到 $t=(2+\Delta t)$s 这段时间内当 $\Delta t\to 0$ 时平均速度 $\bar{v}$ 的极限值，即

$$v(t)=\lim_{\Delta t\to 0}\bar{v}=\lim_{\Delta t\to 0}\frac{\Delta s}{\Delta t}=\lim_{\Delta t\to 0}\frac{s(2+\Delta t)-s(2)}{\Delta t}=\lim_{\Delta t\to 0}\frac{1}{2}g(4+\Delta t)=2g=19.6\ \mathrm{m/s}.$$

提炼　设物体的运动方程是 $s=s(t)$，则物体在 t_0 时刻的瞬时速度 v 就等于物体在 t_0 到 $t_0+\Delta t$ 时间段内当 $\Delta t\to 0$ 时平均速度 $\bar{v}$ 的极限值，即

$$v(t)=\lim_{\Delta t\to 0}\bar{v}=\lim_{\Delta t\to 0}\frac{\Delta s}{\Delta t}=\lim_{\Delta t\to 0}\frac{s(t_0+\Delta t)-s(t_0)}{\Delta t}.$$

引例 2(平面曲线的切线斜率)　求过抛物线 $y=x^2$ 上点 $A(1,1)$ 的切线斜率.

解　如图 2-1 所示，在抛物线上任取点 A 附近的一点 $B(x,y)$，作抛物线的割线 AB.设

割线 AB 的倾斜角为 β，则割线的斜率为

$$\tan\beta=\frac{\Delta y}{\Delta x}=\frac{f(x)-f(1)}{x-1}=\frac{(1+\Delta x)^2-1^2}{\Delta x}=2+\Delta x.$$

当点 B 沿抛物线逐渐向点 A 靠近时，割线 AB 将绕点 A 转动.当点 B 沿抛物线无限接近于点 A 时（$B\to A$），割线 AB 的极限位置 AT 就定义为抛物线 $y=x^2$ 在点 A 处的切线 AT. 设切线 AT 的倾斜角为 α，则切线 AT 的斜率为

$$\tan\alpha=\lim_{\beta\to\alpha}\tan\beta=\lim_{\Delta x\to 0}\frac{\Delta y}{\Delta x}=\lim_{\Delta x\to 0}(2+\Delta x)=2.$$

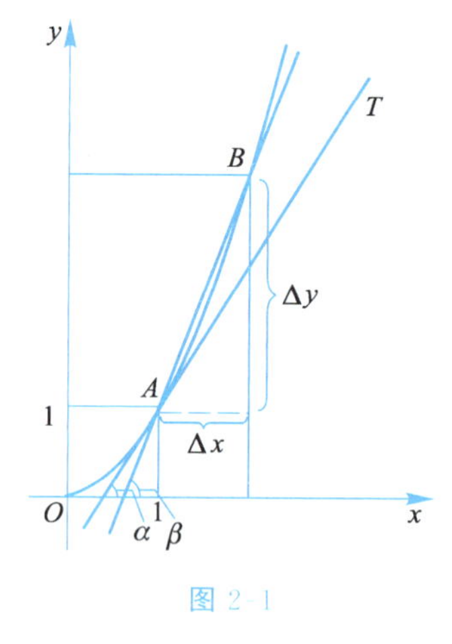

图 2-1

归纳　这里依然体现了极限的思想，即过曲线上点(1,1)处的切线斜率等于过曲线上该点和点 $(1+\Delta x,f(1+\Delta x))$ 处当 $\Delta x\to 0$ 时割线的极限值，即

$$k=\lim_{\Delta x\to 0}\frac{\Delta y}{\Delta x}=\lim_{\Delta x\to 0}\frac{(1+\Delta x)^2-1^2}{\Delta x}=2.$$

提炼　设平面曲线的方程为 $y=f(x)$，则过曲线上点 $(x_0,f(x_0))$ 的切线斜率为过该点和点 $(x_0+\Delta x,f(x_0+\Delta x))$ 处的割线当 $\Delta x\to 0$ 时的极限值，即

$$k=\lim_{\Delta x\to 0}\frac{\Delta y}{\Delta x}=\lim_{\Delta x\to 0}\frac{f(x_0+\Delta x)-f(x_0)}{\Delta x}.$$

由此可见，一个是物理问题——瞬时速度，一个是几何问题——切线斜率，但都是函数的改变量 Δy 与自变量的改变量 Δx 比值的极限（$\Delta x\to 0$），两者具有共同的数学结构，即表示为

$$\lim_{\Delta x\to 0}\frac{\Delta y}{\Delta x}=\lim_{\Delta x\to 0}\frac{f(x_0+\Delta x)-f(x_0)}{\Delta x}.$$

我们把这种类型的极限抽象出来就是导数的概念.

2.1.1 导数的定义

导数的定义

定义 2.1.1　设函数 $y=f(x)$ 在点 x_0 的某一邻域内有定义，当自变量 x 在 x_0 处有改变量 Δx 时，相应的函数也有一个改变量为 $\Delta y=f(x_0+\Delta x)-f(x_0)$，若当 $\Delta x\to 0$ 时，极限

$$\lim_{\Delta x\to 0}\frac{\Delta y}{\Delta x}=\lim_{\Delta x\to 0}\frac{f(x_0+\Delta x)-f(x_0)}{\Delta x}\tag{2-1}$$

存在，则称函数 $f(x)$ 在点 x_0 处可导(derivable)，并称此极限值为函数 $y=f(x)$ 在点 x_0 处的导数（或变化率）(derivative)，记作

$$y'|_{x=x_0}\text{ 或 }f'(x_0)\text{ 或 }\left.\frac{dy}{dx}\right|_{x=x_0}\text{ 或 }\left.\frac{df(x)}{dx}\right|_{x=x_0}.$$

若极限不存在，则称函数 $y=f(x)$ 在点 x_0 处**不可导或导数不存在**.

若令 $x_0+\Delta x=x$，则当 $\Delta x\to 0$ 时，有 $x\to x_0$，故式(2-1)可以改写为

$$f'(x_0)=\lim_{x\to x_0}\frac{f(x)-f(x_0)}{x-x_0}.$$

有时，也会考虑式(2-1)中自变量的改变量Δx只从大于0或只从小于0的方向趋近于0，类似于左、右极限的概念，会有函数$f(x)$在点x_0处的左导数和右导数，分别记作$f'_-(x_0)$和$f'_+(x_0)$，即

$$f'_-(x_0)=\lim_{x\to x_0^-}\frac{\Delta y}{\Delta x}=\lim_{x\to x_0^-}\frac{f(x)-f(x_0)}{x-x_0};$$

$$f'_+(x_0)=\lim_{x\to x_0^+}\frac{\Delta y}{\Delta x}=\lim_{x\to x_0^+}\frac{f(x)-f(x_0)}{x-x_0}.$$

由函数$y=f(x)$在点x_0处的左、右极限与极限的关系，可得

定理 2.1.1　函数$y=f(x)$在x_0点处可导$\Leftrightarrow f'_+(x_0)=f'_-(x_0)$.

【例 2.1.1】　现向某气球注入气体，假设气体的压强不变，当气球半径为 2 cm 时，气球的体积关于半径的变化率是多少？

解　气球的体积V与半径r之间的函数关系为

$$V=\frac{4}{3}\pi r^3,$$

气球的体积关于半径的变化率为

$$\frac{\mathrm{d}V}{\mathrm{d}r}=\lim_{\Delta r\to 0}\frac{\Delta V}{\Delta r},$$

其中

$$\Delta V=\frac{4}{3}\pi(r+\Delta r)^3-\frac{4}{3}\pi r^3=\frac{4}{3}\pi[3r^2\Delta r+3r(\Delta r)^2+(\Delta r)^3],$$

所以

$$\frac{\mathrm{d}V}{\mathrm{d}r}=\lim_{\Delta r\to 0}\frac{\Delta V}{\Delta r}=\lim_{\Delta r\to 0}\frac{\frac{4}{3}\pi[3r^2\Delta r+3r(\Delta r)^2+(\Delta r)^3]}{\Delta r}=4\pi r^2.$$

当气球的半径为 2 cm 时，体积关于半径的变化率为

$$\left.\frac{\mathrm{d}V}{\mathrm{d}r}\right|_{r=2}=4\pi\times 2^2=16\pi\approx 50.3(\mathrm{cm}^2)$$

【例 2.1.2】　[气球半径的增加率]将气体充入气球，该气球体积的增加率为$100\ \mathrm{cm}^3/\mathrm{s}$，当气球直径达到 50 cm 时，问气球半径增加得有多快？

解　设气球的体积为V，气球的半径为r，则$V=\frac{4}{3}\pi r^3$，于是

$$\frac{\mathrm{d}V}{\mathrm{d}t}=\frac{\mathrm{d}V}{\mathrm{d}r}\cdot\frac{\mathrm{d}r}{\mathrm{d}t}=4\pi r^2\,\frac{\mathrm{d}r}{\mathrm{d}t},$$

解得

$$\frac{\mathrm{d}r}{\mathrm{d}t}=\frac{1}{4\pi r^2}\cdot\frac{\mathrm{d}V}{\mathrm{d}t}.$$

将$r=25,\frac{\mathrm{d}V}{\mathrm{d}t}=100$代入得

$$\frac{\mathrm{d}r}{\mathrm{d}t}=\frac{1}{4\pi\times 25^2}\times 100=\frac{1}{25\pi}.$$

故气球半径的增加率为$\frac{1}{25\pi}$ cm/s.

【例 2.1.3】 考察函数 $y=|x|$ 在点 $x=0$ 处的可导性.

解 由于

$$f'_-(0)=\lim_{x\to0^-}\frac{|x|-|0|}{x-0}=\lim_{x\to0^-}\frac{-x}{x}=-1,$$

$$f'_+(0)=\lim_{x\to0^+}\frac{|x|-|0|}{x-0}=\lim_{x\to0^+}\frac{x}{x}=1,$$

显然,$f'_+(0)\neq f'_-(0)$,于是函数 $y=|x|$ 在点 $x=0$ 处不可导.

定义 2.1.2 若函数在区间(a,b)内每一点都可导,则对于区间内的每一个 x,都存在唯一导数值 $f'(x)$与之对应,这样就在该区间内形成了一个新函数,称之为函数 $y=f(x)$在区间(a,b)内的可导函数,记作

$$y' \text{或} f'(x) \text{或} \frac{dy}{dx} \text{或} \frac{df(x)}{dx}.$$

根据导数定义,可得出导函数

$$f'(x)=\lim_{\Delta x\to0}\frac{\Delta y}{\Delta x}=\lim_{\Delta x\to0}\frac{f(x+\Delta x)-f(x)}{\Delta x}.$$

显然,函数 $f(x)$在点 x_0 处的导数 $f'(x_0)$,实际上是该函数的导函数 $f'(x)$在点 x_0 处的函数值,即

$$f'(x_0)=y'|_{x=x_0}.$$

若函数 $y=f(x)$在区间(a,b)内可导,在区间$[a,b]$左端点 $x=a$ 处存在右导数,在右端点 $x=b$ 处存在左导数,则称该函数在闭区间$[a,b]$上可导.

导函数也简称为导数,今后如不特别指明求某一点处的导数,就是指求导函数.

注意:

(1) 导函数 $f'(x)$与函数 $f(x)$在点 x_0 处的导数 $f'(x_0)$是有区别的.$f'(x)$是 x 的导函数,而 $f'(x_0)$是导函数 $f'(x)$在点 x_0 处的函数值,是先求出导函数 $f'(x)$,再将 $x=x_0$ 代入 $f'(x)$中求得的函数值.

(2) 勿将导函数在某点 x_0 处的函数值 $f'(x_0)$与函数在某点的值的导数$[f(x_0)]'=(C)'=0$(其中 C 代表常数)相混淆.

2.1.2 导数的几何意义

由引例 2 可知,曲线 $y=f(x)$在点 $A(x_0,y_0)$处切线的斜率为函数 $f(x)$在点 x_0 处的导数,即 $k=\tan\alpha=f'(x_0)$,如图 2-2 所示.

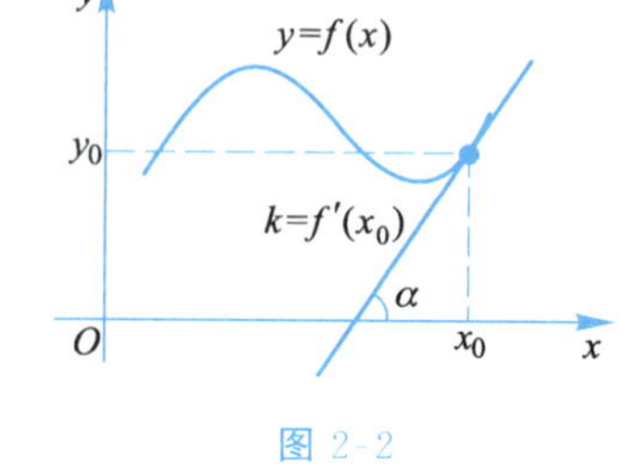

图 2-2

由此可进一步求出曲线 $y=f(x)$在点(x_0,y_0)处的切线方程:

(1) 若 $f'(x_0)$存在,则切线方程为 $y-y_0=f'(x_0)(x-x_0)$.

(2) 若$\lim\limits_{\Delta x\to0}\frac{\Delta y}{\Delta x}=\infty$,则切线垂直于 x 轴,切线方程为 $x=x_0$.

【例 2.1.4】 求幂函数 $y=\sqrt{x}$ 在点$(4,2)$处的切线方程.

解　(1) 先求函数 $y=\sqrt{x}$ 在 $x=4$ 处的导数，有

$$y'|_{x=4}=\lim_{x\to 4}\frac{\sqrt{x}-2}{x-4}=\lim_{x\to 4}\frac{(\sqrt{x}-2)(\sqrt{x}+2)}{(x-4)(\sqrt{x}+2)}$$

$$=\lim_{x\to 4}\frac{x-4}{(x-4)(\sqrt{x}+2)}=\lim_{x\to 4}\frac{1}{\sqrt{x}+2}=\frac{1}{4}.$$

(2) 再由点斜式公式得切线方程为 $y-2=\frac{1}{4}(x-4)$，

整理得

$$x-4y+4=0.$$

2.1.3　可导与连续的关系

可导与连续的关系

定理 2.1.2　若函数 $y=f(x)$ 在点 x_0 处可导，则函数 $y=f(x)$ 在点 x_0 处连续.

证明　要证明函数 $y=f(x)$ 在点 x_0 处连续，即证明式子 $\lim\limits_{\Delta x\to 0}\Delta y=0$ 成立.

如果设 Δx 是函数在点 x_0 处的改变量，则相应的函数改变量是 $\Delta y=f(x_0+\Delta x)-f(x_0)$，有

$$\lim_{\Delta x\to 0}\Delta y=\lim_{\Delta x\to 0}\frac{\Delta y}{\Delta x}\cdot\Delta x=\lim_{\Delta x\to 0}\frac{\Delta y}{\Delta x}\cdot\lim_{\Delta x\to 0}\Delta x=f'(x_0)\cdot 0=0,$$

所以函数 $y=f(x)$ 在点 x_0 处连续.

注意：上述定理反过来是不成立的，即函数在一点处连续，函数在该点处不一定可导.如函数 $y=|x|$ 在 $x=0$ 处连续，但函数在该点处并不可导.

【例 2.1.5】　考察函数 $f(x)=\begin{cases}x\sin\frac{1}{x}, & x\neq 0,\\ x, & x=0\end{cases}$ 在点 $x=0$ 处的连续性与可导性.

解　(1) 考察函数的连续性.

$$\lim_{x\to 0}f(x)=\lim_{x\to 0}x\sin\frac{1}{x}=0=f(0),$$

即函数 $f(x)$ 在点 $x=0$ 处是连续的.

(2) 考察函数的可导性.

$$f'(0)=\lim_{x\to 0}\frac{x\sin\frac{1}{x}-0}{x-0}=\lim_{x\to 0}\sin\frac{1}{x}$$

不存在.因为当 $x\to 0$ 时，$\sin\frac{1}{x}$ 的值在 -1 与 1 之间无限次振动，不存在极限，所以函数 $f(x)$ 在点 $x=0$ 处不可导.

小结

通过本节的学习，读者应该做到以下几点：(1) 掌握导数的定义；(2) 理解导数的几何意义；(3) 掌握可导与连续的关系.

数学实验

求一阶导数.

命令：diff(y,x)

【例 1】 求 $y=x\sin x$ 的导数$\frac{\mathrm{d}x}{\mathrm{d}y}$.

输入：
```
syms x
y = x * sin(x);
diff(y,x)
```
结果：
```
ans =
      sin(x) + x · cos(x)
```
即$\frac{\mathrm{d}y}{\mathrm{d}x}=\sin x+x\cos x$.

【例 2】 求 $y=\tan ax$ 的导数$\frac{\mathrm{d}y}{\mathrm{d}x}$.

输入：
```
syms a x
y = tan(a * x);
diff(y,x)
```
结果：
```
ans =
      (1 + tan(a * x)^2) * a
```
即$\frac{\mathrm{d}y}{\mathrm{d}x}=a[1+\tan^2(ax)]=a\sec^2(ax)$.

习题 2.1 答案

习题 2.1

1. 判断下列命题是否正确，如不正确，请举出反例.

(1) 若函数 $y=f(x)$ 在点 $x=x_0$ 处不可导，则 $f(x)$ 在点 $x=x_0$ 处一定不连续；(　　)

(2) 若曲线 $y=f(x)$ 处处有切线，则 $y=f(x)$ 必处处可导；(　　)

(3) 若函数 $y=f(x)$ 在点 $x=x_0$ 处不可导，则曲线 $y=f(x)$ 在 $(x_0,f(x_0))$ 处必无切线.(　　)

2. 求函数 $f(x)=3x^2+2x-4$ 在点 $x=1$ 处的导数.

3. 求曲线 $y=\frac{1}{x}$ 在点 $x=2$ 处的切线方程.

4. 有一根长为 4 m 的金属细棒，沿着长度方向的质量分布不均匀，从左端算起到 x 处(图 2-3)，该段的质量 $M(x)=2\sqrt{x}$，求：

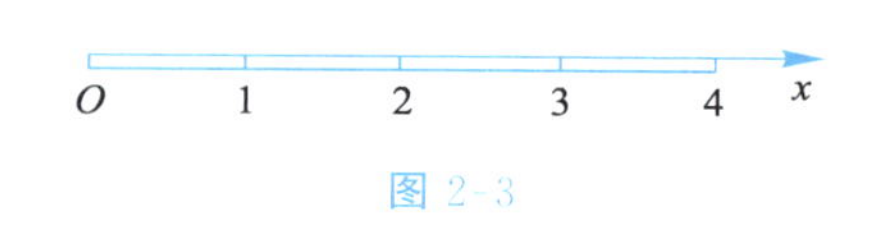

图 2-3

(1) 从 $x=1$ 到 $x=1.2$ 处，棒的平均密度；

(2) 棒在 $x=x_0$ 处的密度；

(3) 当 x_0 分别为 1,2,3 时，各点上的密度.

5. 试求曲线 $y=\frac{1}{3}x^3$ 上与直线 $x-4y-5=0$ 平行的切线方程.

6. 过曲线 $y=\frac{1}{x}$ 上两点 $(1,1)$，$\left(2,\frac{1}{2}\right)$ 作割线，求曲线上过哪一点的切线是平行于该割线的.

7. 判断并证明函数 $y=\sqrt[3]{x}$ 在点 $x=0$ 处的连续性与可导性.

8. 求函数 $f(x)=\begin{cases}x^2\sin\frac{1}{x}, & x\neq 0,\\ x, & x=0\end{cases}$ 在点 $x=0$ 处的导数.

9. 设函数 $f(x)$ 在点 $x=a$ 处可导，求下列极限.

(1) $\lim\limits_{h\to a}\frac{f(h)-f(a)}{h-a}$；

(2) $\lim\limits_{h\to 0}\frac{f(a)-f(a-h)}{h}$；

(3) $\lim\limits_{t\to 0}\frac{f(a+2t)-f(a)}{t}$；

(4) $\lim\limits_{t\to 0}\frac{f(a+2t)-f(a+t)}{2t}$；

(5) $\lim\limits_{t\to 0}\frac{f(a+\alpha t)-f(a+\beta t)}{t}$.

2.2 导数的计算

本节导引

本节将讨论如何求导的问题.从上一节导数的定义可知，求导的一般方法为

(1) 求函数的改变量 $\Delta y=f(x+\Delta x)-f(x)$；

(2) 求比值 $\frac{\Delta y}{\Delta x}$；

(3) 求比值的极限 $\lim\limits_{\Delta x\to 0}\frac{\Delta y}{\Delta x}$.

但是如果每个函数都采用定义求导是相当烦琐的，甚至有时也是很困难的，因此需要建立求导的一些法则，以便能较为容易地解决更多更复杂的函数求导问题.

2.2.1 导数的基本公式

【例 2.2.1】 求函数 $y=C$（C 为任意常数）的导数.

解 对于任意点 x，有

$$y'=\lim_{\Delta x\to 0}\frac{\Delta y}{\Delta x}=\lim_{\Delta x\to 0}\frac{f(x+\Delta x)-f(x)}{\Delta x}=\lim_{\Delta x\to 0}\frac{C-C}{\Delta x}=0,$$

说明常数的导数为零，即 $(C)'=0$.

【例 2.2.2】 求对数函数 $y=\log_a x$ $(a>0, a\neq 1, x>0)$ 的导数.

解 根据导数的定义，得

(1) 求函数的改变量：$\Delta y=\log_a(x+\Delta x)-\log_a x$；

(2) 求比值:$\dfrac{\Delta y}{\Delta x}=\dfrac{\log_a(x+\Delta x)-\log_a x}{\Delta x}=\dfrac{\log_a\left(1+\dfrac{\Delta x}{x}\right)}{\Delta x}$;

(3) 求比值的极限:$\lim\limits_{\Delta x\to 0}\dfrac{\Delta y}{\Delta x}=\lim\limits_{\Delta x\to 0}\dfrac{\log_a\left(1+\dfrac{\Delta x}{x}\right)}{\Delta x}=\lim\limits_{\Delta x\to 0}\dfrac{\ln\left(1+\dfrac{\Delta x}{x}\right)}{\Delta x\cdot\ln a}$

$$=\lim_{\Delta x\to 0}\frac{\dfrac{\Delta x}{x}}{\ln a\cdot\Delta x}=\frac{1}{x\ln a},$$

(这里用的是等价无穷小,也可以化为第二重要极限来求,读者可自己完成)

所以
$$(\log_a x)'=\frac{1}{x\ln a}.$$

特别地,当 $a=\mathrm{e}$ 时,有$(\ln x)'=\dfrac{1}{x}$.

【例 2.2.3】 求正弦函数 $y=\sin x$ 的导数.

解 (1) 求函数的改变量:$\Delta y=\sin(x+\Delta x)-\sin x$;

(2) 求比值:$\dfrac{\Delta y}{\Delta x}=\dfrac{\sin(x+\Delta x)-\sin x}{\Delta x}=\dfrac{2\cos\left(x+\dfrac{\Delta x}{2}\right)\sin\dfrac{\Delta x}{2}}{\Delta x}$;

(3) 求比值的极限:$\lim\limits_{\Delta x\to 0}\dfrac{\Delta y}{\Delta x}=\lim\limits_{\Delta x\to 0}\dfrac{2\cos\left(x+\dfrac{\Delta x}{2}\right)\sin\dfrac{\Delta x}{2}}{\Delta x}$

$$=\lim_{\Delta x\to 0}\cos\left(x+\frac{\Delta x}{2}\right)\cdot\frac{\sin\dfrac{\Delta x}{2}}{\dfrac{\Delta x}{2}}=\cos x.$$

【例 2.2.4】 求指数函数 a^x 的导数.

解 $\lim\limits_{\Delta x\to 0}\dfrac{\Delta y}{\Delta x}=\lim\limits_{\Delta x\to 0}\dfrac{a^{x+\Delta x}-a^x}{\Delta x}=\lim\limits_{\Delta x\to 0}\dfrac{a^x(a^{\Delta x}-1)}{\Delta x}=\lim\limits_{\Delta x\to 0}\dfrac{a^x(\mathrm{e}^{\ln a^{\Delta x}}-1)}{\Delta x}$

$$=\lim_{\Delta x\to 0}\frac{a^x(\mathrm{e}^{\Delta x\ln a}-1)}{\Delta x}=\lim_{\Delta x\to 0}a^x\frac{\Delta x\ln a}{\Delta x}=a^x\ln a.$$

特别地,当 $a=\mathrm{e}$ 时,有$(\mathrm{e}^x)'=\mathrm{e}^x$.

由此可见,对于常见的基本初等函数,可以根据导数定义求出结果,并作为公式直接使用.现给出基本初等函数的**导数公式**.希望同学们能熟记于心,加强应用.

1. $(C)'=0$;
2. $(x^\alpha)'=\alpha x^{\alpha-1}$;
3. $(\sin x)'=\cos x$;
4. $(\cos x)'=-\sin x$;
5. $(\tan x)'=\sec^2 x$;
6. $(\cot x)'=-\csc^2 x$;
7. $(\sec x)'=\sec x\tan x$;
8. $(\csc x)'=-\csc x\cot x$;
9. $(a^x)'=a^x\ln a$;
10. $(\mathrm{e}^x)'=\mathrm{e}^x$;
11. $(\log_a x)'=\dfrac{1}{x\ln a}$;
12. $(\ln x)'=\dfrac{1}{x}$;

13. $(\arcsin x)'=\dfrac{1}{\sqrt{1-x^2}}$；　　14. $(\arccos x)'=-\dfrac{1}{\sqrt{1-x^2}}$；

15. $(\arctan x)'=\dfrac{1}{1+x^2}$；　　16. $(\text{arccot}\, x)'=-\dfrac{1}{1+x^2}$.

注意：以上 16 个公式中，可以直接用导数定义来证明的有公式 1、3、4、9、10、11、12，读者可以自己完成；对于公式 2、5、6、7、8、13、14、15、16 的证明，将在后面的学习中陆续介绍.

【例 2.2.5】 求下列函数的导数：

(1) $y=\dfrac{1}{x}$；　(2) $y=\log_3 x$；　(3) $y=2^x$；　(4) $y=\sqrt{\sqrt{x}}$.

解　直接由基本公式得

(1) $y'=(x^{-1})'=-x^{-2}=-\dfrac{1}{x^2}$；

(2) $y'=(\log_3 x)'=\dfrac{1}{x\ln 3}$；

(3) $y'=(2^x)'=2^x\ln 2$；

(4) $y'=(x^{\frac{1}{4}})'=\dfrac{1}{4}x^{\frac{1}{4}-1}=\dfrac{1}{4}x^{-\frac{3}{4}}$.

我们仅知道基本初等函数的导数公式还远远不够，形如函数 $y=x\sin x$，$y=\dfrac{x}{1+x^2}$，$y=x^2+\sqrt{x}-\sin x+\log_2 x-4$ 等通过四则运算构成的初等函数的导数，就需要通过导数的四则运算法则进行解决.

2.2.2　导数的四则运算法则

导数的四则运算法则

设函数 $u=u(x)$，$v=v(x)$ 都是可导函数，有以下导数的四则运算法则.

1. 和差法则

和、差的导数等于导数的和、差，即

$$[u(x)\pm v(x)]'=u'(x)\pm v'(x).$$

证明　设 $y=u(x)\pm v(x)$，有

$$\begin{aligned}\Delta y&=[u(x+\Delta x)\pm v(x+\Delta x)]-[u(x)\pm v(x)]\\&=[u(x+\Delta x)-u(x)]\pm[v(x+\Delta x)-v(x)]\\&=\Delta u\pm\Delta v,\end{aligned}$$

则 $\dfrac{\Delta y}{\Delta x}=\dfrac{\Delta u}{\Delta x}\pm\dfrac{\Delta v}{\Delta x}$.因为函数 $u=u(x)$，$v=v(x)$ 都是可导函数，有

$$\lim_{\Delta x\to 0}\frac{\Delta u}{\Delta x}=u'(x),\ \lim_{\Delta x\to 0}\frac{\Delta v}{\Delta x}=v'(x).$$

于是，$\displaystyle\lim_{\Delta x\to 0}\frac{\Delta y}{\Delta x}=\lim_{\Delta x\to 0}\frac{\Delta u}{\Delta x}\pm\lim_{\Delta x\to 0}\frac{\Delta v}{\Delta x}=u'(x)\pm v'(x)$.

即函数 $u(x)\pm v(x)$ 也是可导函数，且上式结论成立.

该法则可以推广到有限个函数代数和的情形，即

$$[u_1(x)\pm u_2(x)\pm\cdots\pm u_n(x)]'=u_1'(x)\pm u_2'(x)\pm\cdots\pm u_n'(x).$$

【例 2.2.6】 求函数 $y=x^2+\sqrt{x}-\sin x+\log_2 x-4$ 的导数.

解 由和差法则得

$$y'=(x^2)'+(\sqrt{x})'-(\sin x)'+(\log_2 x)'-(4)'=2x+\frac{1}{2\sqrt{x}}-\cos x+\frac{1}{x\ln 2}.$$

2. 乘法法则

乘积的导数等于第一个因子的导数乘以第二个因子,再加上第一个因子乘以第二个因子的导数,即

$$[u(x)\cdot v(x)]'=u'(x)v(x)+u(x)v'(x).$$

该法则可以推广到任意有限个因子相乘的情形,即

$$[u_1(x)\cdot u_2(x)\cdots u_n(x)]'$$
$$=u_1'(x)\cdot u_2(x)\cdots u_n(x)+u_1(x)\cdot u_2'(x)\cdots u_n(x)+\cdots+u_1(x)\cdot u_2(x)\cdots u_n'(x).$$

特别地,当其中一个函数 $v(x)=C$(常数)时,容易得出$[C\cdot u(x)]'=Cu'(x)$.它表明一个常数与某函数相乘后的导数,等于该常数乘以函数的导数.

【例 2.2.7】 求函数 $y=x\cdot\sin x$ 的导数.

解 由乘法法则得 $y'=(x\cdot\sin x)'=x'\cdot\sin x+x(\sin x)'=\sin x+x\cdot\cos x$.

3. 除法法则

商的导数等于分子的导数乘以分母减去分子乘以分母的导数,最后再除以分母的平方,即

$$\left[\frac{u(x)}{v(x)}\right]'=\frac{u'(x)v(x)-u(x)v'(x)}{v^2(x)}\quad[v(x)\neq 0].$$

特别地,当 $u(x)=C$(常数)时,$\left[\dfrac{C}{v(x)}\right]'=-\dfrac{Cv'(x)}{v^2(x)}$.

该法则可以按如下方式推导:

$$\left[\frac{u(x)}{v(x)}\right]'=\left[u(x)\cdot\frac{1}{v(x)}\right]'=u'(x)\cdot\frac{1}{v(x)}+u(x)\left[-\frac{v'(x)}{v^2(x)}\right]$$
$$=\frac{u'(x)v(x)-u(x)v'(x)}{v^2(x)}.$$

【例 2.2.8】 求函数 $y=\tan x$ 的导数.

解 由 $y=\tan x=\dfrac{\sin x}{\cos x}$,得

$$y'=\left(\frac{\sin x}{\cos x}\right)'=\frac{(\sin x)'\cos x-\sin x(\cos x)'}{\cos^2 x}=\frac{\cos^2 x+\sin^2 x}{\cos^2 x}=\sec^2 x.$$

类似地,可以推导出 $y=\cot x$,$y=\sec x$,$y=\csc x$ 的导数公式.

上面介绍了求函数导数的四种运算法则,在实际求导时,常常需要将导数的基本公式和四则运算法则结合起来使用.

【例 2.2.9】 求函数 $y=\dfrac{xe^x}{1+\sqrt{x}}$ 的导数.

解 $y'=\left(\dfrac{xe^x}{1+\sqrt{x}}\right)'=\dfrac{(xe^x)'(1+\sqrt{x})-xe^x(1+\sqrt{x})'}{(1+\sqrt{x})^2}$

$$=\frac{(e^x+xe^x)(1+\sqrt{x})-xe^x\cdot\dfrac{1}{2\sqrt{x}}}{(1+\sqrt{x})^2}$$

$$=\frac{(e^x+xe^x)(2\sqrt{x}+2x)-xe^x}{2\sqrt{x}(1+\sqrt{x})^2}.$$

复合函数的导数

2.2.3 复合函数的导数

先看一个例子.求函数 $y=\sin 2x$ 的导数,计算过程如下:

$$(\sin 2x)'=(2\sin x\cos x)'=2[(\sin x)'\cos x+\sin x(\cos x)']$$
$$=2(\cos^2x-\sin^2x)=2\cos 2x.$$

结果显示 $(\sin 2x)'\neq\cos 2x$.究其原因,可以说是 $y=\sin 2x$ 不是基本初等函数,而是由函数 $y=\sin u$,$u=2x$ 复合而成的一个复合函数.$u=2x$ 是中间变量,它是联系 y 与 x 的桥梁,而 $(\sin u)'_u=\cos u$,$u'_x=(2x)'_x=2$,由此,对于复合函数 $y=\sin 2x$ 的导数,有如下关系:

$$(\sin 2x)'_x=(\sin u)'_u\cdot u'_x=\frac{d(\sin 2x)}{du}\cdot\frac{du}{dx}.$$

再如,求函数 $y=(2x+4)^6$ 的导数,可将 $y=(2x+4)^6$ 看成是由函数 $y=u^6$ 和 $u=2x+4$ 复合而成的复合函数,则

$$y'=y'_u\cdot u'_x=6(2x+4)^5\cdot 2=12(2x+4)^5.$$

这说明复合函数对自变量的导数等于该函数对中间变量的导数与中间变量对自变量的导数之积.

类似上例的函数还有很多很多,如函数 $y=\ln\tan x$,$y=\arcsin x^2$,$y=e^{\sqrt{1+x^2}}$ 等都是复合函数.

定理 2.2.1 设函数 $y=f[\varphi(x)]$ 可以看作由函数 $y=f(u)$ 和函数 $u=\varphi(x)$ 复合而成的,若函数 $u=\varphi(x)$ 在点 x 处可导,函数 $y=f(u)$ 在对应点 u 处可导,则复合函数 $y=f[\varphi(x)]$ 也在点 x 处可导,且

$$\frac{dy}{dx}=\frac{dy}{du}\cdot\frac{du}{dx}\text{或 }y'_x=y'_u\cdot u'_x\text{或}\{f[\varphi(x)]\}'=f'(u)\cdot\varphi'(x).$$

注意:

(1) 针对复合函数求导时,要先求 $y=f(u)$ 对中间变量 u 的导数,再求出 $u=\varphi(x)$ 对 x 的导数,然后相乘即可.

(2) 该法则可以推广到有限次复合的情况.例如,由 $y=f(u)$,$u=\varphi(v)$,$v=\omega(x)$ 复合而成的函数 $y=f[\varphi(\omega(x))]$,则对 x 求导得

$$\{f[\varphi(\omega(x))]\}'=\frac{df}{du}\cdot\frac{du}{dv}\cdot\frac{dv}{dx}=f'(u)\cdot u'(v)\cdot v'(x).$$

【例 2.2.10】 求函数 $y=\sin^2x$ 的导数.

解 函数 $y=\sin^2x$ 可以看作是由函数 $y=u^2$ 与 $u=\sin x$ 复合而成的复合函数,则

$$y'=y'_u\cdot u'_x=(u^2)'\cdot(\sin x)'=2u\cdot\cos x=2\sin x\cos x.$$

【例 2.2.11】 求函数 $y=\ln\tan x$ 的导数.

解 函数 $y=\ln\tan x$ 可以看作是由函数 $y=\ln u$ 与 $u=\tan x$ 复合而成的，则

$$y'=f'(u)\cdot u'(x)=(\ln u)'\cdot(\tan x)'=\frac{1}{u}\cdot(\sec^2 x)=\frac{\sec^2 x}{\tan x}=\frac{1}{\sin x\cos x}=2\csc 2x.$$

【例 2.2.12】 求函数 $y=e^{\sqrt{1+x^2}}$ 的导数.

解 函数 $y=e^{\sqrt{1+x^2}}$ 可以看作是由函数 $y=e^u$，$u=\sqrt{v}$，$v=1+x^2$ 复合而成的，则

$$y'=f'(u)\cdot u'(v)\cdot v'(x)=(e^u)'\cdot(\sqrt{v})'\cdot(1+x^2)'=e^u\cdot\frac{1}{2\sqrt{v}}\cdot 2x=\frac{xe^{\sqrt{1+x^2}}}{\sqrt{1+x^2}}.$$

熟练以后，可以**由外向内依次求导**，即最外面一层是 $y=e^u$，把 $\sqrt{1+x^2}$ 看作一个整体，对最外一层 $y=e^u$ 求导后，再乘以该整体的导数，直到最后一个是基本初等函数为止.其过程如下：

$$(e^{\sqrt{1+x^2}})'=e^{\sqrt{1+x^2}}\cdot(\sqrt{1+x^2})'=e^{\sqrt{1+x^2}}\cdot\frac{1}{2\sqrt{1+x^2}}\cdot(1+x^2)'=\frac{e^{\sqrt{1+x^2}}}{2\sqrt{1+x^2}}\cdot 2x=\frac{xe^{\sqrt{1+x^2}}}{\sqrt{1+x^2}}.$$

【例 2.2.13】 求函数 x^α（α 为实常数）的导数.

解 函数 x^α 可以看作复合函数 $e^{\alpha\ln x}$，所以

$$(x^\alpha)'=(e^{\alpha\ln x})'=e^{\alpha\ln x}\cdot(\alpha\ln x)'=x^\alpha\cdot\frac{\alpha}{x}=\alpha x^{\alpha-1}.$$

【例 2.2.14】 求函数 $y=2^{\ln\tan\frac{1}{x}}$ 的导数.

解 $y'=(2^{\ln\tan\frac{1}{x}})'=2^{\ln\tan\frac{1}{x}}\cdot\ln 2\cdot\left(\ln\tan\frac{1}{x}\right)'=\dfrac{2^{\ln\tan\frac{1}{x}}\cdot\ln 2}{\tan\frac{1}{x}}\cdot\left(\tan\frac{1}{x}\right)'$

$$=\frac{2^{\ln\tan\frac{1}{x}}\cdot\ln 2}{\tan\frac{1}{x}}\cdot\sec^2\frac{1}{x}\cdot\left(\frac{1}{x}\right)'=-\frac{2^{\ln\tan\frac{1}{x}}\cdot\ln 2\cdot\sec^2\frac{1}{x}}{x^2\tan\frac{1}{x}}.$$

以上各例是由一些基本初等函数复合而成的简单的复合函数，其求导方法是由外向内逐级求导.这种方法同样适用于复杂函数的求导.

下面的例子既涉及复合运算又涉及四则运算，因此除使用复合函数的求导法则外，还会用到导数的四则运算求导法则.

【例 2.2.15】 求函数 $y=2^{x\sin x}$ 的导数.

解 $y'=(2^{x\sin x})'=\ln 2\cdot 2^{x\sin x}\cdot(x\sin x)'=\ln 2\cdot 2^{x\sin x}\cdot(\sin x+x\cos x).$

【例 2.2.16】 求函数 $y=\sqrt{x+\sqrt{2x}}$ 的导数.

解 $y'=\dfrac{1}{2\sqrt{x+\sqrt{2x}}}\cdot(x+\sqrt{2x})'=\dfrac{1}{2\sqrt{x+\sqrt{2x}}}\cdot\left[1+\dfrac{1}{2\sqrt{2x}}\cdot(2x)'\right]$

$$=\frac{1}{2\sqrt{x+\sqrt{2x}}}\cdot\left(1+\frac{1}{\sqrt{2x}}\right).$$

到目前为止，我们已经介绍了基本初等函数、复合函数和较复杂初等函数的常用求导方法.对不同的问题，还需要大家多练习，多积累，多总结，从而能够灵活运用所学知识，找到更

好的解决问题的方法.

2.2.4 几个求导方法

1. 反函数求导法

如果单调连续函数 $x=\varphi(y)$ 在点 y 处可导,且 $\varphi'(y)\neq0$,那么它的反函数 $y=f(x)$ 在对应的点 x 处可导,且有

$$f'(x)=\frac{1}{\varphi'(y)} \text{或} \frac{\mathrm{d}y}{\mathrm{d}x}=\frac{1}{\frac{\mathrm{d}x}{\mathrm{d}y}}.$$

证明 由于 $x=\varphi(y)$ 单调连续,所以它的反函数 $y=f(x)$ 也单调连续.给 x 以增量 $\Delta x\neq0$,从 $y=f(x)$ 的单调性可知

$$\Delta y=f(x+\Delta x)-f(x)\neq0,$$

因而有

$$\frac{\Delta y}{\Delta x}=\frac{1}{\frac{\Delta x}{\Delta y}}.$$

根据 $y=f(x)$ 的连续性,当 $\Delta x\to0$ 时,必有 $\Delta y\to0$,由 $x=\varphi(y)$ 可导,则

$$f'(x)=\lim_{\Delta x\to0}\frac{\Delta y}{\Delta x}=\lim_{\Delta x\to0}\frac{1}{\frac{\Delta x}{\Delta y}}=\frac{1}{\lim\limits_{\Delta x\to0}\frac{\Delta x}{\Delta y}}=\frac{1}{\varphi'(y)},$$

即反函数的导数等于其直接函数导数的倒数.

【例 2.2.17】 求反正切函数 $y=\arctan x$ 的导数.

解 $y=\arctan x$ 是 $x=\tan y$ 的反函数,$x=\tan y$ 在区间 $\left(-\frac{\pi}{2},\frac{\pi}{2}\right)$ 内单调可导,且

$$\frac{\mathrm{d}x}{\mathrm{d}y}=\sec^2 y\neq0,$$

所以 $y'=\frac{1}{\frac{\mathrm{d}x}{\mathrm{d}y}}=\frac{1}{\sec^2 y}=\frac{1}{1+\tan^2 y}=\frac{1}{1+x^2}$,即 $(\arctan x)'=\frac{1}{1+x^2}$.

类似地,有 $(\arcsin x)'=\frac{1}{\sqrt{1-x^2}}$,$(\arccos x)'=-\frac{1}{\sqrt{1-x^2}}$,$(\operatorname{arccot} x)'=-\frac{1}{1+x^2}$ 等.

2. 隐函数求导法

函数的自变量 x 与因变量 y 的依存关系,能用 x 的代数式表示为 $y=f(x)$ 的形式的函数称为**显函数**,如 $y=x^3$,$y=3x+x^2+5$,$y=(1-2x)^2$ 等.如果因变量 y 不能明确地用自变量 x 的方程表示,即不一定能用 $y=f(x)$ 的形式表示,或者说由含有 x,y 的二元方程 $F(x,y)=0$ 所确定的函数称为**隐函数**,如 $x-\sqrt[3]{y}=0$,$x^2+y^2=r^2$,$\mathrm{e}^{x+y}+x^2y=1$.换句话讲,显函数一定可以转化为隐函数,反之则不一定.

对于隐函数的导数,有时可以化为显函数来求,如 $x-\sqrt[3]{y}=0$ 可化为 $y=x^3$,得 $y'=3x^2$.而有时则不能化为显函数来求,如方程 $\mathrm{e}^{x+y}+x^2y=1$ 所确定的函数就不能化为显函数.下面讲解这类函数的求导方法.

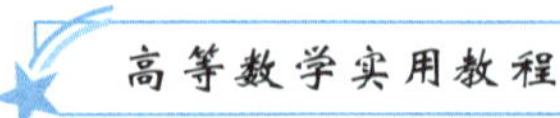

一般地,**隐函数求导法**就是先将方程两边分别对 x 求导,这时要把 y 看成 x 的中间变量,然后利用复合函数求导法则进行求解,得到一个关于 x,y,y' 的方程,最后从中解出 y' 即可.

【例 2.2.18】 求函数 $y=\arcsin x$ 的导数.

解 函数 $y=\arcsin x$ 可以看成是由隐函数 $\sin y-x=0$ 确定的,两边分别对 x 求导,得

$$\cos y\cdot y'=1,y'=\frac{1}{\cos y}=\frac{1}{\sqrt{1-x^2}}.$$

【例 2.2.19】 求由方程 $\ln y+y=e^x$ 所确定的函数 y 的导数.

解 对方程两边分别关于 x 求导,得

$$(\ln y)'+y'=(e^x)'.$$

由于 y 是 x 的函数,$\ln y$ 是 x 的复合函数,即可以将 $\ln y$ 看作由 $y=\ln u,u=f(x)$ 复合而成,根据复合函数求导法则求得 $(\ln y)'=\frac{1}{y}\cdot y'$.因此有

$$\frac{1}{y}\cdot y'+y'=e^x.$$

解得

$$y'=\frac{y\cdot e^x}{1+y}.$$

我们注意到隐函数与显函数在求导的结果上有一个很大的区别,显函数求导的结果中不含有 y,但隐函数在不能化为显函数时,求导的结果中却含有 y.

【例 2.2.20】 求由方程 $xy-\sin y=e^y$ 所确定的函数 y 的导数.

解 对方程两边分别关于 x 求导 $(xy)'-(\sin y)'=(e^y)'$,得

$$(y+xy')-(\cos y\cdot y')=e^y\cdot y'.$$

整理得

$$y'=\frac{y}{e^y-x+\cos y}.$$

3. 对数求导法

对于显函数,我们可能习惯于直接求导,但对于有些显函数,直接求导也许比较复杂.我们不妨考虑将其转化成隐函数后再进行求导.例如,有时为了计算方便,可首先对显函数两边取对数,即将显函数转化成隐函数,然后再求导,此方法通常被称为**对数求导法**.

【例 2.2.21】 求函数 $y=\sqrt[3]{\frac{x^2(1+x)}{1-x}}$ 的导数.

解 对方程两边先取绝对值,再取自然对数,得

$$\ln|y|=\frac{2}{3}\ln|x|+\frac{1}{3}\ln|1+x|-\frac{1}{3}\ln|1-x|.$$

对方程两边关于 x 求导,得

$$\frac{1}{y}\cdot y'=\frac{2}{3}\cdot\frac{1}{x}+\frac{1}{3}\cdot\frac{1}{1+x}+\frac{1}{3}\cdot\frac{1}{1-x},$$

整理得

$$y'=\sqrt[3]{\frac{x^2(1+x)}{1-x}}\left[\frac{2}{3x}+\frac{1}{3(1+x)}+\frac{1}{3(1-x)}\right].$$

为了解题方便,取绝对值可以省略.

类似地,该方法还适用于由几个因子通过乘、除、乘方、开方所构成的比较复杂的函数[如幂指函数 $y=[f(x)]^{g(x)}(f(x)>0)$]求导.

【例 2.2.22】 求函数 $y=x^x(x>0)$ 的导数.

解法一　对方程两边取自然对数,得

$$\ln y=x\ln x,$$

对方程两边关于 x 求导,得

$$\frac{1}{y}\cdot y'=\ln x+1,$$

整理得

$$y'=x^x(\ln x+1).$$

解法二　化成复合函数 $y=x^x=\mathrm{e}^{x\ln x}$,所以 $y'=x^x(\ln x+1)$.

4. 参数方程求导法则

前面讨论了由 $y=f(x)$ 或 $F(x,y)=0$ 确定的函数的求导问题.但有时函数关系的表达方式是通过参数方程进行描述的,那么又该如何进行求导呢?

一般地,y 与 x 之间的函数关系由参数方程

$$\begin{cases}x=\varphi(t)\\ y=\Psi(t)\end{cases}\quad(t\text{ 为参数})$$

确定,若通过消去参数 t 后再求导,就如同隐函数显化后再求导一样,但这样做有时很困难,如果不消去参数 t 而直接求出 $\frac{\mathrm{d}y}{\mathrm{d}x}$,就是所谓的**参数方程求导法**.如果函数 $x=\varphi(t)$,$y=\Psi(t)$都可导,且 $\varphi'(t)\neq 0$,又 $x=\varphi(t)$具有单调连续的反函数 $t=\varphi^{-1}(x)$,则由参数方程确定的函数就可以看成由 $y=\Psi(t)$与 $t=\varphi^{-1}(x)$复合而成,根据复合函数与反函数的求导方法,有

$$\frac{\mathrm{d}y}{\mathrm{d}x}=\frac{\mathrm{d}y}{\mathrm{d}t}\cdot\frac{\mathrm{d}t}{\mathrm{d}x}=\frac{\mathrm{d}y}{\mathrm{d}t}\cdot\frac{1}{\frac{\mathrm{d}x}{\mathrm{d}t}}=\Psi'(t)\cdot\frac{1}{\varphi'(t)}=\frac{\Psi'(t)}{\varphi'(t)}.$$

【例 2.2.23】 求曲线 $L:\begin{cases}x=\cos t,\\ y=\sin t\end{cases}$ 在 $t=\frac{\pi}{4}$ 对应点处的切线方程.

解　根据导数的几何意义,得

$$k=y'\big|_{x=\frac{\sqrt{2}}{2}}=\frac{(\sin t)'}{(\cos t)'}\bigg|_{t=\frac{\pi}{4}}=\frac{\cos t}{-\sin t}\bigg|_{t=\frac{\pi}{4}}=-1.$$

当 $t=\frac{\pi}{4}$ 时,$x=\cos\frac{\pi}{4}=\frac{\sqrt{2}}{2}$,$y=\sin\frac{\pi}{4}=\frac{\sqrt{2}}{2}$,于是所求切线方程为

$$y-\frac{\sqrt{2}}{2}=-1\times\left(x-\frac{\sqrt{2}}{2}\right),$$

整理得

$$y+x=\sqrt{2}.$$

2.2.5 高阶导数

本章引例 1 谈到，瞬时速度 $v(t)$ 是位移 $s(t)$ 对时间 t 的导数，即

$$v(t)=s'(t) \text{或} v=\frac{\mathrm{d}s}{\mathrm{d}t}.$$

又因为加速度 $a(t)$ 是速度 $v(t)$ 对时间 t 的变化率. 根据导数的定义，可以说加速度 $a(t)$ 是速度 $v(t)$ 对时间 t 的导数，即

$$a(t)=v'(t) \text{或} a=\frac{\mathrm{d}v}{\mathrm{d}t},$$

所以，有

$$a=\frac{\mathrm{d}v}{\mathrm{d}t}=\frac{\mathrm{d}}{\mathrm{d}t}\left(\frac{\mathrm{d}s}{\mathrm{d}t}\right) \text{或} a(t)=v'(t)=[s'(t)]'.$$

我们把这种导数的导数 $\frac{\mathrm{d}}{\mathrm{d}t}\left(\frac{\mathrm{d}s}{\mathrm{d}t}\right)$ 称为 s 对 t 的**二阶导数**，记作 $\frac{\mathrm{d}}{\mathrm{d}t}\left(\frac{\mathrm{d}s}{\mathrm{d}t}\right)$ 或 $\frac{\mathrm{d}^2 s}{\mathrm{d}t^2}$ 或 $s''(t)$.

定义 2.2.1 若函数 $y=f(x)$ 存在导函数 $f'(x)$，且导函数 $f'(x)$ 的导数 $[f'(x)]'$ 也存在，则称 $[f'(x)]'$ 为 $f(x)$ 的二阶导数，记作 y'' 或 $f''(x)$ 或 $\frac{\mathrm{d}^2 y}{\mathrm{d}x^2}$ 或 $\frac{\mathrm{d}^2 f(x)}{\mathrm{d}x^2}$，即

$$y''=(y')'=\frac{\mathrm{d}}{\mathrm{d}x}\left(\frac{\mathrm{d}y}{\mathrm{d}x}\right)=\frac{\mathrm{d}^2 y}{\mathrm{d}x^2}.$$

若二阶导数 $f''(x)$ 的导数存在，则称 $f''(x)$ 的导数 $[f''(x)]'$ 为 $y=f(x)$ 的**三阶导数**，记作 y''' 或 $y'''(x)$ 或 $y^{(3)}$ 或 $\frac{\mathrm{d}^3 y}{\mathrm{d}x^3}$.

类似地，可以定义函数 $f(x)$ 的 $n-1$ 阶导数 $f^{(n-1)}(x)$ 的导数为 $f(x)$ 的 **n 阶导数**，记作 $y^{(n)}$ 或 $f^{(n)}(x)$ 或 $\frac{\mathrm{d}^n y}{\mathrm{d}x^n}$ 或 $\frac{\mathrm{d}^n f(x)}{\mathrm{d}x^n}$，即

$$y^{(n)}=[y^{(n-1)}]' \text{或} f^{(n)}(x)=[f^{(n-1)}(x)]' \text{或} \frac{\mathrm{d}^n y}{\mathrm{d}x^n}=\frac{\mathrm{d}}{\mathrm{d}x}\left(\frac{\mathrm{d}^{n-1} y}{\mathrm{d}x^{n-1}}\right).$$

一般地，我们把函数的二阶和二阶以上的导数称为函数的**高阶导数**，把 $y=f(x)$ 的导数 $f'(x)$ 称为函数 $y=f(x)$ 的**一阶导数**.

【例 2.2.24】 某物体沿直线运动，其运动规律为 $s(t)=2t^3+3t^2-1$，求物体在第 2 s 末时刻的速度和加速度分别是多少.

解 因为 $v(t)=s'(t)=6t^2+6t$，故 $v(2)=s'(2)=(6t^2+6t)\Big|_{t=2}=36$，所以 $a(t)=v'(t)=12t+6$，故 $a(2)=v'(2)=(12t+6)|_{t=2}=30$.

【例 2.2.25】 求函数 $y=x^4+2x^3-3x^2+\sin x-1$ 的三阶导数.

解 $y'=4x^3+6x^2-6x+\cos x$；

$y''=(y')'=(4x^3+6x^2-6x+\cos x)'=12x^2+12x-6-\sin x$；

$y^{(3)}=(y'')'=(12x^2+12x-6-\sin x)'=24x+12-\cos x$.

可见，每经过一次求导运算，多项式的次数就降低一次.

思考：求 n 次多项式 $y=a_0x^n+a_1x^{n-1}+\cdots+a_n$ 的各阶导数.

【例 2.2.26】 求函数 $y=e^{2x}$ 的 n 阶导数 $y^{(n)}$.

解 $y'=(e^{2x})'=2e^{2x}$；

$y''=(y')'=(2e^{2x})'=2\cdot 2\cdot e^{2x}=2^2e^{2x}$；

$y'''=(y'')'=(2^2e^{2x})'=2^2\cdot 2\cdot e^{2x}=2^3e^{2x}$；

…；

依次类推，最后可得 $y^{(n)}=2^ne^{2x}$.

【例 2.2.27】 求函数 $y=\sin x$ 的 n 阶导数 $y^{(n)}$.

解 $y'=\cos x, y''=-\sin x, y'''=-\cos x, y^{(4)}=\sin x,\cdots$，归纳得 $y^{(n)}=\sin\left(x+\dfrac{n\pi}{2}\right)$.

思考：求 $y=\cos x$ 的 n 阶导数.

【例 2.2.28】 ［工件的磨削］设某工件内表面的截线为抛物线 $y=0.4x^2$，现要用砂轮磨削其内表面，问用多大半径的砂轮比较合适？

解 为了在磨削时不使工件在砂轮与工件接触处附近的部分磨去过多，砂轮的半径应小于或等于抛物线 $y=0.4x^2$（图 2-4）上各处曲率半径的最小值.为使计算结果更具一般性，先讨论一般二次曲线的情形.设

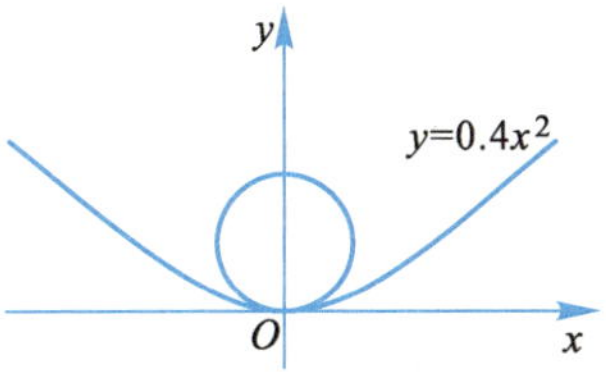

$$y=ax^2+bx+c(a\neq 0), y'=2ax+b, y''=2a.$$

图 2-4

由曲率计算公式得

$$k=\frac{|2a|}{[1+(2ax+b)^2]^{\frac{3}{2}}}.$$

当曲率最大时，曲率半径最小，所以 k 的最大值为 $|2a|$，曲率半径的最小值为 $\dfrac{1}{|2a|}$，所以砂轮半径的最大值为 $\dfrac{1}{|2a|}$.

特殊地，抛物线 $y=0.4x^2$，即 $a=0.4$，所以砂轮半径的最大值为 $\dfrac{1}{2\times 0.4}=1.25$.

学内容

若再深入一点，针对两个函数乘积的高阶导数，有公式 $(uv)^{(n)}=\sum\limits_{i=0}^{n}C_n^iu^{(i)}v^{(n-i)}$.

【例 2.2.29】 已知函数 $y=x^3e^{2x}$，求 $y^{(100)}$.

解 设 $u=x^3, v=e^{2x}$，则

$$u'=3x^2, u''=6x, u'''=6, u^{(i)}=0(i=4,5,\cdots,100),$$
$$v^{(k)}=2^ke^{2x}(k=1,2,\cdots,100).$$

代入公式，得

$$\begin{aligned}y^{(100)}&=\sum_{i=0}^{100}C_{100}^i(x^3)^{(i)}(e^{2x})^{(100-i)}\\&=x^3(e^{2x})^{(100)}+C_{100}^1(x^3)^{(1)}(e^{2x})^{(99)}+C_{100}^2(x^3)^{(2)}(e^{2x})^{(98)}+C_{100}^3(x^3)^{(3)}(e^{2x})^{(97)}\\&=2^{100}x^3e^{2x}+300x^2\cdot 2^{99}\cdot e^{2x}+6\cdot 2^{98}\cdot x\cdot C_{100}^2\cdot e^{2x}+6\cdot C_{100}^3\cdot 2^{97}\cdot e^{2x}.\end{aligned}$$

显然，求高阶导数没有新的方法，关键就是要逐阶地求，它的基础还是一阶导数.

小结

导数的16个基本公式是求导的基础，求导时应注意区分基本初等函数、复合函数、隐函数、参数方程等，从而选择正确的求导方法，方可事半功倍.

数学实验

1. 求高阶导数.

命令：diff(y,x,n)

【例1】 求 $y=\ln x+\sin x^2$ 的二阶导数$\dfrac{d^2y}{dx^2}$.

输入：
```
syms x
y = log(x) + sin(x^2);
diff(y,x,2)
```
结果：
```
ans =
      - 1/x^2 - 4 * sin(x^2) * x^2 + 2 * cos(x^2)
```
即$\dfrac{d^2y}{dx^2}=-\dfrac{1}{x^2}-4x^2\sin x^2+2\cos x^2$.

2. 隐函数求导.

命令：maple('implicitdiff(f(x,y)=0,y,x)')

【例2】 求由方程 $xy-\sin y=e^y$ 确定的函数 y 的一阶导数.

方法一　利用隐函数求导命令求导.

输入：
```
syms x y
maple('implicitdiff(x * y - sin(y) - exp(y) = 0,y,x)');
```
结果：
```
ans =
      - y/(x - cos(y) - exp(y))
```
即$\dfrac{dy}{dx}=-\dfrac{y}{x-\cos y-e^y}$.

方法二　也可以利用显函数的一阶导数命令 diff(y,x)求导.

输入：
```
syms x y
f = x * y - sin(y) - exp(y);
dy = - diff(f,x)/diff(f,y);
```
结果：
```
ans =
      - y/(x - cos(y) - exp(y))
```
3. 参数方程求导.

【例3】 已知参数方程$\begin{cases}x=a\cos t,\\ y=a\sin t\end{cases}$($t$ 为参数)，求$\dfrac{dy}{dx}$.

输入：
```
syms a t
y = a * sin(t);
```

```
    x = a * cos(t);
    dy = diff(y,t)/diff(x,t).
结果:dy =
        - cos(t)/sin(t)
```

即$\frac{dy}{dx}=-\frac{\cos t}{\sin t}=-\cot t$.

习题 2.2 答案

习题 2.2

1. 某物体的运动规律为 $s(t)=100\sin\left(2\pi t+\frac{\pi}{6}\right)$,求物体在第 1 s 末的加速度.

2. 求下列函数的导数.

(1) $y=\sqrt{x}+x^4$;　　(2) $y=\sqrt{\sqrt[3]{x}}$;

(3) $y=\cos(-x)$;　　(4) $y=2^x\cdot e^x$;

(5) $y=\frac{1}{\sqrt[3]{x^2}}$;　　(6) $y=\lg\frac{1}{x}$;

(7) $y=2^{-x}$;　　(8) $y=\frac{1}{x^3}$.

3. 求下列函数的导数.

(1) $y=3\sin x-\ln x+5x-7$;　　(2) $y=\frac{x^3+2x^2-x+5}{x^2}$;

(3) $y=(x+1)\ln x$;　　(4) $y=\frac{3}{3+2x}+\frac{1}{5}\sqrt{x}$;

(5) $y=x^2\sec x$;　　(6) $y=\frac{x}{1-x^2}$;

(7) $y=5^x\cdot x^5$;　　(8) $y=(1-x)\left(1+\frac{1}{x}\right)$;

(9) $y=\frac{e^x\sin x}{1+\ln x}$;　　(10) $y=(\ln x)\cdot\cos x$.

4. 求下列函数的导数.

(1) $y=(2x+3)^{100}$;　　(2) $y=\tan(4x-7)$;

(3) $y=\sqrt[3]{\sin^2 x}$;　　(4) $y=(2x-1)^3(3x+4)^4$;

(5) $y=\sqrt{x+\sqrt{x}}$;　　(6) $y=\ln\ln x$;

(7) $y=\ln\sqrt{\frac{1+x^2}{1-x^2}}$;　　(8) $y=e^{\frac{1-x}{1+x}}$;

(9) $y=\ln(x+\sqrt{1+x^2})$;　　(10) $y=x^2\cdot\tan 2x\cdot\ln x$.

5. 求下列函数的导数.

(1) $e^{x+y}-x\sin y=x$;　　(2) $x^2+y^2-xy+x=6$;

(3) $\ln(xy)=y$；

(4) $y=x^{\sin x}$；

(5) $y=x^2\sqrt{\dfrac{2x-1}{5x+4}}$；

(6) $y=(\cos x)^x$.

6. 求下列函数的高阶导数.

(1) 已知 $y=\arctan(1+x)$，求 y''；

(2) 已知 $y=5x^4-4x^3+2\sin x-2e^x+8$，求 $y^{(3)}, y^{(5)}$；

(3) 已知 $y=\sqrt{x}+\cos x+\ln(x+1)$，求 y''；

(4) 已知 $y=\dfrac{1}{1+x}$，求 $y^{(n)}$；

(5) 已知 $y=xe^x$，求 $y^{(n)}$；

(6) 已知 $y=\sin 2x$，求 $y^{(n)}$.

7. 求下列参数方程所确定的函数的导数.

(1) $\begin{cases}x=a\cos^3 t,\\ y=b\sin^3 t\end{cases}$ ($a>0, b>0$ 是常数)；

(2) $\begin{cases}x=t-\arctan t,\\ y=\ln(1+t^2).\end{cases}$

8. 已知 $f(x)=x(x-1)(x-2)\cdots(x-n)$，求 $f'(0)$ 及 $f^{(n+1)}(x)$.

9. 求抛射体 $\begin{cases}x=v_1 t,\\ y=v_2 t-\dfrac{1}{2}gt^2\end{cases}$ 在时刻 t 的速度大小和方向.

10. 设有一深为 18 cm、顶部直径为 12 cm 的圆锥形漏斗装满水，下面接一个直径为 10 cm 的圆柱形水桶(图 2-5)，水由漏斗流入桶内，当漏斗中水深为 12 cm、水面下降速度为 1 cm/s 时，求此时桶中水面上升的速度.

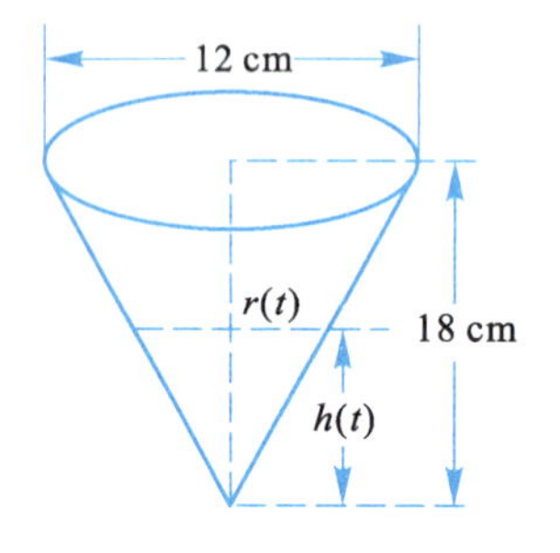

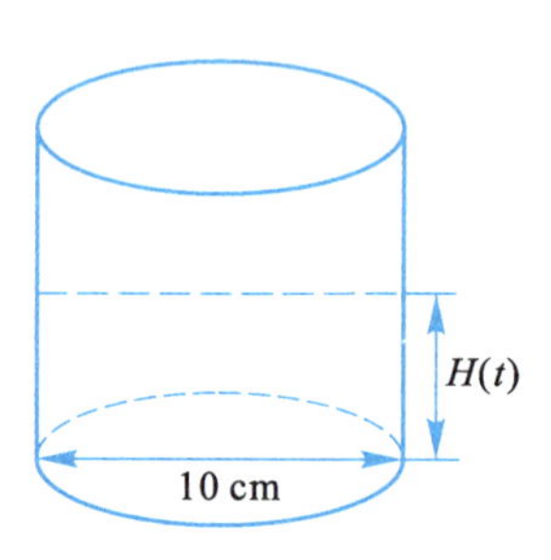

图 2-5

11. 设 $f(x)$ 为可导函数，求下列函数的一阶导数.

(1) $y=f(x+f(a))$；

(2) $y=f(x+f(x))$；

(3) $y=f(xf(a))$；

(4) $y=f(xf(x))$；

(5) $y=f(\ln x)$；

(6) $y=f(e^x)\cdot e^{f(x)}$.

12. 设 $f(1-x)=x^3$，求 $f'(x), f'(x+1), f'(x-1)$.

2.3 函数的微分

本节导引

在很多问题中，常常要研究当自变量 x 由 x_0 变化到 $x_0+\Delta x$ 时，函数 $y=f(x)$ 改变了多少.当然最容易想到的方法是通过 $\Delta y=f(x_0+\Delta x)-f(x_0)$ 来求得.但是很多时候很难通过 $f(x)$ 求得 Δy，因此问题就产生了，即如何方便地求得 Δy 的近似值呢？

引例 如图 2-6 所示，有一正方形金属薄片受热膨胀，边长由原来的 x_0 伸长到 $x_0+\Delta x$，考察此薄片的面积增大了多少.

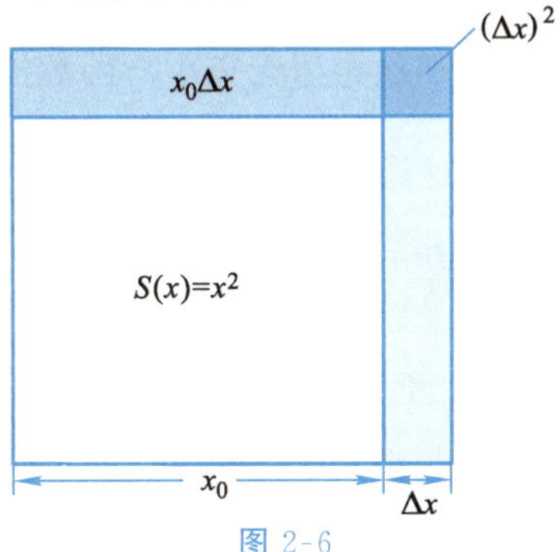

图 2-6

解 设该薄片的边长为 x，面积为 S，则 S 是 x 的函数，即

$$S(x)=x^2.$$

薄片受热膨胀后，由于边长的改变致使面积 S 相应地发生了改变，且改变量为

$$\Delta S=(x_0+\Delta x)^2-x_0^2=2x_0\Delta x+(\Delta x)^2.$$

从上式可以看出，ΔS 分为两部分：一部分是 $2x_0\Delta x$，它是 Δx 的线性函数，即图中带阴影的两个矩形面积之和；另一部分是 $(\Delta x)^2$，即图中右上角阴影部分的小正方形的面积.当 $\Delta x\to 0$ 时，$(\Delta x)^2$ 是比 Δx 高阶的无穷小.由此可见，如果当 $|\Delta x|$ 很小时，$(\Delta x)^2$ 比 $2x_0\Delta x$ 要小很多，此时我们可以将面积增量 ΔS 近似地用 $2x_0\Delta x$ 表示，即

$$\Delta S\approx 2x_0\Delta x.$$

因此，可用 $2x_0\Delta x$ 来近似计算面积的改变量.下面将具体研讨 $2x_0\Delta x$ 到底是什么，这涉及微分知识.

2.3.1 微分的概念

微分的概念

通过引例，能非常直观地感受到，当自变量在点 x_0 处有微小的改变量 Δx 时，函数的改变量 Δy 主要受 $2x_0\Delta x$（是 Δx 的线性函数）的影响.因此，下面给出微分的定义.

定义 2.3.1 设函数 $y=f(x)$ 在 x_0 的某邻域内有定义，自变量 x 在点 x_0 处有一个改变量 Δx，如果相应的函数改变量 $\Delta y=f(x_0+\Delta x)-f(x_0)$ 可以表示为

$$\Delta y=A\Delta x+o(\Delta x),$$

其中，A 是不依赖于 Δx 的常数，$o(\Delta x)$ 是比 Δx 高阶的无穷小（$\Delta x\to 0$ 时），那么称函数 $y=f(x)$ 在点 x_0 处是可微的，$A\Delta x$ 称为函数 $y=f(x)$ 在点 x_0 处对应于自变量增量 Δx 的微分(differential)，记作 $\mathrm{d}y|_{x=x_0}$，即

$$\mathrm{d}y|_{x=x_0}=A\Delta x.$$

下面考虑 $\Delta y=A\Delta x+o(\Delta x)$ 中常数 A 的值等于什么.

先假设函数 $y=f(x)$ 在点 x_0 处可微，即 $\Delta y=A\Delta x+o(\Delta x)$ 成立，则有

$$\frac{\Delta y}{\Delta x}=\frac{A\Delta x+o(\Delta x)}{\Delta x}=A+\frac{o(\Delta x)}{\Delta x}.$$

于是，当 $\Delta x \to 0$ 时，由上式可得

$$A=\lim_{\Delta x\to 0}\frac{\Delta y}{\Delta x}-\lim_{\Delta x\to 0}\frac{o(\Delta x)}{\Delta x}=\lim_{\Delta x\to 0}\frac{\Delta y}{\Delta x}=f'(x_0).$$

也就是说，如果函数 $y=f(x)$ 在点 x_0 处可微，那么函数在点 x_0 处就可导，且 $A=f'(x_0)$；反之，如果函数 $y=f(x)$ 在点 x_0 处可导，即

$$\lim_{\Delta x\to 0}\frac{\Delta y}{\Delta x}=f'(x_0)$$

存在，那么根据无穷小与函数极限的关系，有

$$\frac{\Delta y}{\Delta x}=f'(x_0)+\alpha,$$

其中 $\lim\limits_{\Delta x\to 0}\alpha=0$，则有

$$\Delta y=f'(x_0)\cdot\Delta x+\alpha\cdot\Delta x=f'(x_0)\cdot\Delta x+o(\Delta x).$$

由于 $f'(x_0)$ 不依赖于 Δx，所以函数 $y=f(x)$ 在点 x_0 处可微，且

$$\mathrm{d}y\big|_{x=x_0}=f'(x_0)\cdot\Delta x.$$

若 $f(x)=x$，由上式得 $\mathrm{d}x=\Delta x$，于是函数的微分又可以记作

$$\mathrm{d}y=f'(x)\mathrm{d}x\text{，即}\frac{\mathrm{d}y}{\mathrm{d}x}=f'(x)\text{（称为微商）}.$$

综上所述，函数 $y=f(x)$ 在点 x_0 处可微 $\Leftrightarrow$ 函数 $y=f(x)$ 在点 x_0 处可导.

注意：

(1) 符号 $\mathrm{d}y$ 是一个整体，它代表函数 y 的微分.

(2) 当自变量的改变量 Δx 有一个极微小的变化时（$|\Delta x|\to 0$ 时），我们可以用函数的微分近似代替函数的改变量，即 $\mathrm{d}y\approx\Delta y$.

2.3.2 微分的几何意义

为了直观地理解微分的概念，我们可以从几何角度来进行阐述.

在直角坐标系中，函数 $y=f(x)$ 的图形是一条曲线，对于某一固定的 x_0 值，曲线上都会有一个确定点 $M(x_0,y_0)$，当自变量 x 有微小增量 Δx 时，就得到曲线上另一点 $N(x_0+\Delta x,y_0+\Delta y)$，从图 2-7 可知

$$MQ=\Delta x,\ QN=\Delta y,$$

过点 M 作曲线的切线 MT，它的倾角为 α，则

$$QP=MQ\cdot\tan\alpha=\Delta x\cdot f'(x_0),$$

即

$$\mathrm{d}y=QP.$$

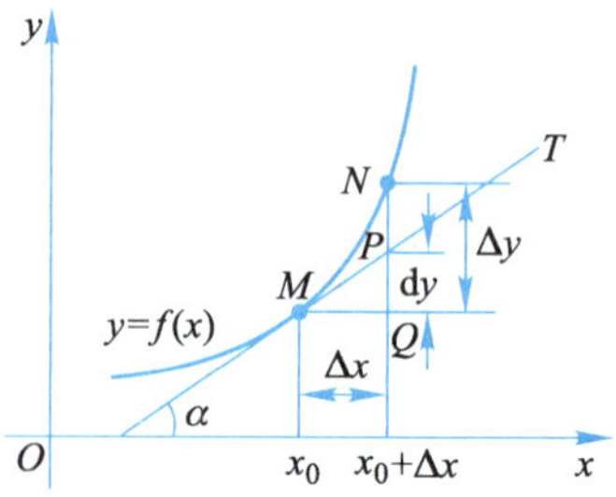

图 2-7

由此可见，对于可微函数 $y=f(x)$，当 Δy 是曲线 $y=f(x)$ 上点的纵坐标的增量时，$\mathrm{d}y$ 就是曲线的切线上点的纵坐标的相应增量. 当 $|\Delta x|$ 很小时，$|\Delta y-\mathrm{d}y|$ 比 $|\Delta x|$ 小很多. 因此，在点 M 附近，我们可以用切线段来近似代替曲线段.

2.3.3 微分运算法则

由微分表达式 $dy=f'(x)dx$ 可以看出，函数的微分等于导数 $f'(x)$ 乘以 dx，因此由导数的基本公式可以很容易得出微分的基本公式.

1. 微分基本公式

$d(C)=0$；　$d(x^\alpha)=\alpha x^{\alpha-1}dx$；

$d(\sin x)=\cos x dx$；　$d(\cos x)=-\sin x dx$；

$d(\tan x)=\sec^2 x dx$；　$d(\cot x)=-\csc^2 x dx$；

$d(\sec x)=\sec x\tan x dx$；　$d(\csc x)=-\csc x\cot x dx$；

$d(a^x)=a^x\ln a dx$；　$d(e^x)=e^x dx$；

$d(\log_a x)=\dfrac{1}{x\ln a}dx$；　$d(\ln x)=\dfrac{1}{x}dx$；

$d(\arcsin x)=\dfrac{1}{\sqrt{1-x^2}}dx$；　$d(\arccos x)=-\dfrac{1}{\sqrt{1-x^2}}dx$；

$d(\arctan x)=\dfrac{1}{1+x^2}dx$；　$d(\text{arccot}\, x)=-\dfrac{1}{1+x^2}dx$.

2. 微分基本法则

(1) 函数的和、差、积、商的微分运算法则.

假定 $u(x)$，$v(x)$都是可微函数，则有

$$d(u(x)\pm v(x))=du(x)\pm dv(x)；$$

$$d(u(x)v(x))=v(x)du(x)+u(x)dv(x)；$$

$$d\left(\frac{u(x)}{v(x)}\right)=\frac{v(x)du(x)-u(x)dv(x)}{v^2(x)},v(x)\neq 0.$$

(2) 复合函数的微分法则.

设 $y=f(u)$，$u=\varphi(x)$都可导，则复合函数 $y=f(\varphi(x))$的导数为

$$\frac{dy}{dx}=f'(\varphi(x))\cdot\varphi'(x),$$

所以复合函数的微分为

$$dy=f'(\varphi(x))\cdot\varphi'(x)dx.$$

由于 $f'(\varphi(x))=f'(u)$，$\varphi'(x)dx=du$，所以上式还可以写成

$$dy=f'(u)du.$$

这说明无论 u 是自变量还是某一个变量的函数，微分形式 $dy=f'(u)du$ 均保持不变，这一性质称为**微分形式的不变性**.

【例 2.3.1】 已知函数 $y=\dfrac{1}{1+x^2}$，求：

(1) 函数的微分 dy；

(2) 函数在点 $x=1$ 处的微分；

(3) 函数在点 $x=1$ 处，$\Delta x=-0.01$ 时的微分值.

解 (1) 先求函数的导数，得

$$y'=[(1+x^2)^{-1}]'=-\frac{2x}{(1+x^2)^2},$$

因为 $dy=y'dx$，所以 $dy=-\frac{2x}{(1+x^2)^2}dx$.

(2) $dy|_{x=1}=f'(1)dx=-\frac{1}{2}dx$.

(3) $dy|_{\substack{x=1\\ \Delta x=-0.01}}=f'(1)\cdot\Delta x=-\frac{1}{2}\cdot(-0.01)=0.005$.

【例 2.3.2】 求函数 $y=\sin\ln x$ 的微分.

解法一 直接利用公式 $dy=y'dx$，得

$$dy=(\sin\ln x)'dx=\frac{1}{x}\cos\ln x\,dx.$$

解法二 利用微分形式不变性，得

$$dy=d(\sin\ln x)=\cos\ln x\,d(\ln x)=\frac{1}{x}\cos\ln x\,dx.$$

【例 2.3.3】 在下列等式左端的括号内填入适当的函数，使得等式成立.

(1) $d(\quad)=x\,dx$；　　(2) $d(\quad)=\frac{1}{\sqrt{x}}dx$；

(3) $d(\quad)=e^{2x}dx$；　　(4) $d(\quad)=\cos ax\,dx\ (a\neq 0)$.

解 (1) 因为 $d(x^2)=2x\,dx$，所以 $x\,dx=\frac{1}{2}d(x^2)=d\left(\frac{1}{2}x^2\right)$，即

$$d\left(\frac{1}{2}x^2\right)=x\,dx.$$

因为任意常数 C 的微分 $d(C)=0$，所以一般地应为

$$d\left(\frac{1}{2}x^2+C\right)=x\,dx\quad(C\text{ 为任意常数}).$$

(2) 类似(1)，由 $d(\sqrt{x})=\frac{1}{2\sqrt{x}}dx$，得

$$d(2\sqrt{x}+C)=\frac{1}{\sqrt{x}}dx\quad(C\text{ 为任意常数}).$$

(3) 由 $d(e^{2x})=2e^{2x}dx$，得

$$d\left(\frac{1}{2}e^{2x}+C\right)=e^{2x}dx\quad(C\text{ 为任意常数}).$$

(4) 由 $d(\sin ax)=a\cos ax\,dx$，得

$$d\left(\frac{1}{a}\sin ax+C\right)=\cos ax\,dx\quad(C\text{ 为任意常数}).$$

2.3.4 近似计算

在工程计算中，经常遇到一些复杂公式，如果直接利用公式进行计算会很费劲.如果利用微分往往可以把一些复杂的计算公式用简单的近似公式来替代，以使计算方便和快捷.

根据前面的知识，若函数 $y=f(x)$ 在点 x_0 处的导数 $f'(x_0)\neq 0$，当 $|\Delta x|$ 很小时，则有 $dy\approx\Delta y$.根据微分的定义，有

$$dy|_{x=x_0}=f'(x_0)dx=f'(x_0)\Delta x.$$

又因为 $\Delta y=f(x_0+\Delta x)-f(x_0)$，而 $dy\approx\Delta y$，所以

$$\Delta y=f(x_0+\Delta x)-f(x_0)\approx f'(x_0)\Delta x, \tag{2-2}$$

故
$$f(x_0+\Delta x)\approx f(x_0)+f'(x_0)\Delta x. \tag{2-3}$$

若令 $x_0+\Delta x=x$，则 $f(x)\approx f(x_0)+f'(x_0)(x-x_0)$. (2-4)

特别地，当 $x_0=0$ 且 $|x|$ 很小时，有 $f(x)=f'(0)x+f(0)$. (2-5)

式(2-2)可以用来求函数增量的近似值，而式(2-3)、式(2-4)、式(2-5)可以用来求函数在某一点附近函数值的近似值.

【例 2.3.4】 求 $\sqrt[5]{1.01}$ 的近似值.

解　该题是求函数 $f(x)=\sqrt[5]{x}$ 在点 $x_0=1$ 附近函数值的近似值，则由公式 $f(x_0+\Delta x)\approx f(x_0)+f'(x_0)\Delta x$，其中 $x_0=1,\Delta x=0.01$，

得
$$f(1.01)\approx f(1)+(\sqrt[5]{x})'|_{x=1}\cdot 0.01=1+\frac{1}{5}\times 0.01=1.002,$$

即
$$\sqrt[5]{1.01}\approx 1.002.$$

应用上式可以推得一些常用的近似公式，当 $|\Delta x|$ 很小时，有

(1) $\ln(1+x)\approx x$；　(2) $e^x\approx 1+x$；

(3) $\sin x\approx x$（x 以弧度为单位）；　(4) $\tan x\approx x$（x 以弧度为单位）；

(5) $\sqrt[n]{1+x}\approx 1+\dfrac{x}{n}$.

证明　(1) 令 $y=\ln(1+x)$，由公式 $f(x)\approx f'(0)x+f(0)$ 可以得出近似值公式.又因为 $f'(x)=\dfrac{1}{1+x}$，则 $f'(0)=1$，而 $f(0)=0$，

所以
$$f(x)\approx f'(0)x+f(0)=x,$$

即
$$\ln(1+x)\approx x.$$

(2) 令 $y=e^x$，于是 $f(0)=1,f'(0)=e^x|_{x=0}=1$，代入公式 $f(x)\approx f'(0)x+f(0)$，得

$$e^x\approx 1+x.$$

其他几个公式也可用类似的方法证得.

【例 2.3.5】 某建筑屋顶上有一个半径为 1 m 的球，为了防止该球在风雨中受侵蚀，计划在该球表面涂抹一层保护漆，其厚度为 1 mm，请估算一下需要多少克漆.（漆的密度为 0.7 g/cm^3）

解　根据球的体积公式 $V=\dfrac{4}{3}\pi r^3$，而 $V'=4\pi r^2$，由题意可知 $r_0=1$ m，$\Delta r=0.001$ m，

故
$$\Delta V=dV=V'(r_0)\cdot\Delta r=4\pi\times 1\times 0.001\approx 0.012\ 57(m^3),$$

此时
$$m=\rho V=0.7\times 0.012\ 57\times 1\ 000=8.799(g).$$

【例 2.3.6】 ［挂钟每天慢多少］有一台机械挂钟，钟摆的周期为 1 s，在夏季，摆长伸长了 0.01 cm，这台钟每天大约慢多少秒？

解 根据钟摆周期公式 $T=2\pi\sqrt{\frac{l}{g}}$，可得 $\frac{\mathrm{d}T}{\mathrm{d}l}=\frac{\pi}{\sqrt{gl}}$，由于 $|\Delta l|$ 很小，因此

$$\Delta T\approx \mathrm{d}T=\frac{\pi}{\sqrt{gl}}\times\Delta l$$

根据题意，钟摆的周期为 1 s，说明 $T=1$，即 $1=2\pi\sqrt{\frac{l}{g}}$，可得钟摆的原长为 $l=\frac{g}{4\pi^2}$，而现在的摆长改变量为 $\Delta l=0.000\ 1$ m，于是钟摆的周期也会相应改变，其改变量为

$$\Delta T\approx \mathrm{d}T=\frac{2\pi^2}{g}\times 0.000\ 1\approx 0.000\ 2(\mathrm{s}).$$

这说明，摆长伸长了 0.01 cm，钟摆的周期相应延长大约 0.000 2 s，即每秒慢 0.000 2 s，从而每天就会慢 17.28 s(0.000 2×60×60×24).

小结

导数就是微商，因此可微就是可导.在利用微分进行近似计算时，只有当 $|\Delta x|$ 很小时（$|\Delta x|$ 很小是相对于 x_0 而言的），函数的增量才能近似等于函数的微分.

习题 2.3 答案

习题 2.3

1. 已知函数 $y=x^2-4x+3$，自变量 x 从 1 增加到 1.05 时，求函数的改变量和微分.

2. 求下列函数的微分.

(1) $y=x^3+\frac{1}{x^2}$；　　(2) $y=\arctan\ln x$；

(3) $y=\mathrm{e}^x\sin x$；　　(4) $y=\frac{\mathrm{e}^x}{x}$；

(5) $y=\sqrt[3]{x^2}-\cos x^2$；　　(6) $y=\ln x-\frac{1}{x^2}$.

3. 求下列函数在指定点处的微分.

(1) $y=\frac{1}{1+\sqrt{x}}$，$x=4$；　　(2) $y=\sqrt{\ln x}$，$x=\mathrm{e}$，$\Delta x=0.01$.

4. 在下列各题的括号内，填入适当的式子或数，使等式成立.

(1) $\mathrm{d}(\ln x^2)=(\quad)\mathrm{d}x$；　　(2) $(\quad)\mathrm{d}x=\mathrm{d}(\mathrm{e}^x)$；

(3) $\frac{1}{x}\mathrm{d}x=\mathrm{d}(\quad)$；　　(4) $\mathrm{d}(\quad)=2\mathrm{d}x$；

(5) $\mathrm{d}(\quad)=\frac{2}{1+x^2}\mathrm{d}x$；　　(6) $(\quad)\mathrm{d}x=\mathrm{d}\left(\frac{1}{x}\right)$；

(7) $\cos 2x\,\mathrm{d}x=\mathrm{d}(\quad)$；　　(8) $2^x\mathrm{d}x=\mathrm{d}(\quad)$.

5. 利用微分求下列各数的近似值.

(1) $y=\sqrt[4]{15.98}$；　　(2) $y=\mathrm{e}^{1.01}$；

(3) $y=\arctan 1.02$；　　(4) $y=\sin 30°30'$.

6. 有一钢管的横截面为圆环，其内半径为 2 cm，圆环厚度为 1 mm，利用微分的知识求其圆环面积的近似值.

7. 某公司的广告支出 x(单位：万元)与总销售额 C(单位：万元)之间的函数关系为

$$C=-0.002x^3+0.6x^2+x+500(0\leqslant x\leqslant 20).$$

如果公司的广告支出从 10 万元增加到 10.5 万元，试估算该公司销售额的改变量.

8. 设 $f(x)$可微，求下列函数的微分.

(1) $y=f(\sqrt{x}+1)$；　　(2) $y=\ln[1+f^2(x)]$.

9. 在下列括号中填入适当的函数，使等式成立.

(1) $\mathrm{d}(\quad)=\sqrt{x+2}\,\mathrm{d}x$；　　(2) $\mathrm{d}(\quad)=\dfrac{1}{x\ln x}\mathrm{d}x$；

(3) $\mathrm{d}(\quad)=x^3\mathrm{d}x$；　　(4) $\mathrm{d}(\quad)=\dfrac{x^3}{1+x^4}\mathrm{d}x$；

(5) $\mathrm{d}(\quad)=\dfrac{x}{1+x^4}\mathrm{d}x$.

2.4 微分方程模型

在微分方程建模中，要善于利用平衡原理建立微分方程模型.

【例 2.4.1】 警方对司机饮酒驾车时血液中酒精浓度的规定为不超过 80 mg/100 mL. 现有一起交通事故，在事故发生的 3 h 后，测得司机血液中酒精含量为 56%，又过了 2 h 后，测得酒精含量为 40%.试判断事故发生时，司机的酒精含量是否超过规定.

解 设 $t=0$ 为事故发生的时刻，$x(t)$为 t 时刻血液中酒精浓度，在$[t,t+\Delta t]$时间段内，酒精浓度的改变量为 $x(t+\Delta t)-x(t)=-kx(t)\Delta t$，其中 $k(>0)$，为比例常数，表示酒精浓度随着时间的推移是递减的.

两边同时除以 Δt，得$\dfrac{x(t+\Delta t)-x(t)}{\Delta t}=\dfrac{-kx(t)\Delta t}{\Delta t}=-kx(t)$.

两边同时取极限，得$\lim\limits_{\Delta t\to 0}\dfrac{x(t+\Delta t)-x(t)}{\Delta t}=-kx(t)$.

建立微分方程模型：$\dfrac{\mathrm{d}x}{\mathrm{d}t}=-kt$，且满足初始条件 $x(3)=56,x(5)=40$.

由$\dfrac{\mathrm{d}x}{\mathrm{d}t}=-kt$，得 $x(t)=C\mathrm{e}^{-kt}$，当 $t=0$ 时，$x(0)=C$，所以 $x(t)=x(0)\mathrm{e}^{-kt}$.

记为 $x(t)=x_0\mathrm{e}^{-kt}$(x_0 为初始时刻的酒精浓度)，再把 $x(3)=56,x(5)=40$ 代入通解，可得

$$\begin{cases}x_0\mathrm{e}^{-3k}=56,\\ x_0\mathrm{e}^{-5k}=40,\end{cases}$$

所以 $\mathrm{e}^{2k}=\dfrac{56}{40}$，得到 $k=\dfrac{1}{2}\ln\dfrac{56}{40}\approx 0.17,x_0=93.25$.

因此初始时刻酒精浓度为93.25，已经超过了规定.

【例 2.4.2】 [马尔萨斯人口增长模型] 马尔萨斯(英国经济学家)在研究百余年的人口统计数据时发现:单位时间内人口的增长量与当时的人口总数成正比.马尔萨斯于1798年提出了著名的人口指数增长模型(马尔萨斯人口增长模型).

1. 基本假设

(1) 初始时刻人口数是已知的，设为 N_0，而且人口数是连续变化的；

(2) 人口的增长率是常数，或者说，单位时间内人口的增长数与当时的人口数成正比；

(3) 环境资源是无限的；

(4) 设 t 为时间变量，$N(t)$ 为 t 时刻的人口数，b 为出生率，d 为死亡率.

2. 模型的建立与求解

在 $[t,t+\Delta t]$ 时间段内，人口数的改变量为 $N(t+\Delta t)-N(t)=(b-d)N(t)\Delta t$，即 $N(t+\Delta t)-N(t)=rN(t)\Delta t$，其中 r 为人口增长率，$r=b-d$.两边同时除以 Δt，得 $\dfrac{N(t+\Delta t)-N(t)}{\Delta t}=\dfrac{rN(t)\Delta t}{\Delta t}=rN(t)$.

两边同时取极限，得 $\lim\limits_{\Delta t\to 0}\dfrac{N(t+\Delta t)-N(t)}{\Delta t}=rN(t)$.

建立微分方程模型 $\dfrac{dN}{dt}=rN(t)$，且满足初始条件 $N(0)=N_0$，解得 $N(t)=N_0e^{rt}$.

3. 模型分析

(1) 若 $r>0$，即 $b>d$，则 $\lim\limits_{t\to\infty}N(t)=+\infty$；

(2) 若 $r<0$，即 $b<d$，则 $\lim\limits_{t\to\infty}N(t)=0$；

(3) 若 $r=0$，即 $b=d$，则 $\lim\limits_{t\to\infty}N(t)=N_0$.

在1700—1961年间，世界人口增长与马尔萨斯模型吻合得较好.在此期间，人口约35年增长一倍.1960年世界人口总数为30亿，按马尔萨斯模型计算，到2692年人口总数将增至 5.63×10^{15} 亿.地球表面积为 5.586×10^{8} 亿 km^2，只有28%的陆地，因此到2693年，每人只有约为9.3 dm^2 的站立面积.

但实际情况并非如此，原因是随着人口的增加，自然资源、环境等因素对人口的继续增长的阻滞作用愈来愈明显，即在模型的结果 $N(t)=N_0e^{rt}$ 中，人口增长率 r 不会永远保持常数.

如果当人口较少时，人口相对增长率可以视为常数，那么当人口增加到一定数量后，增长率就会随人口继续增加而减少.为了使人口预报特别是长期预报更好地符合实际情况，必须修改马尔萨斯模型中的人口相对增长率为常数的假设.

【例 2.4.3】 [逻辑斯蒂克人口模型]

1. 模型的基本假设

(1) 假设有一个理想条件下的地球最大人口数 N_m，当人口达到 N_m 时，人口便不会继续增长；

(2) 环境的资源是有限的；

(3) 增长率 r 是常数是不合理的，应该是人口数 $N(t)$ 的函数，即 $r=r(N)$，且 $r(N)$ 是递减函数，$r(N)=r-sN$，其中 r 是人口的固有增长率.

2. 模型建立与求解

令 $r(N)=r-sN$，当 $N(t)=N_m$ 时，$r(N)=0$，所以有 $r(N_m)=0$，即

$$r-sN_m=0,$$

得出 $s=\frac{r}{N_m}$，所以 $r(N)=r-sN=r-\frac{r}{N_m}N=r\left(1-\frac{N}{N_m}\right)$.

对马尔萨斯人口模型加以修改，得出在$[t,t+\Delta t]$时间段内，人口数的改变量为

$$N(t+\Delta t)-N(t)=r\left(1-\frac{N}{N_m}\right)N(t)\Delta t,$$

进而得出逻辑斯蒂克人口模型为$\frac{dN}{dt}=r\left(1-\frac{N}{N_m}\right)N$，初始条件 $N(0)=N_0$.

其解为 $N(t)=\frac{N_0N_m}{(N_m-N_0)e^{-rt}+N_0}$.

3. 模型分析

(1) 由$\frac{dN}{dt}=rN\left(1-\frac{N(t)}{N_m}\right)$可知：当 $N(t)<N_m$ 时，$\frac{dN}{dt}>0$，人口是正增长的；当 $N(t)>N_m$ 时，$\frac{dN}{dt}<0$，人口是负增长的.

(2) 由$\frac{d^2N}{dt^2}=r^2\left(1-\frac{N}{N_m}\right)\left(1-\frac{2N}{N_m}\right)N$ 可知：当 $N(t)<\frac{N_m}{2}$时，$\frac{d^2N}{dt^2}>0$，人口是加速增长的；当 $N(t)>\frac{N_m}{2}$时，$\frac{d^2N}{dt^2}<0$，人口增长率逐步减少，一直到零.

复习题二

复习题二答案

一、选择题.

1. $f(x)$在点 x_0 处可导是 $f(x)$在点 x_0 处连续的(　　).

A. 必要条件　　B. 充分条件

C. 充要条件　　D. 以上均不对

2. $f(x)$在点 x_0 处可导是 $f(x)$在点 x_0 处可微的(　　).

A. 必要条件　　B. 充分条件　　C. 充要条件　　D. 以上均不对

3. 曲线 $y=x^2+4x-2$ 在点 $x=1$ 处的切线斜率为(　　).

A. 0　　B. 2　　C. 4　　D. 6

4. 已知函数 $f(x)=\begin{cases}1-x, & x\leqslant 0,\\ e^{-x}, & x>0,\end{cases}$则 $f(x)$在 $x=0$ 处(　　).

A. 间断　　B. 连续但不可导　　C. $f'(0)=-1$　　D. $f'(0)=1$

5. 设函数 $f(x)$在点 x_0 处的导数不存在，则曲线 $y=f(x)$(　　).

A. 在点$(x_0,f(x_0))$处的切线可能存在

B. 在点 x_0 处间断

C. 在点$(x_0,f(x_0))$处的切线必定不存在

D. 当 $x\to x_0$ 时，极限不存在

6. 下列式子正确的是(　　).

A. $(\cos 2x)'=2\sin 2x$　　B. $\left(\frac{x}{\sin x}\right)'=\frac{1}{\cos x}$

C. $(\sqrt{x-1})'=\frac{1}{2\sqrt{x-1}}$　　D. $(10^{-x})'=10^{-x}$

7. 设 $y=\ln(1-x^2)$,则 $y''=$(　　).

A. $\frac{-2x}{1-x^2}$　　B. $\frac{-2(1+x^2)}{(1-x^2)^2}$　　C. $\frac{2(1+x^2)}{(1-x^2)^2}$　　D. $\frac{6x^2-2}{(1-x^2)^2}$

8. 设 $f(x)=\sqrt{x^2+1}\cdot\ln(x+\sqrt{x^2+1})$,则 $f'(x)=$(　　).

A. $\frac{x}{\sqrt{x^2+1}}\ln(x+\sqrt{x^2+1})+1$　　B. $\frac{x}{\sqrt{x^2+1}}\ln(x+\sqrt{x^2+1})$

C. $\frac{1}{\sqrt{x^2+1}}\ln(x+\sqrt{x^2+1})+1$　　D. $\frac{1}{\sqrt{x^2+1}}\ln(x+\sqrt{x^2+1})$

9. 下列等式正确的是(　　).

A. $\frac{1}{x^2}\mathrm{d}x=\mathrm{d}\left(-\frac{1}{x}\right)$　　B. $\arctan x\,\mathrm{d}x=\mathrm{d}\left(\frac{1}{1+x^2}\right)$

C. $-\cos x\,\mathrm{d}x=\mathrm{d}(\sin x)$　　D. $\frac{2}{\sqrt{x}}\mathrm{d}x=\mathrm{d}(\sqrt{x})$

10. d(　　)$=\frac{1}{1+x^2}\mathrm{d}x$.

A. $\ln(1+x^2)+C$　　B. $-\frac{1}{1+x}$

C. $\arctan x+C$　　D. $\arctan x$

二、填空题.

1. 一物体做直线运动,路程与时间的关系为 $s(t)=t^4-3t^2+2$,则物体在 2 s 时刻的速度为________,加速度为________.

2. 若 $y=3x^5-4x^4+3x^3-2x^2+x-5$,则 $y^{(10)}=$________.

3. 若 $y=\frac{1}{x+1}$,则 $\lim\limits_{\Delta x\to 0}\frac{f(\Delta x)-f(0)}{\Delta x}=$________.

4. 若曲线 $y=\sqrt{x^2+3}$ 上过点 A 的切线平行于直线 $2y-x+1=0$,则 A 点的坐标为________.

5. 若 $f(x)=x(x+1)(x+2)\cdots(x+100)$,则 $f'(0)=$________.

6. 设 $y=x\mathrm{e}^{x^2}$,则 $\mathrm{d}y|_{x=0}=$________.

7. 已知 $\lim\limits_{\Delta x\to 0}=\frac{f(2-\Delta x)-f(2)}{\Delta x}=-1$,则曲线 $y=f(x)$ 在点(2,4)处的切线方程为________.

8. 设 $y=x^3\ln x$,则 $f'(\mathrm{e})=$________,$[f(\mathrm{e})]'=$________.

9. 函数 $y=3^{\arccos\sqrt{x^2+2}}$ 是由基本初等函数________复合而成.

10. 设 $y^{(n-2)}=x\ln x$,则 $y^{(n)}=$________.

三、求下列函数的导数或微分.

1. 若 $y=\sqrt[3]{(\cos 4x+1)^2}$,求$\frac{dy}{dx}$.

2. 若 $y=\ln(1+x^2)+\cos^2 x$,求 $f'(0)$.

3. 若 $y=\arccos(\ln x)$,求 dy.

4. 若 $y=5\sin x^2-x^{\frac{2}{3}}$,求 y'.

5. 设 $y=e^{\sin^2 2x}+\cos 2\sqrt{x}$,求 dy.

6. 设 $y=x^{\ln^2 \tan x}$,求$\frac{dy}{dx}$.

四、求由下列方程所确定的隐函数 $y=f(x)$的导数.

1. $\cos(xy)=x$.

2. $y\ln x+e^{xy}=\cos x$.

五、利用微分近似计算公式计算$\sqrt[3]{8.024}$.

第3章 导数的应用

教学目标

1. 知识目标　了解罗尔定理、拉格朗日中值定理的条件和结论；掌握用洛必达法则计算未定型极限的方法；理解函数的极值概念；掌握用导数判断函数的单调性及函数图象的凹凸性的方法.

2. 能力目标　能用导数证明不等式；会求函数的极值、拐点和渐近线.

3. 思政目标　通过洛必达法则的学习，培养学生的理性思维，具备在困难面前育新机、开新局的思变思维和创新能力.

思维导图

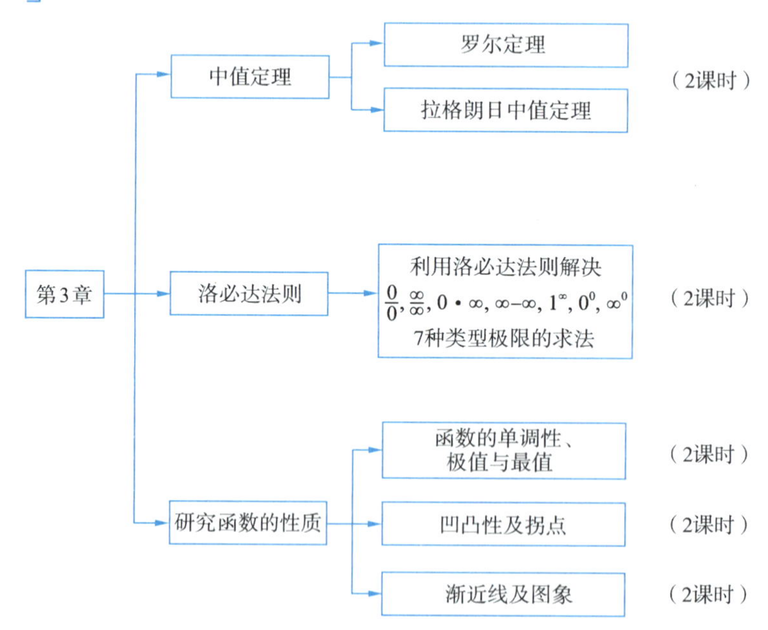

本章导引

在上一章中，我们学习了导数是描绘函数自变量变化的快慢程度，在几何意义上表现为切线的斜率.

在本章中，我们将学习应用导数来研究函数的某些形态，并利用这些知识来解决一些实际问题.为此，我们先要学习微分学的一些定理，它们是导数应用的理论基础.

3.1 中值定理

本节导引

由上一章所学可知，利用微分可进行近似计算.例如，对给定的点 x_0，可以利用 $f(x_0)$ 及其导数 $f'(x_0)$ 来近似估计 x_0 附近的函数值 $f(x)$，即

$$f(x)\approx f(x_0)+f'(x_0)(x-x_0).$$

估算的精度取决于 x 接近 x_0 的程度，那么能否放宽对 x 的限制，使得估算的精度不依赖于 x 与 x_0 的距离？

分析　我们尝试将式子 $f(x)\approx f(x_0)+f'(x_0)(x-x_0)$ 变形，得

$$\frac{f(x)-f(x_0)}{x-x_0}\approx f'(x_0).$$

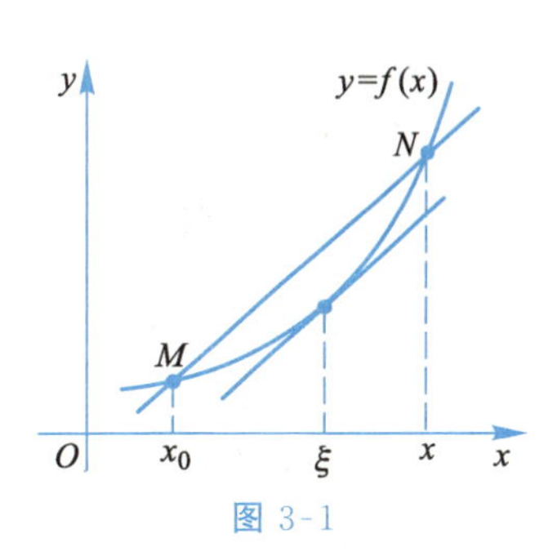

图 3-1

在 $\dfrac{f(x)-f(x_0)}{x-x_0}\approx f'(x_0)$ 中，式子左边是过曲线 $y=f(x)$ 上两点 M 与 N 的割线的斜率，式子右边是过点 M 的切线斜率(图 3-1)，显然两者不相等.但是如果函数 $f(x)$ 在点 x_0 附近可导，则与式子 $\dfrac{f(x)-f(x_0)}{x-x_0}$ 数值最接近的导数值并不是 $f'(x_0)$，而是平行于割线 MN 并与曲线相切的直线的斜率，若此时切点的横坐标为 ξ，则有

$$\frac{f(x)-f(x_0)}{x-x_0}=f'(\xi)\quad (x_0<\xi<x).$$

这样就得到了一个严格的等式，且其结果不依赖于 x 与 x_0 之间的距离，仅要求函数可导，这就是我们下面要讲解的微分中值定理.该定理主要包括罗尔定理和拉格朗日中值定理，而罗尔定理是拉格朗日中值定理的特例.

3.1.1 罗尔定理

罗尔定理

定理 3.1.1(罗尔定理　Rolle's theorem)　若函数 $y=f(x)$ 满足：

(1) 在闭区间 $[a,b]$ 上连续；

(2) 在开区间 (a,b) 内可导；

(3) 在区间$[a,b]$的端点处函数值相等，即 $f(a)=f(b)$.

则在开区间(a,b)内至少存在一点 $\xi(a<\xi<b)$，使得

$$f'(\xi)=0.$$

罗尔定理可用图 3-2 形象地表示.

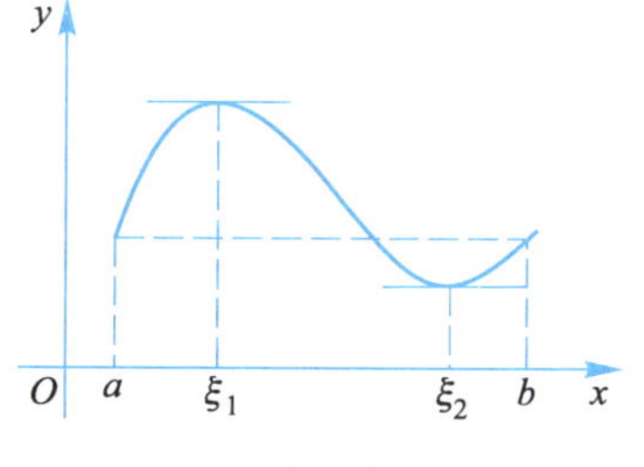

图 3-2

【例 3.1.1】 验证函数 $f(x)=x\sqrt{1-x}$ 在区间$[0,1]$上是否满足罗尔定理的条件，若满足，求出 ξ.

解 由于 $f(x)=x\sqrt{1-x}$ 为初等函数，则在定义区间$[0,1]$上连续，且

$$f'(x)=\sqrt{1-x}-\frac{x}{2\sqrt{1-x}}=\frac{2-3x}{2\sqrt{1-x}}.$$

即 $f(x)$在$(0,1)$内可导，且 $f(0)=f(1)=0$，故 $f(x)$在$[0,1]$上满足罗尔定理的条件.

令 $f'(x)=0$，有 $x=\frac{2}{3}\in(0,1)$，故 $\xi=\frac{2}{3}$.

注意：罗尔定理要求函数同时满足三个条件，缺一不可，否则结论不一定成立.

由罗尔定理的结果 $f'(\xi)=0$，可见 ξ 是该方程的根，因此有时可以用罗尔定理来证明方程根的存在性问题.

【例 3.1.2】 如果方程 $ax^3+bx^2+cx=0$ 有正根 x_0，证明方程 $3ax^2+2bx+c=0$ 必定在$(0,x_0)$内有根.

证明 设 $f(x)=ax^3+bx^2+cx$，则 $f(x)$在$[0,x_0]$上连续，且 $f'(x)=3ax^2+2bx+c$ 在$(0,x_0)$内存在，$f(0)=f(x_0)$，函数 $f(x)$满足罗尔定理的条件，故在$(0,x_0)$内至少存在一点 ξ，使得 $f'(\xi)=3a\xi^2+2b\xi+c=0$，即 ξ 是方程 $3ax^2+2bx+c=0$ 的根.

3.1.2 拉格朗日中值定理

拉格朗日中值定理

定理 3.1.2(拉格朗日中值定理 Lagrange mean value theorem) 若函数 $f(x)$满足：

(1) 在闭区间$[a,b]$上连续；

(2) 在开区间(a,b)内可导.

则在开区间(a,b)内至少存在一点 $\xi(a<\xi<b)$，使得

$$f(b)-f(a)=f'(\xi)(b-a).$$

显然，拉格朗日中值定理是罗尔定理的推广，罗尔定理是拉格朗日中值定理的特殊情况.

图 3-3 所示描述了拉格朗日中值定理的几何意义：如果连续曲线 $y=f(x)$的弧$\overset{\frown}{PQ}$上除端点外处处具有不垂直于 x 轴的切线，那么该弧上至少存在一点 C，使得该点处的切线平行于两端点的连线.

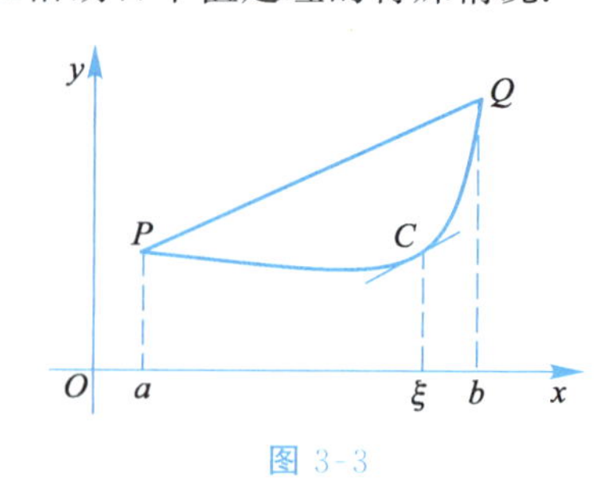

图 3-3

拉格朗日中值定理建立了函数在一个区间上的改变量和函数在该区间内某点处导数之间的联系，不但使我们可以通过导数来研究函数在某区间上的形态，而且对一些较为复杂的不等式证明也提供了一个很好的解决思路和方法.

【例 3.1.3】 当 $0<a<b$ 时，试证明不等式 $\frac{b-a}{b}<\ln\frac{b}{a}<\frac{b-a}{a}$.

分析 观察拉格朗日中值定理的结论 $f(b)-f(a)=f'(\xi)(b-a)$，可以化为

$$\frac{f(b)-f(a)}{b-a}=f'(\xi).$$

也就是说，某一个函数 $f(x)$ 求导后的结果在形式上要能够成为 $\frac{f(b)-f(a)}{b-a}$，而此式子的分子是函数 $f(x)$ 在区间 $[a,b]$ 两个端点处的函数值之差，分母是该区间长度，因此构造函数和选定区间是我们解决问题的关键.

可将不等式变形为 $\frac{1}{b}<\frac{\ln b-\ln a}{b-a}<\frac{1}{a}$，则式子 $\frac{\ln b-\ln a}{b-a}$ 已经具备了 $\frac{f(b)-f(a)}{b-a}$ 的结构.显然，要设 $f(x)=\ln x$，并在 $[a,b]$ 上应用拉格朗日中值定理.

证明 设 $f(x)=\ln x$，由于 $0<a<b$，则函数在 $[a,b]$ 上是连续的.

又因为 $f'(x)=\frac{1}{x}$，则函数在 (a,b) 内是可导的，因而函数符合拉格朗日中值定理的条件，故在 (a,b) 内至少存在一点 $\xi(a<\xi<b)$，使得

$$f'(\xi)=\frac{f(b)-f(a)}{b-a}=\frac{\ln b-\ln a}{b-a},$$

即 $\frac{\ln b-\ln a}{b-a}=\frac{1}{\xi}$.由于 $\frac{1}{b}<\frac{1}{\xi}<\frac{1}{a}$，则

$$\frac{1}{b}<\frac{\ln b-\ln a}{b-a}<\frac{1}{a},$$

即

$$\frac{b-a}{b}<\ln\frac{b}{a}<\frac{b-a}{a},$$

得证.

【例 3.1.4】 当 $x\in\left(0,\frac{\pi}{2}\right)$ 时，证明不等式 $x<\tan x<\frac{x}{\cos^2 x}$.

解 将不等式化为 $1<\frac{\tan x}{x}<\frac{1}{\cos^2 x}$，其中 $\frac{\tan x}{x}=\frac{\tan x-\tan 0}{x-0}$.显然，设 $f(x)=\tan x$，由于 $x\in\left(0,\frac{\pi}{2}\right)$，则函数在 $[0,x]$ 上连续.又因为 $f'(x)=\frac{1}{\cos^2 x}$，则函数在 $(0,x)$ 内可导，故函数在 $(0,x)$ 内至少存在一点 $\xi(0<\xi<x)$，使得

$$f'(\xi)=\frac{f(x)-f(0)}{x-0}=\frac{\tan x}{x},$$

即 $\frac{1}{\cos^2\xi}=\frac{\tan x}{x}$.由于

$$1<\frac{1}{\cos^2\xi}<\frac{1}{\cos^2 x},$$

故

$$1<\frac{\tan x}{x}<\frac{1}{\cos^2 x},$$

即

$$x<\tan x<\frac{x}{\cos^2 x},$$

得证.

从拉格朗日中值定理还能够推出一些很有用的推论.

推论 3.1.1 若 $f'(x)\equiv 0, x\in(a,b)$，则 $f(x)\equiv C, x\in(a,b)$，C 为常数，即函数 $f(x)$ 为一个常数函数.

证明 在 (a,b) 内任意取两点 x_1,x_2，不妨设 $x_1<x_2$，显然有 $[x_1,x_2]\subset(a,b)$. 函数 $f(x)$ 在 $[x_1,x_2]$ 上连续，在 (x_1,x_2) 内可导，则在 (x_1,x_2) 内至少存在一点 ξ，使得

$$f(x_2)-f(x_1)=f'(\xi)(x_2-x_1).$$

由已知条件可知，对于任意 $x\in(a,b)$，均有 $f'(x)\equiv 0$，所以 $f'(\xi)\equiv 0$，故

$$f(x_2)-f(x_1)=0, \text{即 } f(x_2)=f(x_1).$$

这说明对于 (a,b) 内的任意两点 x_1,x_2，都有 $f(x_2)=f(x_1)$，即 $f(x)$ 是常数函数.

我们知道“常数的导数为零”，此推论说明其逆命题也是成立的.

推论 3.1.2 若 $f'(x)\equiv g'(x), x\in(a,b)$，则 $f(x)=g(x)+C, x\in(a,b)$，C 为常数.

该推论不仅使我们知道“若两个函数恒等，则它们的导数相等”这一结论，而且还得出了“如果两个函数的导数恒等，那么它们至多只相差一个常数”的结论.

小结

本节主要学习了罗尔定理和拉格朗日中值定理.其中，罗尔定理可用于探讨方程根的存在性问题，拉格朗日中值定理多用于证明复杂不等式的问题.

扫一扫

习题 3.1 答案

习题 3.1

1. 请回答下列问题.

(1) 在 $[\pi,2\pi]$ 上，函数 $f(x)=\sin x$ 是否满足罗尔定理的条件？若满足，ξ 的值为多少？

(2) 在 $[0,1]$ 上，函数 $f(x)=\ln(1+x)$ 是否满足拉格朗日中值定理的条件？若满足，ξ 的值为多少？

2. 证明下列不等式.

(1) $|\sin x-\sin y|\leqslant|x-y|$；

(2) 当 $x>0$ 时，$\dfrac{x}{1+x^2}<\arctan x<x$；

(3) 当 $n>1, a>b>0$ 时，$nb^{n-1}(a-b)<a^n-b^n<na^{n-1}(a-b)$.

3. 设函数 $f(x)=(x-1)(x-2)(x-3)(x-4)$，问方程 $f'(x)=0$ 有几个实根？并指出它们所在的区间.

3.2 洛必达法则

本节导引

中值定理的重要性在于它将函数在任意区间上的平均变化率转化成区间内某一点的导数，在形式上表现为“左端是商式结构，右端是导数”，与商式的极限$\lim\limits_{x \to x_0}\dfrac{f(x)}{g(x)}$在结构上有类似之处，如下面两例：

(1) $\lim\limits_{x \to 1}\dfrac{\ln x}{x-1}$；　　(2) $\lim\limits_{x \to +\infty}\dfrac{e^x-5}{x^5}$.

当需要求上面两例的极限值时，试想：求极限的方法很多，若直接用商的极限四则运算法则求解，前提条件是$\lim\limits_{x \to x_0} f(x)$，$\lim\limits_{x \to x_0} g(x)$均存在且$\lim\limits_{x \to x_0} g(x) \neq 0$，显然，上面所列两个商式的极限均不满足四则运算的条件，尝试其他方法，看看能否解决.

3.2.1 洛必达法则 Ⅰ$\left(\dfrac{0}{0}\text{型}\right)$

定理 3.2.1 若函数$f(x)$和$g(x)$满足条件：

(1) $\lim\limits_{x \to x_0} f(x)=\lim\limits_{x \to x_0} g(x)=0$；

(2) $f(x)$和$g(x)$在x_0的某去心邻域内可导，且$g'(x) \neq 0$；

(3) $\lim\limits_{x \to x_0}\dfrac{f'(x)}{g'(x)}=A$($A$可以是有限数或无穷大).

则有

$$\lim_{x \to x_0}\frac{f(x)}{g(x)}=\lim_{x \to x_0}\frac{f'(x)}{g'(x)}=A.$$

上述定理对$x \to \infty$也成立.

注意：$\lim\limits_{x \to x_0}\dfrac{f'(x)}{g'(x)} \neq \lim\limits_{x \to x_0}\left[\dfrac{f(x)}{g(x)}\right]'$.

【例 3.2.1】 求极限$\lim\limits_{x \to 1}\dfrac{\ln x}{x-1}$.

解 由于分母的极限$\lim\limits_{x \to 1}(x-1)=0$，且分子的极限$\lim\limits_{x \to 1}\ln x=0$；$(\ln x)'=\dfrac{1}{x}$，$(x-1)'=1$，显然，分子、分母在 1 的去心邻域内可导，且分母的导数不为 0.

又有

$$\lim_{x \to 1}\frac{(\ln x)'}{(x-1)'}=\lim_{x \to 1}\frac{1}{x}=1,$$

故此极限属于$\dfrac{0}{0}$型.由洛必达法则 Ⅰ，得

$$\lim_{x \to 1}\frac{\ln x}{x-1}=\lim_{x \to 1}\frac{(\ln x)'}{(x-1)'}=1.$$

【例 3.2.2】 求极限$\lim\limits_{x\to 0}\dfrac{e^x-\cos x}{x^2}$.

解 属于$\dfrac{0}{0}$型.由洛必达法则Ⅰ,得

$$原式=\lim_{x\to 0}\frac{(e^x-\cos x)'}{(x^2)'}=\lim_{x\to 0}\frac{e^x+\sin x}{2x}=\infty.$$

注意:根据洛必达法则Ⅰ,求导后的结果可以是有限数A,也可以是∞,$+\infty$或$-\infty$.

【例 3.2.3】 求极限$\lim\limits_{x\to 0}\dfrac{x-\tan x}{x^2\sin x}$.

解 属于$\dfrac{0}{0}$型.先将分母中的$\sin x$用等价无穷小进行代换,原式变为$\lim\limits_{x\to 0}\dfrac{x-\tan x}{x^3}$,然后再使用洛必达法则Ⅰ进行求解,有

$$原式=\lim_{x\to 0}\frac{1-\sec^2 x}{3x^2}=\lim_{x\to 0}\frac{-\tan^2 x}{3x^2}=\lim_{x\to 0}\frac{-x^2}{3x^2}=-\frac{1}{3}.$$

注意:计算极限时,也可以将洛必达法则Ⅰ和等价无穷小代换结合起来使用.以便简化计算.该题用了两次等价无穷小代换,用了一次洛必达法则Ⅰ.

【例 3.2.4】 求极限$\lim\limits_{x\to 0}\dfrac{2e^{2x}-e^x-3x-1}{e^x x^2}$.

解
$$\begin{aligned}原式&=\lim_{x\to 0}\frac{1}{e^x}\cdot\lim_{x\to 0}\frac{2e^{2x}-e^x-3x-1}{x^2}\\&=\lim_{x\to 0}\frac{(2e^{2x}-e^x-3x-1)'}{(x^2)'}\\&=\lim_{x\to 0}\frac{4e^{2x}-e^x-3}{2x}=\lim_{x\to 0}\frac{(4e^{2x}-e^x-3)'}{(2x)'}\\&=\lim_{x\to 0}\frac{8e^{2x}-e^x}{2}=\frac{7}{2}.\end{aligned}$$

注意:如果使用过一次洛必达法则后,其极限仍是$\dfrac{0}{0}$型,只要$f'(x)$,$g'(x)$仍满足定理中$f(x)$,$g(x)$的条件,则可继续使用法则求解,直到求出极限为止.

3.2.2 洛必达法则Ⅱ$\left(\dfrac{\infty}{\infty}型\right)$

定理 3.2.2 若函数$f(x)$和$g(x)$满足条件:

(1) $\lim\limits_{x\to x_0}f(x)=\lim\limits_{x\to x_0}g(x)=\infty$;

(2) $f(x)$和$g(x)$在x_0的某去心邻域内可导,且$g'(x)\neq 0$;

(3) $\lim\limits_{x\to x_0}\dfrac{f'(x)}{g'(x)}=A$($A$可以是有限数或无穷大).

则有

$$\lim_{x\to x_0}\frac{f(x)}{g(x)}=\lim_{x\to x_0}\frac{f'(x)}{g'(x)}=A.$$

上述定理对 $x\to\infty$ 也成立.

【例 3.2.5】 求 $\lim\limits_{x\to+\infty}\dfrac{\ln x}{(x+1)^2}$.

解　属于$\dfrac{\infty}{\infty}$型未定式.使用洛必达法则Ⅱ,有

$$\text{原式}=\lim_{x\to+\infty}\frac{(\ln x)'}{[(x+1)^2]'}=\lim_{x\to+\infty}\frac{1}{2x(x+1)}=0.$$

注意:洛必达法则Ⅱ与Ⅰ使用方法相同,但只适用于$\dfrac{0}{0}$和$\dfrac{\infty}{\infty}$型的极限,每做一步都要检验是否为此两种类型之一,否则是不能使用洛必达法则的.另外,有时也会出现两个法则同时使用的情况.

此外,当洛必达法则的第三个条件$\lim\limits_{x\to x_0}\dfrac{f'(x)}{g'(x)}$不存在时(除$\infty$外),并不意味原式的极限不存在,而是法则失效,应该用其他方法求解,如下例.

【例 3.2.6】 求极限$\lim\limits_{x\to\infty}\dfrac{x+\sin x}{x}$.

解　属于$\dfrac{\infty}{\infty}$型.使用洛必达法则,有

$$\text{原式}=\lim_{x\to\infty}\frac{(x+\sin x)'}{x'}=\lim_{x\to\infty}(1+\cos x).$$

此式中,当 $x\to\infty$时,$\cos x$ 是摆动状态,故极限不存在;但原式极限可能是存在的,只是该法则失效,改用其他方法求解过程如下:

$$\text{原式}=\lim_{x\to\infty}\left(1+\frac{\sin x}{x}\right)=1+0=1.$$

因此,使用洛必达法则不可盲目简单套用,要步步检验条件,留心第三个条件是否满足.

*3.2.3 其他类型的极限求法

对函数 $f(x)$,$g(x)$求极限时,类型一般分为两大类:一类是确定型极限,另一类是未定型极限.而未定型极限中除了$\dfrac{0}{0}$和$\dfrac{\infty}{\infty}$型外,还有五种类型:$\infty-\infty$,$0\cdot\infty$,1^∞,0^0,∞^0.其解决宗旨是将这五种极限类型通过适当地转化,成为$\dfrac{0}{0}$或$\dfrac{\infty}{\infty}$型后再进行求解.下面我们逐一举例介绍.

1. $\infty-\infty$型

$\infty-\infty$型的极限求法常采用通分或有理化的手段,如下例.

【例 3.2.7】 求极限$\lim\limits_{x\to\frac{\pi}{2}}(\sec x-\tan x)$.

解　属于$\infty-\infty$型.通分得

$$\sec x-\tan x=\frac{1-\sin x}{\cos x}.$$

当 $x\to\frac{\pi}{2}$ 时，原式类型转化为 $\frac{0}{0}$ 型，使用洛必达法则求解，得

原式 $=\lim\limits_{x\to\frac{\pi}{2}}\frac{1-\sin x}{\cos x}=\lim\limits_{x\to\frac{\pi}{2}}\frac{-\cos x}{-\sin x}=0.$

2. $0\cdot\infty$ 型

$0\cdot\infty$ 型的极限求法是将极限为 ∞ 的函数倒置，转化为 $\frac{0}{0}$ 型，或将极限为 0 的函数倒置转化为 $\frac{\infty}{\infty}$ 型，如下例.

【例 3.2.8】 求极限 $\lim\limits_{x\to0^+}\sin x\cdot\ln x$.

解 属于 $0\cdot\infty$ 型.先将函数 $\sin x$ 用等价无穷小代换成 x，再将函数 x 倒置，极限转化为 $\frac{\infty}{\infty}$ 型，再使用洛必达法则求解，即

$$\text{原式}=\lim_{x\to0^+}\sin x\cdot\ln x=\lim_{x\to0^+}\frac{\ln x}{\frac{1}{x}}=\lim_{x\to0^+}(-x)=0.$$

3. 1^∞，0^0，∞^0 型

1^∞，0^0，∞^0 型均是幂指函数形式，即 $f(x)^{g(x)}$，求极限时可直接采用如下变换进行转化.

由于 $$f(x)^{g(x)}=e^{\ln f(x)^{g(x)}}=e^{g(x)\cdot\ln f(x)},$$

所以 $$\lim f(x)^{g(x)}=\lim e^{\ln f(x)^{g(x)}}=e^{\lim g(x)\cdot\ln f(x)}.$$

此时，三种类型的极限都转化为 $0\cdot\infty$ 型.

【例 3.2.9】 证明 $\lim\limits_{x\to0}(1+x)^{\frac{1}{x}}=e$.

证明 属于 1^∞ 型.设 $f(x)=(1+x)^{\frac{1}{x}}$，则

原式 $=\lim\limits_{x\to0}e^{\ln f(x)}=e^{\lim\limits_{x\to0}\ln f(x)}$.

由于 $\ln f(x)=\frac{1}{x}\ln(1+x)$，又因为当 $x\to0$ 时，$\ln(1+x)\sim x$，则

$$\lim_{x\to0}\ln f(x)=\lim_{x\to0}\frac{x}{x}=1,$$

所以 $\lim\limits_{x\to0}f(x)=e^{\lim\limits_{x\to0}\ln f(x)}=e$ 成立.

【例 3.2.10】 求极限 $\lim\limits_{x\to0^+}\left(\ln\frac{1}{x}\right)^x$.

解 属于 ∞^0 型.由于 $\left(\ln\frac{1}{x}\right)^x=e^{x\ln\left(\ln\frac{1}{x}\right)}$，则原式化为 $e^{\lim\limits_{x\to0^+}x\ln\left(\ln\frac{1}{x}\right)}$，其中

$$\lim_{x\to0^+}x\cdot\ln\left(\ln\frac{1}{x}\right)=\lim_{x\to0^+}\frac{\ln\left(\ln\frac{1}{x}\right)}{\frac{1}{x}}\xlongequal{\text{令}\frac{1}{x}=t}\lim_{t\to+\infty}\frac{\ln(\ln t)}{t}=\lim_{t\to+\infty}\frac{\frac{1}{\ln t}\cdot\frac{1}{t}}{1}=0,$$

则原式$=e^{\lim\limits_{x\to0^+}x\ln\left(\ln\frac{1}{x}\right)}=e^0=1$.

小结

未定型极限类型共有 7 种：$\frac{0}{0}$，$\frac{\infty}{\infty}$，$\infty-\infty$，$0\cdot\infty$，1^∞，0^0，∞^0，该 7 种极限做适当变形后均可化为$\frac{0}{0}$或$\frac{\infty}{\infty}$，然后综合应用洛必达法则、等价无穷小代换、四则运算等方法，即可求出它们的极限值.

习题 3.2 答案

习题 3.2

1. 请思考下列计算是否正确，若不正确，请指出错误之处.

$$\lim_{x\to0}\frac{\cos x}{1-x}=\lim_{x\to0}\frac{(\cos x)'}{(1-x)'}=\lim_{x\to0}\frac{-\sin x}{-1}=0.$$

2. 求下列函数的极限.

(1) $\lim\limits_{x\to0}\frac{\ln\cos x}{x}$；　(2) $\lim\limits_{x\to0}\frac{x-\sin x}{\tan^2 x}$；

(3) $\lim\limits_{x\to0}\frac{e^x-\sin x-1}{\ln(1+x)}$；　(4) $\lim\limits_{x\to0}\frac{\sqrt{x+1}-1}{x}$；

(5) $\lim\limits_{x\to\frac{\pi}{3}}\frac{1-2\cos x}{\sin 6x}$；　(6) $\lim\limits_{x\to0}\frac{x^4}{x^2+x-\sin x}$；

(7) $\lim\limits_{x\to0^+}\frac{\ln(x+1)}{\ln\cos x}$；　(8) $\lim\limits_{x\to+\infty}\frac{x^2+\ln x^2}{x\ln x}$；

(9) $\lim\limits_{x\to+\infty}\frac{x^3-1}{e^{2x}}$；　(10) $\lim\limits_{x\to\infty}x(e^{\frac{1}{x}}-1)$；

(11) $\lim\limits_{x\to+\infty}\frac{1+\sqrt[3]{x}}{1+\sqrt{x}}$；　(12) $\lim\limits_{x\to0^+}(\cos\sqrt{x})^{\frac{1}{x}}$.

3. 极限$\lim\limits_{x\to+\infty}\frac{x}{\sqrt{x^2+1}}$是否存在？能否使用洛必达法则求出该极限值？

4. 求下列函数的极限.

(1) $\lim\limits_{x\to0}\left(\cot x-\frac{1}{x}\right)$；　(2) $\lim\limits_{x\to0^+}x^{\ln(1+x)}$；

(3) $\lim\limits_{x\to\infty}x(e^{\frac{1}{x}}-1)$；　(4) $\lim\limits_{x\to0^+}x^n\ln x\,(n>0)$.

5. 设 $f'(x)$连续，$f(1)=0$，$f'(1)=2$，求$\lim\limits_{x\to0}\frac{f(1+2x)}{x}$.

6. 设$\lim\limits_{x\to0}\left(\frac{\sin 2x}{x^3}+a+\frac{b}{x^2}\right)=\frac{2}{3}$，求 a，b 的值.

3.3 函数的单调性、极值与最值

本节导引

函数单调性的判断不是新知识，但如何利用导数来简化判断过程是一个新的课题.原先判断一个函数单调性的方法是：若 $x_1<x_2\in I$，一定有 $f(x_1)\leqslant f(x_2)$，则函数在区间 I 上单调增加；反之，函数在区间 I 上单调减少.函数值随自变量变化的同时，其导函数也在变化，那么变化规律又如何呢？

引例 考察函数 $y=x^2$ 与 $y=\sqrt{x}$，当 $x\geqslant 0$ 时导数与单调性之间的关系.

分析 显然，函数 $y=x^2$ 与 $y=\sqrt{x}$ 在定义区间($x\geqslant 0$)内均是单调增加的，如图 3-4 所示.若函数 $f(x)$ 在区间上是单调增加函数，则曲线 $y=f(x)$ 是一条沿 x 轴正向上升的曲线，且曲线上各点处的切线斜率均非负，即 $f'(x)\geqslant 0$.

相应地，若函数 $f(x)$ 在区间上是单调减少函数，则曲线 $y=f(x)$ 是一条沿 x 轴正向下降的曲线，曲线上各点处的切线斜率均非正，即 $f'(x)\leqslant 0$.

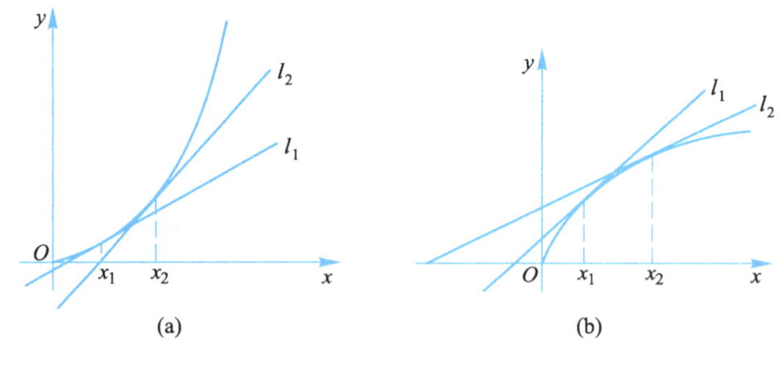

图 3-4

3.3.1 函数单调性的判别方法

引例直观地告诉我们，可以通过一阶导数的正负情况来判断函数在区间上的单调性.拉格朗日中值定理建立了函数与导数之间的联系，利用中值定理可以证明函数单调性的判别定理.

定理 3.3.1 设函数 $y=f(x)$ 在闭区间 $[a,b]$ 上连续，在开区间 (a,b) 内可导，则有

(1) 若在 (a,b) 内 $f'(x)>0$，则函数 $y=f(x)$ 在区间 (a,b) 上单调增加；

(2) 若在 (a,b) 内 $f'(x)<0$，则函数 $y=f(x)$ 在区间 (a,b) 上单调减少.

证明 在区间 $[a,b]$ 上任取两点 x_1,x_2，不妨设 $x_1<x_2$.由已知条件得，函数 $y=f(x)$ 在 $[x_1,x_2]$ 上满足拉格朗日中值定理的条件，故至少存在一点 $\xi\in(x_1,x_2)$，使得

$$f(x_2)-f(x_1)=f'(\xi)(x_2-x_1).$$

因为 $x_1<x_2$，则 $x_2-x_1>0$，若在 (a,b) 内 $f'(x)>0$，则 $f'(\xi)>0$，于是

$$f(x_2)-f(x_1)=f'(\xi)(x_2-x_1)>0,$$

即 $f(x_1)<f(x_2)$，表明函数 $y=f(x)$ 在区间 (a,b) 上单调增加.

同理，若在(a,b)内$f'(x)<0$，则$f'(\xi)<0$，于是

$$f(x_2)-f(x_1)=f'(\xi)(x_2-x_1)<0,$$

即$f(x_1)>f(x_2)$，表明函数$y=f(x)$在区间(a,b)上单调减少.

注意：定理中的闭区间$[a,b]$换成开区间或半开区间或无穷区间，定理的结论仍然成立.

【例 3.3.1】 讨论函数$y=x^3-12x+3$的单调性.

解 函数$y=x^3-12x+3$在$(-\infty,+\infty)$上有定义，则

$$y'=3x^2-12=3(x+2)(x-2),$$

令$y'=0$，则$x_1=2$，$x_2=-2$.将函数的定义域分成三个区间

$$(-\infty,-2],(-2,2),[2,+\infty),$$

函数在各区间上的单调性如表 3-1 所示.

表 3-1

x	$(-\infty,-2)$	-2	$(-2,2)$	2	$(2,+\infty)$
y'	+	0	−	0	+
y	↗		↘		↗

所以$f(x)$在$(-\infty,-2)$和$(2,+\infty)$内单调增加，在$(-2,2)$内单调减少.

说明：我们常用符号“↘”表示单调减少，用符号“↗”表示单调增加.

我们通常称使得$f'(x)=0$的点x_0为**驻点**.如上例中的$x_1=2$，$x_2=-2$都是函数$f(x)$的驻点，表现为在点$x_1=2$，$x_2=-2$处有水平切线.

可见，划分单调区间是判定函数单调性的关键.

我们注意到函数$f(x)$在区间内不可导的情形，如图 3-5 所示，C点处$f'(x_3)$不存在，但C点左右两侧的单调性却不同，因此在划分单调区间时，我们在关注驻点的同时，也要关注不可导点，即寻找使得$f'(x)=0$或导数不存在的点作为单调区间划分的关键点进行讨论.

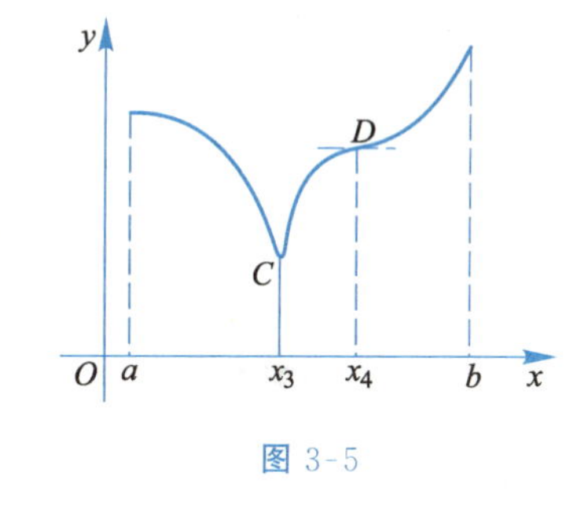

图 3-5

我们还注意到图 3-5 中的点D处有$f'(x_4)=0$，但其两边的单调性却相同，可利用定理 3.3.1 确定函数的单调性.

综上所述，判断函数单调区间的步骤如下：

(1) 确定函数的定义域；

(2) 求$f(x)$的一阶导数，令$f'(x)=0$，求出驻点和不可导点；

(3) 根据驻点和不可导点，将定义域划分成若干小区间，考察$f'(x)$在每个小区间内的正负后，根据定理判断即可.

【例 3.3.2】 求函数$y=\frac{3}{2}(x^3-1)^{\frac{2}{3}}$的单调区间.

解 函数的定义域为$(-\infty,+\infty)$，且$y'=\frac{3}{2}\cdot\frac{2}{3}\cdot(x^3-1)^{-\frac{1}{3}}\cdot 3x^2=\frac{3x^2}{\sqrt[3]{x^3-1}}$.

令$y'=0$，得驻点$x=0$和不可导点$x=1$.点$x=0$和$x=1$将实数集$(-\infty,+\infty)$分成如

表 3-2 所示的几个区间.

表 3-2

x	$(-\infty,0)$	0	$(0,1)$	1	$(1,+\infty)$
y'	$-$	0	$-$	不存在	$+$
y	↘		↘		↗

所以,函数在$(-\infty,1)$内是单调减少函数,在$(1,+\infty)$内是单调增加函数.

【例 3.3.3】 讨论函数 $y=e^x-x-1$ 的单调性.

解 函数 $y=e^x-x-1$ 的定义域为$(-\infty,+\infty)$,且 $y'=e^x-1$.令 $y'=0$,得 $x=0$.

因为在$(-\infty,0)$内 $y'<0$,所以函数 $y=e^x-x-1$ 在$(-\infty,0)$内单调减少;因为在$(0,+\infty)$内 $y'>0$,所以函数 $y=e^x-x-1$ 在$(0,+\infty)$内单调增加.

【例 3.3.4】 血液从心脏流出,经过主动脉后流到毛细血管,再通过静动脉流回心脏.医生建立了某病人在心脏收缩的一个周期内血压的数学模型 $P(t)=\dfrac{25t^2+123}{t^2+1}$,其单位是 mmHg,当 $t=0$ 时表明血液从心脏流出的时间(单位:s),问在心脏收缩的一个周期内,血压是单调增加的还是单调减少的?

解 $P'(t)=\left(\dfrac{25t^2+123}{t^2+1}\right)'=\dfrac{50t(t^2+1)-2t(25t^2+123)}{(t^2+1)^2}=-\dfrac{196t}{(t^2+1)^2}$.

因为 $t>0$,所以 $P'(t)<0$,因此在心脏收缩的一个周期内,血压是单调减少的.

3.3.2 函数的极值

当我们知道了判断函数单调性的方法以后,下面再来看看如何在此基础上求函数的极限和最值.

定义 3.3.1 设函数 $f(x)$在点 x_0 附近有定义,若对于任一点 $x(x\neq x_0)$,恒有

(1) $f(x)<f(x_0)$,则称 $f(x_0)$是函数的极大值(maximum),并称 x_0 为极大值点;

(2) $f(x)>f(x_0)$,则称 $f(x_0)$是函数的极小值(minimum),并称 x_0 为极小值点.

把函数的极大值与极小值统称为函数的**极值**,极大值点与极小值点统称为函数的**极值点**.

函数的极值

注意:

(1) 极值是针对函数值 y 而言的,极值点是针对自变量 x 而言的.

(2) 极值是一个局部概念,函数在一个区间上可能会有多个极值.

如图 3-6 所示,$f(x_1)$,$f(x_3)$,$f(x_5)$均是函数 $f(x)$的极大值,$f(x_2)$,$f(x_4)$均是函数 $f(x)$的极小值.极值与最值有本质的区别,最值是针对整个定义区间而言的,最值若存在,只可能是一个最大值和一个最小值.

(3) 极小值未必比极大值小.

如图 3-6 所示,极小值 $f(x_4)$就比极大值 $f(x_1)$大.

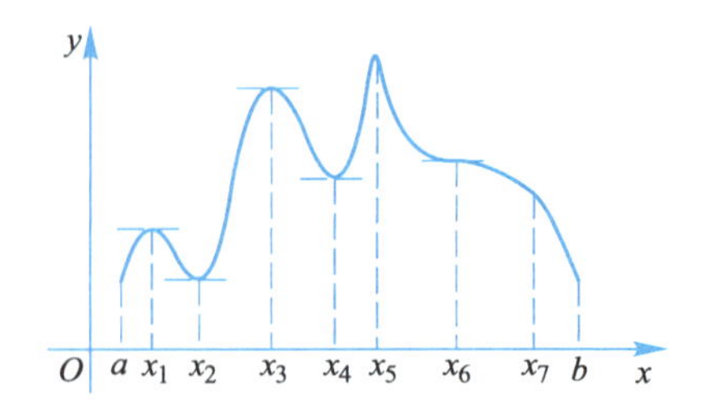

图 3-6

(4) 极值点只可能出现在整个定义区间内部,而不会出现在整个定义域边界处,而最值则可以出现在整个定义区间的任何位置.

(5) 极值点可以是驻点(图 3-6 中的点 x_1, x_2, x_3, x_4),也可以是不可导点(图 3-6 中点 x_5),但驻点不一定是极值点(图 3-6 中点 x_6),不可导点也未必一定是极值点(图 3-6 中点 x_7).

综上所述,怎么从驻点和不可导点中找到极值点呢?下面给出判定定理.

定理 3.3.2(极值的第一充分条件)　设函数 $f(x)$ 在点 x_0 连续,在点 x_0 附近区域内 $(x \neq x_0)$ 可导,则在点 x_0 左右两侧,有

(1) $f'(x)$ 由正变负,那么 x_0 是 $f(x)$ 的极大值点;

(2) $f'(x)$ 由负变正,那么 x_0 是 $f(x)$ 的极小值点;

(3) $f'(x)$ 不改变符号,那么 x_0 不是 $f(x)$ 的极值点.

证明从略.直观地描述如图 3-7 所示.

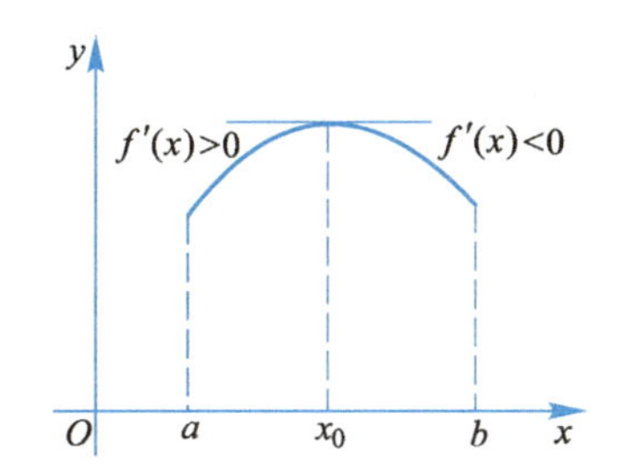

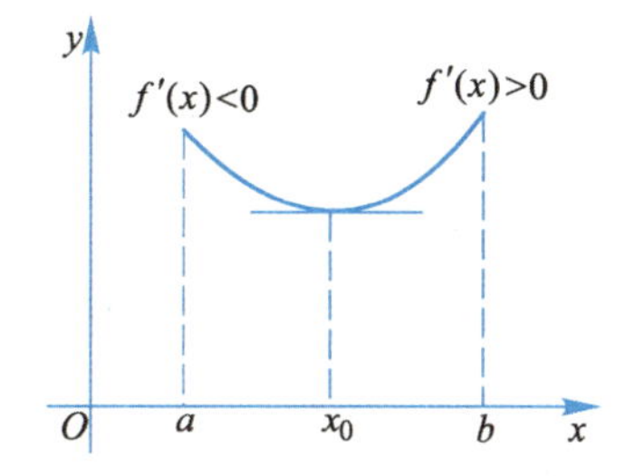

图 3-7

【例 3.3.5】　求函数 $y = x - 2\sqrt{x}$ 的极值.

解　函数的定义域为 $[0, +\infty)$,且 $y' = (x - 2\sqrt{x})' = 1 - \frac{1}{\sqrt{x}}$.令 $y' = 0$,得驻点 $x = 1$ 和不可导点 $x = 0$.

因为 $x = 0$ 是边界点,则一定不是极值点,故有如表 3-3 所示的区间.

表 3-3

x	$(0,1)$	1	$(1,+\infty)$
y'	$-$	0	$+$
y	↘	极小值 -1	↗

除此之外,极值还可以通过二阶导数来判定.

定理 3.3.3(极值的第二充分条件)　设 x_0 为函数 $f(x)$ 的驻点,且在点 x_0 处存在二阶导数 $f''(x_0) \neq 0$,则有

(1) 如果 $f''(x_0) > 0$,那么点 x_0 是函数 $f(x)$ 的极小值点;

(2) 如果 $f''(x_0) < 0$,那么点 x_0 是函数 $f(x)$ 的极大值点;

(3) 如果 $f''(x_0) = 0$,无法判断.

【例 3.3.6】　求函数 $f(x) = x^3 - 3x^2 - 9x + 4$ 的极值.

解　(1) 函数的定义域为 $(-\infty, +\infty)$.

(2) $f'(x)=(x^3-3x^2-9x+4)'=3x^2-6x-9$，令 $f'(x)=0$，得驻点 $x_1=3$，$x_2=-1$.

(3) $f''(x)=(3x^2-6x-9)'=6x-6$，因为 $f''(3)=6\times3-6=12>0$，则 $x_1=3$ 为极小值点，且极小值为 $f(3)=-23$；$f''(-1)=6\times(-1)-6=-12<0$，则 $x_2=-1$ 为极大值点，且极大值为 $f(-1)=9$.

思考：例 3.3.5 是否能用定理 3.3.3(极值的第二充分条件)来判定？定理 3.3.2 和定理 3.3.3 分别适合判定哪种类型的极值问题呢？

3.3.3 函数的最大值与最小值

函数的最值

在数学、工程技术、经济问题及现实生活中，常遇到求函数最值的问题.在第 1 章的学习中，我们知道闭区间上的连续函数必存在最大值和最小值.现在又掌握了判定极值的方法，因此只需将函数中可能成为极值点的驻点和不可导点，以及可能存在最值的端点在一个整体上进行比较，就可以得出函数的最值.

【例 3.3.7】 求函数 $y=x+\sqrt{1-x}$ 在区间 $[-3,1]$ 上的最大值和最小值.

解 (1) 函数的定义域为 $(-\infty,1]$，且在区间 $[-3,1]$ 上连续，则函数必定存在最值.

(2) $y'=(x+\sqrt{1-x})'=1-\dfrac{1}{2\sqrt{1-x}}$，令 $y'=0$，得驻点 $x=\dfrac{3}{4}$ 和不可导点 $x=1$.

(3) 比较 $f\left(\dfrac{3}{4}\right)=\dfrac{5}{4}$，$f(1)=1$，$f(-3)=-1$，得 $f_{\max}\left(\dfrac{3}{4}\right)=\dfrac{5}{4}$，$f_{\min}(-3)=-1$.

要计算实际应用中的最值，首先要找出函数关系式，然后求出驻点，并根据实际情况判断驻点处的函数值是否是最值.如下面的例子所示.

【例 3.3.8】 某工厂生产某种产品 x t 所需成本与产量 x 之间的关系为 $C(x)=5x+200$(单位:万元)，将其投放市场后所得到的总收入为 $R(x)=10x-0.01x^2$(单位:万元)，利润为总收入减去总成本，求该产品生产多少吨时所获得的利润最大.

解 先列出函数关系式:利润=总收入－总成本，即 $L(x)=R(x)-C(x)$，

则
$$L(x)=(10x-0.01x^2)-(5x+200)=-0.01x^2+5x-200,$$

故
$$L'(x)=-0.02x+5，令\ L'(x)=0，得\ x=250.$$

根据实际意义，这唯一的驻点 $x=250$ 即为所求.

其实，大家在生活中经常谈到“如何做最节约”“如何截取最省料”“如何做最合理”“如何花费最少”“如何获利最多”等问题，这些都是最值问题.下面再来看一个例子.

【例 3.3.9】 现要出版一本书，每页纸的面积为 600 cm^2，要求上下各留出 3 cm，左右各留出 2 cm 的空白，试确定纸张的长和宽，使得每页纸能安排印刷最多的内容.

解 设纸张的宽度为 x，则长为 $\dfrac{600}{x}$，故有

$$S=(x-4)\left(\frac{600}{x}-6\right)=624-6x-\frac{2\ 400}{x},\quad 4<x<100.$$

求导得 $S'=-6+\dfrac{2\ 400}{x^2}$，令 $S'=0$，得定义域内的唯一驻点 $x=20$.

由此可得，该页面宽为 20 cm，长为 30 cm 时可印刷最多的内容.

小结

通过本节的学习,读者应做到以下几点:(1) 掌握函数单调性的判别方法;(2) 掌握函数极值的求法;(3) 掌握函数最值的求法.

数学实验

求最小值.

命令:[x,y]=fminbnd('f',minx,maxx)

注意:该命令只能求函数的最小值,若要求最大值,需对$-y$求最小值,则其相反数为最大值.

【例】 求函数$f(x)=x^3-x^2+2x-3$在$[-2,3]$上的最值.

输入:[x,y] = fminbnd('x^3 - x^2 + 2 * x - 3', - 2,3).

结果:x =

- 2.0000　　说明当 x = - 2 时函数可以取到最小值为 - 18.9992.

y =

- 18.9992.

输入:[x,y] = fminbnd(' - x^3 + x^2 - 2 * x + 3', - 2,3).

结果:x =

3.0000　　说明当 x = 3 时函数 - y 可以取到最小值为 - 20.9990.

y =

- 20.9990.

即函数的最大值为 20.9990.

习题 3.3 答案

习题 3.3

1. 求下列函数的单调区间,并判定单调性.

(1) $y=-x^3+3x+4$;　(2) $y=\dfrac{x^2}{1+x}$;

(3) $y=2x^2-\ln x$;　(4) $y=\arctan\sqrt{x}+\sqrt{x}$.

2. 求下列函数的极值.

(1) $y=x^3+\dfrac{3}{x}$;　(2) $y=x+\sqrt{1-x^2}$;

(3) $y=e^x+e^{-x}$;　(4) $y=\sqrt{2x-x^2}$.

3. 求下列函数在给定区间的最值.

(1) $y=x^3-5x^2+3x-6, x\in[-3,1]$;　(2) $y=\sqrt{x-x^2+2}, x\in[-1,1]$;

(3) $y=(x^2-2x)^{\frac{1}{3}}, x\in[0,4]$;　(4) $y=\ln(1+x^2), x\in[1,5]$.

4. 证明下列不等式.

(1) 当$x>0$时,$\sin x<x$;　(2) 当$x>0$时,$1+\dfrac{1}{2}x>\sqrt{1+x}$.

5. 求内接于半径为 R 的半圆且周长最大的矩形边长.

6. 将长为 10 m 的钢丝截成两段,一段围成正方形,另一段围成圆形,使正方形和圆形的面积之和最小,问该如何截取?

7. 某人从河边 A 点下水,要尽快穿过宽 3 km 的河到达对岸 B 点,B 点距 A 点的正对面 C 点 6 km 远.设此人游泳的速度为 6 km/h,跑步的速度为 8 km/h,假设水流速度和游泳速度相比可以忽略不计,问此人应在河对岸什么位置上岸跑到 B 点用时最短?

8. 若函数 $f(x)=ax^2+bx$ 在点 $x=1$ 处取得极大值 2,求 a,b 的数值.

9. 证明:当 $x>1$ 时,不等式 $\ln x>\dfrac{2(x-1)}{x+1}$ 恒成立.

10. 证明方程 $x^3+2x-\sin x-1=0$ 在 $(0,1)$ 内仅有一个实根.

(提示:用零点定理和函数单调性证明.)

3.4 曲线的凹凸性与作图

本节导引

研究函数的增减性和极值,可以知道函数在某区间内变化的大概情况,但要较为精确地描述函数在区间内的图形,还需要进一步研究曲线的弯曲方向及改变弯曲方向的点.

引例 观察函数 $y=x^2$ 与 $y=\sqrt{x}$ 在 $[0,1]$ 上的图形(图 3-8).

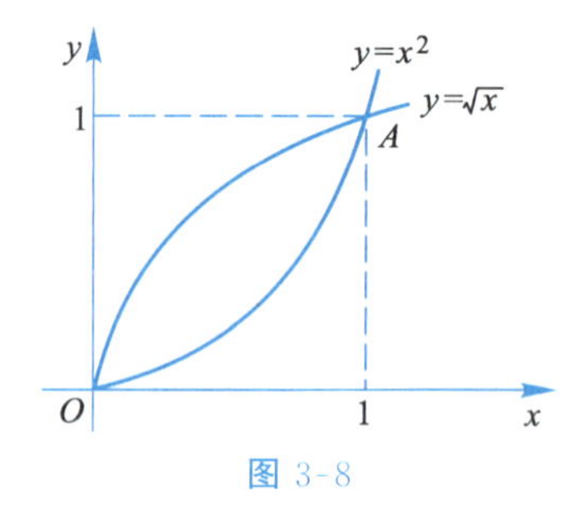

图 3-8

由图 3-8 可知,函数 $y=x^2$ 与 $y=\sqrt{x}$ 在 $[0,1]$ 上均单调增加,且具有相同的最值,但它们的图形形状却完全不同,主要体现在图形弯曲方向不同.因此,仅了解函数的单调性、极值与最值还不足以表征整个函数的特性.

本节针对以上情况,继续通过导数来研究如何确定图形的弯曲方向,我们常把弯曲方向称为凹凸性.

3.4.1 曲线的凹凸性与拐点

扫一扫

曲线的凹凸性与拐点

从图 3-9 可以看出,在曲线上任意一点处作切线,切线与曲线的方位有两种:一种是切线位于曲线上方;另一种是切线位于曲线下方.通过切线与曲线的位置不同,能够反映一个函数的弯曲程度.下面给出定义.

定义 3.4.1 若在区间 (a,b) 内,曲线 $y=f(x)$ 的各点处切线都位于曲线的下方,则称此曲线在 (a,b) 内是凹的(concave);若曲线 $y=f(x)$ 的各点处切线都位于曲线的上方,则称此曲线在 (a,b) 内是凸的(convex).

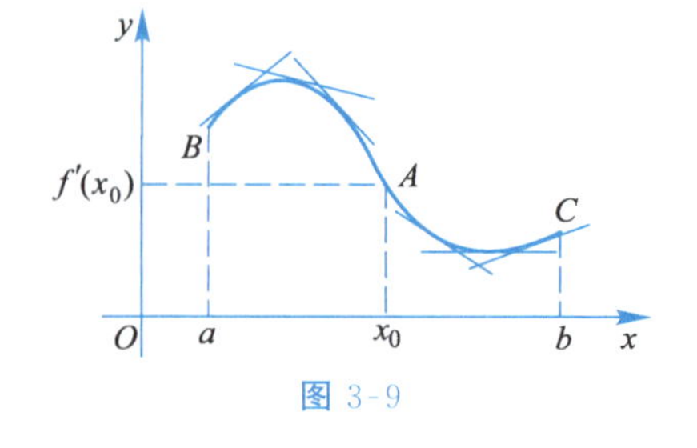

图 3-9

如图 3-9 所示,弧 $\overset{\frown}{BA}$ 在区间 (a,x_0) 内是凸的,弧

$\overset{\frown}{AC}$在区间(x_0,b)内是凹的.再观察曲线段上各点处切线斜率的变化会发现,在弧$\overset{\frown}{BA}$上从左至右切线斜率是递减的,即$[f'(x)]'=f''(x)<0$;在弧$\overset{\frown}{AC}$上从左至右切线斜率是递增的,即$[f'(x)]'=f''(x)>0$.

由此,我们便有如下判别函数凹凸性的法则.

定理 3.4.1 设函数$y=f(x)$在区间(a,b)内具有二阶导数,则

(1) 如果在区间(a,b)内$f''(x)>0$,那么曲线$y=f(x)$在(a,b)内是凹的;

(2) 如果在区间(a,b)内$f''(x)<0$,那么曲线$y=f(x)$在(a,b)内是凸的.

曲线凹与凸的分界点称为**曲线的拐点**.如图3-9所示的点$A(x_0,f(x_0))$.显然,拐点左右两侧近旁$f''(x)$必然异号,并且拐点处的$f''(x)=0$或$f''(x)$不存在.因此,找拐点必须先求出使得$f''(x)=0$或$f''(x)$不存在的点.如果该点两侧$f''(x)$符号不同,那么该点一定为拐点.

【例 3.4.1】 判断曲线$y=x\mathrm{e}^x$的凹凸性及拐点.

解 (1) 函数的定义域为$(-\infty,+\infty)$.

(2) $y'=(x\mathrm{e}^x)'=\mathrm{e}^x+x\mathrm{e}^x$.

$y''=(\mathrm{e}^x+x\mathrm{e}^x)'=2\mathrm{e}^x+x\mathrm{e}^x=(2+x)\mathrm{e}^x$.

(3) 令$y''=0$,得$x_1=-2$,无二阶导数不存在的点,故有如表3-4所示的区间.

表 3-4

x	$(-\infty,-2)$	-2	$(-2,+\infty)$
y''	$-$	0	$+$
y	$\cap$	拐点$(-2,-2\mathrm{e}^{-2})$	$\cup$

注意:我们常用符号"∩"表示凸,用符号"∪"表示凹.

【例 3.4.2】 判断曲线$y=(x-1)\sqrt[3]{x^5}$的凹凸性及拐点.

解 (1) 函数$y=(x-1)\sqrt[3]{x^5}$的定义域为$(-\infty,+\infty)$.

(2) $y=x^{\frac{8}{3}}-x^{\frac{5}{3}}$, $y'=\frac{8}{3}x^{\frac{5}{3}}-\frac{5}{3}x^{\frac{2}{3}}$, $y''=\frac{40x-10}{9\sqrt[3]{x}}$.

(3) 令$y''=0$,得$x=\frac{1}{4}$,又当$x=0$时,y''不存在,故有如表3-5所示的区间.

表 3-5

x	$(-\infty,0)$	0	$\left(0,\frac{1}{4}\right)$	$\frac{1}{4}$	$\left(\frac{1}{4},+\infty\right)$
y''	$+$	不存在	$-$	0	$+$
y	$\cup$	拐点$(0,0)$	$\cap$	拐点$\left(\frac{1}{4},-\frac{3}{16\sqrt[3]{16}}\right)$	$\cup$

3.4.2 渐近线

曲线的渐近线

我们知道双曲线$\frac{x^2}{a^2}-\frac{y^2}{b^2}=1$的渐近线有两条，分别是$\frac{x}{a}-\frac{y}{b}=0$和$\frac{x}{a}+\frac{y}{b}=0$[图 3-10(a)]，通过渐近线，我们很容易看出双曲线在无穷远处的变化趋势.对于一般曲线[图 3-10(b)]，我们也希望能通过双曲线知道其在无穷远处的变化趋势.

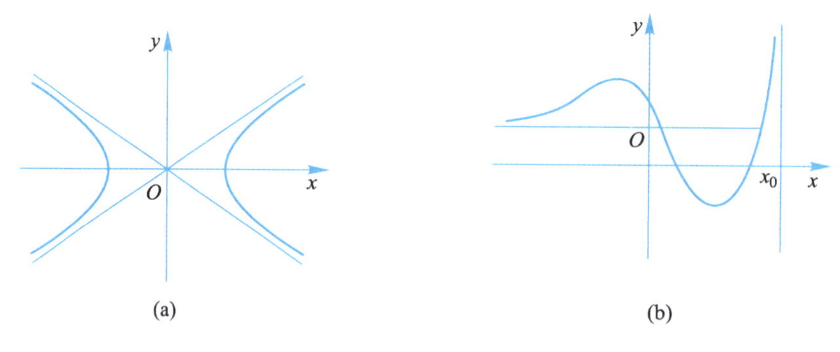

图 3-10

定义 3.4.2 若曲线 C 上的动点 P 沿曲线无限地远离原点时，动点 P 到某一固定直线 L 的距离趋于零，则称直线 L 为曲线 C 的渐近线.

曲线的渐近线有垂直渐近线、水平渐近线和斜渐近线三种.

(1) 垂直渐近线.

对于曲线 $y=f(x)$，若 $\lim\limits_{x\to x_0^+}f(x)=\infty(+\infty,-\infty)$或$\lim\limits_{x\to x_0^-}f(x)=\infty(+\infty,-\infty)$或$\lim\limits_{x\to x_0}f(x)=\infty(+\infty,-\infty)$，则直线 $x=x_0$ 是曲线 $y=f(x)$的垂直渐近线(垂直于 x 轴).

(2) 水平渐近线.

对于曲线 $y=f(x)$，若 $\lim\limits_{x\to+\infty}f(x)=A$ 或 $\lim\limits_{x\to-\infty}f(x)=A$，则直线 $y=A$ 是曲线 $y=f(x)$ 的水平渐近线(平行于 x 轴).

(3) 斜渐近线.

对于曲线 $y=f(x)$，若$\lim\limits_{x\to\infty}\frac{f(x)}{x}=a$，$\lim\limits_{x\to\infty}[f(x)-ax]=b$，则直线 $y=ax+b$ 是曲线 $y=f(x)$的斜渐近线.

【例 3.4.3】 求曲线 $y=\frac{2x}{x^2+2x-3}$的渐近线.

解 根据定义可知 $\lim\limits_{x\to\infty}\frac{2x}{x^2+2x-3}=0$，则 $y=0$ 为水平渐近线.又因为$\lim\limits_{x\to-3}\frac{2x}{(x+3)(x-1)}=\infty$和$\lim\limits_{x\to1}\frac{2x}{(x+3)(x-1)}=\infty$，所以 $x=-3$ 和 $x=1$ 为垂直渐近线.

【例 3.4.4】 求曲线 $y=\frac{x^2}{x+1}$的渐近线.

解 因为$\lim\limits_{x\to-1}\frac{x^2}{x+1}=\infty$，所以曲线的垂直渐近线为 $x=-1$.又因为$\lim\limits_{x\to\infty}\frac{y}{x}=\lim\limits_{x\to\infty}\frac{x}{x+1}=$

1；$\lim\limits_{x\to\infty}(y-x)=\lim\limits_{x\to\infty}\dfrac{-x}{x+1}=-1$，所以曲线有斜渐近线 $y=x-1$.

3.4.3 作初等函数的图形

常用描点法作初等函数的图形，不过，用一般的描点法作图时，图形上的一些关键点（如极值点、拐点等）往往得不到反映.现在利用导数先讨论函数在各个区间的变化形态（如单调性、凹凸性等），以及函数在定义域内重要的点（如极值点和拐点等）和曲线的渐近线，从而只需描出少量的点，就可以把函数图形比较准确地描绘出来.

利用导数描绘函数图形的一般步骤如下：

(1) 确定函数 $y=f(x)$ 的定义域及函数所具有的某些特性（如奇偶性、周期性等），并求出函数的一阶导数 $f'(x)$ 和二阶导数 $f''(x)$.

(2) 求出一阶导数 $f'(x)$ 和二阶导数 $f''(x)$ 在函数定义域内的全部零点，并求出函数 $y=f(x)$ 的间断点及 $f'(x)$ 和 $f''(x)$ 不存在的点，用这些点将函数的定义域划分成几个区间.

(3) 确定区间内 $f'(x)$ 和 $f''(x)$ 的符号，并由此确定函数图形的升降和凹凸，以及极值点和拐点.

(4) 确定函数图形的渐近线及其他变化趋势.

(5) 求出 $f'(x)$ 和 $f''(x)$ 的零点，以及导数不存在的点所对应的函数值.为了把函数的图形描绘得更准确一些，有时还需要补充一些点.

(6) 结合(3)和(4)中得出的结果，连接这些点画出函数 $y=f(x)$ 的图形.

【例 3.4.5】 描绘函数 $y=x^3-3x^2$ 的图形.

解 (1) 函数的定义域是 $(-\infty,+\infty)$，函数无对称性.

(2) 令 $y'=(x^3-3x^2)'=3x^2-6x=0$，得驻点 $x_1=0$，$x_2=2$，函数无不可导点.

(3) 令 $y''=(3x^2-6x)'=6x-6=0$，得 $x_3=1$，无二阶导数不存在的点.

(4) 将函数的一些性质列入表 3-6 中：

表 3-6

x	$(-\infty,0)$	0	$(0,1)$	1	$(1,2)$	2	$(2,+\infty)$
y'	+	0	−	−	−	0	+
y''	−	−	−	0	+	+	+
y	↗(凸)	极大值	↘(凸)	拐点	↘(凹)	极小值	↗(凹)

符号"↗(凸)"表示单调增加且是凸的；符号"↘(凸)"表示单调减少且是凸的；符号"↘(凹)"表示单调减少且是凹的；符号"↗(凹)"表示单调增加且是凹的.由表可知，函数的极大值为 0，拐点为 $(1,2)$，极小值为 -4.

(5) 函数无渐近线.

(6) 给出若干辅助点：$(0,0)$，$(1,-2)$，$(3,0)$，$(-1,-4)$，$(2,-4)$.

综上所述，函数的图形如图 3-11 所示.

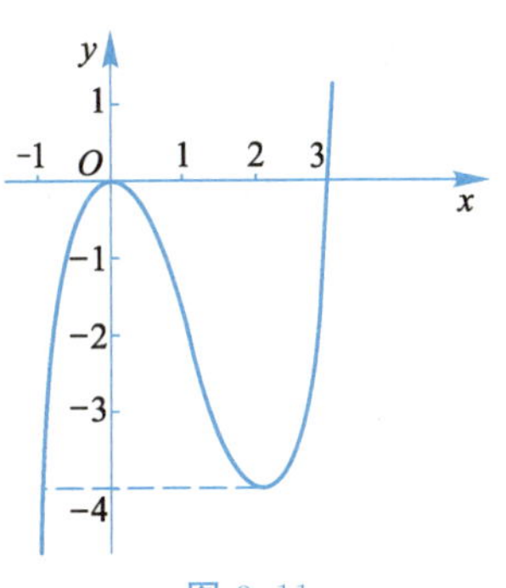

图 3-11

【例 3.4.6】 描绘函数 $y=1+\dfrac{36x}{(x+3)^2}$ 的图形.

解 (1) 所给函数 $y=f(x)$ 的定义域为 $(-\infty,-3)$，$(-3,+\infty)$；$f'(x)=\dfrac{36(3-x)}{(x+3)^3}$，$f''(x)=\dfrac{72(x-6)}{(x+3)^4}$.

(2) $f'(x)$ 的零点为 $x=3$；$f''(x)$ 的零点为 $x=6$；$f(x)$ 的间断点是 $x=-3$.点 $x=-3$、$x=3$ 和 $x=6$ 把定义域划分成四个部分区间：

$$(-\infty,-3),(-3,3),(3,6),(6,+\infty).$$

(3) 在各部分区间内 $f'(x)$ 及 $f''(x)$ 的符号，相应曲线弧的升降及凹凸，以及极值点和拐点等如表 3-7 所示：

表 3-7

x	$(-\infty,-3)$	$(-3,3)$	3	$(3,6)$	6	$(6,+\infty)$
$f'(x)$	$-$	$+$	0	$-$	$-$	$-$
$f''(x)$	$-$	$-$	$-$	$-$	0	$+$
$y=f(x)$ 的图形	↘	↗	极大值	↘	拐点	↘

(4) 由于 $\lim\limits_{x\to\infty}f(x)=1$，$\lim\limits_{x\to-3}f(x)=-\infty$，所以图形有一条水平渐近线 $y=1$ 和一条垂直渐近线 $x=-3$.

(5) 算出 $x=3,6$ 处的函数值为 $f(3)=4$，$f(6)=\dfrac{11}{3}$，

从而得到图形上的两个点 $M_1(3,4)$，$M_2\left(6,\dfrac{11}{3}\right)$.

又因为 $f(0)=1$，$f(-1)=-8$，$f(-9)=-8$，$f(-15)=-\dfrac{11}{4}$，得到图形上的四个点：$M_3(0,1)$，$M_4(-1,-8)$，$M_5(-9,-8)$，$M_6\left(-15,-\dfrac{11}{4}\right)$.

结合(3)、(4)中得到的结果，画出函数 $y=1+\dfrac{36x}{(x+3)^2}$ 的图形如图 3-12 所示.

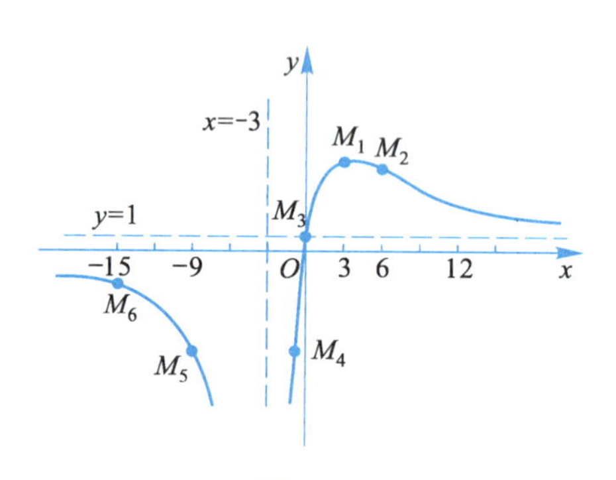

图 3-12

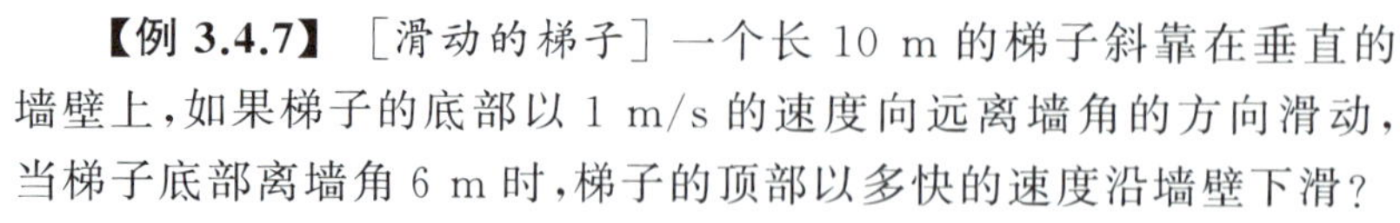

【例 3.4.7】 [滑动的梯子] 一个长 10 m 的梯子斜靠在垂直的墙壁上，如果梯子的底部以 1 m/s 的速度向远离墙角的方向滑动，当梯子底部离墙角 6 m 时，梯子的顶部以多快的速度沿墙壁下滑？

解 如图 3-13 所示，设梯子底部离墙角的距离为 x m，梯子顶部离地面的距离为 y m，依题意有 $x^2+y^2=100$，两边对 t 求导得

$$2x\frac{dx}{dt}+2y\frac{dy}{dt}=0,$$

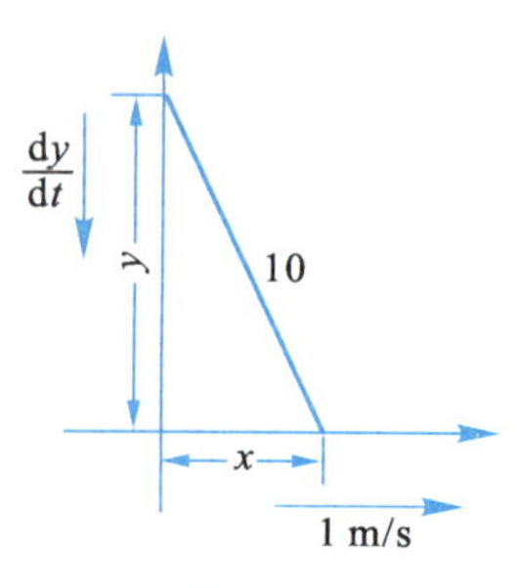

图 3-13

解方程得

$$\frac{dy}{dt}=-\frac{x}{y}\frac{dx}{dt}.$$

由题意可知 $x=6, y=8, \frac{dx}{dt}=1$，代入得

$$\frac{dy}{dt}=-\frac{6}{8}\times 1=-\frac{3}{4}.$$

所以梯子顶部沿墙壁以 0.75 m/s 的速度下滑.

小结

通过本节的学习，读者应做到以下几点：(1) 掌握函数凹凸性与拐点的判定；(2) 掌握渐近线的求法；(3) 掌握作初等函数图形的方法.

数学实验

1. 函数作图.

命令：plot(x, y)

【例 1】 作出 $y=x^3-x^2-3x+5$ 的图形.

matlab 输入：
```
x = - 2:0.01:2;
y = x.^3 - x.^2 + 3 * x + 5;
plot(x,y)
```

函数的图形如图 3-14 所示.

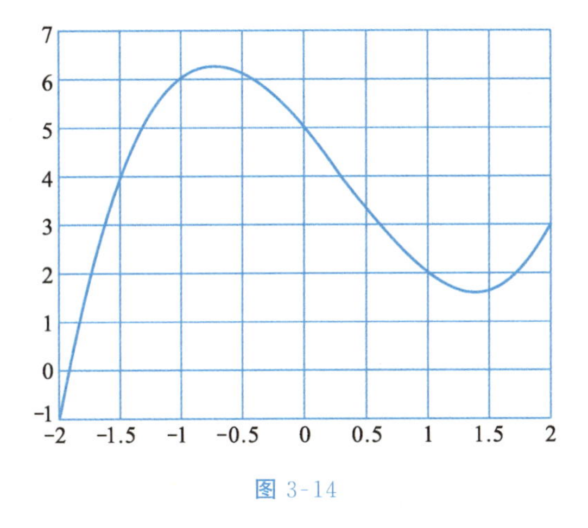

图 3-14

【例 2】 作出 $y=e^{0.4x}-1.5$ 和 $y=\sin 4x$ 的图形.

输入：
```
x = 0:0.05:5
y1 = exp(0.4.^x) - 1.5;
y2 = sin(4 * x);
plot(x,y1,x,y2,'r --')
```

函数的图形如图 3-15 所示.其中，在 plot 命令中，r --中的 r 表示红色，--表示短划线，即用红色短划线来绘制两条曲线.

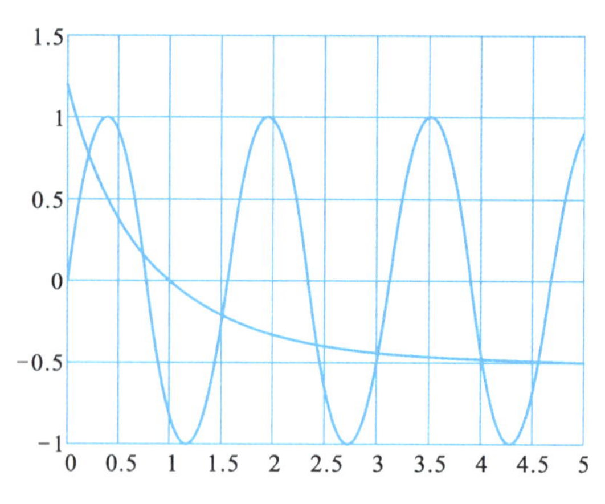

图 3-15

2. 隐函数作图.

命令：ezplot('fun',[xmin,xmax,ymin,ymax])

【例 3】 绘制 $f(x,y)=y^3+\sin x-2x-e^y$ 的图形.

输入：syms x y

```
ezplot('y^3 + sin(x) - 2 * x - exp(y)',[-6,6,-6,6])
```

函数的图形如图 3-16 所示.

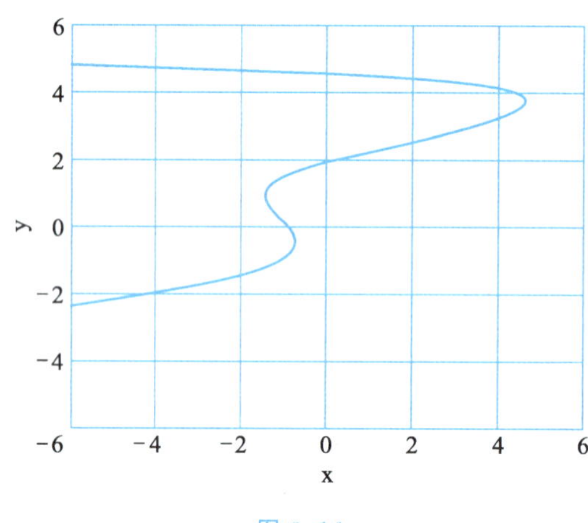

图 3-16

习题 3.4

习题 3.4 答案

1. 求下列函数的凹凸区间与拐点.

(1) $y=x^4-6x^2+6$；　　(2) $y=e^{x^2}$；

(3) $y=\dfrac{4x}{1-x^2}$；　　(4) $y=3+(x-1)^{\frac{1}{3}}$.

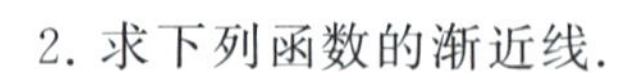

2. 求下列函数的渐近线.

(1) $y=\dfrac{1}{x^2-4x+3}$；　　(2) $y=e^{\frac{1}{x}}$；

(3) $y=\left(\frac{1+x}{1-x}\right)^4$；　　(4) $y=x\ln\left(1+\frac{1}{x}\right)$.

3. 作出下列函数的图形.

(1) $y=\ln(1+x^2)$；　　(2) $y=\frac{x^2}{1-x}$；

(3) $y=\frac{2x-1}{(x-1)^2}$；　　(4) $y=\frac{e^x}{1+x}$.

4. 已知曲线 $y=ax^3+bx^2+cx$ 有一拐点(1,2)，且在该点处的斜率为 1，求 a,b,c 的值.

5. 已知曲线 $y=ax^3+bx^2+cx+d$ 有一拐点(−1,4)，且在 $x=0$ 处有极大值 2，求 a,b,c,d 的值.

6. 证明曲线 $y=x\sin x$ 的拐点在曲线 $y^2(x^2+4)=4x^2$ 上.

7. 试确定函数 $y=ax^3+bx^2+cx+d$ 中的 a,b,c,d，使函数图形过点(−2,44)和点(1,−10)，且在 $x=2$ 处是驻点，在 $x=1$ 处是拐点.

3.5　利用导数建模

现实世界中的事物是纷繁复杂、千变万化的，一个系统往往要受到诸多因素的影响.如何在一定的条件下，选取一些因素的值，使某些指标达到最优，是我们经常要研究的最优化模型.最优化模型在经济、军事、科技等领域都有着广泛的应用.

【例 3.5.1】　不允许缺货模型

1. 问题分析

(1) 储存是指对物品的保护、管理和贮藏.如果储备量太少，可能会影响销量，如果储备量太大，又要为占用仓库付出过多的费用，因此确定一个最优的储存量成为必需.储存模型有两种，一种是不允许缺货模型，另一种是允许缺货模型.本例研究的是不允许缺货模型.

(2) 不允许缺货是指物资随要随到，否则会造成重大损失.

2. 模型假设

(1) 商品每天的销量为常数 r.

(2) 商品的进货时间间隔为常数 T，即每隔 T 天进货一次，且进货量为常数 Q，进货一次手续费也是常数，记为 C_b，单位商品的储存费为 C_s 元/天.

(3) 进货所需要的时间可以忽略不计，即进货可在瞬间完成.

3. 模型建立

建模的目的：确定进货周期 T 和进货量 Q，使得总支出最小.

由假设(2)和假设(3)可知，商店的货物库存量为 q，与时间的关系如图 3-17 所示.为了简化模型，在此我们只讨论一个周期内的情况.

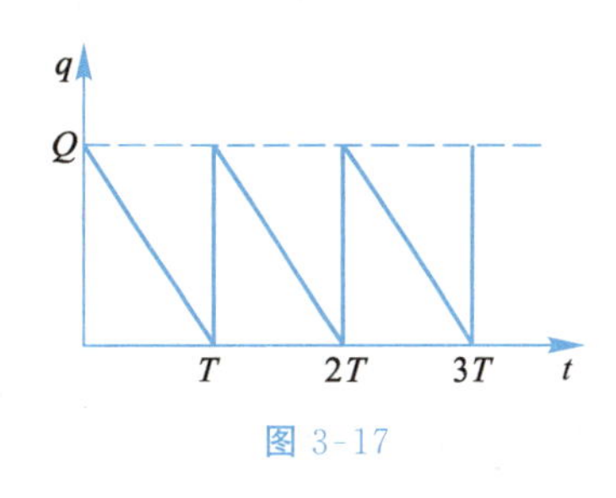

图 3-17

设开始时库存量为 Q，到第 T 天，库存量为 0，然后进货 Q，如此循环.由于是均匀连续销售，故在一个周期内每天平均库存量为$\frac{Q}{2}$，按平均库存存储了 T 天，存储费为$\left(\frac{Q}{2}\right)TC_s$，而进货手续费为 C_b，于是平均每天的支出为

$$C(T)=\frac{\left(\frac{Q}{2}\right)TC_s+C_b}{T}=\frac{Q}{2}C_s+\frac{C_b}{T}.$$

而每天销售 R 件，进货 Q 件，在 T 天售完，所以有 $Q=RT$，得到

$$C(T)=\frac{RTC_s}{2}+\frac{C_b}{T}.$$

4. 模型求解

为了确定最优进货周期，求出 $C(T)$ 对 T 的导数，用来求出极值.

$C'(T)=\frac{RC_s}{2}-\frac{C_b}{T^2}$，令 $C'(T)=0$，得出最佳进货周期为 $T^*=\sqrt{\frac{2C_b}{RC_s}}$，并将 $T^*=\sqrt{\frac{2C_b}{RC_s}}$ 代入 $Q=RT$，得出最佳进货量 $Q^*=\sqrt{\frac{2C_bR}{C_s}}$.

此公式称为经济订购批量公式.

5. 模型分析

(1) 每天销量为 R 是常数不太客观，可取一个周期内平均每天的销售量.

(2) T^* 和 Q^* 执行时应灵活使用，因为我们的假设中有不合理的地方.

【例 3.5.2】 市场上的饮料罐(如可口可乐、王老吉等)都是 355 mL，其尺寸都是一样的，这应该是某种意义下的最优设计，请问它的高和底面半径的最优比例是多少？

1. 问题分析

取一个 355 mL 的易拉罐，可以粗略地把易拉罐的外形分为三个部分，罐体部分是正圆柱，顶盖近似一正圆台，下底是一个凹模.上、下底部分体积较小，故我们的假设是易拉罐是一个正圆柱体.可通过高与底部的直径来确定设计，在兼备美观的情况下，使罐体达到最优化.

2. 模型假设与建立

首先考虑一个简单的问题，如果易拉罐全身所用材料一样，如何设计才能使用料最省？

设易拉罐的底面半径为 r，高为 h，表面积为 S，体积为 V，那么易拉罐的表面积为

$$S(r,h)=2\pi rh+\pi r^2+\pi r^2, \tag{3-1}$$

易拉罐的体积为

$$V=\pi r^2h\text{，得 }h=\frac{V}{\pi r^2}, \tag{3-2}$$

把式(3-2)代入式(3-1)，得

$$S(r)=2\pi\left(r^2+\frac{V}{\pi r}\right).$$

求出 S 对 r 的导数，并令其导数为零，得

$$S'(r)=2\pi\left(2r-\frac{V}{\pi r^2}\right)=0\text{，求出 }r=\sqrt[3]{\frac{V}{2\pi}}, h=\frac{V}{\pi r^2}=2r=d.$$

3. 模型分析

由前面的分析可知，表面积最小时，圆柱体的高与底面直径是相等的，但实际上的易拉罐并非如此，这是什么原因呢？

当我们摸一下易拉罐的顶盖和下底时会发现，它们的硬度要比罐身的硬度大一些，根据测量的数据，罐身的厚度大约为 0.2 mm，顶盖的厚度大约为 0.4 mm，下底的厚度大约为 0.6 mm，因此，我们应计算所有用料的体积（需要考虑罐身、顶盖和罐底的厚度），以及在力求用料最省时 h 与 r 的比例.

4. 模型修改

设罐身材料的厚度为 b，为了简化模型，顶盖和罐底的厚度均设为 αb，α 是待定参数，$V_{料}$ 为所用材料的体积，于是可得

$$V_{料}(r,h)=2\pi rhb+2\pi r^2\alpha b.$$

由于易拉罐的体积 V 是已知的，$V=355$ mL，所以有 $\pi r^2h=V$，得出 $h=\dfrac{V}{\pi r^2}$，将其代入 $V_{料}(r,h)=2\pi rhb+2\pi r^2\alpha b$，可得

$$V_{料}(r)=b\left(\frac{2V}{r}+2\pi r^2\alpha\right).$$

令其导数为零，求最值：

$$V'_{料}(r)=b\left(4\pi\alpha r-\frac{2V}{r^2}\right)=0,$$

解得驻点为 $r=\sqrt[3]{\dfrac{V}{2\pi\alpha}}$，此时，$h=\dfrac{V}{\pi r^2}=\sqrt[3]{\dfrac{4\alpha^2V}{\pi}}$，得到 $\dfrac{h}{r}=2\alpha$，α 为盖顶、罐底用料的平均厚度与罐身的比值，由此，我们得到了 α，h 与 r 的比例关系.

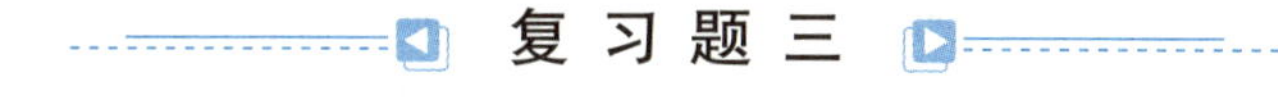

复 习 题 三

复习题三答案

一、选择题.

1. 设 $f(0)=1$，且极限 $\lim\limits_{x\to0}\dfrac{f(x)-1}{x}$ 存在，则该极限为（　　）.

A. 0　　B. 1　　C. $f'(0)$　　D. $f'(1)$

2. 下列函数中，在区间[1，e]上满足拉格朗日中值定理条件的是（　　）.

A. $y=\ln(\ln x)$　　B. $y=\ln x$　　C. $y=\dfrac{1}{\ln x}$　　D. $y=\ln(2-x)$

3. 下列求极限问题中能够使用洛必达法则的是（　　）.

A. $\lim\limits_{x\to0}\dfrac{x^2\sin\dfrac{1}{x}}{\sin x}$　　B. $\lim\limits_{x\to1}\dfrac{1-x}{1-\sin\dfrac{\pi}{2}x}$

C. $\lim\limits_{x\to\infty}\dfrac{x-\sin x}{x\sin x}$　　D. $\lim\limits_{x\to0}x\left(\dfrac{\pi}{2}-\arctan x\right)$

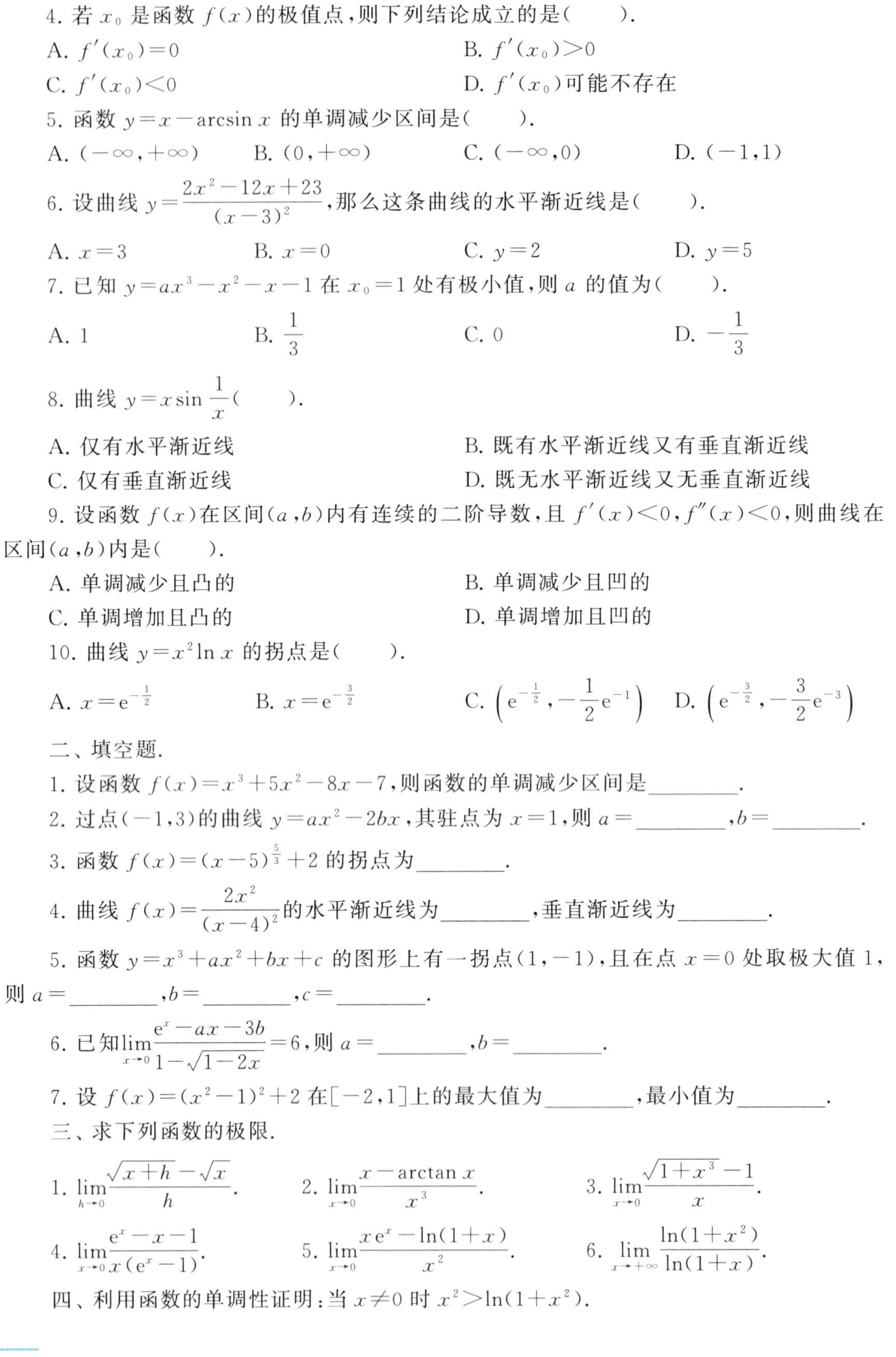

4. 若 x_0 是函数 $f(x)$的极值点，则下列结论成立的是(　　).

A. $f'(x_0)=0$　　B. $f'(x_0)>0$

C. $f'(x_0)<0$　　D. $f'(x_0)$可能不存在

5. 函数 $y=x-\arcsin x$ 的单调减少区间是(　　).

A. $(-\infty,+\infty)$　　B. $(0,+\infty)$　　C. $(-\infty,0)$　　D. $(-1,1)$

6. 设曲线 $y=\dfrac{2x^2-12x+23}{(x-3)^2}$,那么这条曲线的水平渐近线是(　　).

A. $x=3$　　B. $x=0$　　C. $y=2$　　D. $y=5$

7. 已知 $y=ax^3-x^2-x-1$ 在 $x_0=1$ 处有极小值，则 a 的值为(　　).

A. 1　　B. $\dfrac{1}{3}$　　C. 0　　D. $-\dfrac{1}{3}$

8. 曲线 $y=x\sin\dfrac{1}{x}$(　　).

A. 仅有水平渐近线　　B. 既有水平渐近线又有垂直渐近线

C. 仅有垂直渐近线　　D. 既无水平渐近线又无垂直渐近线

9. 设函数 $f(x)$在区间(a,b)内有连续的二阶导数，且 $f'(x)<0$,$f''(x)<0$,则曲线在区间(a,b)内是(　　).

A. 单调减少且凸的　　B. 单调减少且凹的

C. 单调增加且凸的　　D. 单调增加且凹的

10. 曲线 $y=x^2\ln x$ 的拐点是(　　).

A. $x=\mathrm{e}^{-\frac{1}{2}}$　　B. $x=\mathrm{e}^{-\frac{3}{2}}$　　C. $\left(\mathrm{e}^{-\frac{1}{2}},-\dfrac{1}{2}\mathrm{e}^{-1}\right)$　　D. $\left(\mathrm{e}^{-\frac{3}{2}},-\dfrac{3}{2}\mathrm{e}^{-3}\right)$

二、填空题.

1. 设函数 $f(x)=x^3+5x^2-8x-7$,则函数的单调减少区间是________.

2. 过点$(-1,3)$的曲线 $y=ax^2-2bx$,其驻点为 $x=1$,则 $a=$________,$b=$________.

3. 函数 $f(x)=(x-5)^{\frac{5}{3}}+2$ 的拐点为________.

4. 曲线 $f(x)=\dfrac{2x^2}{(x-4)^2}$的水平渐近线为________,垂直渐近线为________.

5. 函数 $y=x^3+ax^2+bx+c$ 的图形上有一拐点$(1,-1)$,且在点 $x=0$ 处取极大值 1,则 $a=$________,$b=$________,$c=$________.

6. 已知$\lim\limits_{x\to 0}\dfrac{\mathrm{e}^x-ax-3b}{1-\sqrt{1-2x}}=6$,则 $a=$________,$b=$________.

7. 设 $f(x)=(x^2-1)^2+2$ 在$[-2,1]$上的最大值为________,最小值为________.

三、求下列函数的极限.

1. $\lim\limits_{h\to 0}\dfrac{\sqrt{x+h}-\sqrt{x}}{h}$.　　2. $\lim\limits_{x\to 0}\dfrac{x-\arctan x}{x^3}$.　　3. $\lim\limits_{x\to 0}\dfrac{\sqrt{1+x^3}-1}{x}$.

4. $\lim\limits_{x\to 0}\dfrac{\mathrm{e}^x-x-1}{x(\mathrm{e}^x-1)}$.　　5. $\lim\limits_{x\to 0}\dfrac{x\mathrm{e}^x-\ln(1+x)}{x^2}$.　　6. $\lim\limits_{x\to +\infty}\dfrac{\ln(1+x^2)}{\ln(1+x)}$.

四、利用函数的单调性证明：当 $x\neq 0$ 时 $x^2>\ln(1+x^2)$.

五、某质点的运动规律为 $s(t)=t^3-9t^2+24t+4(t>0)$，问：

1. 何时速度为零；

2. 何时做前进运动？（提示：s 增加.）

3. 何时做后退运动？

4. 当 $t>2$ 时，s 的最小值是多少？

六、设某函数 $y=ax^3+bx+c$ 的图象过点 $(2,0)$，且存在极值点 $(1,-4)$，求出此函数的表达式，并作出该函数的图象.

七、试在椭圆 $\frac{x^2}{9}+\frac{y^2}{4}=1$ 上求一点 M，使它与定点 $(1,0)$ 的距离最短.

八、某商店每月可销售某种商品 2.4 万件，每件商品每月的库存费为 4.8 元，商店分批进货，每次订购费用为 3 600 元，如果销售是均匀的（商品库存量为每批订购量的一半），问每批订购多少件商品，可使每月的订购费与库存之和最少？这笔费用是多少？

第4章

不定积分

教学目标

1. 知识目标　理解不定积分的性质及积分和导数的关系；熟练掌握不定积分的直接法、换元积分法、分部积分法等基本积分方法.

2. 能力目标　会根据被积函数的类型选择适当的积分方法解决问题.

3. 思政目标　通过分部积分法，培养学生养成换位思考的习惯，看问题要透过现象看本质，用思想引领行动，守住本心，不忘初心.

思维导图

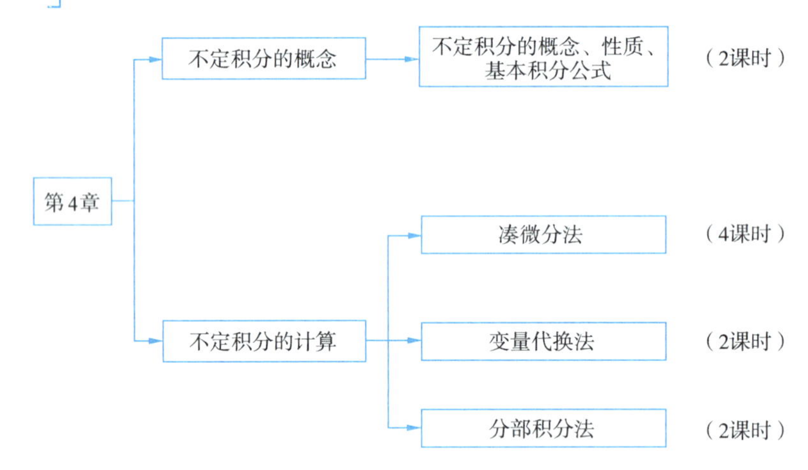

本章导引

在前面的章节中，我们讨论了如何求一个函数的导函数问题，本章我们将讨论它的反问题，即要寻求一个可导函数，使它的导函数等于已知函数，这是积分学的基本问题之一.

4.1 不定积分的概念

本节导引

1. 已知一平面曲线过点(1,1)，且曲线上任意一点处的切线斜率为 $2x$，求这条曲线的方程.

2. 一个物体做自由落体运动，设它在任意时刻运动的速度为 $v=gt$，求该物体的位移函数.

4.1.1 原函数与不定积分的概念

不定积分的概念

一般地，如果已知 $F'(x)=f(x)$，那么如何求 $F(x)$ 呢？为此，引入原函数的概念.

定义 4.1.1 如果在区间 I 上，可导函数 $F(x)$ 的导函数为 $f(x)$，即对任意 $x\in I$，都有

$$F'(x)=f(x) \quad 或 \quad \mathrm{d}F(x)=f(x)\mathrm{d}x,$$

那么函数 $F(x)$ 称为 $f(x)$ 在区间 I 上的一个原函数.

例如，因为 $(\cos x)'=-\sin x$，所以 $\cos x$ 是 $-\sin x$ 的一个原函数；因为 $\left(\frac{1}{2}gt^2\right)'=gt$，所以 $\frac{1}{2}gt^2$ 是 gt 的一个原函数，那么函数 $f(x)$ 在什么情况下，其原函数一定存在呢？

定理 4.1.1 如果 $f(x)$ 在区间 I 上连续，那么在区间 I 上，一定存在可导函数 $F(x)$，使得对任意 $x\in I$，都有 $F'(x)=f(x)$.

也就是说，**连续函数一定有原函数**.该定理的证明将在下一章给出.下面我们进一步讨论原函数的相关知识.

由于 $(x^2)'=(x^2+2)'=(x^2-35)'=2x$，所以 x^2, x^2+2, x^2-35 都为 $2x$ 的原函数.那么 $2x$ 的原函数有多少个呢？

如果 $f(x)$ 在区间 I 上有原函数，即有一个函数 $F(x)$，使得对任意 $x\in I$，都有 $F'(x)=f(x)$，那么，对任何常数 C，显然也有

$$[F(x)+C]'=f(x),$$

即对任何常数 C，函数 $F(x)+C$ 也是 $f(x)$ 的原函数.也就是说，如果 $f(x)$ 有一个原函数，那么 $f(x)$ 就有无限多个原函数.这无限多个原函数之间的关系是什么呢？

设 $F(x)$ 和 $G(x)$ 是 $f(x)$ 的两个原函数，即对任意 $x\in I$，有

$$F'(x)=G'(x)=f(x),$$

于是

$$[F(x)-G(x)]'=F'(x)-G'(x)=f(x)-f(x)=0.$$

因为在一个区间上导数恒为零的函数必为常数，所以

$$F(x)-G(x)=C\ (C 为某个常数).$$

这表明函数 $F(x)$ 和 $G(x)$ 只差一个常数.

综合以上分析可知,设导函数 $f(x)$ 有原函数,且 $F(x)$ 是 $f(x)$ 的一个原函数,那么 $f(x)$ 的所有原函数都可写成 $F(x)+C$,我们把 $F(x)+C$ 称为 $f(x)$ 的**原函数族**.

定义 4.1.2 在区间 I 上,函数 $f(x)$ 的原函数族 $F(x)+C$ 称为 $f(x)$ 在区间 I 上的不定积分(indefinite integral),记作

$$\int f(x)\mathrm{d}x=F(x)+C.$$

其中,$\int$ 称为积分号,$f(x)$ 称为**被积函数**,$f(x)\mathrm{d}x$ 称为被积表达式,x 称为积分变量,C 称为积分常数,可以是任意实数.求原函数或不定积分的运算称为积分法.

【例 4.1.1】 求 $\int\cos x\,\mathrm{d}x$.

解 因为 $(\sin x)'=\cos x$,所以

$$\int\cos x\,\mathrm{d}x=\sin x+C.$$

如果忘记写常数 C,那就意味着你只找到了 $\cos x$ 的一个原函数.

4.1.2 不定积分的性质

根据不定积分的概念,可以推得如下性质:

(1) $\dfrac{\mathrm{d}}{\mathrm{d}x}\int f(x)\mathrm{d}x=f(x)$;

(2) $\int f'(x)\mathrm{d}x=f(x)+C$[由性质(1) 和(2) 可知,求导与求积是两个互逆的运算];

(3) $\int kf(x)\mathrm{d}x=k\int f(x)\mathrm{d}x$($k$ 为常数);

(4) $\int[f(x)\pm g(x)]\mathrm{d}x=\int f(x)\mathrm{d}x\pm\int g(x)\mathrm{d}x$;

(5) $\mathrm{d}\int f(x)\mathrm{d}x=f(x)\mathrm{d}x$;

(6) $\int\mathrm{d}f(x)=\int f'(x)\mathrm{d}x=f(x)+C$.

4.1.3 不定积分的几何意义

由 $f(x)$ 的原函数族所确定的无穷多条曲线 $y=F(x)+C$ 称为 $f(x)$ 的**积分曲线族**.在 $f(x)$ 的积分曲线族上,对应于同一 x 的点,所有曲线都有相同的切线斜率,这就是不定积分的几何意义.例如,

$$\int 2x\,\mathrm{d}x=x^2+C,$$

被积函数 $2x$ 的积分曲线族就是 $y=x^2+C$,即一族抛物线.这些抛物线在 x 处的切线彼此平行且具有相同的斜率 $2x$.如图 4-1 所示.

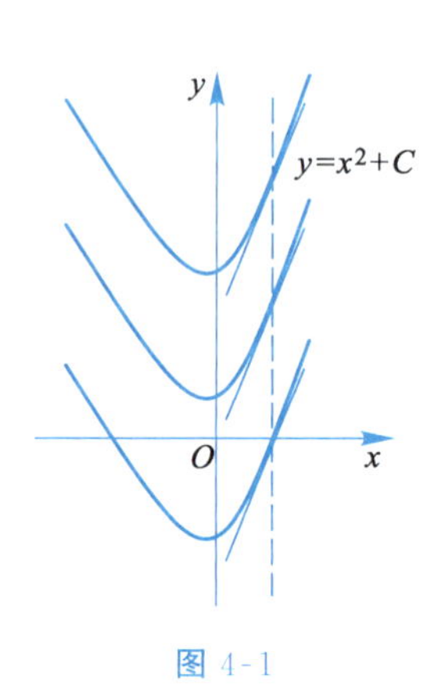

图 4-1

4.1.4 基本积分公式

既然求原函数是求导的逆运算，那么把上一章中初等函数的导数公式反过来，就得到求原函数的基本公式.

(1) $\int k\,\mathrm{d}x = kx + C$ (k 为常数)；

(2) $\int x^{\alpha}\,\mathrm{d}x = \dfrac{x^{\alpha+1}}{\alpha+1} + C$ ($\alpha \neq -1$)；

(3) $\int a^{x}\,\mathrm{d}x = \dfrac{1}{\ln a}a^{x} + C$ ($a > 0, a \neq 1$)；

(4) $\int \mathrm{e}^{x}\,\mathrm{d}x = \mathrm{e}^{x} + C$；

(5) $\int \dfrac{\mathrm{d}x}{x} = \ln|x| + C$；

(6) $\int \cos x\,\mathrm{d}x = \sin x + C$；

(7) $\int \sin x\,\mathrm{d}x = -\cos x + C$；

(8) $\int \sec^{2} x\,\mathrm{d}x = \tan x + C$；

(9) $\int \csc^{2} x\,\mathrm{d}x = -\cot x + C$；

(10) $\int \dfrac{\mathrm{d}x}{\sqrt{1-x^{2}}} = \arcsin x + C$；

(11) $\int \dfrac{\mathrm{d}x}{1+x^{2}} = \arctan x + C$；

(12) $\int \sec x \tan x\,\mathrm{d}x = \sec x + C$；

(13) $\int \csc x \cot x\,\mathrm{d}x = -\csc x + C$.

利用基本积分公式和不定积分的性质，可求一些简单的不定积分.解题中可能要对被积函数做适当的变形、组合、三角恒等变换，请读者注意不断总结求不定积分的方法.

【例 4.1.2】 求 $\int\left(x^{2}+\sqrt{x}-\dfrac{1}{x^{2}}\right)\mathrm{d}x$.

解 根据基本积分公式(2)及不定积分的性质(4)得

$$\begin{aligned}\int\left(x^{2}+\sqrt{x}-\frac{1}{x^{2}}\right)\mathrm{d}x &= \int\left(x^{2}+x^{\frac{1}{2}}-\frac{1}{x^{2}}\right)\mathrm{d}x = \int x^{2}\mathrm{d}x+\int x^{\frac{1}{2}}\mathrm{d}x+\int\left(-\frac{1}{x^{2}}\right)\mathrm{d}x \\ &= \frac{x^{3}}{3}+\frac{2}{3}x^{\frac{3}{2}}+\frac{1}{x}+C.\end{aligned}$$

尽管题目中出现了三个积分，但最后我们还是只写一个任意常数，因为三个任意常数相加仍是一个任意常数.

【例 4.1.3】 求 $\int(3^x+e^x)dx$.

解 由基本积分公式(3)和(4)得

$$\int(3^x+e^x)dx=\frac{1}{\ln 3}3^x+e^x+C.$$

【例 4.1.4】 求 $\int\frac{1}{1+x}dx\ (x>-1)$.

解 看到被积函数$\frac{1}{1+x}$,可联想到$[\ln(1+x)]'=\frac{1}{1+x}$,于是有

$$\int\frac{1}{1+x}dx=\int[\ln(1+x)]'dx=\ln(1+x)+C.$$

思考:当 $x<-1$ 时,结果如何呢?

【例 4.1.5】 求 $\int\frac{x^2}{1+x}dx\ (x\neq-1)$.

解 $\int\frac{x^2}{1+x}dx=\int\frac{x^2-1+1}{1+x}dx=\int\left[(x-1)+\frac{1}{1+x}\right]dx=\frac{1}{2}x^2-x+\ln|1+x|+C.$

【例 4.1.6】 求$\int\frac{1}{\sqrt{x}}dx$.

解 $\int\frac{1}{\sqrt{x}}dx=2\int\frac{1}{2\sqrt{x}}dx=2\sqrt{x}+C.$

【例 4.1.7】 求 $\int\tan^2 x\,dx$.

解 $\int\tan^2 x\,dx=\int(\sec^2 x-1)dx=\int\sec^2 x\,dx-\int dx=\tan x-x+C.$

小结

通过本节的学习,读者应做到以下几点:(1) 理解不定积分的概念;(2) 掌握不定积分的性质;(3) 理解不定积分的几何意义;(4) 掌握求原函数的基本公式.

数学实验

利用 MATLAB 数学软件计算不定积分.

格式有两种:

int(f) 对 f 关于符号变量 x 求不定积分.

int(f,v) 对 f 关于变量 v 求不定积分.

【例】 求:(1) $y=\int cx\sin x\,dx$;(2) $y=\int cx\sin x\,dc$.

输入:
```
syms x c
y = c * x * sin(x);
int(y)          对 x 的不定积分
int(y,c)        对 c 的不定积分
```

结果:
```
(sin(x) - x * cos(x)) * c
1/2 * c^2 * x * sin(x)
```

习题 4.1 答案

习题 4.1

1. 求下列不定积分.

(1) $\int (x^2+2x-1)\mathrm{d}x$；　(2) $\int x^3\sqrt{x}\,\mathrm{d}x$；

(3) $\int \frac{1}{x^{1/n}}\mathrm{d}x\ (n>1)$；　(4) $\int \left(\frac{1}{x^2}-\frac{1}{x^3}\right)\mathrm{d}x$；

(5) $\int 3ax^5\mathrm{d}x$；　(6) $\int \sqrt{2bx}\,\mathrm{d}x$；

(7) $\int \frac{(\sqrt{x}+1)^2}{x}\mathrm{d}x$；　(8) $\int \frac{x^2-1}{x-1}\mathrm{d}x$.

2. 一条曲线过点$\left(\frac{\pi}{6},\frac{1}{2}\right)$，且在任意一点的切线斜率为 $\cos x$，求该曲线的方程.

3. 求下列不定积分.

(1) $\int 3^x\mathrm{e}^x\mathrm{d}x$；　(2) $\int \cos^2\frac{x}{2}\mathrm{d}x$；

(3) $\int \frac{x^2}{1+x^2}\mathrm{d}x$；　(4) $\int \cot^2 x\,\mathrm{d}x$；

(5) $\int \frac{1+x+x^2}{x(1+x^2)}\mathrm{d}x$；　(6) $\int \frac{(x-1)^3}{x^2}\mathrm{d}x$；

(7) $\int \frac{1}{\sin^2 x\cos^2 x}\mathrm{d}x$；　(8) $\int \frac{2^x-3^x}{5^x}\mathrm{d}x$.

4. 一辆摩托车准备腾空飞越某障碍物，要求起动 5 s 后车速达到 100 km/h(约为 27.78 m/s).请用不定积分的概念(不要用中学物理学的方法)计算需要多大的起动加速度，该摩托车才能按时达到所要求的速度.

5. 一名跳伞运动员在打开降落伞之前做自由落体运动.已知降落的速度为 $v=gt$($g\approx 9.8\ \mathrm{m/s^2}$)，若他从 2 000 m 的高空起跳，为了让地面观众能够清楚地看到他的表演，预定让他在离地面 500 m 处的高度打开降落伞.问他在空中做自由落体运动的时间有多长?

4.2 凑微分法

本节导引

在掌握了不定积分的概念之后，我们进一步研究求解不定积分常用的方法——换元积分法.换元积分法简称换元法，是指把复合函数的微分法反过来用于求不定积分，利用中间变量，得到复合函数的积分方法.换元法通常分为第一换元法(凑微分法)和第二换元法(变量代换法).

在本节中，我们介绍凑微分法，如 $\int 2\sin 2x\,\mathrm{d}x$，$\int \frac{1}{x}\cdot\ln x\,\mathrm{d}x$，$\int x\cdot\mathrm{e}^{x^2}\mathrm{d}x$ 等就可以用凑

微分法来求解.

4.2.1 凑微分法的概念

如果不定积分$\int f(x)\mathrm{d}x$用直接积分法不易求得,但被积函数可分解为

$$f(x)=g[\varphi(x)]\varphi'(x),$$

作变量代换$u=\varphi(x)$,并注意到$\varphi'(x)\mathrm{d}x=\mathrm{d}\varphi(x)$,则可将关于变量$x$的积分转换为关于变量$u$的积分,于是有

$$\int f(x)\mathrm{d}x=\int g[\varphi(x)]\varphi'(x)\mathrm{d}x=\int g(u)\mathrm{d}u.$$

如果$\int g(u)\mathrm{d}u$可以求出,不定积分$\int f(x)\mathrm{d}x$的计算问题就解决了,这就是**第一换元法**,又称**凑微分法**.

于是有如下定理:

定理 4.2.1 设$f(u)$存在原函数,$\varphi(x)$可导且$u=\varphi(x)$的值域在$f(u)$的定义域中,则有不定积分的凑微分法:

$$\int f[\varphi(x)]\varphi'(x)\mathrm{d}x=\left(\int f(u)\mathrm{d}u\right)_{u=\varphi(x)}.$$

凑微分法解题过程中一般不需要作出变量替换$u=\varphi(x)$,而是把因子$\varphi(x)$默记成u,就像计算机中内存所起的"暂存"作用一样.

4.2.2 凑微分法举例

【例 4.2.1】 求$\int\frac{x}{1+x^2}\mathrm{d}x$.

分析 被积函数可以看作$\frac{1}{1+x^2}$与x的乘积,其中$\frac{1}{1+x^2}$是一个复合函数,且$1+x^2$的导数为$2x$,于是我们可以用凑微分的方法计算.

解 把因子x凑成$2x$,然后放到微分号d( )里面去.为此,需要先给分子、分母同乘以2,则有

$$\int\frac{x}{1+x^2}\mathrm{d}x=\frac{1}{2}\int\frac{2x}{1+x^2}\mathrm{d}x=\frac{1}{2}\int\frac{\mathrm{d}(x^2)}{1+x^2}.$$

接着给微分号d( )里面加1,因为微分号里面可以任意加、减一个常数项,其值不变.于是有

$$\int\frac{x}{1+x^2}\mathrm{d}x=\frac{1}{2}\int\frac{2x}{1+x^2}\mathrm{d}x=\frac{1}{2}\int\frac{\mathrm{d}(1+x^2)}{1+x^2}=\frac{1}{2}\ln(1+x^2)+C.$$

从上面的例子可知:凑微分法的关键是"凑微分",只要微分凑好了,问题也就基本解决了.

【例 4.2.2】 求$\int x\sin(3x^2+5)\mathrm{d}x$.

解 复合函数$\sin(3x^2+5)$中$3x^2+5$的导数为$6x$.因此,应把因子x化为$6x$凑到微分号里面去,即

$$\int x\sin(3x^2+5)\mathrm{d}x=\frac{1}{6}\int\sin(3x^2+5)\mathrm{d}(3x^2+5)=-\frac{1}{6}\cos(3x^2+5)+C.$$

【例 4.2.3】 求 $\int \mathrm{e}^{\sin^2 x}\sin 2x\,\mathrm{d}x$.

解 被积函数是复合函数 $\mathrm{e}^{\sin^2 x}$ 和 $\sin 2x$ 的乘积.其中,复合因子 $\sin^2 x$ 与乘积项 $\sin 2x$ 之间的关系是

$$(\sin^2 x)'=2\sin x\cos x=\sin 2x.$$

所以

$$\int \mathrm{e}^{\sin^2 x}\sin 2x\,\mathrm{d}x=\int \mathrm{e}^{\sin^2 x}\mathrm{d}\sin^2 x=\mathrm{e}^{\sin^2 x}+C.$$

【例 4.2.4】 求 $\int \sin^2 x\,\mathrm{d}x$.

解 利用三角恒等变换,则有

$$\begin{aligned}\int\sin^2 x\,\mathrm{d}x&=\int\frac{1-\cos 2x}{2}\mathrm{d}x=\int\frac{1}{2}\mathrm{d}x-\frac{1}{2}\int\cos 2x\,\mathrm{d}x\\&=\frac{x}{2}-\frac{1}{4}\int\cos 2x\,\mathrm{d}(2x)=\frac{x}{2}-\frac{\sin 2x}{4}+C.\end{aligned}$$

类似地,可得

$$\int\cos^2 x\,\mathrm{d}x=\frac{x}{2}+\frac{\sin 2x}{4}+C.$$

【例 4.2.5】 求 $\int \tan x\,\mathrm{d}x$.

解 $\int\tan x\,\mathrm{d}x=\int\frac{\sin x}{\cos x}\mathrm{d}x=-\int\frac{\mathrm{d}(\cos x)}{\cos x}=-\ln|\cos x|+C.$

类似地,可得

$$\int\cot x\,\mathrm{d}x=\ln|\sin x|+C.$$

以上这两个结果是常用的积分公式,请读者熟记.

【例 4.2.6】 求 $\int\frac{1}{1+\mathrm{e}^x}\mathrm{d}x$.

解法一 利用 $(\mathrm{e}^x)'=\mathrm{e}^x$ 的特点,在被积函数的分子中增、减项,即

$$\begin{aligned}\int\frac{1}{1+\mathrm{e}^x}\mathrm{d}x&=\int\frac{1+\mathrm{e}^x-\mathrm{e}^x}{1+\mathrm{e}^x}\mathrm{d}x\\&=\int\mathrm{d}x-\int\frac{\mathrm{d}(\mathrm{e}^x+1)}{1+\mathrm{e}^x}=x-\ln(1+\mathrm{e}^x)+C.\end{aligned}$$

解法二 $\int\frac{1}{1+\mathrm{e}^x}\mathrm{d}x=\int\frac{\mathrm{e}^{-x}}{\mathrm{e}^{-x}(1+\mathrm{e}^x)}\mathrm{d}x=-\int\frac{1}{1+\mathrm{e}^{-x}}\mathrm{d}\mathrm{e}^{-x}=-\ln(1+\mathrm{e}^{-x})+C.$

虽然两种解法得到的答案表面上不一样,但本质上是相同的.

【例 4.2.7】 求 $\int\frac{1}{\sqrt{a^2-x^2}}\mathrm{d}x\ (a>0)$.

解 $\int\frac{1}{\sqrt{a^2-x^2}}\mathrm{d}x=\int\frac{\mathrm{d}\left(\frac{x}{a}\right)}{\sqrt{1-\left(\frac{x}{a}\right)^2}}=\arcsin\frac{x}{a}+C.$

【例 4.2.8】 求 $\int \frac{1}{a^2+x^2}\mathrm{d}x$.

解 $\int \frac{1}{a^2+x^2}\mathrm{d}x = \frac{1}{a}\int \frac{\mathrm{d}\left(\frac{x}{a}\right)}{1+\left(\frac{x}{a}\right)^2} = \frac{1}{a}\arctan\frac{x}{a}+C$.

【例 4.2.9】 求 $\int \sqrt{\frac{\arcsin x}{1-x^2}}\mathrm{d}x$.

解 $\int \sqrt{\frac{\arcsin x}{1-x^2}}\mathrm{d}x = \int \sqrt{\arcsin x}\,\mathrm{d}(\arcsin x) = \frac{2}{3}\sqrt{(\arcsin x)^3}+C$.

【例 4.2.10】 求 $\int \frac{\arctan\frac{x}{2}}{4+x^2}\mathrm{d}x$.

解 $\int \frac{\arctan\frac{x}{2}}{4+x^2}\mathrm{d}x = \frac{1}{2}\int \frac{\arctan\frac{x}{2}}{1+\left(\frac{x}{2}\right)^2}\mathrm{d}\left(\frac{x}{2}\right) = \frac{1}{2}\int \arctan\frac{x}{2}\mathrm{d}\left(\arctan\frac{x}{2}\right)$

$$= \frac{1}{4}\left(\arctan\frac{x}{2}\right)^2+C.$$

【例 4.2.11】 求 $\int \sin^3 x\cos x\,\mathrm{d}x$.

解法一 $\int \sin^3 x\cos x\,\mathrm{d}x = \int \sin^3 x\,\mathrm{d}\sin x = \frac{1}{4}\sin^4 x+C$.

解法二 $\int \sin^3 x\cos x\,\mathrm{d}x = -\int \sin^2 x\cos x\,\mathrm{d}\cos x = \int (\cos^3 x-\cos x)\mathrm{d}\cos x$

$$= \frac{1}{4}\cos^4 x-\frac{1}{2}\cos^2 x+C.$$

【例 4.2.12】 求 $\int \cos^4 x\,\mathrm{d}x$.

解 因为 $\cos^4 x = \left(\frac{1+\cos 2x}{2}\right)^2 = \frac{1}{4}(1+2\cos 2x+\cos^2 2x)$

$$= \frac{1}{4}\left(\frac{3}{2}+2\cos 2x+\frac{1}{2}\cos 4x\right),$$

所以

$$\int \cos^4 x\,\mathrm{d}x = \frac{1}{4}\int\left(\frac{3}{2}+2\cos 2x+\frac{1}{2}\cos 4x\right)\mathrm{d}x$$

$$= \frac{1}{4}\left(\frac{3}{2}x+\int\cos 2x\,\mathrm{d}(2x)+\frac{1}{8}\int\cos 4x\,\mathrm{d}(4x)\right)$$

$$= \frac{3}{8}x+\frac{1}{4}\sin 2x+\frac{1}{32}\sin 4x+C.$$

有些题虽然初看起来难，但如果仔细分析或适当变形，仍然可以用凑微分法来求解.

【例 4.2.13】 求 $\int \frac{e^x}{x}(1+x\ln x)dx$.

解 $\int \frac{e^x}{x}(1+x\ln x)dx=\int\left(e^x\frac{1}{x}+e^x\ln x\right)dx=\int d(e^x\ln x)=e^x\ln x+C$.

【例 4.2.14】 求 $\int \frac{\sin x}{\sin x+\cos x}dx$.

解
$$\begin{aligned}\int \frac{\sin x}{\sin x+\cos x}dx&=\frac{1}{2}\int\frac{(\sin x+\cos x)-(\cos x-\sin x)}{\sin x+\cos x}dx\\&=\frac{1}{2}\left(\int dx-\int\frac{d(\sin x+\cos x)}{\sin x+\cos x}\right)\\&=\frac{1}{2}(x-\ln|\sin x+\cos x|)+C.\end{aligned}$$

小结

总的来说，在求解不定积分时，首先应观察被积函数的结构，看能否通过凑微分法去解决.如果可以，应能凑尽量凑，能靠尽量靠(往基本积分公式上靠).

习题 4.2

习题 4.2 答案

1. 利用凑微分法求下列不定积分.

(1) $\int \frac{1}{2x+3}dx$；　(2) $\int \sqrt{1+3x}\,dx$；

(3) $\int x\sqrt{x^2+1}\,dx$；　(4) $\int \frac{dx}{1+4x^2}$；

(5) $\int \frac{1}{\sqrt{4-9x^2}}dx$；　(6) $\int \cos^3 x\,dx$；

(7) $\int e^x(1+e^x)^2dx$；　(8) $\int \frac{1}{x^2}\sin\frac{1}{x}dx$；

(9) $\int 2\sin 2x\,dx$；　(10) $\int \frac{\ln x}{x}dx$；

(11) $\int \cos x\sin^2 x\,dx$；　(12) $\int x e^{x^2}dx$；

(13) $\int \frac{\cos\sqrt{x}}{\sqrt{x}}dx$；　(14) $\int \frac{\arctan x}{1+x^2}dx$；

(15) $\int \tan x\sec^2 x\,dx$；　(16) $\int \frac{\cos x}{1+\sin x}dx$.

2. 利用凑微分法求下列不定积分.

(1) $\int \frac{e^x}{1+2e^{2x}}dx$；　(2) $\int \frac{f'(x)}{\sqrt{f(x)}}dx$；

(3) $\int \frac{x+2}{1+x^2}dx$；　(4) $\int \frac{x}{1-x^2}dx$；

(5) $\int \frac{1}{1-x^2}dx$；

(6) $\int \frac{1}{a^2-x^2}dx\ (a>0)$；

(7) $\int \frac{1}{a^2+x^2}dx$；

(8) $\int \frac{2x+1}{5+4x+x^2}dx$；

(9) $\int 5^{2x}dx$；

(10) $\int \frac{\ln\ln x}{x\ln x}dx$；

(11) $\int \frac{dx}{x(1+x^2)}$；

(12) $\int \frac{(2\ln x+3)^3}{x}dx$.

3. 利用凑微分法求下列不定积分.

(1) $\int \frac{1}{\sin x}dx$；

(2) $\int \frac{1}{\sqrt{x}\cdot\sqrt{1+\sqrt{x}}}dx$；

(3) $\int \frac{1}{1+\cos x}dx$；

(4) $\int \frac{\ln\tan x}{\cos x\sin x}dx$；

(5) $\int \tan^5 x\sec^3 x\,dx$；

(6) $\int \frac{1}{x(x^n-1)}dx$.

4.3 变量代换法

本节导引

比较：$\int x\sqrt{2-x^2}\,dx$、$\int \frac{x}{\sqrt{x^2+1}}dx$、$\int \frac{1}{\sqrt{x}\,\sqrt{x}+1}dx$ 和 $\int \sqrt{2-x^2}\,dx$、$\int \frac{1}{\sqrt{x^2}+1}dx$、$\int \frac{1}{\sqrt{x}+1}dx$，读者可以发现，前面三个可以直接用凑微分法求解，而后面三个则不能直接用凑微分法求解.下面我们介绍不能用凑微分法求解的无理函数的积分法.

4.3.1 变量代换法的概念

在求不定积分时，如果被积函数中没有合适的因子凑微分，如 $\int \sqrt{2-x^2}\,dx$ 就不能用凑微分法求解.制约我们解题的主要因素是根式，这时，可通过变量代换设法去除障碍，把被积函数变成能凑微分或能积分出来的形式.简单地说，对于积分 $\int f(x)dx$，适当选择变量代换，使得

$$\int f(x)dx=\int f[\varphi(t)]\varphi'(t)dt$$

的右端比较容易找到原函数.

归纳上述描述，我们给出如下定理：

定理 4.3.1 设 $x=\varphi(t)$ 单调、可导，且 $\varphi'(t)\neq 0$，又设 $f[\varphi(t)]\varphi'(t)$ 具有原函数，则有换元公式

$$\int f(x)\mathrm{d}x = \left(\int f[\varphi(t)]\varphi'(t)\mathrm{d}t\right)\Big|_{t=\varphi^{-1}(x)},$$

其中，φ^{-1}是 $x=\varphi(t)$的反函数.

4.3.2 有理代换

当被积函数中含有 x 的一次根式$\sqrt[n]{ax+b}$时，一般可作代换 $t=\sqrt[n]{ax+b}$ 来去掉根式，从而求得积分，这种代换称为**有理代换**.有理代换的原则是“见根号，去根号”.

【例 4.3.1】 求$\int \frac{1}{2+\sqrt{x-1}}\mathrm{d}x$.

解　基本积分公式中无公式可以直接套用，凑微分也不容易，困难在于被积函数中的根式，所以作如下变换：

令 $t=\sqrt{x-1}$，则 $x=1+t^2$，$\mathrm{d}x=2t\,\mathrm{d}t$，于是

$$\int \frac{1}{2+\sqrt{x-1}}\mathrm{d}x = \int \frac{1}{2+t}\cdot 2t\,\mathrm{d}t = 2\int \frac{t+2-2}{2+t}\mathrm{d}t$$

$$=2t-4\ln(2+t)+C=2\sqrt{x-1}-4\ln(2+\sqrt{x-1})+C.$$

【例 4.3.2】 求$\int \frac{\mathrm{d}x}{\sqrt{x}+\sqrt[3]{x}}$.

解法一　令$\sqrt[6]{x}=t$，即 $x=t^6$（代换掉难处理的无理根式$\sqrt{x}$和$\sqrt[3]{x}$），$\mathrm{d}x=6t^5\mathrm{d}t$，得

$$\text{原式}=\int \frac{6t^5}{t^3+t^2}\mathrm{d}t = 6\int \frac{t^3}{1+t}\mathrm{d}t = 6\int \frac{(t^3+1)-1}{1+t}\mathrm{d}t = 6\int\left(t^2-t+1-\frac{1}{1+t}\right)\mathrm{d}t$$

$$=2t^3-3t^2+6t-6\ln|1+t|+C=2\sqrt{x}-3\sqrt[3]{x}+6\sqrt[6]{x}-6\ln(1+\sqrt[6]{x})+C.$$

解法二　为了去掉根号，令 $x=t^6$，则 $\mathrm{d}x=6t^5\mathrm{d}t$，于是

$$\int \frac{\mathrm{d}x}{\sqrt{x}+\sqrt[3]{x}} = \int \frac{6t^5}{t^3+t^2}\mathrm{d}t = 6\int \frac{t^3}{t+1}\mathrm{d}t.$$

这是一个有理函数的积分，被积函数是一个假分式，一般可通过多项式的除法，把它化为一个整式与一个真分式之和的形式：

$$\begin{array}{r|l} & t^2-t+1 \\ \hline t+1 & t^3 \\ & t^3+t^2 \\ \hline & -t^2 \\ & -t^2-t \\ \hline & t \\ & t+1 \\ \hline & -1 \end{array}$$

即　$\frac{t^3}{t+1}=t^2-t+1-\frac{1}{t+1}$.

故有$\int \frac{\mathrm{d}x}{\sqrt{x}+\sqrt[3]{x}} = 6\int\left(t^2-t+1-\frac{1}{t+1}\right)\mathrm{d}t$

$$=6\left[\frac{t^3}{3}-\frac{t^2}{2}+t-\ln(t+1)\right]+C=2\sqrt{x}-3\sqrt[3]{x}+6\sqrt[6]{x}-6\ln(\sqrt[6]{x}+1)+C.$$

4.3.3 三角代换

【例 4.3.3】 求 $\int \sqrt{a^2-x^2}\,dx\,(a>0)$.

解　求这个积分的困难在于有根式$\sqrt{a^2-x^2}$，可令 $x=a\sin t, t\in\left(-\frac{\pi}{2},\frac{\pi}{2}\right)$，则 $dx=a\cos t\,dt$ 且

$$\sqrt{a^2-x^2}=\sqrt{a^2-a^2\sin^2 t}=a\cos t.$$

于是 $\int\sqrt{a^2-x^2}\,dx=\int(a\cos t)(a\cos t)\,dt=a^2\int\cos^2 t\,dt=a^2\left(\frac{t}{2}+\frac{1}{4}\sin 2t\right)+C.$

因为 $x=a\sin t, t\in\left(-\frac{\pi}{2},\frac{\pi}{2}\right)$，所以

$$\sin t=\frac{x}{a}, t=\arcsin\frac{x}{a},$$

则 $\cos t=\frac{\sqrt{a^2-x^2}}{a}$（辅助三角形如图 4-2 所示），于是所求积分为

$$\begin{aligned}\int\sqrt{a^2-x^2}\,dx&=a^2\left(\frac{1}{2}\arcsin\frac{x}{a}+\frac{1}{2}\,\frac{x}{a}\,\frac{\sqrt{a^2-x^2}}{a}\right)+C\\&=\frac{a^2}{2}\arcsin\frac{x}{a}+\frac{x\sqrt{a^2-x^2}}{2}+C.\end{aligned}$$

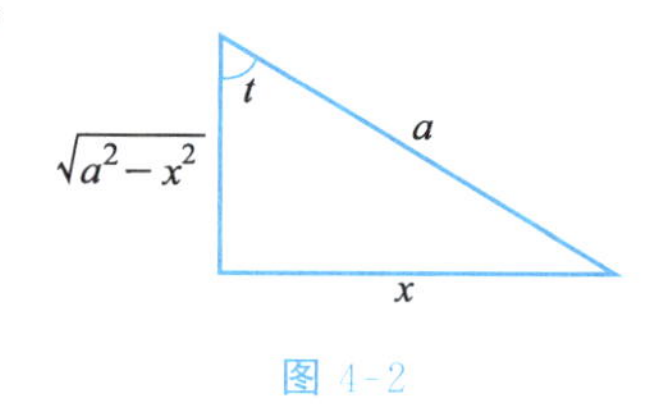

图 4-2

从上面的例子可以看出，用变量代换法求不定积分时，最后一定要将变量换回原来的变量.

【例 4.3.4】 求 $\int\frac{dx}{\sqrt{x^2+a^2}}\,(a>0)$.

解　为了去掉根号，可令 $x=a\tan t, t\in\left(-\frac{\pi}{2},\frac{\pi}{2}\right)$，则 $dx=a\sec^2 t\,dt$，于是

$$\int\frac{dx}{\sqrt{x^2+a^2}}=\int\frac{a\sec^2 t}{\sqrt{a^2\tan^2 t+a^2}}dt=\int\sec t\,dt.$$

而 $\int\sec t\,dt=\int\frac{\sec t(\sec t+\tan t)}{\sec t+\tan t}dt=\int\frac{d(\sec t+\tan t)}{\sec t+\tan t}=\ln|\sec t+\tan t|+C,$

所以
$$\int\frac{dx}{\sqrt{x^2+a^2}}=\ln|\sec t+\tan t|+C.$$

因为 $x=a\tan t, t\in\left(-\frac{\pi}{2},\frac{\pi}{2}\right)$，所以 $\tan t=\frac{x}{a}$，根据图 4-3 所示的辅助三角形可得

$$\sec t=\frac{\sqrt{a^2+x^2}}{a},$$

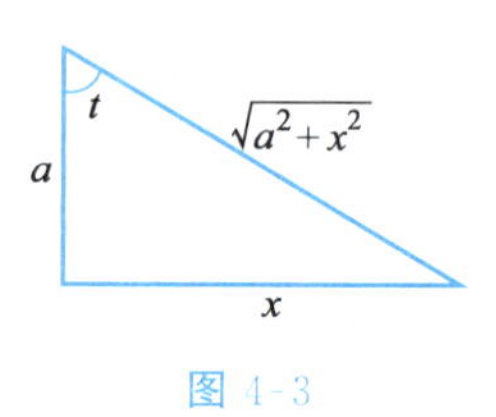

图 4-3

于是所求积分为

$$\int \frac{\mathrm{d}x}{\sqrt{x^2+a^2}} = \ln\left(\sqrt{1+\frac{x^2}{a^2}}+\frac{x}{a}\right)+C_1 = \ln(\sqrt{a^2+x^2}+x)+C.$$

注意： $\ln\left(\sqrt{1+\frac{x^2}{a^2}}+\frac{x}{a}\right)+C_1$ 中的常数项有 $-\ln a$ 和 C_1，将这两个常数项合并，即可得出 $\int \frac{\mathrm{d}x}{\sqrt{x^2+a^2}}$ 的结果为 $\ln(\sqrt{a^2+x^2}+x)+C$.

【例 4.3.5】 求 $\int \frac{\mathrm{d}x}{\sqrt{x^2-a^2}}(a>0)$.

解 当 $x>a$ 时，令 $x=a\sec t, t\in\left(0,\frac{\pi}{2}\right)$，则

$$\int \frac{\mathrm{d}x}{\sqrt{x^2-a^2}} = \int \frac{a\sec t\tan t}{\sqrt{a^2\sec^2 t-a^2}}\mathrm{d}t = \int \sec t\,\mathrm{d}t$$

$$= \ln(\sec t+\tan t)+C_1 = \ln(x+\sqrt{x^2-a^2})+C,$$

其中，$\sec t=\frac{x}{a}$，$\tan t=\sqrt{\sec^2 t-1}=\frac{\sqrt{x^2-a^2}}{a}$（辅助三角形如图 4-4 所示），$C=C_1-\ln a$.

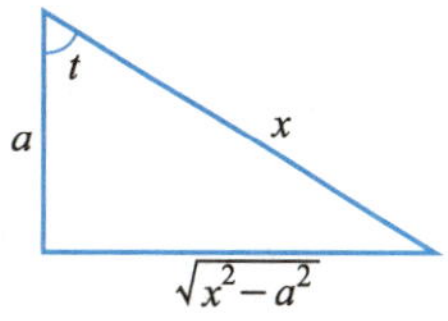

图 4-4

当 $x<-a$ 时，令 $x=-a\sec t, t\in\left(0,\frac{\pi}{2}\right)$，则 $a\sec t>a$. 由上段结果，有

$$\int \frac{\mathrm{d}x}{\sqrt{x^2-a^2}} = -\int \frac{\mathrm{d}a\sec t}{\sqrt{a^2\sec^2 t-a^2}} = -\ln(a\sec t+\sqrt{a^2\sec^2 t-a^2})+C_1$$

$$= -\ln(-x+\sqrt{x^2-a^2})+C_1$$

$$= \ln\frac{-x-\sqrt{x^2-a^2}}{a^2}+C_1$$

$$= \ln(-x-\sqrt{x^2-a^2})+C,$$

其中，$C=C_1-\ln a$.

把在 $x>a$ 及 $x<-a$ 内的结果合起来，可写作

$$\int \frac{\mathrm{d}x}{\sqrt{x^2-a^2}} = \ln|x+\sqrt{x^2-a^2}|+C.$$

总结： 从以上 3 个例子可以看出：如果被积函数含有 $\sqrt{a^2-x^2}$，可以作代换 $x=a\sin t$ 化去根式；如果被积函数含有 $\sqrt{x^2+a^2}$，可以作代换 $x=a\tan t$ 化去根式；如果被积函数含有 $\sqrt{x^2-a^2}$，可以作代换 $x=\pm a\sec t$ 化去根式. 但在解题时要分析被积函数的具体情况，选取尽可能简洁的代换.

我们通常把以下 8 个公式也称为基本积分公式：

(1) $\int \tan x\,\mathrm{d}x = -\ln|\cos x|+C$;

(2) $\int \cot x\,\mathrm{d}x = \ln|\sin x|+C$;

(3) $\int \sec x \mathrm{d}x = \ln|\sec x + \tan x| + C$;

(4) $\int \csc x \mathrm{d}x = \ln|\csc x - \cot x| + C$;

(5) $\int \frac{1}{x^2 - a^2}\mathrm{d}x = \frac{1}{2a}\ln\left|\frac{x-a}{x+a}\right| + C$;

(6) $\int \frac{1}{\sqrt{a^2 - x^2}}\mathrm{d}x = \arcsin\frac{x}{a} + C$;

(7) $\int \frac{1}{a^2 + x^2}\mathrm{d}x = \frac{1}{a}\arctan\frac{x}{a} + C$;

(8) $\int \frac{\mathrm{d}x}{\sqrt{x^2 \pm a^2}} = \ln|x + \sqrt{x^2 \pm a^2}| + C$.

4.3.4 倒代换

利用倒代换可以消掉或简化被积函数分母中的因子,因此倒代换一般用于分母次数比分子次数高的被积函数中.

【例 4.3.6】 求$\int \frac{1}{x\sqrt{x^2-2}}\mathrm{d}x\ (x > \sqrt{2})$.

解 作代换 $x = \frac{1}{t}$,则 $\mathrm{d}x = -\frac{1}{t^2}\mathrm{d}t$,于是

$$\int \frac{1}{x\sqrt{x^2-2}}\mathrm{d}x = \int \frac{1}{\frac{1}{t}\sqrt{\frac{1}{t^2}-2}}\left(-\frac{1}{t^2}\right)\mathrm{d}t = -\int \frac{\mathrm{d}t}{\sqrt{1-2t^2}}$$

$$= -\frac{1}{\sqrt{2}}\arcsin\sqrt{2}t + C = -\frac{1}{\sqrt{2}}\arcsin\frac{\sqrt{2}}{x} + C.$$

【例 4.3.7】 求$\int \frac{\sqrt{a^2-x^2}}{x^4}\mathrm{d}x$.

解 设 $x = \frac{1}{t}$,则 $\mathrm{d}x = -\frac{1}{t^2}\mathrm{d}t$,于是

$$\int \frac{\sqrt{a^2-x^2}}{x^4}\mathrm{d}x = \int \frac{\sqrt{a^2-\frac{1}{t^2}}}{\frac{1}{t^4}}\left(-\frac{1}{t^2}\right)\mathrm{d}t = -\int \sqrt{a^2t^2-1}\,|t|\,\mathrm{d}t.$$

当 $x>0$ 时 $t>0$,有

$$\int \frac{\sqrt{a^2-x^2}}{x^4}\mathrm{d}x = -\frac{1}{2a^2}\int (a^2t^2-1)^{\frac{1}{2}}\mathrm{d}(a^2t^2-1)$$

$$= -\frac{(a^2t^2-1)^{\frac{3}{2}}}{3a^2} + C = -\frac{(a^2-x^2)^{\frac{3}{2}}}{3a^2x^3} + C.$$

当 $x<0$ 时 $t<0$,得到同样的结果,

$$\int \frac{\sqrt{a^2-x^2}}{x^4}\mathrm{d}x=-\int (a^2t^2-1)^{\frac{1}{2}}(-t)\mathrm{d}t$$

$$=\frac{1}{2a^2}\int (a^2t^2-1)^{\frac{1}{2}}\mathrm{d}(a^2t^2-1)=\frac{(a^2t^2-1)^{\frac{3}{2}}}{3a^2}+C$$

$$=\frac{1}{3a^2}\left(\frac{a^2}{x^2}-1\right)^{\frac{3}{2}}+C=\frac{1}{3a^2}\frac{(a^2-x^2)^{\frac{3}{2}}}{|x|^3}+C$$

$$=-\frac{(a^2-x^2)^{\frac{3}{2}}}{3a^2x^3}+C.$$

选学内容

4.3.5 双曲代换

当被积函数中含有根式时，除用三角代换外，还可以用双曲代换.下面首先来学习双曲函数的一些相关知识.

双曲正弦：$\mathrm{sh}\,x=\dfrac{\mathrm{e}^x-\mathrm{e}^{-x}}{2}$，$-\infty<x<+\infty$，奇函数；

双曲余弦：$\mathrm{ch}\,x=\dfrac{\mathrm{e}^x+\mathrm{e}^{-x}}{2}$，$-\infty<x<+\infty$，偶函数；

双曲正切：$\mathrm{th}\,x=\dfrac{\mathrm{e}^x-\mathrm{e}^{-x}}{\mathrm{e}^x+\mathrm{e}^{-x}}$，$-\infty<x<+\infty$，奇函数；

反双曲正弦：$y=\mathrm{arsh}\,x=\ln(x+\sqrt{x^2+1})$，$-\infty<x<+\infty$；

反双曲余弦：$y=\mathrm{arch}\,x=\ln(x+\sqrt{x^2-1})$，$1\leqslant x<+\infty$；

反双曲正切：$y=\mathrm{arth}\,x=\dfrac{1}{2}\ln\left(\dfrac{1+x}{1-x}\right)$，$-1<x<1$.

双曲函数有下列性质：

$\mathrm{ch}^2x-\mathrm{sh}^2x=1$；$\mathrm{sh}\,2x=2\mathrm{sh}\,x\,\mathrm{ch}\,x$；$\mathrm{ch}\,2x=\mathrm{ch}^2x+\mathrm{sh}^2x$；

$\mathrm{sh}^2x=\dfrac{1}{2}(\mathrm{ch}\,2x-1)$；$\mathrm{ch}^2x=\dfrac{1}{2}(\mathrm{ch}\,2x+1)$.

由双曲函数与反双曲函数的定义不难得到它们的导数公式：

$(\mathrm{sh}\,x)'=\mathrm{ch}\,x$；$(\mathrm{ch}\,x)'=\mathrm{sh}\,x$；$(\mathrm{th}\,x)'=\dfrac{1}{\mathrm{ch}^2x}$；

$(\mathrm{arsh}\,x)'=\dfrac{1}{\sqrt{1+x^2}}$；$(\mathrm{arch}\,x)'=\dfrac{1}{\sqrt{x^2-1}}$；$(\mathrm{arth}\,x)'=\dfrac{1}{\sqrt{1-x^2}}$.

【例 4.3.8】 利用双曲代换求例 4.3.4 中的积分.

解　令 $x=a\,\mathrm{sh}\,t$，则 $\mathrm{d}x=a\,\mathrm{ch}\,t\,\mathrm{d}t$，利用 $\mathrm{ch}^2t-\mathrm{sh}^2t=1$ 得 $\sqrt{x^2+a^2}=a\,\mathrm{ch}\,t$，于是

$$\int \frac{\mathrm{d}x}{\sqrt{x^2+a^2}}=\int \frac{a\,\mathrm{ch}\,t}{a\,\mathrm{ch}\,t}\mathrm{d}t=\int \mathrm{d}t=t+C_1$$

（本题实际上做到这一步就可以了，分类如下展开）

$$=\ln\left[\frac{x}{a}+\sqrt{\left(\frac{x}{a}\right)^2+1}\right]+C_1$$

$$=\ln(x+\sqrt{x^2+a^2})+C\ (C=C_1-\ln a).$$

【例 4.3.9】 求 $\int\sqrt{2+x^2}\,\mathrm{d}x$.

解 令 $x=\sqrt{2}\,\mathrm{sh}\,t$，则 $\mathrm{d}x=\sqrt{2}\,\mathrm{ch}\,t\,\mathrm{d}t$，于是

$$\int\sqrt{2+x^2}\,\mathrm{d}x=\int\sqrt{2}\,\mathrm{ch}\,t\sqrt{2}\,\mathrm{ch}\,t\,\mathrm{d}t=2\int\mathrm{ch}^2t\,\mathrm{d}t$$

$$=\int(\mathrm{ch}\,2t+1)\mathrm{d}t=\frac{1}{2}\mathrm{sh}2t+t+C_1=\mathrm{sh}\,t\,\mathrm{ch}\,t+t+C_1$$

$$=\frac{x}{2}\sqrt{2+x^2}+\ln(x+\sqrt{2+x^2})+C.$$

其中，
$$C=C_1-\ln\sqrt{2},\ \mathrm{ch}\,t=\sqrt{1+\mathrm{sh}^2t}=\frac{\sqrt{2+x^2}}{\sqrt{2}},$$

$$t=\mathrm{arsh}\,\frac{x}{\sqrt{2}}=\ln\left(\frac{x}{\sqrt{2}}+\sqrt{\left(\frac{x}{\sqrt{2}}\right)^2+1}\right)=\ln(x+\sqrt{2+x^2})-\ln\sqrt{2}.$$

数学实验

利用 MATLAB 数学软件计算不定积分.

常用函数名称	含义
abs( )	绝对值函数
acos( )	反余弦函数
acosh( )	反双曲余弦函数
acot( )	反余切函数
acoth( )	反双曲余切函数
acsc( )	反余割函数
acsch( )	反双曲余割函数
asec( )	反正割函数
asech( )	反双曲正割函数
asin( )	反正弦函数
asinh( )	反双曲正弦函数
atan( )	反正切函数
ceil( )	对 $+\infty$ 方向取整函数
cos( )	余弦函数
cosh( )	双曲余弦函数
cot( )	余切函数
coth( )	双曲余切函数
csc( )	余割函数
csch( )	双曲余割函数

exp( )　　指数函数
fix( )　　对零方向取整
log( )　　自然对数函数
log10( )　　常用对数函数

读者可以利用相关的函数名来求相应的不定积分.

小结

本节的积分方法可总结为:平方和、差再开方,三角代换要记牢;正弦、正切和正割,有时双曲也能积;倒代数,方法巧,分母变量消掉了.

实际上,本节所介绍的方法仍不是万能的,它们只不过是最基本的方法而已,在解题过程中需多试几种方法,灵活地求解不定积分问题.

习题 4.3

习题 4.3 答案

1. 求下列不定积分.在可能的情况下,请多试几种方法求解.

(1) $\int \frac{x^2}{\sqrt{1-x^2}}\mathrm{d}x$;　　(2) $\int \sqrt{2-x^2}\,\mathrm{d}x$;

(3) $\int \frac{1}{\sqrt{2+x^2}}\mathrm{d}x$;　　(4) $\int \frac{x^2-a^2}{x}\mathrm{d}x$;

(5) $\int \frac{\sqrt{1-x^2}}{x}\mathrm{d}x$;　　(6) $\int \frac{1}{x\sqrt{x^2-1}}\mathrm{d}x$.

2. 求下列不定积分.在可能的情况下,请多试几种方法求解.

(1) $\int \frac{\sqrt{x-1}}{x}\mathrm{d}x$;　　(2) $\int \frac{1}{1+\sqrt[3]{1+x}}\mathrm{d}x$;

(3) $\int \frac{1}{x\sqrt{1+x^2}}\mathrm{d}x$;　　(4) $\int \frac{x\,\mathrm{d}x}{(3-x)^7}$;

(5) $\int \frac{\mathrm{d}x}{(x^2+1)^{\frac{3}{2}}}$;　　(6) $\int \frac{\sqrt{x^2-2x}}{x-1}\mathrm{d}x$.

4.4 分部积分法

本节导引

前面讲解的换元积分法是一种基本的积分方法,它是根据复合函数的微分法则推导出来的,虽然应用广泛,但也有一定的局限性.例如,对于$\int x\ln^2 x\,\mathrm{d}x$,$\int \mathrm{e}^x\sin x\,\mathrm{d}x$ 之类的积分,就无法采用换元积分法求解.下面学习另一种基本积分方法,它是在函数的乘积微分法则基础上推导出来的.

不定积分的
分部积分法

4.4.1 分部积分公式

现在利用函数乘积的求导法则来推导另一种求不定积分的方法——分部积分法.它的原理是:设 $u=u(x)$,$v=v(x)$有连续的导函数,根据积的求导法则得

$$(uv)'=u'v+uv',$$

于是

$$uv'=(uv)'-vu'.$$

对上式两边求不定积分得

$$\int uv'\mathrm{d}x=\int(uv)'\mathrm{d}x-\int vu'\mathrm{d}x,$$

亦即

$$\int u\mathrm{d}v=uv-\int v\mathrm{d}u=uv-\int vu'\mathrm{d}x.$$

这就是分部积分公式,读作“$u\mathrm{d}v$(的积分)等于 uv 减 $v\mathrm{d}u$(的积分)”. 如果求 $\int u\mathrm{d}v$ 比较困难,而求$\int v\mathrm{d}u$ 比较容易时,分部积分公式就可以发挥作用了.读者一定要熟记该公式.

【例 4.4.1】 求 $\int x\cos x\mathrm{d}x$.

解 令 $u=x$,$\mathrm{d}v=\cos x\mathrm{d}x=\mathrm{d}\sin x$,即 $v=\sin x$,由分部积分公式得

$$\int x\cos x\mathrm{d}x=x\sin x-\int\sin x\mathrm{d}x=x\sin x+\cos x+C.$$

但是如果选取 $u=\cos x$,$\mathrm{d}v=x\mathrm{d}x=\mathrm{d}\left(\frac{x^2}{2}\right)$,即 $v=\frac{x^2}{2}$,则有

$$\int x\cos x\mathrm{d}x=\frac{x^2}{2}\cos x-\int\frac{x^2}{2}\mathrm{d}\cos x=\frac{x^2}{2}\cos x+\frac{1}{2}\int x^2\sin x\mathrm{d}x.$$

(应把多项式写到三角函数的前面,以免引起混淆)

显然新得到的积分比原来的积分更为复杂.这说明利用分部积分法求解不定积分问题时,要正确选取 u 和 v.下面分别研究几种不同类型的不定积分.

4.4.2 被积函数为多项式与指数函数、三角函数乘积的情形

被积函数为多项式 $P_n(x)$与 e^x、正弦、余弦之积时,应选 $P_n(x)$为 u,被积表达式的其余部分为 $\mathrm{d}v$.

【例 4.4.2】 求 $\int x^2\mathrm{e}^x\mathrm{d}x$.

解 设 $u=x^2$,则 $v=\mathrm{e}^x$,于是

$$\int x^2\mathrm{e}^x\mathrm{d}x=x^2\mathrm{e}^x-\int\mathrm{e}^x(2x)\mathrm{d}x.$$

对于新得到的积分,再次利用分部积分公式,这时仍要选多项式为 u,即

$$\int x e^x dx = x e^x - \int e^x dx = x e^x - e^x + C_1.$$

所以 $\int x^2 e^x dx = x^2 e^x - 2x e^x + 2e^x + C(C = -2C_1)$.

该例说明，每一次分部积分，就能把多项式的幂降低一次. 如果选取指数函数或正弦、余弦为 u 进行分部积分时，每次都会升高多项式的幂. 若积分形式较为简单，在连续使用分部积分法时，每次可把所选的 u，v 默记心中，直接求积分.

【例 4.4.3】 求 $\int (x^2+1)\cos x dx$.

解
$$\begin{aligned}\int (x^2+1)\cos x dx &= \int (x^2+1) d\sin x = (x^2+1)\sin x - \int \sin x (2x) dx \\ &= (x^2+1)\sin x - 2\int x \sin x dx = (x^2+1)\sin x + 2\int x d\cos x \\ &= (x^2+1)\sin x + 2x\cos x - 2\int \cos x dx \\ &= (x^2+1)\sin x + 2x\cos x - 2\sin x + C.\end{aligned}$$

4.4.3 被积函数为多项式与对数函数、反三角函数之积的情形

被积函数为多项式 $P_n(x)$ 与对数函数、反三角函数之积时，应选对数函数、反三角函数为 u，被积表达式的其余部分为 dv.

【例 4.4.4】 求 $\int x \ln x dx$.

解 设 $u = \ln x$，则 $v = \dfrac{x^2}{2}$，于是

$$\int x \ln x dx = \frac{x^2}{2}\ln x - \int \frac{x^2}{2}\frac{1}{x} dx = \frac{x^2}{2}\ln x - \frac{x^2}{4} + C = \frac{x^2}{2}\left(\ln x - \frac{1}{2}\right) + C.$$

【例 4.4.5】 求 $\int \arcsin x dx$.

解
$$\begin{aligned}\int \arcsin x dx &= x \arcsin x - \int x \frac{1}{\sqrt{1-x^2}} dx \\ &= x\arcsin x + \int \frac{1}{2\sqrt{1-x^2}} d(1-x^2) \\ &= x\arcsin x + \sqrt{1-x^2} + C.\end{aligned}$$

【例 4.4.6】 求 $\int x \arctan x dx$.

解 令 $u = \arctan x$，$v = \dfrac{x^2}{2}$，则有

$$\begin{aligned}\int x\arctan x dx &= \frac{x^2}{2}\arctan x - \frac{1}{2}\int x^2 \frac{1}{1+x^2} dx \\ &= \frac{x^2}{2}\arctan x - \frac{1}{2}\int \frac{1+x^2-1}{1+x^2} dx \\ &= \frac{x^2}{2}\arctan x - \frac{1}{2}(x - \arctan x) + C\end{aligned}$$

$$=\frac{1}{2}(x^2+1)\arctan x-\frac{1}{2}x+C.$$

4.4.4 形如 $\int e^{\alpha x}\sin\beta x\,dx$，$\int e^{\alpha x}\cos\beta x\,dx$ 的积分

对于形如 $\int e^{\alpha x}\sin\beta x\,dx$，$\int e^{\alpha x}\cos\beta x\,dx$ 的积分，可选指数函数为 u，也可选三角函数为 u，一般需经一个循环过程才能积分出来，两种做法难易程度一样.

【例 4.4.7】 求 $\int e^x\cos x\,dx$.

解 令 $u=e^x$，$v=\sin x$，则有

$$\int e^x\cos x\,dx=e^x\sin x-\int e^x\sin x\,dx=e^x\sin x+\int e^x\,d\cos x$$

$$=e^x\sin x+e^x\cos x-\int e^x\cos x\,dx.$$

整理得

$$\int e^x\cos x\,dx=\frac{1}{2}e^x(\sin x+\cos x)+C.$$

【例 4.4.8】 求 $\int e^{2x}\sin 3x\,dx$.

解 若选 $u=\sin 3x$，则 $v=\frac{1}{2}e^{2x}$，于是有

$$\int e^{2x}\sin 3x\,dx=\frac{1}{2}e^{2x}\sin 3x-\frac{3}{2}\int e^{2x}\cos 3x\,dx,$$

这时仍要选三角函数为 u，否则积不出来.

$$\int e^{2x}\sin 3x\,dx=\frac{1}{2}e^{2x}\sin 3x-\frac{3}{2}\left[\frac{1}{2}e^{2x}\cos 3x-\frac{1}{2}\int e^{2x}(-3\sin 3x)\,dx\right]$$

$$=\frac{1}{2}e^{2x}\sin 3x-\frac{3}{4}e^{2x}\cos 3x-\frac{9}{4}\int e^{2x}\sin 3x\,dx.$$

移项得

$$\int e^{2x}\sin 3x\,dx=\frac{2}{13}e^{2x}\left(\sin 3x-\frac{3}{2}\cos 3x\right)+C.$$

4.4.5 被积函数由某些复合函数构成的情形

对于由三角函数、反三角函数、对数函数等函数所构成的复合函数为被积函数的情形，可选被积函数为 u.

【例 4.4.9】 求 $\int \sin\ln x\,dx$.

解 对于这种很“麻烦”的被积函数，我们干脆就取被积函数为 u. 设 $u=\sin\ln x$，则 $v=x$，有

$$\int \sin\ln x\,dx=x\sin\ln x-\int x(\cos\ln x)\frac{1}{x}\,dx=x\sin\ln x-\int\cos\ln x\,dx$$

$$=x\sin\ln x-\left(x\cos\ln x-\int x(-\sin\ln x)\frac{1}{x}\mathrm{d}x\right)$$

$$=x\sin\ln x-x\cos\ln x-\int\sin\ln x\,\mathrm{d}x\text{（构造循环）}.$$

移项得

$$\int\sin\ln x\,\mathrm{d}x=\frac{1}{2}x(\sin\ln x-\cos\ln x)+C.$$

【例 4.4.10】 求 $\int\ln(x+\sqrt{1+x^2})\mathrm{d}x$.

解 设 $u=\ln(x+\sqrt{1+x^2})$，$v=x$，则

$$\int\ln(x+\sqrt{1+x^2})\mathrm{d}x=x\ln(x+\sqrt{1+x^2})-\int x\frac{1+\dfrac{2x}{2\sqrt{1+x^2}}}{x+\sqrt{1+x^2}}\mathrm{d}x$$

$$=x\ln(x+\sqrt{1+x^2})-\int\frac{x}{\sqrt{1+x^2}}\mathrm{d}x$$

$$=x\ln(x+\sqrt{1+x^2})-\sqrt{1+x^2}+C.$$

选学内容

下面举一个利用分部积分法求递推公式的例子，供读者参考.

【例 4.4.11】 求 $I_n=\int\frac{\mathrm{d}x}{(x^2+a^2)^n}$.

解 当 $n>1$ 时，选取 $u=\frac{1}{(x^2+a^2)^{n-1}}$，$v=x$，得

$$\int\frac{\mathrm{d}x}{(x^2+a^2)^{n-1}}=\frac{x}{(x^2+a^2)^{n-1}}+2(n-1)\int\frac{x^2\mathrm{d}x}{(x^2+a^2)^n}$$

$$=\frac{x}{(x^2+a^2)^{n-1}}+2(n-1)\int\left[\frac{1}{(x^2+a^2)^{n-1}}-\frac{a^2}{(x^2+a^2)^n}\right]\mathrm{d}x,$$

即

$$I_{n-1}=\frac{x}{(x^2+a^2)^{n-1}}+2(n-1)(I_{n-1}-a^2I_n),$$

整理得

$$I_n=\frac{1}{2a^2(n-1)}\left[\frac{x}{(x^2+a^2)^{n-1}}+(2n-3)I_{n-1}\right].$$

此时作递推公式，并由 $I_1=\frac{1}{a}\arctan\frac{x}{a}+C$，即可得 I_n.

小结

本节的积分方法可总结为：分部法，u，v 选取是前提；v 要容易求，$v\mathrm{d}u$ 要容易积.分部积分法的关键是要掌握如何正确地选择 u，一般规律如表 4-1 所示.

表 4-1

被积表达式 $P_n(x)$ 为多项式	$u(x)$	dv
$P_n(x)\sin ax\,dx$ $P_n(x)\cos ax\,dx$	$P_n(x)$	$\sin ax\,dx$ $\cos ax\,dx$
$P_n(x)\cdot e^{ax}dx$	$P_n(x)$	$e^{ax}dx$
$P_n(x)\cdot \ln x\,dx$	$\ln x$	$P_n(x)dx$
$P_n(x)\arcsin x\,dx$ $P_n(x)\arccos x\,dx$	$\arcsin x$ $\arccos x$	$P_n(x)dx$
$e^{ax}\cdot \sin bx\,dx$　$e^{ax}\cdot \cos bx\,dx$	e^{ax}，$\sin bx$，$\cos bx$ 均可作 $u(x)$，余下部分作 dv	

习题 4.4

习题 4.4 答案

1. 求下列不定积分.

(1) $\int \ln x\,dx$；　(2) $\int (x^2-1)\cos x\,dx$；

(3) $\int x\cos 3x\,dx$；　(4) $\int \arctan x\,dx$；

(5) $\int \frac{\ln x}{x^2}dx$；　(6) $\int \arcsin x\,dx$；

(7) $\int \ln(1+x^2)dx$；　(8) $\int x\arctan x\,dx$.

2. 求下列不定积分.

(1) $\int x\sin x\cos x\,dx$；　(2) $\int \ln^2 x\,dx$；

(3) $\int \cos\ln x\,dx$；　(4) $\int \frac{x}{e^x}dx$；

(5) $\int \ln(x+\sqrt{1+x^2})dx$；　(6) $\int \sin x\ln\tan x\,dx$.

3. 求下列不定积分.

(1) $\int x\arcsin x\,dx$；　(2) $\int e^{\sqrt{x}}dx$；

(3) $\int \frac{x\ln(x+\sqrt{1+x^2})}{\sqrt{1+x^2}}dx$；　(4) $\int \frac{\arcsin\sqrt{x}}{\sqrt{1-x}}dx$（提示：令 $x=\sin^2 t$）.

选学内容

*4.5　其他积分方法

本节导引

到目前为止，已经讨论了凑微分法、变量代换法和分部积分法.可以说，这些方法已基本上解决了初等函数求原函数的问题.但还有一些连续的初等函数的原函数不能用初等函数表达，称之为“积不出来”，如 $\int \frac{\sin x}{x}\mathrm{d}x$，$\int \frac{1}{\ln x}\mathrm{d}x$，$\int \mathrm{e}^{-x^2}\mathrm{d}x$ 等都是积不出来的不定积分.而对于一些初等函数，如有理分式函数、三角有理式、无理函数，它们求积分的方法有一定的规律，下面我们来总结和推广一下这三种函数的求积方法，并举几个例子说明.

4.5.1　简单有理分式函数的积分

常见的最简单的有理分式函数有以下三种：

$$\int \frac{A}{x-a}\mathrm{d}x,\int \frac{A}{(x-a)^n}\mathrm{d}x,\int \frac{Ax+B}{x^2+px+q}\mathrm{d}x,$$

其中 A,B,a,p,q 均为常数，n 是大于 1 的整数，用凑微分法可积出前两式.下面我们举例说明如何求第三个式子中的积分.

【例 4.5.1】　求 $\int \frac{Ax+B}{x^2+px+q}\mathrm{d}x$，$p^2-4q<0$.

解　我们仍用凑微分法来积分：

$$\begin{aligned}\int \frac{Ax+B}{x^2+px+q}\mathrm{d}x &= \int \frac{2\frac{A}{2}x+\frac{A}{2}p+B-\frac{A}{2}p}{x^2+px+q}\mathrm{d}x\\ &= \frac{A}{2}\int \frac{2x+p}{x^2+px+q}\mathrm{d}x+\left(B-\frac{Ap}{2}\right)\int \frac{1}{x^2+px+\frac{p^2}{4}+q-\frac{p^2}{4}}\mathrm{d}x\\ &= \frac{A}{2}\int \frac{\mathrm{d}(x^2+px+q)}{x^2+px+q}+\left(B-\frac{Ap}{2}\right)\int \frac{\mathrm{d}\left(x+\frac{p}{2}\right)}{\left(x+\frac{p}{2}\right)^2+(\sqrt{q-p^2/4})^2}\\ &= \frac{A}{2}\ln(x^2+px+q)+\frac{2B-Ap}{\sqrt{4q-p^2}}\arctan\frac{2x+p}{\sqrt{4q-p^2}}+C.\end{aligned}$$

【例 4.5.2】　求 $\int \frac{x+3}{x^2-5x+6}\mathrm{d}x$.

解　我们用待定系数法先将被积函数分解成最简分式之和，再求其积分.设

$$\frac{x+3}{x^2-5x+6}=\frac{A}{x-2}+\frac{B}{x-3},$$

两边去分母,得

$$x+3=A(x-3)+B(x-2),$$

解得 $A=-5, B=6$,且有

$$\frac{x+3}{x^2-5x+6}=\frac{-5}{x-2}+\frac{6}{x-3},$$

从而有

$$\int\frac{x+3}{x^2-5x+6}dx=\int\left(\frac{-5}{x-2}+\frac{6}{x-3}\right)dx=-5\ln(x-2)+6\ln(x-3)+C.$$

4.5.2 三角函数有理式的积分

三角函数的有理式是指由三角函数和常数经有限次四则运算所构成的函数.对于简单的三角函数的有理式的积分,我们可以用前面介绍的方法来求解;对于一些复杂的且难以用前面介绍的方法求解的三角函数有理式的积分,可用万能代换法.具体方法请看下面的例子.

【例 4.5.3】 证明$\int R(\sin x,\cos x)dx=\int R\left(\frac{2u}{1+u^2},\frac{1-u^2}{1+u^2}\right)\frac{2}{1+u^2}du$,其中 $R(\sin x,\cos x)$是关于 $\sin x,\cos x$ 的有理式,$u=\tan\frac{x}{2}$称为万能代换.

证明 因为

$$\sin x=2\sin\frac{x}{2}\cos\frac{x}{2}=\frac{2\tan\frac{x}{2}}{\sec^2\frac{x}{2}}=\frac{2\tan\frac{x}{2}}{1+\tan^2\frac{x}{2}};$$

$$\cos x=\cos^2\frac{x}{2}-\sin^2\frac{x}{2}=\frac{1-\tan^2\frac{x}{2}}{\sec^2\frac{x}{2}}=\frac{1-\tan^2\frac{x}{2}}{1+\tan^2\frac{x}{2}}.$$

作代换 $u=\tan\frac{x}{2}$,得

$$\sin x=\frac{2u}{1+u^2},\cos x=\frac{1-u^2}{1+u^2},$$

且

$$dx=\frac{2}{1+u^2}du,$$

于是得

$$\int R(\sin x,\cos x)dx=\int R\left(\frac{2u}{1+u^2},\frac{1-u^2}{1+u^2}\right)\frac{2}{1+u^2}du.$$

通过上例可知,利用万能代换可以把三角函数有理式的积分化为有理函数的积分.但是,有理函数的积分一般都比较烦琐,只有当用凑微分法解题比较困难时,才用万能代换去解题.

【例 4.5.4】 求$\int\frac{dx}{\cos x+2\sin x+3}$.

解 令 $u=\tan\frac{x}{2}$,则 $dx=\frac{2}{1+u^2}du$,于是

$$\int \frac{dx}{\cos x + 2\sin x + 3} = \int \frac{du}{u^2 + 2u + 2} = \int \frac{d(1+u)}{1+(1+u)^2}$$

$$= \arctan(1+u) + C = \arctan\left(1 + \tan\frac{x}{2}\right) + C.$$

4.5.3 无理函数的积分

对于 $R(x, \sqrt[n]{ax+b})$，$R\left(x, \sqrt[n]{\frac{ax+b}{cx+d}}\right)$ 这两类函数的积分，关键仍是去根号，一般作代换

$$t = \sqrt[n]{ax+b}, t = \sqrt[n]{\frac{ax+b}{cx+d}}$$

就可把无理函数化为有理函数，然后再求其积分.

【例 4.5.5】 求 $\int \frac{dx}{\sqrt[3]{(x+1)^2(x-1)^4}}$.

解 令 $t = \sqrt[3]{\frac{x+1}{x-1}}$，则 $dx = -\frac{3}{2}(x-1)^2 \sqrt[3]{\left(\frac{x+1}{x-1}\right)^2} dt$，于是

$$\int \frac{dx}{\sqrt[3]{(x+1)^2(x-1)^4}} = \int \frac{dx}{(x-1)^2 \sqrt[3]{\left(\frac{x+1}{x-1}\right)^2}}$$

$$= \int \left(-\frac{3}{2}\right) dt = -\frac{3}{2}t + C = -\frac{3}{2}\sqrt[3]{\frac{x+1}{x-1}} + C.$$

（此题的关键在于 dx 与 dt 间的关系的寻找，以及被积函数的化简.）

【例 4.5.6】 求 $\int \frac{dx}{(2-x)\sqrt{1-x}}$.

解 令 $t = \sqrt{1-x}$，则 $dx = -2t\,dt$，于是

$$\int \frac{dx}{(2-x)\sqrt{1-x}} = -2\int \frac{dt}{1+t^2} = -2\arctan\sqrt{1-x} + C.$$

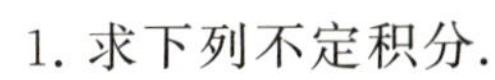

本节主要供学有余力的读者参考.对于求解不定积分问题，如果读者能做到不断总结积分方法，适当地多做一些题目，就一定能掌握求解不定积分的方法.

习题 4.5

习题 4.5 答案

1. 求下列不定积分.

(1) $\int \frac{1}{(x+2)(x+1)} dx$；　(2) $\int \frac{x-2}{x^2+2x+3} dx$；

(3) $\int \frac{x-3}{x^2-x-2} dx$；　(4) $\int \frac{4x-2}{x^2-2x+5} dx$.

2. 求下列不定积分.

(1) $\int \frac{\sin x}{1-\sin x}dx$； (2) $\int \frac{\sqrt{x-1}}{x+2}dx$；

(3) $\int \frac{1}{\sin x \sin 2x}dx$； (4) $\int \frac{dx}{\sqrt{x+1}+\sqrt{(x+1)^3}}$.

3. 求下列不定积分.

(1) $\int \frac{\sqrt{x}-1}{\sqrt[3]{x}+1}dx$； (2) $\int \frac{x\arcsin x}{\sqrt{1-x^2}}dx$；

(3) $\int \frac{1}{x^4-1}dx$； (4) $\int \frac{x^3+3x^2+12x+11}{x^2+2x+10}dx$.

复习题四

复习题四答案

一、填空题.

1. $\int \sin^3 x\,dx=$________.

2. $\int \frac{1}{\sqrt{x}}e^{\sqrt{x}}dx=$________.

3. $\int x\ln(1+x^2)dx=$________.

4. 设 $f(x)=e^{-x}$，则 $\int \frac{f'(\ln x)}{x}dx=$________.

5. 设 $f(x)$ 为连续函数，则 $\int f^2(x)d[f(x)]=$________.

6. 已知 $\int f(x)dx=F(x)+C$，则 $\int \frac{f(\ln x)}{x}dx=$________.

7. $\int \frac{1}{x\sqrt{1-\ln^2 x}}dx=$________.

8. $\int xf(x^2)f'(x^2)dx=$________.

9. 设 $\int f(x)dx=\arcsin 2x+C$，则 $f(x)=$________.

10. $\int \frac{1-\sin x}{x+\cos x}dx=$________.

11. 已知 $\int f(x)dx=x^2e^{2x}+C$，则 $f(x)=$________.

12. 若 e^{-x} 是 $f(x)$ 的一个原函数，则 $\int xf(x)dx=$________.

13. 若 $\int f(x)dx=\sqrt{x}+C$，则 $\int x^2f(1-x^3)dx=$________.

14. 已知 $f'(x^2)=\frac{1}{x}(x>0)$，则 $f(x)=$________.

二、选择题.

1. 设 $f(x)$是可导函数,则 $\left(\int f(x)\mathrm{d}x\right)'$ 为(　　).

A. $f(x)$　　B. $f(x)+C$　　C. $f'(x)$　　D. $f'(x)+C$

2. $\int\left(\frac{1}{\sin^2 x}+1\right)\mathrm{d}(\sin x)$ 等于(　　).

A. $-\cot x+x+C$　　B. $-\cot x+\sin x+C$

C. $-\csc x+\sin x+C$　　D. $-\csc x+x+C$

3. 若$\int f(x)\mathrm{d}x=F(x)+C$,则$\int \sin x f(\cos x)\mathrm{d}x$ 等于(　　).

A. $F(\sin x)+C$　　B. $-F(\sin x)+C$　　C. $F(\cos x)+C$　　D. $-F(\cos x)+C$

4. 若$\int f(x)\mathrm{e}^{-\frac{1}{x}}\mathrm{d}x=-\mathrm{e}^{-\frac{1}{x}}+C$,则 $f(x)$ 为(　　).

A. $-\frac{1}{x}$　　B. $-\frac{1}{x^2}$　　C. $\frac{1}{x}$　　D. $\frac{1}{x^2}$

5. 设 $F(x)$是 $f(x)$的一个原函数,则 $\int \mathrm{e}^{-x}f(\mathrm{e}^{-x})\mathrm{d}x$ 等于(　　).

A. $F(\mathrm{e}^{-x})+C$　　B. $-F(\mathrm{e}^{-x})+C$　　C. $F(\mathrm{e}^{x})+C$　　D. $-F(\mathrm{e}^{x})+C$

三、试比较下列各组中几个不定积分的积分方法.

1. $\int \sin x\,\mathrm{d}x$, $\int \sin^2 x\,\mathrm{d}x$, $\int \sin^3 x\,\mathrm{d}x$, $\int \sin^4 x\,\mathrm{d}x$.

2. $\int \tan x\,\mathrm{d}x$, $\int \tan^2 x\,\mathrm{d}x$, $\int \tan^3 x\,\mathrm{d}x$, $\int \tan^4 x\,\mathrm{d}x$.

3. $\int \sec x\,\mathrm{d}x$, $\int \sec^2 x\,\mathrm{d}x$, $\int \sec^3 x\,\mathrm{d}x$, $\int \sec^4 x\,\mathrm{d}x$.

4. $\int \mathrm{e}^x\,\mathrm{d}x$, $\int x\mathrm{e}^x\,\mathrm{d}x$, $\int x\mathrm{e}^{x^2}\,\mathrm{d}x$.

5. $\int \ln x\,\mathrm{d}x$, $\int x\ln x\,\mathrm{d}x$, $\int \frac{\ln x}{x}\mathrm{d}x$, $\int \frac{1}{x\ln x}\mathrm{d}x$.

6. $\int \sqrt{4-x^2}\,\mathrm{d}x$, $\int \sqrt{4+x^2}\,\mathrm{d}x$, $\int \sqrt{x^2-4}\,\mathrm{d}x$, $\int x\sqrt{x^2-4}\,\mathrm{d}x$.

7. $\int (1-2x)^{10}\mathrm{d}x$, $\int x(1-2x)^{10}\mathrm{d}x$, $\int x(1-x^2)^{10}\mathrm{d}x$.

8. $\int \frac{1}{1+x^2}\mathrm{d}x$, $\int \frac{x}{1+x^2}\mathrm{d}x$, $\int \frac{x^2}{1+x^2}\mathrm{d}x$, $\int \frac{x^3}{1+x^2}\mathrm{d}x$.

9. $\int \frac{1}{x^2+2x+3}\mathrm{d}x$, $\int \frac{x}{x^2+2x+3}\mathrm{d}x$, $\int \frac{x^2}{x^2+2x+3}\mathrm{d}x$,

$\int \frac{1}{x^2+2x-3}\mathrm{d}x$, $\int \frac{x}{x^2+2x-3}\mathrm{d}x$, $\int \frac{x^2}{x^2+2x-3}\mathrm{d}x$.

10. $\int \frac{1}{\sqrt{x^2+2x+3}}\mathrm{d}x$, $\int \frac{x}{\sqrt{x^2+2x+3}}\mathrm{d}x$, $\int \frac{1}{\sqrt{x^2+2x-3}}\mathrm{d}x$, $\int \frac{x}{\sqrt{x^2+2x-3}}\mathrm{d}x$.

四、求下列不定积分.

1. $\int \frac{1+x}{(1-x)^2}\mathrm{d}x$.

2. $\int x\tan^2 x\,\mathrm{d}x$.

3. $\int \cos\sqrt{x-1}\,\mathrm{d}x$.

4. $\int \frac{x+(\arctan x)^2}{1+x^2}\mathrm{d}x$.

5. $\int \frac{x+\ln^3 x}{(x\ln x)^2}\mathrm{d}x$.

6. $\int \frac{1}{x^2}\sqrt{x^2-1}\,\mathrm{d}x$.

7. $\int \ln(1+x)\mathrm{d}x$.

8. $\int \tan x(1+\tan x)\mathrm{d}x$.

9. $\int 5^x \mathrm{e}^x \mathrm{d}x$.

10. $\int \frac{3-2\cot^2 x}{\cos^2 x}\mathrm{d}x$.

11. $\int \frac{1-\cos x}{x-\sin x}\mathrm{d}x$.

12. $\int \frac{x\cos x}{\sin^3 x}\mathrm{d}x$.

13. $\int \frac{\mathrm{d}x}{1+\tan x}$.

14. $\int \frac{x\,\mathrm{d}x}{x^4-1}$.

第 5 章

定积分及其应用

教学目标

1. 知识目标　了解定积分的概念与几何意义；掌握微积分基本公式；会正确区分积分类型并合理选择相应的积分方法进行定积分求解.

2. 能力目标　能用微元法解决实际问题中的平面图形面积和旋转体体积等问题.

3. 思政目标　通过定积分的定义及应用，培养学生化整为零、化大为小、以直代曲、化难为易、化不熟悉为熟悉的科学思维方法.

思维导图

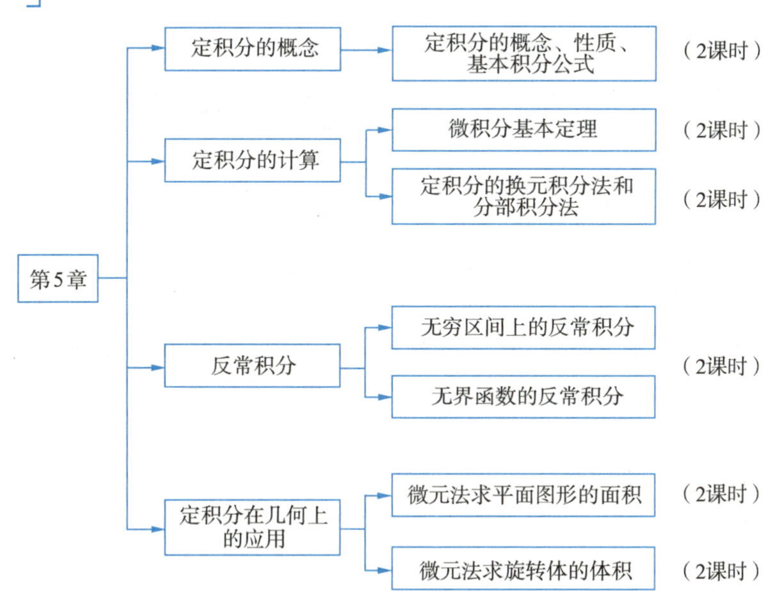

本章导引

已知函数 $y=f(x)$，导数是求 y 关于 x 的变化率；不定积分则是求导的逆运算，即已知 y 关于 x 的变化率 $f'(x)$，求 $f(x)$. 本章将考虑第三类问题：已知 y 关于 x 的变化率 $f'(x)$，求 $f(x)$ 在 x 的某变化范围 $[a,b]$ 内的累积量 $f(b)-f(a)$，这个累积量就是定积分. 不定积分和定积分构成了积分学的基本内容.

定积分所解决的问题，在自然科学、工程技术、经济学中比比皆是，因此定积分在科技生活中有着广泛的应用. 我们首先从几何问题和物理问题引出定积分的概念，再介绍它的性质与计算方法，最后介绍它的简单应用.

5.1 定积分的概念与性质

本节导引

引例 1 设 $y=f(x)$ 在闭区间 $[a,b]$ 上连续且 $f(x)>0$，由曲线 $y=f(x)$，直线 $x=a$，$x=b$ 及 x 轴 $(y=0)$ 所围成的平面图形(图 5-1)称为曲边梯形，求该曲边梯形的面积 A.

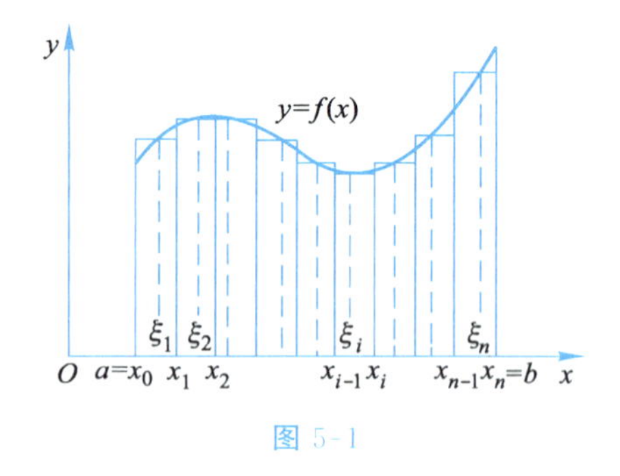

图 5-1

分析 该曲边梯形的一条边为曲线边 $y=f(x)$，因此在求该曲边梯形的面积时就不能按照梯形面积公式来求解，那么如何计算曲边梯形的面积呢？考虑到 $f(x)$ 的连续性，当自变量变化很小时，函数的变化也很小. 于是把曲边梯形分成许多小块，在每一小块上，函数的值变化很小，可以近似地看作不变，即用一系列小矩形的面积近似代替小曲边梯形的面积，从而得到小曲边梯形面积的近似值. 再将这些小曲边梯形面积的近似值相加，得到整个曲边梯形面积的近似值.

显然，把区间 $[a,b]$ 分得越细，所求出的面积的近似程度就越高. 这样无限细分下去，使每一个小曲边梯形的底边长度都趋近于零，这时所有小矩形面积和的极限就是所求曲边梯形的面积.

解 根据以上思路，可归纳出计算曲边梯形面积的解题步骤：

(1) 分割：在区间 $[a,b]$ 中任意插入 $n-1$ 个分点，即

$$a=x_0<x_1<x_2<\cdots<x_{n-1}<x_n=b,$$

把区间 $[a,b]$ 分成 n 个小区间 $[x_0,x_1]$，$[x_1,x_2]$，…，$[x_{n-1},x_n]$，记每个小区间的长度为 $\Delta x_i=x_i-x_{i-1}$. 过每一分点作平行于 y 轴的直线 $x=x_i$，将曲边梯形分成 n 个小曲边梯形，其面积分别记为 ΔA_i.

(2) 取近似：在每个小区间 $[x_{i-1},x_i]$ 上任取一点 ξ_i，每个小曲边梯形可近似看作长为 Δx_i 高为 $f(\xi_i)$ 的矩形，则各小矩形面积近似等于小曲边梯形面积 $\Delta A_i\approx f(\xi_i)\Delta x_i$.

(3) 求和：将各个小矩形面积的近似值相加就得到所求曲边梯形面积的近似值，即

$$A=\sum_{i=1}^{n}\Delta A_i\approx\sum_{i=1}^{n}f(\xi_i)\Delta x_i.$$

(4) 取极限：如果所有小区间的长度都能无限缩小，我们要求小区间长度的最大值 λ 趋于零，即 $\lambda\to0$. 当 $\lambda\to0$ 时，上述和式的极限就是所求曲边梯形的面积的精确值，即

$$A=\lim_{\lambda\to0}\sum_{i=1}^{n}f(\xi_i)\Delta x_i.$$

总结 上面这四个步骤，反映了应用定积分求解实际问题的基本思想：分割就是化整为零；取近似就是以直代曲；求和就是积零为整；取极限就是求精确值.这个思想方法十分重要，在后面章节中讲到的重积分、曲线积分、曲面积分等都是采用这个思想方法和步骤.

引例 2 设直线型金属丝占数轴上位置$[a,b]$，任意一点 x 处的线密度为 $\rho(x)$[其中 $\rho(x)$连续]，求该直线型不均匀金属丝的质量 m.

解 仿上例的做法，先把$[a,b]$分成若干个小区间 Δx_i，在每个小区间上任取一点 ξ_i，用这一点的密度近似代替该小区间上其他各点处的密度，算出金属丝在 Δx_i 上质量的近似值 $\rho(\xi_i)\Delta x_i$，然后再把这些金属丝质量的近似值相加，并令每个小区间长度的最大值 λ 趋近于零，就得到该直线型不均匀金属丝的质量 m，即

$$m=\lim_{\lambda\to0}\sum_{i=1}^{n}\rho(\xi_i)\Delta x_i.$$

5.1.1 定积分的概念

定义 5.1.1 设函数 $f(x)$在$[a,b]$上有界.在$[a,b]$中任意插入若干个分点把区间$[a,b]$分成 n 个小区间.各个小区间的长度记为 Δx_i，在每个小区间$[x_{i-1},x_i]$上任取一点 ξ_i，作函数值 $f(\xi_i)$与小区间长度 Δx_i 的乘积 $f(\xi_i)\Delta x_i$，并作和 $\sum_{i=1}^{n}f(\xi_i)\Delta x_i$.记 $\lambda=\max\{\Delta x_1,\Delta x_2,\cdots,\Delta x_n\}$，如果无论对$[a,b]$怎么分，也无论在小区间$[x_{i-1},x_i]$上点 ξ_i 怎么取，只要当 $\lambda\to0$ 时，和 $\sum_{i=1}^{n}f(\xi_i)\Delta x_i$ 总趋于确定的极限 I，这时我们称极限 I 为函数$f(x)$在区间$[a,b]$上的定积分(definite integral)[又称 $f(x)$在区间$[a,b]$上是可积的]，记作 $\int_a^b f(x)\mathrm{d}x$，即

$$\int_a^b f(x)\mathrm{d}x=\lim_{\lambda\to0}\sum_{i=1}^{n}f(\xi_i)\Delta x_i.$$

其中，$f(x)$称为被积函数，$f(x)\mathrm{d}x$ 称为被积表达式，x 称为积分变量，$[a,b]$称为积分区间，a 称为积分下限，b 称为积分上限.

根据定积分的定义，引例中的两个例子就可以用定积分分别表示为

$$A=\int_a^b f(x)\mathrm{d}x \text{ 和 } m=\int_a^b \rho(x)\mathrm{d}x.$$

那么 $f(x)$满足什么条件才在区间$[a,b]$上可积？

定理 5.1.1 若 $f(x)$在区间$[a,b]$上连续，则 $f(x)$在$[a,b]$上可积.

定理 5.1.2 若 $f(x)$在$[a,b]$上有界，且只有有限个间断点，则 $f(x)$在$[a,b]$上可积.

5.1.2 定积分的几何意义

定积分的定义与几何意义

在$[a,b]$上$f(x)\geqslant 0$时，我们知道定积分$\int_a^b f(x)\mathrm{d}x$在几何上表示由曲线$y=f(x)$和直线$x=a,x=b$及x轴所围成的曲边梯形的面积；在$[a,b]$上$f(x)\leqslant 0$时，由曲线$y=f(x)$和直线$x=a,x=b$及x轴所围成的曲边梯形在x轴的下方，定积分$\int_a^b f(x)\mathrm{d}x$在几何上表示上述曲边梯形的面积的负值；在$[a,b]$上$f(x)$既取正值又取负值时，函数$f(x)$图形的某些部分在x轴的下方，而其他部分在x轴的上方，此时定积分$\int_a^b f(x)\mathrm{d}x$表示x轴上方图形的面积减去x轴下方图形的面积所得之差，如图5-2所示.

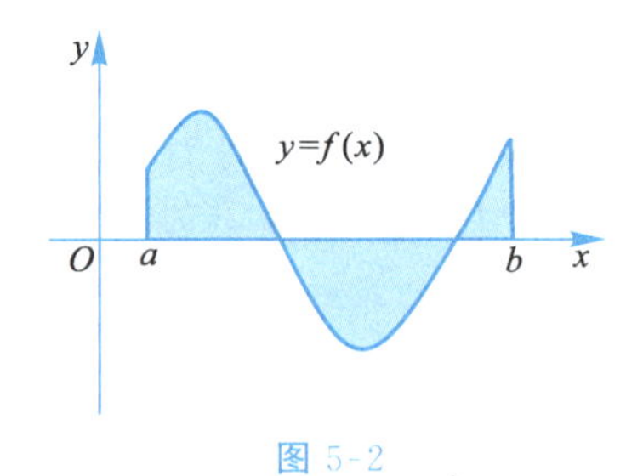

图 5-2

根据定积分的几何意义，可直接求得下列式子的积分.

$\int_a^b \mathrm{d}x=\int_a^b 1\cdot\mathrm{d}x=$高为1、底为$b-a$的矩形面积$=b-a$；

$\int_0^a x\,\mathrm{d}x=$高为a、底为a的直角三角形面积$=\frac{1}{2}a^2$；

$\int_{-R}^R \sqrt{R^2-x^2}\,\mathrm{d}x=$半径为$R$的上半圆的面积$=\frac{1}{2}\pi R^2$；

$\int_0^{2\pi}\sin x\,\mathrm{d}x=0$（正负面积相消后的代数面积为0）.

【例 5.1.1】 用定积分的定义计算$\int_0^1 x^2\mathrm{d}x$.

解 在定积分的定义中，理论上区间的分割是任意的，ξ_i的取值也是任意的，所以操作性不强.在实际问题中，为了方便操作，我们一般采用等分分割，取点也采用特殊取点法.

(1) 分割：把区间$[0,1]$分成n等份，分点为$x_i=\frac{i}{n}(i=1,2,\cdots,n-1)$，每个小区间长度均为$\Delta x_i=\frac{1}{n}(i=1,2,\cdots,n)$.

(2) 取近似：取每个小区间的右端点$\frac{i}{n}$为$\xi_i(i=1,2,\cdots,n)$，作乘积$f(\xi_i)\Delta x_i=\left(\frac{i}{n}\right)^2\frac{1}{n}$.

(3) 求和：

$$\sum_{i=1}^n f(\xi_i)\Delta x_i=\sum_{i=1}^n\left(\frac{i}{n}\right)^2\frac{1}{n}=\sum_{i=1}^n\frac{i^2}{n^3}=\frac{1}{n^3}(1^2+2^2+\cdots+n^2)$$
$$=\frac{1}{n^3}\times\frac{1}{6}n(n+1)(2n+1)=\frac{1}{6}\left(1+\frac{1}{n}\right)\left(2+\frac{1}{n}\right).$$

(4) 取极限：

$$\int_0^1 x^2 \mathrm{d}x = \lim_{n\to\infty} \frac{1}{6}\left(1+\frac{1}{n}\right)\left(2+\frac{1}{n}\right) = \frac{1}{3}.$$

小结

特殊地，若积分区间为[0,1]，将其均匀分割成 n 份，则取

$$\xi_i = \frac{i}{n}, \Delta x_i = \frac{1}{n},$$

则

$$\lim_{\Delta x_i\to 0}\sum_{i=1}^{n} f(\xi_i)\cdot \Delta x_i = \lim_{n\to\infty}\sum_{i=1}^{n} f\left(\frac{i}{n}\right)\cdot\frac{1}{n} = \int_0^1 f(x)\mathrm{d}x.$$

此公式可将一些无穷数列和的极限转化为定积分来求.

【例 5.1.2】 将下列极限写成定积分的形式：

$$\lim_{n\to\infty}\frac{1}{n^2}(\sqrt{n}+\sqrt{2n}+\sqrt{3n}+\cdots+\sqrt{n^2}).$$

解 原式$= \lim\limits_{n\to\infty}\sum\limits_{i=1}^{n}\frac{1}{n}\cdot\sqrt{\frac{i}{n}} = \int_0^1\sqrt{x}\,\mathrm{d}x.$

5.1.3 定积分的性质

定积分的性质

从定积分的定义不难发现，它的值只与积分区间和被积函数有关，而与积分变量的选取无关，即

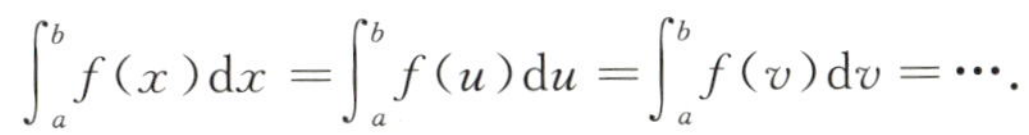

$$\int_a^b f(x)\mathrm{d}x = \int_a^b f(u)\mathrm{d}u = \int_a^b f(v)\mathrm{d}v = \cdots.$$

另外，我们规定当 $a=b$ 时，$\int_a^b f(x)\mathrm{d}x=0$；当 $a>b$ 时，则有

$$\int_a^b f(x)\mathrm{d}x = -\int_b^a f(x)\mathrm{d}x.$$

定积分具有以下性质：

性质1 函数的和、差的定积分等于定积分的和、差，即

$$\int_a^b [f(x)\pm g(x)]\mathrm{d}x = \int_a^b f(x)\mathrm{d}x \pm \int_a^b g(x)\mathrm{d}x.$$

性质2 被积函数中的常数因子可以提到积分号的前面，即

$$\int_a^b kf(x)\mathrm{d}x = k\int_a^b f(x)\mathrm{d}x\ (k\text{ 为常数}).$$

性质3 定积分对于积分区间具有可加性，即如果 $a<c<b$，则

$$\int_a^b f(x)\mathrm{d}x = \int_a^c f(x)\mathrm{d}x + \int_c^b f(x)\mathrm{d}x.$$

不仅如此，当 $c<a<b$（或 $a<b<c$）时，上式仍然成立.

性质4 如果在区间 $[a,b]$ 上 $f(x)\equiv 1$，则

$$\int_a^b 1\mathrm{d}x = \int_a^b \mathrm{d}x = b-a.$$

性质5 如果在区间 $[a,b]$ 上恒有 $f(x)\geqslant 0$，则

$$\int_a^b f(x)\mathrm{d}x \geqslant 0.$$

推论 1 如果在区间$[a,b]$上恒有 $f(x)\leqslant g(x)$,则

$$\int_a^b f(x)\mathrm{d}x \leqslant \int_a^b g(x)\mathrm{d}x.$$

推论 2 $\left|\int_a^b f(x)\mathrm{d}x\right| \leqslant \int_a^b |f(x)|\mathrm{d}x.$

性质 6(定积分估值定理) 设 m,M 是 $f(x)$在区间$[a,b]$上的最小值和最大值,则

$$m(b-a) \leqslant \int_a^b f(x)\mathrm{d}x \leqslant M(b-a).$$

性质 7(定积分中值定理) 如果函数 $f(x)$在闭区间$[a,b]$上连续,则在$[a,b]$上至少存在一点 ξ,使 $\int_a^b f(x)\mathrm{d}x = f(\xi)(b-a)$(图 5-3).

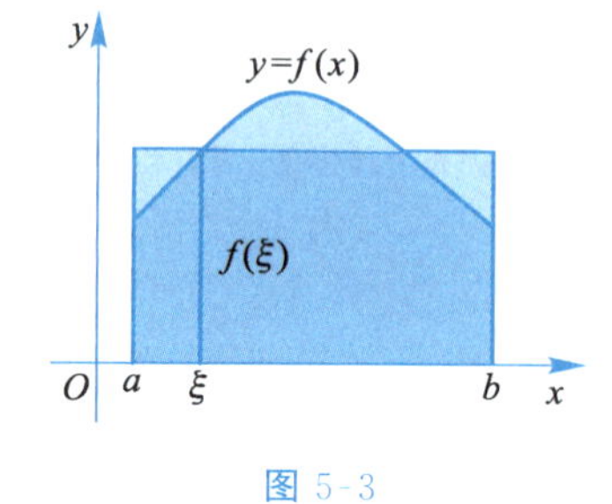

图 5-3

【例 5.1.3】 试比较下列积分的大小.

(1) $\int_0^1 x^2\mathrm{d}x$ 与$\int_0^1 x^3\mathrm{d}x$;　　(2) $\int_1^2 x^2\mathrm{d}x$ 与$\int_1^2 x^3\mathrm{d}x$.

解 (1) 因为 $0\leqslant x\leqslant 1$,则 $x^2>x^3$,所以 $\int_0^1 x^2\mathrm{d}x > \int_0^1 x^3\mathrm{d}x$.

(2) 因为 $1\leqslant x\leqslant 2$,则 $x^2<x^3$,所以 $\int_1^2 x^2\mathrm{d}x < \int_1^2 x^3\mathrm{d}x$.

【例 5.1.4】 证明不等式 $2\mathrm{e}^{-\frac{1}{4}} \leqslant \int_0^2 \mathrm{e}^{x^2-x}\mathrm{d}x \leqslant 2\mathrm{e}^2$.

证明 函数 $y=\mathrm{e}^{x^2-x}$ 在闭区间$[0,2]$上的最大值为 e^2,最小值为 $\mathrm{e}^{-\frac{1}{4}}$,所以由积分估值定理可知 $2\mathrm{e}^{-\frac{1}{4}} \leqslant \int_0^2 \mathrm{e}^{x^2-x}\mathrm{d}x \leqslant 2\mathrm{e}^2$.

小结

通过本节的学习,读者应做到以下几点:(1) 理解定积分的概念;(2) 理解定积分的几何意义;(3) 掌握定积分的性质.

习题 5.1 答案

习题 5.1

1. 由定积分的几何意义求值.

(1) $\int_{-1}^1 x\,\mathrm{d}x$;　　(2) $\int_0^{2\pi} \cos x\,\mathrm{d}x$;　　(3) $\int_{-r}^r \sqrt{r^2-x^2}\,\mathrm{d}x$.

2. 试比较定积分的大小.

(1) $\int_1^2 x\,\mathrm{d}x$ 与$\int_1^2 x^2\mathrm{d}x$;　　(2) $\int_1^2 \ln x\,\mathrm{d}x$ 与$\int_1^2 (\ln x)^2\mathrm{d}x$;

(3) $\int_{-1}^0 \mathrm{e}^x\mathrm{d}x$ 与$\int_{-1}^0 \mathrm{e}^{-x}\mathrm{d}x$;　　(4) $\int_0^\pi \sin x\,\mathrm{d}x$ 与$\int_0^\pi \cos x\,\mathrm{d}x$.

3. 估算下列定积分的值.

(1) $\int_0^1 e^x \mathrm{d}x$；　　(2) $\int_1^4 (x^2+1)\mathrm{d}x$；

(3) $\int_0^1 \frac{1}{1+x^2}\mathrm{d}x$；　　(4) $\int_0^{\frac{\pi}{2}} (1+\cos^4 x)\mathrm{d}x$.

4. 利用定积分的定义计算 $\int_0^1 e^x \mathrm{d}x$. $\Big($提示：把区间 n 等分，取 ξ_i 为小区间的右端点，取极限时，注意 $\lim\limits_{n\to\infty}\frac{e^{\frac{1}{n}}-1}{\frac{1}{n}}=1.\Big)$

5. 利用定积分估值定理证明下列不等式.

(1) $2 \leqslant \int_{-1}^1 e^{x^2}\mathrm{d}x = 2e$；　　(2) $0 \leqslant \int_{\frac{\pi}{2}}^{\pi} \frac{\sin x}{x}\mathrm{d}x \leqslant 1$.

6. 将下列极限写成定积分的形式.

(1) $\lim\limits_{n\to\infty}\left(\frac{1}{n+1}+\frac{1}{n+2}+\frac{1}{n+3}+\cdots+\frac{1}{2n}\right)$；

(2) $\lim\limits_{n\to\infty}\left(\frac{n}{n^2+1^2}+\frac{n}{n^2+2^2}+\frac{n}{n^2+3^2}+\cdots+\frac{1}{2n^2}\right)$.

5.2 微积分基本定理

本节导引

求定积分 $\int_{-1}^1 \frac{\mathrm{d}x}{1+x^2}$ 和 $\int_{-1}^3 |x-1|\mathrm{d}x$. 显然直接用定积分的定义计算比较麻烦，那么是否有简单的求解方法？这就是本节要解决的问题.

5.2.1 原函数存在定理

定理 5.2.1(也称微积分第一基本定理)　设 $f(x)$ 在闭区间 $[a,b]$ 上连续，在区间 $[a,b]$ 上定义一个函数，称为积分上限函数(也称为变上限的积分)，如图 5-4 所示，即

$$\Phi(x)=\int_a^x f(t)\mathrm{d}t, \tag{5-1}$$

则 $\Phi(x)$ 是 $f(x)$ 在区间 $[a,b]$ 上的一个原函数，且

$$\Phi'(x)=\frac{\mathrm{d}}{\mathrm{d}x}\left[\int_a^x f(t)\mathrm{d}t\right]=f(x). \tag{5-2}$$

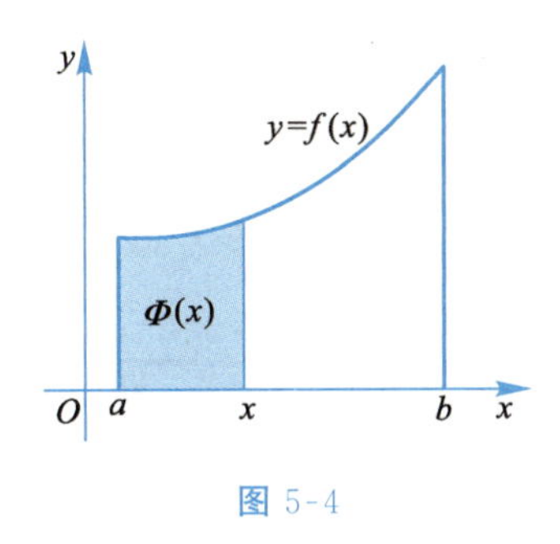

图 5-4

证明　设 $x\in[a,b]$，$|\Delta x|\to 0$ 且 $x+\Delta x\in[a,b]$，则

$\Delta\Phi(x)=\Phi(x+\Delta x)-\Phi(x)$

$$=\int_a^{x+\Delta x} f(t)\mathrm{d}t-\int_a^x f(t)\mathrm{d}t$$
$$=\int_a^x f(t)\mathrm{d}t+\int_x^{x+\Delta x} f(t)\mathrm{d}t-\int_a^x f(t)\mathrm{d}t=\int_x^{x+\Delta x} f(t)\mathrm{d}t.$$

对 $f(x)$ 在 $[x,x+\Delta x]$ 上应用定积分中值定理，得

$$\int_x^{x+\Delta x} f(t)\mathrm{d}t=f(\xi)\Delta x\ \ (\xi\in[x,x+\Delta x]),$$

于是

$$\Phi'(x)=\lim_{\Delta x\to 0}\frac{\Delta\Phi(x)}{\Delta x}=\lim_{\xi\to x}f(\xi)=f(x).$$

例如，设 $f(t)=2t,a=1,b=10$，则 $\Phi(x)=\int_a^x f(t)\mathrm{d}t$ 表示由 $y=2t,t=1,t=x$ 及 $y=0$ 所围成的图形的面积(图 5-5 中阴影部分)，由梯形面积公式可知 $\Phi(x)=x^2-1$，由求导公式可得 $\Phi'(x)=(x^2-1)'=2x=f(x)$，即

$$\left(\int_a^x f(t)\mathrm{d}t\right)'=f(x).$$

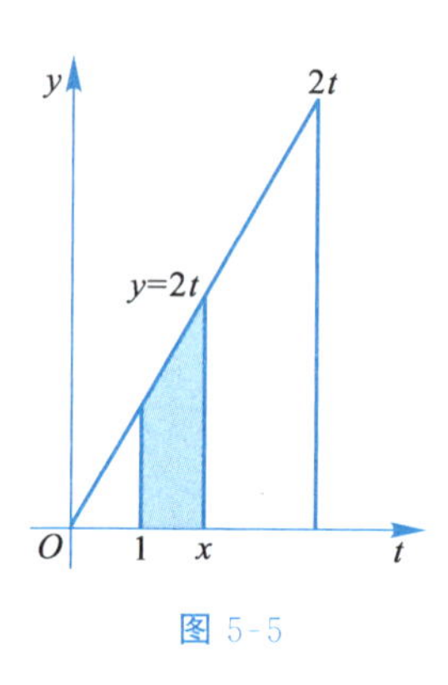

图 5-5

该定理揭示了定积分与原函数之间的内在联系，称为**原函数存在定理**.它表明微积分的两个核心运算微分与积分是互逆的：如果先对一个函数积分然后再微分，就会重新得到这个函数；如果先对一个函数微分然后再积分，就会得到原来的函数，另加一个积分常数.

利用这个定理可求有关变上限积分的导数问题，下面给出积分上限是 x 的函数的求导法则.

定理 5.2.2 设 $\varphi(x)$ 在 $[a,b]$ 上可导，$f[\varphi(x)]$ 在 $[a,b]$ 上连续，则在 $[a,b]$ 上

$$\frac{\mathrm{d}}{\mathrm{d}x}\left[\int_a^{\varphi(x)} f(t)\mathrm{d}t\right]=f[\varphi(x)]\varphi'(x). \tag{5-3}$$

【例 5.2.1】 求 $\frac{\mathrm{d}}{\mathrm{d}x}\int_{x^2}^{x^3}\frac{\mathrm{d}t}{\sqrt{1+t^2}}$.

解 先利用定积分的性质把所给积分变成两个变上限的积分，然后再按公式(5-3)求导，得

$$\frac{\mathrm{d}}{\mathrm{d}x}\int_{x^2}^{x^3}\frac{\mathrm{d}t}{\sqrt{1+t^2}}=\frac{\mathrm{d}}{\mathrm{d}x}\left(\int_{x^2}^{0}\frac{\mathrm{d}t}{\sqrt{1+t^2}}+\int_0^{x^3}\frac{\mathrm{d}t}{\sqrt{1+t^2}}\right)$$
$$=\frac{\mathrm{d}}{\mathrm{d}x}\left(\int_0^{x^3}\frac{\mathrm{d}t}{\sqrt{1+t^2}}-\int_0^{x^2}\frac{\mathrm{d}t}{\sqrt{1+t^2}}\right)=\frac{3x^2}{\sqrt{1+x^6}}-\frac{2x}{\sqrt{1+x^4}}.$$

【例 5.2.2】 求 $\lim\limits_{x\to 0}\frac{\int_0^x\cos t^2\mathrm{d}t}{x}$.

解 该极限的分子、分母都趋于零，故可用洛必达法则求解，即

$$\lim_{x\to 0}\frac{\int_0^x\cos t^2\mathrm{d}t}{x}=\lim_{x\to 0}\frac{\cos x^2}{1}=1.$$

【例 5.2.3】 求 $\lim\limits_{x\to+\infty}\dfrac{\int_0^x e^{t^2}\mathrm{d}t}{\int_0^x te^{t^2}\mathrm{d}t}$.

解 $\lim\limits_{x\to+\infty}\dfrac{\int_0^x e^{t^2}\mathrm{d}t}{\int_0^x te^{t^2}\mathrm{d}t}=\lim\limits_{x\to+\infty}\dfrac{e^{x^2}}{xe^{x^2}}=\lim\limits_{x\to+\infty}\dfrac{1}{x}=0.$

5.2.2 微积分基本定理

微积分基本定理

定理 5.2.3（也称微积分第二基本定理） 设 $f(x)$ 在闭区间 $[a,b]$ 上连续，如果 $F(x)$ 是 $f(x)$ 在 $[a,b]$ 上的一个原函数，则

$$\int_a^b f(x)\mathrm{d}x=F(b)-F(a). \tag{5-4}$$

证明 已知函数 $F(x)$ 是连续函数 $f(x)$ 的一个原函数，又根据定理 5.2.1 可知，积分上限的函数

$$\Phi(x)=\int_a^x f(t)\mathrm{d}t$$

也是 $f(x)$ 的一个原函数.于是这两个原函数之差 $F(x)-\Phi(x)$ 在区间 $[a,b]$ 上必定是某一个常数 C，即

$$F(x)-\Phi(x)=C(a\leqslant x\leqslant b).$$

在上式中令 $x=a$，得 $F(a)-\Phi(a)=C$.又由式(5-1)和 $\int_a^a f(x)\mathrm{d}x=0$，可知 $\Phi(a)=0$，因此，$F(a)=C$.将 $F(a)=C$ 代入 $F(x)-\Phi(x)=C$ 中，得

$$F(x)-\Phi(x)=F(a).$$

接着将上式代入 $\Phi(x)=\int_a^x f(t)\mathrm{d}t$ 中，得

$$\int_a^x f(t)\mathrm{d}t=F(x)-F(a).$$

令上式中的 $x=b$，即可证明.

为方便起见，公式(5-4)还可以写成

$$\int_a^b f(x)\mathrm{d}x=F(x)\Big|_a^b \quad 或 \quad \int_a^b f(x)\mathrm{d}x=[F(x)]_a^b.$$

公式(5-4)称为微积分基本公式，又称为牛顿-莱布尼茨公式.它表明：一个连续函数 $f(x)$ 在区间 $[a,b]$ 上的定积分等于它的任一原函数 $F(x)$ 在区间 $[a,b]$ 上的增量.从式(5-4)左边看，积分值依赖于 $f(x)$ 在区间 $[a,b]$ 上每一点的值，而式(5-4)右边的值依赖于 $F(x)$ 在区间 $[a,b]$ 的两个边界之值.

【例 5.2.4】 计算例 5.1.1 中的积分.

解 因为 $\dfrac{1}{3}x^3$ 是 x^2 的一个原函数，由微积分基本公式(5-4)得

$$\int_0^1 x^2\mathrm{d}x=\left[\frac{1}{3}x^3\right]_0^1=\frac{1}{3}.$$

【例 5.2.5】 求定积分 $\int_{-1}^{1}\frac{\mathrm{d}x}{1+x^2}$.

解 $\int_{-1}^{1}\frac{\mathrm{d}x}{1+x^2}=(\arctan x)\Big|_{-1}^{1}=\frac{\pi}{4}-\left(-\frac{\pi}{4}\right)=\frac{\pi}{2}$.

【例 5.2.6】 求 $\int_{-1}^{3}|x-1|\,\mathrm{d}x$.

解 因为

$$|x-1|=\begin{cases}1-x, & -1\leqslant x\leqslant 1,\\ x-1, & 1<x\leqslant 3,\end{cases}$$

所以

$$\begin{aligned}\int_{-1}^{3}|x-1|\,\mathrm{d}x&=\int_{-1}^{1}(1-x)\mathrm{d}x+\int_{1}^{3}(x-1)\mathrm{d}x\\&=\left(x-\frac{x^2}{2}\right)\Big|_{-1}^{1}+\left(\frac{x^2}{2}-x\right)\Big|_{1}^{3}\\&=\frac{1}{2}-\left(-\frac{3}{2}\right)+\frac{3}{2}-\left(-\frac{1}{2}\right)=4.\end{aligned}$$

注意：分段函数在相应区间上的定积分，须根据不同区间上的函数表达式逐个积分.

思考：设 $f(x)=\begin{cases}2x+1, & x>1,\\ x, & x\leqslant 1,\end{cases}$ 求 $\int_{-2}^{1}f(x+1)\mathrm{d}x$ 的值.

【例 5.2.7】 设直线型金属丝占数轴上位置[0,2]，任意一点 x 处的线密度为 kx，求该金属丝的质量 m.

解 因为金属丝的质量可表示为 $\int_{0}^{2}kx\,\mathrm{d}x$，而 $\frac{k}{2}x^2$ 是 kx 的一个原函数，所以该金属丝的质量为

$$m=\int_{0}^{2}kx\,\mathrm{d}x=\left[\frac{k}{2}x^2\right]_{0}^{2}=2k.$$

小结

当求解变上限积分的导数时，可按照公式(5-2)和(5-3)来求解，切记不可先求出原函数然后再求导；当求解函数在固定区间的积分时，需按公式(5-4)先求出原函数，然后再将上、下限代入求解.

习题 5.2 答案

习题 5.2

1. 计算下列定积分.

(1) $\int_{1}^{2}(x^3-3x+4)\mathrm{d}x$；

(2) $\int_{0}^{1}x(1+\sqrt{x})\mathrm{d}x$；

(3) $\int_{0}^{1}\mathrm{e}^x\,\mathrm{d}x$；

(4) $\int_{0}^{\pi}(\cos x+3\sin x)\mathrm{d}x$.

2. 计算下列定积分.

(1) $\int_{-1}^{2}|x|\mathrm{d}x$；　　(2) $\int_{-\pi}^{\pi}(1-\sin^2 x)\mathrm{d}x$.

3. 求下列函数的导数.

(1) $y=\int_{0.8}^{x}\sqrt{1+t^2}\,\mathrm{d}t$；　　(2) $y=\int_{-1}^{x^2}\arctan\sqrt{t}\,\mathrm{d}t$；

(3) $y=\int_{x}^{0}\tan t\,\mathrm{d}t$；　　(4) $y=\int_{0}^{x^2}\ln t\,\mathrm{d}t$.

4. 设 $f(x)=\begin{cases}x^2, & x\leqslant 0,\\ x, & x>0,\end{cases}$ 求 $\int_{-1}^{1}f(x)\mathrm{d}x$.

5. 求 $\lim\limits_{x\to 0}\dfrac{\int_{0}^{x}\ln(\cos t)\mathrm{d}t}{x^2}$.

6. 设当 $x>0$ 时，$g(x)$ 是连续函数，且 $\int_{0}^{x^2-1}g(t)\mathrm{d}t=-x$，求 $g(3)$.

7. 设 $f(x)=\int_{-x}^{\sin x}\arctan(1+t^2)\mathrm{d}t$，求 $f'(0)$.

8. 设 $y(x)$ 是由方程 $\int_{0}^{y}\mathrm{e}^{-t^2}\mathrm{d}t+\int_{0}^{x}\cos(t^2)\mathrm{d}t=0$ 所确定的隐函数，求 $\dfrac{\mathrm{d}y}{\mathrm{d}x}$.

9. 设 $f(x)=\int_{0}^{x^2}t\mathrm{e}^{-t}\mathrm{d}t$，求 $f(x)$ 的单调增区间.

10. 求函数 $f(x)=\int_{0}^{x^2}(t-4)\mathrm{e}^{t}\mathrm{d}t$ 的极值点，并指出是极大值点还是极小值点.

5.3 定积分的换元积分法与分部积分法

本节导引

由微积分基本公式知，计算定积分的关键仍然是求被积函数的原函数.本节讨论在求定积分时换元积分的一些新特点，读者要注意这些方法与不定积分的不同之处.

5.3.1 凑微分法

当用凑微分法求定积分时，由于并不是用新的变量替换原变量，因此用凑微分法求定积分时，不需要换积分的上、下限.

【例 5.3.1】 计算 $\int_{1}^{\mathrm{e}}\dfrac{\ln x}{x}\mathrm{d}x$.

解 $\int_{1}^{\mathrm{e}}\dfrac{\ln x}{x}\mathrm{d}x=\int_{1}^{\mathrm{e}}\ln x\,\mathrm{d}\ln x=\dfrac{1}{2}(\ln x)^2\Big|_{1}^{\mathrm{e}}=\dfrac{1}{2}$.

【例 5.3.2】 计算 $\int_{0}^{\frac{\pi}{2}}\sin^3 x\cos x\,\mathrm{d}x$.

解 $\int_0^{\frac{\pi}{2}} \sin^3 x \cos x \mathrm{d}x = \int_0^{\frac{\pi}{2}} \sin^3 x \mathrm{d}\sin x = \frac{1}{4}\sin^4 x \Big|_0^{\frac{\pi}{2}} = \frac{1}{4}.$

【例 5.3.3】 计算$\int_0^1 \frac{\mathrm{d}x}{1+x+x^2}$.

解
$$\int_0^1 \frac{\mathrm{d}x}{1+x+x^2} = \int_0^1 \frac{\mathrm{d}\left(x+\frac{1}{2}\right)}{\left(x+\frac{1}{2}\right)^2+\left(\frac{\sqrt{3}}{2}\right)^2}$$
$$= \frac{2}{\sqrt{3}}\arctan\frac{2x+1}{\sqrt{3}}\Big|_0^1 = \frac{2}{\sqrt{3}}\left(\frac{\pi}{3}-\frac{\pi}{6}\right) = \frac{\sqrt{3}}{9}\pi.$$

5.3.2 变量代换法

用变量代换法求定积分时，应首先根据变量来变换积分的上、下限，然后求被积函数的原函数，最后将上、下限代入原函数即可.

【例 5.3.4】 计算$\int_0^4 \frac{\mathrm{d}x}{1+\sqrt{x}}$.

解 令$\sqrt{x}=t$，则当 x 取上、下限 4，0 时，t 分别取 2，0，于是
$$\int_0^4 \frac{\mathrm{d}x}{1+\sqrt{x}} = \int_0^2 \frac{2t\,\mathrm{d}t}{1+t} = 2\int_0^2 \frac{1+t-1}{1+t}\mathrm{d}t = 2\int_0^2\left(1-\frac{1}{1+t}\right)\mathrm{d}t$$
$$= 2[t-\ln(1+t)]\Big|_0^2 = 2[(2-\ln 3)-(0-\ln 1)]$$
$$= 4-2\ln 3.$$

【例 5.3.5】 计算$\int_0^{\frac{1}{2}} \frac{x^2\mathrm{d}x}{\sqrt{1-x^2}}$.

解 令 $x=\sin t$，得
$$\int_0^{\frac{1}{2}} \frac{x^2\mathrm{d}x}{\sqrt{1-x^2}} = \int_0^{\frac{\pi}{6}} \frac{\sin^2 t}{\cos t}\cos t\,\mathrm{d}t = \left(\frac{t}{2}-\frac{\sin 2t}{4}\right)\Big|_0^{\frac{\pi}{6}} = \frac{\pi}{12}-\frac{\sqrt{3}}{8}.$$

【例 5.3.6】 证明：若 $f(x)$在$[-a,a]$上连续，则当 $f(x)$为奇函数时，$\int_{-a}^a f(x)\mathrm{d}x=0$；当 $f(x)$为偶函数时，$\int_{-a}^a f(x)\mathrm{d}x = 2\int_0^a f(x)\mathrm{d}x$.

证明 因为$\int_{-a}^a f(x)\mathrm{d}x = \int_{-a}^0 f(x)\mathrm{d}x + \int_0^a f(x)\mathrm{d}x$，对积分$\int_{-a}^0 f(x)\mathrm{d}x$ 作代换 $x=-t$，则得
$$\int_{-a}^0 f(x)\mathrm{d}x = -\int_a^0 f(-t)\mathrm{d}t = \int_0^a f(-t)\mathrm{d}t = \int_0^a f(-x)\mathrm{d}x,$$
于是
$$\int_{-a}^a f(x)\mathrm{d}x = \int_0^a f(-x)\mathrm{d}x + \int_0^a f(x)\mathrm{d}x = \int_0^a [f(x)+f(-x)]\mathrm{d}x.$$

当 $f(x)$为偶函数时，有 $\quad f(x)+f(-x)=2f(x)$，

从而 $$\int_{-a}^a f(x)\mathrm{d}x = 2\int_0^a f(x)\mathrm{d}x;$$

当 $f(x)$ 为奇函数时，有 $$f(x)+f(-x)=0,$$

从而 $$\int_{-a}^{a} f(x)\mathrm{d}x=0.$$

所以

$$\int_{-a}^{a} f(x)\mathrm{d}x=\int_{0}^{a}[f(x)+f(-x)]\mathrm{d}x=\begin{cases}0, & f(-x)=-f(x),\\ 2\int_{0}^{a} f(x)\mathrm{d}x, & f(-x)=f(x).\end{cases}$$

【例 5.3.7】 求 $\int_{-5}^{5}\frac{x^3\sin^2 x}{x^4+2x^2+1}\mathrm{d}x$.

解 因为被积函数在 $[-5,5]$ 上连续且为奇函数，故

$$\int_{-5}^{5}\frac{x^3\sin^2 x}{x^4+2x^2+1}\mathrm{d}x=0.$$

5.3.3 分部积分法

用分部积分法求解定积分时，先积出来的部分应及时代入上、下限.若求原函数的过程比较复杂，可先求原函数，然后再代入上、下限.

【例 5.3.8】 求 $\int_0^1 x\mathrm{e}^x\mathrm{d}x$.

解 $$\int_0^1 x\mathrm{e}^x\mathrm{d}x=x\mathrm{e}^x\Big|_0^1-\int_0^1\mathrm{e}^x\mathrm{d}x=\mathrm{e}-(\mathrm{e}-1)=1.$$

【例 5.3.9】 求 $\int_0^{\frac{\pi}{2}}\mathrm{e}^x\sin x\mathrm{d}x$.

解 先求原函数，因为

$$\int\mathrm{e}^x\sin x\mathrm{d}x=-\mathrm{e}^x\cos x+\int\mathrm{e}^x\cos x\mathrm{d}x=-\mathrm{e}^x\cos x+\mathrm{e}^x\sin x-\int\mathrm{e}^x\sin x\mathrm{d}x,$$

所以

$$\int\mathrm{e}^x\sin x\mathrm{d}x=\frac{1}{2}(\sin x-\cos x)\mathrm{e}^x.$$

于是

$$\int_0^{\frac{\pi}{2}}\mathrm{e}^x\sin x\mathrm{d}x=\frac{1}{2}(\sin x-\cos x)\mathrm{e}^x\Big|_0^{\frac{\pi}{2}}=\frac{1}{2}(\mathrm{e}^{\frac{\pi}{2}}+1).$$

选学内容

*5.3.4 三角函数积分

对积分 $I_n=\int_0^{\frac{\pi}{2}}\sin^n x\mathrm{d}x=\int_0^{\frac{\pi}{2}}\cos^n x\mathrm{d}x$，有下式成立：

$$I_{2n}=\frac{2n-1}{2n}\cdot\frac{2n-3}{2n-2}\cdots\frac{1}{2}\cdot\frac{\pi}{2};$$

$$I_{2n+1}=\frac{2n}{2n+1}\cdot\frac{2n-2}{2n-1}\cdots\frac{2}{3}\cdot 1.$$

证明略.

这个结论可以简化某些三角函数的积分的求解过程.

【例 5.3.10】 求$\int_0^{\frac{\pi}{2}}\sin^2 x\cos^6 x\,dx$ 的值.

解 $\int_0^{\frac{\pi}{2}}\sin^2 x\cos^6 x\,dx=\int_0^{\frac{\pi}{2}}(1-\cos^2 x)\cos^6 x\,dx=\int_0^{\frac{\pi}{2}}\cos^6 x\,dx-\int_0^{\frac{\pi}{2}}\cos^8 x\,dx$

$$=I_6-I_8=\frac{5}{6}\cdot\frac{3}{4}\cdot\frac{1}{2}\cdot\frac{\pi}{2}-\frac{7}{8}\cdot\frac{5}{6}\cdot\frac{3}{4}\cdot\frac{1}{2}\cdot\frac{\pi}{2}=\frac{5\pi}{256}.$$

小结

求解定积分时,变量代换法的确很重要.在本节中,像 $x=-t$ 这样的代换法就会经常用到.另外,还有其他代换法,例如,$x=\frac{1}{t}$,$x=\pi-t$,$x=\frac{\pi}{2}-t$,$x=t+T$ 等也会在诸如分式函数、三角函数、周期函数中用到.

习题 5.3

习题 5.3 答案

1. 计算下列定积分.

(1) $\int_0^1(x+2)^2\,dx$; (2) $\int_0^{\frac{\pi}{6}}\cos\left(x+\frac{\pi}{6}\right)dx$;

(3) $\int_0^{\ln 2}e^{-x}\,dx$; (4) $\int_0^1\sqrt{1-x^2}\,dx$.

2. 计算下列定积分.

(1) $\int_4^9\frac{\sqrt{x}}{\sqrt{x}-1}dx$; (2) $\int_0^{\frac{\pi}{2}}\sin x\cos x\,dx$;

(3) $\int_1^2 x\ln x\,dx$; (4) $\int_0^{\pi}x\cos x\,dx$.

3. 计算下列定积分.

(1) $\int_{\frac{1}{4}}^{\frac{3}{4}}\frac{\arcsin\sqrt{x}}{\sqrt{x}\sqrt{1-x}}dx$; (2) $\int_{-\frac{\pi}{2}}^{\frac{\pi}{2}}\frac{\sin^3 x}{x^2+1}dx$.

4. 证明 $\int_x^1\frac{1}{1+x^2}dx=\int_1^{\frac{1}{x}}\frac{1}{1+x^2}dx\ (x>0)$.$\left(提示:令\ x=\frac{1}{t}\right)$

5. 若 $f(x)$在$[0,1]$上连续,证明 $\int_0^{\frac{\pi}{2}}f(\sin x)dx=\int_0^{\frac{\pi}{2}}f(\cos x)dx$.$\left(提示:令\ x=\frac{\pi}{2}-t\right)$

6. 证明:$\int_0^a x^3f(x^2)dx=\frac{1}{2}\int_0^{a^2}xf(x)dx\ (a>0)$.

7. 设 $f(x)$是以 T 为周期的连续函数,证明$\int_a^{a+T}f(x)dx$ 的值与a 无关.(提示:把a 看成变量来研究该积分)

5.4 反常积分

本节导引

在定积分的定义中，积分区间是有限区间，而且被积函数在积分区间上是有界的.那么当积分区间是无限区间或被积函数在积分区间上无界时会发生什么情况？这就是本节要学习的反常积分的概念.

5.4.1 无穷区间上的反常积分

定义 5.4.1　设函数 $f(x)$ 在区间 $[a,+\infty)$ 上连续，$b>a$. 如果极限 $\lim\limits_{b\to+\infty}\int_a^b f(x)\mathrm{d}x$ 存在，则称此极限为函数 $f(x)$ 在无穷区间 $[a,+\infty)$ 上的反常积分，记作 $\int_a^{+\infty} f(x)\mathrm{d}x$，即

$$\int_a^{+\infty} f(x)\mathrm{d}x=\lim_{b\to+\infty}\int_a^b f(x)\mathrm{d}x. \tag{5-5}$$

这时也称该反常积分收敛；如果上述极限不存在，就称反常积分 $\int_a^{+\infty} f(x)\mathrm{d}x$ 发散.

类似地，可定义函数 $f(x)$ 在区间 $(-\infty,b]$ 上的反常积分

$$\int_{-\infty}^b f(x)\mathrm{d}x=\lim_{a\to-\infty}\int_a^b f(x)\mathrm{d}x, \tag{5-6}$$

以及在区间 $(-\infty,+\infty)$ 上的反常积分

$$\int_{-\infty}^{+\infty} f(x)\mathrm{d}x=\int_{-\infty}^0 f(x)\mathrm{d}x+\int_0^{+\infty} f(x)\mathrm{d}x. \tag{5-7}$$

当式(5-7)右端两个反常积分都收敛时，才称反常积分 $\int_{-\infty}^{+\infty} f(x)\mathrm{d}x$ 收敛，否则，称它发散.上述三类反常积分统称为无穷区间上的反常积分.

【例 5.4.1】　讨论反常积分 $\int_a^{+\infty}\frac{\mathrm{d}x}{x^p}$ $(a>0)$ 的敛散性.

解　当 $p=1$ 时，

$$\int_a^{+\infty}\frac{\mathrm{d}x}{x}=\lim_{b\to+\infty}\int_a^b\frac{\mathrm{d}x}{x}=\lim_{b\to+\infty}[\ln x]_a^b=\lim_{b\to+\infty}\ln\frac{b}{a}=+\infty;$$

当 $p\neq1$ 时，

$$\int_a^{+\infty}\frac{\mathrm{d}x}{x^p}=\lim_{b\to+\infty}\int_a^b\frac{\mathrm{d}x}{x^p}=\lim_{b\to+\infty}\left[\frac{x^{1-p}}{1-p}\right]_a^b=\begin{cases}+\infty, & p<1,\\ \dfrac{a^{1-p}}{p-1}, & p>1.\end{cases}$$

所以，当 $p>1$ 时，该反常积分收敛；当 $p\leqslant1$ 时，该反常积分发散.

【例 5.4.2】　求 $\int_{-\infty}^{+\infty}\frac{1}{1+x^2}\mathrm{d}x$.

解　$\int_{-\infty}^{+\infty}\frac{1}{1+x^2}\mathrm{d}x=\arctan x\Big|_{-\infty}^{+\infty}=\frac{\pi}{2}-\left(-\frac{\pi}{2}\right)=\pi.$

这一结果的几何意义是:曲线 $y=\frac{1}{1+x^2}$ 与 x 轴之间的图形虽然向两边无限延伸,并与 $y=1$ 无限接近,但有有限的面积.

【例 5.4.3】 判断 $\int_0^{+\infty}\frac{\ln(x+1)}{(x+1)^2}dx$ 的敛散性.

解 用分部积分法,有

$$\begin{aligned}\int_0^{+\infty}\frac{\ln(x+1)}{(x+1)^2}dx&=-\int_0^{+\infty}\ln(1+x)d\frac{1}{x+1}\\&=\left[-\frac{\ln(1+x)}{x+1}\right]_0^{+\infty}+\int_0^{+\infty}\frac{1}{x+1}\cdot\frac{1}{x+1}dx\\&=\left[-\frac{1}{1+x}\right]_0^{+\infty}=1,\end{aligned}$$

所以原反常积分收敛.

5.4.2 无界函数的反常积分

定义 5.4.2 设函数 $f(x)$在区间$(a,b]$上连续且 $\lim\limits_{x\to a^+}f(x)=\infty$.取 $\varepsilon>0$,如果

$$\lim_{\varepsilon\to0^+}\int_{a+\varepsilon}^b f(x)dx$$

存在,则称此极限为 $f(x)$在区间$(a,b]$上的反常积分,记作$\int_a^b f(x)dx$,即

$$\int_a^b f(x)dx=\lim_{\varepsilon\to0^+}\int_{a+\varepsilon}^b f(x)dx. \tag{5-8}$$

此时又称该反常积分收敛.若上述极限不存在,则称反常积分$\int_a^b f(x)dx$ 发散.

如果 $f(x)$在区间$[a,b)$上连续且 $\lim\limits_{x\to b^-}f(x)=\infty$,类似地可定义

$$\int_a^b f(x)dx=\lim_{\varepsilon\to0^+}\int_a^{b-\varepsilon}f(x)dx. \tag{5-9}$$

当 $a<c<b$ 且 $\lim\limits_{x\to c}f(x)=\infty$时,定义

$$\int_a^b f(x)dx=\int_a^c f(x)dx+\int_c^b f(x)dx=\lim_{\varepsilon\to0^+}\int_a^{c-\varepsilon}f(x)dx+\lim_{\varepsilon\to0^+}\int_{c+\varepsilon}^b f(x)dx. \tag{5-10}$$

在式(5-10)中,只要右边的两个反常积分有一个发散,就说左边的反常积分发散.

【例 5.4.4】 讨论反常积分$\int_{-1}^1\frac{1}{x^2}dx$ 的敛散性.

解 被积函数 $f(x)=\frac{1}{x^2}$在积分区间$[-1,1]$上除 $x=0$ 外连续,且$\lim\limits_{x\to0}\frac{1}{x^2}=\infty$.

由于

$$\int_{-1}^1\frac{1}{x^2}dx=\int_{-1}^0\frac{1}{x^2}dx+\int_0^1\frac{1}{x^2}dx,$$

而

$$\int_{-1}^0\frac{1}{x^2}dx=\lim_{\varepsilon\to0^+}\int_{-1}^{-\varepsilon}\frac{1}{x^2}dx=\lim_{\varepsilon\to0^+}\left(-\frac{1}{x}\right)\Big|_{-1}^{-\varepsilon}=\lim_{\varepsilon\to0^+}\left(\frac{1}{\varepsilon}-1\right)=+\infty,$$

即反常积分 $\int_{-1}^{0}\frac{\mathrm{d}x}{x^2}$ 发散，所以反常积分 $\int_{-1}^{1}\frac{\mathrm{d}x}{x^2}$ 发散.

【例 5.4.5】 计算 $\int_0^1\frac{1}{\sqrt{1-x}}\mathrm{d}x$.

解 将这个反常积分按定积分来求解，则有

$$\int_0^1\frac{1}{\sqrt{1-x}}\mathrm{d}x=-2\int_0^1\frac{1}{2\sqrt{1-x}}\mathrm{d}(1-x)=(-2\sqrt{1-x})\Big|_0^1=2.$$

注意： 以上两题的区别在于，例 5.4.4 的原函数在积分区间上有间断点，而例 5.4.5 的原函数在积分区间上连续.所以原函数在被积函数的间断点处的极限等于该点的函数值.

【例 5.4.6】 讨论 $\int_0^1\frac{1}{x(x+2)}\mathrm{d}x$ 的敛散性.

解 $\int_0^1\frac{1}{x(x+2)}\mathrm{d}x=\int_0^1\frac{1}{2}\left(\frac{1}{x}-\frac{1}{x+2}\right)\mathrm{d}x$

$$=\left(\frac{1}{2}\ln|x|\right)\Big|_0^1-\frac{1}{2}(\ln|x+2|)\Big|_0^1=-\infty,$$

所以原反常积分发散.

小结

求解积分题时，应首先确定所给积分是定积分还是反常积分，如果是反常积分，应确定是无穷区间上的反常积分还是无界函数的反常积分.如果是无穷区间上的反常积分，应按照先将反常积分转换为定积分后再取极限的方法求解；如果是无界函数的反常积分，应先按照定积分求出原函数后再积分的方法求解，但要注意被积函数是否在积分区间上连续，如果不连续(间断)，则必须分区间，并求出间断点处的极限.

数学实验

利用 MATLAB 数学软件计算定积分的格式有以下两种：

int(f,a,b)	对于 f 关于符号变量 x 求$[a,b]$上的定积分，a,b 可以是具体的数，也可以是一个符号表达式，还可以是无穷(inf).当函数 f 关于变量 x 在闭区间$[a,b]$上可积时，函数返回一个定积分结果.当 a,b 中有一个是 inf 时，函数返回一个反常积分.当 a,b 中有一个符号表达式时，函数返回一个符号函数.
int(f,v,a,b)	对 f 关于变量 v 求$[a,b]$上的定积分或反常积分.

【例 1】 求定积分 $\int_0^1 x\mathrm{e}^x\mathrm{d}x$ 的值.

输入：
```
syms x
y = x * exp(x);
int(y,0,1)
```
结果：
```
ans =
1.
```

【例 2】 求定积分$\int_{2}^{+\infty}\frac{1}{1-x^{4}}\mathrm{d}x$.

输入：
```
syms x
y = 1/(1 - x^4);
int(y,2,inf)
```
结果：
```
ans =
    1/4 * pi - 1/4 * log(3) - 1/2 * atan(2).
```

习题 5.4

习题 5.4 答案

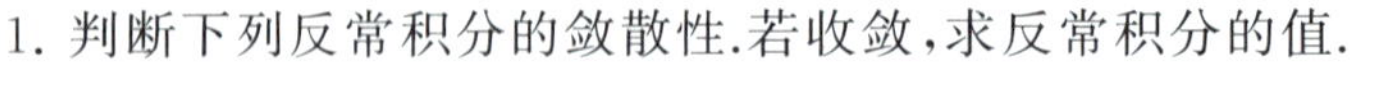

1. 判断下列反常积分的敛散性.若收敛,求反常积分的值.

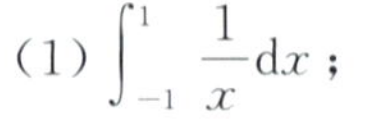

(1) $\int_{-1}^{1}\frac{1}{x}\mathrm{d}x$； (2) $\int_{1}^{+\infty}\frac{1}{x^{2}}\mathrm{d}x$；

(3) $\int_{-\infty}^{+\infty}\mathrm{e}^{-x}\mathrm{d}x$； (4) $\int_{0}^{1}\frac{1}{x-1}\mathrm{d}x$.

2. 判断下列反常积分的敛散性.若收敛,求反常积分的值.

(1) $\int_{2}^{+\infty}\frac{1}{\sqrt{x}}\mathrm{d}x$； (2) $\int_{0}^{\frac{1}{2}}\frac{1}{\sqrt{x(1-x)}}\mathrm{d}x$；

(3) $\int_{-\infty}^{0}x\mathrm{e}^{-x^{2}}\mathrm{d}x$； (4) $\int_{1}^{2}\frac{1}{x\ln x}\mathrm{d}x$.

3. 有一平面区域介于$y=\mathrm{e}^{-kx}$,y轴和x正半轴之间,其中$k>0$,求该平面区域的面积.

4. 计算反常积分$\int_{0}^{+\infty}t\mathrm{e}^{-pt}\mathrm{d}t$,其中$p$是大于0的常数.

5.5 定积分在几何上的应用

本节导引

通过求曲边梯形的面积可以看出,定积分能够解决诸如平面图形的面积、旋转体的体积、曲线的弧长等几何问题.本节将介绍利用“微元法”来建立解决有关问题的积分模型,进而求得相应的几何量的方法.

5.5.1 平面图形的面积

根据定积分的几何意义,我们不但可以用定积分来计算只有一条曲边的曲边梯形的面积,还可以计算一些比较复杂的平面图形的面积.为了方便计算,可根据图形的不同特点选择不同的积分变量.为此我们介绍两种类型的曲边梯形.

1. X-型

我们把由直线$x=a$,$x=b(a<b)$及两条连续曲线$y=f_1(x)$,$y=f_2(x)$[$f_1(x)\leqslant$

$f_2(x)$]所围成的平面图形称为 X-型图形(图 5-6).对 X-型图形来说,一般选择 x 为积分变量,积分区间为$[a,b]$,在区间$[a,b]$上任取一微小区间$[x,x+dx]$,该微小区间上的图形面积可以用高为 $f_2(x)-f_1(x)$、底为 dx 的矩形面积来近似代替(图 5-6 中阴影部分的面积).我们称该矩形面积为面积微元,用 dA 表示,即

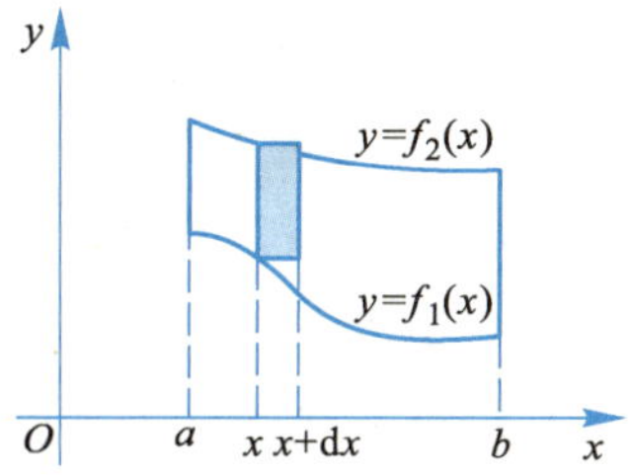

$$dA=[f_2(x)-f_1(x)]dx,$$

从而

$$A=\int_a^b[f_2(x)-f_1(x)]dx.$$

图 5-6

2. Y-型

由直线 $y=c$, $y=d\,(c<d)$ 及两条连续曲线 $x=g_1(y)$, $x=g_2(y)$[$g_1(y)\leqslant g_2(y)$]所围成的平面图形称为 Y-型图形(图 5-7).对 Y-型图形来说,一般选择 y 为积分变量,积分区间为$[c,d]$,在区间$[c,d]$上任取一微小区间$[y,y+dy]$,该微小区间上图形的面积可以用高为 $g_2(y)-g_1(y)$、底为 dy 的矩形的面积(面积微元)近似代替(图 5-7 中阴影部分的面积),将面积微元(面积元素)用 dA^* 表示,则

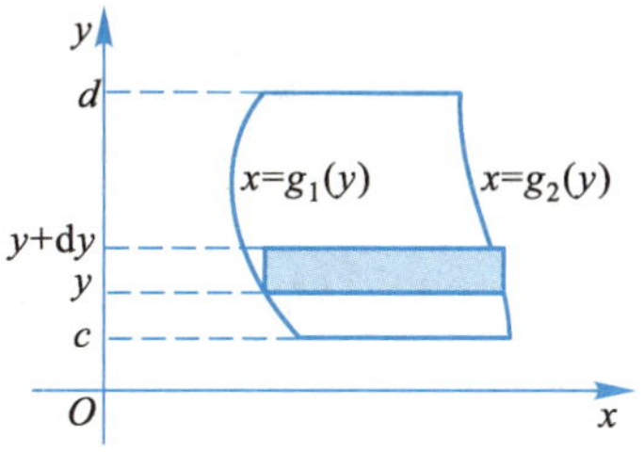

$$dA^*=[g_2(y)-g_1(y)]dy,$$

从而

$$A^*=\int_c^d[g_2(y)-g_1(y)]dy.$$

图 5-7

对于非 X-型、非 Y-型的平面图形,我们可以进行适当的分割,划分成若干个 X-型图形和 Y-型图形,然后利用前面介绍的方法去求面积.

【例 5.5.1】 求由两条抛物线 $y=x^2$, $y^2=x$ 所围成的图形的面积.

解 如图 5-8 所示,两条抛物线的交点为(0,0)和(1,1).在[0,1]内任取一点 x 为积分变量.过点 x 作平行于 y 轴的直线,该直线介于图形部分的长度为$\sqrt{x}-x^2$,在点 x 处给自变量一个增量 dx,相应地,介于图形部分的直线段沿 x 轴方向移动 dx 形成一个窄矩形,它的面积是$(\sqrt{x}-x^2)dx$,这就是我们要寻求的面积元素,记为

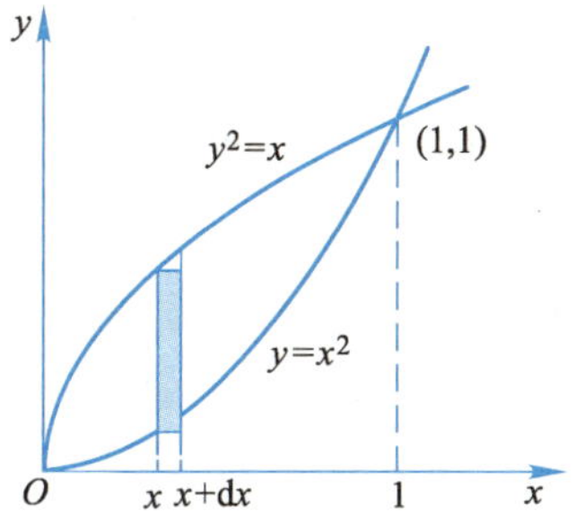

$$dA=(\sqrt{x}-x^2)dx.$$

图 5-8

以面积元素为被积表达式,在[0,1]上作一个定积分,就得到所求平面图形的面积,即

$$A=\int_0^1 dA=\int_0^1(\sqrt{x}-x^2)dx=\left[\frac{2}{3}x^{\frac{3}{2}}-\frac{1}{3}x^3\right]_0^1=\frac{1}{3}.$$

在上例中,寻求面积元素的方法就称为**微元法**.实际上,如果取 y 为积分变量,在 y 轴的区间[0,1]上,也一样可用微元法求得该图形的面积,即

$$A=\int_0^1 \mathrm{d}A=\int_0^1(\sqrt{y}-y^2)\mathrm{d}y=\left[\frac{2}{3}y^{\frac{3}{2}}-\frac{1}{3}y^3\right]_0^1=\frac{1}{3}.$$

【例 5.5.2】 求椭圆$\frac{x^2}{a^2}+\frac{y^2}{b^2}=1$所围成的图形的面积.

解法一 此椭圆图形关于坐标轴对称,如图 5-9 所示,设图形在第一象限的面积为 A_1,则整个椭圆的面积为 $A=4A_1$.

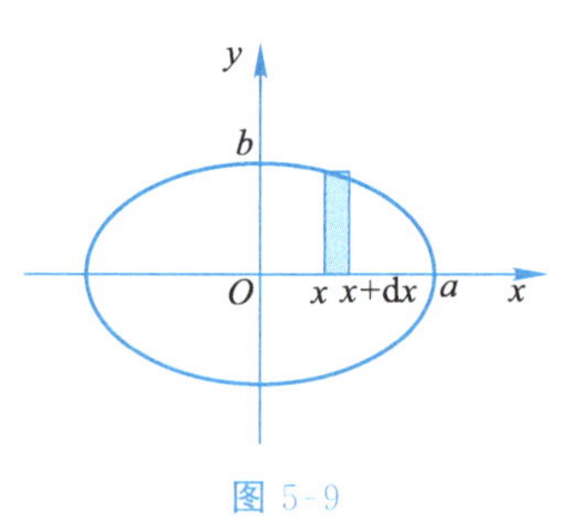

图 5-9

将第一象限图形视为 X-型图形,确定积分变量为 x,积分区间为$[0,a]$,因此

$$A=4A_1=4\int_0^a b\sqrt{1-\frac{x^2}{a^2}}\mathrm{d}x\xlongequal{x=a\cos t}4\int_{\frac{\pi}{2}}^{0} b\sin t\,\mathrm{d}(a\cos t)$$

$$=-4ab\int_{\frac{\pi}{2}}^{0}\sin^2 t\,\mathrm{d}t=\pi ab.$$

解法二

$$A=4A_1=4\int_0^a\left(\frac{b}{a}\sqrt{a^2-x^2}\right)\mathrm{d}x=\frac{4b}{a}\int_0^a\sqrt{a^2-x^2}\,\mathrm{d}x=\frac{4b}{a}\cdot\frac{\pi}{4}a^2=\pi ab.$$

【例 5.5.3】 求由抛物线 $y^2=2x$ 与直线 $y=-2x+2$ 所围成的图形的面积 A.

解 这个图形如图 5-10 所示.为了定出这个图形所在的范围,先求出所给抛物线和直线的交点.解方程组

$$\begin{cases}y^2=2x,\\ y=-2x+2,\end{cases}$$

得交点$\left(\frac{1}{2},1\right)$和$(2,-2)$.从而知道该图形在直线 $y=1$ 和 $y=-2$ 之间.选取 y 为积分变量,它的变化区间为$[-2,1]$.

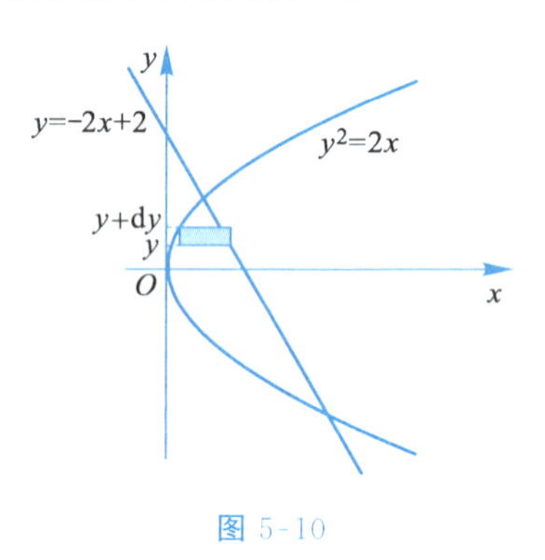

图 5-10

相应地,区间$[-2,1]$上的任一小区间$[y,y+\mathrm{d}y]$的窄条的面积近似看作高为$\left(1-\frac{1}{2}y\right)-\frac{1}{2}y^2$ 底为 $\mathrm{d}y$ 的窄矩形的面积,从而得到面积元素

$$\mathrm{d}A=\left[\left(1-\frac{1}{2}y\right)-\frac{1}{2}y^2\right]\mathrm{d}y.$$

在区间$[-2,1]$上作定积分,便可求得面积为

$$A=\int_{-2}^{1}\left[\left(1-\frac{1}{2}y\right)-\frac{1}{2}y^2\right]\mathrm{d}y=\left[y-\frac{1}{4}y^2-\frac{1}{6}y^3\right]\Big|_{-2}^{1}=\frac{9}{4}.$$

5.5.2 旋转体的体积

旋转体是由一个平面图形绕该平面内的一条直线 l 旋转一周而成的空间立体,如圆柱、圆锥、圆台和球体等.其中,直线 l 称为该旋转体的旋转轴.

选择适当的坐标系,旋转体都可以看作由曲线 $y=f(x)$,直线 $x=a,x=b$ 及 x 轴所围成的曲边梯形绕 x 轴旋转一周而成的立体;或者是由曲线 $x=g(y)$,直线 $y=c,y=d$ 及 y 轴所围成的曲边梯形绕 y 轴旋转一周而成的立体.

如果将旋转体看成是由曲线 $y=f(x)$，直线 $x=a$，$x=b$ 及 x 轴所围成的曲边梯形绕 x 轴旋转一周而成的立体(图 5-11)，取横坐标 x 为积分变量，积分区间为$[a,b]$，相应地，区间$[a,b]$上的任一小区间$[x,x+\mathrm{d}x]$的窄曲边梯形绕 x 轴旋转而成的薄片的体积近似等于以 $f(x)$为半径的圆底面、$\mathrm{d}x$ 为高的扁圆柱体的体积，其中圆柱体的底面面积为$A(x)$，且

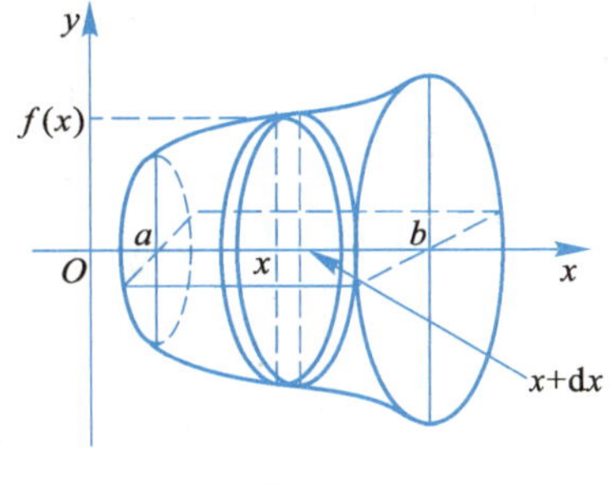

图 5-11

$$A(x)=\pi[f(x)]^2.$$

于是扁圆柱体的体积，即体积元素

$$\mathrm{d}V=\pi[f(x)]^2\mathrm{d}x.$$

以 $\pi[f(x)]^2\mathrm{d}x$ 为被积表达式，在闭区间$[a,b]$上作定积分，求得旋转体的体积为

$$V=\int_a^b\pi[f(x)]^2\mathrm{d}x.$$

一般地，由平面图形 $0\leqslant a\leqslant x\leqslant b,0\leqslant y\leqslant f(x)$绕 x 轴旋转所成的旋转体的体积为

$$V=\int_a^b\pi[f(x)]^2\mathrm{d}x,$$

证明略.

【例 5.5.4】 计算由椭圆$\dfrac{x^2}{a^2}+\dfrac{y^2}{b^2}=1(a>b>0)$绕 x 轴旋转而成的旋转椭球体的体积.

解 此旋转椭球体如图 5-12 所示，可看作是由上半椭圆$y=\dfrac{b}{a}\sqrt{a^2-x^2}$及 x 轴围成的曲边图形绕 x 轴旋转而成的，由公式得

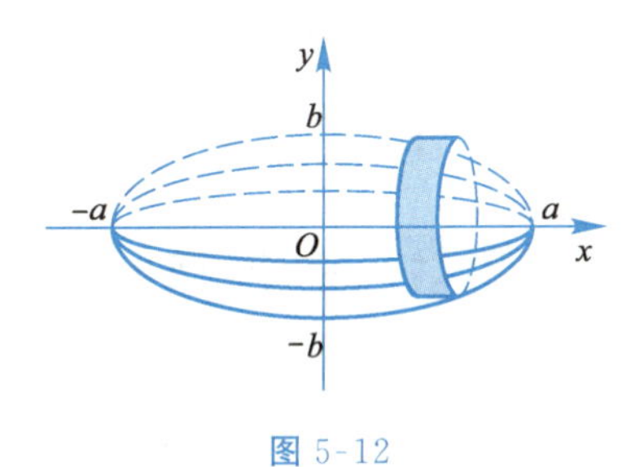

图 5-12

$$V=\pi\int_{-a}^{a}\left(\frac{b}{a}\sqrt{a^2-x^2}\right)^2\mathrm{d}x=\frac{2\pi b^2}{a^2}\int_0^a(a^2-x^2)\mathrm{d}x$$

$$=\frac{2\pi b^2}{a^2}\left[a^2x-\frac{x^3}{3}\right]\Big|_0^a=\frac{4}{3}\pi ab^2.$$

思考： 椭圆绕 y 轴旋转所得椭球体的体积与绕 x 轴旋转而成的旋转椭球体的体积是否一样？如果不一样，那么哪个体积大？

【例 5.5.5】 证明半径为 R 的球体体积为 $V=\dfrac{4}{3}\pi R^3$.

证明 仿照上例，求出体积元素为

$$\mathrm{d}V=\pi y^2\mathrm{d}x=\pi(R^2-x^2)\mathrm{d}x,$$

于是得

$$V=2\int_0^R\pi(R^2-x^2)\mathrm{d}x=2\pi\left(R^2x-\frac{x^3}{3}\right)\Big|_0^R=2\pi\,\frac{2R^3}{3}=\frac{4}{3}\pi R^3.$$

【例 5.5.6】 [车刀的体积] 某机械加工的车刀是由两个半径为 1 的 1/4 圆柱围成的，如图 5-13 所示，试求车刀的体积.

解 由图 5-13 可知，车刀底面所在圆的方程是 $x^2+y^2=1$.设 $A(x,y)$是车刀在 xOy 平面上的任一点，过该点作车刀的横截面，显然是以$\sqrt{1-x^2}$为边长的正方体，故横截面的面

积为

$$A(x)=1-x^2.$$

体积微元　$dV=A(x)dx=(1-x^2)dx$.

所以车刀的体积为

$$V=\int_0^1(1-x^2)dx=\left(x-\frac{1}{3}x^3\right)\Big|_0^1=\frac{2}{3}.$$

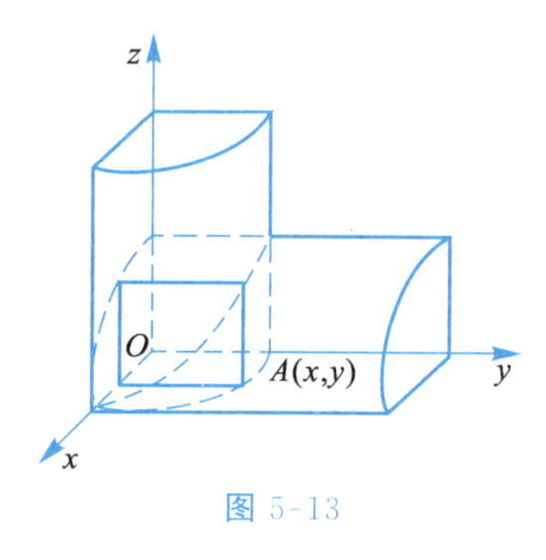

图 5-13

【例 5.5.7】［喇叭悖论］19 世纪末,法国的一位油漆匠提出了喇叭悖论,喇叭是通过将曲线 $y=\frac{1}{x}, x\in[1,+\infty)$ 的图形绕 x 轴旋转一周所形成的旋转面.喇叭悖论是说:如果用涂料把喇叭的表面刷一遍,则需要无穷多涂料,而把涂料倒入喇叭内部空间,则所需涂料反而有限.这就是历史上油漆匠向微积分的创始人牛顿提出的质疑.

我们来求这个几何体的体积和表面积:

体积 V 为

$$V=\int_1^{+\infty}\pi x^{-2}dx=\lim_{b\to+\infty}\int_1^b\pi x^{-2}dx=\lim_{b\to+\infty}\left(-\frac{\pi}{x}\right)\Big|_1^b=\pi;$$

表面积 S 为

$$S=\int_1^{+\infty}2\pi x^{-1}dx=\lim_{b\to+\infty}\int_1^b 2\pi x^{-1}dx=\lim_{b\to+\infty}2\pi\ln b=+\infty.$$

这个简单的三维图形有个奇特的性质:体积有限,表面积无限.

选学内容

*5.5.3 曲线的弧长

设函数 $f(x)$ 在区间 $[a,b]$ 上具有一阶连续的导数.现在计算曲线 $y=f(x)$ 上相应于 $x=a, x=b$ 的一段弧的长度.

在 $[a,b]$ 上任取一点 x,在曲线上点 $P(x,f(x))$ 处作曲线的切线(图 5-14).在点 x 给自变量一个增量 dx,则点 P 沿曲线移动到点 Q.根据微分的几何意义,相应地切线的纵坐标的增量为 dy.我们就以直角三角形 PST 的斜边(切线上的一段)的长度近似代替曲线弧的长度,从而得到弧微分

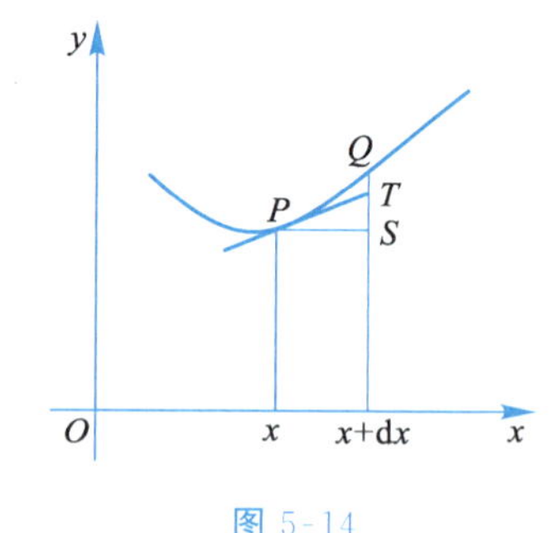

图 5-14

$$ds=\sqrt{(dx)^2+(dy)^2}=\sqrt{1+\left(\frac{dy}{dx}\right)^2}dx=\sqrt{1+y'^2}dx,$$

这就是弧微分公式.于是,所求曲线的弧长为

$$s=\int_a^b\sqrt{1+y'^2}dx.$$

【例 5.5.8】 计算曲线 $y=\ln(\cos x)$ 在 $\left[0,\frac{\pi}{4}\right]$ 上一段弧的弧长.

解　$y'=-\tan x$,弧长元素为

$$ds=\sqrt{1+(-\tan x)^2}dx=\sec x dx,$$

故所求弧长为

$$s=\int_0^{\frac{\pi}{4}}\sec x\mathrm{d}x=[\ln(\sec x+\tan x)]_0^{\frac{\pi}{4}}=\ln(\sqrt{2}+1)-\ln 1=\ln(\sqrt{2}+1).$$

小结

在本节中，除了极坐标系下的面积公式和计算弧长的弧微分公式外，我们给出了求平面图形的面积和旋转体体积的公式，目的是让读者养成不用公式，而是用微元法的思想方法去解决问题的习惯.

习题 5.5 答案

习题 5.5

1. 求下列各组曲线所围平面图形的面积.

(1) $y=\frac{1}{x}, y=x, x=2$；

(2) $y=-\mathrm{e}^x, x=\ln 2, x=\ln 5, y=0$；

(3) $y=\sqrt{x}, y=x$.

2. 求 $y=\sin x, x\in[0,\pi]$与 x 轴围成的图形分别绕 x 轴、y 轴旋转一周所得几何体的体积.

3. 求抛物线 $y^2=2x$ 与直线 $y=x-4$ 所围图形的面积.

4. 求由椭圆$\frac{x^2}{a^2}+\frac{y^2}{b^2}=1$ 围成的图形绕 y 轴旋转而成的旋转椭球体的体积.

5. 计算曲线 $y=x^{\frac{3}{2}}$ 上相应于 $0\leqslant x\leqslant 1$ 的一段弧长.

6. 求抛物线 $y=-x^2+4x-3$ 及其在点$(0,-3)$和点$(3,0)$处的切线所围成的图形的面积.

5.6　积分方程模型

积分方程(integral equation)是含有对未知函数的积分运算的方程.与微分方程相对应，积分方程是近代数学的一个重要分支，数学、自然科学和工程技术领域中的许多问题都可以归结为积分方程问题.

【例 5.6.1】 [抽水做功] 一个底半径为 4 m 高为 8 m 的倒立圆锥形容器，内装 6 m 深的水，现要把容器内的水全部抽完，需做多少功?

分析　我们设想水是一层一层被抽出来的，在这个过程中，不但每层水的重力在变，提升的高度也在连续地变化.由于水位不断下降，使得水层的提升高度连续增加，这是一个“变距离”做功问题，可以用定积分来解决.

解　选择建立坐标系，如图 5-15 所示.

在此坐标系下，过 $A(0,4)$，$B(8,0)$的直线 AB 的方程为 $y=-\frac{1}{2}x+4$，在区间$[0,8]$上任取一小区间$[x,x+\mathrm{d}x]$，其对应了一层薄水.这层薄水的体积可以看成一个圆柱体的体

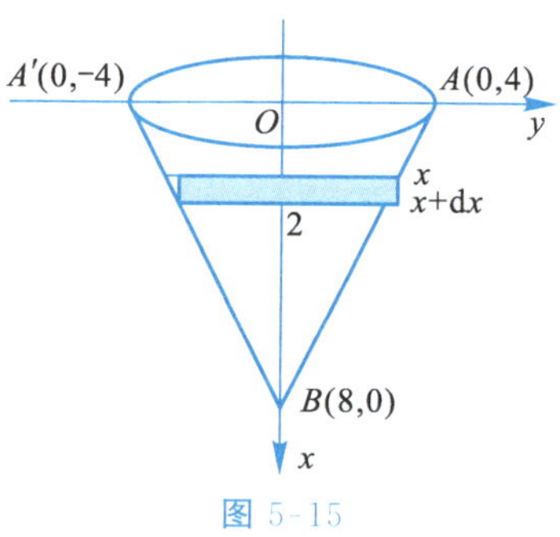

图 5-15

积，其高近似看成 dx，底面是一个圆，而圆的半径为 $y=-\frac{1}{2}x+4$，所以这层薄水的体积为 $\pi y^2 dx$.因为这层薄水的重力为 mg，所以该层薄水所受的重力为 $\gamma g\pi y^2 dx$.

把这层薄水抽出容器，需要提升的距离近似为 x，而由于 x 的变化区间[2,8]内装满水，于是在 x 的变化区间[2,8]内取微小区间$[x,x+dx]$，所以所做的功为抽水做功的微元 dW，即 $dW=\gamma\pi y^2 g\cdot x dx$（$\gamma$ 为水的密度）.

于是功为 $W=\pi\gamma g\int_2^8 xy^2 dx=\pi\gamma g\int_2^8 x\left(4-\frac{x}{2}\right)^2 dx=9.8\times 63\pi\times 10^3(\mathrm{J})$.

【例 5.6.2】 资本现值与投资问题.

现有货币 a 元，若按年利率 r 计算连续复利，则在 t 年后的价值应为 ae^{rt}；反过来，若 t 年后有货币 a 元，则按复利计算，现在应有 ae^{-rt}，这就称为资本现值.

设在时间区间$[0,T]$内 t 时刻的单位时间收入为 $R(t)$，称此为收入率.若按年利率为 r 的连续复利计算，则在$[0,T]$时间内的总收入的现值为 $R=\int_0^T R(t)e^{-rt}dt$.

若单位时间内的收入率 $R(t)=A$（A 为常数），称此为均匀收入率.若年利率 r 也为常数，则总收入现值为 $R=\int_0^T Ae^{-rt}dt$.

若连续 3 年内保持收入率不变，为每年 7 500 元，且利率为 7.5%，则其现值为多少？

解 $R=\int_0^T Ae^{-rt}dt=A\int_0^T e^{-rt}dt=7\,500\int_0^3 e^{-0.075t}dt=20\,150$(元)，所以现值为 20 150 元.

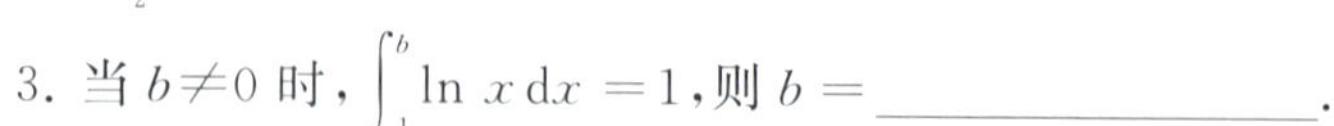

复习题五

复习题五答案

一、填空题.

1. $\int_0^1 \frac{x^2}{1+x^2}dx=$____________.

2. $\int_{-\frac{1}{2}}^0 (2x+1)^{99}dx=$____________.

3. 当 $b\neq 0$ 时，$\int_1^b \ln x dx=1$，则 $b=$____________.

4. $\int_{\frac{1}{2}}^1 \frac{1}{x^2}e^{\frac{1}{x}}dx=$____________.

5. $\int_{-1}^1 x^2\sin x dx=$____________.

6. $\int_{-\frac{\pi}{2}}^{\frac{\pi}{2}} x\cos x dx=$____________.

7. 设 $f(x)$有连续的导数，则 $\int_{-a}^a x^2[f(x)-f(-x)]dx=$____________.

8. 设 $f(x)$有连续的导数，$f(b)=5$，$f(a)=3$，则 $\int_a^b f'(x)dx=$____________.

9. 设 $F(x)=\int_0^x t\cos^2 t\,dt$，则 $F'\left(\frac{\pi}{4}\right)=$________.

10. 设 $\varphi(x)=\int_0^x \tan u\,du$，则 $\varphi'(x)=$________.

11. 设 $f(x)=\int_0^{x^2} t\sqrt[3]{1+t^2}\,dt$，则 $f'(x)=$________.

12. $\int_e^{+\infty}\frac{dx}{x\ln x}=$________.

13. 反常积分 $\int_1^{+\infty}x^{-\frac{1}{3}}dx=$________.

14. 若反常积分 $\int_{-\infty}^{+\infty}\frac{k}{1+x^2}dx=1$，则常数 k ________.

15. $\int_{-\infty}^{0}\frac{1}{1+x^2}dx=$________.

16. 若 $\int_a^b\frac{f(x)}{f(x)+g(x)}dx=1$，则 $\int_a^b\frac{g(x)}{f(x)+g(x)}dx=$________.

二、选择题.

1. 定积分 $\int_{-\pi}^{\pi}\frac{x^2\sin x}{1+x^2}dx$ 等于(　　).

A. 2　　B. -1　　C. 0　　D. 1

2. 设函数 $f(x)=x^3+x$，则 $\int_{-2}^{2}f(x)dx$ 等于(　　).

A. 0　　B. 8　　C. $\int_0^2 f(x)dx$　　D. $2\int_0^2 f(x)dx$

3. 设函数 $f(x)$ 在区间 $[a,b]$ 上连续，则 $\int_a^b f(x)dx-\int_a^b f(t)dt$ 的值(　　).

A. 小于零　　B. 等于零　　C. 大于零　　D. 不确定

4. 设 $P=\int_0^{\frac{\pi}{2}}\sin^2 x\,dx$，$Q=\int_0^{\frac{\pi}{2}}\cos^2 x\,dx$，$R=\frac{1}{2}\int_{-\frac{\pi}{2}}^{\frac{\pi}{2}}\sin^2 x\,dx$，则(　　).

A. $P=Q=R$　　B. $P=Q<R$　　C. $P<Q<R$　　D. $P>Q>R$

5. $\frac{d}{dx}\int_a^b \arctan x\,dx$ 等于(　　).

A. $\arctan x$　　B. $\frac{1}{1+x^2}$

C. $\arctan b-\arctan a$　　D. 0

6. 下列式子正确的是(　　).

A. $\int_0^1 e^x dx<\int_0^1 e^{x^2}dx$　　B. $\int_0^1 e^x dx>\int_0^1 e^{x^2}dx$

C. $\int_0^1 e^x dx=\int_0^1 e^{x^2}dx$　　D. 以上都不对

7. 设 $f(x)$ 在 $[0,1]$ 上连续，令 $t=2x$，则 $\int_0^1 f(2x)dx$ 等于(　　).

A. $\int_0^2 f(t)\mathrm{d}t$　　B. $\frac{1}{2}\int_0^1 f(t)\mathrm{d}t$　　C. $2\int_0^2 f(t)\mathrm{d}t$　　D. $\frac{1}{2}\int_0^2 f(t)\mathrm{d}t$

8. 设 $f(x)$在$[-a,a]$上连续，则定积分 $\int_{-a}^{a} f(-x)\mathrm{d}x$ 等于（　　）.

A. 0　　B. $2\int_0^a f(x)\mathrm{d}x$　　C. $-\int_{-a}^{a} f(x)\mathrm{d}x$　　D. $\int_{-a}^{a} f(x)\mathrm{d}x$

9. 设 $f(x)$为连续函数，则 $\int_{\frac{1}{n}}^{n}\left(1-\frac{1}{t^2}\right)f\left(t+\frac{1}{t}\right)\mathrm{d}t$ 等于（　　）.

A. 0　　B. 1　　C. n　　D. $\frac{1}{n}$

10. 设函数 $f(x)$在$[a,b]$上连续，则由曲线 $y=f(x)$与直线 $x=a,x=b,y=0$ 所围平面图形的面积为（　　）.

A. $\int_a^b f(x)\mathrm{d}x$　　B. $\left|\int_a^b f(x)\mathrm{d}x\right|$

C. $\int_a^b |f(x)|\mathrm{d}x$　　D. $f(\xi)(b-a),a<\xi<b$

11. 设 $f'(x)$连续，则变上限积分 $\int_a^x f(t)\mathrm{d}t$ 是（　　）.

A. $f'(x)$的一个原函数　　B. $f'(x)$的所有原函数

C. $f(x)$的一个原函数　　D. $f(x)$的所有原函数

12. 设 $\int_0^x f(t)\mathrm{d}t=a^{2x}$，则 $f(x)$等于（　　）.

A. $2a^{2x}$　　B. $a^{2x}\ln a$　　C. $2xa^{2x-1}$　　D. $2a^{2x}\ln a$

13. 设函数 $f(x)$在区间$[a,b]$上连续，则下列说法不正确的是（　　）.

A. $\int_a^b f(x)\mathrm{d}x$ 是 $f(x)$ 的一个原函数　　B. $\int_a^x f(t)\mathrm{d}t$ 是 $f(x)$ 的一个原函数

C. $\int_x^b f(t)\mathrm{d}t$ 是 $-f(x)$ 的一个原函数　　D. $f(x)$ 在$[a,b]$ 上是可积的

14. 下列反常积分收敛的是（　　）.

A. $\int_1^{+\infty}\frac{1}{\sqrt{x}}\mathrm{d}x$　　B. $\int_1^{+\infty}\frac{1}{x^2}\mathrm{d}x$　　C. $\int_1^{+\infty}\sqrt{x}\,\mathrm{d}x$　　D. $\int_1^{+\infty}\frac{1}{x}\mathrm{d}x$

15. 下列反常积分收敛的是（　　）.

A. $\int_1^{+\infty}\cos x\,\mathrm{d}x$　　B. $\int_1^{+\infty}\frac{1}{x^3}\mathrm{d}x$　　C. $\int_1^{+\infty}\ln x\,\mathrm{d}x$　　D. $\int_1^{+\infty}\mathrm{e}^x\,\mathrm{d}x$

三、用适当的方法计算下列定积分：

1. $\int_1^{\mathrm{e}}\frac{1}{x(2x+1)}\mathrm{d}x$.　　2. $\int_0^1\frac{4}{4-\mathrm{e}^x}\mathrm{d}x$.

3. $\int_0^{\frac{\pi}{2}}\frac{\sin x\cos x}{1+\cos^2 x}\mathrm{d}x$.　　4. $\int_0^{\ln 2}\mathrm{e}^{-2x}\,\mathrm{d}x$.

5. $\int_0^4\frac{1}{1+\sqrt{x}}\mathrm{d}x$.　　6. $\int_0^{\frac{\pi}{4}}\frac{\sin x}{1+\cos x+\cos 2x}\mathrm{d}x$.

7. $\int_0^1 \frac{1}{x^2+x+1}\mathrm{d}x$.

8. $\int_0^{\frac{\sqrt{3}}{2}} \frac{x(\arccos x)^2}{\sqrt{1-x^2}}\mathrm{d}x$.

9. $\int_0^{\frac{3}{4}} \frac{x+1}{\sqrt{x^2+1}}\mathrm{d}x$.

10. $\int_{-\sqrt{2}}^{\sqrt{2}} \frac{\mathrm{d}x}{x\sqrt{x^2-1}}$.

11. $\int_0^{\pi} (x\sin x)^2\mathrm{d}x$.

12. $\int_0^{\pi} \mathrm{e}^x\cos^2 x\,\mathrm{d}x$.

13. $\int_0^{\frac{\pi}{2}} |\sin x-\cos x|\mathrm{d}x$.

14. $\int_{\frac{1}{\mathrm{e}}}^{\mathrm{e}} |\ln x|\mathrm{d}x$.

15. $\int_0^2 \sqrt{x^2-4x+4}\,\mathrm{d}x$.

四、证明：$\int_0^1 x^m(1-x)^n\mathrm{d}x=\int_0^1 x^n(1-x)^m\mathrm{d}x\ (m,n\in\mathbf{N})$.

五、证明不等式：$\frac{3}{\mathrm{e}^4}\leqslant\int_{-1}^2 \mathrm{e}^{-x^2}\mathrm{d}x\leqslant 3$.

六、已知 $x\mathrm{e}^x$ 为 $f(x)$的一个原函数，求 $\int_0^1 f'(x)\mathrm{d}x$.

七、设 $f(x)=\ln x-\int_1^{\mathrm{e}} f(x)\mathrm{d}x$，证明：$\int_1^{\mathrm{e}} f(x)\mathrm{d}x=\frac{1}{\mathrm{e}}$.

八、设 $f(x)=\int_0^{x^2} x\sin t\,\mathrm{d}t$，求 $f''(x)$.

九、设 $x=\int_1^t u\ln u\,\mathrm{d}u$，$y=\int_{t^2}^1 u^2\ln u\,\mathrm{d}u$，求$\frac{\mathrm{d}y}{\mathrm{d}x}$.

十、设 $f(x)>0$ 且连续，证明：函数 $\varphi(x)=\frac{\int_0^x tf(t)\mathrm{d}t}{\int_0^x f(t)\mathrm{d}t}$ 单调增加.

十一、求曲线 $y=\int_{\frac{\pi}{2}}^x \frac{\sin t}{t}\mathrm{d}t$ 在 $x=\frac{\pi}{2}$ 处的切线方程.

十二、求由曲线 $y=x^3$ 与 $y=\sqrt{x}$ 所围平面图形的面积.

十三、求由曲线 $x=\sqrt{2-y}$，直线 $y=x$ 及 y 轴所围平面图形绕 x 轴旋转一周所得旋转体的体积.

十四、下列反常积分是否收敛？若收敛，求出它的值.

1. $\int_0^{+\infty} \frac{\arctan x}{(1+x^2)^{\frac{3}{2}}}\mathrm{d}x$.

2. $\int_0^{+\infty} x\cos x\,\mathrm{d}x$.

第 6 章

常微分方程

教学目标

1. 知识目标　了解微分方程、方程的阶、方程的特解和通解的概念；掌握一阶可分离变量的微分方程、一阶齐次微分方程和一阶线性微分方程的求解方法；掌握缺项型可降阶的二阶微分方程的求解方法；会求二阶常系数线性微分方程的通解.

2. 能力目标　能利用微分方程解决实际问题.

3. 思政目标　通过微分方程通解的求解，培养学生勇于探索、敢于创新的精神.

思维导图

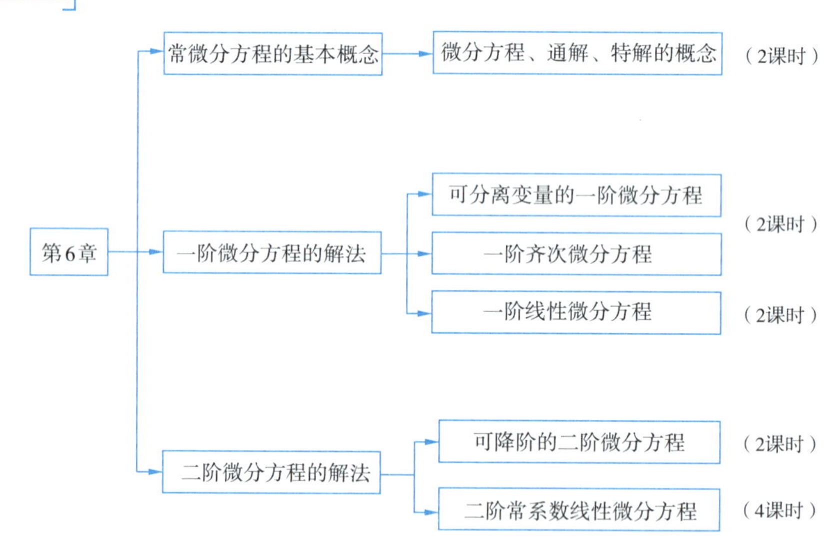

本章导引

在实际问题中，人们用函数表达事物内部之间的联系.但是在解决问题的过程中，往往很难找到所需的函数关系，却容易找到未知函数及其导数或微分与自变量之间的关系.这种关系式就是所谓的微分方程.微分方程建立以后，对它进行研究，找出未知函数，这就是解微分方程.本章主要介绍微分方程的基本概念和几种常见的微分方程的解法.

6.1 常微分方程的基本概念

本节导引

引例 一辆汽车在公路上以 10 m/s 的速度行驶.司机突然发现汽车前方约 20 m 处有一名男孩在玩耍，于是紧急刹车.已知汽车以 $-4\ \mathrm{m/s^2}$ 的加速度刹车，问汽车能否避免撞伤小孩？

解 我们知道，速度是位移对时间的导数 $v=\frac{\mathrm{d}s}{\mathrm{d}t}$，加速度是速度对时间的导数 $a=\frac{\mathrm{d}v}{\mathrm{d}t}=\frac{\mathrm{d}^2s}{\mathrm{d}t^2}$.且有

$$a=\frac{\mathrm{d}^2s}{\mathrm{d}t^2}=-4, \tag{6-1}$$

其中

$$\begin{cases} s|_{t=0}=0, \\ v|_{t=0}=10. \end{cases} \tag{6-2}$$

把式(6-1)两边对 t 积分，得

$$v=\frac{\mathrm{d}s}{\mathrm{d}t}=-4t+C_1, \tag{6-3}$$

把式(6-3)两边对 t 积分，得

$$s(t)=-2t^2+C_1t+C_2. \tag{6-4}$$

将式(6-2)分别代入式(6-3)、(6-4)得 $C_1=10$，$C_2=0$.于是汽车刹车后的运动规律为

$$s(t)=-2t^2+10t. \tag{6-5}$$

汽车停止时速度为零，由式(6-3)得 $0=-4t+10$，即 $t=2.5(\mathrm{s})$.

再由式(6-5)得到从刹车到停止共行驶的距离

$$s(2.5)=-2\times(2.5)^2+10\times2.5=12.5(\mathrm{m}),$$

所以汽车可以避免撞伤小孩.

6.1.1 定义

定义 6.1.1 含有未知函数的导数(或微分)的方程称为微分方程(differential equation).

如果微分方程中的未知函数是一元函数，则称这种方程为常微分方程(ordinary differential equation).

如果微分方程中的未知函数是多元函数，则称方程为偏微分方程(partial differential equation).

微分方程中所含未知函数的导数的最高阶数称为微分方程的阶.n 阶微分方程的一般形式是

$$F(x,y,y',y'',\cdots,y^{(n)})=0. \tag{6-6}$$

把二阶及二阶以上的微分方程统称为高阶微分方程.

在引例中，式(6-1)是 s 关于 t 的二阶微分方程，式(6-3)是一阶微分方程.本章只讨论常微分方程.

定义 6.1.2 任何代入微分方程后使其成为恒等式的函数，都称为该微分方程的解.在微分方程的解中，若含有与方程的阶数相同个数的任意常数，则称该解为方程的通解.把确定通解中任意常数的条件称为定解条件或初始条件.把不含任意常数(或确定了任意常数)的解称为方程(满足初始条件)的特解.微分方程解的图形称为此方程的积分曲线.由于通解中含有任意常数，所以它的图形是具有某种共同性质的积分曲线族.

例如，式(6-3)是式(6-1)的解，而式(6-4)则是式(6-1)的通解.式(6-2)为式(6-1)的初始条件，式(6-5)是式(6-1)的特解.

【例 6.1.1】 在下列方程中，哪些是微分方程？并指出其阶数.哪些不是微分方程？

(1) $y'=0$；　　(2) $x+\ln(x+y)=1$；

(3) $\left(\dfrac{dy}{dx}\right)^3+x\dfrac{dy}{dx}-y=0$；　　(4) $\dfrac{d^3y}{dx^3}+x\dfrac{dy}{dx}-y=0$.

解 (1) 是一阶微分方程；(2) 不是微分方程；(3) 是一阶微分方程；(4) 是三阶微分方程.

6.1.2 可分离变量的一阶微分方程

定义 6.1.3 如果一阶微分方程

$$F(x,y,y')=0, \tag{6-7}$$

经整理后能写成如下形式：

$$g(y)dy=f(x)dx, \tag{6-8}$$

则称式(6-7)为可分离变量的微分方程.

可分离变量方程的解法是：变量分离，对方程式(6-8)等号两边同时取不定积分，即

$$\int g(y)dy=\int f(x)dx.$$

设 $G(y)$，$F(x)$分别是 $g(y)$，$f(x)$的原函数，则得式(6-8)的通解

$$G(y)=F(x)+C. \tag{6-9}$$

【例 6.1.2】 求微分方程$\dfrac{dy}{dx}+y\sin x=0$ 的通解.

解 分离变量得

$$\frac{1}{y}dy=-\sin x\,dx,$$

两边积分得

$$\int\frac{dy}{y}=\int(-\sin x)dx,$$

求出它们的原函数,得方程的通解

$$\ln|y|=\cos x+C.$$

该解称为**隐式通解**.

【例 6.1.3】 求解微分方程 $dx+xydy=y^2dx+ydy$ 满足初始条件 $y|_{x=0}=2$ 的特解.

解 整理、分离变量得

$$y(x-1)dy=(y^2-1)dx, 即\frac{y}{y^2-1}dy=\frac{1}{x-1}dx,$$

两边积分得

$$\frac{1}{2}\ln|y^2-1|=\ln|x-1|+\frac{1}{2}\ln C,$$

或
$$\frac{1}{2}\ln|y^2-1|=\ln|x-1|+C=\ln|x-1|+\ln e^C.$$

这里,我们把积分常数写成了$\frac{1}{2}\ln C$,是为了下一步整理的方便,读者要注意学习这样的技巧.如果直接写成 C 也可以,只不过表达式麻烦点.

整理得

$$y^2=C(x-1)^2+1\quad(或\ y^2=e^{2C}(x-1)^2+1),$$

将初始条件 $y|_{x=0}=2$ 代入通解,得 $C=3\left(或\ C=\frac{\ln 3}{2}\right)$,故所求特解为

$$y^2=3(x-1)^2+1.$$

从解答过程可以看出,今后我们可以把任意常数写成方便求解的形式.

【例 6.1.4】 [伤口的愈合] 医学研究发现,刀割伤口表面恢复的速度为$\frac{dA}{dt}=-5t^{-2}$ $(1\leqslant t\leqslant 5)$(单位:$cm^2$/天),其中 A 表示伤口的面积,假设 $A(1)=5(cm^2)$,问受伤 5 天后该患者的伤口表面积为多少?

解 由$\frac{dA}{dt}=-5t^{-2}$得 $\quad dA=-5t^{-2}dt,$

两边分别积分得 $\quad A=-5\int t^{-2}dt=5t^{-1}+C.$

将 $A(1)=5$ 代入方程得 $C=0$,即 $A=5t^{-1}$.

所以 5 天后病人的伤口愈合面积为 $A(5)=5\times\frac{1}{5}=1(cm^2)$.

【例 6.1.5】 [放射性元素的衰变] 放射性元素由于不断地有原子放射出微粒子而变成其他元素,使放射性元素的含量不断减少,这种现象称为衰变.铀是一种放射性元素,由原子物理学知道,铀的衰变速度与当时未衰变的原子的含量 M 成正比.已知 $t=0$ 时铀含量为 M_0,求在衰变过程中铀含量 $M(t)$随时间 t 变化的规律.

解 铀的衰变速度就是铀含量 $M(t)$ 对时间 t 的导数 $\frac{\mathrm{d}M}{\mathrm{d}t}$，由于铀的衰变速度与其含量成正比，得

$$\frac{\mathrm{d}M}{\mathrm{d}t}=-\lambda M \quad (\lambda>0),$$

分离变量得

$$\frac{\mathrm{d}M}{M}=-\lambda\,\mathrm{d}t,$$

两端积分得

$$\int\frac{\mathrm{d}M}{M}=\int-\lambda\,\mathrm{d}t,$$

解得

$$M=M_0\mathrm{e}^{-\lambda t}.$$

由此可见，铀含量随时间的增加而按指数规律衰减.

【例 6.1.6】 ［案发时间的推算］Newton 冷却定律指出：当系统与环境温度相差不大（不超过 10～15 ℃）时，系统温度的变化率与系统和环境温度之差成正比，即

$$\frac{\mathrm{d}T}{\mathrm{d}t}=k(T-T_0),$$

其中 T 是系统温度，T_0 是环境温度，t 为冷却时间，k 为散热系数.

某地发生一起谋杀案，警察下午四点到达现场，法医测得尸体温度为 30 ℃，室温为 20 ℃，已知尸体温度在人死后最初 2 小时会下降 2 ℃，推算谋杀是何时发生的.

解 设 $T(t)$ 表示尸体经过时间 t 的温度，则 $T_1=37$ ℃（人体的温度），$T_2=35$ ℃，$T_0=20$ ℃（环境温度）.

由 Newton 冷却定律得 $-\frac{\mathrm{d}T}{\mathrm{d}t}=k(T-T_0)$（这里的散热系数为负数），

分离变量得

$$\frac{\mathrm{d}T}{T-20}=-k\,\mathrm{d}t,$$

两边求不定积分得

$$\ln(T-20)=-kt+C_1,$$

所以

$$T=20+C_2\mathrm{e}^{-kt}.$$

将 $T_1=37$ ℃代入得 $C_2=17$，所以 $T=20+17\mathrm{e}^{-kt}$.

又因为当 $t=2$ 时，$T=35$，得 $35=20+17\mathrm{e}^{-2k}$，求得 $k=\ln\sqrt{\frac{17}{15}}$.

再由 $T=30$ ℃时，$30=20+17\mathrm{e}^{-kt}$，得 $t=2\cdot\dfrac{\ln\frac{10}{17}}{\ln\frac{15}{17}}\approx 8.5$.

尸体被发现时间为下午四点，向前推 8 个半小时，推算作案时间约为上午 7 点 30 分.

6.1.3 一阶齐次微分方程

定义 6.1.4 如果一阶微分方程能化为

$$\frac{\mathrm{d}y}{\mathrm{d}x}=f\left(\frac{y}{x}\right) \tag{6-10}$$

的形式，则称此类方程为一阶齐次微分方程，简称为齐次方程.

对于齐次方程，解法是：令 $u=\frac{y}{x}$ 或 $y=xu$，可得

$$\frac{\mathrm{d}y}{\mathrm{d}x}=u+x\frac{\mathrm{d}u}{\mathrm{d}x}=f(u),$$

分离变量得

$$\frac{\mathrm{d}u}{f(u)-u}=\frac{\mathrm{d}x}{x}.$$

这就是可分离变量的方程，也就是说，通过代换 $u=\frac{y}{x}$，可以把齐次方程化为可分离变量的方程去求解.

【例 6.1.7】 求微分方程 $y'=\frac{y}{x}-1$ 的通解.

解 令 $y=ux$，则有 $u+x\frac{\mathrm{d}u}{\mathrm{d}x}=u-1$，整理得

$$\mathrm{d}u=-\frac{\mathrm{d}x}{x},$$

两边积分得 $u=-\ln|x|+\ln C=\ln\frac{C}{|x|}$，即

$$y=x\ln\frac{C}{|x|}.$$

【例 6.1.8】 求微分方程 $(x-y)y\mathrm{d}x-x^2\mathrm{d}y=0$ 的通解.

解 方程可化为 $\frac{\mathrm{d}y}{\mathrm{d}x}=\frac{y}{x}-\frac{y^2}{x^2}$，令 $y=xu$，得

$$u+x\frac{\mathrm{d}u}{\mathrm{d}x}=u-u^2 \text{ 或} -\frac{\mathrm{d}u}{u^2}=\frac{\mathrm{d}x}{x},$$

两边积分得

$$\frac{1}{u}=\ln|x|-\ln C=\ln\frac{|x|}{C},$$

把 $u=\frac{y}{x}$ 代入上式得

$$\frac{x}{y}=\ln\frac{|x|}{C},$$

即

$$x=C\mathrm{e}^{\frac{x}{y}}.$$

若 $\frac{\mathrm{d}x}{\mathrm{d}y}=f\left(\frac{x}{y}\right)$，则该如何换元呢？可令 $u=\frac{x}{y}$，$x=uy$，则有 $\frac{\mathrm{d}x}{\mathrm{d}y}=u+y\frac{\mathrm{d}u}{\mathrm{d}y}$.

6.1.4 高阶微分方程

高阶微分方程的表达式为

$$y^{(n)}=f(x)(n\geqslant 2), \tag{6-11}$$

这是一种可降阶的微分方程，对式(6-11)两边积分一次，得到 $n-1$ 阶微分方程

$$y^{(n-1)}=\int f(x)\mathrm{d}x+C_1=F_1(x)+C_1.$$

假定 $F_1(x)$ 为 $f(x)$ 的原函数，现对 $y^{(n-1)}$ 积分一次，则 $y^{(n-1)}$ 可降一次阶，即

$$y^{(n-2)}=\int F_1(x)\mathrm{d}x+C_1x+C_2=F_2(x)+C_1x+C_2.$$

假定 $F_2(x)$ 为 $F_1(x)$ 的原函数.对 $y^{(n-2)}$ 进行 $n-2$ 次积分后,可得

$$\begin{aligned}y&=F_n(x)+\frac{C_1}{(n-1)!}x^{n-1}+\frac{C_2}{(n-2)!}x^{n-2}+\cdots+\frac{C_{n-2}}{2!}x^2+\frac{C_{n-1}}{1!}x+C_n\\&=F_n(x)+\overline{C_1}x^{n-1}+\overline{C_2}x^{n-2}+\cdots+\overline{C}_{n-2}x^2+C_{n-1}x+C_n.\end{aligned}$$

其中 $\overline{C_1},\overline{C_2},\cdots,\overline{C}_{n-2}$ 仍为任意常数.

【例 6.1.9】 求微分方程 $y'''=x$ 的通解.

解 两边积分一次,得

$$y''=\frac{x^2}{2}+C_1,$$

再次积分,得

$$y'=\frac{x^3}{3!}+C_1x+C_2,$$

再积分一次,得

$$y=\frac{x^4}{4!}+\frac{C_1}{2!}x^2+\frac{C_2}{1!}x+C_3=\frac{x^4}{24}+\overline{C_1}x^2+C_2x+C_3.$$

小结

本节介绍了微分方程的一些概念,这些概念是学好微分方程的基础.在学习了基础的概念之后,我们还学习了可分离变量的一阶微分方程、一阶齐次微分方程和高阶微分方程的解法.其中,可分离变量的微分方程的解法是对方程的两边取不定积分;一阶齐次微分方程的解法是令 $u=\frac{y}{x}$ 或 $y=xu$;高阶微分方程的解法是对方程进行 n 次积分.

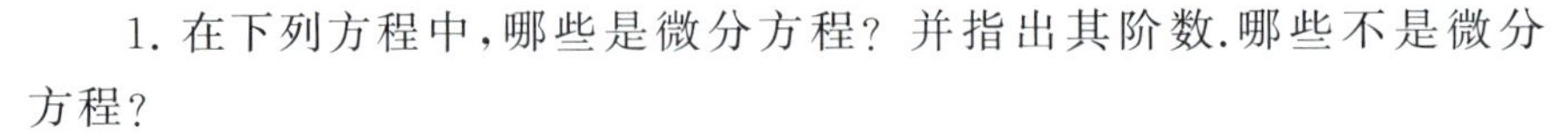

习题 6.1

习题 6.1 答案

1. 在下列方程中,哪些是微分方程?并指出其阶数.哪些不是微分方程?

(1) $y''=x^2+y^2$; (2) $\mathrm{d}y=p\mathrm{d}x$(p 为常数);

(3) $y^{(n)}=f(x)$; (4) $y=xu$.

2. 验证下列函数是否为所给微分方程的解.

(1) $y'+y=0, y=3\sin x-4\cos x$; (2) $y''=x^2+y^2, y=\frac{1}{x}$.

3. 求方程 $y'=a$ 满足初始条件 $y|_{x=0}=a$ 的特解.

4. 求微分方程的通解.

(1) $y'=xy$; (2) $\frac{\mathrm{d}y}{\cos x}+\frac{\mathrm{d}x}{\sin y}=0$;

(3) $\frac{\mathrm{d}y}{\mathrm{d}x}=\frac{y}{x}+\cos^2\frac{y}{x}$; (4) $y'''=\mathrm{e}^x$.

5. 求微分方程的通解.

(1) $(1+e^x)y\,dy=e^x\,dx$；　　(2) $y'=-\dfrac{x+y}{x}$.

6. 设在每一时刻某车床由于磨损而跌价的速度与它的实际价格成正比.已知最初价格为 P_0,试求 t 年后该车床的价格.

6.2 一阶线性微分方程

本节导引

引例　一条曲线过原点,且在点(x,y)处的切线斜率等于 $2x+y$,求该曲线的方程.

分析　由题意得 $y'=2x+y$,显然它不是可直接分离变量的,也不是齐次型一阶微分方程,这样的方程就是今天我们要学习的一阶线性方程.一阶线性微分方程是一类用途广泛的微分方程,今天我们来研究它的解法.

6.2.1 一阶线性微分方程与常数变易法

定义 6.2.1　形如

$$\frac{dy}{dx}+p(x)y=q(x) \tag{6-12}$$

的方程称为一阶非齐次线性微分方程,其中 $p(x)$,$q(x)$为已知函数.当 $q(x)=0$ 时,称

$$\frac{dy}{dx}+p(x)y=0 \tag{6-13}$$

为一阶齐次线性微分方程,简称为式(6-12)对应的齐次方程.

下面我们来求式(6-12)的通解.先求式(6-13)的通解,分离变量得

$$\frac{dy}{y}=-p(x)dx,$$

积分得

$$\int\frac{dy}{y}=-\int p(x)dx,$$

即

$$\ln y=-\int p(x)dx+\ln C,$$

或

$$y=Ce^{-\int p(x)dx}. \tag{6-14}$$

式(6-14)为式(6-13)的通解.

下面用常数变易法来求式(6-12)的通解.把式(6-14)中的常数 C 看成 x 的函数 $C(x)$,即假定式(6-12)有形如

$$y=C(x)e^{-\int p(x)dx} \tag{6-15}$$

的解.对式(6-15)两边关于 x 求导得

$$y'=C'(x)e^{-\int p(x)dx}-C(x)p(x)e^{-\int p(x)dx},$$

代入式(6-12)得

$$C'(x)e^{-\int p(x)dx}-C(x)p(x)e^{-\int p(x)dx}+p(x)C(x)e^{-\int p(x)dx}=q(x),$$

即

$$C'(x)=q(x)e^{\int p(x)dx}.$$

于是 $C(x)=\int q(x)e^{\int p(x)dx}dx+C$，代入式(6-15)得

$$y=e^{-\int p(x)dx}\left(\int q(x)e^{\int p(x)dx}dx+C\right). \tag{6-16}$$

式(6-16)就是通过常数变易法得到的式(6-12)的通解.我们不主张读者在求解每一道一阶线性微分方程的题目时都用该方法，而是要求大家熟记并直接利用式(6-16)解题，前提是你首先需要把所给的方程写成式(6-12)的形式或明确方程中哪些因子是 $p(x)$ 和 $q(x)$. 公式中出现了三次不定积分的求解，结果都不需要带不定常数，只需找其任意一个原函数即可.

6.2.2 一阶线性微分方程求解举例

【例 6.2.1】 求方程 $x\frac{dy}{dx}-3y=x$ 的通解.

解 方程两边同除以 x 得

$$\frac{dy}{dx}-\frac{3}{x}y=1,$$

这里，$p(x)=-\frac{3}{x}$，$q(x)=1$.由式(6-16)得方程的通解

$$\begin{aligned}y&=e^{-\int\left(-\frac{3}{x}\right)dx}\left(\int e^{\int\left(-\frac{3}{x}\right)dx}dx+C\right)\\&=e^{3\ln x}\left(\int\frac{1}{x^3}dx+C\right)=x^3\left(-\frac{1}{2x^2}+C\right)=Cx^3-\frac{x}{2}.\end{aligned}$$

当然本题也可看作一阶齐次方程来求解，即令 $y=xu$，请读者自己完成.

【例 6.2.2】 求方程 $\frac{dy}{dx}-\frac{y}{x}=x\sin x$ 的通解.

解 由式(6-16)得

$$\begin{aligned}y&=e^{\int\frac{dx}{x}}\left(\int(x\sin x)e^{-\int\frac{dx}{x}}dx+C\right)=x\left(\int(x\sin x)\cdot\frac{1}{x}dx+C\right)\\&=x\left(\int\sin x\,dx+C\right)=Cx-x\cos x.\end{aligned}$$

【例 6.2.3】 一条曲线通过原点，曲线上任意一点的切线斜率为 $y-x$，求该曲线的方程.

解 由导数的几何意义得

$$y'=y-x,$$

即

$$\frac{dy}{dx}-y=-x.$$

于是有

$$y=e^{\int dx}\left(-\int x e^{\int -dx} dx+C\right)=e^x\left(-\int x e^{-x} dx+C\right)$$
$$=e^x\left(x e^{-x}-\int e^{-x} dx+C\right)=e^x(x e^{-x}+e^{-x}+C)=x+1+Ce^x.$$

由初始条件 $y|_{x=0}=0$ 得 $C=-1$，故所求曲线为

$$y=x-e^x+1.$$

下面我们来解决导引中的问题.

$$y=e^{\int dx}\left(\int 2x e^{\int -1dx} dx+C\right)=e^x(C-2x e^{-x}-2e^{-x})=-2(x+1)+Ce^x.$$

因为它过原点，故 $C=2$，故所求曲线方程为 $y=2(e^x-x-1)$.

【例 6.2.4】 求微分方程 $(y^2-6x)\frac{dy}{dx}+2y=0$ 满足条件 $y|_{x=1}=1$ 的特解.

解　原方程不是关于未知函数 y,y' 的一阶线性方程，现改写方程为 $\frac{dx}{dy}-\frac{3}{y}x=-\frac{y}{2}$，则它是关于 $x(y),x'(y)$ 的一阶线性方程，且 $P_1(y)=-\frac{3}{y}$，$Q_1(y)=-\frac{y}{2}$. 通解为

$$x=e^{-\int P_1(y)dy}\left[\int Q_1(y)e^{\int P_1(y)dy}dy+C\right]=e^{\int \frac{y}{3}dy}\left[\int\left(-\frac{y}{2}\right)e^{-\int\frac{3}{y}dy}dy+C\right]$$
$$=y^3\left[\int\left(-\frac{y}{2}\right)y^{-3}dy+C\right]=Cy^3+\frac{1}{2}y^2.$$

将条件 $y|_{x=1}=1$ 代入上式，得 $C=\frac{1}{2}$，于是所求方程的特解为 $x=\frac{1}{2}y^2(y+1)$.

【例 6.2.5】 跳伞运动员降落过程的运动方程是

$$m\frac{dv}{dt}=-kv+mg,$$

其中，$-kv$ 是空气阻力；k 为大于零的常数，依赖于降落伞的形状和降落总质量.

求 $t\to+\infty$ 时速度的极限.

解　方程两边同除以 m 并整理得

$$\frac{dv}{dt}+\frac{k}{m}v=g,$$

这是一阶线性微分方程，由式(6-16)得它的通解

$$v=e^{-\int\frac{k}{m}dt}\left(\int g e^{\int\frac{k}{m}dt}dt+C\right)=e^{-\int\frac{k}{m}dt}\left(g\int e^{\int\frac{k}{m}dt}dt+C\right)$$
$$=e^{-\frac{k}{m}t}\left(\frac{mg}{k}e^{\frac{k}{m}\cdot t}+C\right)=\frac{mg}{k}+Ce^{-\frac{k}{m}\cdot t}.$$

假设起跳时刻的速度为零，即 $v|_{t=0}=0$，代入上式得 $C=-\frac{mg}{k}$. 所以降落伞在降落过程中速度与时间的函数关系为

$$v=\frac{mg}{k}(1-e^{-\frac{k}{m}t}),$$

于是

$$\lim_{t\to+\infty} v = \lim_{t\to+\infty} \frac{mg}{k}(1-\mathrm{e}^{-\frac{k}{m}t}) = \frac{mg}{k}.$$

这说明降落伞在降落过程中速度(按指数衰减率)会很快变成常量$\frac{mg}{k}$.一般可通过选取适当的常数 k 后使跳伞运动员以 2 m/s 左右的速度着地,因此跳伞运动并不像我们想象得那么可怕.

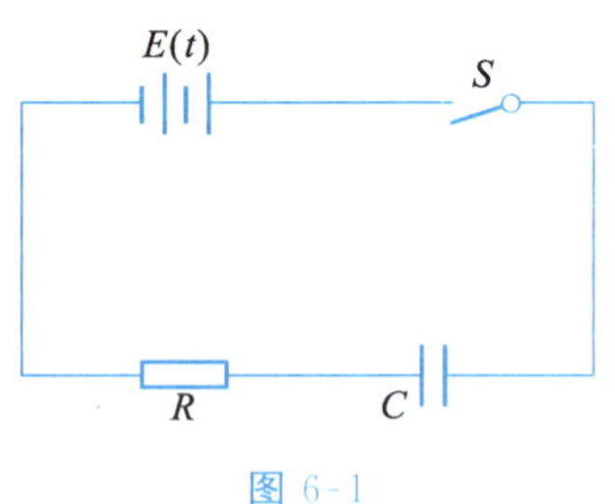

图 6-1

【例 6.2.6】 [RC 电路] 如图 6-1 所示,在串联电路中,设有电阻 $R=100\ \Omega$,电容 $C=0.01$ F,电源电动势 $E=400\cos 2t$ V,由基尔霍夫第二定律知,电容 C 满足$\frac{\mathrm{d}q}{\mathrm{d}t}+\frac{1}{RC}q=\frac{E}{R}$,假设电容没有初始电量,求任意时刻电路的电流.

解 由题意得

$$\frac{\mathrm{d}q}{\mathrm{d}t}+q=4\cos 2t,$$

由一阶线性微分方程求解公式,得

$$\begin{aligned}
q(t) &= \mathrm{e}^{-\int \mathrm{d}t}\left(\int 4\cos 2t\,\mathrm{e}^{\int \mathrm{d}t}\,\mathrm{d}t + C\right) \\
&= \mathrm{e}^{-t}\left(4\int \cos 2t \cdot \mathrm{e}^{t}\,\mathrm{d}t + C\right) \\
&= \mathrm{e}^{-t}\left[\frac{4}{5}\mathrm{e}^{t}(\cos 2t + 2\sin 2t) + C\right] \\
&= C\mathrm{e}^{-t} + \frac{8}{5}\sin 2t + \frac{4}{5}\cos 2t.
\end{aligned}$$

将 $t=0, q=0$ 代入上式,得 $C=-\frac{4}{5}$,所以 $q=-\frac{4}{5}\mathrm{e}^{-t}+\frac{8}{5}\sin 2t+\frac{4}{5}\cos 2t$.因为 $I=\frac{\mathrm{d}q}{\mathrm{d}t}$,所以 $I=\frac{4}{5}\mathrm{e}^{-t}+\frac{16}{5}\cos 2t-\frac{8}{5}\sin 2t$,其中$\frac{4}{5}\mathrm{e}^{-t}$为瞬时电流,$\frac{16}{5}\cos 2t-\frac{8}{5}\sin 2t$ 为稳态电流.

伯努利方程:$y'+p(x)y=q(x)y^n$.

求解方法:令 $y^{1-n}=z$,于是有

$$\frac{\mathrm{d}z}{\mathrm{d}x}=(1-n)y^{-n}\frac{\mathrm{d}y}{\mathrm{d}x},$$

代入方程得
$$\frac{1}{1-n}y^n\frac{\mathrm{d}z}{\mathrm{d}x}+p(x)y=q(x)y^n,$$

化简得
$$\frac{\mathrm{d}z}{\mathrm{d}x}+(1-n)p(x)y^{1-n}=(1-n)q(x),$$

或记为
$$\frac{\mathrm{d}z}{\mathrm{d}x}+(1-n)p(x)z=(1-n)q(x),$$

这样就转化为一阶线性微分方程的形式了.

【例 6.2.7】 解常微分方程：$x\dfrac{\mathrm{d}y}{\mathrm{d}x}+y=xy^2$.

解 令 $y^{1-2}=z$，原方程化为 $\dfrac{\mathrm{d}z}{\mathrm{d}x}+(-1)x^{-1}z=-1$.

由公式得

$$z=\mathrm{e}^{-\int -\frac{1}{x}\mathrm{d}x}\left(\int(-1)\mathrm{e}^{\int -\frac{1}{x}\mathrm{d}x}\,\mathrm{d}x+C\right)=x(C-\ln x),$$

即

$$y^{-1}=x(C-\ln x).$$

小结

在使用式(6-16)求一阶线性微分方程的通解时，要特别注意圆括号外 e 的指数部分是对 $-p(x)$ 积分，而圆括号内 e 的指数部分是对 $p(x)$ 积分.

习题 6.2 答案

习题 6.2

1. 求下列微分方程的通解.

(1) $\dfrac{\mathrm{d}y}{\mathrm{d}x}-\dfrac{y}{x}=x$；　　(2) $\dfrac{\mathrm{d}y}{\mathrm{d}x}+\dfrac{2y}{x}=x^3$；

(3) $xy'+y-\mathrm{e}^x=0$；　　(4) $y'+\dfrac{y}{x}=\dfrac{\cos x}{x}$.

2. 求下列微分方程的通解.

(1) $y'+y\tan x=\sec x$；　　(2) $\dfrac{\mathrm{d}y}{\mathrm{d}x}-\dfrac{y}{x+1}=(x+1)^{\frac{3}{2}}$；

(3) $y^2\mathrm{d}x-(2xy+3)\mathrm{d}y=0$(提示：把 x 看成 y 的函数)；

(4) $(1+y^2)\mathrm{d}x=(\sqrt{1+y^2}\sin y-xy)\mathrm{d}y$.

3. 求方程 $y'+y\cot x=5\mathrm{e}^{\cos x}$ 满足初始条件 $y|_{x=\frac{\pi}{2}}=-4$ 的特解.

4. 设一曲线过原点，且在点 (x,y) 处的切线的斜率等于 $2x+y$，求该曲线的方程.

5. 解常微分方程：$y'+\dfrac{2}{x}y=3x^2y^{\frac{4}{3}}$.

可降阶的
二阶微分方程

6.3 可降阶的二阶微分方程

本节导引

引例 设在冲击力的作用下，质量为 m 的物体以初速度 v_0 在一水面上滑动，作用于物体的摩擦力为 $-km$(k 为常数)，求该物体的运动方程，并问物体能滑多远？

分析 设所求物体的运动方程为 $s=s(t)$，由牛顿第二定律及题意得 $m\dfrac{\mathrm{d}^2s}{\mathrm{d}t^2}=-km$，

$\frac{d^2 s}{dt^2}=-k$.其中,初始条件为 $s(0)=0,s'(0)=v_0$.我们发现这是一个二阶微分方程,今天我们就来学习二阶微分方程的解法.

定义 6.3.1 二阶及二阶以上的微分方程统称为高阶微分方程.

最简单的 n 阶微分方程为

$$y^{(n)}=f(x).$$

对方程两边逐次积分,得

$$y^{(n-1)}=\int f(x)\mathrm{d}x+C_1.$$

$$y^{(n-2)}=\int\left[\int f(x)\mathrm{d}x+C_1\right]\mathrm{d}x+C_2,$$

……

连续积分 n 次后,得到其通解 y 的表达式(其中含 n 个任意独立常数).

本节将介绍可降阶的两种特殊类型的二阶微分方程的解法.

6.3.1 $y''=f(x,y')$型

微分方程 $y''=f(x,y')$的右端不显含未知函数 y,此时可令 $y'=p$,则 $y''=\frac{\mathrm{d}p}{\mathrm{d}x}$,代入方程得

$$\frac{\mathrm{d}p}{\mathrm{d}x}=f(x,p).$$

这是关于变量 x 和 p 的一阶微分方程,它比原方程降低了一阶,若能求出它的通解

$$p=\varphi(x,C_1),$$

则原方程的通解为

$$y=\int\varphi(x,C_1)\mathrm{d}x+C_2.$$

一般地,不含 y 的可降阶的二阶微分方程,都可以按上述方法求其通解.

【例 6.3.1】 求方程 $y''-\frac{y'}{x}=x\mathrm{e}^x$ 的通解.

解 原方程是 $y''=f(x,y')$型.令 $y'=p,y''=\frac{\mathrm{d}p}{\mathrm{d}x}$,方程可化为$\frac{\mathrm{d}p}{\mathrm{d}x}-\frac{1}{x}p=x\mathrm{e}^x$.

利用一阶非齐次线性方程的通解公式,得

$$\begin{aligned}p&=\mathrm{e}^{-\int\left(-\frac{1}{x}\right)\mathrm{d}x}\left(\int x\mathrm{e}^x\mathrm{e}^{\int\left(-\frac{1}{x}\right)\mathrm{d}x}\mathrm{d}x+C\right)\\&=\mathrm{e}^{\ln x}\left(\int x\mathrm{e}^x\frac{1}{x}\mathrm{d}x+C\right)=x\mathrm{e}^x+Cx.\end{aligned}$$

即

$$\frac{\mathrm{d}y}{\mathrm{d}x}=x(\mathrm{e}^x+C).$$

所以原方程的通解为

$$y=\int(x\mathrm{e}^x+Cx)\mathrm{d}x=x\mathrm{e}^x-\mathrm{e}^x+\frac{C}{2}x^2+C_2=x\mathrm{e}^x-\mathrm{e}^x+C_1x^2+C_2.$$

【例 6.3.2】 求微分方程 $y''-3y'^2=0$ 满足初始条件 $y|_{x=0}=0, y'|_{x=0}=-1$ 的特解.

解 所给方程中不显含未知数 y 及自变量 x，这也是不含 y 的可降阶的二阶微分方程.将 $y'=p, y''=\frac{dp}{dx}$ 代入原方程得

$$p'-3p^2=0,$$

即 $\frac{dp}{p^2}=3dx$，所以 $-\frac{1}{p}=3x+C_1$，由 $y'|_{x=0}=p|_{x=0}=-1$ 得

$$C_1=1.$$

从而

$$y'=-\frac{1}{3x+1},$$

即得

$$dy=-\frac{dx}{3x+1}, y=-\frac{1}{3}\ln|3x+1|+C_2.$$

又由 $y|_{x=0}=0$，得 $C_2=0$.

所以原方程的特解为

$$y=-\frac{1}{3}\ln|3x+1|.$$

6.3.2　$y''=f(y,y')$ 型

微分方程 $y''=f(y,y')$ 右端不显含自变量 x.可令 $y'=p$，根据复合函数的求导法则，有

$$y''=\frac{dp}{dx}=\frac{dp}{dy}\cdot\frac{dy}{dx}=p\frac{dp}{dy},$$

代入方程，得

$$p\frac{dp}{dy}=f(y,p),$$

这是关于 y,p 的一阶微分方程.设它的通解为

$$y'=p=\varphi(y,C_1),$$

分离变量并积分，便可得方程 $y''=f(y,y')$ 的通解为

$$x=\int\frac{dy}{\varphi(y,C_1)}.$$

【例 6.3.3】 求 $yy''-y'^2=0$ 的通解，并求满足初始条件 $y|_{x=0}=1, y'|_{x=0}=2$ 的特解.

解 原方程是不显含自变量 x 的方程.令 $y'=p$，则 $y''=p\frac{dp}{dy}$，于是原方程化为

$$yp\frac{dp}{dy}-p^2=0,$$

即 $p\left(y\frac{dp}{dy}-p\right)=0$.

当 $p=0$ 时，即 $y'=0$，所以 $y=C$.因为 $y'|_{x=0}=2\neq0$，所以舍去.

当 $y\neq0, p\neq0$ 时，$\frac{dp}{p}=\frac{dy}{y}$，

积分得

$$p=C_1y,$$

即 $y'=C_1y$，再分离变量后积分，得通解为

$$y=C_2e^{C_1x}.$$

利用初始条件 $y|_{x=0}=1, y'|_{x=0}=2$，可得 $C_1=2, C_2=1$，故所求特解为

$$y=e^{2x}.$$

小结

本节介绍了可降阶的二阶微分方程的两种类型，即 $y''=f(x,y')$ 型和 $y''=f(y,y')$ 型，其中，$y''=f(x,y')$ 型的通解为 $y=\int\varphi(x,C_1)dx+C_2$；$y''=f(y,y')$ 型的通解为 $x=\int\frac{dy}{\varphi(y,C_1)}$.

习题 6.3

习题 6.3 答案

1. 求下列微分方程的通解.

(1) $(1-x^2)y''-xy'=2$；　(2) $y''=\frac{1}{1+x^2}$；

(3) $y''=y'+x$；　(4) $y''=1+y'^2$.

2. 求下列微分方程满足初始条件的特解.

(1) $y''=(y')^{\frac{1}{2}}, y|_{x=0}=0, y'|_{x=0}=1$；

(2) $(1-x^2)y''-xy'=3, y|_{x=0}=0, y'|_{x=0}=0$；

(3) $y''+(y')^2=1, y|_{x=0}=0, y'|_{x=0}=0$.

3. 试求 $y''=x$ 的经过点 $P(0,1)$ 且在该点与直线 $y=\frac{x}{2}+1$ 相切的积分曲线.

6.4 二阶常系数线性微分方程

本节导引

引例 火车沿水平直线轨道运动，设火车的质量为 M，发动机的牵引力为 F，阻力为 $a+bv$，其中 a,b 均为常数，v 为火车的速度.若已知火车的初速度与初位移均为零，求火车的运动方程 $s=s(t)$.

分析 由题设条件及牛顿第二定律，得

$$M\frac{d^2s}{dt^2}=F-\left(a+b\frac{ds}{dt}\right),$$

即

$$\frac{d^2s}{dt^2}+\frac{b}{M}\frac{ds}{dt}=\frac{F-a}{M},$$

初始条件为 $s|_{t=0}=0, v|_{t=0}=0$.

这样的微分方程就是我们今天要学习和研究的二阶常系数线性微分方程.

定义 6.4.1　形如

$$y''+py'+qy=f(x) \tag{6-17}$$

的方程称为二阶常系数线性微分方程,其中 p,q 为常数,$f(x)$称为自由项或者非齐次项.

当 $f(x)\neq 0$ 时,式(6-17)称为二阶常系数非齐次线性微分方程;当 $f(x)\equiv 0$ 时,式(6-17)即

$$y''+py'+qy=0 \tag{6-18}$$

称为二阶常系数齐次线性微分方程.

例如,

$$\frac{d^2y}{dx^2}+2\frac{dy}{dx}-3y=x^2e^x$$

是二阶常系数非齐次线性微分方程.

而

$$y''-5y'+6y=0$$

是二阶常系数齐次线性微分方程.

为了叙述方便,下面我们将式(6-17)$[f(x)\neq 0]$简称为**非齐次方程**,将式(6-18)$[f(x)=0]$简称为**齐次方程**.

6.4.1　二阶常系数线性微分方程解的性质及通解结构

定理 6.4.1(解的叠加原理)　若 y_1,y_2 是齐次方程(6-18)的两个解,则 y_1 与 y_2 的线性组合

$$y=C_1y_1+C_2y_2$$

也是方程(6-18)的解,其中 C_1,C_2 为任意常数.

该定理的证明略.

定义 6.4.2　设 $y_1(x)$和 $y_2(x)$是定义在某区间 I 上的两个函数.如果存在两个不全为零的常数 k_1,k_2 使

$$k_1y_1(x)+k_2y_2(x)\equiv 0$$

在 I 上成立,那么称 $y_1(x)$和 $y_2(x)$在 I 上是线性相关的.否则(若要使上式成立,只能推出 $k_1=0$ 且 $k_2=0$),就称它们在 I 上是线性无关的.

例如,$y_1(x)=\sin x$ 与 $y_2(x)=\frac{1}{2}\sin x$ 在任何区间上都是线性相关的,因为取 $k_1=-\frac{1}{2}$,$k_2=1$,就有

$$k_1y_1(x)+k_2y_2(x)=-\frac{1}{2}\sin x+1\times\frac{1}{2}\sin x=0.$$

又如 $y_1(x)=\sin x$ 与 $y_2(x)=\cos x$ 是线性无关的.因为从

$$k_1y_1(x)+k_2y_2(x)=k_1\sin x+k_2\cos x=0$$

只能推出 $k_1=0,k_2=0$.在这里,我们注意到,如果两个函数 $y_1(x)$与 $y_2(x)$之比为常数,即 $\frac{y_1(x)}{y_2(x)}=k$,那么 $y_1(x)$与 $y_2(x)$是线性相关的,否则是线性无关的.

例如，$y_1=e^{-x}$，$y_2=e^{2x}$，$y_3=e^{1-x}$，$\frac{y_1}{y_2}=e^{-3x}$不恒等于常数，$\frac{y_1}{y_3}=\frac{1}{e}\equiv$常数，所以$y_1$与$y_2$线性无关，$y_1$与$y_3$线性相关.

根据定义6.4.2，二阶方程的通解应该含有两个任意常数.那么方程(6-18)的特解y_1，y_2的线性组合$y=C_1y_1+C_2y_2$是不是式(6-18)的通解呢？分析如下：

(1) 若y_1与y_2是线性相关的：$y_1=ky_2$，k为常数，

$$y=C_1y_1+C_2y_2=C_1ky_2+C_2y_2=(C_1k+C_2)y_2=Cy_2.$$

这表明$y=C_1y_1+C_2y_2$中实际上只含有一个任意常数C，故当y_1，y_2线性相关时，线性组合$y=C_1y_1+C_2y_2$不是式(6-18)的通解.

(2) 若y_1与y_2是线性无关的：$y_1=k(x)y_2$，$k(x)$是x的函数.这时线性组合$y=C_1y_1+C_2y_2$中两个任意常数不能合并，的确含有两个任意常数，所以它是式(6-18)的通解.

于是有如下定理：

定理6.4.2 如果y_1，y_2是齐次方程(6-18)的两个线性无关的特解，那么其线性组合

$$y=C_1y_1+C_2y_2$$

就是式(6-18)的通解，其中C_1，C_2为任意常数.

下面讨论非齐次方程(6-17)解的结构.

由常数变易法得到方程$\frac{dy}{dx}+p(x)y=q(x)$的通解为

$$y=e^{-\int p(x)dx}\left(\int q(x)e^{\int p(x)dx}dx+C\right)=Ce^{-\int p(x)dx}+e^{-\int p(x)dx}\int q(x)e^{\int p(x)dx}dx,$$

即一阶非齐次线性方程的通解等于它所对应的齐次方程的通解加上非齐次方程的一个特解(在非齐次方程的通解中令$C=0$).

实际上，二阶及更高阶的非齐次方程的通解也有类似的结构.

定理6.4.3 如果y^*是二阶常系数非齐次线性微分方程(6-17)的一个特解，$\bar{y}=C_1y_1+C_2y_2$是式(6-17)所对应的齐次方程(6-18)的通解，则

$$y=\bar{y}+y^* \tag{6-19}$$

是式(6-17)的通解.

二阶常系数齐次线性微分方程的解法

6.4.2 二阶常系数齐次线性微分方程的解法

由前面的知识可知，求式(6-18)的通解可归纳为求它的两个线性无关的特解，再根据定理6.4.2写出通解.

从式(6-18)的结构来看，它的解应有如下特点：

未知函数的一阶导数y'，二阶导数y''与未知函数y只差一个常数因子.也就是说，方程中的y，y'，y''应具有相同的形式，而指数函数$y=e^{rx}$正是具有这种特点的函数.

设$y=e^{rx}$是式(6-18)的解，将

$$y=e^{rx}, y'=re^{rx}, y''=r^2e^{rx}$$

代入式(6-18)，得

$$(r^2+pr+q)e^{rx}=0,$$

因为 $e^{rx}\neq 0$,故有

$$r^2+pr+q=0. \tag{6-20}$$

因此,只要找到 r,使式(6-18)成立,则 $y=e^{rx}$ 就是式(6-18)的解.习惯上称式(6-20)为式(6-18)的**特征方程**.式(6-20)的根称为**特征根**.这样一来,我们将式(6-18)的求解问题转换成求微分方程 $y''+py'+qy=0$ 的解的问题,归结为求代数方程(6-20)的根的问题.

1. 式(6-20)有两个不相等的实根

当 $p^2-4q>0$ 时,式(6-20)有两个不相等的实根

$$r_1=\frac{-p+\sqrt{p^2-4q}}{2},r_2=\frac{-p-\sqrt{p^2-4q}}{2},$$

从而可得式(6-18)的两个特解

$$y_1=e^{r_1x},y_2=e^{r_2x}.$$

又因为

$$\frac{y_1}{y_2}=e^{(r_1-r_2)x}\neq 常数,$$

所以 y_1 与 y_2 线性无关.因此,微分方程 $y''+py'+qy=0$ 的通解为

$$y=C_1e^{r_1x}+C_2e^{r_2x}. \tag{6-21}$$

2. 式(6-20)有两个相等的实根

当 $p^2-4q=0$ 时,式(6-20)有两个相等的实根

$$r=r_1=r_2=-\frac{p}{2},$$

此时,我们只能得到式(6-18)的一个特解

$$y_1=e^{rx}.$$

为了求得式(6-18)的通解,还需要求出另一个特解 y_2,且要求 $\frac{y_2}{y_1}\neq$ 常数.为此,不妨设 $\frac{y_2}{y_1}=u(x)$,即

$$y_2=y_1u(x)=e^{rx}u(x),$$

代入式(6-18)得

$$(e^{rx}u)''+p(e^{rx}u)'+qe^{rx}=0,$$

求出各部分的导数并整理得

$$u''+(2r+p)u'+(r^2+pr+q)u=0.$$

因为 r 是式(6-20)的两个相等的实根,于是有 $2r+p=0,r^2+pr+q=0$,所以

$$u''=0,$$

两次积分后得

$$u=C_1x+C_2.$$

因为我们只要求 $\frac{y_2}{y_1}\neq$ 常数,所以为简便起见,不妨设 $C_1=1,C_2=0$,得

$$u=x,$$

从而得到式(6-18)的另一个与 $y_1=e^{rx}$ 线性无关的特解为

$$y_2=xe^{rx}.$$

因此，式(6-18)的通解为

$$y=(C_1+C_2x)e^{rx}. \tag{6-22}$$

3. 式(6-20)有一对共轭复根

当 $p^2-4q<0$ 时，式(4-20)有一对共轭复根

$$r_{1,2}=\alpha\pm i\beta.$$

式中，$\alpha=-\dfrac{p}{2}$，$\beta=\dfrac{\sqrt{4q-p^2}}{2}>0$.这时，式(6-18)有两个线性无关的复数解

$$y_1=e^{(\alpha+i\beta)x} \text{ 和 } y_2=e^{(\alpha-i\beta)x}.$$

由欧拉公式 $e^{ix}=\cos x+i\sin x$ 得

$$y_1=e^{(\alpha+i\beta)x}=e^{\alpha x}e^{i\beta x}=e^{\alpha x}(\cos\beta x+i\sin\beta x),$$
$$y_2=e^{(\alpha-i\beta)x}=e^{\alpha x}e^{-i\beta x}=e^{\alpha x}(\cos\beta x-i\sin\beta x),$$

于是有

$$\frac{1}{2}(y_1+y_2)=e^{\alpha x}\cos\beta x,\ \frac{1}{2i}(y_1-y_2)=e^{\alpha x}\sin\beta x.$$

由定理 6.4.1 知，这两个函数也都是式(6-18)的解，且线性无关，故式(6-18)的通解为

$$y=e^{\alpha x}(C_1\cos\beta x+C_2\sin\beta x).$$

综上所述，求二阶常系数齐次线性微分方程的通解的步骤如下：

(1) 写出微分方程的特征方程 $r^2+pr+q=0$；

(2) 求出特征根 r_1,r_2；

(3) 按表 6-1 写出微分方程的通解.

表 6-1

特征方程 $r^2+pr+q=0$ 的两个根 r_1,r_2	微分方程 $y''+py'+qy=0$ 的通解
两个不相等的实根 $r_1\neq r_2$	$y=C_1e^{r_1x}+C_2e^{r_2x}$
两个相等的实根 $r_1=r_2$	$y=(C_1+C_2x)e^{r_1x}$
一对共轭复根 $r_{1,2}=\alpha\pm\beta i$	$y=e^{\alpha x}(C_1\cos\beta x+C_2\sin\beta x)$

【例 6.4.1】 求微分方程 $y''-5y'+6y=0$ 的通解.

解 它的特征方程为

$$r^2-5r+6=0.$$

它的特征根为两个不相等的实根 $r_1=2,r_2=3$(对于因式分解不方便的方程，也可用二次三项式 $ax^2+bx+c=0$ 的求根公式来求解).

由此，该微分方程的通解为

$$y=C_1e^{2x}+C_2e^{3x}.$$

【例 6.4.2】 求微分方程 $3y''-y'+y=0$ 的通解.

解 它的特征方程为

$$3r^2-r+1=0,$$

它有一对共轭复根

$$r_{1,2}=\frac{1\pm i\sqrt{11}}{6}.$$

参照公式,该微分方程的通解为

$$y=e^{\frac{x}{6}}\left(C_1\cos\frac{\sqrt{11}}{6}x+C_2\sin\frac{\sqrt{11}}{6}x\right).\left(这里\ \alpha=\frac{1}{6},\beta=\frac{\sqrt{11}}{6}\right)$$

【例 6.4.3】 求方程 $y''-5y'+4y=0$ 满足初始条件 $y|_{x=0}=5$ 和 $y'|_{x=0}=8$ 的特解.

解 它的特征方程 $r^2-5r+4=0$ 的根为 $r_1=1,r_2=4$,故通解为

$$y=C_1e^x+C_2e^{4x}.$$

求导得

$$y'=C_1e^x+4C_2e^{4x}.$$

把初始条件 $y|_{x=0}=5$ 和 $y'|_{x=0}=8$ 代入以上两式,得

$$\begin{cases}5=C_1+C_2,\\8=C_1+4C_2,\end{cases}$$

解之,得 $C_1=4,C_2=1$.于是所求的特解为

$$y=4e^x+e^{4x}.$$

【例 6.4.4】 [弹簧的简谐运动] 车轮等很多机械都用弹簧做减振系统,求弹簧从原长度拉伸或压缩 x 单位随时间 t 的变化规律.

解 由胡克定律知,若弹簧从原长度拉伸或压缩 x 单位,则弹簧的回复力为 $-kx$,k 为劲度系数,忽略空气阻力和摩擦力,由牛顿第二定律有

$$m\frac{d^2x}{dt^2}=-kx(k>0),$$

这是二阶常系数线性微分方程,特征方程为

$$mr^2+k=0,$$

其解为

$$r=\pm\sqrt{\frac{k}{m}}i.$$

所以,微分方程的通解为

$$x(t)=C_1\cos\sqrt{\frac{k}{m}}t+C_2\sin\sqrt{\frac{k}{m}}t.$$

令 $\omega=\sqrt{\frac{k}{m}}$(频率),$A=\sqrt{C_1^2+C_2^2}$(振幅),$\cos\varphi=\frac{C_1}{A}$,$\sin\varphi=\frac{C_2}{A}$($\varphi$ 是相角),

则有
$$x(t)=A\cos(\omega t+\varphi).$$

6.4.3 二阶常系数非齐次线性微分方程的解法

根据定理 6.4.3,我们知道要求二阶常系数非齐次线性微分方程的通解,应首先求该微分方程对应的齐次方程的通解,然后求该微分方程的特解,最后将这两个解相加即可.下面我们讨论式(6-17)非齐次项 $f(x)$ 的两种特殊情形.

1. $f(x)=P_n(x)e^{\alpha x}$

这时式(6-17)为

$$y''+py'+qy=P_n(x)e^{\alpha x}, \tag{6-23}$$

其中,$P_n(x)$为 n 次多项式,α 为常数.它有特解形式

$$y^*=x^kQ_n(x)e^{\alpha x}, \tag{6-24}$$

这里 $Q_n(x)$是与 $P_n(x)$同次的多项式,系数待定;k 的取法为:当 α 不是特征根、是特征单根、是特征重根时,k 依次取 0、1 和 2,即 k 是α 与特征根重复的个数.

【例 6.4.5】 求方程 $y''+y'-2y=x^2+3$ 的通解.

解 该方程的特征方程为 $r^2+r-2=0$,解得 $r_{1,2}=1,-2$,故对应的齐次方程的通解为

$$\bar{y}=C_1e^x+C_2e^{-2x}.$$

由于 $\alpha=0$ 不是特征根,故设非齐次方程的特解为

$$y^*=x^0(Ax^2+Bx+C)e^{0x}=Ax^2+Bx+C.$$

(待定的二次式的项一定要设全)

可按下面的方法求待定系数 A,B 和 C:

$$\begin{cases}(y^*)'=2Ax+B,\\(y^*)''=2A,\\-2y^*=-2Ax^2-2Bx-2C,\end{cases}$$

将以上三式相加得

$$(y^*)''+(y^*)'-2y^*=-2Ax^2+(2A-2B)x+(2A+B-2C)=x^2+3,$$

比较第二个等号两边的系数得

$$-2A=1,2A-2B=0,2A+B-2C=3,$$

解之得

$$A=-\frac{1}{2},B=A=-\frac{1}{2},C=-\frac{9}{4},$$

所以,特解是

$$y^*=-\frac{1}{2}x^2-\frac{1}{2}x-\frac{9}{4}=-\frac{1}{2}\left(x^2+x+\frac{9}{2}\right).$$

原方程的通解为 $y=C_1e^x+C_2e^{-2x}-\frac{1}{2}\left(x^2+x+\frac{9}{2}\right)$.

2. $f(x)=e^{\alpha x}[P_l(x)\cos\beta x+Q_n(x)\sin\beta x]$

这时式(6-17)为

$$y''+py'+qy=e^{\alpha x}[P_l(x)\cos\beta x+Q_n(x)\sin\beta x], \tag{6-25}$$

其中 $P_l(x)$,$Q_n(x)$分别为 l 次、n 次多项式,α,β 为实常数.它有特解形式

$$y^*=x^ke^{\alpha x}[R_m(x)\cos\beta x+S_m(x)\sin\beta x]. \tag{6-26}$$

这里 $R_m(x)$,$S_m(x)$是两个待定的 m 次多项式,$m=\max\{l,n\}$,当 $\alpha+i\beta$ 不是特征根、是特征根时,k 依次取 0,1.

【例 6.4.6】 求方程 $y''-2y'+2y=4e^x\sin x$ 的特解.

解 它的特征方程 $r^2-2r+2=0$ 的根 $r_{1,2}=1\pm i$,故对应的齐次方程的通解为

$$\bar{y}=e^x(C_1\cos x+C_2\sin x).$$

由于 $\alpha+\mathrm{i}\beta=1+\mathrm{i}$ 是特征根，故 $k=1$.在本题中，$P_l(x)$ 是零多项式$[P_l(x)=0]$，$Q_n(x)$ 是零次多项式$[Q_n(x)$ 为非零的常数$]$，故设非齐次方程的特解为

$$y^*=x^1\mathrm{e}^x(A\cos x+B\sin x).$$

则

$$(y^*)'=\mathrm{e}^x[(A+B)x\cos x+(-A+B)x\sin x+A\cos x+B\sin x],$$

于是可得 $\begin{cases}(y^*)''=\mathrm{e}^x[2Bx\cos x-2Ax\sin x+2(A+B)\cos x+2(-A+B)\sin x],\\-2(y^*)'=\mathrm{e}^x[-2(A+B)x\cos x-2(-A+B)x\sin x-2A\cos x-2B\sin x],\\2y^*=\mathrm{e}^x(2Ax\cos x+2Bx\sin x),\end{cases}$

将上式相加得

$$(y^*)''-2(y^*)'+2y^*=\mathrm{e}^x(0x\cos x+0x\sin x+2B\cos x-2A\sin x)=4\mathrm{e}^x\sin x.$$

比较第二个等号两边的系数得

$$-2A=4,2B=0,$$

即

$$A=-2,B=0,$$

所以，特解是

$$y^*=x\mathrm{e}^x(-2\cos x+0\sin x)=-2x\mathrm{e}^x\cos x.$$

原方程的通解为

$$y=y^*+\bar{y}=\mathrm{e}^x(C_1\cos x+C_2\sin x-2x\cos x).$$

关于二阶常系数齐次线性微分方程(6-18)的解法的理论推导过程，读者知道即可.二阶常系数齐次线性方程的解题步骤可总结为：① 写出式(6-18)的特征方程；② 用求根公式算出特征根；③ 根据特征根是两个不相等的实根、两个相等的实根和共轭复根三种情况，分别按式(6-21)、式(6-22)和式(6-23)写出方程的通解.关于二阶常系数非齐次线性微分方程(6-17)，要求一般读者能写出其特解形式即可.

数学实验

命令：dsolve('方程 1','方程 2',…,'方程 n','初始条件','自变量')

【例 1】 $\dfrac{\mathrm{d}u}{\mathrm{d}t}=1+u^2$(微分方程表达)

输入：dsolve('Du = 1 + u.^2','t')

即 $\arctan u=t+C$

【例 2】 $\dfrac{\mathrm{d}^2y}{\mathrm{d}x^2}=x^3+1$

输入：dsolve('D2y = x^3 + 1','x')

即 $y=\dfrac{1}{20}x^5+\dfrac{1}{2}x^2+C_1x+C_2$

【例 3】 $\begin{cases}\dfrac{\mathrm{d}^2s}{\mathrm{d}t^2}=g,\\s(0)=0,\\s'(0)=v_0.\end{cases}$

输入：dsolve('D2s = g','Ds(0) = v0','s(0) = 0')

即 $s=\frac{1}{2}gt^2+v_0t$.

习题 6.4

习题 6.4 答案

1. 求下列微分方程的通解.

(1) $y''-y'-12y=0$；　　(2) $y''+7y'+10y=0$；

(3) $y''+3y'+\frac{9}{4}y=0$；　　(4) $4y''-4y'+y=0$；

(5) $y''+2y'+3y=0$；　　(6) $y''-8y'+25y=0$.

2. 求下列微分方程在所给定初始条件下的特解.

(1) $y''-y'-6y=0, y|_{x=0}=3, y'|_{x=0}=4$；

(2) $y''-4y'+4y=0, y|_{x=0}=1, y'|_{x=0}=1$.

3. 求下列微分方程的通解.

(1) $y''-7y'+12y=-e^{4x}$；　　(2) $y''-4y=e^{2x}\sin 2x$.

4. 写出下列方程的特解形式.

(1) $y''-2y'+5y=e^{x}\sin 2x$；　　(2) $y''=xe^{x}+y$；

(3) $y''+4y=2\sin 2x-3\cos 2x$；　　(4) $y''+9y=2x\sin x$.

复习题六

复习题六答案

一、选择题.

1. 微分方程 $y''=x^2$ 的解是(　　).

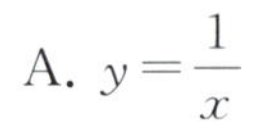
A. $y=\frac{1}{x}$　　B. $y=\frac{x^3}{3}+C$

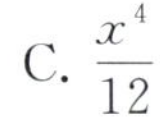
C. $\frac{x^4}{12}$　　D. $\frac{x^4}{6}$

2. 微分方程 $(x+y)dx+xdy=0$ 的通解是(　　).

A. $y=\frac{2C-x^2}{2x}$　　B. $y=-\frac{x}{2}+C$　　C. $y=\frac{x}{2}+C$　　D. $y=\frac{2C+x^2}{2x}$

3. 微分方程 $y''-2y'+y'(y'')^2+x^2y^2=0$ 的阶数是(　　).

A. 1　　B. 2　　C. 3　　D. 4

4. 通解是函数 $y=C_1e^{2x}+C_2e^{-2x}$ 的方程是(　　).

A. $y''-4y=0$　　B. $y''-y=0$　　C. $y''-4y'=0$　　D. $y''-y=x$

5. 过点(1,2)且切线斜率为 $4x^3$ 的曲线方程为(　　).

A. $y=x^4$　　B. $y=x^4+C$　　C. $y=x^4+1$　　D. $y=x^4-1$

6. 微分方程 $y''-2y'+y=0$ 的解是(　　).

A. $y=x^2e^x$　　B. $y=e^x$　　C. $y=x^3e^x$　　D. $y=e^{-x}$

7. 微分方程 $(x-2y)y'=2x-y$ 的通解是(　　).

A. $x^2+y^2=C$　　B. $x+y=C$

C. $y=x+1$　　D. $x^2-xy+y^2=C$

8. 方程 $x\mathrm{d}y+\mathrm{d}x=e^y\mathrm{d}x$ 的通解是(　　).

A. $y=Cxe^x$　　B. $y=xe^x+C$

C. $y=-\ln(1-Cx)$　　D. $y=-\ln(1+x)+C$

二、求下列微分方程的通解.

1. $x\dfrac{\mathrm{d}y}{\mathrm{d}x}+y=xy\dfrac{\mathrm{d}y}{\mathrm{d}x}$.

2. $y'-\dfrac{2y}{x}=x^2\sin 3x$.

3. $(x^2+1)y'+2xy-\cos x=0$.

4. $\dfrac{\mathrm{d}y}{\mathrm{d}x}+y=e^{-x}$.

5. $x^2y''+xy'=1$.

6. $y''+y'-2y=0$.

7. $x^2\mathrm{d}y+(2xy-x^2)\mathrm{d}x=0$.

8. $y''+5y'+4y=3-2x$.

三、求下列微分方程满足所给初始条件的特解.

1. $y'\sin x=y\ln y, y|_{x=\frac{\pi}{2}}=e$.

2. $y'=\dfrac{x^2+y^2}{xy}, y|_{x=1}=1$.

3. $y'+y\cos x=e^{-\sin x}, y|_{x=0}=0$.

4. $\mathrm{d}y-(3x-2y)\mathrm{d}x=0, y|_{x=0}=0$.

5. $y''=e^{3x}, y|_{x=1}=y'|_{x=1}=0$.

6. $4y''+4y'+y=0, y|_{x=0}=2, y'|_{x=0}=0$.

四、设一曲线过原点,且在点(x,y)处的切线斜率等于 $2x+y$,求该曲线的方程.

五、一曲线过点$(1,1)$,且曲线上任意点 $M(x,y)$处的切线与过原点的直线 OM 垂直,求该曲线的方程.

六、试求微分方程 $y''-y=0$ 所确定的一条积分曲线 $y=y(x)$,使它在点$(0,1)$处与直线 $y-3x=1$ 相切.

第 7 章

线性代数

教学目标

1. 知识目标　掌握矩阵的初等行变换；掌握行列式的求法；掌握可逆矩阵的求法；会求矩阵的秩；掌握向量的线性相关性的判断方法；会求线性方程组的解的结构.

2. 能力目标　能利用矩阵的秩判断矩阵是否可逆、方程组是否有解、向量组是否线性相关.

3. 思政目标　通过学习矩阵的初等行变换，培养学生脚踏实地、求真务实的学习态度和追求真理的毅力.

思维导图

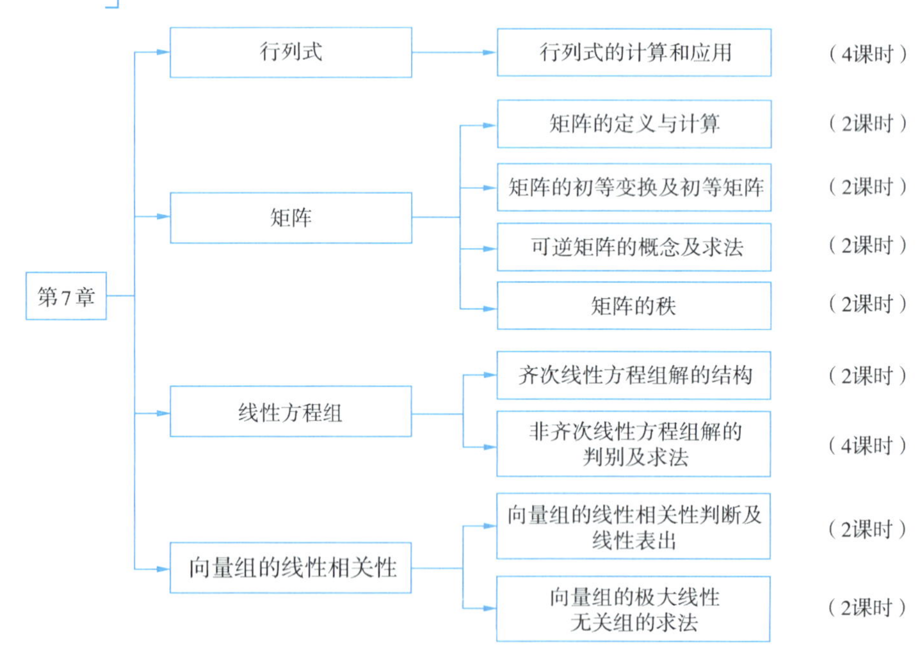

本章导引

在历史上线性代数的第一个问题就是关于解线性方程组的问题，而线性方程组理论的发展又促进了作为工具的矩阵和行列式理论的创立，这些内容已成为线性代数教材中最重要也是最基础的内容.

7.1 行列式的概念

本节导引

引例　在生产实践中，常遇到一些变量间的线性关系，而行列式是研究线性关系的重要工具.行列式的概念起源于线性方程组的求解.在实际问题中，有很多问题都可以归结为求一个线性方程组.如对于一个二元线性方程组

$$\begin{cases} a_{11}x_1 + a_{12}x_2 = b_1, \\ a_{21}x_1 + a_{22}x_2 = b_2, \end{cases}$$

通过消元，观察该方程组在什么条件下有解，其解与哪些量有关?

二阶行列式的概念

解　用消元法，分别以 a_{22} 和 a_{12} 乘到方程的两端，相减得

$$(a_{11}a_{22} - a_{12}a_{21})x_1 = b_1a_{22} - b_2a_{12}.$$

当 $a_{11}a_{22} - a_{12}a_{21} \neq 0$ 时，方程组有唯一解：

$$x_1 = \frac{b_1a_{22} - b_2a_{12}}{a_{11}a_{22} - a_{12}a_{21}}, x_2 = \frac{b_2a_{11} - b_1a_{21}}{a_{11}a_{22} - a_{12}a_{21}}.$$

易见，方程组的解与未知数的系数以及常数项有关，分母都是因子 $a_{11}a_{22} - a_{12}a_{21}$，分子和分母都是由 4 个数分两对相乘再相减而得.为此，引入二阶行列式的概念.

7.1.1 二阶行列式的概念

定义 7.1.1　由 4 个数 $a_{ij}(i=1,2;j=1,2)$ 排成 2 行 2 列，写成下面的式子

$$\begin{vmatrix} a_{11} & a_{12} \\ a_{21} & a_{22} \end{vmatrix},$$

称为**二阶行列式**.它代表一个算式，是 $a_{11}a_{22}$ 与 $a_{12}a_{21}$ 的差，即

$$\begin{vmatrix} a_{11} & a_{12} \\ a_{21} & a_{22} \end{vmatrix} = a_{11}a_{22} - a_{12}a_{21},$$

其中等式右端 $a_{11}a_{22} - a_{12}a_{21}$ 称为二阶行列式的**展开式**，$a_{11}, a_{12}, a_{21}, a_{22}$ 称为二阶行列式的**元素**，横排为**行**，竖排为**列**.行列式中元素 a_{ij} 的第一个下标 i 表示它位于第 i 行，第二个下标 j 表示它位于第 j 列，即 a_{ij} 是位于行列式第 i 行、第 j 列交点处的元素.

二阶行列式的展开式可用对角线法则来记忆，把 a_{11}, a_{22} 所在的直线称为**主对角线**，a_{12}，a_{21} 所在的直线称为**次对角线**.

由此有$\begin{vmatrix} b_1 & a_{12} \\ b_2 & a_{22} \end{vmatrix}=b_1a_{22}-b_2a_{12}$，设为$D_1$；$\begin{vmatrix} a_{11} & b_1 \\ a_{21} & b_2 \end{vmatrix}=b_2a_{11}-b_1a_{21}$，设为$D_2$.

这两个行列式是由$\begin{vmatrix} a_{11} & a_{12} \\ a_{21} & a_{22} \end{vmatrix}$（设为$D$）分别将第一、二列换成方程组的常数项而得到的.于是，方程组的解可记为

$$x_1=\frac{\begin{vmatrix} b_1 & a_{12} \\ b_2 & a_{22} \end{vmatrix}}{\begin{vmatrix} a_{11} & a_{12} \\ a_{21} & a_{22} \end{vmatrix}}=\frac{D_1}{D},x_2=\frac{\begin{vmatrix} a_{11} & b_1 \\ a_{21} & b_2 \end{vmatrix}}{\begin{vmatrix} a_{11} & a_{12} \\ a_{21} & a_{22} \end{vmatrix}}=\frac{D_2}{D}.$$

【例 7.1.1】 解方程组$\begin{cases} 2x_1+3x_2=4, \\ 5x_1+6x_2=7. \end{cases}$

解 由于系数行列式$D=\begin{vmatrix} 2 & 3 \\ 5 & 6 \end{vmatrix}=12-15=-3\neq 0$，方程组有唯一解.又

$$D_1=\begin{vmatrix} 4 & 3 \\ 7 & 6 \end{vmatrix}=24-21=3,D_2=\begin{vmatrix} 2 & 4 \\ 5 & 7 \end{vmatrix}=14-20=-6,$$

所以方程组的解为

$$x_1=\frac{D_1}{D}=\frac{3}{-3}=-1,x_2=\frac{D_2}{D}=\frac{-6}{-3}=2.$$

7.1.2 三阶行列式的概念

设三元线性方程组$\begin{cases} a_{11}x_1+a_{12}x_2+a_{13}x_3=b_1, \\ a_{21}x_1+a_{22}x_2+a_{23}x_3=b_2, \\ a_{31}x_1+a_{32}x_2+a_{33}x_3=b_3. \end{cases}$

我们也可以用消元法得到求解公式.类似于二阶行列式，为了记忆方便，我们引入三阶行列式的概念.

定义 7.1.2 由 9 个数 $a_{ij}(i=1,2,3;j=1,2,3)$排成 3 行 3 列，写成下列式子

$$\begin{vmatrix} a_{11} & a_{12} & a_{13} \\ a_{21} & a_{22} & a_{23} \\ a_{31} & a_{32} & a_{33} \end{vmatrix},$$

称为**三阶行列式**，它代表一个算式，其值为

$$\begin{vmatrix} a_{11} & a_{12} & a_{13} \\ a_{21} & a_{22} & a_{23} \\ a_{31} & a_{32} & a_{33} \end{vmatrix}=a_{11}a_{22}a_{33}+a_{12}a_{23}a_{31}+a_{13}a_{21}a_{32}-a_{13}a_{22}a_{31}-a_{12}a_{21}a_{33}-a_{11}a_{23}a_{32}.$$

等号右端的式子是三阶行列式的**展开式**，其规律遵循对角线法则.

注意：对角线法则仅适用于二、三阶行列式的计算.

有了三阶行列式的定义，我们发现，对于三元线性方程组，当

$$D=\begin{vmatrix} a_{11} & a_{12} & a_{13} \\ a_{21} & a_{22} & a_{23} \\ a_{31} & a_{32} & a_{33} \end{vmatrix}\neq 0$$

时，方程组有唯一解：$x_1=\frac{D_1}{D}, x_2=\frac{D_2}{D}, x_3=\frac{D_3}{D}$，其中

$$D_1=\begin{vmatrix} b_1 & a_{12} & a_{13} \\ b_2 & a_{22} & a_{23} \\ b_3 & a_{32} & a_{33} \end{vmatrix}, D_2=\begin{vmatrix} a_{11} & b_1 & a_{13} \\ a_{21} & b_2 & a_{23} \\ a_{31} & b_3 & a_{33} \end{vmatrix}, D_3=\begin{vmatrix} a_{11} & a_{12} & b_1 \\ a_{21} & a_{22} & b_2 \\ a_{31} & a_{32} & b_3 \end{vmatrix}.$$

【例 7.1.2】 解方程组 $\begin{cases} 2x_1-4x_2+x_3=1, \\ x_1-5x_2+3x_3=2, \\ x_1-x_2+x_3=-1. \end{cases}$

解 因为 $D=\begin{vmatrix} 2 & -4 & 1 \\ 1 & -5 & 3 \\ 1 & -1 & 1 \end{vmatrix}=-8\neq 0$，故方程组有唯一解.

$$D_1=\begin{vmatrix} 1 & -4 & 1 \\ 2 & -5 & 3 \\ -1 & -1 & 1 \end{vmatrix}=11, D_2=\begin{vmatrix} 2 & 1 & 1 \\ 1 & 2 & 3 \\ 1 & -1 & 1 \end{vmatrix}=9, D_3=\begin{vmatrix} 2 & -4 & 1 \\ 1 & -5 & 2 \\ 1 & -1 & -1 \end{vmatrix}=6,$$

所以方程组的解为

$$x_1=\frac{D_1}{D}=\frac{11}{-8}=-\frac{11}{8}, x_2=\frac{D_2}{D}=\frac{9}{-8}=-\frac{9}{8}, x_3=\frac{D_3}{D}=\frac{6}{-8}=-\frac{3}{4}.$$

学习了二、三阶行列式后，自然会产生一个问题：对于四元及四元以上的线性方程组而言，又当如何计算呢？

为了解决这些问题，我们对三阶行列式的展开式进行变形和转化，其过程如下：

$$\begin{vmatrix} a_{11} & a_{12} & a_{13} \\ a_{21} & a_{22} & a_{23} \\ a_{31} & a_{32} & a_{33} \end{vmatrix}=a_{11}a_{22}a_{33}+a_{21}a_{32}a_{13}+a_{31}a_{12}a_{23}-a_{13}a_{22}a_{31}-a_{12}a_{21}a_{33}-a_{11}a_{32}a_{23}$$

$$=a_{11}(a_{22}a_{33}-a_{32}a_{23})-a_{12}(a_{21}a_{33}-a_{31}a_{23})+a_{13}(a_{21}a_{32}-a_{22}a_{31})$$

$$=(-1)^{1+1}a_{11}\begin{vmatrix} a_{22} & a_{23} \\ a_{32} & a_{33} \end{vmatrix}+(-1)^{1+2}a_{12}\begin{vmatrix} a_{21} & a_{23} \\ a_{31} & a_{33} \end{vmatrix}+(-1)^{1+3}a_{13}\begin{vmatrix} a_{21} & a_{22} \\ a_{31} & a_{32} \end{vmatrix}.$$

观察上式，有以下三点结论：

(1) 1 个三阶行列式可以降阶为 3 个二阶行列式；

(2) 3 个二阶行列式前所乘的数 $a_{1j}(j=1,2,3)$ 都是原三阶行列式第一行的元素；

(3) 数 a_{1j} 所乘二阶行列式正好是原三阶行列式中去掉元素 a_{1j} 所在的行和列，剩下的元素按原来位置排成的二阶行列式.

因此，称 $\begin{vmatrix} a_{22} & a_{23} \\ a_{32} & a_{33} \end{vmatrix}$，$\begin{vmatrix} a_{21} & a_{23} \\ a_{31} & a_{33} \end{vmatrix}$，$\begin{vmatrix} a_{21} & a_{22} \\ a_{31} & a_{32} \end{vmatrix}$ 分别是元素 a_{11}, a_{12}, a_{13} 的**余子式**，记作 M_{11}, M_{12}, M_{13}，进一步称 $(-1)^{1+1}M_{11}, (-1)^{1+2}M_{12}, (-1)^{1+3}M_{13}$ 分别为元素 a_{11}, a_{12}, a_{13} 的**代数余子式**，记作 A_{11}, A_{12}, A_{13}，则三阶行列式的计算式也可写成

$$\begin{vmatrix} a_{11} & a_{12} & a_{13} \\ a_{21} & a_{22} & a_{23} \\ a_{31} & a_{32} & a_{33} \end{vmatrix}=a_{11}A_{11}+a_{12}A_{12}+a_{13}A_{13}.$$

由于等号右端的数 a_{ij} 为第一行元素，故上式亦称为三阶行列式是“按第一行展开”.

事实上，行列式的计算可以按任一行展开，也可以按任一列展开.

【例 7.1.3】 写出三阶行列式 $\begin{vmatrix} 1 & -1 & 2 \\ -3 & 0 & 1 \\ -1 & 3 & 1 \end{vmatrix}$ 中元素 a_{32} 的余子式和代数余子式，并计算其值.

解 $M_{32}=\begin{vmatrix} 1 & 2 \\ -3 & 1 \end{vmatrix}=7, A_{32}=(-1)^{3+2}M_{32}=-7.$

$$\begin{vmatrix} 1 & -1 & 2 \\ -3 & 0 & 1 \\ -1 & 3 & 1 \end{vmatrix} \xlongequal{\text{按第 1 列展开}} 1\times(-1)^{1+1}\begin{vmatrix} 0 & 1 \\ 3 & 1 \end{vmatrix}+(-3)\times(-1)^{2+1}\begin{vmatrix} -1 & 2 \\ 3 & 1 \end{vmatrix}+ (-1)\times(-1)^{3+1}\begin{vmatrix} -1 & 2 \\ 0 & 1 \end{vmatrix}=-23.$$

类似地，可以定义 n 阶行列式.

7.1.3 n 阶行列式的概念

定义 7.1.3 由 n^2 个数 $a_{ij}(i,j=1,2,\cdots,n)$ 排成 n 行 n 列构成的算式

$$\begin{vmatrix} a_{11} & a_{12} & \cdots & a_{1n} \\ a_{21} & a_{22} & \cdots & a_{2n} \\ \vdots & \vdots & \ddots & \vdots \\ a_{n1} & a_{n2} & \cdots & a_{nn} \end{vmatrix}$$

称为 **n 阶行列式**，其中 a_{ij} 是行列式中第 i 行第 j 列的元素.

有以下规定：

(1) 当 $n=1$ 时，规定 $|a_{11}|=a_{11}$；

(2) 设 $n-1$ 阶行列式已经定义，则

$$\begin{vmatrix} a_{11} & a_{12} & \cdots & a_{1n} \\ a_{21} & a_{22} & \cdots & a_{2n} \\ \vdots & \vdots & \ddots & \vdots \\ a_{n1} & a_{n2} & \cdots & a_{nn} \end{vmatrix}=a_{11}A_{11}+a_{12}A_{12}+\cdots+a_{1n}A_{1n}.$$

即 n 阶行列式等于它的某一行(列)所有元素与其对应的代数余子式乘积的代数和.

注意：当行列式中某行(列)含有的零元素最多，就按该行(列)展开进行计算是最便捷的.

【例 7.1.4】 计算四阶行列式 $\begin{vmatrix} 2 & 0 & 0 & 4 \\ -1 & 1 & 0 & 1 \\ 3 & -2 & 7 & 2 \\ 6 & 0 & 0 & 3 \end{vmatrix}$.

解 因第三列所含零元素最多，故按第三列展开最容易求解.

$$\begin{vmatrix} 2 & 0 & 0 & 4 \\ -1 & 1 & 0 & 1 \\ 3 & -2 & 7 & 2 \\ 6 & 0 & 0 & 3 \end{vmatrix} = 7\times(-1)^{3+3}\begin{vmatrix} 2 & 0 & 4 \\ -1 & 1 & 1 \\ 6 & 0 & 3 \end{vmatrix} \xlongequal{\text{按第 2 列展开}} 7\times(-1)^{2+2}\begin{vmatrix} 2 & 4 \\ 6 & 3 \end{vmatrix}$$

$$=7\times(6-24)=-126.$$

只有主对角线上有非零元素的行列式称为**对角行列式**.

【例 7.1.5】 求如下对角行列式的值.

$$\begin{vmatrix} a_{11} & 0 & 0 & 0 \\ 0 & a_{22} & 0 & 0 \\ 0 & 0 & a_{33} & 0 \\ 0 & 0 & 0 & a_{44} \end{vmatrix}.$$

解 由行列式的定义可得

$$\begin{vmatrix} a_{11} & 0 & 0 & 0 \\ 0 & a_{22} & 0 & 0 \\ 0 & 0 & a_{33} & 0 \\ 0 & 0 & 0 & a_{44} \end{vmatrix} = (-1)^{1+1}a_{11}\begin{vmatrix} a_{22} & 0 & 0 \\ 0 & a_{33} & 0 \\ 0 & 0 & a_{44} \end{vmatrix} = (-1)^{1+1}a_{11}a_{22}\begin{vmatrix} a_{33} & 0 \\ 0 & a_{44} \end{vmatrix}$$

$$=a_{11}a_{22}a_{33}a_{44}.$$

非零元素只出现在主对角线(包括主对角线)以上的行列式称为**上三角形行列式**.

【例 7.1.6】 求如下上三角形行列式的值.

$$\begin{vmatrix} a_{11} & a_{12} & a_{13} & a_{14} \\ 0 & a_{22} & a_{23} & a_{24} \\ 0 & 0 & a_{33} & a_{34} \\ 0 & 0 & 0 & a_{44} \end{vmatrix}.$$

解 依次按第一列展开可得

$$\begin{vmatrix} a_{11} & a_{12} & a_{13} & a_{14} \\ 0 & a_{22} & a_{23} & a_{24} \\ 0 & 0 & a_{33} & a_{34} \\ 0 & 0 & 0 & a_{44} \end{vmatrix} = a_{11}(-1)^{1+1}\begin{vmatrix} a_{22} & a_{23} & a_{24} \\ 0 & a_{33} & a_{34} \\ 0 & 0 & a_{44} \end{vmatrix} = a_{11}a_{22}(-1)^{1+1}\begin{vmatrix} a_{33} & a_{34} \\ 0 & a_{44} \end{vmatrix}$$

$$=a_{11}a_{22}a_{33}a_{44}.$$

非零元素只出现在主对角线(包括主对角线)以下的行列式称为**下三角形行列式**.

【例 7.1.7】 求下三角形行列式的值.

$$\begin{vmatrix} a_{11} & 0 & 0 & 0 \\ a_{21} & a_{22} & 0 & 0 \\ a_{31} & a_{32} & a_{33} & 0 \\ a_{41} & a_{42} & a_{43} & a_{44} \end{vmatrix}.$$

解 依次按第一行展开可得

$$\begin{vmatrix} a_{11} & 0 & 0 & 0 \\ a_{21} & a_{22} & 0 & 0 \\ a_{31} & a_{32} & a_{33} & 0 \\ a_{41} & a_{42} & a_{43} & a_{44} \end{vmatrix} = a_{11}(-1)^{1+1}\begin{vmatrix} a_{22} & 0 & 0 \\ a_{32} & a_{33} & 0 \\ a_{42} & a_{43} & a_{44} \end{vmatrix} = a_{11}a_{22}(-1)^{1+1}\begin{vmatrix} a_{33} & 0 \\ a_{43} & a_{44} \end{vmatrix}$$
$$= a_{11}a_{22}a_{33}a_{44}.$$

小结

行列式是一个算式,结果为一个实数或式子.对角线法则仅适用于二、三阶行列式,对于高于三阶的行列式一般采取按照某行或某列展开的方法求解,在选择按照哪行或列展开时,注意选择含零元素较多的行或列,以减小计算量.

数学实验

行列式的计算.

命令:det(a)

计算行列式的值 $\begin{vmatrix} -100 & 98 & 465 \\ 89 & -200 & 387 \\ 35 & 287 & 56 \end{vmatrix}$.

输入:
```
a = [-100 98 465;89 -200 387;35 287 56];
det(a)
```
结果:
```
ans =
      28198373
```

习题 7.1 答案

习题 7.1

1. 计算下列行列式的值.

(1) $\begin{vmatrix} 3 & -2 \\ 6 & -4 \end{vmatrix}$; (2) $\begin{vmatrix} \sin\alpha & \cos\alpha \\ \sin\beta & \cos\beta \end{vmatrix}$; (3) $\begin{vmatrix} 14 & 19 \\ 56 & 76 \end{vmatrix}$;

(4) $\begin{vmatrix} 2 & 4 & 3 \\ 0 & 1 & 0 \\ 3 & 1 & 5 \end{vmatrix}$; (5) $\begin{vmatrix} 0 & 1 & 1 \\ -1 & 0 & -1 \\ 1 & 1 & 0 \end{vmatrix}$; (6) $\begin{vmatrix} 2 & -1 & 3 \\ -1 & 0 & 1 \\ -2 & 1 & -4 \end{vmatrix}$;

(7) $\begin{vmatrix} -1 & 3 & 2 \\ 3 & 5 & -1 \\ 2 & -1 & 6 \end{vmatrix}$; (8) $\begin{vmatrix} 0 & -1 & 0 & 3 \\ 2 & -3 & 0 & 2 \\ 1 & -1 & 2 & 4 \\ -2 & 1 & 0 & -1 \end{vmatrix}$; (9) $\begin{vmatrix} 0 & 0 & a_{13} \\ 0 & a_{22} & 0 \\ a_{31} & 0 & 0 \end{vmatrix}$;

(10) $\begin{vmatrix} 0 & 0 & 0 & 0 & a_{15} \\ 0 & 0 & 0 & a_{24} & a_{25} \\ 0 & 0 & a_{33} & a_{34} & a_{35} \\ 0 & a_{42} & a_{43} & a_{44} & a_{45} \\ a_{51} & a_{52} & a_{53} & a_{54} & a_{55} \end{vmatrix}$.

2. 写出三阶行列式 $\begin{vmatrix} 5 & 2 & -1 \\ 0 & -4 & 5 \\ 1 & -2 & 6 \end{vmatrix}$ 中元素 a_{23} 的余子式和代数余子式,并求其值.

3. 若 $\begin{vmatrix} a & b & 0 \\ -b & a & 0 \\ -67 & 54 & 87 \end{vmatrix}=0$,确定 a,b 的值.

4. 已知三阶行列式 $\begin{vmatrix} 1 & 2 & 3 \\ 4 & 5 & 6 \\ 7 & 8 & 9 \end{vmatrix}$,$A_{ij}\ (i,j=1,2,3)$ 为元素 a_{ij} 的代数余子式,试写出与 $aA_{13}+bA_{23}+cA_{33}$ 对应的三阶行列式.

5. 已知一个四阶行列式 D 中第 3 列元素依次为 3,−3,1,0,其对应的余子式的值为 1,2,3,−6,求该行列式的值.

7.2 行列式的性质

行列式的性质

本节导引

由行列式的定义直接计算其值是比较麻烦的,尤其是当阶数 n 较大时,计算量也较大,因此,有必要介绍行列式的性质,以简化计算.

7.2.1 行列式的性质

首先给出转置行列式的概念.若一个 n 阶行列式 $D=\begin{vmatrix} a_{11} & a_{12} & \cdots & a_{1n} \\ a_{21} & a_{22} & \cdots & a_{2n} \\ \vdots & \vdots & \ddots & \vdots \\ a_{n1} & a_{n2} & \cdots & a_{nn} \end{vmatrix}$,

把其行变成列,得到一个新的行列式 $D^{\mathrm{T}}=\begin{vmatrix} a_{11} & a_{21} & \cdots & a_{n1} \\ a_{12} & a_{22} & \cdots & a_{n2} \\ \vdots & \vdots & \ddots & \vdots \\ a_{1n} & a_{2n} & \cdots & a_{nn} \end{vmatrix}$,

则 D^{T} 叫作 D 的**转置行列式**.

性质 1 行列式 D 与它的转置行列式 D^{T} 相等,即 $D=D^{\mathrm{T}}$.

如 $D=\begin{vmatrix}2 & 1\\-3 & 4\end{vmatrix}$，则 $D^{\mathrm{T}}=\begin{vmatrix}2 & -3\\1 & 4\end{vmatrix}$，容易得出 $D=11$，$D^{\mathrm{T}}=11$.

此性质说明，行列式中行和列的地位是对称的.行列式关于行成立的性质对于列也同样成立，反之亦然.

性质 2 交换行列式的某两行(列)的位置，行列式改变符号，即

$$\begin{array}{r}\\ \\ \text{第 } i \text{ 行}\\ \\ \text{第 } j \text{ 行}\\ \\ \\ \end{array}\begin{vmatrix}a_{11} & a_{12} & \cdots & a_{1n}\\ \vdots & \vdots & \ddots & \vdots\\ a_{i1} & a_{i2} & \cdots & a_{in}\\ \vdots & \vdots & \ddots & \vdots\\ a_{j1} & a_{j2} & \cdots & a_{jn}\\ \vdots & \vdots & \ddots & \vdots\\ a_{n1} & a_{n2} & \cdots & a_{nn}\end{vmatrix}=-\begin{vmatrix}a_{11} & a_{12} & \cdots & a_{1n}\\ \vdots & \vdots & \ddots & \vdots\\ a_{j1} & a_{j2} & \cdots & a_{jn}\\ \vdots & \vdots & \ddots & \vdots\\ a_{i1} & a_{i2} & \cdots & a_{in}\\ \vdots & \vdots & \ddots & \vdots\\ a_{n1} & a_{n2} & \cdots & a_{nn}\end{vmatrix}.$$

如二阶行列式 $D_1=\begin{vmatrix}-2 & 3\\1 & -1\end{vmatrix}$ 与 $D_2=\begin{vmatrix}1 & -1\\-2 & 3\end{vmatrix}$，容易得出 $D_2=-D_1$.

推论 1 若行列式中有两行元素完全相同，则此行列式为零，即

$$\begin{array}{r}\\ \\ \text{第 } i \text{ 行}\\ \\ \text{第 } j \text{ 行}\\ \\ \\ \end{array}\begin{vmatrix}a_{11} & a_{12} & \cdots & a_{1n}\\ \vdots & \vdots & \ddots & \vdots\\ a_{i1} & a_{i2} & \cdots & a_{in}\\ \vdots & \vdots & \ddots & \vdots\\ a_{i1} & a_{i2} & \cdots & a_{in}\\ \vdots & \vdots & \ddots & \vdots\\ a_{n1} & a_{n2} & \cdots & a_{nn}\end{vmatrix}=0.$$

因为将 D 中相同两行互换，根据性质 2，行列式应变号，所以有 $D=-D$，于是 $2D=0$，即 $D=0$.

性质 3 用数 k 去乘行列式等于数 k 去乘行列式的某一行(列)，即

$$k\begin{vmatrix}a_{11} & a_{12} & \cdots & a_{1n}\\ \vdots & \vdots & \ddots & \vdots\\ a_{i1} & a_{i2} & \cdots & a_{in}\\ \vdots & \vdots & \ddots & \vdots\\ a_{n1} & a_{n2} & \cdots & a_{nn}\end{vmatrix}=\begin{vmatrix}a_{11} & a_{12} & \cdots & a_{1n}\\ \vdots & \vdots & \ddots & \vdots\\ ka_{i1} & ka_{i2} & \cdots & ka_{in}\\ \vdots & \vdots & \ddots & \vdots\\ a_{n1} & a_{n2} & \cdots & a_{nn}\end{vmatrix}.$$

如 $D=\begin{vmatrix}3 & -1\\4 & 2\end{vmatrix}$，$D_1=\begin{vmatrix}3 & -1\\2 & 1\end{vmatrix}$，容易得出 $D=2\begin{vmatrix}3 & -1\\2 & 1\end{vmatrix}=2D_1$.

推论 1 行列式中某一行(列)的公因子可以提到行列式符号的前面.

推论 2 行列式中某一行(列)的元素全为零，则该行列式等于零.

推论 3 若行列式中有两行(列)对应元素成比例，则该行列式等于零.

此推论可以由性质 2 的推论 1 与性质 3 推出.

如 $D=\begin{vmatrix}-1 & 2 & 0\\5 & 1 & 2\\10 & 2 & 4\end{vmatrix}=2\begin{vmatrix}-1 & 2 & 0\\5 & 1 & 2\\5 & 1 & 2\end{vmatrix}=0.$

性质 4　若行列式中一行(或列)的每个元素都可以写成两项之和,即 $a_{ij}=b_{ij}+c_{ij}$,则该行列式等于两个行列式之和,其中这两个行列式的第 i 行的元素分别是 $b_{i1},b_{i2},\cdots,b_{in}$ 和 $c_{i1},c_{i2},\cdots,c_{in}$,其他各行的元素与原行列式相应各行的元素相同,即

$$\begin{vmatrix} a_{11} & a_{12} & \cdots & a_{1n} \\ \vdots & \vdots & \ddots & \vdots \\ b_{i1}+c_{i1} & b_{i2}+c_{i2} & \cdots & b_{in}+c_{in} \\ \vdots & \vdots & \ddots & \vdots \\ a_{n1} & a_{n2} & \cdots & a_{nn} \end{vmatrix}=\begin{vmatrix} a_{11} & a_{12} & \cdots & a_{1n} \\ \vdots & \vdots & \ddots & \vdots \\ b_{i1} & b_{i2} & \cdots & b_{in} \\ \vdots & \vdots & \ddots & \vdots \\ a_{n1} & a_{n2} & \cdots & a_{nn} \end{vmatrix}+\begin{vmatrix} a_{11} & a_{12} & \cdots & a_{1n} \\ \vdots & \vdots & \ddots & \vdots \\ c_{i1} & c_{i2} & \cdots & c_{in} \\ \vdots & \vdots & \ddots & \vdots \\ a_{n1} & a_{n2} & \cdots & a_{nn} \end{vmatrix}.$$

【例 7.2.1】　求下列行列式 $\begin{vmatrix} 1 & -1 & 1 \\ 298 & 101 & 99 \\ 3 & 1 & 1 \end{vmatrix}$.

解

$$\begin{vmatrix} 1 & -1 & 1 \\ 298 & 101 & 99 \\ 3 & 1 & 1 \end{vmatrix}=\begin{vmatrix} 1 & -1 & 1 \\ 300-2 & 100+1 & 100-1 \\ 3 & 1 & 1 \end{vmatrix}$$

$$=\begin{vmatrix} 1 & -1 & 1 \\ 300 & 100 & 100 \\ 3 & 1 & 1 \end{vmatrix}+\begin{vmatrix} 1 & -1 & 1 \\ -2 & 1 & -1 \\ 3 & 1 & 1 \end{vmatrix}$$

$$=0+\begin{vmatrix} 1 & -1 & 1 \\ -2 & 1 & -1 \\ 3 & 1 & 1 \end{vmatrix}=-2.$$

性质 5　如果把行列式的某一行(或列)乘以 k 倍后加到另一行(或列)对应元素上去,则行列式的值不变,即

$$\begin{vmatrix} a_{11} & a_{12} & \cdots & a_{1n} \\ \vdots & \vdots & \ddots & \vdots \\ a_{i1} & a_{i2} & \cdots & a_{in} \\ \vdots & \vdots & \ddots & \vdots \\ a_{j1} & a_{j2} & \cdots & a_{jn} \\ \vdots & \vdots & \ddots & \vdots \\ a_{n1} & a_{n2} & \cdots & a_{nn} \end{vmatrix}=\begin{vmatrix} a_{11} & a_{12} & \cdots & a_{1n} \\ \vdots & \vdots & \ddots & \vdots \\ a_{i1} & a_{i2} & \cdots & a_{in} \\ \vdots & \vdots & \ddots & \vdots \\ a_{j1}+ka_{i1} & a_{j2}+ka_{i2} & \cdots & a_{jn}+ka_{in} \\ \vdots & \vdots & \ddots & \vdots \\ a_{n1} & a_{n2} & \cdots & a_{nn} \end{vmatrix}.$$

此性质可以根据性质 4 和性质 3 的推论推出.

根据行列式的性质,我们可以进一步简化高阶行列式的求解方法,将含零不多的行列式转变成含有较多零的行列式去进行求解.

【例 7.2.2】　计算下列行列式的值:

(1) $\begin{vmatrix} 1 & -1 & 1 \\ -2 & 1 & -1 \\ 3 & 1 & 1 \end{vmatrix}$;　　(2) $\begin{vmatrix} 1 & 1 & -1 & 1 \\ -1 & 1 & 0 & 0 \\ 3 & 1 & -2 & 0 \\ 2 & 1 & 2 & 1 \end{vmatrix}$.

解 (1) $\begin{vmatrix} 1 & -1 & 1 \\ -2 & 1 & -1 \\ 3 & 1 & 1 \end{vmatrix} \xlongequal{c_3+c_2} \begin{vmatrix} 1 & -1 & 0 \\ -2 & 1 & 0 \\ 3 & 1 & 2 \end{vmatrix} = 2\times(-1)^{3+3}\begin{vmatrix} 1 & -1 \\ -2 & 1 \end{vmatrix}$

$=2\times(1-2)=-2.$

(2) $\begin{vmatrix} 1 & 1 & -1 & 1 \\ -1 & 1 & 0 & 0 \\ 3 & 1 & -2 & 0 \\ 2 & 1 & 2 & 1 \end{vmatrix} \xlongequal{r_4+r_1\times(-1)} \begin{vmatrix} 1 & 1 & -1 & 1 \\ -1 & 1 & 0 & 0 \\ 3 & 1 & -2 & 0 \\ 1 & 0 & 3 & 0 \end{vmatrix} = 1\times(-1)^{1+4}\begin{vmatrix} -1 & 1 & 0 \\ 3 & 1 & -2 \\ 1 & 0 & 3 \end{vmatrix}$

$\xlongequal{r_2+r_1\times(-1)} -\begin{vmatrix} -1 & 1 & 0 \\ 4 & 0 & -2 \\ 1 & 0 & 3 \end{vmatrix} = -1\times(-1)^{1+2}\begin{vmatrix} 4 & -2 \\ 1 & 3 \end{vmatrix}$

$=1\times(12+2)=14.$

注意：行列式中元素出现的零越多越有利于计算.在上例的计算中，我们在等号上面使用了一些记号，用“$r_i(c_i)$”表示行列式的第 i 行(列)，则有

(1) “$kr_i(kc_i)$”表示用数 k 乘以第 i 行(列)对应元素；

(2) “$r_i\leftrightarrow r_j(c_i\leftrightarrow c_j)$”表示交换第 i 行(列)与第 j 行(列)对应元素；

(3) “$r_i+kr_j(c_i+kc_j)$”表示将第 j 行(列)乘以 k 后再加到第 i 行(列)对应元素上.

【例 7.2.3】 计算行列式 $\begin{vmatrix} 3 & 1 & 1 & 1 \\ 1 & 3 & 1 & 1 \\ 1 & 1 & 3 & 1 \\ 1 & 1 & 1 & 3 \end{vmatrix}$.

解 该行列式的特点是每行(列)元素之和都是 6，所以可以将第 2、3、4 行元素同时加到第 1 行对应元素上，提出公因子 6，再进行求解：

$$\begin{vmatrix} 3 & 1 & 1 & 1 \\ 1 & 3 & 1 & 1 \\ 1 & 1 & 3 & 1 \\ 1 & 1 & 1 & 3 \end{vmatrix} = 6\begin{vmatrix} 1 & 1 & 1 & 1 \\ 1 & 3 & 1 & 1 \\ 1 & 1 & 3 & 1 \\ 1 & 1 & 1 & 3 \end{vmatrix} = 6\begin{vmatrix} 1 & 1 & 1 & 1 \\ 0 & 2 & 0 & 0 \\ 0 & 0 & 2 & 0 \\ 0 & 0 & 0 & 2 \end{vmatrix} = 6\times1\times(-1)^{1+1}\begin{vmatrix} 2 & 0 & 0 \\ 0 & 2 & 0 \\ 0 & 0 & 2 \end{vmatrix} = 48.$$

【例 7.2.4】 证明：行列式 $D=a_{j1}A_{i1}+a_{j2}A_{i2}+\cdots+a_{jn}A_{in}=0(i\neq j)$.

证明 由 n 阶行列式的定义，得 $D_1=\begin{vmatrix} a_{11} & a_{12} & \cdots & a_{1n} \\ \vdots & \vdots & \ddots & \vdots \\ a_{i1} & a_{i2} & \cdots & a_{in} \\ \vdots & \vdots & \ddots & \vdots \\ a_{n1} & a_{n2} & \cdots & a_{nn} \end{vmatrix} = a_{i1}A_{i1}+a_{i2}A_{i2}+\cdots+$ $a_{in}A_{in}$，与 $D=a_{j1}A_{i1}+a_{j2}A_{i2}+\cdots+a_{jn}A_{in}(i\neq j)$ 比较，是把 D_1 中第 i 行的所有元素全换成第 j 行的元素，即

$$D=a_{j1}A_{i1}+a_{j2}A_{i2}+\cdots+a_{jn}A_{in}=\begin{vmatrix} a_{11} & a_{12} & \cdots & a_{1n} \\ \vdots & \vdots & \ddots & \vdots \\ a_{j1} & a_{j2} & \cdots & a_{jn} \\ \vdots & \vdots & \ddots & \vdots \\ a_{j1} & a_{j2} & \cdots & a_{jn} \\ \vdots & \vdots & \ddots & \vdots \\ a_{n1} & a_{n2} & \cdots & a_{nn} \end{vmatrix}=0.$$

说明：n 阶行列式 D 中任一行元素与其他一行相应元素代数余子式乘积之和为零.

综合行列式的定义，有

$$a_{j1}A_{i1}+a_{j2}A_{i2}+\cdots+a_{jn}A_{in}=\begin{cases} D, & i=j, \\ 0, & i\neq j. \end{cases}$$

小结

行列式的五大性质是计算其值的关键，利用性质将行列式中一些非零元素化为零元素，使得行列式计算简化，这是利用性质求解的目的.在计算时还需观察行列式的特点，灵活应用各个性质进行求解.

扫一扫

习题 7.2 答案

习题 7.2

1. 计算下列行列式.

(1) $\begin{vmatrix} 1 & 2 & 3 & 4 \\ 2 & 3 & 4 & 1 \\ 3 & 4 & 1 & 2 \\ 4 & 1 & 2 & 3 \end{vmatrix}$；　(2) $\begin{vmatrix} 1+x & 1 & 1 & 1 \\ 1 & 1+x & 4 & 1 \\ 1 & 4 & 1+x & 1 \\ 1 & 1 & 1 & 1+x \end{vmatrix}$.

2. 用行列式的性质计算下列行列式的值.

(1) $\begin{vmatrix} 5 & -1 & 3 \\ 3 & 2 & 1 \\ 295 & 201 & 97 \end{vmatrix}$；　(2) $\begin{vmatrix} -3 & 2 & 1 \\ 102 & 299 & -97 \\ \frac{1}{3} & \frac{1}{2} & \frac{2}{3} \end{vmatrix}$；　(3) $\begin{vmatrix} 1 & \frac{3}{2} & 0 \\ 3 & \frac{1}{2} & 2 \\ -3 & 2 & -3 \end{vmatrix}$；

(4) $\begin{vmatrix} 0 & 1 & 1 & 1 \\ 1 & 0 & 1 & 1 \\ 1 & 1 & 0 & 1 \\ 1 & 1 & 1 & 0 \end{vmatrix}$；　(5) $\begin{vmatrix} 1 & 2 & 3 & 4 \\ 2 & 3 & 4 & 0 \\ 3 & 4 & 0 & 0 \\ 4 & 0 & 0 & 0 \end{vmatrix}$；　(6) $\begin{vmatrix} 1 & 1 & 1 & 1 \\ 1 & 2 & 3 & 4 \\ 1 & 3 & 9 & 16 \\ 1 & 8 & 27 & 64 \end{vmatrix}$.

3. 利用行列式的性质证明：

(1) $\begin{vmatrix} a_1+b_1 & b_1+c_1 & c_1+a_1 \\ a_2+b_2 & b_2+c_2 & c_2+a_2 \\ a_3+b_3 & b_3+c_3 & c_3+a_3 \end{vmatrix}=2\begin{vmatrix} a_1 & b_1 & c_1 \\ a_2 & b_2 & c_2 \\ a_3 & b_3 & c_3 \end{vmatrix}$；　(2) $\begin{vmatrix} a^2 & ab & b^2 \\ 2a & a+b & 2b \\ 1 & 1 & 1 \end{vmatrix}=(a-b)^3$.

4. 解方程 $\begin{vmatrix} 1 & 1 & 1 & 1 \\ 1 & -1 & 2 & x \\ 1 & 1 & 4 & x^2 \\ 1 & -1 & 8 & x^3 \end{vmatrix}=0$.

5. 若 $\begin{vmatrix} x & 3 & 1 \\ y & 0 & 1 \\ z & 2 & 1 \end{vmatrix}=1$，求 $\begin{vmatrix} x-3 & y-3 & z-3 \\ 5 & 2 & 4 \\ 1 & 1 & 1 \end{vmatrix}$ 的值.

7.3 克莱姆法则

本节导引

在第一节中，我们针对二元、三元线性方程组引入二、三阶行列式的概念，还得出当系数行列式 $D\neq 0$ 时，必有唯一解：

$$x_i=\frac{D_i}{D}(i=1,2 \text{ 或 } i=1,2,3).$$

那么，对于 n 元线性方程组

$$\begin{cases} a_{11}x_1+a_{12}x_2+\cdots+a_{1n}x_n=b_1, \\ a_{21}x_1+a_{22}x_2+\cdots+a_{2n}x_n=b_2, \\ \cdots\cdots \\ a_{n1}x_1+a_{n2}x_2+\cdots+a_{nn}x_n=b_n \end{cases}$$

来说，是否也有类似的法则呢？答案是肯定的.这就是下面要重点介绍的克莱姆法则.

设 n 元 n 个线性方程组为

$$\begin{cases} a_{11}x_1+a_{12}x_2+\cdots+a_{1n}x_n=b_1, \\ a_{21}x_1+a_{22}x_2+\cdots+a_{2n}x_n=b_2, \\ \cdots\cdots \\ a_{n1}x_1+a_{n2}x_2+\cdots+a_{nn}x_n=b_n, \end{cases} \tag{1}$$

若方程右端的常数项 $b_1,b_2,\cdots,b_n$ 不全为零，则称(1)式为**非齐次线性方程组**；若 $b_1,b_2,\cdots,b_n$ 全为零，则称(1)式为**齐次线性方程组**.由其系数 a_{ij} 组成的 n 阶行列式为

$$D=\begin{vmatrix} a_{11} & a_{12} & \cdots & a_{1n} \\ a_{21} & a_{22} & \cdots & a_{2n} \\ \vdots & \vdots & \ddots & \vdots \\ a_{n1} & a_{n2} & \cdots & a_{nn} \end{vmatrix},$$

称为线性方程组(1)的**系数行列式**.

假设(1)式有解，令 $x_1=c_1,x_2=c_2,\cdots,x_n=c_n$ 是它的一个解，其解必满足方程组

$$\begin{cases} a_{11}c_1+a_{12}c_2+\cdots+a_{1n}c_n=b_1, \\ a_{21}c_1+a_{22}c_2+\cdots+a_{2n}c_n=b_2, \\ \qquad\cdots\cdots \\ a_{n1}c_1+a_{n2}c_2+\cdots+a_{nn}c_n=b_n, \end{cases}$$

则有

$$Dc_j=\begin{vmatrix} a_{11} & \cdots & a_{1j}c_j & \cdots & a_{1n} \\ a_{21} & \cdots & a_{2j}c_j & \cdots & a_{2n} \\ \vdots & \vdots & \vdots & \ddots & \vdots \\ a_{n1} & \cdots & a_{nj}c_j & \cdots & a_{nn} \end{vmatrix}=\begin{vmatrix} a_{11} & \cdots & \sum\limits_{j=1}^{n}a_{1j}c_j & \cdots & a_{1n} \\ a_{21} & \cdots & \sum\limits_{j=1}^{n}a_{2j}c_j & \cdots & a_{2n} \\ \vdots & \vdots & \vdots & \ddots & \vdots \\ a_{n1} & \cdots & \sum\limits_{j=1}^{n}a_{nj}c_j & \cdots & a_{nn} \end{vmatrix}$$

$$=\begin{vmatrix} a_{11} & \cdots & b_1 & \cdots & a_{1n} \\ a_{21} & \cdots & b_2 & \cdots & a_{2n} \\ \vdots & \vdots & \vdots & \ddots & \vdots \\ a_{n1} & \cdots & b_n & \cdots & a_{nn} \end{vmatrix}=D_j,$$

即 $Dc_j=D_j(j=1,2,\cdots,n)$，其中 D_j 是把 D 中第 j 列元素换成常数项而得到的行列式.显然，当 $D\neq0$ 时，可得线性方程组的解

$$c_1=\frac{D_1}{D},c_2=\frac{D_2}{D},\cdots,c_n=\frac{D_n}{D}.$$

将上述解代入原方程组中，也是满足方程组的，因此上述解为方程组(1)的解.故可得以下定理.

定理 7.3.1(克莱姆法则) 设 n 元 n 个线性方程组，若它的系数行列式 $D\neq0$，则该方程组一定有唯一解：

$$x_1=\frac{D_1}{D},x_2=\frac{D_2}{D},\cdots,x_n=\frac{D_n}{D},$$

其中 D_j 是把 D 中第 j 列的元素 $a_{1j},a_{2j},\cdots,a_{nj}$ 换成常数项 $b_1,b_2,\cdots,b_n$ 而得到的行列式.

【例 7.3.1】 求解下列线性方程组

$$\begin{cases} x_1-2x_2+x_3=2, \\ -x_1+x_2-x_3=1, \\ 2x_1+x_2-x_3=4. \end{cases}$$

解 $D=\begin{vmatrix} 1 & -2 & 1 \\ -1 & 1 & -1 \\ 2 & 1 & -1 \end{vmatrix}=\begin{vmatrix} 1 & -2 & 1 \\ 0 & -1 & 0 \\ 0 & 5 & -3 \end{vmatrix}=\begin{vmatrix} -1 & 0 \\ 5 & -3 \end{vmatrix}=3\neq0,$

根据克莱姆法则，该方程组有唯一解.

$$D_1=\begin{vmatrix} 2 & -2 & 1 \\ 1 & 1 & -1 \\ 4 & 1 & -1 \end{vmatrix}=\begin{vmatrix} 1 & -2 & 1 \\ 3 & -1 & 0 \\ 6 & -1 & 0 \end{vmatrix}=\begin{vmatrix} 3 & -1 \\ 6 & -1 \end{vmatrix}=3,$$

$$D_2=\begin{vmatrix}1&2&1\\-1&1&-1\\2&4&-1\end{vmatrix}=\begin{vmatrix}1&2&1\\0&3&0\\2&4&-1\end{vmatrix}=3\times\begin{vmatrix}1&1\\2&-1\end{vmatrix}=-9,$$

$$D_3=\begin{vmatrix}1&-2&2\\-1&1&1\\2&1&4\end{vmatrix}=\begin{vmatrix}1&-2&1\\0&-1&3\\0&5&0\end{vmatrix}=\begin{vmatrix}-1&3\\5&0\end{vmatrix}=-15.$$

则方程组的解为 $x_1=\dfrac{D_1}{D}=1, x_2=\dfrac{D_2}{D}=-3, x_3=\dfrac{D_3}{D}=-5$.

在使用克莱姆法则求解 n 元 n 个线性方程组时，应注意以下三点：

(1) 方程组中方程的个数与未知数的个数要求是相等的；

(2) 系数行列式不为零；

(3) 要计算 $n+1$ 个 n 阶行列式.

在克莱姆法则的基础上，进一步研究当常数项均为零时，方程组解的情况，即

$$\begin{cases}a_{11}x_1+a_{12}x_2+\cdots+a_{1n}x_n=0,\\a_{21}x_1+a_{22}x_2+\cdots+a_{2n}x_n=0,\\\quad\cdots\cdots\\a_{n1}x_1+a_{n2}x_2+\cdots+a_{nn}x_n=0.\end{cases}$$

根据行列式的性质 3 的推论 2“行列式中某一行(列)的元素全为零，则该行列式等于零”，可得 $D_j=0(j=1,2,\cdots,n)$.因此，当它的系数行列式 $D\neq0$ 时，它的唯一解是

$$x_1=0, x_2=0, \cdots, x_n=0.$$

说明方程组只有零解.

根据原命题与逆否命题的等价关系可得

定理 7.3.2 若齐次线性方程组有非零解，则它的系数行列式 $D=0$.

【例 7.3.2】 求解下列齐次线性方程组

$$\begin{cases}x_1+2x_2-x_3+3x_4=0,\\-x_1+x_2-2x_3+x_4=0,\\3x_1+x_2+x_3-x_4=0,\\2x_1+x_2-2x_3+4x_4=0.\end{cases}$$

解 $$D=\begin{vmatrix}1&2&-1&3\\-1&1&-2&1\\3&1&1&-1\\2&1&-2&4\end{vmatrix}=\begin{vmatrix}1&2&-1&3\\0&3&-3&4\\0&-5&4&-10\\0&-3&0&-2\end{vmatrix}=\begin{vmatrix}3&-3&4\\-5&4&-10\\-3&0&-2\end{vmatrix}$$

$$=(-2)\times\begin{vmatrix}3&-3&-2\\-5&4&5\\-3&0&1\end{vmatrix}=(-2)\times\begin{vmatrix}-3&-3&-2\\10&4&5\\0&0&1\end{vmatrix}$$

$$=(-2)\times3\times2\times\begin{vmatrix}-1&-1\\5&2\end{vmatrix}=-36\neq0.$$

因此，方程组的解为 $x_1=0, x_2=0, x_3=0, x_4=0$.

小结

克莱姆法则只适用于未知数个数与方程个数相等的情况，且当 $D\neq0$ 时，方程组一定只有唯一一解.对于齐次线性方程组而言，要有非零解，必有 $D=0$.

扫一扫

习题 7.3 答案

习题 7.3

1. 利用克莱姆法则求解下列线性方程组.

(1) $\begin{cases}x+2y+2z=3,\\-x-4y+z=7,\\3x+7y+4z=3;\end{cases}$

(2) $\begin{cases}x_1+2x_2+3x_3-x_4=1,\\x_1+3x_2+4x_3=1,\\x_2+2x_3+x_4=-1,\\2x_1+2x_2+5x_3-3x_4=1;\end{cases}$

(3) $\begin{cases}5x+2y+3z=-2,\\2x-2y+5z=0,\\3x+4y+2z=-10;\end{cases}$

(4) $\begin{cases}x_1-x_2+2x_4=5,\\3x_1+2x_2-x_3-2x_4=6,\\4x_1+3x_2-x_3-x_4=0,\\x_1-x_3=0;\end{cases}$

(5) $\begin{cases}x_1-2x_2+x_3=1,\\2x_1+x_2-x_3=1,\\x_1-3x_2-4x_3=-10.\end{cases}$

2. 当 k 取何值时，下列方程组有非零解?

$$\begin{cases}3x+2y-z=0,\\kx+7y-2z=0,\\2x-y+3z=0.\end{cases}$$

3. 当 λ,μ 分别取何值时，齐次线性方程组 $\begin{cases}\lambda x_1+x_2+x_3=0,\\x_1+\mu x_2+x_3=0,\\x_1+2\mu x_2+x_3=0\end{cases}$ 有非零解?

7.4 矩阵的基本概念及其运算

本节导引

矩阵是处理线性问题的重要工具，被广泛应用于经济研究领域.如物资调运中，某类物资有三个产地 x_1,x_2,x_3，五个销售地 y_1,y_2,y_3,y_4,y_5，它的调运情况往往可以用一张表格列出，如表 7-1 所示.

表 7-1

调运数量/吨		销售地				
		y_1	y_2	y_3	y_4	y_5
产地	x_1	1	3	4	7	8
	x_2	4	6	2	9	4
	x_3	5	8	0	2	5

其中,调运货物数量构成了一个三行五列的数表

$$\begin{pmatrix} 1 & 3 & 4 & 7 & 8 \\ 4 & 6 & 2 & 9 & 4 \\ 5 & 8 & 0 & 2 & 5 \end{pmatrix}.$$

用 $a_{ij}(i=1,2,3;j=1,2,3,4,5)$ 表示从产地 x_i 运到销售地 y_j 的货物数量,如 $a_{23}=2$ 表示从产地 x_2 运到销地 y_3 的物资数量是 2 吨.

再如,某工厂生产四种产品需要用四种原料,如果以 a_{ij} 表示第 i 种产品耗用第 j 种原材料的数量,那么产品耗用材料的数量可以用一个四行四列的数表表示,即

$$\begin{pmatrix} a_{11} & a_{12} & a_{13} & a_{14} \\ a_{21} & a_{22} & a_{23} & a_{24} \\ a_{31} & a_{32} & a_{33} & a_{34} \\ a_{41} & a_{42} & a_{43} & a_{44} \end{pmatrix}.$$

可见,矩阵是从许多实际问题的计算中抽象出来的一个数学概念,也是重要的数学工具,是研究解线性方程组的有效工具.本节主要介绍矩阵的概念及其运算.

7.4.1 矩阵的概念

定义 7.4.1 有 $m\times n$ 个数 $a_{ij}(i=1,2,\cdots,m;j=1,2,\cdots,n)$ 排列成 m 行 n 列的矩形表

$$\begin{pmatrix} a_{11} & a_{12} & \cdots & a_{1n} \\ a_{21} & a_{22} & \cdots & a_{2n} \\ \vdots & \vdots & \ddots & \vdots \\ a_{m1} & a_{m2} & \cdots & a_{mn} \end{pmatrix},$$

矩阵的概念

称为 m 行 n 列的矩阵,简称 $\boldsymbol{m\times n}$ **矩阵**,通常用大写英文字母 $\boldsymbol{A},\boldsymbol{B},\boldsymbol{C},\cdots$ 表示矩阵,用小写英文字母表示元素,定义中的矩阵可记作 $\boldsymbol{A}_{m\times n}$ 或 $(a_{ij})_{m\times n}$,有时简记为 $\boldsymbol{A}$.

显然,矩阵与行列式是两个完全不同的概念.

7.4.2 特殊矩阵的介绍

当 $m=1$ 时,称 $\boldsymbol{A}$ 为**行矩阵**,记作 $(a_{11},a_{12},\cdots,a_{1n})$;

当 $n=1$ 时,称 $\boldsymbol{A}$ 为**列矩阵**,记作 $\begin{pmatrix} a_{11} \\ a_{21} \\ \vdots \\ a_{m1} \end{pmatrix}$;

当矩阵 $\boldsymbol{A}=(a_{ij})_{m\times n}$ 的所有元素全是零时，称为**零矩阵**，记作 $\boldsymbol{O}_{m\times n}$.

当 $m=n$ 时，称该矩阵为 **n 阶方阵**.在 n 阶方阵中，从左上角元素到右下角元素这条直线称为**主对角线**，对角线上的元素 $a_{ii}(i=1,2,\cdots,n)$ 称为**主对角线元素**.从右上角元素到左下角元素这条直线称为**次对角线**.

在 n 阶方阵中，如果主对角线以下的元素(不包括主对角线上的元素)全为零，则此矩阵称为**上三角矩阵**；如果主对角线以上的元素(不包括主对角线上的元素)全为零，则此矩阵称为**下三角矩阵**.即

$$\begin{pmatrix} a_{11} & a_{12} & \cdots & a_{1n} \\ 0 & a_{22} & \cdots & a_{2n} \\ \vdots & \vdots & \ddots & \vdots \\ 0 & 0 & \cdots & a_{nn} \end{pmatrix}\text{为上三角矩阵，}\begin{pmatrix} a_{11} & 0 & \cdots & 0 \\ a_{21} & a_{22} & \cdots & 0 \\ \vdots & \vdots & \ddots & \vdots \\ a_{n1} & a_{n2} & \cdots & a_{nn} \end{pmatrix}\text{为下三角矩阵.}$$

如果一个方阵除了主对角线以外的元素都是零，则该矩阵称为对角矩阵.即

$$\begin{pmatrix} a_{11} & 0 & \cdots & 0 \\ 0 & a_{22} & \cdots & 0 \\ \vdots & \vdots & \ddots & \vdots \\ 0 & 0 & \cdots & a_{nn} \end{pmatrix}\text{为对角矩阵.}$$

在 n 阶对角矩阵中，若主对角线上元素都是1，其余元素全是0的矩阵，称为**单位阵**，记作 $\boldsymbol{E}_n$ 或 $\boldsymbol{E}$.即

$$\boldsymbol{E}=\begin{pmatrix} 1 & 0 & \cdots & 0 \\ 0 & 1 & \cdots & 0 \\ \vdots & \vdots & \ddots & \vdots \\ 0 & 0 & \cdots & 1 \end{pmatrix}.$$

若 n 阶方阵中 $\boldsymbol{A}$ 的元素总有 $a_{ij}=a_{ji}$，则称矩阵 $\boldsymbol{A}$ 为 n 阶**对称矩阵**，即对称矩阵中的元素以主对角线为对称轴对应相等.如

$$\boldsymbol{A}=\begin{pmatrix} 2 & 4 & 1 & 2 \\ 4 & 1 & 3 & 5 \\ 1 & 3 & -1 & 0 \\ 2 & 5 & 0 & 4 \end{pmatrix}\text{为对称矩阵.}$$

7.4.3 矩阵的运算

1. 矩阵相等

定义 7.4.2　设矩阵 $\boldsymbol{A}=(a_{ij})_{m\times n}$ 与 $\boldsymbol{B}=(b_{ij})_{m\times n}$，若对应位置上元素分别相等，则称 $\boldsymbol{A}$ 与 $\boldsymbol{B}$ 相等.记作 $\boldsymbol{A}=\boldsymbol{B}$.如矩阵

$$\boldsymbol{A}=\begin{pmatrix} a_{11} & a_{12} & a_{13} & a_{14} \\ a_{21} & a_{22} & a_{23} & a_{24} \end{pmatrix},\boldsymbol{B}=\begin{pmatrix} 0 & 2 & -3 & 1 \\ 3 & 5 & -6 & 4 \end{pmatrix},$$

若 $\boldsymbol{A}=\boldsymbol{B}$，则有 $a_{11}=0,a_{12}=2,a_{13}=-3,a_{14}=1,a_{21}=3,a_{22}=5,a_{23}=-6,a_{24}=4$.

注意：

(1) 矩阵相等要求两个矩阵是同类型的，即两个矩阵对应的行数和列数要相同.

(2) 矩阵相等与行列式相等是两个不同的概念.矩阵相等是两个矩阵对应位置上的元素都相等;而两个形式上不同的行列式,其值可能是相等的.如

$$\begin{vmatrix} 2 & 1 \\ -1 & 0 \end{vmatrix} = \begin{vmatrix} 1 & 0 \\ 0 & 1 \end{vmatrix} = 1, \text{但是} \begin{pmatrix} 2 & 1 \\ -1 & 0 \end{pmatrix} \neq \begin{pmatrix} 1 & 0 \\ 0 & 1 \end{pmatrix}.$$

2. 矩阵的加减法

定义 7.4.3 设矩阵 $\boldsymbol{A}=(a_{ij})_{m\times n}$ 与 $\boldsymbol{B}=(b_{ij})_{m\times n}$,则

$$\boldsymbol{A}+\boldsymbol{B}=(a_{ij}+b_{ij})_{m\times n}=\begin{pmatrix} a_{11}+b_{11} & a_{12}+b_{12} & \cdots & a_{1n}+b_{1n} \\ a_{21}+b_{21} & a_{22}+b_{22} & \cdots & a_{2n}+b_{2n} \\ \vdots & \vdots & \ddots & \vdots \\ a_{m1}+b_{m1} & a_{m2}+b_{m2} & \cdots & a_{mn}+b_{mn} \end{pmatrix}$$

称为矩阵 $\boldsymbol{A}$ 与 $\boldsymbol{B}$ 的和;

$$\boldsymbol{A}-\boldsymbol{B}=(a_{ij}-b_{ij})_{m\times n}=\begin{pmatrix} a_{11}-b_{11} & a_{12}-b_{12} & \cdots & a_{1n}-b_{1n} \\ a_{21}-b_{21} & a_{22}-b_{22} & \cdots & a_{2n}-b_{2n} \\ \vdots & \vdots & \ddots & \vdots \\ a_{m1}-b_{m1} & a_{m2}-b_{m2} & \cdots & a_{mn}-b_{mn} \end{pmatrix}$$

称为矩阵 $\boldsymbol{A}$ 与 $\boldsymbol{B}$ 的差.

如矩阵

$$\boldsymbol{A}=\begin{pmatrix} 1 & -4 & 2 \\ 5 & 8 & -3 \end{pmatrix}, \boldsymbol{B}=\begin{pmatrix} 0 & 1 & 2 \\ 4 & 5 & 9 \end{pmatrix},$$

则

$$\boldsymbol{A}+\boldsymbol{B}=\begin{pmatrix} 1+0 & -4+1 & 2+2 \\ 5+4 & 8+5 & -3+9 \end{pmatrix}=\begin{pmatrix} 1 & -3 & 4 \\ 9 & 13 & 6 \end{pmatrix},$$

$$\boldsymbol{A}-\boldsymbol{B}=\begin{pmatrix} 1-0 & -4-1 & 2-2 \\ 5-4 & 8-5 & -3-9 \end{pmatrix}=\begin{pmatrix} 1 & -5 & 0 \\ 1 & 3 & -12 \end{pmatrix}.$$

注意:

(1) 只有两个同类型的矩阵,才可以做加、减法运算.

(2) 矩阵的加、减法是矩阵对应位置上的元素相加、减所得到的新矩阵.

不难验证,矩阵的加、减法满足下列规律:

(1) 交换律:$\boldsymbol{A}+\boldsymbol{B}=\boldsymbol{B}+\boldsymbol{A}$;

(2) 结合律:$(\boldsymbol{A}+\boldsymbol{B})+\boldsymbol{C}=\boldsymbol{A}+(\boldsymbol{B}+\boldsymbol{C})$.

3. 数乘矩阵

定义 7.4.4 设 k 为一个数,且 $\boldsymbol{A}$ 为 $m\times n$ 矩阵 $\begin{pmatrix} a_{11} & a_{12} & \cdots & a_{1n} \\ a_{21} & a_{22} & \cdots & a_{2n} \\ \vdots & \vdots & \ddots & \vdots \\ a_{m1} & a_{m2} & \cdots & a_{mn} \end{pmatrix}$,

规定

$$kA=\begin{pmatrix} ka_{11} & ka_{12} & \cdots & ka_{1n} \\ ka_{21} & ka_{22} & \cdots & ka_{2n} \\ \vdots & \vdots & \ddots & \vdots \\ ka_{m1} & ka_{m2} & \cdots & ka_{mn} \end{pmatrix},$$

则称 $k\boldsymbol{A}$ 为数 k 与矩阵 $\boldsymbol{A}$ 的**数乘矩阵**.

特别地，当 $k=-1$ 时，可得到 $\boldsymbol{A}$ 的**负矩阵** $-\boldsymbol{A}$.

注意：k 与 n 阶矩阵相乘和 k 与 n 阶行列式相乘不同.k 与 n 阶矩阵相乘是用 k 去乘矩阵 $\boldsymbol{A}$ 中的每一个元素；而 k 与 n 阶行列式相乘是用 k 去乘行列式中某一行(列).如

$$\boldsymbol{A}=\begin{pmatrix} 2 & -1 \\ 1 & 4 \end{pmatrix},\text{则 } 3\boldsymbol{A}=\begin{pmatrix} 2\times 3 & -1\times 3 \\ 1\times 3 & 4\times 3 \end{pmatrix}=\begin{pmatrix} 6 & -3 \\ 3 & 12 \end{pmatrix};$$

$$\boldsymbol{A}=\begin{vmatrix} 2 & -1 \\ 1 & 4 \end{vmatrix},\text{则 } 3\boldsymbol{A}=\begin{vmatrix} 2 & -1 \\ 1\times 3 & 4\times 3 \end{vmatrix}\text{(或乘以其他的行或列)}.$$

不难验证，数乘矩阵满足下列运算规律(矩阵 $\boldsymbol{A},\boldsymbol{B}$ 为同型矩阵)：

(1) $k(\boldsymbol{A}+\boldsymbol{B})=k\boldsymbol{A}+k\boldsymbol{B}$;

(2) $(k+l)\boldsymbol{A}=k\boldsymbol{A}+l\boldsymbol{A}$;

(3) $k(l\boldsymbol{A})=l(k\boldsymbol{A})$.

【例 7.4.1】 设 $2\boldsymbol{A}-\boldsymbol{X}=\boldsymbol{B}+2\boldsymbol{X}$，求矩阵 $\boldsymbol{X}$，其中

$$\boldsymbol{A}=\begin{pmatrix} 3 & -4 & 6 \\ -1 & 3 & 5 \end{pmatrix},\boldsymbol{B}=\begin{pmatrix} 6 & 1 & 0 \\ -5 & 0 & 1 \end{pmatrix}.$$

解　由 $2\boldsymbol{A}-\boldsymbol{X}=\boldsymbol{B}+2\boldsymbol{X}$，得

$$\boldsymbol{X}=\frac{1}{3}(2\boldsymbol{A}-\boldsymbol{B})=\frac{1}{3}\left[\begin{pmatrix} 6 & -8 & 12 \\ -2 & 6 & 10 \end{pmatrix}-\begin{pmatrix} 6 & 1 & 0 \\ -5 & 0 & 1 \end{pmatrix}\right]=\begin{pmatrix} 0 & -3 & 4 \\ 1 & 2 & 3 \end{pmatrix}.$$

4. 矩阵乘法

定义 7.4.5 设矩阵 $\boldsymbol{A}_{m\times s}$ 和 $\boldsymbol{B}_{s\times n}$ 如下：

$$\boldsymbol{A}=\begin{pmatrix} a_{11} & a_{12} & \cdots & a_{1s} \\ a_{21} & a_{22} & \cdots & a_{2s} \\ \vdots & \vdots & \ddots & \vdots \\ a_{m1} & a_{m2} & \cdots & a_{ms} \end{pmatrix},\boldsymbol{B}=\begin{pmatrix} b_{11} & b_{12} & \cdots & b_{1n} \\ b_{21} & b_{22} & \cdots & b_{2n} \\ \vdots & \vdots & \ddots & \vdots \\ b_{s1} & b_{s2} & \cdots & b_{sn} \end{pmatrix},$$

则称 $m\times n$ 矩阵 $\boldsymbol{C}=(c_{ij})_{m\times n}$ 为矩阵 $\boldsymbol{A}$ 与 $\boldsymbol{B}$ 的乘积，其中

$$c_{ij}=a_{i1}b_{1j}+a_{i2}b_{2j}+\cdots+a_{is}b_{sj}=\sum_{k=1}^{s}a_{ik}b_{kj}\ (i=1,2,\cdots,m;j=1,2,\cdots,n),$$

记作 $\boldsymbol{C}=\boldsymbol{AB}$.

注意：由矩阵相乘的定义知，只有 $\boldsymbol{A}$ 的列数等于 $\boldsymbol{B}$ 的行数时，$\boldsymbol{AB}$ 才有意义，且 $\boldsymbol{AB}$ 是 $m\times n$ 矩阵.而乘积 $\boldsymbol{AB}$ 中元素 c_{ij} 是 $\boldsymbol{A}$ 的第 i 行各元素与 $\boldsymbol{B}$ 的第 j 列各对应元素乘积之和.

【例 7.4.2】 设矩阵 $\boldsymbol{A}=\begin{pmatrix} 2 & 1 & 3 \\ 1 & 4 & 2 \end{pmatrix},\boldsymbol{B}=\begin{pmatrix} 3 & 1 \\ 0 & 2 \\ 1 & 5 \end{pmatrix}$，求 $\boldsymbol{AB}$ 和 $\boldsymbol{BA}$.

解 $AB=\begin{pmatrix}2&1&3\\1&4&2\end{pmatrix}\begin{pmatrix}3&1\\0&2\\1&5\end{pmatrix}=\begin{pmatrix}2\times3+1\times0+3\times1&2\times1+1\times2+3\times5\\1\times3+4\times0+2\times1&1\times1+4\times2+2\times5\end{pmatrix}=\begin{pmatrix}9&19\\5&19\end{pmatrix}$,

$$BA=\begin{pmatrix}3&1\\0&2\\1&5\end{pmatrix}\begin{pmatrix}2&1&3\\1&4&2\end{pmatrix}=\begin{pmatrix}3\times2+1\times1&3\times1+1\times4&3\times3+1\times2\\0\times2+2\times1&0\times1+2\times4&0\times3+2\times2\\1\times2+5\times1&1\times1+5\times4&1\times3+5\times2\end{pmatrix}=\begin{pmatrix}7&7&11\\2&8&4\\7&21&13\end{pmatrix}.$$

【例 7.4.3】 设 $A=\begin{pmatrix}-1&2\\-2&4\end{pmatrix}$,$B=\begin{pmatrix}2&4\\1&2\end{pmatrix}$,$C=\begin{pmatrix}-4&4\\-2&2\end{pmatrix}$,求 AB 和 AC.

解 $AB=\begin{pmatrix}-1&2\\-2&4\end{pmatrix}\begin{pmatrix}2&4\\1&2\end{pmatrix}=\begin{pmatrix}0&0\\0&0\end{pmatrix}$,$AC=\begin{pmatrix}-1&2\\-2&4\end{pmatrix}\begin{pmatrix}-4&4\\-2&2\end{pmatrix}=\begin{pmatrix}0&0\\0&0\end{pmatrix}$.

例 7.4.2 表明,矩阵乘法一般**不满足交换律**.当 AB 有意义时,BA 未必有意义,即使 BA 有意义,AB 和 BA 也不一定是相等的.

值得注意的是:若两个矩阵能相乘,则零矩阵和任何矩阵的乘积都是零矩阵,但反之未必成立.即 $A\neq O,B\neq O$,但 $AB=O$.由此还说明,若 $AB=AC$[或存在 $A(B-C)=O$],当 $A\neq O$ 时,不能推出 $B=C$(或 $B-C=O$),即**矩阵乘法不满足消去律**.

矩阵乘法满足以下运算律(假设运算均能进行):

(1) 结合律:$(AB)C=A(BC)$,$k(AB)=(kA)B=A(kB)$,其中 k 是一个常数.

(2) 左乘分配律:$A(B+C)=AB+AC$;右乘分配律:$(B+C)A=BA+CA$.

对于单位矩阵 E,容易验证:$E_mA_{m\times n}=A_{m\times n}$,$A_{m\times n}E_n=A_{m\times n}$.

若 A 与 E 是同阶方阵,则有 $EA=AE=A$.

由此可见,在矩阵乘法中,单位矩阵 E 起着类似于数 1 的作用.

当 A 是 n 阶方阵时,我们规定:

$$A^k=\underbrace{A\cdot A\cdots A}_{k\text{个}}\text{(其中 }k\text{ 是正整数)},$$

称 A^k 为矩阵 A 的 **k 次幂**.

特别地,当 $k=0$ 时,规定 $A^0=E$,显然有 $A^kA^l=A^{k+l}$,$(A^k)^l=A^{kl}$.

当 A 与 B 为同阶方阵时,$(AB)^k=\underbrace{(AB)(AB)\cdots(AB)}_{k\text{个}}$,

而

$$A^kB^k=\underbrace{AA\cdots A}_{k\text{个}}\underbrace{BB\cdots B}_{k\text{个}}.$$

只有当 $AB=BA$(称 A 与 B 是可交换的)时,才有 $(AB)^k=A^kB^k$,因此,对方阵的幂来说,一般地,$(AB)^k\neq A^kB^k$.

矩阵乘法有着广泛的应用,许多复杂的问题借助矩阵乘法可以表达得很简洁,如

$$\begin{cases}a_{11}x_1+a_{12}x_2+\cdots+a_{1n}x_n=b_1,\\a_{21}x_1+a_{22}x_2+\cdots+a_{2n}x_n=b_2,\\\qquad\cdots\cdots\\a_{m1}x_1+a_{m2}x_2+\cdots+a_{mn}x_n=b_m.\end{cases}$$

若设

$$A=\begin{pmatrix} a_{11} & a_{12} & \cdots & a_{1n} \\ a_{21} & a_{22} & \cdots & a_{2n} \\ \vdots & \vdots & \ddots & \vdots \\ a_{m1} & a_{m2} & \cdots & a_{mn} \end{pmatrix}, X=\begin{pmatrix} x_1 \\ x_2 \\ \vdots \\ x_n \end{pmatrix}, B=\begin{pmatrix} b_1 \\ b_2 \\ \vdots \\ b_m \end{pmatrix},$$

则线性方程组就可以简单地表达为 $AX=B$.

5. 转置矩阵

定义 7.4.6　将一个 $m\times n$ 矩阵

$$A=\begin{pmatrix} a_{11} & a_{12} & \cdots & a_{1n} \\ a_{21} & a_{22} & \cdots & a_{2n} \\ \vdots & \vdots & \ddots & \vdots \\ a_{m1} & a_{m2} & \cdots & a_{mn} \end{pmatrix}$$

的行与列按原来的顺序互换,就得到一个 $n\times m$ 的新矩阵

$$A^{\mathrm{T}}=\begin{pmatrix} a_{11} & a_{21} & \cdots & a_{m1} \\ a_{12} & a_{22} & \cdots & a_{m2} \\ \vdots & \vdots & \ddots & \vdots \\ a_{1n} & a_{2n} & \cdots & a_{mn} \end{pmatrix},$$

我们称矩阵 A^{T} 为矩阵 A 的**转置矩阵**.

【例 7.4.4】　设矩阵 $A=\begin{pmatrix} 0 & 2 & -3 \\ 1 & 6 & -1 \end{pmatrix}$, $B=\begin{pmatrix} 2 & -1 \\ 0 & 3 \\ -2 & 4 \end{pmatrix}$,求 $(AB)^{\mathrm{T}}$, $B^{\mathrm{T}}A^{\mathrm{T}}$.

解　由于 $AB=\begin{pmatrix} 0 & 2 & -3 \\ 1 & 6 & -1 \end{pmatrix}\begin{pmatrix} 2 & -1 \\ 0 & 3 \\ -2 & 4 \end{pmatrix}=\begin{pmatrix} 6 & -6 \\ 4 & 13 \end{pmatrix}$,则 $(AB)^{\mathrm{T}}=\begin{pmatrix} 6 & 4 \\ -6 & 13 \end{pmatrix}$.

又因为 $A^{\mathrm{T}}=\begin{pmatrix} 0 & 1 \\ 2 & 6 \\ -3 & -1 \end{pmatrix}$, $B^{\mathrm{T}}=\begin{pmatrix} 2 & 0 & -2 \\ -1 & 3 & 4 \end{pmatrix}$,则 $B^{\mathrm{T}}A^{\mathrm{T}}=\begin{pmatrix} 2 & 0 & -2 \\ -1 & 3 & 4 \end{pmatrix}\begin{pmatrix} 0 & 1 \\ 2 & 6 \\ -3 & -1 \end{pmatrix}=$ $\begin{pmatrix} 6 & 4 \\ -6 & 13 \end{pmatrix}$.

容易验证,转置矩阵具有如下重要性质:

(1) $(A^{\mathrm{T}})^{\mathrm{T}}=A$;

(2) $(AB)^{\mathrm{T}}=B^{\mathrm{T}}A^{\mathrm{T}}$;

(3) $(A+B)^{\mathrm{T}}=A^{\mathrm{T}}+B^{\mathrm{T}}$;

(4) $(kA)^{\mathrm{T}}=kA^{\mathrm{T}}$;

(5) $(ABC)^{\mathrm{T}}=C^{\mathrm{T}}B^{\mathrm{T}}A^{\mathrm{T}}$.

小结

矩阵的四则运算中数乘矩阵是乘遍矩阵中的每一个数,矩阵相乘不满足交换律和消去律,因此在矩阵乘法的分配律中存在一个左分配律和一个右分配律,且有 $(A+B)^2\neq A^2+$

$2AB+B^2$ 的情形.

数学实验

在 MATLAB 中实现矩阵的各种运算.

1. 生成矩阵.

【例 1】 矩阵 $A=\begin{pmatrix}2 & -4 & 3\\6 & 10 & 1\end{pmatrix}$的生成.

输入：a = [2 -4 3;6 10 1]

结果：a =

```
    2   -4   3
    6   10   1
```

2. 矩阵的四则运算.

使用符号(加＋,减－,乘 *).

【例 2】 若矩阵 $A=\begin{pmatrix}1 & 2 & 3\\4 & 5 & 6\\7 & 8 & 9\end{pmatrix}$，$B=\begin{pmatrix}-1 & 0\\3 & 6\\9 & -2\end{pmatrix}$，$C=\begin{pmatrix}0 & 1 & 2\\0 & 4 & 6\\1 & 9 & 2\end{pmatrix}$，则实现下列计算 $A+C$，$A-C$，AB，B^T，C^3.

输入：
```
a = [1 2 3;4 5 6;7 8 9];
b = [-1 0;3 6;9 -2];
c = [0 1 2;0 4 6;1 9 2];
a + c
```

结果：ans =

```
     1    3    5
     4    9   12
     8   17   11
```

输入：a - c

结果：ans =

```
     1     1   1
     4     1   0
     6    -1   7
```

输入：a * b

结果：ans =

```
    32    6
    65   18
    98   30
```

输入：b′

结果：ans =

```
    -1   3     9
     0   6    -2
```

输入：c^3

结果：ans =

```
10   180   156
36   610   504
60   762   454
```

习题 7.4

习题 7.4 答案

1. 计算下列各题.

(1) $\begin{pmatrix}1 & 0\\ 2 & 5\end{pmatrix}+2\begin{pmatrix}0 & -1\\ -2 & 4\end{pmatrix}$；

(2) $3\begin{pmatrix}2 & -3 & 1\\ 0 & 5 & 2\end{pmatrix}-\begin{pmatrix}6 & 9 & -4\\ 2 & 0 & 8\end{pmatrix}$；

(3) $\begin{pmatrix}0 & 3 & 1\\ 1 & -2 & 3\\ 4 & 1 & 0\end{pmatrix}\begin{pmatrix}1\\ -1\\ 0\end{pmatrix}$；

(4) $(1\quad 2\quad 3)\begin{pmatrix}3\\ 2\\ 1\end{pmatrix}$；

(5) $\begin{pmatrix}2 & 0 & 4 & 0\\ 1 & -1 & 3 & 2\end{pmatrix}\begin{pmatrix}1 & -1 & 1\\ 0 & 0 & 2\\ 1 & 3 & 1\\ 4 & 0 & 2\end{pmatrix}$；

(6) $\begin{pmatrix}5 & -7\\ 4 & 1\end{pmatrix}\begin{pmatrix}1 & -2\\ 0 & 2\end{pmatrix}$.

2. 设矩阵 $\boldsymbol{A}=\begin{pmatrix}1 & -1\\ 2 & 1\end{pmatrix}$，$\boldsymbol{B}=\begin{pmatrix}2 & 1\\ -1 & 1\end{pmatrix}$，分别计算 $(\boldsymbol{AB})^2$，$\boldsymbol{A}^2\boldsymbol{B}^2$.

3. 设 $\boldsymbol{A}=\begin{pmatrix}1 & 1\\ 0 & 0\end{pmatrix}$，$\boldsymbol{B}=\begin{pmatrix}1 & 1\\ 0 & 1\end{pmatrix}$，分别计算 $\boldsymbol{A}^n$，$\boldsymbol{B}^n$（其中 n 是正整数）.

4. 已知矩阵 $\boldsymbol{A}=\begin{pmatrix}-3 & 0 & 1 & 5\\ 2 & -1 & 4 & 7\\ 1 & 3 & 0 & 6\end{pmatrix}$，$\boldsymbol{B}=\begin{pmatrix}7 & -2 & 0 & 1\\ -1 & 4 & 5 & -3\\ 2 & 0 & 3 & 8\end{pmatrix}$，计算：

(1) $5\boldsymbol{A}^{\mathrm{T}}+3\boldsymbol{B}^{\mathrm{T}}$；　(2) $\boldsymbol{AB}^{\mathrm{T}}$；　(3) $(\boldsymbol{A}^{\mathrm{T}}\boldsymbol{B})^{\mathrm{T}}$.

5. 设 $\boldsymbol{A}=\begin{pmatrix}1 & 2\\ 1 & 3\end{pmatrix}$，$\boldsymbol{B}=\begin{pmatrix}1 & 0\\ 1 & 2\end{pmatrix}$，问：

(1) $\boldsymbol{AB}=\boldsymbol{BA}$ 吗？

(2) $(\boldsymbol{A}+\boldsymbol{B})^2=\boldsymbol{A}^2+2\boldsymbol{AB}+\boldsymbol{B}^2$ 吗？

(3) $(\boldsymbol{A}+\boldsymbol{B})(\boldsymbol{A}-\boldsymbol{B})=\boldsymbol{A}^2-\boldsymbol{B}^2$ 吗？

6. 举反例说明下列命题是错误的.

(1) 若 $\boldsymbol{A}^2=\boldsymbol{O}$，则 $\boldsymbol{A}=\boldsymbol{O}$；

(2) 若 $\boldsymbol{A}^2=\boldsymbol{A}$，则 $\boldsymbol{A}=\boldsymbol{O}$ 或 $\boldsymbol{A}=\boldsymbol{E}$；

(3) 若 $\boldsymbol{AX}=\boldsymbol{AY}$，且 $\boldsymbol{A}\neq\boldsymbol{O}$，则 $\boldsymbol{X}=\boldsymbol{Y}$.

7.5 可逆矩阵

本节导引

前一节中我们定义了矩阵的加减法和乘法运算.那么矩阵是否可以进行除法运算呢?我们知道数的除法是乘法的逆运算,当两个数 a,b 相除,在 $b\neq 0$ 的前提条件下,$\frac{a}{b}=a\times\frac{1}{b}$,除法能够进行是因为除数 $b\neq 0$,而使得 $\frac{1}{b}$ 存在,b 的倒数也称为 b 的逆,即 $\frac{1}{b}=b^{-1}$,显然 $b\times b^{-1}=1$.类似地,我们能否通过逆矩阵来完成矩阵的除法运算呢?

7.5.1 逆矩阵的概念

定义 7.5.1 设矩阵 $\boldsymbol{A}$,若存在一个矩阵 $\boldsymbol{B}$,使得 $\boldsymbol{AB}=\boldsymbol{BA}=\boldsymbol{E}$,则称矩阵 $\boldsymbol{A}$ 为**可逆矩阵**,简称 $\boldsymbol{A}$ **可逆**,称 $\boldsymbol{B}$ 为 $\boldsymbol{A}$ 的**逆矩阵**,记作 $\boldsymbol{A}^{-1}$,即 $\boldsymbol{A}^{-1}=\boldsymbol{B}$.

显然,当 $\boldsymbol{A}$ 为可逆矩阵时,总存在其逆矩阵 $\boldsymbol{A}^{-1}$,使得 $\boldsymbol{AA}^{-1}=\boldsymbol{A}^{-1}\boldsymbol{A}=\boldsymbol{E}$.

定义中有如下暗示:

(1) 可逆矩阵必是方阵,且它的逆矩阵必是同阶方阵;

(2) 若 $\boldsymbol{A}$ 可逆,则 $\boldsymbol{A}^{-1}$ 必唯一.

那么,如何判断一个矩阵是可逆的呢?若可逆,又该如何求出它的逆矩阵呢?

一般地,用定义求可逆矩阵的逆矩阵是不方便的,在得出可逆矩阵判别和计算方法之前,先介绍 n 阶方阵 $\boldsymbol{A}$ 的行列式的概念.

定义 7.5.2 由 n 阶方阵 $\boldsymbol{A}$ 的元素按照原来的次序所构成的行列式,称为方阵 $\boldsymbol{A}$ 的**行列式**,记作 $|\boldsymbol{A}|$.

【例 7.5.1】 设矩阵 $\boldsymbol{A}=\begin{pmatrix}5 & -1\\ 0 & 2\end{pmatrix}$,$\boldsymbol{B}=\begin{pmatrix}0 & 2\\ -1 & 0\end{pmatrix}$,求 $|\boldsymbol{A}|$,$|\boldsymbol{B}|$,$|\boldsymbol{AB}|$.

解 由已知条件,得 $|\boldsymbol{A}|=\begin{vmatrix}5 & -1\\ 0 & 2\end{vmatrix}=10$,$|\boldsymbol{B}|=\begin{vmatrix}0 & 2\\ -1 & 0\end{vmatrix}=2$.

又因为 $\boldsymbol{AB}=\begin{pmatrix}5 & -1\\ 0 & 2\end{pmatrix}\begin{pmatrix}0 & 2\\ -1 & 0\end{pmatrix}=\begin{pmatrix}1 & 10\\ -2 & 0\end{pmatrix}$,则 $|\boldsymbol{AB}|=\begin{vmatrix}1 & 10\\ -2 & 0\end{vmatrix}=20$.

容易得出,$|\boldsymbol{AB}|=|\boldsymbol{A}||\boldsymbol{B}|$.

事实上,方阵的行列式有如下性质:

(1) $|\boldsymbol{A}^{\mathrm{T}}|=|\boldsymbol{A}|$;

(2) $|\lambda\boldsymbol{A}|=\lambda^n|\boldsymbol{A}|$($\lambda$ 是常数,n 是方阵的阶);

(3) $|\boldsymbol{AB}|=|\boldsymbol{A}||\boldsymbol{B}|$.

【例 7.5.2】 已知三阶方阵 $\boldsymbol{A}$ 的行列式 $|\boldsymbol{A}|=3$,求 $|-2\boldsymbol{A}|$ 的数值.

解 因为方阵 $\boldsymbol{A}$ 为三阶矩阵,则 $|-2\boldsymbol{A}|=(-2)^3|\boldsymbol{A}|=-24$.

7.5.2 伴随矩阵的概念

定义 7.5.3　设 n 阶方阵 $\boldsymbol{A}=(a_{ij})$，称

$$\boldsymbol{A}^*=\begin{pmatrix} A_{11} & A_{21} & \cdots & A_{n1} \\ A_{12} & A_{22} & \cdots & A_{n2} \\ \vdots & \vdots & \ddots & \vdots \\ A_{1n} & A_{2n} & \cdots & A_{nn} \end{pmatrix}$$

为矩阵 $\boldsymbol{A}$ 的**伴随矩阵**，记作 $\boldsymbol{A}^*$，其中 A_{ij} 是行列式 $|\boldsymbol{A}|$ 中元素 a_{ij} 的代数余子式.

【例 7.5.3】　求矩阵 $\boldsymbol{A}=\begin{pmatrix} 2 & 1 & 0 \\ -3 & 0 & 1 \\ 4 & 1 & -1 \end{pmatrix}$ 的伴随矩阵.

解　因为 $A_{11}=(-1)^{1+1}\times\begin{vmatrix} 0 & 1 \\ 1 & -1 \end{vmatrix}=-1$，$A_{12}=(-1)^{1+2}\times\begin{vmatrix} -3 & 1 \\ 4 & -1 \end{vmatrix}=1$，$A_{13}=(-1)^{1+3}\times\begin{vmatrix} -3 & 0 \\ 4 & 1 \end{vmatrix}=-3$，

$$A_{21}=(-1)^{2+1}\times\begin{vmatrix} 1 & 0 \\ 1 & -1 \end{vmatrix}=1,A_{22}=(-1)^{2+2}\times\begin{vmatrix} 2 & 0 \\ 4 & -1 \end{vmatrix}=-2,A_{23}=(-1)^{2+3}\times\begin{vmatrix} 2 & 1 \\ 4 & 1 \end{vmatrix}=2,$$

$$A_{31}=(-1)^{3+1}\times\begin{vmatrix} 1 & 0 \\ 0 & 1 \end{vmatrix}=1,A_{32}=(-1)^{3+2}\times\begin{vmatrix} 2 & 0 \\ -3 & 1 \end{vmatrix}=-2,A_{33}=(-1)^{3+3}\times\begin{vmatrix} 2 & 1 \\ -3 & 0 \end{vmatrix}=3,$$

所以 $\boldsymbol{A}^*=\begin{pmatrix} -1 & 1 & 1 \\ 1 & -2 & -2 \\ -3 & 2 & 3 \end{pmatrix}$.

那么，伴随矩阵与可逆矩阵之间存在什么联系呢？对求解矩阵的逆又有什么作用呢？

7.5.3 可逆矩阵求解方法及应用

定理 7.5.1　n 阶矩阵 $\boldsymbol{A}$ 可逆的充分必要条件为 $|\boldsymbol{A}|\neq 0$，且当 $\boldsymbol{A}$ 可逆时，有 $\boldsymbol{A}^{-1}=\dfrac{\boldsymbol{A}^*}{|\boldsymbol{A}|}$.

证明　(必要性) 由 $\boldsymbol{A}$ 可逆，必存在 $\boldsymbol{A}^{-1}$，使得 $\boldsymbol{A}\boldsymbol{A}^{-1}=\boldsymbol{E}$，故

$$|\boldsymbol{A}\boldsymbol{A}^{-1}|=|\boldsymbol{A}||\boldsymbol{A}^{-1}|=|\boldsymbol{E}|=1\text{，显然，}|\boldsymbol{A}|\neq 0.$$

(充分性) 由矩阵乘法，可得

$$\boldsymbol{A}\boldsymbol{A}^*=\begin{pmatrix} a_{11} & a_{12} & \cdots & a_{1n} \\ a_{21} & a_{22} & \cdots & a_{2n} \\ \vdots & \vdots & \ddots & \vdots \\ a_{n1} & a_{n2} & \cdots & a_{nn} \end{pmatrix}\begin{pmatrix} A_{11} & A_{21} & \cdots & A_{n1} \\ A_{12} & A_{22} & \cdots & A_{n2} \\ \vdots & \vdots & \ddots & \vdots \\ A_{1n} & A_{2n} & \cdots & A_{nn} \end{pmatrix}=\begin{pmatrix} |\boldsymbol{A}| & 0 & \cdots & 0 \\ 0 & |\boldsymbol{A}| & \cdots & 0 \\ \vdots & \vdots & \ddots & \vdots \\ 0 & 0 & \cdots & |\boldsymbol{A}| \end{pmatrix}=|\boldsymbol{A}|\boldsymbol{E}.$$

当 $|\boldsymbol{A}|\neq 0$ 时，$\boldsymbol{A}\dfrac{\boldsymbol{A}^*}{|\boldsymbol{A}|}=\boldsymbol{E}$，即 $\boldsymbol{A}$ 可逆，且 $\boldsymbol{A}^{-1}=\dfrac{\boldsymbol{A}^*}{|\boldsymbol{A}|}$.

我们称此方法为**伴随矩阵法**.

【例 7.5.4】 例 7.5.3 中的矩阵可逆吗？若可逆，请求出它的逆矩阵.

逆矩阵的求法

解 因为 $|\boldsymbol{A}|=\begin{vmatrix}2&1&0\\-3&0&1\\4&1&-1\end{vmatrix}\xlongequal{r_3+r_2}\begin{vmatrix}2&1&0\\-3&0&1\\1&1&0\end{vmatrix}$

$$\xlongequal{\text{按第 3 列展开}}1\times(-1)^{2+3}\begin{vmatrix}2&1\\1&1\end{vmatrix}=-1\neq0,$$

故矩阵 $\boldsymbol{A}$ 可逆.

又因为 $\boldsymbol{A}^*=\begin{pmatrix}-1&1&1\\1&-2&-2\\-3&2&3\end{pmatrix}$，则 $\boldsymbol{A}^{-1}=\dfrac{\boldsymbol{A}^*}{|\boldsymbol{A}|}=-\boldsymbol{A}^*=\begin{pmatrix}1&-1&-1\\-1&2&2\\3&-2&-3\end{pmatrix}$.

推论 7.5.1 设 $\boldsymbol{A}$ 与 $\boldsymbol{B}$ 都是 n 阶方阵，若 $\boldsymbol{AB}=\boldsymbol{E}$，则 $\boldsymbol{A}$ 与 $\boldsymbol{B}$ 都可逆，且 $\boldsymbol{A}^{-1}=\boldsymbol{B}$，$\boldsymbol{B}^{-1}=\boldsymbol{A}$.

用此推论判断一个方阵是否可逆，比直接用定义判断要节省一半的计算量.此外，利用此推论还可得到逆矩阵的一些运算规律.

(1) $(\boldsymbol{A}^{-1})^{-1}=\boldsymbol{A}$；

(2) $|\boldsymbol{A}^{-1}|=|\boldsymbol{A}|^{-1}$；

(3) $(\lambda\boldsymbol{A})^{-1}=\dfrac{1}{\lambda}\boldsymbol{A}^{-1}$（$\lambda$ 为非零的常数）；

(4) $(\boldsymbol{AB})^{-1}=\boldsymbol{B}^{-1}\boldsymbol{A}^{-1}$；

(5) $(\boldsymbol{A}^{\mathrm{T}})^{-1}=(\boldsymbol{A}^{-1})^{\mathrm{T}}$.

在介绍矩阵乘法运算时，我们讲到一个线性方程组可以简单表达为 $\boldsymbol{AX}=\boldsymbol{B}$ 的形式，结合矩阵逆的知识，可知

当 $|\boldsymbol{A}|\neq0$ 时，用 $\boldsymbol{A}^{-1}$ 左乘方程的两端，得 $\boldsymbol{A}^{-1}\boldsymbol{AX}=\boldsymbol{A}^{-1}\boldsymbol{B}$，即 $\boldsymbol{X}=\boldsymbol{A}^{-1}\boldsymbol{B}$.
这就是线性方程组的解.

注意：用逆矩阵求解线性方程组，只适用于未知数个数与方程个数相等且系数行列式 $|A|\neq0$ 的情况下，此时方程组只有唯一解.

【例 7.5.5】 用逆矩阵求解线性方程组 $\begin{cases}x_1+2x_2-x_3=-3,\\2x_1+3x_2-3x_3=9,\\-x_1-x_2+x_3=6.\end{cases}$

解 线性方程组中

$$\boldsymbol{A}=\begin{pmatrix}1&2&-1\\2&3&-3\\-1&-1&1\end{pmatrix},\boldsymbol{X}=\begin{pmatrix}x_1\\x_2\\x_3\end{pmatrix},\boldsymbol{B}=\begin{pmatrix}-3\\9\\6\end{pmatrix},$$

则 $\boldsymbol{AX}=\boldsymbol{B}$.

因为 $|\boldsymbol{A}|=\begin{vmatrix}1&2&-1\\2&3&-3\\-1&-1&1\end{vmatrix}=1\neq0$，所以 $\boldsymbol{A}$ 可逆，且

$$\boldsymbol{A}^{-1}=\begin{pmatrix}0&-1&-3\\1&0&1\\1&-1&-1\end{pmatrix},$$

所以

$$X=A^{-1}B=\begin{pmatrix}x_1\\x_2\\x_3\end{pmatrix}=\begin{pmatrix}0&-1&-3\\1&0&1\\1&-1&-1\end{pmatrix}\begin{pmatrix}-3\\9\\6\end{pmatrix}=\begin{pmatrix}-27\\3\\-18\end{pmatrix}.$$

即

$$\begin{cases}x_1=27,\\x_2=3,\\x_3=-18.\end{cases}$$

小结

一个矩阵 $\boldsymbol{A}$ 可逆，首先 $\boldsymbol{A}$ 必须是方阵，其次是 $|\boldsymbol{A}|\neq 0$.若用伴随矩阵法求其逆，要注意伴随矩阵 $\boldsymbol{A}^*$ 中各元素的排列位置.

数学实验

求一个矩阵的逆矩阵.

命令：inv(a)

【例】　求矩阵 $\boldsymbol{A}=\begin{pmatrix}2&2&3\\1&-1&0\\-1&2&1\end{pmatrix}$ 的逆矩阵.

输入：
```
a=[2 2 3;1 -1 0;-1 2 1];
inv(a)
```

结果：
```
ans =
     1.0000   -4.0000   -3.0000
     1.0000   -5.0000   -3.0000
    -1.0000    6.0000    4.0000
```

习题 7.5 答案

习题 7.5

1. 设矩阵 $\boldsymbol{A}=\begin{pmatrix}1&1&1\\2&-1&0\\1&0&1\end{pmatrix}$，$\boldsymbol{B}=\begin{pmatrix}1&0&0\\2&1&0\\0&2&1\end{pmatrix}$，求：(1) $|-2\boldsymbol{B}|$；(2) $|\boldsymbol{AB}|$.

2. 设二阶矩阵 $\boldsymbol{A}=\begin{pmatrix}3&1\\0&2\end{pmatrix}$，计算：(1) $\boldsymbol{A}^*$；(2) $\boldsymbol{A}^{-1}$；(3) $(\boldsymbol{A}^*)^{-1}$.

3. 下列矩阵是否存在逆矩阵？若存在，求其逆.

(1) $\begin{pmatrix}-1&2\\2&-5\end{pmatrix}$；　(2) $\begin{pmatrix}\cos\theta&\sin\theta\\-\sin\theta&\cos\theta\end{pmatrix}$；　(3) $\begin{pmatrix}1&2&-1\\3&0&-2\\0&-4&1\end{pmatrix}$；

(4) $\begin{pmatrix} a_1 & 0 & \cdots & 0 \\ 0 & a_2 & \cdots & 0 \\ \vdots & \vdots & \ddots & \vdots \\ 0 & 0 & \cdots & a_n \end{pmatrix}(a_1a_2\cdots a_n\neq 0)$；　　(5) $\begin{pmatrix} 1 & 1 & 1 \\ 0 & 1 & 1 \\ 0 & 0 & 1 \end{pmatrix}$.

4. 设矩阵 $\boldsymbol{A}$ 是三阶方阵，$|\boldsymbol{A}|=\dfrac{1}{2}$，计算下列行列式的值.

(1) $|-2\boldsymbol{A}|$；　(2) $|\boldsymbol{A}^*|$；　(3) $|(\boldsymbol{A}^{-1})^{\mathrm{T}}|$；　(4) $|3\boldsymbol{A}^*-\boldsymbol{A}^{-1}|$.

5. 若设 $\boldsymbol{A}=\begin{pmatrix} 2 & 5 \\ 1 & 3 \end{pmatrix}$，$\boldsymbol{B}=\begin{pmatrix} 4 & -6 \\ 2 & 1 \end{pmatrix}$，解下列矩阵方程.

(1) $\boldsymbol{AX}=\boldsymbol{B}$；　(2) $\boldsymbol{XA}=\boldsymbol{B}$.

6. 已知矩阵 $\boldsymbol{A}$，$\boldsymbol{B}$ 都是三阶方阵，且 $\boldsymbol{AB}-\boldsymbol{A}=2\boldsymbol{B}$，其中

$$\boldsymbol{A}=\begin{pmatrix} 4 & 2 & 3 \\ 1 & 1 & 0 \\ -1 & 2 & 3 \end{pmatrix},$$

求矩阵 $\boldsymbol{B}$.

7. 利用逆矩阵求下列线性方程组.

(1) $\begin{cases} x_1+2x_2+3x_3=0, \\ 2x_1+2x_2+x_3=1, \\ 3x_1+4x_2+3x_3=0; \end{cases}$　(2) $\begin{cases} 3x_1+2x_2+x_3=5, \\ 2x_1-x_2+x_3=6, \\ x_1+5x_2=-3. \end{cases}$

7.6 矩阵的初等变换

本节导引

矩阵的初等变换是矩阵中十分重要的运算.它在解线性方程组、求逆矩阵中发挥着重要的作用.试想如果从矩阵角度考察线性方程组解的过程，从中体会矩阵与线性方程组的对应关系以及矩阵变换与同解方程组的关系，那么我们就有了研究线性方程组的另一条途径，如下面的引例.

引例　观察线性方程组 $\begin{cases} x_1-x_2+2x_3=4, \\ 2x_1+x_2+9x_3=7, \\ -x_1+2x_2-x_3=-5 \end{cases}$ 的求解过程.

由未知数的系数和常数项构成的矩阵对应着上述线性方程组，即

$$\begin{pmatrix} 1 & -1 & 2 & 4 \\ 2 & 1 & 9 & 7 \\ -1 & 2 & -1 & -5 \end{pmatrix} \xleftrightarrow{\text{对应}} \begin{cases} x_1-x_2+2x_3=4, & (1) \\ 2x_1+x_2+9x_3=7, & (2) \\ -x_1+2x_2-x_3=-5. & (3) \end{cases}$$

第一步：把方程(1)乘以-2后加到方程(2)上，消去未知数 x_1，即

$$\begin{pmatrix}1&-1&2&4\\0&3&5&-1\\-1&2&-1&-5\end{pmatrix}\xleftrightarrow{\text{对应}}\begin{cases}x_1-x_2+2x_3=4, & (1)\\3x_2+5x_3=-1, & (2)\\-x_1+2x_2-x_3=-5. & (3)\end{cases}$$

第二步：把方程(1)加到方程(3)上，再消去未知数 x_1，即

$$\begin{pmatrix}1&-1&2&4\\0&3&5&-1\\0&1&1&-1\end{pmatrix}\xleftrightarrow{\text{对应}}\begin{cases}x_1-x_2+2x_3=4, & (1)\\3x_2+5x_3=-1, & (2)\\x_2+x_3=-1. & (3)\end{cases}$$

第三步：把方程(3)乘以−3后，加到方程(2)上，消去未知数 x_2，即

$$\begin{pmatrix}1&-1&2&4\\0&0&2&2\\0&1&1&-1\end{pmatrix}\xleftrightarrow{\text{对应}}\begin{cases}x_1-x_2+2x_3=4, & (1)\\2x_3=2, & (2)\\x_2+x_3=-1. & (3)\end{cases}$$

第四步：把方程(2)的两边同乘以$\frac{1}{2}$，即

$$\begin{pmatrix}1&-1&2&4\\0&0&1&1\\0&1&1&-1\end{pmatrix}\xleftrightarrow{\text{对应}}\begin{cases}x_1-x_2+2x_3=4, & (1)\\x_3=1, & (2)\\x_2+x_3=-1. & (3)\end{cases}$$

如此下去，可以一一解出未知数.

7.6.1 矩阵初等变换的概念

定义 7.6.1　下列三种变换，称为矩阵的**初等行变换**：

(1) **倍乘变换**：用一个非零常数乘遍矩阵的某一行(第 i 行乘 k，记作 kr_i)；

(2) **倍加变换**：将矩阵某一行的倍数加到另一行上(第 j 行的 k 倍加到第 i 行上，记作 r_i+kr_j)；

(3) **对换变换**：对换矩阵某两行的位置(交换 i,j 两行，记作 $r_i\leftrightarrow r_j$).

若把对矩阵实施的三种行变换改为列变换(所有的记号将 r 换成 c)，就得到对矩阵的三种初等列变换.矩阵的初等行变换和初等列变换统称为**初等变换**.

矩阵 $\boldsymbol{A}$ 经过有限次初等变换后不改变矩阵的可逆性.

注意：矩阵 $\boldsymbol{A}$ 经初等变换为矩阵 $\boldsymbol{B}$ 的过程，常用标记 $\boldsymbol{A}\to\cdots\to\boldsymbol{B}$，而不用“=”.

7.6.2 阶梯形矩阵

若继续对引例中的未知数进行消元，会出现具有某种特点的矩阵.如

$$\begin{pmatrix}1&-1&2&4\\0&0&1&1\\0&1&1&-1\end{pmatrix}\xrightarrow{r_1+r_3}\begin{pmatrix}1&0&3&3\\0&0&1&1\\0&1&1&-1\end{pmatrix}\xrightarrow[r_2\leftrightarrow r_3]{r_1+r_2\times(-3)}\begin{pmatrix}1&0&0&0\\0&1&1&-1\\0&0&1&1\end{pmatrix}$$

$$\xrightarrow{r_2+r_3\times(-1)}\begin{pmatrix}1&0&0&0\\0&1&0&-2\\0&0&1&1\end{pmatrix},$$

即$\begin{pmatrix}1&0&0&0\\0&1&0&-2\\0&0&1&1\end{pmatrix}\xrightarrow{\text{对应}}\begin{cases}x_1=0, & (1)\\x_2=-2, & (2)\\x_3=1. & (3)\end{cases}$

易见,消元法与矩阵**初等行变换**的思想方法是一致的.同时,还注意到矩阵变换后得到了两个很有特点的矩阵,即

定义 7.6.2 满足下列条件的矩阵称为**阶梯形矩阵**:

(1) 矩阵的零行在矩阵的最下方;

(2) 首非零元(非零行的第一个非零元素)的列标随着行标的递增而严格增大.

利用矩阵的行变换可以把矩阵变换为阶梯形矩阵.

例如,矩阵

$$\begin{pmatrix}1&0&0&0\\0&1&1&-1\\0&0&1&1\end{pmatrix},\begin{pmatrix}1&2&0&0\\0&-3&0&-1\\0&0&0&1\end{pmatrix},\begin{pmatrix}2&0&-1&1&3\\0&0&1&2&3\\0&0&0&0&1\\0&0&0&0&0\end{pmatrix}$$

都是阶梯形矩阵,而矩阵

$$A=\begin{pmatrix}3&-2&0&0&1\\0&0&1&2&3\\0&0&0&0&0\\0&0&0&2&1\end{pmatrix},B=\begin{pmatrix}3&-2&0&0&1\\0&0&1&2&3\\0&0&2&4&2\\0&0&0&0&0\end{pmatrix},C=\begin{pmatrix}1&-2&0&1&3\\2&-4&0&2&6\\0&0&0&1&2\\0&0&0&0&0\end{pmatrix}$$

都不是阶梯形矩阵,但是都可以通过初等行变换转化为阶梯形矩阵,即

$$A=\begin{pmatrix}3&-2&0&0&1\\0&0&1&2&3\\0&0&0&0&0\\0&0&0&2&1\end{pmatrix}\xrightarrow{r_3\leftrightarrow r_4}\begin{pmatrix}3&-2&0&0&1\\0&0&1&2&3\\0&0&0&2&1\\0&0&0&0&0\end{pmatrix},$$

$$B=\begin{pmatrix}3&-2&0&0&1\\0&0&1&2&3\\0&0&2&4&2\\0&0&0&0&0\end{pmatrix}\xrightarrow{r_3+r_2\times(-2)}\begin{pmatrix}3&-2&0&0&1\\0&0&1&2&3\\0&0&0&0&-4\\0&0&0&0&0\end{pmatrix},$$

$$C=\begin{pmatrix}1&-2&0&1&3\\2&-4&0&2&6\\0&0&0&1&2\\0&0&0&0&0\end{pmatrix}\xrightarrow{r_2+r_1\times(-2)}\begin{pmatrix}1&-2&0&1&-3\\0&0&0&0&0\\0&0&0&1&2\\0&0&0&0&0\end{pmatrix}\xrightarrow{r_2\leftrightarrow r_3}\begin{pmatrix}1&-2&0&1&-3\\0&0&0&1&2\\0&0&0&0&0\\0&0&0&0&0\end{pmatrix}.$$

定义 7.6.3 满足下列条件的阶梯形矩阵称为**行简化阶梯形矩阵**:

(1) 非零行的首非零元素都是 1;

(2) 所有首非零元素所在的列的其余元素都是零.

例如,矩阵

$$\begin{pmatrix} \textcircled{1} & 0 & 0 & 0 \\ 0 & \textcircled{1} & 0 & -2 \\ 0 & 0 & \textcircled{1} & 1 \end{pmatrix}.$$

初等行变换一定能将阶梯形矩阵化为行简化阶梯形矩阵.如上例中的矩阵 $\boldsymbol{C}$ 已经是阶梯形矩阵,则

$$\boldsymbol{C} \to \begin{pmatrix} 1 & -2 & 0 & 1 & -3 \\ 0 & 0 & 0 & 1 & 2 \\ 0 & 0 & 0 & 0 & 0 \\ 0 & 0 & 0 & 0 & 0 \end{pmatrix} \xrightarrow{r_1 + r_2 \times (-1)} \begin{pmatrix} 1 & -2 & 0 & 0 & -5 \\ 0 & 0 & 0 & 1 & 2 \\ 0 & 0 & 0 & 0 & 0 \\ 0 & 0 & 0 & 0 & 0 \end{pmatrix}.$$

【例 7.6.1】 用矩阵初等行变换将 $\boldsymbol{A} = \begin{pmatrix} 1 & -1 & 2 & 3 & 3 \\ 1 & -1 & 1 & 2 & 3 \\ 1 & -1 & 3 & 4 & 3 \\ 1 & -1 & 0 & 5 & 7 \end{pmatrix}$ 化为行简化阶梯形矩阵.

解

$$\begin{pmatrix} 1 & -1 & 2 & 3 & 3 \\ 1 & -1 & 1 & 2 & 3 \\ 1 & -1 & 3 & 4 & 3 \\ 1 & -1 & 0 & 5 & 7 \end{pmatrix} \xrightarrow[\substack{r_3 + r_1 \times (-1) \\ r_2 + r_1 \times (-1)}]{r_4 + r_1 \times (-1)} \begin{pmatrix} 1 & -1 & 2 & 3 & 3 \\ 0 & 0 & -1 & -1 & 0 \\ 0 & 0 & 1 & 1 & 0 \\ 0 & 0 & -2 & 2 & 4 \end{pmatrix}$$

$$\xrightarrow{\substack{r_3 \leftrightarrow r_4 \\ r_4 + r_2 \times (-2) \\ r_3 + r_2}} \begin{pmatrix} 1 & -1 & 2 & 3 & 3 \\ 0 & 0 & -1 & -1 & 0 \\ 0 & 0 & 0 & 4 & 4 \\ 0 & 0 & 0 & 0 & 0 \end{pmatrix}$$

$$\xrightarrow{\substack{r_2 \times (-1) \\ r_3 \times \frac{1}{4}}} \begin{pmatrix} 1 & -1 & 2 & 3 & 3 \\ 0 & 0 & 1 & 1 & 0 \\ 0 & 0 & 0 & 1 & 1 \\ 0 & 0 & 0 & 0 & 0 \end{pmatrix}$$

$$\xrightarrow{r_1 + r_2 \times (-2)} \begin{pmatrix} 1 & -1 & 0 & 1 & 3 \\ 0 & 0 & 1 & 1 & 0 \\ 0 & 0 & 0 & 1 & 1 \\ 0 & 0 & 0 & 0 & 0 \end{pmatrix}$$

$$\xrightarrow{\substack{r_1 + r_3 \times (-1) \\ r_2 + r_3 \times (-1)}} \begin{pmatrix} 1 & -1 & 0 & 0 & 2 \\ 0 & 0 & 1 & 0 & -1 \\ 0 & 0 & 0 & 1 & 1 \\ 0 & 0 & 0 & 0 & 0 \end{pmatrix}.$$

由此可见,如果第一行的第一个元素是“1”,很容易将第一列的其他元素变为“0”,以此类推,如果第二行的第二个元素也为“1”,则第二列的其他元素也容易变为“0”,如此反复,就能很快地将矩阵化为行简化阶梯形矩阵.假如矩阵中的首非零元素不是“1”,又将如何呢?

【例 7.6.2】 用矩阵初等行变换将 $A=\begin{pmatrix}-4&2&-5&5\\3&0&1&3\\0&7&-2&-1\\-5&-3&6&-25\end{pmatrix}$ 化为行简化阶梯形矩阵.

解

$$\begin{pmatrix}-4&2&-5&5\\3&0&1&3\\0&7&-2&-1\\-5&-3&6&-25\end{pmatrix}\xrightarrow[r_1+r_2]{r_1\times(-1)}\begin{pmatrix}1&-2&4&-8\\3&0&1&3\\0&7&-2&-1\\-5&-3&6&-25\end{pmatrix}\xrightarrow[r_2+r_1\times(-3)]{r_4+r_1\times 5}$$

$$\begin{pmatrix}1&-2&4&-8\\0&6&-11&27\\0&7&-2&-1\\0&-13&26&-65\end{pmatrix}\xrightarrow{r_4\times\left(-\frac{1}{13}\right)}\begin{pmatrix}1&-2&4&-8\\0&6&-11&27\\0&7&-2&-1\\0&1&-2&5\end{pmatrix}\xrightarrow[r_2\leftrightarrow r_4]{r_3+r_2\times(-7)}$$

$$\begin{pmatrix}1&-2&4&-8\\0&1&-2&5\\0&0&12&-36\\0&6&-11&27\end{pmatrix}\xrightarrow{r_4+r_2\times(-6)}\begin{pmatrix}1&-2&4&-8\\0&1&-2&5\\0&0&12&-36\\0&0&1&-3\end{pmatrix}\xrightarrow[r_3\times\frac{1}{12}]{r_4-r_3}$$

$$\begin{pmatrix}1&-2&4&-8\\0&1&-2&5\\0&0&1&-3\\0&0&0&0\end{pmatrix}\xrightarrow[r_2+r_3\times 2]{r_1+r_3\times(-4)}\begin{pmatrix}1&-2&0&4\\0&1&0&-1\\0&0&1&-3\\0&0&0&0\end{pmatrix}\xrightarrow{r_1+r_2\times 2}\begin{pmatrix}1&0&0&2\\0&1&0&-1\\0&0&1&-3\\0&0&0&0\end{pmatrix}.$$

由此可见，当第一列的元素中没有“1”时，可以通过多种方式将第一行第一个元素变为“1”，如上例中所采取的方法，通过行与行对应元素间的四则运算就可以得到.

7.6.3 初等矩阵

由于初等变换不改变矩阵的可逆性，因此一个可逆矩阵只需要经过初等行变换就可以化为一个单位矩阵.

【例 7.6.3】 用矩阵的初等行变换，将可逆矩阵 $A=\begin{pmatrix}1&2&3\\2&2&1\\3&4&3\end{pmatrix}$ 化为单位阵.

解 $A=\begin{pmatrix}1&2&3\\2&2&1\\3&4&3\end{pmatrix}\xrightarrow[r_3+r_1\times(-3)]{r_2+r_1\times(-2)}\begin{pmatrix}1&2&3\\0&-2&-5\\0&-2&-6\end{pmatrix}\xrightarrow{r_3+r_2\times(-1)}\begin{pmatrix}1&2&3\\0&-2&-5\\0&0&-1\end{pmatrix}$

$$\xrightarrow{r_3\times(-1)}\begin{pmatrix}1&2&3\\0&-2&-5\\0&0&1\end{pmatrix}\xrightarrow[r_1+r_3\times(-3)]{r_2+r_3\times 5}\begin{pmatrix}1&2&0\\0&-2&0\\0&0&1\end{pmatrix}$$

$$\xrightarrow{r_2\times\left(-\frac{1}{2}\right)}\begin{pmatrix}1&2&0\\0&1&0\\0&0&1\end{pmatrix}\xrightarrow{r_1+r_2\times(-2)}\begin{pmatrix}1&0&0\\0&1&0\\0&0&1\end{pmatrix}.$$

定义 7.6.4　对单位矩阵 $\boldsymbol{E}$ 施以一次初等变换后得到的矩阵，称为**初等矩阵**.

根据三种初等变换，可得到三种初等矩阵，分别为

(1) 对 $\boldsymbol{E}$ 实施倍乘变换，得

$$\boldsymbol{E}(i(k))=\begin{pmatrix}1 & & & & \\ & \ddots & & & \\ & & k & & \\ & & & \ddots & \\ & & & & 1\end{pmatrix}\begin{matrix} \\ \\ \leftarrow 第\ i\ 行. \\ \\ \\ \end{matrix}$$

第 i 列

(2) 对 $\boldsymbol{E}$ 实施倍加变换，得

$$\boldsymbol{E}(i,j(k))=\begin{pmatrix}1 & & & & & \\ & \ddots & & & & \\ & & 1 & \cdots & k & & \\ & & & \ddots & \vdots & & \\ & & & & 1 & & \\ & & & & & \ddots & \\ & & & & & & 1\end{pmatrix}\begin{matrix} \\ \\ \leftarrow 第\ i\ 行 \\ \\ \leftarrow 第\ j\ 行 \\ \\ \\ \end{matrix}.$$

第 i 列　第 j 列

(3) 对 $\boldsymbol{E}$ 实施对换变换，得

$$\boldsymbol{E}(i,j)\begin{pmatrix}1 & & & & & \\ & \ddots & & & & \\ & & 0 & \cdots & 1 & & \\ & & \vdots & \ddots & \vdots & & \\ & & 1 & \cdots & 0 & & \\ & & & & & \ddots & \\ & & & & & & 1\end{pmatrix}\begin{matrix} \\ \\ \leftarrow 第\ i\ 行 \\ \\ \leftarrow 第\ j\ 行 \\ \\ \\ \end{matrix}.$$

第 i 列　第 j 列

可以验证，初等矩阵的转置仍为初等矩阵，初等矩阵都是可逆矩阵，且其逆也是初等矩阵.

定理 7.6.1　若 $\boldsymbol{A}$ 是 $m\times n$ 矩阵，则

(1) 对矩阵 $\boldsymbol{A}$ 实施一次初等行变换，相当于用一个 m 阶初等矩阵左乘 $\boldsymbol{A}$；

(2) 对矩阵 $\boldsymbol{A}$ 实施一次初等列变换，相当于用一个 n 阶初等矩阵右乘 $\boldsymbol{A}$.

例如，有 $m\times n$ 矩阵

$$\boldsymbol{A}=\begin{pmatrix}a_{11} & a_{12} & \cdots & a_{1n} \\ a_{21} & a_{22} & \cdots & a_{2n} \\ \vdots & \vdots & \ddots & \vdots \\ a_{m1} & a_{m2} & \cdots & a_{mn}\end{pmatrix},$$

若用 $\boldsymbol{E}(i(k))$ 左乘矩阵 $\boldsymbol{A}$，则有

$$E(i(k))A=\begin{pmatrix} a_{11} & a_{12} & \cdots & a_{1n} \\ \vdots & \vdots & & \vdots \\ ka_{i1} & ka_{i2} & \cdots & ka_{in} \\ \vdots & \vdots & & \vdots \\ a_{m1} & a_{m2} & \cdots & a_{mn} \end{pmatrix} \leftarrow 第\ i\ 行,$$

相当于用非零实数 k 去乘矩阵 $\boldsymbol{A}$ 的第 i 行每一个元素.同理,若用 n 阶 $\boldsymbol{E}(i(k))$ 右乘矩阵 $\boldsymbol{A}$,相当于用非零实数 k 去乘矩阵 $\boldsymbol{A}$ 的第 i 列每一个元素.

若用 $\boldsymbol{E}(i,j(k))$ 左乘矩阵 $\boldsymbol{A}$,则有

$$E(i,j(k))A=\begin{pmatrix} a_{11} & a_{12} & \cdots & a_{1n} \\ \vdots & \vdots & & \vdots \\ a_{i1}+ka_{j1} & a_{i2}+ka_{j2} & \cdots & a_{in}+ka_{jn} \\ \vdots & \vdots & & \vdots \\ a_{j1} & a_{j2} & \cdots & a_{jn} \\ \vdots & \vdots & & \vdots \\ a_{m1} & a_{m2} & \cdots & a_{mn} \end{pmatrix} \begin{matrix} \\ \\ \leftarrow 第\ i\ 行 \\ \\ \leftarrow 第\ j\ 行 \\ \\ \\ \end{matrix},$$

相当于矩阵 $\boldsymbol{A}$ 的第 j 行元素乘以 k 加到第 i 行每一个元素.同理,若用 n 阶矩阵 $\boldsymbol{E}(i,j(k))$ 右乘矩阵 $\boldsymbol{A}$,相当于矩阵 $\boldsymbol{A}$ 的第 i 列元素乘以 k 加到第 j 列每一个元素.

若用 $\boldsymbol{E}(i,j)$ 左乘矩阵 $\boldsymbol{A}$,则有

$$E(i,j)A=\begin{pmatrix} a_{11} & a_{12} & \cdots & a_{1n} \\ \vdots & \vdots & & \vdots \\ a_{j1} & a_{j2} & \cdots & a_{jn} \\ \vdots & \vdots & & \vdots \\ a_{i1} & a_{i2} & \cdots & a_{in} \\ \vdots & \vdots & & \vdots \\ a_{m1} & a_{m2} & \cdots & a_{mn} \end{pmatrix} \begin{matrix} \\ \\ \leftarrow 第\ i\ 行 \\ \\ \leftarrow 第\ j\ 行 \\ \\ \\ \end{matrix},$$

相当于矩阵 $\boldsymbol{A}$ 的第 i 行与第 j 行元素进行交换.同理,若用 n 阶矩阵 $\boldsymbol{E}(i,j)$ 右乘矩阵 $\boldsymbol{A}$,相当于矩阵 $\boldsymbol{A}$ 的第 i 列与第 j 列元素进行交换.

如矩阵 $\boldsymbol{A}=\begin{pmatrix} 1 & 2 & 0 & -3 \\ 0 & 4 & -5 & 3 \\ 0 & 0 & 3 & 2 \end{pmatrix}$ 左乘初等矩阵 $\boldsymbol{E}(2(-2))=\begin{pmatrix} 1 & 0 & 0 \\ 0 & -2 & 0 \\ 0 & 0 & 1 \end{pmatrix}$,得

$$E(2(-2))A=\begin{pmatrix} 1 & 0 & 0 \\ 0 & -2 & 0 \\ 0 & 0 & 1 \end{pmatrix}\begin{pmatrix} 1 & 2 & 0 & -3 \\ 0 & 4 & -5 & 3 \\ 0 & 0 & 3 & 2 \end{pmatrix}=\begin{pmatrix} 1 & 2 & 0 & -3 \\ 0 & 8 & -10 & 6 \\ 0 & 0 & 3 & 2 \end{pmatrix};$$

若右乘 $\boldsymbol{E}(2(-2))$,得

$$AE(2(-2))=\begin{pmatrix} 1 & 2 & 0 & -3 \\ 0 & 4 & -5 & 3 \\ 0 & 0 & 3 & 2 \end{pmatrix}\begin{pmatrix} 1 & 0 & 0 & 0 \\ 0 & -2 & 0 & 0 \\ 0 & 0 & 1 & 0 \\ 0 & 0 & 0 & 1 \end{pmatrix}=\begin{pmatrix} 1 & -4 & 0 & -3 \\ 0 & 8 & -5 & 3 \\ 0 & 0 & 3 & 2 \end{pmatrix}.$$

同理,若矩阵 $\boldsymbol{A}$ 左乘初等矩阵 $\boldsymbol{E}(1,2)=\begin{pmatrix}0&1&0\\1&0&0\\0&0&1\end{pmatrix}$,得

$$\boldsymbol{E}(1,2)\boldsymbol{A}=\begin{pmatrix}0&1&0\\1&0&0\\0&0&1\end{pmatrix}\begin{pmatrix}1&2&0&-3\\0&4&-5&3\\0&0&3&2\end{pmatrix}=\begin{pmatrix}0&4&-5&3\\1&2&0&-3\\0&0&3&2\end{pmatrix};$$

若右乘初等矩阵 $\boldsymbol{E}(1,2)=\begin{pmatrix}0&1&0&0\\1&0&0&0\\0&0&1&0\\0&0&0&1\end{pmatrix}$,得

$$\boldsymbol{AE}(1,2)=\begin{pmatrix}1&2&0&-3\\0&4&-5&3\\0&0&3&2\end{pmatrix}\begin{pmatrix}0&1&0&0\\1&0&0&0\\0&0&1&0\\0&0&0&1\end{pmatrix}=\begin{pmatrix}2&1&0&-3\\4&0&-5&3\\0&0&3&2\end{pmatrix}.$$

同理,若矩阵 $\boldsymbol{A}$ 左乘初等矩阵 $\boldsymbol{E}(1,3(2))=\begin{pmatrix}1&0&2\\0&1&0\\0&0&1\end{pmatrix}$,得

$$\boldsymbol{E}(1,3(2))\boldsymbol{A}=\begin{pmatrix}1&0&2\\0&1&0\\0&0&1\end{pmatrix}\begin{pmatrix}1&2&0&-3\\0&4&-5&3\\0&0&3&2\end{pmatrix}=\begin{pmatrix}1&2&6&1\\0&4&-5&-3\\0&0&3&2\end{pmatrix};$$

若右乘初等矩阵 $\boldsymbol{E}(1,3(2))=\begin{pmatrix}1&0&2&0\\0&1&0&0\\0&0&1&0\\0&0&0&1\end{pmatrix}$,得

$$\boldsymbol{AE}(1,3(2))=\begin{pmatrix}1&2&0&-3\\0&4&-5&3\\0&0&3&2\end{pmatrix}\begin{pmatrix}1&0&2&0\\0&1&0&0\\0&0&1&0\\0&0&0&1\end{pmatrix}=\begin{pmatrix}1&2&2&-3\\0&4&-5&3\\0&0&3&2\end{pmatrix}.$$

7.6.4 用初等矩阵求逆矩阵

在 7.5 小节中,我们曾给出用伴随矩阵法求逆矩阵,为了得到 n 阶方阵 $\boldsymbol{A}$ 的伴随矩阵 $\boldsymbol{A}^*$,需要计算 n^2 个 $n-1$ 阶行列式的值,但是当 n 值很大时,计算量相当大.下面介绍初等变换法求逆矩阵.

我们知道,一个 n 阶方阵 $\boldsymbol{A}$ 是可逆矩阵,那么一定可以通过初等行变换将其化为单位矩阵,根据定理 7.6.1,存在有限个 n 阶初等矩阵 $\boldsymbol{P}_1$, $\boldsymbol{P}_2,\cdots,\boldsymbol{P}_s$,使得

扫一扫

用初等矩阵求逆矩阵

$$\boldsymbol{P}_s\cdots\boldsymbol{P}_2\boldsymbol{P}_1\boldsymbol{A}=\boldsymbol{E},$$

$$\boldsymbol{A}=(\boldsymbol{P}_s\cdots\boldsymbol{P}_2\boldsymbol{P}_1)^{-1}=\boldsymbol{P}_1^{-1}\boldsymbol{P}_2^{-1}\cdots\boldsymbol{P}_s^{-1}.$$

相应地,等式两边右乘 $\boldsymbol{A}^{-1}$,有

$$A^{-1}=P_s\cdots P_2P_1E.$$

由此可见,A 不但是 s 个初等阵的乘积,而且说明了对可逆阵 A 实施一系列初等行变换可将 A 化为单位阵.同样地,这种行变换能将单位阵 E 化为 A 的逆矩阵 A^{-1}.因此,可以构造一个 $n\times 2n$ 矩阵$(A\ \vdots\ E)$,对$(A\ \vdots\ E)$实施初等行变换,在将 A 化为单位阵 E 的同时也将单位阵 E 化为 A^{-1},即

$$(A\ \vdots\ E)\rightarrow\cdots\rightarrow(E\ \vdots\ A^{-1})\quad(\text{实施初等行变换})$$

$$\begin{pmatrix}A\\E\end{pmatrix}\rightarrow\cdots\rightarrow\begin{pmatrix}E\\A^{-1}\end{pmatrix}\quad(\text{实施初等列变换})$$

【例 7.6.4】 用初等行变换求可逆矩阵 $A=\begin{pmatrix}1&2&3\\0&-1&4\\2&3&9\end{pmatrix}$的逆矩阵.

解 $(A\ \vdots\ E)=\begin{pmatrix}1&2&3&1&0&0\\0&-1&4&0&1&0\\2&3&9&0&0&1\end{pmatrix}\xrightarrow{r_3+r_1\times(-2)}\begin{pmatrix}1&2&3&1&0&0\\0&-1&4&0&1&0\\0&-1&3&-2&0&1\end{pmatrix}$

$\xrightarrow{r_3+r_2\times(-1)}\begin{pmatrix}1&2&3&1&0&0\\0&-1&4&0&1&0\\0&0&-1&-2&-1&1\end{pmatrix}\xrightarrow{r_1+r_2\times 2}\begin{pmatrix}1&0&11&1&2&0\\0&-1&4&0&1&0\\0&0&-1&-2&-1&1\end{pmatrix}$

$\xrightarrow[r_1+r_3\times 11]{r_2+r_3\times 4}\begin{pmatrix}1&0&0&-21&-9&11\\0&-1&0&-8&-3&4\\0&0&-1&-2&-1&1\end{pmatrix}\xrightarrow[r_3\times(-1)]{r_2\times(-1)}\begin{pmatrix}1&0&0&-21&-9&11\\0&1&0&8&3&-4\\0&0&1&2&1&-1\end{pmatrix}$

$=(E\ \vdots\ A^{-1})$.

故 $A^{-1}=\begin{pmatrix}-21&-9&11\\8&3&-4\\2&1&-1\end{pmatrix}$.

小结

矩阵初等变换是整个线性代数的核心,也是求解线性方程组解的核心.掌握矩阵的三种初等变换:倍加、倍乘、对换是很重要的,而且每一种变换相对于线性方程组而言都是等价变换.

扫一扫

习题 7.6 答案

习题 7.6

1. 将下列矩阵化为阶梯形.

(1) $\begin{pmatrix}3&1&0&2\\1&-1&2&-1\\1&3&-4&4\end{pmatrix}$;

(2) $\begin{pmatrix}1&1&2&2&1\\0&2&1&5&-1\\2&0&3&-1&3\\1&1&0&4&-1\end{pmatrix}$;

(3) $\begin{pmatrix} 3 & -1 & 9 & -1 & 2 \\ 4 & 2 & -1 & -4 & 3 \\ 1 & 3 & -10 & -3 & 1 \\ 5 & 5 & 2 & -3 & 1 \end{pmatrix}$；　(4) $\begin{pmatrix} 1 & 3 & 1 & 2 & 4 \\ 1 & 4 & 0 & -8 & -9 \\ 2 & 6 & 5 & -13 & -3 \\ 1 & 2 & 5 & -4 & 7 \\ 3 & 10 & 2 & -4 & -1 \end{pmatrix}$.

2. 将下列矩阵化成行简化阶梯形矩阵.

(1) $\begin{pmatrix} 1 & -1 & 0 \\ -4 & 2 & -5 \end{pmatrix}$；　(2) $\begin{pmatrix} 2 & 4 & 5 \\ -4 & 1 & 0 \\ 3 & 2 & -1 \end{pmatrix}$；

(3) $\begin{pmatrix} 2 & -3 & -4 & -5 & 0 \\ -1 & 4 & 2 & 5 & 5 \\ -3 & 7 & 6 & 10 & 5 \\ 5 & -1 & -8 & 2 & 1 \end{pmatrix}$；　(4) $\begin{pmatrix} 2 & -1 \\ 5 & -2 \\ -3 & 1 \end{pmatrix}$；

(5) $\begin{pmatrix} 1 & -2 & 3 & -4 & 4 \\ 0 & 1 & -1 & 1 & -3 \\ 1 & 3 & 0 & -3 & 1 \\ 0 & -7 & 3 & 1 & -3 \end{pmatrix}$；　(6) $\begin{pmatrix} 1 & 1 & 2 & 1 \\ 2 & -1 & 2 & 4 \\ 1 & -2 & 0 & 3 \\ 4 & 1 & 4 & 2 \end{pmatrix}$；

(7) $\begin{pmatrix} 1 & 1 & 1 & 4 & -3 \\ 1 & -1 & 3 & -2 & -1 \\ 2 & 1 & 3 & 5 & -5 \\ 3 & 1 & 5 & 6 & -7 \end{pmatrix}$；　(8) $\begin{pmatrix} 7 & -4 & 0 & -1 \\ -8 & 8 & 5 & -2 \\ 2 & 0 & 3 & 8 \\ 0 & 8 & 12 & -5 \end{pmatrix}$.

3. 利用矩阵的初等行变换求矩阵的逆.

(1) $\begin{pmatrix} 1 & 2 & -3 \\ 2 & 1 & 0 \\ 4 & -2 & 5 \end{pmatrix}$；　(2) $\begin{pmatrix} 1 & 2 & 3 & -1 \\ 0 & 1 & -2 & 2 \\ 0 & 0 & 1 & 3 \\ 0 & 0 & 0 & 1 \end{pmatrix}$.

7.7 解线性方程组

本节导引

消元法是求解线性方程组最直接、最有效的方法，它不受方程组中的方程个数、未知数个数约束，将方程组中未知数的数目减少到最少，这与将矩阵化为最简形式有异曲同工之妙，那么我们可通过矩阵变换来求解线性方程组.

前面讨论了用克莱姆法则求解 n 元线性方程组，但是克莱姆法则仅适用于方程个数与未知数个数相等，且系数行列式不等于零的情况.但在现实情况中，往往都归结为更为一般的线性方程组进行求解，一般这样的方程组中未知数与方程的个数是不同的，方程组可能无解，也可能有无穷多组解或唯一解.本节将从矩阵的角度来探讨方程组的解.

7.7.1 非齐次线性方程组

我们知道非齐次线性方程组可以简单表示为 $\boldsymbol{AX}=\boldsymbol{B}$，其中 $\boldsymbol{A}$ 是 $m\times n$ 系数矩阵，代表该方程组有 m 个方程 n 个未知数，$\boldsymbol{X}$ 是 n 维未知数列矩阵，$\boldsymbol{B}$ 是 m 维常数项列矩阵，我们记 $\overline{\boldsymbol{A}}=(\boldsymbol{A}\quad\boldsymbol{B})$ 为方程组的**增广矩阵**.

【例 7.7.1】 求解下列线性方程组：

$$\begin{cases}x_1+2x_2+3x_3=6,\\2x_1+3x_2+5x_3=-3,\\x_1+x_2+x_3=3,\\3x_1+5x_2+8x_3=3.\end{cases}$$

解 对线性方程组的增广矩阵 $\overline{\boldsymbol{A}}$ 施行初等行变换：

$$\overline{\boldsymbol{A}}=\begin{pmatrix}1&2&3&6\\2&3&5&-3\\1&1&1&3\\3&5&8&3\end{pmatrix}\to\begin{pmatrix}1&2&3&6\\0&-1&-1&-15\\0&-1&-2&-3\\0&-1&-1&-15\end{pmatrix}\to\begin{pmatrix}1&2&3&6\\0&1&1&15\\0&0&-1&12\\0&0&0&0\end{pmatrix},$$

注意到矩阵 $\begin{pmatrix}1&2&3&6\\0&1&1&15\\0&0&-1&12\\0&0&0&0\end{pmatrix}$ 对应的同解方程组为 $\begin{cases}x_1+2x_2+3x_3=6,\\x_2+x_3=15,\\-x_3=12.\end{cases}$

可见，上述初等变换消去了未知数 x_1，要继续消去其他未知数得到解，就得继续将矩阵化为行简化阶梯形矩阵，具体操作如下：

$$\begin{pmatrix}1&2&3&6\\0&1&1&15\\0&0&-1&12\\0&0&0&0\end{pmatrix}\xrightarrow[r_3\times(-1)]{\substack{r_1+r_3\times(-3)\\r_2+r_3\times(-1)}}\begin{pmatrix}1&2&0&42\\0&1&0&27\\0&0&1&-12\\0&0&0&0\end{pmatrix}\xrightarrow{r_1+r_2\times(-2)}\begin{pmatrix}1&0&0&-12\\0&1&0&27\\0&0&1&-12\\0&0&0&0\end{pmatrix},$$

可得方程组的唯一解为

$$\begin{cases}x_1=-12,\\x_2=27,\\x_3=-12.\end{cases}$$

【例 7.7.2】 求解下列线性方程组：

$$\begin{cases}x_1-x_2+x_3=1,\\x_1+x_2+3x_3=1,\\-x_1+3x_2+x_3=-1.\end{cases}$$

解 $\overline{\boldsymbol{A}}=\begin{pmatrix}1&-1&1&1\\1&1&3&1\\-1&3&1&-1\end{pmatrix}\to\begin{pmatrix}1&-1&1&1\\0&2&2&0\\0&2&2&0\end{pmatrix}\to\begin{pmatrix}1&-1&1&1\\0&1&1&0\\0&0&0&0\end{pmatrix},$

于是，得到与原方程组同解的方程组 $\begin{cases}x_1-x_2+x_3=1,\\x_2+x_3=0.\end{cases}$

可见，化简后的方程组是 3 个未知数 2 个方程，显然有 1 个未知数要充当自由未知量(即可以取任意实数)，故方程组有无穷多解.

可得方程组的解为$\begin{cases}x_1+2x_3=1,\\x_2+x_3=0,\end{cases}$

即$\begin{cases}x_1=1-2x_3,\\x_2=-x_3\end{cases}$(取 x_3 为自由未知量).

因此，方程组的一般解为$\begin{cases}x_1=1-2k,\\x_2=-k,\\x_3=k\end{cases}$ (k 取任何实数).

也可以用矩阵方式描述为

$$\begin{pmatrix}x_1\\x_2\\x_3\end{pmatrix}=\begin{pmatrix}1\\0\\0\end{pmatrix}+k\begin{pmatrix}-2\\-1\\1\end{pmatrix}(k\text{ 取任何实数}).$$

注意：自由未知量的选取并不是唯一的，上述方程组若选取 x_2 为自由未知量，则方程组的解为$\begin{cases}x_1=1+2x_2,\\x_3=-x_2\end{cases}$(取 x_2 是自由未知量).

方程组的一般解为$\begin{cases}x_1=1+2k,\\x_2=k,\\x_3=-k\end{cases}$ (k 取任何实数).

用矩阵形式表示为

$$\begin{pmatrix}x_1\\x_2\\x_3\end{pmatrix}=\begin{pmatrix}1\\0\\0\end{pmatrix}+k\begin{pmatrix}2\\1\\-1\end{pmatrix}(k\text{ 取任何实数}).$$

【例 7.7.3】 求解下列线性方程组：

$$\begin{cases}x_1-2x_2-2x_3+3x_4=4,\\x_2+2x_3-x_4=1,\\x_1-x_2+2x_4=2.\end{cases}$$

解 $\overline{\boldsymbol{A}}=\begin{pmatrix}1&-2&-2&3&4\\0&1&2&-1&1\\1&-1&0&2&2\end{pmatrix}\to\begin{pmatrix}1&-2&-2&3&4\\0&1&2&-1&1\\0&1&2&-1&-2\end{pmatrix}$

$$\to\begin{pmatrix}1&-2&-2&3&4\\0&1&2&-1&1\\0&0&0&0&-3\end{pmatrix}.$$

于是，得到与原方程组同解的方程组：

$$\begin{cases}x_1-2x_2-2x_3+3x_4=4,\\x_2+2x_3-x_4=1,\\0=-3.\end{cases}$$

从最后一个方程得出 $0=-3$ 的错误结论，说明此方程组无解.

7.7.2 齐次线性方程组

齐次线性方程组可以简单表示为 $\boldsymbol{AX}=\boldsymbol{O}$，其中 $\boldsymbol{A}$ 是 $m\times n$ 系数矩阵，$\boldsymbol{X}$ 是 n 维未知数列矩阵.

从 $\boldsymbol{AX}=\boldsymbol{O}$ 分析，零解总是该方程组的解，因此齐次线性方程组总有解，且当只有唯一解时，必为零解.

【例 7.7.4】 求解下列齐次线性方程组：

$$\begin{cases}x_1-x_2+5x_3-x_4=0,\\x_1+x_2-x_3+3x_4=0,\\3x_1-x_2+9x_3+x_4=0,\\x_1+3x_2-7x_3+7x_4=0.\end{cases}$$

解 $$\overline{\boldsymbol{A}}=\begin{pmatrix}1&-1&5&-1&0\\1&1&-1&3&0\\3&-1&9&1&0\\1&3&-7&7&0\end{pmatrix}\to\begin{pmatrix}1&-1&5&-1&0\\0&2&-6&4&0\\0&2&-6&4&0\\0&4&-12&8&0\end{pmatrix}$$

$$\to\begin{pmatrix}1&-1&5&-1&0\\0&2&-6&4&0\\0&0&0&0&0\\0&0&0&0&0\end{pmatrix}\to\begin{pmatrix}1&0&2&1&0\\0&1&-3&2&0\\0&0&0&0&0\\0&0&0&0&0\end{pmatrix}.$$

于是，方程组的解为 $\begin{cases}x_1=-2x_3-x_4,\\x_2=3x_3-2x_4\end{cases}$（取 x_3,x_4 是自由未知量）.

因此，方程组的一般解为 $\begin{cases}x_1=-2k_1-k_2,\\x_2=3k_1-2k_2,\\x_3=k_1,\\x_4=k_2\end{cases}$ （k_1,k_2 可以取任何实数）.

用矩阵形式表示为

$$\begin{pmatrix}x_1\\x_2\\x_3\\x_4\end{pmatrix}=k_1\begin{pmatrix}-2\\3\\1\\0\end{pmatrix}+k_2\begin{pmatrix}-1\\-2\\0\\1\end{pmatrix}(k_1,k_2\text{ 可以取任何实数}).$$

此例中，由于常数项都是零，故对增广矩阵 $\overline{\boldsymbol{A}}$ 实施初等行变换时与对系数矩阵 $\boldsymbol{A}$ 实施初等行变换效果是一样的，因此对齐次线性方程组进行求解时，只需要考虑对系数矩阵 $\boldsymbol{A}$ 实施初等行变换即可.

【例 7.7.5】 求解下列齐次线性方程组：

$$\begin{cases}x_2+2x_3=0,\\x_1-2x_2-6x_3=0,\\x_1-x_2-2x_3=0,\\2x_1-5x_2-15x_3=0.\end{cases}$$

解　由于这是一个齐次线性方程组，故只需要考虑系数矩阵 **A** 即可，

$$\boldsymbol{A}=\begin{pmatrix}0&1&2\\1&-2&-6\\1&-1&-2\\2&-5&-15\end{pmatrix}\to\begin{pmatrix}1&-2&-6\\0&1&2\\0&1&4\\0&-1&-3\end{pmatrix}\to\begin{pmatrix}1&-2&-6\\0&1&2\\0&0&1\\0&0&0\end{pmatrix}\to\begin{pmatrix}1&0&0\\0&1&0\\0&0&1\\0&0&0\end{pmatrix}.$$

同解方程组是

$$\begin{cases}x_1=0,\\x_2=0,\\x_3=0.\end{cases}$$

即方程组只有零解.

小结

解一个线性方程组，无论未知数个数与方程个数存在什么样的关系，都归结为对增广矩阵的行初等变换，使得解方程组更简洁和方便.

数学实验

求解线性方程组.

命令：rref(a)

【例】　解线性方程组

$$\begin{cases}x_1-x_2+x_3=1,\\x_2-x_3=1,\\2x_1+3x_2+x_3=3.\end{cases}$$

输入：a = [1 -1 1 1;0 1 -1 1;2 3 1 3];

　　　A = rref(a)

结果：A =

```
1   0   0    2
0   1   0    0
0   0   1   -1
```

即线性方程组的解为$\begin{cases}x_1=2,\\x_2=0,\\x_3=-1.\end{cases}$

习题 7.7 答案

习题 7.7

1. 求解下列线性方程组.

(1) $\begin{cases}x_1-2x_2+x_3-8x_4=-2,\\2x_1+x_2+2x_3-6x_4=-9,\\x_1+3x_2+x_3+2x_4=-7;\end{cases}$

(2) $\begin{cases}x_1-x_3-x_4=0,\\-3x_1+2x_2-3x_3+3x_4=0,\\-2x_1+x_2-x_3+2x_4=0,\\4x_1+2x_2-2x_3+4x_4=0;\end{cases}$

(3) $\begin{cases}-x_1+x_2-x_3+x_4=0,\\2x_1-x_2+2x_3=3,\\2x_2-2x_3+x_4=2,\\x_1+2x_2-x_3+2x_4=5;\end{cases}$　　(4) $\begin{cases}x_1-x_2-x_3+x_4=0,\\x_1-x_2+x_3-3x_4=0,\\x_1-x_2-2x_3+3x_4=0;\end{cases}$

(5) $\begin{cases}3x_1+3x_3=0,\\x_1-x_2+2x_3=-1,\\2x_1+x_2+x_3=1,\\5x_1+x_2+4x_3=1;\end{cases}$　　(6) $\begin{cases}x_1+2x_2+x_3-x_4=0,\\5x_1+10x_2+x_3-5x_4=0,\\-3x_1+2x_2-3x_3+3x_4=0.\end{cases}$

7.8 矩阵的秩与线性方程组解的判定

本节导引

矩阵的秩是一个非常重要的概念，与向量的秩以及判定线性方程组解的情况都有着密切的关系，也是刻画矩阵内在特征的重要概念.

7.8.1 矩阵的秩

定义 7.8.1 设 $\boldsymbol{A}$ 是 $m\times n$ 矩阵，在 $\boldsymbol{A}$ 中位于任意选定的 k 行 k 列交点上的 k^2 个元素，按原来的次序组成的 k 阶行列式，称为 $\boldsymbol{A}$ 的一个 k 阶子式.显然，$k\leqslant\min\{m,n\}$.

例如，矩阵

$$\begin{pmatrix}-2&0&8&5&-3\\1&3&-2&-6&8\\0&-3&4&2&1\\-3&2&1&6&-4\end{pmatrix}.$$

若选定 $\boldsymbol{A}$ 的第二、三行和第一、二列，则该两行两列交点上的 4 个元素按原来的次序组成的行列式为

$$\begin{vmatrix}1&3\\0&-3\end{vmatrix},$$

称为矩阵 $\boldsymbol{A}$ 的一个二阶子式.

事实上，一个 $m\times n$ 矩阵共有 $C_m^k\cdot C_n^k$ 个 k 阶子式.因此，矩阵 $\boldsymbol{A}$ 的二阶子式不止这一个，它的任意两行和两列交点处的 4 个元素都可以构成矩阵 $\boldsymbol{A}$ 的一个二阶子式.当然，按照此方法，我们还可以找到矩阵 $\boldsymbol{A}$ 的任意一个三阶子式，但都无法找到 $\boldsymbol{A}$ 的一个五阶子式，因为 $\boldsymbol{A}$ 的行数和列数的最小值为 4.

定义 7.8.2 矩阵 $\boldsymbol{A}$ 非零子式的最高阶数称为矩阵 $\boldsymbol{A}$ 的**秩**，记作 $r(\boldsymbol{A})$或秩 $\boldsymbol{A}$.

规定： 零矩阵 $\boldsymbol{O}$ 的秩为零，即 $r(\boldsymbol{O})=0$.

从该定义中可得出：若 $r(\boldsymbol{A})=k$，则矩阵 A 中至少有一个 k 阶子式非零，任意一个 $k+1$

阶子式(若存在)的值一定都是零.

【例 7.8.1】 求矩阵 $A=\begin{pmatrix}1&3&-2&4\\0&1&1&-1\\0&0&0&0\end{pmatrix}$ 的秩.

解 矩阵 A 的所有三阶子式都为零,即

$$\begin{vmatrix}1&3&-2\\0&1&1\\0&0&0\end{vmatrix}=0,\begin{vmatrix}1&-2&4\\0&1&-1\\0&0&0\end{vmatrix}=0,\begin{vmatrix}3&-2&4\\1&1&-1\\0&0&0\end{vmatrix}=0,\begin{vmatrix}1&3&4\\0&1&-1\\0&0&0\end{vmatrix}=0,$$

但可以找到一个二阶子式不为零,即 $\begin{vmatrix}1&3\\0&1\end{vmatrix}=1\neq 0$.

根据矩阵 A 的秩的定义可以得出 $r(A)=2$.

从上例可以看出,通过计算矩阵 A 的 k 阶子式去求秩,需要从高阶子式到低阶子式逐个计算,计算量较大也较烦琐.事实上,在解上例的过程中,我们发现,矩阵中的零行越多越易求解,因为由行列式性质 3 中的推论 2[行列式的某一行(或列)元素全为零,则行列式的值为零)]可以迅速得出矩阵子式行列式的值.即使不能得到零行,零元素越多也越容易找到非零子式.如上例左上角的四个元素构成的二阶子式相比较容易计算.这些表明:假如矩阵中的零元素较少时可以通过矩阵的行初等变换化成如上例所示的阶梯形矩阵.

定理 7.8.1 矩阵 A 经过初等变换不改变矩阵的秩.

【例 7.8.2】 求矩阵 $A=\begin{pmatrix}1&2&-3&4\\2&3&-5&7\\4&3&-9&9\\2&5&-8&8\end{pmatrix}$ 的秩.

解 先化成阶梯形矩阵:

$$A=\begin{pmatrix}1&2&-3&4\\2&3&-5&7\\4&3&-9&9\\2&5&-8&8\end{pmatrix}\to\begin{pmatrix}1&2&-3&4\\0&-1&1&-1\\0&-5&3&-7\\0&1&-2&0\end{pmatrix}\to\begin{pmatrix}1&2&-3&4\\0&1&-1&1\\0&0&-2&-2\\0&0&-1&-1\end{pmatrix}\to\begin{pmatrix}1&2&-3&4\\0&1&-1&1\\0&0&1&1\\0&0&0&0\end{pmatrix}.$$

显然,矩阵 A 的所有四阶子式的值都为零,左上角六个元素构成的三阶子式最易求,即

$$\begin{vmatrix}1&2&-3\\0&1&-1\\0&0&1\end{vmatrix}=1\neq 0,\text{故 } r(A)=3.$$

上题矩阵 A 的秩为 3,非零行的行数也恰好为 3,故有定理 7.8.2.

定理 7.8.2 阶梯形矩阵的秩等于它的非零行的行数.

综上所述,得到求非零矩阵秩的方法:对矩阵实施初等行变换,使其化为阶梯形矩阵,则阶梯形矩阵非零行的行数就是该矩阵的秩.

【例 7.8.3】 求矩阵 $A=\begin{pmatrix}-1&1&-1&-1\\0&2&-2&0\\-1&1&2&2\\3&-1&1&3\end{pmatrix}$ 的秩.

$$\text{解}\quad \boldsymbol{A}=\begin{pmatrix}-1&1&-1&-1\\0&2&-2&0\\-1&1&2&2\\3&-1&1&3\end{pmatrix}\to\begin{pmatrix}-1&1&-1&-1\\0&2&-2&0\\0&0&3&3\\0&2&-2&0\end{pmatrix}$$

$$\to\begin{pmatrix}-1&1&-1&-1\\0&1&1&0\\0&0&3&3\\0&2&-2&0\end{pmatrix}\to\begin{pmatrix}-1&1&-1&-1\\0&1&1&0\\0&0&3&3\\0&0&0&0\end{pmatrix},$$

因此，$r(\boldsymbol{A})=3$.

线性方程组解的判定

7.8.2 线性方程组解的判定

对于线性方程组我们要会求解，但更多的时候关心的是解的情况，即不用具体求解出方程组，而是通过一些信息去判断它是否有解，若有解是唯一的，还是有无穷多解.下面从具体例子出发，探讨判断线性方程组有解及无解的充分必要条件，分非齐次和齐次线性方程组两种情况进行讨论.

1. 非齐次线性方程组

定理 7.8.3 n 元非齐次线性方程组 $\boldsymbol{AX}=\boldsymbol{B}$ 有解的充分必要条件是 $r(\overline{\boldsymbol{A}})=r(\boldsymbol{A})$.

在 7.7 小节中求解了三种非齐次线性方程组的解，不妨仍以此小节中的例题为例，考察解与哪些因素有关，以及判断解的情况的条件是什么.

如例 7.7.1，线性方程组

$$\begin{cases}x_1+2x_2+3x_3=6,\\2x_1+3x_2+5x_3=-3,\\x_1+x_2+x_3=3,\\3x_1+5x_2+8x_3=3,\end{cases}$$

其增广矩阵 $\overline{\boldsymbol{A}}$ 经过初等行变换后，先化为阶梯形，再化为行简化阶梯形矩阵后求出方程组的解，即

$$\overline{\boldsymbol{A}}=\begin{pmatrix}1&2&3&6\\2&3&5&-3\\1&1&1&3\\3&5&8&3\end{pmatrix}\to\cdots\to\begin{pmatrix}1&0&0&-12\\0&1&0&27\\0&0&1&-12\\0&0&0&0\end{pmatrix}.$$

不难发现，阶梯形矩阵与行简化阶梯形矩阵的秩是相同的，$r(\overline{\boldsymbol{A}})=r(\boldsymbol{A})=3$，说明与原方程组同解的方程个数是 3 个，而未知数的个数也是 3 个，显然解唯一，即非齐次线性方程组有唯一解当且仅当 $r(\overline{\boldsymbol{A}})=r(\boldsymbol{A})=3=n$.

如例 7.7.2，线性方程组

$$\begin{cases}x_1-x_2+x_3=1,\\x_1+x_2+3x_3=1,\\-x_1+3x_2+x_3=-1.\end{cases}$$

由上例的分析知道，增广矩阵 $\overline{\boldsymbol{A}}$ 经过初等行变换化为阶梯形矩阵，即

$$\overline{\mathbf{A}}=\begin{pmatrix}1 & -1 & 1 & 1\\ 1 & 1 & 3 & 1\\ -1 & 3 & 1 & -1\end{pmatrix}\rightarrow\cdots\rightarrow\begin{pmatrix}1 & -1 & 1 & 1\\ 0 & 1 & 1 & 0\\ 0 & 0 & 0 & 0\end{pmatrix},r(\overline{\mathbf{A}})=r(\mathbf{A})=2,$$

说明与原方程组同解的方程个数是 2 个，而未知数的个数是 3 个，显然有 1 个未知数要作为自由未知量出现，因此该方程组有无穷多组解，矩阵的秩表现出的特点是：$r(\overline{\mathbf{A}})=r(\mathbf{A})=2<n$.

如例 7.7.3，线性方程组

$$\begin{cases}x_1-2x_2-2x_3+3x_4=4,\\ x_2+2x_3-x_4=1,\\ x_1-x_2+2x_4=2.\end{cases}$$

将增广矩阵 $\overline{\mathbf{A}}$ 经过初等行变换化为阶梯形矩阵，即

$$\overline{\mathbf{A}}=\begin{pmatrix}1 & -2 & -2 & 3 & 4\\ 0 & 1 & 2 & -1 & 1\\ 1 & -1 & 0 & 2 & 2\end{pmatrix}\rightarrow\cdots\rightarrow\begin{pmatrix}1 & -2 & -2 & 3 & 4\\ 0 & 1 & 2 & -1 & 1\\ 0 & 0 & 0 & 0 & -3\end{pmatrix},$$

得到同解的方程组中最后一个方程出现 $0=-3$ 的矛盾，故此方程组无解.此时各矩阵的秩表现出的特点是：$r(\mathbf{A})=2$，$r(\overline{\mathbf{A}})=3$，$n=4$，即 $r(\mathbf{A})\neq r(\overline{\mathbf{A}})$.

从以上三个例子容易看出：

(1) 一般线性方程组的解可能有三种情况：唯一解、无穷多解或无解.

(2) 方程组是否有解，以及有多少解只取决于系数矩阵、增广矩阵的秩和未知数个数 n 之间的关系.

上述各例的解法和得到的结论具有一般性.因此，若给出含有 n 个未知数 m 个方程的一般线性方程组，其解可由以下定理判断.

定理 7.8.4　非齐次线性方程组 $\mathbf{AX}=\mathbf{B}$ 有唯一解的充要条件是 $r(\mathbf{A})=r(\overline{\mathbf{A}})=n$；有无穷多组解的充要条件是 $r(\mathbf{A})=r(\overline{\mathbf{A}})<n$.

2. 齐次线性方程组

若将上述结论应用于齐次线性方程组 $\mathbf{AX}=\mathbf{O}$，由于齐次线性方程组总有解，则总有 $r(\mathbf{A})=r(\overline{\mathbf{A}})$，故相应地有如下定理.

定理 7.8.5　齐次线性方程组只有零解的充要条件是 $r(\mathbf{A})=n$；有非零解的充要条件是 $r(\mathbf{A})<n$.

显然，当齐次线性方程组中方程个数少于未知数的个数($m<n$)时，该方程组一定有非零解.

【例 7.8.4】　设线性方程组

$$\begin{cases}x_1-3x_2-x_3=0,\\ x_1-4x_2+ax_3=b,\\ 2x_1-x_2+3x_3=5.\end{cases}$$

当 a，b 取何值时，方程组无解、有唯一解、有无穷多解？

解　$$\overline{\mathbf{A}}=\begin{pmatrix}1 & -3 & -1 & 0\\ 1 & -4 & a & b\\ 2 & -1 & 3 & 5\end{pmatrix}\rightarrow\begin{pmatrix}1 & -3 & -1 & 0\\ 0 & -1 & a+1 & b\\ 0 & 5 & 5 & 5\end{pmatrix}\rightarrow\begin{pmatrix}1 & -3 & -1 & 0\\ 0 & 1 & 1 & 1\\ 0 & -1 & a+1 & b\end{pmatrix}$$

$$\rightarrow\begin{pmatrix}1 & -3 & -1 & 0\\0 & 1 & 1 & 1\\0 & 0 & a+2 & b+1\end{pmatrix},$$

由此可知，当 $a=-2,b\neq-1$ 时，$r(\mathbf{A})\neq r(\overline{\mathbf{A}})$，方程组无解；当 $a=-2,b=-1$ 时，$r(\mathbf{A})=r(\overline{\mathbf{A}})<3$，方程组有无穷多解；当 $a\neq-2$ 时，$r(\mathbf{A})=r(\overline{\mathbf{A}})=3$，方程组有唯一解.

小结

通过矩阵的秩可以判定方程组解的情况：非齐次线性方程组中 $r(\mathbf{A})=r(\overline{\mathbf{A}})$时，必有解，若 $r(\mathbf{A})=n$，有唯一解，若 $r(\mathbf{A})<n$，有无穷多组解；齐次线性方程组总有解，若 $r(\mathbf{A})=n$，有唯一零解，若 $r(\mathbf{A})<n$，必有非零解.

数学实验

求矩阵的秩.

命令：rank(a)

【例】 求矩阵$\begin{pmatrix}2 & -4 & 8 & 3 & 9\\-10 & -3 & 8 & 5 & 0\\0 & 1 & 2 & 5 & 2\\2 & 4 & 8 & 3 & 7\end{pmatrix}$的秩.

输入：
```
a = [2 -4 8 3 9; -10 -3 8 5 0;0 1 2 5 2;2 4 8 3 7];
rank(a)
```

结果：
```
ans =

    4
```

习题 7.8 答案

习题 7.8

1. 求下列矩阵的秩.

(1) $\begin{pmatrix}2 & 1 & 11 & 2\\1 & 0 & 4 & 1\\11 & 4 & 56 & 5\\2 & -1 & 5 & -6\end{pmatrix}$；
(2) $\begin{pmatrix}3 & 2 & -1 & -3 & -2\\2 & -1 & 3 & 1 & -3\\4 & 5 & -5 & -6 & 1\end{pmatrix}$；

(3) $\begin{pmatrix}1 & 3 & 1 & -2 & -3\\1 & 4 & 3 & -1 & -4\\2 & 3 & -4 & -8 & -3\\3 & 8 & 1 & -5 & -8\end{pmatrix}$.

2. 当 λ 为何值时，矩阵$\begin{pmatrix}1 & \lambda & -1 & 2\\2 & -1 & \lambda & 5\\1 & 10 & -6 & 1\end{pmatrix}$的秩最小？

3. 判定下列线性方程组是否有解.

(1) $\begin{cases}5x_1+x_2+2x_3=2,\\2x_1+x_2+x_3=4,\\9x_1+2x_2+5x_3=3;\end{cases}$　　(2) $\begin{cases}3x_1-5x_2+2x_3+4x_4=2,\\7x_1-4x_2+x_3+3x_4=5,\\5x_1+7x_2-4x_3-6x_4=3;\end{cases}$

(3) $\begin{cases}x_1+3x_2-7x_3=-8,\\2x_1+5x_2+4x_3=4,\\-3x_1-7x_2-2x_3=-3,\\x_1+4x_2-12x_3=-15;\end{cases}$　　(4) $\begin{cases}x_1-x_2+3x_3=0,\\x_1+x_2-2x_3=0,\\3x_1+x_2-x_3=0,\\x_1-3x_2+8x_3=0.\end{cases}$

4. 当 a 为何值时，方程组 $\begin{cases}2x_1-x_2+x_3+x_4=1,\\x_1+2x_2-x_3+4x_4=2,\\x_1+7x_2-4x_3+11x_4=a\end{cases}$ 有解？

5. 当 λ 为何值时，非齐次线性方程组 $\begin{cases}\lambda x_1+x_2+x_3=1,\\x_1+\lambda x_2+x_3=\lambda,\\x_1+x_2+\lambda x_3=\lambda^2\end{cases}$

(1) 有唯一解；(2) 无解；(3) 有无穷多解？

7.9　n 维向量及其相关性

本节导引

若一个 n 元线性方程

$$a_1x_1+a_2x_2+\cdots+a_nx_n=b$$

可以用一个 $n+1$ 元的有序数组 $(a_1,a_2,\cdots,a_n,b)$ 来表示，那么前一节讨论的线性方程组的问题相当于是在探讨这 $n+1$ 元有序数组间的关系，因此就必须先学习 n 元数组的相关知识，从而能够进一步了解线性方程组的解具备什么样的结构. 由此引入 n 维向量的概念.

7.9.1　n 维向量的概念

定义 7.9.1　由 n 个数 $a_1,a_2,\cdots,a_n$ 组成的 n 元有序数组 $(a_1,a_2,\cdots,a_n)$ 称为 **n 维向量**，简称**向量**，记作 $\boldsymbol{\alpha}=(a_1,a_2,\cdots,a_n)$，其中实数 $a_i\,(i=1,2,\cdots,n)$ 称为 **n 维向量的分量**，向量一般用小写的希腊字母 $\boldsymbol{\alpha},\boldsymbol{\beta},\boldsymbol{\gamma},\cdots$ 来表示.

向量有时也用下列形式给出：

$$\begin{pmatrix}a_1\\a_2\\\vdots\\a_n\end{pmatrix},$$

记作 $\boldsymbol{\alpha}^{\mathrm{T}}$. 为了区别，我们称 $\boldsymbol{\alpha}$ 为**行向量**，$\boldsymbol{\alpha}^{\mathrm{T}}$ 为**列向量**或 **$\boldsymbol{\alpha}$ 的转置向量**.

特别地，当向量的每个分量都为零时，称为零向量，记作 $\mathbf{0}_n$ 或 $\mathbf{0}$.

一个 $m\times n$ 矩阵

$$A=\begin{pmatrix} a_{11} & a_{12} & \cdots & a_{1n} \\ a_{21} & a_{22} & \cdots & a_{2n} \\ \vdots & \vdots & \ddots & \vdots \\ a_{m1} & a_{m2} & \cdots & a_{mn} \end{pmatrix}$$

中的每一行都是一个 n 元有序数组，因此矩阵 $\boldsymbol{A}$ 可以看成是由 m 个 n 维向量组成的.同样地，矩阵 $\boldsymbol{A}$ 中的每一列都是一个 m 元有序数组，因此矩阵 $\boldsymbol{A}$ 也可以看成是由 n 个 m 维向量组成的.

由此可知，一个 n 维向量和 $1\times n$ 的行矩阵本质上是相同的.同样地，n 维列向量和 $n\times 1$ 的列矩阵本质上也是相同的.基于此，n 维向量间的运算规律与矩阵间的运算规律对应相同.

当 $n=2$ 或 $n=3$ 时，n 维向量就是我们熟悉的平面或空间的有向线段；当 $n>3$ 时，向量就没有直观的几何意义了.

7.9.2 向量的运算

1. 向量相等

设 n 维向量 $\boldsymbol{\alpha}=(a_1,a_2,\cdots,a_n)$，$\boldsymbol{\beta}=(b_1,b_2,\cdots,b_n)$，则 $\boldsymbol{\alpha}=\boldsymbol{\beta}\Leftrightarrow a_i=b_i(i=1,2,\cdots,n)$.

【例 7.9.1】 设向量 $\boldsymbol{\alpha}=(2,1,x-1,4)$，$\boldsymbol{\beta}=(y+2,z^2,4,2s)$，若满足 $\boldsymbol{\alpha}=\boldsymbol{\beta}$，求向量中的各未知分量.

解 由于向量 $\boldsymbol{\alpha}=\boldsymbol{\beta}$，则各个对应元素应相等，可得以下关系式：

$$\begin{cases} y+2=2, \\ z^2=1, \\ x-1=4, \\ 2s=4, \end{cases} \quad \text{解之得} \quad \begin{cases} y=0, \\ z=\pm 1, \\ x=5, \\ s=2. \end{cases}$$

2. 向量的加减法

设 n 维向量 $\boldsymbol{\alpha}=(a_1,a_2,\cdots,a_n)$，$\boldsymbol{\beta}=(b_1,b_2,\cdots,b_n)$，则 $\boldsymbol{\alpha}\pm\boldsymbol{\beta}=(a_1\pm b_1,a_2\pm b_2,\cdots,a_n\pm b_n)$.

【例 7.9.2】 设 $\boldsymbol{\alpha}=(2,-1,0,5)$，$\boldsymbol{\beta}=(0,7,4,0)$，$\boldsymbol{\gamma}=(4,-2,0,10)$，求 $\boldsymbol{\alpha}+\boldsymbol{\beta}-\boldsymbol{\gamma}$.

解
$$\begin{aligned} \boldsymbol{\alpha}+\boldsymbol{\beta}-\boldsymbol{\gamma} &=(2,-1,0,5)+(0,7,4,0)-(4,-2,0,10) \\ &=(2+0,-1+7,0+4,5+0)-(4,-2,0,10) \\ &=(2,6,4,5)-(4,-2,0,10)=(2-4,6+2,4-0,5-10) \\ &=(-2,8,4,-5). \end{aligned}$$

3. 向量的数乘

设 n 维向量 $\boldsymbol{\alpha}=(a_1,a_2,\cdots,a_n)$，则 $k\boldsymbol{\alpha}=\boldsymbol{\alpha}k=(ka_1,ka_2,\cdots,ka_n)$，$k$ 为任意实数.

【例 7.9.3】 求下列式子中的向量 $\boldsymbol{\alpha}$：

$$3(\boldsymbol{\alpha}_1+\boldsymbol{\alpha})+2(\boldsymbol{\alpha}_2-\boldsymbol{\alpha})=3(\boldsymbol{\alpha}_3+\boldsymbol{\alpha})$$

其中 $\boldsymbol{\alpha}_1=(1,-2,0,-3)$，$\boldsymbol{\alpha}_2=(3,-1,4,-5)$，$\boldsymbol{\alpha}_3=(1,-2,4,1)$.

解 式子 $3(\boldsymbol{\alpha}_1+\boldsymbol{\alpha})+2(\boldsymbol{\alpha}_2-\boldsymbol{\alpha})=3(\boldsymbol{\alpha}_3+\boldsymbol{\alpha})$，经过整理得 $2\boldsymbol{\alpha}=3\boldsymbol{\alpha}_1+2\boldsymbol{\alpha}_2-3\boldsymbol{\alpha}_3$.

故 $2\boldsymbol{\alpha}=3\boldsymbol{\alpha}_1+2\boldsymbol{\alpha}_2-4\boldsymbol{\alpha}_3=3(1,-2,0,-3)+2(3,-1,4,-5)-3(1,-2,4,1)$

$$=(6,-2,-4,-16),$$

所以 $\boldsymbol{\alpha}=(3,-1,-2,-8)$.

从以上定义可以看出,向量的加减以及数乘运算与矩阵的加减和数乘运算是完全一致的,因此,向量的加减和数乘运算满足下列规律:

(1) $\boldsymbol{\alpha}+\boldsymbol{\beta}=\boldsymbol{\beta}+\boldsymbol{\alpha}$;

(2) $\boldsymbol{\alpha}+(\boldsymbol{\beta}+\boldsymbol{\gamma})=(\boldsymbol{\beta}+\boldsymbol{\alpha})+\boldsymbol{\gamma}$;

(3) $\boldsymbol{\alpha}+\boldsymbol{0}=\boldsymbol{\alpha}$;

(4) $(k+l)\boldsymbol{\alpha}=k\boldsymbol{\alpha}+l\boldsymbol{\alpha}$;

(5) $k(\boldsymbol{\alpha}+\boldsymbol{\beta})=k\boldsymbol{\alpha}+k\boldsymbol{\beta}$;

(6) $(kl)\boldsymbol{\alpha}=k(l\boldsymbol{\alpha})$.

7.9.3 向量的线性组合

两个向量之间最简单的关系是成比例,即存在一个实数 k,使得 $\boldsymbol{\alpha}=k\boldsymbol{\beta}$ 成立.该关系表现为线性组合.

定义 7.9.2　设 $\boldsymbol{\alpha}_1,\boldsymbol{\alpha}_2,\cdots,\boldsymbol{\alpha}_m$ 为 m 个 n 维向量,若存在 m 个实数 $k_1,k_2,\cdots,k_m$,使得

$$\boldsymbol{\alpha}=k_1\boldsymbol{\alpha}_1+k_2\boldsymbol{\alpha}_2+\cdots+k_m\boldsymbol{\alpha}_m$$

成立,则称 $\boldsymbol{\alpha}$ 为 $\boldsymbol{\alpha}_1,\boldsymbol{\alpha}_2,\cdots,\boldsymbol{\alpha}_m$ 的**线性组合**,或称 $\boldsymbol{\alpha}$ 可由 $\boldsymbol{\alpha}_1,\boldsymbol{\alpha}_2,\cdots,\boldsymbol{\alpha}_m$ 线性表出.

如 $\boldsymbol{\alpha}_3=2\boldsymbol{\alpha}_1-\boldsymbol{\alpha}_2$,则我们把 $2\boldsymbol{\alpha}_1-\boldsymbol{\alpha}_2$ 称为 $\boldsymbol{\alpha}_1$ 与 $\boldsymbol{\alpha}_2$ 的一个线性组合,$\boldsymbol{\alpha}_3$ 可以由 $\boldsymbol{\alpha}_1$ 与 $\boldsymbol{\alpha}_2$ 线性表出.

【例 7.9.1】　二维向量组 $\boldsymbol{e}_1=\begin{pmatrix}1\\0\end{pmatrix},\boldsymbol{e}_2=\begin{pmatrix}0\\1\end{pmatrix}$ 称为**二维基本单位向量组**.任意一个二维向量都可以由 $\boldsymbol{e}_1,\boldsymbol{e}_2$ 线性表出,因为

$$a_1\begin{pmatrix}1\\0\end{pmatrix}+a_2\begin{pmatrix}0\\1\end{pmatrix}=\begin{pmatrix}a_1\\0\end{pmatrix}+\begin{pmatrix}0\\a_2\end{pmatrix}=\begin{pmatrix}a_1\\a_2\end{pmatrix}=\boldsymbol{\alpha},$$

即 $\boldsymbol{\alpha}=a_1\boldsymbol{e}_1+a_2\boldsymbol{e}_2$ 成立.

【例 7.9.2】　证明向量 $\boldsymbol{\alpha}=\begin{pmatrix}-7\\5\\4\\5\end{pmatrix}$ 是向量组 $\boldsymbol{\alpha}_1=\begin{pmatrix}-1\\0\\2\\1\end{pmatrix},\boldsymbol{\alpha}_2=\begin{pmatrix}2\\1\\3\\0\end{pmatrix},\boldsymbol{\alpha}_3=\begin{pmatrix}-1\\2\\1\\1\end{pmatrix}$ 的线性组合.

证明　假设 $\boldsymbol{\alpha}=k_1\boldsymbol{\alpha}_1+k_2\boldsymbol{\alpha}_2+k_3\boldsymbol{\alpha}_3$,其中 k_1,k_2,k_3 为待定的系数,则

$$\begin{pmatrix}-7\\5\\4\\5\end{pmatrix}=k_1\begin{pmatrix}-1\\0\\2\\1\end{pmatrix}+k_2\begin{pmatrix}2\\1\\3\\0\end{pmatrix}+k_3\begin{pmatrix}-1\\2\\1\\1\end{pmatrix}.$$

由向量的加法得

$$\begin{pmatrix}-7\\5\\4\\5\end{pmatrix}=\begin{pmatrix}-k_1+2k_2-k_3\\k_2+2k_3\\2k_1+3k_2+k_3\\k_1+k_3\end{pmatrix}.$$

由向量相等的定义得

$$\begin{cases}-k_1+2k_2-k_3=-7,\\k_2+2k_3=5,\\2k_1+3k_2+k_3=4,\\k_1+k_3=5.\end{cases}$$

将增广矩阵 $\overline{\boldsymbol{A}}$ 经过初等行变换化为阶梯形矩阵,即

$$\overline{\boldsymbol{A}}=\begin{pmatrix}-1&2&-1&-7\\0&1&2&5\\2&3&1&4\\1&0&1&5\end{pmatrix}\to\begin{pmatrix}-1&2&-1&-7\\0&1&2&5\\0&7&-1&-10\\0&2&0&-2\end{pmatrix}\to\begin{pmatrix}-1&2&-1&-7\\0&1&2&5\\0&0&-15&-45\\0&0&-4&-12\end{pmatrix}$$

$$\to\begin{pmatrix}-1&2&-1&-7\\0&1&2&5\\0&0&1&3\\0&0&0&0\end{pmatrix}\to\begin{pmatrix}-1&2&0&-4\\0&1&0&-1\\0&0&1&3\\0&0&0&0\end{pmatrix}\to\begin{pmatrix}1&0&0&2\\0&1&0&-1\\0&0&1&3\\0&0&0&0\end{pmatrix},$$

得 $\begin{cases}k_1=2,\\k_2=-1,\\k_3=3.\end{cases}$

则 $\boldsymbol{\alpha}$ 可以表示为 $\boldsymbol{\alpha}_1,\boldsymbol{\alpha}_2,\boldsymbol{\alpha}_3$ 的线性组合 $\boldsymbol{\alpha}=2\boldsymbol{\alpha}_1-\boldsymbol{\alpha}_2+3\boldsymbol{\alpha}_3$.

由此例可以得出,线性表出的问题最终归结为求解一个线性方程组的问题.反过来,判断一个线性方程组是否有解的问题可归结为向量的线性组合问题.对于方程组

$$\begin{cases}a_{11}x_1+a_{12}x_2+\cdots+a_{1n}x_n=b_1,\\a_{21}x_1+a_{22}x_2+\cdots+a_{2n}x_n=b_2,\\\qquad\cdots\cdots\\a_{m1}x_1+a_{m2}x_2+\cdots+a_{mn}x_n=b_m,\end{cases}$$

设 $\boldsymbol{\alpha}_j=\begin{pmatrix}a_{1j}\\a_{2j}\\\vdots\\a_{mj}\end{pmatrix}(j=1,2,\cdots,n),\boldsymbol{\alpha}=\begin{pmatrix}b_1\\b_2\\\vdots\\b_m\end{pmatrix}$,

则方程组可改写成

$$x_1\begin{pmatrix}a_{11}\\a_{21}\\\vdots\\a_{m1}\end{pmatrix}+x_2\begin{pmatrix}a_{12}\\a_{22}\\\vdots\\a_{m2}\end{pmatrix}+\cdots+x_n\begin{pmatrix}a_{1n}\\a_{2n}\\\vdots\\a_{mn}\end{pmatrix}=\begin{pmatrix}b_1\\b_2\\\vdots\\b_m\end{pmatrix},$$

即 $x_1\boldsymbol{\alpha}_1+x_2\boldsymbol{\alpha}_2+\cdots+x_n\boldsymbol{\alpha}_n=\boldsymbol{\alpha}$.

若此方程组有解，则说明 $\boldsymbol{\alpha}$ 一定可以表示为 $\boldsymbol{\alpha}_1,\boldsymbol{\alpha}_2,\cdots,\boldsymbol{\alpha}_n$ 的线性组合；反之，若 $\boldsymbol{\alpha}$ 可以表示为 $\boldsymbol{\alpha}_1,\boldsymbol{\alpha}_2,\cdots,\boldsymbol{\alpha}_n$ 的线性组合，则方程组一定有解.因而，讨论方程组是否有解的问题实际上就是讨论 $\boldsymbol{\alpha}$ 是否能被表示为系数矩阵的列向量组 $\boldsymbol{\alpha}_1,\boldsymbol{\alpha}_2,\cdots,\boldsymbol{\alpha}_n$ 的线性组合.

由例 7.9.2 可见，$\boldsymbol{\alpha}$ 是否能被表示为系数矩阵的列向量组 $\boldsymbol{\alpha}_1,\boldsymbol{\alpha}_2,\cdots,\boldsymbol{\alpha}_n$ 的线性组合，关键是以 $\boldsymbol{\alpha}_1,\boldsymbol{\alpha}_2,\cdots,\boldsymbol{\alpha}_n$ 和 $\boldsymbol{\alpha}$ 为列向量构成的矩阵 $\overline{\mathbf{A}}=(\boldsymbol{\alpha}_1,\boldsymbol{\alpha}_2,\cdots,\boldsymbol{\alpha}_n,\boldsymbol{\alpha})$，其秩 $\overline{\mathbf{A}}$ 与秩 $\mathbf{A}=(\boldsymbol{\alpha}_1,\boldsymbol{\alpha}_2,\cdots,\boldsymbol{\alpha}_n)$ 比较，不等则不能线性表出；相等则可以线性表出；若方程组的解唯一，则表示法唯一；若方程组有无穷多组解，则表示法不唯一.

7.9.4 向量的线性相关性

定义 7.9.3 对于向量组 $\boldsymbol{\alpha}_1,\boldsymbol{\alpha}_2,\cdots,\boldsymbol{\alpha}_m$，若存在不全为零的 m 个实数 $k_1,k_2,\cdots,k_m$，使得

$$k_1\boldsymbol{\alpha}_1+k_2\boldsymbol{\alpha}_2+\cdots+k_m\boldsymbol{\alpha}_m=\mathbf{0}$$

成立，则称向量组 $\boldsymbol{\alpha}_1,\boldsymbol{\alpha}_2,\cdots,\boldsymbol{\alpha}_m$ **线性相关**，否则，称为**线性无关**.即只有当 m 个实数 $k_1,k_2,\cdots,k_m$ 全为零时，才能使上式成立，则称 $\boldsymbol{\alpha}_1,\boldsymbol{\alpha}_2,\cdots,\boldsymbol{\alpha}_m$ 线性无关.

如例 7.9.2 中四个向量 $\boldsymbol{\alpha}_1,\boldsymbol{\alpha}_2,\boldsymbol{\alpha}_3,\boldsymbol{\alpha}$ 就是线性相关的，因为

$$2\boldsymbol{\alpha}_1-\boldsymbol{\alpha}_2+3\boldsymbol{\alpha}_3-\boldsymbol{\alpha}=\mathbf{0}.$$

向量组的线性相关性

事实上，n 维单位向量组是线性无关的.因为若存在数 $k_1,k_2,\cdots,k_n$，使得

$$k_1\boldsymbol{e}_1+k_2\boldsymbol{e}_2+\cdots+k_n\boldsymbol{e}_n=\mathbf{0},$$

即

$$k_1\begin{pmatrix}1\\0\\\vdots\\0\end{pmatrix}+k_2\begin{pmatrix}0\\1\\\vdots\\0\end{pmatrix}+\cdots+k_n\begin{pmatrix}0\\0\\\vdots\\1\end{pmatrix}=\begin{pmatrix}0\\0\\\vdots\\0\end{pmatrix},$$

解之，只有当 $k_1=k_2=\cdots=k_n=0$ 时，上式成立，故说明 n 维单位向量组是线性无关的.

根据线性相关性的定义，易见

(1) 单独一个零向量线性相关；

(2) 单独一个非零向量线性无关.

【例 7.9.3】 证明向量组 $\boldsymbol{\alpha}_1,\boldsymbol{\alpha}_2,\mathbf{0},\boldsymbol{\alpha}_3$ 线性相关.

证明 根据定义，可以找到不全为零的四个实数 0,0,1,0 使得

$$0\cdot\boldsymbol{\alpha}_1+0\cdot\boldsymbol{\alpha}_2+1\cdot\mathbf{0}+0\cdot\boldsymbol{\alpha}_3=\mathbf{0}$$

成立，则向量组 $\boldsymbol{\alpha}_1,\boldsymbol{\alpha}_2,\mathbf{0},\boldsymbol{\alpha}_3$ 线性相关.

例 7.9.3 一方面表明向量组 $\boldsymbol{\alpha}_1,\boldsymbol{\alpha}_2,\cdots,\boldsymbol{\alpha}_m$ 中含有零向量，则该向量组必定线性相关；另一方面表明，只要这一组实数中有一个不为零，向量组就线性相关.

因此，向量组线性相关与无关的判断主要是讨论实数 k 的存在性问题.

定理 7.9.1 向量组 $\boldsymbol{\alpha}_1,\boldsymbol{\alpha}_2,\cdots,\boldsymbol{\alpha}_m$ 线性相关的充分必要条件是向量组中至少有一个向量可由其余向量线性表出.

证明 （充分性）由于向量组 $\boldsymbol{\alpha}_1,\boldsymbol{\alpha}_2,\cdots,\boldsymbol{\alpha}_m$ 中至少有一个向量可由其余向量线性表出，

不妨设 $\boldsymbol{\alpha}_m$ 能由 $\boldsymbol{\alpha}_1,\boldsymbol{\alpha}_2,\cdots,\boldsymbol{\alpha}_{m-1}$ 线性表出，则

$$\boldsymbol{\alpha}_m=k_1\boldsymbol{\alpha}_1+k_2\boldsymbol{\alpha}_2+\cdots+k_{m-1}\boldsymbol{\alpha}_{m-1},$$

即

$$k_1\boldsymbol{\alpha}_1+k_2\boldsymbol{\alpha}_2+\cdots+k_{m-1}\boldsymbol{\alpha}_{m-1}-\boldsymbol{\alpha}_m=\mathbf{0}.$$

显然 $-1\neq 0$，故 $k_1,k_2,\cdots,k_{m-1},-1$ 不全为零，所以 $\boldsymbol{\alpha}_1,\boldsymbol{\alpha}_2,\cdots,\boldsymbol{\alpha}_m$ 线性相关.

（必要性）设 $\boldsymbol{\alpha}_1,\boldsymbol{\alpha}_2,\cdots,\boldsymbol{\alpha}_m$ 线性相关，则一定存在不全为零的实数 $k_1,k_2,\cdots,k_m$，使得

$$k_1\boldsymbol{\alpha}_1+k_2\boldsymbol{\alpha}_2+\cdots+k_m\boldsymbol{\alpha}_m=\mathbf{0}$$

成立，不妨设 $k_m\neq 0$，于是

$$\boldsymbol{\alpha}_m=\frac{k_1}{k_m}\boldsymbol{\alpha}_1+\frac{k_2}{k_m}\boldsymbol{\alpha}_2+\cdots+\frac{k_{m-1}}{k_m}\boldsymbol{\alpha}_{m-1},$$

即 $\boldsymbol{\alpha}_1,\boldsymbol{\alpha}_2,\cdots,\boldsymbol{\alpha}_m$ 中至少有一个向量可由其余向量线性表出.

定理 7.9.2 若 $\boldsymbol{\alpha}_1,\boldsymbol{\alpha}_2,\cdots,\boldsymbol{\alpha}_m$ 线性相关，则 $\boldsymbol{\alpha}_1,\boldsymbol{\alpha}_2,\cdots,\boldsymbol{\alpha}_m,\boldsymbol{\alpha}_{m+1},\cdots,\boldsymbol{\alpha}_{m+r}$ 也线性相关.

证明 由于 $\boldsymbol{\alpha}_1,\boldsymbol{\alpha}_2,\cdots,\boldsymbol{\alpha}_m$ 线性相关，则存在一组不全为零的实数 $k_1,k_2,\cdots,k_m$，使得

$$k_1\boldsymbol{\alpha}_1+k_2\boldsymbol{\alpha}_2+\cdots+k_m\boldsymbol{\alpha}_m=\mathbf{0},$$

从而

$$k_1\boldsymbol{\alpha}_1+k_2\boldsymbol{\alpha}_2+\cdots+k_m\boldsymbol{\alpha}_m+0\cdot\boldsymbol{\alpha}_{m+1}+\cdots+0\cdot\boldsymbol{\alpha}_{m+r}=\mathbf{0}.$$

显然，这里的 $m+r$ 个实数 $k_1,k_2,\cdots,k_m,0,\cdots,0$ 不全为零，所以有

$$\boldsymbol{\alpha}_1,\boldsymbol{\alpha}_2,\cdots,\boldsymbol{\alpha}_m,\boldsymbol{\alpha}_{m+1},\cdots,\boldsymbol{\alpha}_{m+r}$$

线性相关.

定理 7.9.2 说明，一个向量组中的部分向量线性相关，则整个向量组也线性相关.

定理 7.9.2 的逆否命题为：若一个向量组线性无关，则它的任意部分向量构成的向量组也是线性无关的.

【例 7.9.4】 讨论向量组 $\boldsymbol{\alpha}_1=(1,0,0),\boldsymbol{\alpha}_2=(1,1,0),\boldsymbol{\alpha}_3=(1,1,1)$ 的线性相关性.

解 设有一组实数 k_1,k_2,k_3，使得 $k_1\boldsymbol{\alpha}_1+k_2\boldsymbol{\alpha}_2+k_3\boldsymbol{\alpha}_3=\mathbf{0}$，即

$$\begin{aligned}k_1\boldsymbol{\alpha}_1+k_2\boldsymbol{\alpha}_2+k_3\boldsymbol{\alpha}_3&=k_1(1,0,0)+k_2(1,1,0)+k_3(1,1,1)\\&=(k_1,0,0)+(k_2,k_2,0)+(k_3,k_3,k_3)\\&=(k_1+k_2+k_3,k_2+k_3,k_3)\\&=(0,0,0).\end{aligned}$$

故有

$$\begin{cases}k_1+k_2+k_3=0,\\k_2+k_3=0,\\k_3=0.\end{cases}$$

解之得 $k_1=0,k_2=0,k_3=0$，因此该向量组线性无关.

由以上几个例子可以看出，要判断向量组的线性关系等价于以 $\boldsymbol{\alpha}_1,\boldsymbol{\alpha}_2,\boldsymbol{\alpha}_3$ 为列向量组成的矩阵 $\boldsymbol{A}=(\boldsymbol{\alpha}_1,\boldsymbol{\alpha}_2,\boldsymbol{\alpha}_3)$ 作为齐次线性方程组的系数矩阵，通过该方程组的解可以判断向量组的线性相关性，由此，向量组的相关性与一个齐次线性方程组（线性方程组的常数项全是零）的解有关.将该例推广至 n 个 m 维向量的情形.

定理 7.9.3 n 个 m 维向量

$$\boldsymbol{\alpha}_1=\begin{pmatrix}a_{11}\\a_{21}\\\vdots\\a_{m1}\end{pmatrix},\boldsymbol{\alpha}_2=\begin{pmatrix}a_{12}\\a_{22}\\\vdots\\a_{m2}\end{pmatrix},\cdots,\boldsymbol{\alpha}_n=\begin{pmatrix}a_{1n}\\a_{2n}\\\vdots\\a_{mn}\end{pmatrix}$$

线性相关的充要条件是齐次线性方程组

$$\begin{cases}a_{11}x_1+a_{12}x_1+\cdots+a_{1n}x_n=0,\\a_{21}x_1+a_{22}x_2+\cdots+a_{2n}x_n=0,\\\qquad\cdots\cdots\\a_{m1}x_1+a_{m2}x_2+\cdots+a_{mn}x_n=0\end{cases}$$

有非零解.

推论　任意 $n+1$ 个 n 维向量线性相关.

例如,向量组 $\boldsymbol{\alpha}_1=(1,1,3),\boldsymbol{\alpha}_2=(2,4,5),\boldsymbol{\alpha}_3=(1,-1,0),\boldsymbol{\alpha}_4=(2,2,6)$ 是 4 个 3 维向量,易得 $-2\boldsymbol{\alpha}_1+0\cdot\boldsymbol{\alpha}_2+0\cdot\boldsymbol{\alpha}_3+\boldsymbol{\alpha}_4=\mathbf{0}$,故该向量组是线性相关的.当然,$-4\boldsymbol{\alpha}_1+0\cdot\boldsymbol{\alpha}_2+0\cdot\boldsymbol{\alpha}_3+2\boldsymbol{\alpha}_4=\mathbf{0}$ 也成立,但只要存在这样的一组不全为零的实数 k 即可,所以线性相关性的判断,实质上就是讨论 k 的存在性问题.

7.9.5 向量组的秩

我们可以把一个 m 行 n 列的矩阵 $\boldsymbol{A}$ 看成是由 m 个 n 维行向量组或 n 个 m 维列向量组构成的,那么求向量组的秩就转化为求矩阵的秩.

【例 7.9.5】　求向量组的秩:

(1) $\boldsymbol{\alpha}_1=(2,-3,8,2),\boldsymbol{\alpha}_2=(2,12,-2,12),\boldsymbol{\alpha}_3=(1,3,1,4)$;

(2) $\boldsymbol{\alpha}_1^{\mathrm{T}}=(1,1,3),\boldsymbol{\alpha}_2^{\mathrm{T}}=(-1,3,1),\boldsymbol{\alpha}_3^{\mathrm{T}}=(2,-4,0),\boldsymbol{\alpha}_4^{\mathrm{T}}=(-1,4,2)$.

解　(1) $\boldsymbol{A}=\begin{pmatrix}\boldsymbol{\alpha}_1\\\boldsymbol{\alpha}_2\\\boldsymbol{\alpha}_3\end{pmatrix}=\begin{pmatrix}2&-3&8&2\\2&12&-2&12\\1&3&1&4\end{pmatrix}\to\begin{pmatrix}2&-3&8&2\\0&15&-10&10\\1&3&1&4\end{pmatrix}$

$$\to\begin{pmatrix}1&3&1&4\\0&15&-10&10\\0&-9&6&-6\end{pmatrix}\to\begin{pmatrix}1&3&1&4\\0&3&-2&2\\0&-9&6&-6\end{pmatrix}\to\begin{pmatrix}1&3&1&4\\0&3&-2&2\\0&0&0&0\end{pmatrix},$$

故 $r(\boldsymbol{A})=2$,则该向量组的秩为 2.

(2) $\boldsymbol{A}=(\boldsymbol{\alpha}_1\quad\boldsymbol{\alpha}_2\quad\boldsymbol{\alpha}_3\quad\boldsymbol{\alpha}_4)=\begin{pmatrix}1&-1&2&-1\\1&3&-4&4\\3&1&0&2\end{pmatrix}\to\begin{pmatrix}1&-1&2&-1\\0&4&-6&5\\0&4&-6&5\end{pmatrix}$

$$\to\begin{pmatrix}1&-1&2&-1\\0&4&-6&5\\0&0&0&0\end{pmatrix},$$

故 $r(\boldsymbol{A})=2$,则该向量组的秩为 2.

因此,无论是按行向量构成的矩阵还是按列向量构成的矩阵,向量组的秩都对应的是矩阵 $\boldsymbol{A}$ 的秩.因此,有下列定理.

定理 7.9.4 矩阵 $\boldsymbol{A}$ 的秩＝矩阵 $\boldsymbol{A}$ 列向量组的秩＝矩阵 $\boldsymbol{A}$ 行向量组的秩.

定理 7.9.5 向量组 $\boldsymbol{\alpha}_1,\boldsymbol{\alpha}_2,\cdots,\boldsymbol{\alpha}_m$ 线性无关的充分必要条件是由该向量组所构成的矩阵 $\boldsymbol{A}$，其秩与向量的个数相等，即 $r(\boldsymbol{A})=m$.

这就意味着，若秩$(\boldsymbol{\alpha}_1,\boldsymbol{\alpha}_2,\cdots,\boldsymbol{\alpha}_m)<m$，则向量组 $\boldsymbol{\alpha}_1,\boldsymbol{\alpha}_2,\cdots,\boldsymbol{\alpha}_m$ 就线性相关.

如向量组为$(\boldsymbol{\alpha}_1,\boldsymbol{\alpha}_2,\boldsymbol{\alpha}_3)=\begin{pmatrix}1&2&-1\\-2&-3&3\\3&5&4\end{pmatrix}$，

则
$$\boldsymbol{A}=\begin{pmatrix}1&2&-1\\-2&-3&3\\3&5&-4\end{pmatrix}\to\begin{pmatrix}1&2&-1\\0&1&1\\0&-1&-1\end{pmatrix}\to\begin{pmatrix}1&2&-1\\0&1&1\\0&0&0\end{pmatrix},$$
求得秩$(\boldsymbol{\alpha}_1,\boldsymbol{\alpha}_2,\boldsymbol{\alpha}_3)=2<3$，故向量组 $\boldsymbol{\alpha}_1,\boldsymbol{\alpha}_2,\boldsymbol{\alpha}_3$ 线性相关.

7.9.6 极大无关组

我们从矩阵的角度了解了向量组的秩，更希望能从向量组秩的结果中找寻出向量组中每个成员间的线性关系.

先看下面的例子：

【例 7.9.6】 设一个向量组 $\boldsymbol{A}$ 有 5 个向量
$$\boldsymbol{\alpha}_1=\begin{pmatrix}1\\0\\0\end{pmatrix},\boldsymbol{\alpha}_2=\begin{pmatrix}0\\1\\0\end{pmatrix},\boldsymbol{\alpha}_3=\begin{pmatrix}0\\0\\1\end{pmatrix},\boldsymbol{\alpha}_4=\begin{pmatrix}1\\1\\1\end{pmatrix},\boldsymbol{\alpha}_5=\begin{pmatrix}1\\1\\0\end{pmatrix}.$$
由定理 7.9.3 的推论可知，该向量组一定是线性相关的，但显然 $\boldsymbol{\alpha}_1,\boldsymbol{\alpha}_2,\boldsymbol{\alpha}_3$ 线性无关.

容易看出：$\boldsymbol{\alpha}_1=1\cdot\boldsymbol{\alpha}_1+0\cdot\boldsymbol{\alpha}_2+0\cdot\boldsymbol{\alpha}_3,\boldsymbol{\alpha}_2=0\cdot\boldsymbol{\alpha}_1+1\cdot\boldsymbol{\alpha}_2+0\cdot\boldsymbol{\alpha}_3,$

$\boldsymbol{\alpha}_3=0\cdot\boldsymbol{\alpha}_1+0\cdot\boldsymbol{\alpha}_2+1\cdot\boldsymbol{\alpha}_3,\boldsymbol{\alpha}_4=1\cdot\boldsymbol{\alpha}_1+1\cdot\boldsymbol{\alpha}_2+1\cdot\boldsymbol{\alpha}_3,$

$\boldsymbol{\alpha}_5=1\cdot\boldsymbol{\alpha}_1+1\cdot\boldsymbol{\alpha}_2+0\cdot\boldsymbol{\alpha}_3.$

这说明向量组 $\boldsymbol{A}$ 中的每一个向量均可以由这一组 $\boldsymbol{\alpha}_1,\boldsymbol{\alpha}_2,\boldsymbol{\alpha}_3$ 线性表出.因此，对向量组 $\boldsymbol{A}$ 的讨论就转变为对这部分构成的向量组的讨论.

定义 7.9.4 一个向量组 $\boldsymbol{\alpha}_1,\boldsymbol{\alpha}_2,\cdots,\boldsymbol{\alpha}_m$ 中的部分向量 $\boldsymbol{\alpha}_1,\boldsymbol{\alpha}_2,\cdots,\boldsymbol{\alpha}_r(r\leqslant m)$满足：

(1) 这 r 个向量 $\boldsymbol{\alpha}_1,\boldsymbol{\alpha}_2,\cdots,\boldsymbol{\alpha}_r$ 线性无关；

(2) 原向量组中任意一个向量都可以由这 r 个向量 $\boldsymbol{\alpha}_1,\boldsymbol{\alpha}_2,\cdots,\boldsymbol{\alpha}_r$ 线性表出.

则称这 r 个向量 $\boldsymbol{\alpha}_1,\boldsymbol{\alpha}_2,\cdots,\boldsymbol{\alpha}_r$ 构成了原向量组 $\boldsymbol{\alpha}_1,\boldsymbol{\alpha}_2,\cdots,\boldsymbol{\alpha}_m$ 的一个**极大无关组**.

如例 7.9.6 中向量 $\boldsymbol{\alpha}_1,\boldsymbol{\alpha}_2,\boldsymbol{\alpha}_3$ 就构成该向量组的一个极大无关组，因为不但 $\boldsymbol{\alpha}_1,\boldsymbol{\alpha}_2,\boldsymbol{\alpha}_3$ 是线性无关的，而且 $\boldsymbol{\alpha}_1,\boldsymbol{\alpha}_2,\boldsymbol{\alpha}_3,\boldsymbol{\alpha}_4,\boldsymbol{\alpha}_5$ 中任意一个向量都可由这组向量 $\boldsymbol{\alpha}_1,\boldsymbol{\alpha}_2,\boldsymbol{\alpha}_3$ 线性表出，可以验证 $\boldsymbol{\alpha}_1,\boldsymbol{\alpha}_2,\boldsymbol{\alpha}_4;\boldsymbol{\alpha}_1,\boldsymbol{\alpha}_3,\boldsymbol{\alpha}_5;\boldsymbol{\alpha}_1,\boldsymbol{\alpha}_4,\boldsymbol{\alpha}_5$ 都构成原向量组的一个极大无关组.可见，极大无关组并不是唯一的，但是极大无关组中所含向量的个数却是相同的，均与向量组的秩保持一致.这说明向量组的秩确定了线性无关向量的个数.

特别地，若整个向量组线性无关，则整个向量组所有成员就构成一个极大无关组；只含有零向量的向量组是没有极大无关组的.

那么，对于一个向量组，如何找出它的一个极大无关组呢？

如对于矩阵

$$\boldsymbol{A}=\begin{pmatrix} a_{11} & a_{12} & \cdots & a_{1n} \\ 0 & a_{22} & \cdots & a_{2n} \\ \cdots & \cdots & \ddots & \cdots \\ 0 & 0 & \cdots & a_{nn} \end{pmatrix}(a_{ii}\neq 0, i=1,2,\cdots,n)$$

可以看成是由 n 个列向量构成的，显然 $r(\boldsymbol{A})=n$，则极大无关组的向量个数就是 n，即这 n 个列向量是线性无关的.

再如，矩阵

$$\boldsymbol{A}=\begin{pmatrix} 2 & 3 & -1 & 4 & 0 \\ 0 & 0 & 2 & 1 & 1 \\ 0 & 0 & 0 & 1 & -3 \end{pmatrix},$$

$r(\boldsymbol{A})=3$，故构成极大无关组的向量个数为 3，显然矩阵 $\boldsymbol{A}$ 中第一、三、四列的列向量就是线性无关的，若再加一个列向量就线性相关了，所以极大无关组就是由阶梯形矩阵中首个非零元所在的列向量构成的.因此，对于非阶梯形矩阵，必须建立在下面定理的基础之上.

定理 7.9.5　列向量组通过初等行变换不改变线性相关性.

【例 7.9.7】　找出向量组

$$\boldsymbol{\alpha}_1=\begin{pmatrix} -1 \\ 2 \\ 0 \end{pmatrix}, \boldsymbol{\alpha}_2=\begin{pmatrix} 1 \\ -1 \\ 1 \end{pmatrix}, \boldsymbol{\alpha}_3=\begin{pmatrix} 0 \\ 1 \\ 2 \end{pmatrix}, \boldsymbol{\alpha}_4=\begin{pmatrix} 2 \\ 4 \\ 1 \end{pmatrix}$$

的一个极大无关组.

解　对矩阵 $\boldsymbol{A}=(\boldsymbol{\alpha}_1 \quad \boldsymbol{\alpha}_2 \quad \boldsymbol{\alpha}_3 \quad \boldsymbol{\alpha}_4)$ 实施行初等变换，将 $\boldsymbol{A}$ 化为阶梯形矩阵，即

$$\boldsymbol{A}=\begin{pmatrix} -1 & 1 & 0 & 2 \\ 2 & -1 & 1 & 4 \\ 0 & 1 & 2 & 1 \end{pmatrix} \to \begin{pmatrix} -1 & 1 & 0 & 2 \\ 0 & 1 & 1 & 8 \\ 0 & 1 & 2 & 1 \end{pmatrix} \to \begin{pmatrix} -1 & 1 & 0 & 2 \\ 0 & 1 & 1 & 8 \\ 0 & 0 & 1 & -7 \end{pmatrix},$$

则 $r(\boldsymbol{A})=3<4$，故 $\boldsymbol{\alpha}_1,\boldsymbol{\alpha}_2,\boldsymbol{\alpha}_3,\boldsymbol{\alpha}_4$ 线性相关，且极大无关组中所含向量的个数为 3，且 $\boldsymbol{\alpha}_1,\boldsymbol{\alpha}_2,\boldsymbol{\alpha}_3$ 或 $\boldsymbol{\alpha}_1,\boldsymbol{\alpha}_2,\boldsymbol{\alpha}_4$ 或 $\boldsymbol{\alpha}_1,\boldsymbol{\alpha}_3,\boldsymbol{\alpha}_4$ 都可以构成一个极大无关组.

【例 7.9.8】　求向量组

$$\boldsymbol{\alpha}_1=\begin{pmatrix} 1 \\ 2 \\ 4 \\ 3 \end{pmatrix}, \boldsymbol{\alpha}_2=\begin{pmatrix} 1 \\ -1 \\ -6 \\ 6 \end{pmatrix}, \boldsymbol{\alpha}_3=\begin{pmatrix} 1 \\ 1 \\ -6 \\ 4 \end{pmatrix}, \boldsymbol{\alpha}_4=\begin{pmatrix} -2 \\ -1 \\ 2 \\ -9 \end{pmatrix}, \boldsymbol{\alpha}_5=\begin{pmatrix} 4 \\ 2 \\ -4 \\ 18 \end{pmatrix}$$

的一个极大无关组，并将其余向量用该极大无关组线性表出.

解　对该向量组构成的矩阵 $\boldsymbol{A}=(\boldsymbol{\alpha}_1,\boldsymbol{\alpha}_2,\boldsymbol{\alpha}_3,\boldsymbol{\alpha}_4,\boldsymbol{\alpha}_5)$ 实施初等行变换，即

$$\boldsymbol{A}=\begin{pmatrix} 1 & 1 & 1 & -2 & 4 \\ 2 & -1 & 1 & -1 & 2 \\ 4 & -6 & -6 & 2 & -4 \\ 3 & 6 & 4 & -9 & 18 \end{pmatrix} \to \cdots \to \begin{pmatrix} 1 & 1 & 1 & -2 & 4 \\ 0 & 1 & 1 & -1 & 2 \\ 0 & 0 & 1 & 0 & 0 \\ 0 & 0 & 0 & 0 & 0 \end{pmatrix},$$

则 $r(\boldsymbol{A})=3<5$，故向量组 $\boldsymbol{\alpha}_1,\boldsymbol{\alpha}_2,\boldsymbol{\alpha}_3,\boldsymbol{\alpha}_4,\boldsymbol{\alpha}_5$ 线性相关，其极大无关组所含向量的个数为 3，

易知 $\boldsymbol{\alpha}_1,\boldsymbol{\alpha}_2,\boldsymbol{\alpha}_3$ 构成一个极大无关组.

下面将 $\boldsymbol{\alpha}_4,\boldsymbol{\alpha}_5$ 用 $\boldsymbol{\alpha}_1,\boldsymbol{\alpha}_2,\boldsymbol{\alpha}_3$ 线性表出，即从 $k_1\boldsymbol{\alpha}_1+k_2\boldsymbol{\alpha}_2+k_3\boldsymbol{\alpha}_3=\boldsymbol{\alpha}_4$ 和 $k_1\boldsymbol{\alpha}_1+k_2\boldsymbol{\alpha}_2+k_3\boldsymbol{\alpha}_3=\boldsymbol{\alpha}_5$ 中解出未知数 k，亦即将矩阵 $\boldsymbol{A}$ 的前 3 列作为系数矩阵，分别取 $\boldsymbol{\alpha}_4$ 或 $\boldsymbol{\alpha}_5$ 为常数项置于矩阵 $\boldsymbol{A}$ 的最后一列，则要解出未知数 k，需继续将上面的 $\boldsymbol{A}$ 化为行简化阶梯形，即

$$\boldsymbol{A}\to\cdots\to\begin{pmatrix}1&1&1&-2&4\\0&1&1&-1&2\\0&0&1&0&0\\0&0&0&0&0\end{pmatrix}\to\begin{pmatrix}1&0&0&-1&2\\0&1&0&-1&2\\0&0&1&0&0\\0&0&0&0&0\end{pmatrix},$$

得 $\boldsymbol{\alpha}_4=(-1)\cdot\boldsymbol{\alpha}_1+(-1)\cdot\boldsymbol{\alpha}_2+0\cdot\boldsymbol{\alpha}_3$ 和 $\boldsymbol{\alpha}_5=2\cdot\boldsymbol{\alpha}_1+2\cdot\boldsymbol{\alpha}_2+0\cdot\boldsymbol{\alpha}_3$.

小结

判定向量组的相关性就是判断一个齐次线性方程组解的情况.向量组作为齐次线性方程组的系数矩阵，因此判定向量组构成的矩阵的秩，通过该秩与向量个数的比较，若矩阵秩等于向量个数，则方程组只有零解，即判定向量组线性无关；若矩阵秩小于向量个数，则方程组有非零解，即判定向量组线性相关.

习题 7.9 答案

1. 设向量 $\boldsymbol{\alpha}=(2,-1,7)$，$\boldsymbol{\beta}=(-3,1,3)$，求下列向量.

(1) $-2\boldsymbol{\alpha}$；　(2) $-\boldsymbol{\alpha}+2\boldsymbol{\beta}$；　(3) $3\boldsymbol{\alpha}+4\boldsymbol{\beta}$.

2. 设向量 $\boldsymbol{\alpha}=(1,3,-4,2)^{\mathrm{T}}$，$\boldsymbol{\beta}=(-2,4,7,-3)^{\mathrm{T}}$.

(1) 若 $2\boldsymbol{\beta}+\boldsymbol{\gamma}=\boldsymbol{\alpha}$，求 $\boldsymbol{\gamma}$；

(2) 若 $2\boldsymbol{\alpha}-3\boldsymbol{\gamma}=4\boldsymbol{\beta}$，求 $\boldsymbol{\gamma}$.

3. 设向量 $\boldsymbol{\alpha}=(2,-1,3,-6)$，$\boldsymbol{\beta}=(-1,0,3,-4)$，若满足 $\boldsymbol{\alpha}-2\boldsymbol{\gamma}=3\boldsymbol{\beta}$，求 $\boldsymbol{\gamma}$.

4. 设向量 $\boldsymbol{\alpha}_1=(1,-1,1,-1)$，$\boldsymbol{\alpha}_2=(1,0,2,0)$，$\boldsymbol{\alpha}_3=(1,-5,-1,2)$，$\boldsymbol{\alpha}_4=(3,-6,2,1)$，试证明：$\boldsymbol{\alpha}_1+\boldsymbol{\alpha}_2+\boldsymbol{\alpha}_3-\boldsymbol{\alpha}_4=\boldsymbol{0}$.

5. 将下列各题中的向量 $\boldsymbol{\beta}$ 用其余向量线性表出：

(1) $\boldsymbol{\beta}=(1,1,1)$，$\boldsymbol{\alpha}_1=(0,2,5)$，$\boldsymbol{\alpha}_2=(1,3,6)$；

(2) $\boldsymbol{\beta}=(3,5,-6)$，$\boldsymbol{\alpha}_1=(1,0,1)$，$\boldsymbol{\alpha}_2=(1,1,1)$，$\boldsymbol{\alpha}_3=(0,-1,-1)$.

6. 判断下列向量组的相关性：

(1) $\boldsymbol{\alpha}_1=(1,2,5)$，$\boldsymbol{\alpha}_2=(2,4,10)$；

(2) $\boldsymbol{\alpha}_1=(2,-3,1)$，$\boldsymbol{\alpha}_2=(3,-1,5)$，$\boldsymbol{\alpha}_3=(1,-4,3)$；

(3) $\boldsymbol{\alpha}_1=(5,4,3)$，$\boldsymbol{\alpha}_2=(3,3,2)$，$\boldsymbol{\alpha}_3=(8,1,3)$.

7. 若 $\boldsymbol{\alpha}_1,\boldsymbol{\alpha}_2,\boldsymbol{\alpha}_3$ 线性无关，则 $\boldsymbol{\alpha}_1,\boldsymbol{\alpha}_1+\boldsymbol{\alpha}_2,\boldsymbol{\alpha}_1+\boldsymbol{\alpha}_2+\boldsymbol{\alpha}_3$ 是否也线性无关？

8. 求下列向量组的秩：

(1) $\boldsymbol{\alpha}_1=(2,1,3,-1)$，$\boldsymbol{\alpha}_2=(-1,1,-3,1)$，$\boldsymbol{\alpha}_3=(4,5,3,-1)$，$\boldsymbol{\alpha}_4=(1,5,-3,1)$；

(2) $\boldsymbol{\alpha}_1=(1,2,3)^{\mathrm{T}}$，$\boldsymbol{\alpha}_2=(-2,1,4)^{\mathrm{T}}$，$\boldsymbol{\alpha}_3=(3,1,-1)^{\mathrm{T}}$，$\boldsymbol{\alpha}_4=(4,1,-2)^{\mathrm{T}}$，$\boldsymbol{\alpha}_5=(0,-3,-6)^{\mathrm{T}}$.

9. 求下列向量组的一个极大无关组：

(1) $\boldsymbol{\alpha}_1=(1,1,1),\boldsymbol{\alpha}_2=(1,0,1),\boldsymbol{\alpha}_3=(0,-1,-1)$;

(2) $\boldsymbol{\alpha}_1=(1,2,0,0),\boldsymbol{\alpha}_2=(1,2,3,4),\boldsymbol{\alpha}_3=(3,6,0,0)$;

(3) $\boldsymbol{\alpha}_1=(1,3,1,-1)^{\mathrm{T}},\boldsymbol{\alpha}_2=(2,-1,-1,4)^{\mathrm{T}},\boldsymbol{\alpha}_3=(5,1,-1,7)^{\mathrm{T}},\boldsymbol{\alpha}_4=(2,6,2,-3)^{\mathrm{T}}$.

10. 求向量组 $\boldsymbol{\alpha}_1=(1,0,2,1)^{\mathrm{T}},\boldsymbol{\alpha}_2=(1,2,0,1)^{\mathrm{T}},\boldsymbol{\alpha}_3=(2,1,3,0)^{\mathrm{T}},\boldsymbol{\alpha}_4=(2,5,-1,4)^{\mathrm{T}}$, $\boldsymbol{\alpha}_5=(1,-1,3,-1)^{\mathrm{T}}$ 的一个极大无关组,并将其余列向量用该极大无关组线性表出.

7.10 线性方程组解的结构

本节导引

我们在前面已经学习了如何求解一个线性方程组,并掌握了判断线性方程组解的情况,当线性方程组有无穷多解时,可构成解的集合.那么我们关心的解集合是如何构造的,即线性方程组解的结构是什么.本小节将对此问题进行研究.

7.10.1 齐次线性方程组解的结构

设齐次线性方程组 $\boldsymbol{AX}=\boldsymbol{O}$,当它有无穷多组解时,所有解具备以下性质:

(1) 若 $\boldsymbol{X}_1,\boldsymbol{X}_2$ 是方程组 $\boldsymbol{AX}=\boldsymbol{O}$ 的任意两个解,则 $\boldsymbol{X}_1+\boldsymbol{X}_2$ 仍是它的解.

因为 $\boldsymbol{A}(\boldsymbol{X}_1+\boldsymbol{X}_2)=\boldsymbol{AX}_1+\boldsymbol{AX}_2=\boldsymbol{O}+\boldsymbol{O}=\boldsymbol{O}$.

(2) 若 $\boldsymbol{X}_1$ 为方程组 $\boldsymbol{AX}=\boldsymbol{O}$ 的一个任意解,k 是任意常数,则 $k\boldsymbol{X}_1$ 也是其解.

因为 $\boldsymbol{A}(k\boldsymbol{X}_1)=k\boldsymbol{AX}_1=\boldsymbol{O}$.

由此,若 $\boldsymbol{X}_1,\boldsymbol{X}_2,\cdots,\boldsymbol{X}_s$ 是方程组 $\boldsymbol{AX}=\boldsymbol{O}$ 的 s 个解,则对于任意常数 $k_1,k_2,\cdots,k_s$,其线性组合 $k_1\boldsymbol{X}_1+k_2\boldsymbol{X}_2+\cdots+k_s\boldsymbol{X}_s$ 也是它的解.

若齐次线性方程组 $\boldsymbol{AX}=\boldsymbol{O}$ 有非零解,则它就是无穷多解.假使方程组的一个解可以看作是一个解向量,我们可以设法找出有限个线性无关的解向量 $\boldsymbol{X}_1,\boldsymbol{X}_2,\cdots,\boldsymbol{X}_s$,使得 $\boldsymbol{AX}=\boldsymbol{O}$,那么该线性方程组的**全部解**为

$$\boldsymbol{X}=k_1\boldsymbol{X}_1+k_2\boldsymbol{X}_2+\cdots+k_s\boldsymbol{X}_s(\text{其中 }k_1,k_2,\cdots,k_s\text{ 是任意实数}).$$

定义 7.10.1　若 $\boldsymbol{AX}=\boldsymbol{O}$ 的解向量 $\boldsymbol{X}_1,\boldsymbol{X}_2,\cdots,\boldsymbol{X}_s$ 满足

(1) $\boldsymbol{X}_1,\boldsymbol{X}_2,\cdots,\boldsymbol{X}_s$ 线性无关;

(2) $\boldsymbol{AX}=\boldsymbol{O}$ 的每一个解都能由 $\boldsymbol{X}_1,\boldsymbol{X}_2,\cdots,\boldsymbol{X}_s$ 线性表出.

则把 $\boldsymbol{X}_1,\boldsymbol{X}_2,\cdots,\boldsymbol{X}_s$ 称为 $\boldsymbol{AX}=\boldsymbol{O}$ 的一个**基础解系**.

显然,基础解系 $\boldsymbol{X}_1,\boldsymbol{X}_2,\cdots,\boldsymbol{X}_s$ 是解向量的一个极大无关组.由于极大无关组不唯一,因此基础解系也不是唯一的,所以方程组 $\boldsymbol{AX}=\boldsymbol{O}$ 的全部解形式表示不唯一.

【例 7.10.1】　如例 7.7.4 解的结果

$$\begin{pmatrix}x_1\\x_2\\x_3\\x_4\end{pmatrix}=k_1\begin{pmatrix}-2\\3\\1\\0\end{pmatrix}+k_2\begin{pmatrix}-1\\-2\\0\\1\end{pmatrix}(k_1,k_2\text{ 可以取任何实数}),$$

从中可以发现，该齐次线性方程组的全部解形如

$$X=k_1X_1+k_2X_2\ (k_1,k_2\text{ 可以取任何实数}),$$

其中

$$X_1=\begin{pmatrix}-2\\3\\1\\0\end{pmatrix},X_2=\begin{pmatrix}-1\\-2\\0\\1\end{pmatrix}.$$

容易验证，X_1,X_2 是线性无关的，而且是该齐次线性方程组 $AX=O$ 的基础解系.而该基础解系可以通过取两个自由未知量 x_3,x_4 分别为 $x_3=1,x_4=0$ 和 $x_3=0,x_4=1$ 而得到，并且基础解系中解向量的个数为未知数的个数与增广矩阵秩之差，即 $n-r$.

【例 7.10.2】 求齐次线性方程组

$$\begin{cases}2x_1+x_2-x_3=0,\\x_1+2x_2+x_3=0,\\x_1+x_2=0\end{cases}$$

的基础解系和全部的解.

解 $A=\begin{pmatrix}2&1&-1\\1&2&1\\1&1&0\end{pmatrix}\to\begin{pmatrix}1&1&0\\1&2&1\\2&1&-1\end{pmatrix}\to\begin{pmatrix}1&1&0\\0&1&1\\0&-1&-1\end{pmatrix}\to\begin{pmatrix}1&0&-1\\0&1&1\\0&0&0\end{pmatrix}$，

因为 $r(A)=2<3$，则该方程组有非零解，基础解系中解向量的个数为 1，即

$$\begin{cases}x_1=x_3,\\x_2=-x_3\end{cases}(x_3\text{ 为自由未知量}),$$

令 $x_3=1$，得 $X_1=(1\quad -1\quad 1)^T$.

所以方程组的基础解系为 X_1，而全部的解为 $X=kX_1$（k 可以取任意实数），

即 $\begin{pmatrix}x_1\\x_2\\x_3\end{pmatrix}=k\begin{pmatrix}1\\-1\\1\end{pmatrix}$（$k$ 可以取任意实数）.

【例 7.10.3】 求齐次线性方程组

$$\begin{cases}x_1+x_2-x_3-x_4=0,\\2x_1-5x_2+3x_3+2x_4=0,\\7x_1-7x_2+3x_3+x_4=0\end{cases}$$

的基础解系和全部的解.

解 对系数矩阵进行初等行变换：

$$A=\begin{pmatrix}1&1&-1&-1\\2&-5&3&2\\7&-7&3&1\end{pmatrix}\to\begin{pmatrix}1&1&-1&-1\\0&-7&5&4\\0&-14&10&8\end{pmatrix}\to\cdots\to\begin{pmatrix}1&0&-\frac{2}{7}&-\frac{3}{7}\\0&1&-\frac{5}{7}&-\frac{4}{7}\\0&0&0&0\end{pmatrix},$$

即 $$\begin{cases} x_1=\dfrac{2}{7}x_3+\dfrac{3}{7}x_4, \\ x_2=\dfrac{5}{7}x_3+\dfrac{4}{7}x_4 \end{cases} (x_3, x_4 \text{ 为自由未知量}).$$

令 $x_3=1, x_4=0$,得 $\boldsymbol{X}_1=\left(\dfrac{2}{7},\dfrac{5}{7},1,0\right)^{\mathrm{T}}$;再令 $x_3=0, x_4=1$,得 $\boldsymbol{X}_2=\left(\dfrac{3}{7},\dfrac{4}{7},0,1\right)^{\mathrm{T}}$.
所以方程组的基础解系为 $\boldsymbol{X}_1, \boldsymbol{X}_2$,而全部的解为

$$\boldsymbol{X}=k_1\boldsymbol{X}_1+k_2\boldsymbol{X}_2 (k_1, k_2 \text{ 可以取任意实数})$$

即

$$\begin{pmatrix} x_1 \\ x_2 \\ x_3 \\ x_4 \end{pmatrix}=k_1\begin{pmatrix} \frac{2}{7} \\ \frac{5}{7} \\ 1 \\ 0 \end{pmatrix}+k_2\begin{pmatrix} \frac{3}{7} \\ \frac{4}{7} \\ 0 \\ 1 \end{pmatrix} (k_1, k_2 \text{ 可以取任意实数}).$$

注意:由于基础解系不唯一,因此上例为了避免分数的出现,也可以选择令 $x_3=7$,$x_4=0$,得 $\boldsymbol{X}_1=(2,5,7,0)^{\mathrm{T}}$;再令 $x_3=0, x_4=7$,得 $\boldsymbol{X}_2=(3,4,0,7)^{\mathrm{T}}$. 所得 $\boldsymbol{X}_1, \boldsymbol{X}_2$ 为基础解系,则全部的解为

$$\begin{pmatrix} x_1 \\ x_2 \\ x_3 \\ x_4 \end{pmatrix}=k_1\begin{pmatrix} 2 \\ 5 \\ 7 \\ 0 \end{pmatrix}+k_2\begin{pmatrix} 3 \\ 4 \\ 0 \\ 7 \end{pmatrix} (k_1, k_2 \text{ 可以取任意实数}).$$

非齐次线性方程组解的结构

7.10.2 非齐次线性方程组解的结构

非齐次线性方程组 $\boldsymbol{AX}=\boldsymbol{B}$,令 $\boldsymbol{B}=\boldsymbol{O}$ 得到方程组 $\boldsymbol{AX}=\boldsymbol{O}$,称为非齐次线性方程组的**导出组**.

当非齐次线性方程组 $\boldsymbol{AX}=\boldsymbol{B}$ 有无穷多组解时,其解具备以下性质:

(1) 若 $\boldsymbol{X}_1, \boldsymbol{X}_2$ 是方程组 $\boldsymbol{AX}=\boldsymbol{B}$ 的任意两个解,则 $\boldsymbol{X}_1-\boldsymbol{X}_2$ 为其导出组的一个解;

(2) 若 $\boldsymbol{X}^*$ 是方程组 $\boldsymbol{AX}=\boldsymbol{B}$ 的一个解,$\boldsymbol{X}_0$ 是其导出组 $\boldsymbol{AX}=\boldsymbol{O}$ 的一个解,则 $\boldsymbol{X}^*+\boldsymbol{X}_0$ 也是该方程组 $\boldsymbol{AX}=\boldsymbol{B}$ 的一个解.

由此可见,$\boldsymbol{X}^*$ 可谓是该非齐次线性方程组的一个**特解**,$k_1\boldsymbol{X}_1+k_2\boldsymbol{X}_2+\cdots+k_s\boldsymbol{X}_s$ 是其导出组 $\boldsymbol{AX}=\boldsymbol{O}$ 的基础解系,则该方程组全部的解可表示为

$$\boldsymbol{X}=\boldsymbol{X}^*+k_1\boldsymbol{X}_1+k_2\boldsymbol{X}_2+\cdots+k_s\boldsymbol{X}_s.$$

如例 7.7.2 解的结果

$$\begin{pmatrix} x_1 \\ x_2 \\ x_3 \end{pmatrix}=\begin{pmatrix} 1 \\ 0 \\ 0 \end{pmatrix}+k\begin{pmatrix} -2 \\ -1 \\ 1 \end{pmatrix} (k \text{ 可以取任何实数}).$$

事实上,该非齐次线性方程组的全部的解形如

$$\boldsymbol{X}=\boldsymbol{X}^*+k\boldsymbol{X}_1 (k \text{ 可以取任何实数}),$$

其中 $\boldsymbol{X}^*=\begin{pmatrix}1\\0\\0\end{pmatrix}$ 是特解，$\boldsymbol{X}_1=\begin{pmatrix}-2\\-1\\1\end{pmatrix}$ 为 $\boldsymbol{AX}=\boldsymbol{O}$ 的基础解系. 而特解 $\boldsymbol{X}^*$ 可通过自由未知量 $x_3=0$ 得到，$\boldsymbol{X}_1$ 可通过自由未知量 $x_3=1$ 得到，其基础解系中解向量的个数为 1(未知数的个数与增广矩阵秩之差，即 $n-r$).

【例 7.10.4】 求非齐次线性方程组

$$\begin{cases}x_1-x_3+x_4=2,\\x_1-x_2+2x_3+x_4=1,\\2x_1-x_2+x_3+2x_4=3,\\3x_1-x_2+3x_4=5\end{cases}$$

的基础解系和全部的解.

解 $\overline{A}=\begin{pmatrix}1&0&-1&1&2\\1&-1&2&1&1\\2&-1&1&2&3\\3&-1&0&3&5\end{pmatrix}\to\begin{pmatrix}1&0&-1&1&2\\0&-1&3&0&-1\\0&-1&3&0&-1\\0&-1&3&0&-1\end{pmatrix}\to\begin{pmatrix}1&0&-1&1&2\\0&1&-3&0&1\\0&0&0&0&0\\0&0&0&0&0\end{pmatrix}$,

因为 $r(\boldsymbol{A})=r(\overline{\boldsymbol{A}})=2<4$，则该方程组有无穷多解，基础解系中解向量的个数为 2，其解为

$$\begin{cases}x_1=2+x_3-x_4,\\x_2=1+3x_3\end{cases}(x_3,x_4\text{ 为自由未知量}).$$

令 $x_3=0,x_4=0$，得方程组的一个特解 $\boldsymbol{X}^*=(2,1,0,0)^{\mathrm{T}}$.

其导出组的解为

$$\begin{cases}x_1=x_3-x_4,\\x_2=3x_3\end{cases}(x_3,x_4\text{ 为自由未知量}),$$

令 $x_3=1,x_4=0$，得 $\boldsymbol{X}_1=(1,3,1,0)^{\mathrm{T}}$；再令 $x_3=0,x_4=1$，得 $\boldsymbol{X}_2=(-1,0,0,1)^{\mathrm{T}}$.
所以其导出组的基础解系为 $\boldsymbol{X}_1,\boldsymbol{X}_2$，而方程组全部的解为

$$\boldsymbol{X}=\boldsymbol{X}^*+k_1\boldsymbol{X}_1+k_2\boldsymbol{X}_2(k_1,k_2\text{ 可以取任意实数}),$$

即

$$\begin{pmatrix}x_1\\x_2\\x_3\\x_4\end{pmatrix}=\begin{pmatrix}2\\1\\0\\0\end{pmatrix}+k_1\begin{pmatrix}1\\3\\1\\0\end{pmatrix}+k_2\begin{pmatrix}-1\\0\\0\\1\end{pmatrix}(k_1,k_2\text{ 可以取任意实数}).$$

小结

线性方程组解的结构由两部分构成：一部分是特解；另一部分是解集合中的极大无关组构成的，而该极大无关组构成了基础解系. 一个线性方程组解的结构是特解与基础解系的线性组合.

习题 7.10 答案

习题 7.10

1. 求下列线性方程组的基础解系.

(1) $\begin{cases}2x_1-3x_2+x_3-5x_4=0,\\-5x_1-10x_2-2x_3+x_4=0,\\x_1+4x_2+3x_3+2x_4=0,\\2x_1-4x_2+9x_3-3x_4=0;\end{cases}$ (2) $\begin{cases}2x_1-4x_2-3x_3=0,\\-2x_1+5x_2+2x_3+4x_4=0,\\x_2-x_3+4x_4=0;\end{cases}$

(3) $\begin{cases}4x_1+2x_2-x_3=0,\\3x_1-x_2+2x_3=0,\\11x_1+3x_2=0;\end{cases}$ (4) $\begin{cases}x_1+x_2+2x_3-x_4=0,\\2x_1+x_2+x_3-x_4=0,\\2x_1+2x_2+x_3+2x_4=0.\end{cases}$

2. 求下列线性方程组的全部解.

(1) $\begin{cases}x_1-2x_2+x_3+x_4=1,\\x_1-2x_2+x_3-x_4=-1,\\x_1-2x_2+x_3+5x_4=5;\end{cases}$ (2) $\begin{cases}x_1-2x_2+3x_3-x_4-x_5=-2,\\x_1+x_2-x_3+x_4-2x_5=0,\\2x_1-x_2+x_3-2x_5=-3,\\2x_1+2x_2-5x_3+2x_4-x_5=-3;\end{cases}$

(3) $\begin{cases}2x_1+3x_2+x_3=4,\\x_1-2x_2+4x_3=-5,\\3x_1+8x_2-2x_3=13,\\4x_1-x_2+9x_3=-6;\end{cases}$ (4) $\begin{cases}2x_1+x_2-x_3+x_4=1,\\4x_1+2x_2-2x_3+x_4=2,\\2x_1+x_2-x_3-x_4=1.\end{cases}$

3. 求一个齐次线性方程组,使它的基础解系为 $\boldsymbol{X}_1=\begin{pmatrix}0\\1\\2\\3\end{pmatrix}$,$\boldsymbol{X}_2=\begin{pmatrix}3\\2\\1\\0\end{pmatrix}$.

4. 已知 $\boldsymbol{AX}=\boldsymbol{O}$ 的基础解系中解的个数为 2,又 $\boldsymbol{A}=\begin{pmatrix}1&2&1&2\\0&1&t&t\\1&t&0&1\end{pmatrix}$,求 $\boldsymbol{AX}=\boldsymbol{O}$ 的全部的解.

复习题七

复习题七答案

一、选择题.

1. 三阶行列式 $\boldsymbol{A}=\begin{vmatrix}5&-2&3\\5&2&0\\1&9&3\end{vmatrix}$ 中元素 a_{23} 的代数余子式为(   ).

A. $-\begin{vmatrix}5&-2\\1&9\end{vmatrix}$ B. $\begin{vmatrix}5&3\\5&0\end{vmatrix}$ C. $\begin{vmatrix}5&-2\\1&9\end{vmatrix}$ D. $-\begin{vmatrix}5&3\\5&0\end{vmatrix}$

2. 设 $\boldsymbol{A}=\begin{pmatrix}1 & 2 & 0 & -3\\ 0 & 0 & -1 & 3\\ 2 & 4 & -1 & -3\end{pmatrix}$,则 $r(\boldsymbol{A})$ 等于(　　).

A. 4　　B. 3　　C. 2　　D. 1

3. 设线性方程组 $\boldsymbol{AX}=\boldsymbol{B}$ 的增广矩阵 $\overline{\boldsymbol{A}}=\begin{pmatrix}1 & 3 & -2 & 0 & 5\\ 0 & -1 & 0 & 2 & 4\\ 0 & 0 & 3 & 2 & -1\\ 0 & 2 & 0 & -4 & -8\end{pmatrix}$,则此线性方程组的一般解中自由未知量的个数为(　　).

A. 1　　B. 2　　C. 3　　D. 4

4. 若 $\boldsymbol{A}$ 为 n 阶矩阵,k 为任意常数,则 $\det k\boldsymbol{A}=$(　　).

A. $k\det \boldsymbol{A}$　　B. $k^2\det \boldsymbol{A}$　　C. $k^n\det \boldsymbol{A}$　　D. $(\det \boldsymbol{A})^k$

二、填空题.

1. 行列式 $\begin{vmatrix}-1 & 203 & \frac{1}{3}\\ 3 & 298 & \frac{1}{2}\\ 5 & 399 & \frac{2}{3}\end{vmatrix}=$____________.

2. 计算矩阵乘积 $(1\quad 2)\begin{pmatrix}3 & 0 & 0\\ 0 & 1 & 1\end{pmatrix}\begin{pmatrix}2\\ 0\\ -1\end{pmatrix}=$____________.

3. 若线性方程组 $\begin{cases}x_1-x_2=0,\\ x_1+\lambda x_2=0\end{cases}$ 有非零解,则 $\lambda=$________.

4. 若 $\begin{pmatrix}-2 & -3\\ 3 & 4\end{pmatrix}\boldsymbol{X}=\begin{pmatrix}-1\\ 2\end{pmatrix}$,则 $\boldsymbol{X}=$____________.

三、解答题.

1. 解方程 $\begin{vmatrix}1 & 4 & 3 & 2\\ 2 & x+4 & 6 & 4\\ 3 & -2 & x & 1\\ -3 & 2 & 5 & -1\end{vmatrix}=0$.

2. 解矩阵方程组 $\boldsymbol{AX}=\boldsymbol{B}+3\boldsymbol{E}$,其中

$$\boldsymbol{A}=\begin{pmatrix}1 & 0 & -1\\ 2 & -1 & 1\\ 0 & 0 & 1\end{pmatrix},\boldsymbol{B}=\begin{pmatrix}1 & -1 & 0\\ 0 & 2 & 1\\ -1 & 2 & 0\end{pmatrix},\boldsymbol{E}=\begin{pmatrix}1 & 0 & 0\\ 0 & 1 & 0\\ 0 & 0 & 1\end{pmatrix}.$$

3. 设线性方程组 $\begin{cases}x_1+x_3=2,\\ x_1+2x_2-x_3=0,\\ 2x_1+x_2-ax_3=b,\end{cases}$ 讨论当 a,b 为何值时,方程组无解、有唯一解、有无穷多解.

4. 求下列线性方程组的基础解系$\begin{cases}x_1-x_2-x_3+x_4=0,\\x_1-x_2+x_3-3x_4=0,\\x_1-x_2-2x_3+3x_4=0.\end{cases}$

5. 判断向量组$\boldsymbol{\alpha}_1=(1,3,5)$,$\boldsymbol{\alpha}_2=(2,6,10)$,$\boldsymbol{\alpha}_3=(1,0,3)$的相关性,并求出向量组的一个极大无关组.

第 8 章

多元函数微积分

教学目标

1. 知识目标　理解二元函数偏导数的概念，熟练掌握求函数一阶、二阶偏导数的方法；理解多元函数全微分的概念，了解全微分存在的必要条件与充分条件，了解多元函数可微、可偏导、连续三者之间的关系；理解二重积分的概念及性质，掌握二重积分的计算方法.

2. 能力目标　理解多元函数极值的概念，会求实际问题的极值；会用二重积分求立体的体积、曲面的面积、平面薄板的质量和重心等应用问题.

3. 思政目标　通过二元函数偏导数和一元函数导数的比较，培养学生求真务实的学习品质，深刻体会实践是检验真理的唯一标准.

思维导图

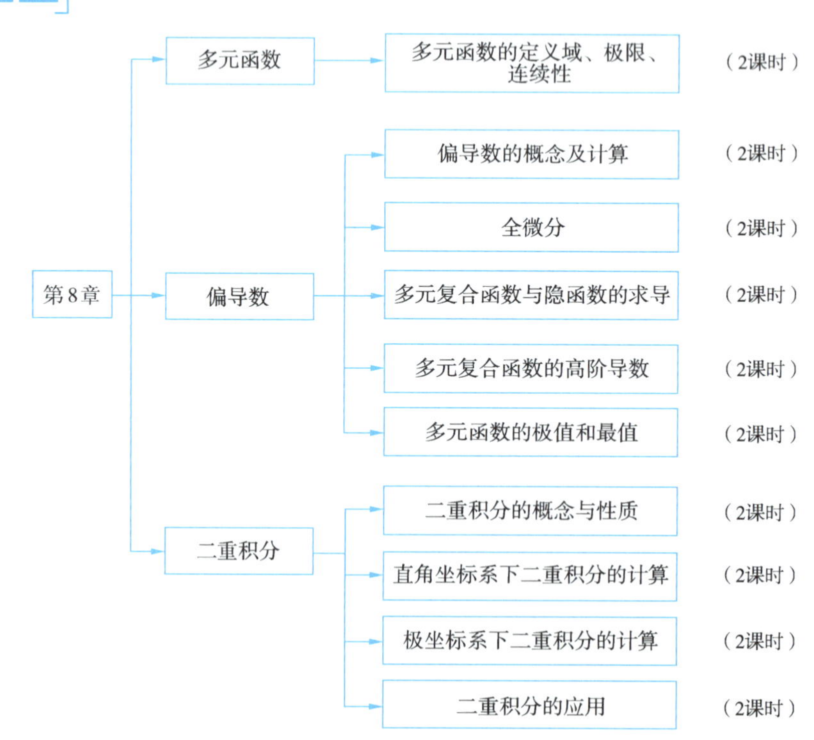

本章导引

前面各章我们所讨论的函数都是只有一个自变量的函数，称为一元函数.但是，在自然科学与工程技术问题中，我们经常会遇到含有两个或多个自变量的函数，即多元函数.本章将在一元函数微积分的基础上重点讨论二元函数的微积分，然后再推广到多元函数的情形.多元函数微积分与一元函数微积分有许多相似之处，但在某些方面变得更复杂，学习时要善于发现它们之间的差别.

8.1 多元函数

本节导引

问题 1. 圆锥体的体积 V 与它的底半径 r、高 h 之间的关系式为 $V=\frac{1}{3}\pi r^2 h$，其中有几个变量？它们之间有怎样的依赖关系？

问题 2. 在直流电路中，电流 I、电压 U 与电阻 R 之间有关系式 $I=\frac{U}{R}$，其中有几个变量？它们之间有怎样的依赖关系？

问题 3. 长方体的体积 V 与它的长度 x、宽度 y、高度 z 之间的关系式为 $V=xyz$，其中有几个变量？它们之间有怎样的依赖关系？

8.1.1 多元函数的概念

在上述问题 1 中，有三个变量 V,r,h，由关系式 $V=\frac{1}{3}\pi r^2 h$ 知，V 随着 r 和 h 的变化而变化，当 r,h 在一定范围内(如 $r>0,h>0$)取值时，V 的对应值就随之确定了.

在上述问题 2 中，有三个变量 I,U,R，由关系式 $I=\frac{U}{R}$ 知，I 随着 U 和 R 的变化而变化，当 U,R 在一定范围内(如 $U\geqslant 0,R>0$)取值时，I 的对应值就随之确定了.

上述两个问题在数量关系上有一个共同点：两个变量在某范围内取值后，按照一定的对应关系，另一个变量将有确定的数值与之对应.由此我们可以抽象出二元函数的概念.

1. 二元函数的定义

定义 8.1.1　设在某个变化过程中有三个变量 x,y,z，如果对于变量 x,y 在其允许的实数范围内取一组值 (x,y)，按照某种对应关系，变量 z 总有唯一确定的值与之对应，则称 z 是 x,y 的二元函数，记作

$$z=f(x,y).$$

其中 x,y 称为自变量，z 称为因变量.自变量 x,y 所允许的取值范围称为函数的定义域.

因为数组(x,y)表示平面上的一点$P(x,y)$，这样二元函数$z=f(x,y)$可看成是平面上点$P(x,y)$与数z之间的对应，因此也可记作$z=f(P)$.

二元函数在点$P_0(x_0,y_0)$处所取得的函数值记为$f(x_0,y_0)$，$f(P_0)$或$z|_{(x_0,y_0)}$.例如，函数$f(x,y)=\sqrt{x^2+y^2}$在点$(3,4)$的值是$f(3,4)=\sqrt{3^2+4^2}=\sqrt{25}=5$.

类似地，可以定义三元函数$u=f(x,y,z)$及三元以上的函数.一般地，可以定义n个自变量的函数$u=f(x_1,x_2,x_3,\cdots,x_n)$，$n$个自变量的函数称为$n$元函数.二元及二元以上的函数统称为多元函数.上述问题3得到的函数即为三元函数.

2. 二元函数的定义域

同一元函数一样，定义域和对应关系是二元函数的两个要素.对于用解析式表示的二元函数，其定义域就是使解析式有意义的自变量的取值范围；如果函数是由实际问题得到的，其定义域应根据它的实际意义来确定.

一般来说，一元函数的定义域是数轴上的点集，二元函数的定义域是xOy面上的平面区域，定义域常用字母D表示.如果区域延伸到无限远处，就称这样的区域是无界的；否则，它总可以被包围在一个以原点O为中心而半径适当大的圆内，这样的区域称为有界的.围成平面区域的曲线称为该区域的边界，包括边界的区域称为闭区域，不包括边界的区域称为开区域.

例如，区域$D=\{(x,y)|y-x^2\geqslant 0\}$，抛物线$y=x^2$是区域$D$的边界，它在区域$D$内(含有等于号)，所以区域$D$是闭区域；由于区域$D$是向上无限延伸的，所以区域$D$是无界的，因此，区域$D=\{(x,y)|y-x^2\geqslant 0\}$是无界闭区域.

【例 8.1.1】 求下列函数的定义域：

(1) $z=\sqrt{R^2-x^2-y^2}$；

(2) $z=\ln(x^2+y^2-1)+\dfrac{1}{\sqrt{4-x^2-y^2}}$；

(3) $z=\arcsin(x+y)$.

解 (1) 要使函数的解析式有意义，x,y必须满足$R^2-x^2-y^2\geqslant 0$，所以函数的定义域是$D=\{(x,y)|x^2+y^2\leqslant R^2\}$，如图8-1(a)所示.

(2) 要使函数的解析式有意义，x,y必须满足不等式组

$$\begin{cases}x^2+y^2-1>0,\\4-x^2-y^2>0\end{cases}\Rightarrow 1<x^2+y^2<4,$$

所以函数的定义域是$D=\{(x,y)|1<x^2+y^2<4\}$，如图8-1(b)所示.

(3) 由反三角函数的定义知，函数的定义域是$D=\{(x,y)|-1\leqslant x+y\leqslant 1\}$，如图8-1(c)所示.

注意：(1)中的D是有界闭区域；(2)中的D是有界开区域；(3)中的D是无界闭区域.

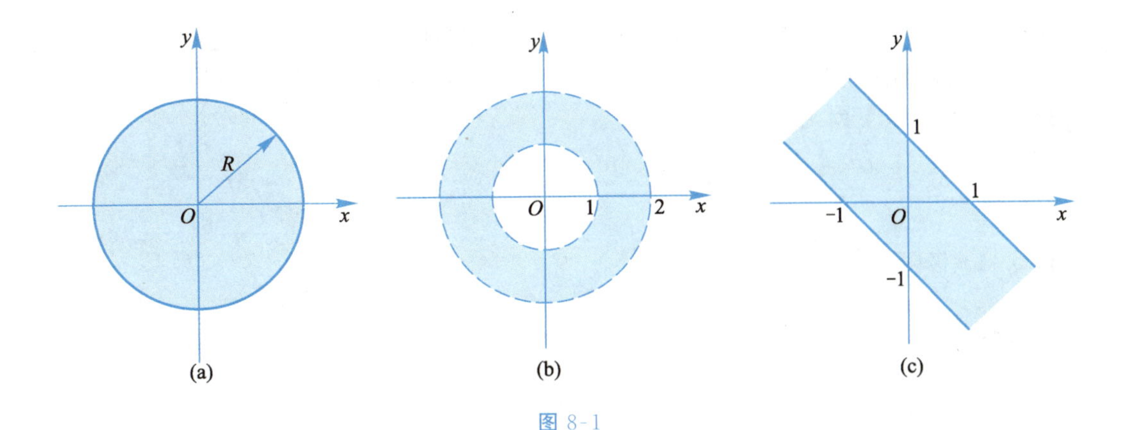

图 8-1

3. 二元函数的几何意义

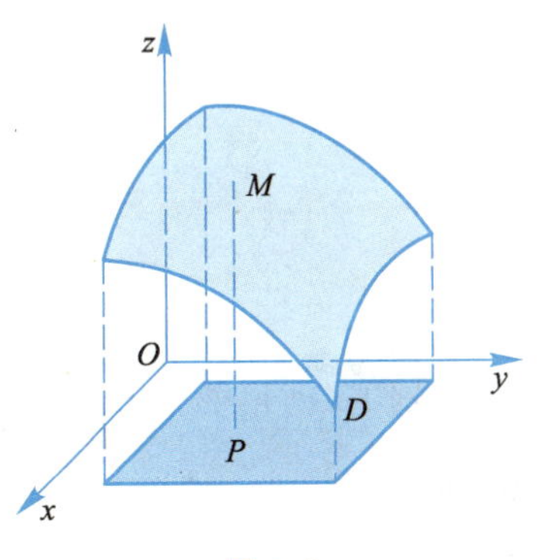

图 8-2

设 $z=f(x,y)$ 的定义域为 xOy 平面上的一个区域 D，对于 D 中的每一点 $P(x,y)$，把所对应的函数值 z 作为纵坐标，就有空间中的一点 $M(x,y,z)$ 与之对应.当点 P 在 D 内变动时，对应点 M 就构成了空间的一个点集，这个点集就是函数 $z=f(x,y)$ 的图形.一般地，它是一个曲面，该曲面在 xOy 平面上的投影即为函数的定义域(图 8-2).

例如，二元函数 $z=ax+by+c$ 的图形是一个平面；二元函数 $z=\sqrt{a^2-x^2-y^2}$ 的图形是球心在原点、半径为 a 的上半球面；二元函数 $z=c\sqrt{1-\frac{x^2}{a^2}-\frac{y^2}{b^2}}$ 的图形是上半椭球面.

8.1.2 二元函数的极限

二元函数的极限

类似于一元函数的情形，对于二元函数 $z=f(x,y)$ 来说，我们同样可以研究其极限问题，即研究自变量 x,y 分别趋近于常数 x_0,y_0 时函数值的变化趋势.但此时的情况要比一元函数复杂得多，因此，这里只讨论当点 $P(x,y)$ 趋向于点 $P_0(x_0,y_0)$ 时的极限问题.

定义 8.1.2　设函数 $z=f(x,y)$ 在点 $P_0(x_0,y_0)$ 的某个邻域内有定义(点 P_0 可以除外)，点 $P(x,y)$ 是该邻域内异于点 $P_0(x_0,y_0)$ 的任意一点.若当点 $P(x,y)$ 以任意方式无限地趋近于点 $P_0(x_0,y_0)$ 时，函数 $f(x,y)$ 总是趋近于一个确定的常数 A，则称 A 为函数 $z=f(x,y)$ 当 $P(x,y)$ 趋近于点 $P_0(x_0,y_0)$ 时的极限.记作

$$\lim_{(x,y)\to(x_0,y_0)} f(x,y)=A \text{ 或 } \lim_{P\to P_0} f(x,y)=A.$$

说明：

(1) 定义中该邻域内异于 P_0 的点 P 必须是使得函数 $z=f(x,y)$ 有意义的点.

(2) $\lim\limits_{P\to P_0} f(x,y)=A$ 是指 P 以任意方式趋近于点 P_0 时，函数 $f(x,y)$ 都趋近于同一个常数，即常数 A 与点 P 趋近于点 P_0 的方式无关.

由于二元函数极限的定义与一元函数极限的定义形式上是相同的，因此，关于一元函数极限的运算法则和定理都可推广到二元函数，这里不再详述而直接使用.

【例 8.1.2】 求下列函数的极限：

(1) $\lim\limits_{(x,y)\to(2,1)}\dfrac{4x-y^2}{x+y}$；(2) $\lim\limits_{(x,y)\to(0,0)}\dfrac{\sin(xy)}{y}$；(3) $\lim\limits_{(x,y)\to(0,0)}\dfrac{x^2-xy}{\sqrt{x}-\sqrt{y}}$.

解 (1) 极限 $=\dfrac{4\times2-1^2}{2+1}=\dfrac{7}{3}$.

(2) 极限 $=\lim\limits_{(x,y)\to(0,0)}\dfrac{\sin(xy)}{xy}\times x=\lim\limits_{(x,y)\to(0,0)}\dfrac{\sin(xy)}{xy}\times\lim\limits_{(x,y)\to(0,0)}x=1\times0=0$.

(3) 由于分母 $\sqrt{x}-\sqrt{y}$ 当 $(x,y)\to(0,0)$ 时趋近于 0，因此，我们不能用极限的商的运算法则.但是，如果分子、分母同乘以 $\sqrt{x}+\sqrt{y}$，就可以得到极限的等价形式：

$$\begin{aligned}\lim_{(x,y)\to(0,0)}\frac{x^2-xy}{\sqrt{x}-\sqrt{y}}&=\lim_{(x,y)\to(0,0)}\frac{(x^2-xy)(\sqrt{x}+\sqrt{y})}{(\sqrt{x}-\sqrt{y})(\sqrt{x}+\sqrt{y})}\\&=\lim_{(x,y)\to(0,0)}\frac{x(x-y)(\sqrt{x}+\sqrt{y})}{x-y}\\&=\lim_{(x,y)\to(0,0)}x(\sqrt{x}+\sqrt{y})=0(\sqrt{0}+\sqrt{0})=0.\end{aligned}$$

我们之所以能够消去因式 $(x-y)$，是因为路径 $x-y=0$ 不在函数 $z=\dfrac{x^2-xy}{\sqrt{x}-\sqrt{y}}$ 的定义域中.

【例 8.1.3】 讨论函数 $f(x,y)=\begin{cases}\dfrac{xy}{x^2+y^2}, & x^2+y^2\neq0,\\ 0, & x^2+y^2=0\end{cases}$ 当 $(x,y)\to(0,0)$ 时是否存在极限.

解 取直线 $y=kx(k\neq0)$，则 $f(x,y)=f(x,kx)=\dfrac{k}{1+k^2}$.让动点 (x,y) 沿直线 $y=kx$ 无限趋近于 $(0,0)$，由于 $f(x,y)=\dfrac{k}{1+k^2}$，显然，k 的取值不同，$\dfrac{k}{1+k^2}$ 的值也不同，这意味着当 (x,y) 沿不同方向无限趋近于 $(0,0)$ 时，$f(x,y)$ 与不同的数无限接近，因此 $f(x,y)$ 在 $(0,0)$ 处不存在极限.

这个例子说明二元函数的极限要比一元函数的极限复杂得多：一元函数在某一点极限存在的充要条件是左、右极限都存在且相等，只涉及两个方向的问题；而二元函数在某一点是否有极限却要涉及无穷多个方向和无穷多种方式的问题.

8.1.3 二元函数的连续性

二元函数的连续性定义在形式上与一元函数几乎完全一样，具体如下：

定义 8.1.3 设函数 $z=f(x,y)$ 在点 $P_0(x_0,y_0)$ 的某个邻域内有定义(包括点 P_0 本身)，如果

$$\lim_{(x,y)\to(x_0,y_0)}f(x,y)=f(x_0,y_0) \text{或} \lim_{P\to P_0}f(x,y)=f(x_0,y_0).$$

则称函数 $f(x,y)$ 在 $P_0(x_0,y_0)$ 处连续，称 P_0 为函数 $f(x,y)$ 的连续点.

如果函数 $z=f(x,y)$ 在区域 D 内每一点处都连续，则称函数 $z=f(x,y)$ 在区域 D 内连续，又称函数 $f(x,y)$ 是 D 内的连续函数.二元连续函数的图形是一个没有任何空隙和裂缝的曲面.

根据极限的四则运算法则及有关复合函数的极限定理，可以证明，二元连续函数的和、差、积、商（分母为零的点除外）及二元连续函数的复合函数都是连续的.

使二元函数不连续的点称为函数的间断点.例如：

（1）函数 $z=\begin{cases}\dfrac{xy}{x^2+y^2}, & x^2+y^2\neq 0,\\ 0, & x^2+y^2=0\end{cases}$ 的间断点是 $(0,0)$.

（2）函数 $z=\dfrac{e^{xy}}{x^2+y^2-4}$ 在圆 $x^2+y^2=4$ 上没有定义，所以该圆上的点都是间断点.

8.1.4 二元连续函数在有界闭区域上的性质

性质 1（最大值和最小值定理）　在有界闭区域上连续的二元函数必有最大值和最小值.

性质 2（介值定理）　在有界闭区域 D 上连续的二元函数 $f(x,y)$，若 P_1,P_2 为 D 中任意两点，且 $f(P_1)<f(P_2)$，则对任意满足不等式

$$f(P_1)<\mu<f(P_2)$$

的实数 μ，必存在点 $P_0\in D$，使得 $f(P_0)=\mu$.

以上关于二元函数极限与连续的讨论完全可以推广到三元及三元以上的函数.

小结

二元函数的定义、极限、连续是多元函数微分学中的重要内容.学习的重点放在对多元函数的概念及极限的理解上，并注意它们与一元函数之间的异同.在求二元函数的极限时，如果遇到 $\dfrac{0}{0}$ 型的极限，绝对不能用洛必达法则去求，因为没有相关的理论依据.

习题 8.1

习题 8.1 答案

1. 设函数 $f(x,y)=xy+\dfrac{x}{y}$，试求：

（1）$f\left(1,\dfrac{1}{3}\right)$；　　（2）$f(x-y,1)$.

2. 若 $f(x-y,xy)=x^2+y^2$，求 $f(x,y)$.

3. 求下列函数的定义域，并在平面上作图表示.

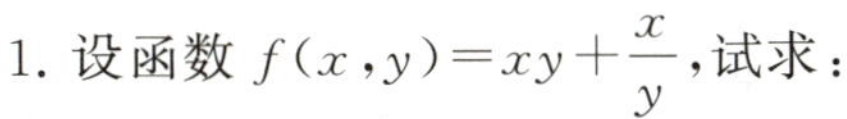

（1）$z=\ln(x-y)+\dfrac{1}{y}$；　　（2）$z=\sqrt{1-x^2-y^2}$；

（3）$z=\sqrt{4-x^2}+\sqrt{4-y^2}$；　　（4）$z=\dfrac{\arcsin y}{\sqrt{x}}$.

4. 求下列极限.

(1) $\lim\limits_{(x,y)\to(1,2)}\dfrac{xy+2x^2y^2}{x+y}$;　　(2) $\lim\limits_{(x,y)\to(1,0)}\dfrac{\ln(x+e^y)}{x^2+y^2}$;

(3) $\lim\limits_{(x,y)\to(0,0)}\dfrac{\sin 2(x^2+y^2)}{x^2+y^2}$;　　(4) $\lim\limits_{(x,y)\to(0,0)}\dfrac{2-\sqrt{xy+4}}{xy}$.

5. 试判断 $f(x,y)=\begin{cases}\dfrac{xy}{x^2+y^2}, & x^2+y^2\neq 0,\\ 0, & x^2+y^2=0\end{cases}$ 在点(0,0)处是否连续.

8.2 偏导数

本节导引

在一元函数微分学中,已知 $y=f(x)$,则函数 y 对于自变量 x 的变化率为 $f'(x)=\dfrac{\mathrm{d}y}{\mathrm{d}x}=\lim\limits_{\Delta x\to 0}\dfrac{f(x+\Delta x)-f(x)}{\Delta x}$,即为函数增量 $f(x+\Delta x)-f(x)$ 与自变量增量之比在 $\Delta x\to 0$ 时的极限.并且此时有一系列相关的求导公式及运算法则.那么对于二元函数 $z=f(x,y)$ 而言,由于有两个自变量 x,y,又怎么来求出函数 z 对自变量 x,y 的变化率呢?

例如,圆柱体的体积 V 与它的底半径 r、高 h 之间的关系式为 $V=\pi r^2h$,那么,如何求出函数 V 对自变量 r,h 的变化率呢?本节就来学习这方面的知识.

8.2.1 偏导数的概念及计算

偏导数的概念及计算

上述问题中,当底半径 r 和高 h 两个因素同时变化时,体积 V 的变化较复杂.通常先考虑两种特殊情况:

(1) 等高过程:当高 h 不变时,体积 V 是半径 r 的一元函数,V 关于 r 的变化率是 V 关于 r 的一阶导数,即 $\left.\dfrac{\mathrm{d}V}{\mathrm{d}r}\right|_{h=常数}=2\pi rh$.

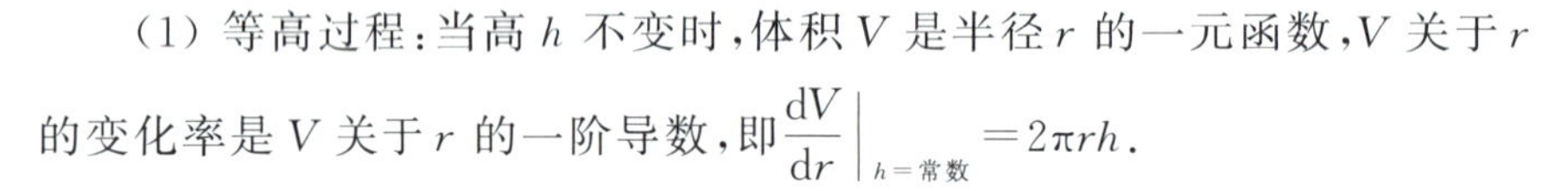

(2) 等半径过程:当半径 r 不变时,体积 V 是高 h 的一元函数,V 关于 h 的变化率是 V 关于 h 的一阶导数,即 $\left.\dfrac{\mathrm{d}V}{\mathrm{d}h}\right|_{r=常数}=\pi r^2$.

这里为了讨论二元函数的变化率,我们假定两个自变量中有一个改变,而另一个保持不变,从而将其转化为一元函数,再利用一元函数导数的概念来分析函数的变化率.所以说,二元函数关于各自变量的变化率问题,本质上是一元函数的导数问题.

1. 偏导数的概念

对二元函数及二元以上的函数,也有导数的概念.因为变量有多个,所以多元函数的导数称为偏导数.

定义 8.2.1 设函数 $z=f(x,y)$ 在点 $P_0(x_0,y_0)$ 的某一邻域内有定义.当自变量 y 保持定值 y_0 时,z 成了自变量 x 的一元函数 $z=f(x,y_0)$.如果

$$\lim_{\Delta x\to 0}\frac{f(x_0+\Delta x,y_0)-f(x_0,y_0)}{\Delta x}$$

存在，则称函数 $z=f(x,y)$ 在 (x_0,y_0) 处对 x 的偏导数存在，并称此极限值为函数 $z=f(x,y)$ 在点 (x_0,y_0) 处对 x 的偏导数(partial derivative)，记作

$$\left.\frac{\partial f}{\partial x}\right|_{(x_0,y_0)},f_x(x_0,y_0),\left.\frac{\partial z}{\partial x}\right|_{(x_0,y_0)}\text{或 }\left.z_x\right|_{(x_0,y_0)}.$$

其中，"∂"是拉丁字母，标准读音是"ruangna"，读作"偏"，意即"部分的"；$f(x_0+\Delta x,y_0)-f(x_0,y_0)$ 称为函数 z 对 x 的偏增量，记为 $\Delta_x z$.

类似地，当自变量 x 保持定值 x_0，若

$$\lim_{\Delta y\to 0}\frac{\Delta_y z}{\Delta y}=\lim_{\Delta y\to 0}\frac{f(x_0,y_0+\Delta y)-f(x_0,y_0)}{\Delta y}$$

存在，则称函数 $z=f(x,y)$ 在 (x_0,y_0) 处对 y 的偏导数存在，并称此极限值为函数 $z=f(x,y)$ 在点 (x_0,y_0) 处对 y 的偏导数，记作

$$\left.\frac{\partial f}{\partial y}\right|_{(x_0,y_0)},f_y(x_0,y_0),\left.\frac{\partial z}{\partial y}\right|_{(x_0,y_0)}\text{或 }\left.z_y\right|_{(x_0,y_0)}.$$

如果函数 $z=f(x,y)$ 在区域 D 上每一点 (x,y) 都存在对 x 的偏导数，则此偏导数是变量 x,y 的函数，称其为函数 $z=f(x,y)$ 在区域 D 上对 x 的偏导函数(也简称偏导数)，记作

$$\frac{\partial z}{\partial x},\frac{\partial f}{\partial x},z_x\text{ 或 }f_x(x,y).$$

类似地，可以定义函数对自变量 y 的偏导函数，记作

$$\frac{\partial z}{\partial y},\frac{\partial f}{\partial y},z_y\text{ 或 }f_y(x,y).$$

同理，二元函数偏导数的概念可以推广到三元及三元以上的函数，此处不再一一叙述.

2. 偏导数的计算

从偏导数的定义可知，对某一变量求偏导，只需将其余变量看成常数，而对该变量求导. 本质上是一元函数的导数问题，所以求函数的偏导数不需要建立新的运算方法.

【例 8.2.1】 求函数 $f(x,y)=x^2+3xy-y^3$ 在点(2,1)处的两个偏导数.

解　为了求 $\frac{\partial f}{\partial x}$，把 y 看作常数，对 x 求导得

$$\frac{\partial f}{\partial x}=2x+3\cdot 1\cdot y+0=2x+3y,$$

所以

$$\left.\frac{\partial f}{\partial x}\right|_{(2,1)}=2\times 2+3\times 1=7.$$

为了求 $\frac{\partial f}{\partial y}$，把 x 看作常数，对 y 求导得

$$\frac{\partial f}{\partial y}=0+3\cdot x\cdot 1-3y^2=3x-3y^2.$$

所以

$$\left.\frac{\partial f}{\partial y}\right|_{(2,1)}=3\times 2-3\times 1=3.$$

【例 8.2.2】 求函数 $z=x^y(x>0)$ 的偏导数.

解 为了求$\frac{\partial z}{\partial x}$,把 y 看作常数,对 x 求导得

$$\frac{\partial z}{\partial x}=y\cdot x^{y-1}.$$

为了求$\frac{\partial z}{\partial y}$,把 x 看作常数,对 y 求导得

$$\frac{\partial z}{\partial y}=x^{y}\cdot \ln x.$$

【例 8.2.3】 设 $f(x,y)=x\sin y+y\mathrm{e}^{xy}$,求 f_x 及 f_y.

解 为了求 f_x,把 y 看作常数,对 x 求导得

$$f_x=\sin y+y^2\mathrm{e}^{xy}.$$

为了求 f_y,把 x 看作常数,对 y 求导得

$$f_y=x\cos y+\mathrm{e}^{xy}+y\mathrm{e}^{xy}\cdot x=x\cos y+(1+xy)\mathrm{e}^{xy}.$$

【例 8.2.4】 设 $z=\mathrm{e}^{xy}\cdot\sin(2x+y)$,求$\frac{\partial z}{\partial x},\frac{\partial z}{\partial y}$.

解 为了求$\frac{\partial z}{\partial x}$,把 y 看作常数,对 x 求导,利用一元函数求导的乘法公式,得

$$\frac{\partial z}{\partial x}=y\mathrm{e}^{xy}\sin(2x+y)+2\mathrm{e}^{xy}\cos(2x+y);$$

同理得

$$\frac{\partial z}{\partial y}=x\mathrm{e}^{xy}\sin(2x+y)+\mathrm{e}^{xy}\cos(2x+y).$$

【例 8.2.5】 已知气态方程 $PV=RT$(R 是常数),求证:$\frac{\partial P}{\partial V}\cdot\frac{\partial V}{\partial T}\cdot\frac{\partial T}{\partial P}=-1$.

证明 由 $P=\frac{RT}{V}$,得$\frac{\partial P}{\partial V}=-\frac{RT}{V^2}$;由 $V=\frac{RT}{P}$,得$\frac{\partial V}{\partial T}=\frac{R}{P}$;由 $T=\frac{PV}{R}$,得$\frac{\partial T}{\partial P}=\frac{V}{R}$.
把以上三式代入等式左边得

$$\frac{\partial P}{\partial V}\cdot\frac{\partial V}{\partial T}\cdot\frac{\partial T}{\partial P}=-\frac{RT}{V^2}\cdot\frac{R}{P}\cdot\frac{V}{R}=-\frac{RT}{VP}=-\frac{RT}{RT}=-1.$$

这个例子说明:偏导数$\frac{\partial z}{\partial x}$的记号是一个整体,不能看成$\partial z$ 与∂x 之商.

【例 8.2.6】 设 $f(x,y)=\begin{cases}\frac{xy}{x^2+y^2}, & x^2+y^2\neq 0,\\ 0, & x^2+y^2=0,\end{cases}$ 求 $f_x(0,0),f_y(0,0)$.

解 $f_x(0,0)=\lim\limits_{\Delta x\to 0}\frac{\Delta_x z}{\Delta x}=\lim\limits_{\Delta x\to 0}\frac{f(0+\Delta x,0)-f(0,0)}{\Delta x}=\lim\limits_{\Delta x\to 0}\frac{\frac{\Delta x\cdot 0}{(\Delta x)^2}-0}{\Delta x}=0$;

同理得 $f_y(0,0)=0$.

在上一节中已指出:$f(x,y)$在$(0,0)$处不连续.因此,对于二元函数 $z=f(x,y)$而言,在点(x_0,y_0)处的偏导数存在,并不能保证函数在该点处连续.

【例 8.2.7】 某企业雇用熟练工人 x 人,非熟练工人 y 人,日产量由二元函数 $Q(x,y)=1\,000x+300y+x^2y-x^3-y^2$ 决定.已知该企业雇用熟练工人 20 人,非熟练工人 50 人,若

增加熟练工人1人，试估计对产量的影响.

解　因为$\frac{\partial Q}{\partial x}=1\ 000+2xy-3x^2$，

所以$\left.\frac{\partial Q}{\partial x}\right|_{(20,50)}=1\ 000+2\times 20\times 50-3\times 20^2=1\ 800$.

因此日产量大约会增加1 800单位.

注意：真实值为$Q(21,50)-Q(20,50)=1\ 809$，用$Q_x(20,50)$来逼近是恰当的.

3. 偏导数的几何意义

设$P_0(x_0,y_0,f(x_0,y_0))$为曲面$z=f(x,y)$上一点，过P_0作平面$y=y_0$，截此曲面得曲线l_y：$\begin{cases}z=f(x,y),\\ y=y_0,\end{cases}$于是偏导数$f_x(x_0,y_0)$就是该曲线在点$P_0$处的切线$P_0T$对于$x$轴的斜率$\tan\alpha$.

同理，偏导数$f_y(x_0,y_0)$就是曲面$z=f(x,y)$被平面$x=x_0$所截得的曲线l_x：$\begin{cases}z=f(x,y),\\ x=x_0\end{cases}$上点$P_0$处的切线$P_0T_1$对于$y$轴的斜率$\tan\beta$(图8-3).

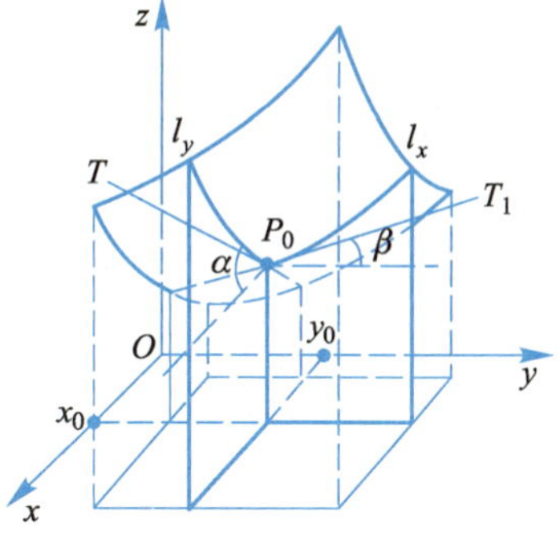

图8-3

8.2.2 高阶偏导数

由于二元函数$z=f(x,y)$的偏导数$f_x(x,y)$，$f_y(x,y)$仍然是自变量x,y的函数，如果这两个函数关于x,y的偏导数也存在，则说函数$z=f(x,y)$具有二阶偏导数.二元函数的二阶偏导数有如下四种情形：

$$\frac{\partial}{\partial x}\left(\frac{\partial z}{\partial x}\right)=\frac{\partial^2 z}{\partial x^2}=f_{xx}(x,y);\frac{\partial}{\partial y}\left(\frac{\partial z}{\partial y}\right)=\frac{\partial^2 z}{\partial y^2}=f_{yy}(x,y);$$

$$\frac{\partial}{\partial y}\left(\frac{\partial z}{\partial x}\right)=\frac{\partial^2 z}{\partial x\partial y}=f_{xy}(x,y);\frac{\partial}{\partial x}\left(\frac{\partial z}{\partial y}\right)=\frac{\partial^2 z}{\partial y\partial x}=f_{yx}(x,y).$$

其中，$f_{xy}(x,y)$，$f_{yx}(x,y)$称为二阶混合偏导数.$\frac{\partial}{\partial y}\left(\frac{\partial z}{\partial x}\right)=\frac{\partial^2 z}{\partial x\partial y}=f_{xy}(x,y)$表示先$x$后$y$的求导次序；$\frac{\partial}{\partial x}\left(\frac{\partial z}{\partial y}\right)=\frac{\partial^2 z}{\partial y\partial x}=f_{yx}(x,y)$表示先$y$后$x$的求导次序.

同样，可以给出更高阶偏导数的概念和记号.二阶及二阶以上的偏导数统称为高阶偏导数.

【例8.2.8】　求函数$z=e^{x+3y}$的四个二阶偏导数.

解　因为$\frac{\partial z}{\partial x}=e^{x+3y}$，$\frac{\partial z}{\partial y}=3e^{x+3y}$，所以二阶偏导数为

$$\frac{\partial^2 z}{\partial x^2}=\frac{\partial}{\partial x}\left(\frac{\partial z}{\partial x}\right)=\frac{\partial}{\partial x}(e^{x+3y})=e^{x+3y};$$

$$\frac{\partial^2 z}{\partial x\partial y}=\frac{\partial}{\partial y}\left(\frac{\partial z}{\partial x}\right)=\frac{\partial}{\partial y}(e^{x+3y})=3e^{x+3y};$$

$$\frac{\partial^2 z}{\partial y\partial x}=\frac{\partial}{\partial x}\left(\frac{\partial z}{\partial y}\right)=\frac{\partial}{\partial x}(3e^{x+3y})=3e^{x+3y};$$

$$\frac{\partial^2 z}{\partial y^2}=\frac{\partial}{\partial y}\left(\frac{\partial z}{\partial y}\right)=\frac{\partial}{\partial y}(3e^{x+3y})=9e^{x+3y}.$$

【例 8.2.9】 求函数 $z=\arctan\frac{y}{x}$ 的四个二阶偏导数.

解 因为 $\frac{\partial z}{\partial x}=\frac{-y}{x^2+y^2}$，$\frac{\partial z}{\partial y}=\frac{x}{x^2+y^2}$，所以二阶偏导数为

$$\frac{\partial^2 z}{\partial x^2}=\frac{\partial}{\partial x}\left(\frac{\partial z}{\partial x}\right)=\frac{\partial}{\partial x}\left(\frac{-y}{x^2+y^2}\right)=\frac{2xy}{(x^2+y^2)^2};$$

$$\frac{\partial^2 z}{\partial x\partial y}=\frac{\partial}{\partial y}\left(\frac{\partial z}{\partial x}\right)=\frac{\partial}{\partial y}\left(\frac{-y}{x^2+y^2}\right)=-\frac{x^2-y^2}{(x^2+y^2)^2};$$

$$\frac{\partial^2 z}{\partial y\partial x}=\frac{\partial}{\partial x}\left(\frac{\partial z}{\partial y}\right)=\frac{\partial}{\partial x}\left(\frac{x}{x^2+y^2}\right)=-\frac{x^2-y^2}{(x^2+y^2)^2};$$

$$\frac{\partial^2 z}{\partial y^2}=\frac{\partial}{\partial y}\left(\frac{\partial z}{\partial y}\right)=\frac{\partial}{\partial y}\left(\frac{x}{x^2+y^2}\right)=\frac{-2xy}{(x^2+y^2)^2}.$$

观察上面两例的解，有 $\frac{\partial^2 z}{\partial y\partial x}=\frac{\partial^2 z}{\partial x\partial y}$.那么对于一般的二元函数 $z=f(x,y)$ 是否都具有这个特征呢？关于这个问题给出下面的定理.

定理 8.2.1 若 $f_{xy}(x,y)$ 和 $f_{yx}(x,y)$ 都在点 (x_0,y_0) 处连续，则 $f_{xy}(x_0,y_0)=f_{yx}(x_0,y_0)$.

注意：今后除特别指出外，都假设相应的混合偏导数连续，从而混合偏导数与求导的顺序无关.

小结

在求二元函数 $z=f(x,y)$ 对 x 的偏导数 $\frac{\partial z}{\partial x}$ 时，把 y 看成常数，从而转化为一元函数的求导问题.在求二阶偏导数时，一定要注意求导的次序和标记方法，不能搞混，因为二阶混合偏导数 $f_{xy}(x,y)$，$f_{yx}(x,y)$ 不一定相等，只有在区域内连续时才相等.

习题 8.2 答案

习题 8.2

1. 求下列各函数对自变量的一阶偏导数.

(1) $z=x^2y$；　　(2) $z=e^{xy}$；

(3) $z=\ln(x+y^2)$；　　(4) $z=\arctan xy$；

(5) $z=2xy^2-\sqrt{x^2+y^2}$.

2. 求下列各函数在指定点处的偏导数.

(1) $f(x,y)=x^2+2xy-y^2$，求 $f_x(1,3)$，$f_y(1,3)$；

(2) $f(x,y)=e^{\sin x}(x+2y)$，求 $f_x(0,1)$，$f_y(0,1)$；

(3) $f(x,y)=\ln\left(x+\frac{y}{2x}\right)$，求 $f_x(1,1)$，$f_y(1,1)$.

3. 求下列函数所有的二阶偏导数.

(1) $z=x^4-4x^2y^2+y^4$；　　(2) $z=x\ln xy$.

4. 设 $z=\sqrt{x^2+y^2}$，求证：$\dfrac{\partial^2 z}{\partial x^2}+\dfrac{\partial^2 z}{\partial y^2}=\dfrac{1}{z}$.

5. 求曲线 $\begin{cases} z=\dfrac{x^2+y^2}{4}, \\ y=4 \end{cases}$ 在点(2,4,5)处的切线关于 x 轴的斜率.

8.3 全微分

本节导引

在一元函数微分学中，对于可导函数 $y=f(x)$，当自变量在 x 处有一个微小的增量 Δx 时，得到的函数增量为 $\Delta y=f'(x)\Delta x+o(\Delta x)$，其中，函数的微分 $\mathrm{d}y=f'(x)\Delta x$ 是函数增量 Δy 的线性主部，并且可用 $\mathrm{d}y$ 近似替代 Δy，其误差是较 Δx 高阶的无穷小.对于二元函数 $z=f(x,y)$，当其自变量 x,y 有微小增量 $\Delta x,\Delta y$ 时，相应的函数增量 Δz 是否也能分离出线性主部？主部是什么？与其偏导数之间有怎样的关系？

例如，矩形的长由 x 变化到 $x+\Delta x$，宽由 y 变化到 $y+\Delta y$，试问矩形的面积改变了多少？它与 $S=xy$ 的两个偏导数 $S_x=y,S_y=x$ 之间有怎样的联系？

8.3.1 全微分的定义

扫一扫

全微分的定义

上述问题中，面积的增量为

$$\Delta S=(x+\Delta x)(y+\Delta y)-xy=y\Delta x+x\Delta y+\Delta x\Delta y. \tag{8-1}$$

如图 8-4 所示，ΔS 由两部分构成：

第一部分：$y\Delta x+x\Delta y$ 是关于 $\Delta x,\Delta y$ 的线性函数，是影响面积增量的主要部分.

第二部分：$\Delta x\Delta y$，当 $\Delta x\to 0,\Delta y\to 0$ 时，这部分面积可以忽略不计.

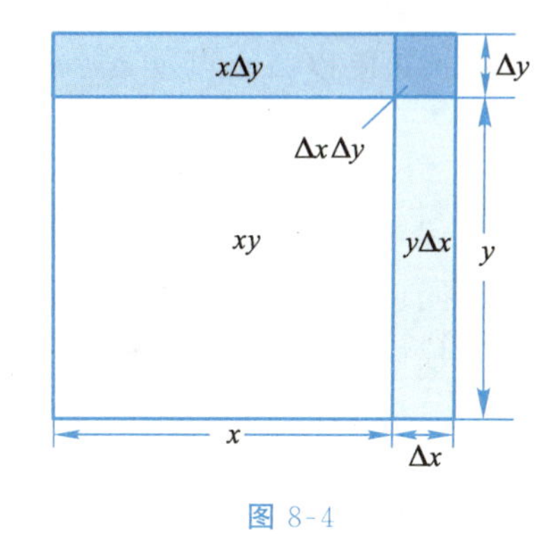

图 8-4

以 $\rho=\sqrt{(\Delta x)^2+(\Delta y)^2}$ 表示自变量改变量的总体大小，则

$$\lim_{(\Delta x,\Delta y)\to(0,0)}\frac{\Delta x\Delta y}{\rho}=0,$$

式中，$\Delta x\Delta y$ 是当 $\Delta x\to 0,\Delta y\to 0$ 时比 ρ 更高阶的无穷小量，即 $\Delta x\Delta y=o(\rho)$，且 $S_x=y,S_y=x$，所以式(8-1)能表示为 $\Delta S=S_x\Delta x+S_y\Delta y+o(\rho)$.

定义 8.3.1　设函数 $z=f(x,y)$ 在点 $P_0(x_0,y_0)$ 的某邻域内有定义，如果 z 在点 P_0 处的全增量 Δz 可以表示为

$$\begin{aligned}\Delta z&=f(x_0+\Delta x,y_0+\Delta y)-f(x_0,y_0)\\&=A\Delta x+B\Delta y+o(\rho).\end{aligned} \tag{8-2}$$

其中，A,B 是仅与点 P_0 有关的常数，$\rho=\sqrt{(\Delta x)^2+(\Delta y)^2}$，$o(\rho)$是较 ρ 高阶的无穷小量，则称函数 $z=f(x,y)$在点 P_0 处可微，并称式(8-2)中关于 $\Delta x,\Delta y$ 的线性函数 $A\Delta x+B\Delta y$ 为 $z=f(x,y)$在点 P_0 处的全微分(total differential)，记作

$$\mathrm{d}z\big|_{P_0}=\mathrm{d}f(x_0,y_0)=A\Delta x+B\Delta y. \tag{8-3}$$

由式(8-2)、(8-3)可见，$\mathrm{d}z$ 是 Δz 的线性主部，当$|\Delta x|,|\Delta y|$充分小时，全微分 $\mathrm{d}z$ 可作为全增量的近似值，即

$$\Delta z\approx \mathrm{d}z=A\Delta x+B\Delta y.$$

我们知道，在一元函数微分学中，函数在某一点处可微，则在该点一定连续且可导.对二元函数也有类似的性质.

定理 8.3.1 若函数 $z=f(x,y)$在其定义域内一点(x_0,y_0)处可微，则它在点(x_0,y_0)处必连续.

证明 按函数 $z=f(x,y)$在(x_0,y_0)处可微的定义，有

$$\Delta z=A\Delta x+B\Delta y+o(\rho), \tag{8-4}$$

于是
$$\begin{aligned}\lim_{(\Delta x,\Delta y)\to(0,0)}\Delta z&=\lim_{(\Delta x,\Delta y)\to(0,0)}[f(x_0+\Delta x,y_0+\Delta y)-f(x_0,y_0)]\\&=\lim_{(\Delta x,\Delta y)\to(0,0)}[A\Delta x+B\Delta y+o(\rho)]=0,\end{aligned}$$

即
$$\lim_{(x,y)\to(x_0,y_0)}f(x,y)=f(x_0,y_0).$$

因此，函数 $z=f(x,y)$在点(x_0,y_0)处连续.

推论 若 P_0 是函数 $z=f(x,y)$的间断点，则函数在 P_0 处不可微.

定理 8.3.2(可微的必要条件) 若函数 $z=f(x,y)$在其定义域内一点(x_0,y_0)处可微，则它在该点处的两个偏导数 $f_x(x_0,y_0),f_y(x_0,y_0)$都存在，并有

$$A=f_x(x_0,y_0),B=f_y(x_0,y_0).$$

证明 在式(8-4)中取 $\Delta y=0$，则 $\Delta z=f(x_0+\Delta x,y_0)-f(x_0,y_0)=A\Delta x+o(|\Delta x|)$.上式两边除以 Δx，再令 $\Delta x\to 0$，于是有

$$\lim_{\Delta x\to 0}\frac{f(x_0+\Delta x,y_0)-f(x_0,y_0)}{\Delta x}=\lim_{\Delta x\to 0}\frac{A\Delta x+o(|\Delta x|)}{\Delta x}=A.$$

根据偏导数的定义，说明 $f_x(x_0,y_0)$存在且等于 A.

同理，在式(8-4)中取 $\Delta x=0$，可证 $f_y(x_0,y_0)$存在且等于 B.

根据定理 8.3.2，函数 $z=f(x,y)$在(x_0,y_0)处的全微分可表示为

$$\mathrm{d}z\big|_{(x_0,y_0)}=f_x(x_0,y_0)\cdot\Delta x+f_y(x_0,y_0)\cdot\Delta y.$$

由于自变量的增量等于自变量的微分，即

$$\Delta x=\mathrm{d}x,\Delta y=\mathrm{d}y.$$

所以在 $P_0(x_0,y_0)$处全微分又可以写成

$$\mathrm{d}z\big|_{(x_0,y_0)}=f_x(x_0,y_0)\cdot\mathrm{d}x+f_y(x_0,y_0)\cdot\mathrm{d}y.$$

若函数 $z=f(x,y)$在区域 D 内的每一点(x,y)都可微，则称函数 $z=f(x,y)$在区域 D 上可微，此时全微分为

$$\mathrm{d}z=f_x(x,y)\mathrm{d}x+f_y(x,y)\mathrm{d}y.$$

在一元函数中，可微与可导是等价的，但在多元函数中，这个结论并不成立.例如，由前

面两节可知 $f(x,y)=\begin{cases}\dfrac{xy}{x^2+y^2}, & x^2+y^2\neq 0,\\ 0, & x^2+y^2=0\end{cases}$ 在点(0,0)处的两个偏导数存在，但在(0,0)处不连续，由定理 8.3.1 可知 $f(x,y)$在(0,0)处不可微.因此，两个偏导数存在只是函数可微的必要条件.那么，全微分存在的充分条件是什么呢？

定理 8.3.3(可微的充分条件)　若函数 $z=f(x,y)$的偏导数在点(x_0,y_0)的某邻域内存在，且 f_x,f_y 在点(x_0,y_0)处连续，则函数 $z=f(x,y)$在(x_0,y_0)处可微.

类似地，上述二元函数全微分的概念可以推广到二元以上的函数.例如，若三元函数 $u=f(x,y,z)$的三个偏导数都存在且连续，则它的全微分存在，有

$$du=\frac{\partial u}{\partial x}dx+\frac{\partial u}{\partial y}dy+\frac{\partial u}{\partial z}dz.$$

【例 8.3.1】　求函数 $z=2x^3y+y^2$ 在点(1,2)处的全微分.

解　因为$\dfrac{\partial z}{\partial x}=6x^2y,\dfrac{\partial z}{\partial y}=2x^3+2y$，

故
$$dz=6x^2y\,dx+(2x^3+2y)dy,$$
所以
$$dz|_{(1,2)}=6\cdot 1^2\cdot 2dx+(2\cdot 1^3+2\cdot 2)dy=12dx+6dy.$$

【例 8.3.2】　求函数 $z=\arcsin xy$ 的全微分 dz.

解　$\dfrac{\partial z}{\partial x}=\dfrac{y}{\sqrt{1-(xy)^2}},\dfrac{\partial z}{\partial y}=\dfrac{x}{\sqrt{1-(xy)^2}}$，

所以
$$dz=\frac{\partial z}{\partial x}dx+\frac{\partial z}{\partial y}dy=\frac{y}{\sqrt{1-(xy)^2}}dx+\frac{x}{\sqrt{1-(xy)^2}}dy.$$

【例 8.3.3】　求函数 $u=xe^{yz}+e^{-z}+y$ 的全微分.

解　$\dfrac{\partial u}{\partial x}=e^{yz},\dfrac{\partial u}{\partial y}=xze^{yz}+1,\dfrac{\partial u}{\partial z}=xye^{yz}-e^{-z}$，

所以
$$du=\frac{\partial u}{\partial x}dx+\frac{\partial u}{\partial y}dy+\frac{\partial u}{\partial z}dz=e^{yz}dx+(xze^{yz}+1)dy+(xye^{yz}-e^{-z})dz.$$

8.3.2　全微分在近似计算方面的应用

当二元函数 $z=f(x,y)$的两个偏导数 $f_x(x,y),f_y(x,y)$在$P_0(x_0,y_0)$处连续，并且$|\Delta x|,|\Delta y|$都较小时，则有

$$\Delta z\approx dz=f_x(x_0,y_0)\Delta x+f_y(x_0,y_0)\Delta y, \tag{8-5}$$

或 $$f(x_0+\Delta x,y_0+\Delta y)\approx f(x_0,y_0)+f_x(x_0,y_0)\Delta x+f_y(x_0,y_0)\Delta y. \tag{8-6}$$

式(8-5)常用来计算函数在某一点处的全增量的近似值，式(8-6)常用来计算函数在某一点处的近似值.

【例 8.3.4】　计算 $1.04^{3.02}$的近似值.

解　设 $f(x,y)=x^y$，且 $f_x(x,y)=yx^{y-1},f_y(x,y)=x^y\ln x$，令 $x_0=1,y_0=3,\Delta x=0.04,\Delta y=0.02$，由式(8-6)得

$$\begin{aligned}1.04^{3.02}&=f(x_0+\Delta x,y_0+\Delta y)\\&\approx f(1,3)+f_x(1,3)\Delta x+f_y(1,3)\Delta y\end{aligned}$$

$$=1^3+3\times0.04+0\times0.02=1.12.$$

【例 8.3.5】 证明：当$|x|$,$|y|$很小时，$e^{x+y}\approx1+x+y$.

证明 设$f(x,y)=e^{x+y}$，取$x_0=y_0=0$，则x，y为自变量的改变量，则由式(8-5)得

$$\Delta f=e^{x+y}-1\approx f_x(0,0)x+f_y(0,0)y=x+y,$$

移项即得证明.

【例 8.3.6】 有一个正圆锥体，其底面半径r由30 cm增大到30.1 cm，高h由60 cm减小到59.5 cm，求体积V改变量的近似值.(保留π)

解 圆锥体体积公式为$V(r,h)=\dfrac{1}{3}\pi r^2h$，且$dV=\dfrac{2}{3}\pi rh\Delta r+\dfrac{1}{3}\pi r^2\Delta h$.

令$r_0=30$，$h_0=60$，$\Delta r=0.1$，$\Delta h=-0.5$，由式(8-5)得

$$\Delta V\approx dV|_{(30,60)}=\frac{2}{3}\pi\times30\times60\times0.1+\frac{1}{3}\pi\times900\times(-0.5)$$

$$=120\pi-150\pi=-30\pi(\text{cm}^3),$$

即此圆锥体的体积约减少了30π cm^3.

【例 8.3.7】 已知一家工厂的日产量由熟练工的工作时数x与非熟练工的工作时数y所决定，且$Q(x,y)=2x^2y$，现有$x=8$ h，$y=16$ h，若工厂计划增加熟练工的工作时数1 h，试估计需减少非熟练工的工作时数几小时，才能使日产量不变.

解 因为$Q_x(x,y)=4xy$，$Q_y(x,y)=2x^2$，

所以$Q_x(8,16)=4\times8\times16=512$，$Q_y(8,16)=2\times8^2=128$.

由于
$$\Delta Q=0,\Delta Q\approx dQ,$$
所以
$$dQ=Q_x\Delta x+Q_y\Delta y\approx0,$$

$$\Delta y=-\frac{Q_x(8,16)}{Q_y(8,16)}\cdot\Delta x=-\frac{512}{128}=-4.$$

因此，需要减少非熟练工的工作时数4 h，才能使日产量维持不变.

应充分理解二元函数$z=f(x,y)$在点$P_0(x_0,y_0)$处可微、连续、偏导数之间存在的关系；求函数的全微分时，只要把每个变量的偏导数乘以它们各自的微分，再加起来即可；用全微分进行近似计算时，要根据题目的要求选择合适的公式.

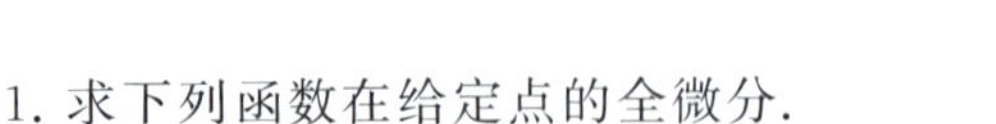

习题 8.3 答案

1. 求下列函数在给定点的全微分.

(1) $z=x^4+y^4-4x^2y^2$ 在点(1,1)；

(2) $z=\sqrt{x^2+y^2}$ 在点(1,-1).

2. 求下列函数的全微分.

(1) $z=y\sin x$；

(2) $z=xy+e^{x^2+y^2}$；

(3) $z=\arctan\dfrac{y}{x}$；

(4) $u=\ln(x^2+y^2+z^2)$.

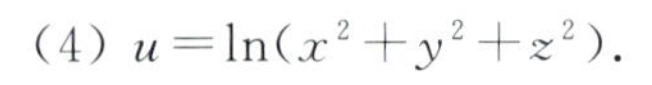

3. 计算$(1.97)^{1.05}$的近似值.($\ln 2\approx 0.693$)

4. 设有一个无盖的圆柱形容器，其侧壁与底的厚度均为 0.1 cm，内径为 8 cm，深为 30 cm，求此容器外壳体积的近似值.(保留 π).

8.4 多元复合函数与隐函数的求导

本节导引

在一元函数微分学中，我们学习过一元复合函数的求导法则，对一元复合函数 $y=f[g(x)]$，如果函数 $y=f(u)$ 对 u 可导，$u=g(x)$ 对 x 可导，则 $\dfrac{\mathrm{d}y}{\mathrm{d}x}=\dfrac{\mathrm{d}y}{\mathrm{d}u}\cdot\dfrac{\mathrm{d}u}{\mathrm{d}x}=f'(u)\cdot g'(x)$，即函数 y 对自变量 x 的导数等于函数 y 对中间变量 u 的导数与中间变量 u 对自变量 x 的导数的乘积.此一元复合函数的求导思想能不能应用于多元复合函数的求导？若能，如何推广？

例如 $z=\mathrm{e}^u\cdot\sin v$，而 $u=2xy$，$v=x^2+y$，如何求$\dfrac{\partial z}{\partial x}$?

8.4.1 复合函数的求导法则

1. 二元复合函数求导法则

分析　方法一(直接求导法)

$$z=\mathrm{e}^{2xy}\cdot\sin(x^2+y),$$

利用求导的乘法公式可得

$$\frac{\partial z}{\partial x}=2y\mathrm{e}^{2xy}\sin(x^2+y)+2x\mathrm{e}^{2xy}\cos(x^2+y).$$

方法二(利用一元复合函数的求导思想)

与自变量 x 有关的中间变量有两个，即 u,v，则

$$\frac{\partial z}{\partial u}\cdot\frac{\partial u}{\partial x}=\mathrm{e}^u\sin v\cdot 2y=2y\mathrm{e}^{2xy}\sin(x^2+y);$$

$$\frac{\partial z}{\partial v}\cdot\frac{\partial v}{\partial x}=\mathrm{e}^u\cos v\cdot 2x=2x\mathrm{e}^{2xy}\cos(x^2+y).$$

与方法一所得结果进行比较，我们会发现：把上述两个乘积相加，恰好是 z 对 x 的偏导数.

下面不加证明地给出二元复合函数的求导法则，而对二元以上多元函数的求导法则可类似推出.

定理 8.4.1　设函数 $z=f(u,v)$是中间变量 u,v 的函数，中间变量 u,v 是变量 x,y 的函数：$u=\varphi(x,y)$，$v=\psi(x,y)$.若 $u=\varphi(x,y)$，$v=\psi(x,y)$在点(x,y)处偏导数都存在，$f(u,v)$在对应点(u,v)处可微，则复合函数 $z=f[\varphi(x,y),\psi(x,y)]$在点$(x,y)$处关于 x，y 的两个偏导数都存在，且

$$\frac{\partial z}{\partial x}=\frac{\partial z}{\partial u}\cdot\frac{\partial u}{\partial x}+\frac{\partial z}{\partial v}\cdot\frac{\partial v}{\partial x},\frac{\partial z}{\partial y}=\frac{\partial z}{\partial u}\cdot\frac{\partial u}{\partial y}+\frac{\partial z}{\partial v}\cdot\frac{\partial v}{\partial y}, \tag{8-7}$$

此公式也称为链式法则.

定理中函数结构图为

$$z\begin{cases} u\begin{cases} x \\ y \end{cases} \\ v\begin{cases} x \\ y \end{cases} \end{cases} \tag{8-8}$$

借助函数结构图,由 z 经中间变量到达自变量的途径就可以得到上述链式法则.

【例 8.4.1】 设 $z=u^2\ln v, u=\frac{x}{y}, v=3x-2y$,求$\frac{\partial z}{\partial x}\cdot\frac{\partial z}{\partial y}$.

解 依据函数结构图,由 z 经中间变量 u,v 到达自变量 x 的途径有两条,所以

$$\begin{aligned}\frac{\partial z}{\partial x}&=\frac{\partial z}{\partial u}\cdot\frac{\partial u}{\partial x}+\frac{\partial z}{\partial v}\cdot\frac{\partial v}{\partial x}\\&=2u\ln v\cdot\frac{1}{y}+\frac{u^2}{v}\cdot 3\\&=\frac{2x}{y^2}\cdot\ln(3x-2y)+\frac{3x^2}{y^2(3x-2y)}.\end{aligned}$$

由 z 经中间变量 u,v 到达自变量 y 的途径有两条,所以

$$\begin{aligned}\frac{\partial z}{\partial y}&=\frac{\partial z}{\partial u}\cdot\frac{\partial u}{\partial y}+\frac{\partial z}{\partial v}\cdot\frac{\partial v}{\partial y}\\&=2u\ln v\cdot\left(-\frac{x}{y^2}\right)+\frac{u^2}{v}\cdot(-2)\\&=-\frac{2x^2}{y^3}\cdot\ln(3x-2y)-\frac{2x^2}{y^2(3x-2y)}.\end{aligned}$$

当然,例 8.4.1 也可以用直接求导法,但是用链式法则求导具有思路清晰、计算简便、不易出错等优点.对于下例,就只能用链式法则来求导.

【例 8.4.2】 设 $z=f(x+2y, y\sin x)$,f 具有一阶连续的偏导数,求$\frac{\partial z}{\partial x},\frac{\partial z}{\partial y}$.

解 令 $u=x+2y, v=y\sin x$,于是 $z=f(u,v)$.

所以
$$\frac{\partial z}{\partial x}=\frac{\partial z}{\partial u}\cdot\frac{\partial u}{\partial x}+\frac{\partial z}{\partial v}\cdot\frac{\partial v}{\partial x}=f_u\cdot 1+f_v\cdot y\cos x,$$

$$\frac{\partial z}{\partial y}=\frac{\partial z}{\partial u}\cdot\frac{\partial u}{\partial y}+\frac{\partial z}{\partial v}\cdot\frac{\partial v}{\partial y}=f_u\cdot 2+f_v\cdot\sin x.$$

注意:函数 $z=f(u,v)$的关系式没有具体给出,f_u, f_v 就作为已知结果,不用计算.

2. 二元复合函数求导法则的推广和变形

多元复合函数的求导比较复杂,但是可以把二元复合函数求导思想进行推广:函数关于某个自变量的偏导数,等于函数关于各中间变量的偏导数与中间变量对该自变量的偏导数的乘积之和.其链式法则具有多种形式,只要确定哪些是自变量,哪些是中间变量,画出相应

的函数结构图，就可以得到类似于定理 8.4.1 的链式法则.

如图 8-5(a)所示，由 z 经中间变量 u,v,w 到达自变量 x 的途径有三条，到达自变量 y 的途径有三条，所以

$$\frac{\partial z}{\partial x}=\frac{\partial z}{\partial u}\cdot\frac{\partial u}{\partial x}+\frac{\partial z}{\partial v}\cdot\frac{\partial v}{\partial x}+\frac{\partial z}{\partial w}\cdot\frac{\partial w}{\partial x},\frac{\partial z}{\partial y}=\frac{\partial z}{\partial u}\cdot\frac{\partial u}{\partial y}+\frac{\partial z}{\partial v}\cdot\frac{\partial v}{\partial y}+\frac{\partial z}{\partial w}\cdot\frac{\partial w}{\partial y}.$$

如图 8-5(b)所示，由 z 经中间变量 u 到达自变量 x 的途径有两条，到达自变量 y 的途径有一条，所以

$$\frac{\partial z}{\partial x}=\frac{\partial z}{\partial u}\cdot\frac{\partial u}{\partial x}+\frac{\partial z}{\partial v}\cdot\frac{\mathrm{d}v}{\mathrm{d}x},\frac{\partial z}{\partial y}=\frac{\partial z}{\partial u}\cdot\frac{\partial u}{\partial y}.$$

如图 8-5(c)所示，由 z 经中间变量 u,v,w 到达自变量 t 的途径有三条，且复合后的函数仅是自变量 t 的一元函数，所以

$$\frac{\mathrm{d}z}{\mathrm{d}t}=\frac{\partial z}{\partial u}\cdot\frac{\mathrm{d}u}{\mathrm{d}t}+\frac{\partial z}{\partial v}\cdot\frac{\mathrm{d}v}{\mathrm{d}t}+\frac{\partial z}{\partial w}\cdot\frac{\mathrm{d}w}{\mathrm{d}t}.$$

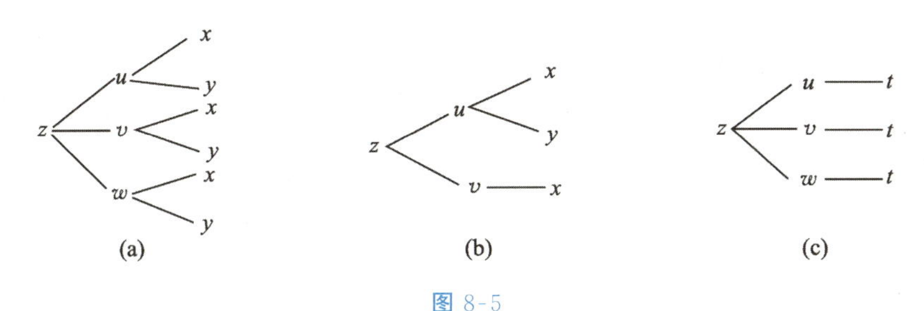

图 8-5

注意：在复合函数求导的过程中，如果其中出现某一个中间变量是一元函数，则涉及它的偏导数记号应改为一元函数的导数记号.

【例 8.4.3】 设 $z=2y(x+y)^{x-y}$，求 $\frac{\partial z}{\partial y}$.

解　设 $u=x+y,v=x-y$，则 $z=2yu^{v}$，其函数结构为

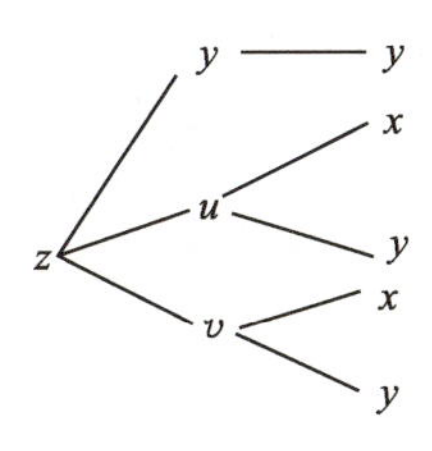

所以
$$\frac{\partial z}{\partial y}=\frac{\partial z}{\partial y}\cdot\frac{\mathrm{d}y}{\mathrm{d}y}+\frac{\partial z}{\partial u}\cdot\frac{\partial u}{\partial y}+\frac{\partial z}{\partial v}\cdot\frac{\partial v}{\partial y}.$$

等号两边的 $\frac{\partial z}{\partial y}$ 是不同的，左端的 $\frac{\partial z}{\partial y}$ 是 x,y 的二元复合函数 $z=2y(x+y)^{x-y}$ 对 y 求偏导数，右端的 $\frac{\partial z}{\partial y}$ 是作为 y,u,v 的三元函数 $z=f(y,u,v)=2yu^{v}$ 对 y 求偏导数.为了防止混淆公式，上式可表示成

$$\frac{\partial z}{\partial y}=\frac{\partial f}{\partial y}\cdot\frac{\mathrm{d}y}{\mathrm{d}y}+\frac{\partial z}{\partial u}\cdot\frac{\partial u}{\partial y}+\frac{\partial z}{\partial v}\cdot\frac{\partial v}{\partial y}$$

$$=2u^{v}\cdot 1+2yvu^{v-1}\cdot 1-2yu^{v}\cdot \ln u$$

$$=2u^{v}\left(1+\frac{yv}{u}-y\ln u\right)$$

$$=2(x+y)^{x-y}\left[1+\frac{y(x-y)}{x+y}-y\ln(x+y)\right].$$

【例 8.4.4】 设 $z=f\left(\frac{y}{x},x+2y,y\sin x\right)$,求$\frac{\partial z}{\partial x},\frac{\partial z}{\partial y}$.

解 令 $u=\frac{y}{x},v=x+2y,w=y\sin x$,则 $z=f(u,v,w)$,其函数结构为

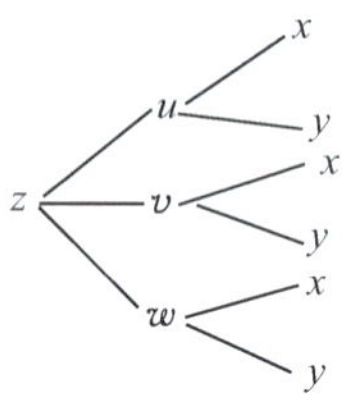

$$\frac{\partial z}{\partial x}=\frac{\partial z}{\partial u}\cdot\frac{\partial u}{\partial x}+\frac{\partial z}{\partial v}\cdot\frac{\partial v}{\partial x}+\frac{\partial z}{\partial w}\cdot\frac{\partial w}{\partial x}$$

$$=f_u\cdot\left(-\frac{y}{x^2}\right)+f_v\cdot 1+f_w\cdot y\cos x$$

$$=-\frac{y}{x^2}\cdot f_u+f_v+y\cos x\cdot f_w;$$

$$\frac{\partial z}{\partial y}=\frac{\partial z}{\partial u}\cdot\frac{\partial u}{\partial y}+\frac{\partial z}{\partial v}\cdot\frac{\partial v}{\partial y}+\frac{\partial z}{\partial w}\cdot\frac{\partial w}{\partial y}$$

$$=f_u\cdot\frac{1}{x}+f_v\cdot 2+f_w\cdot\sin x$$

$$=\frac{1}{x}f_u+2f_v+\sin x f_w.$$

【例 8.4.5】 设 $y=x^x$,求$\frac{\mathrm{d}y}{\mathrm{d}x}$.

解 令 $u=x,v=x$,则 $y=u^v$,函数结构为

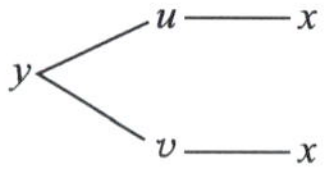

所以

$$\frac{\mathrm{d}y}{\mathrm{d}x}=\frac{\partial y}{\partial u}\cdot\frac{\mathrm{d}u}{\mathrm{d}x}+\frac{\partial y}{\partial v}\cdot\frac{\mathrm{d}v}{\mathrm{d}x}$$

$$=vu^{v-1}\cdot 1+u^v\cdot\ln u\cdot 1$$

$$=x\cdot x^{x-1}+x^x\ln x=x^x(1+\ln x).$$

由此可见,以前用对数求导法求一元函数的导数问题,如今也可用多元复合函数链式法则来计算.

【例 8.4.6】 设 $z=xyf(x^2y^3)$,f 具有一阶连续的偏导数,求$\frac{\partial z}{\partial x},\frac{\partial z}{\partial y}$.

解　设 $u=x^2y^3$，则 $z=xyf(u)$，在这个函数的表达式中，乘法中有复合函数，所以用求导的乘法公式.

方程两边对 x 求偏导，可得

$$\frac{\partial z}{\partial x}=yf(u)+xyf'(u)\cdot 2xy^3=yf(x^2y^3)+2x^2y^4f'(x^2y^3).$$

方程两边对 y 求偏导，可得

$$\frac{\partial z}{\partial y}=xf(u)+xyf'(u)\cdot 3x^2y^2=xf(x^2y^3)+3x^3y^3f'(x^2y^3).$$

选学内容

二元复合函数的高阶偏导数

求二元或更多元复合函数的高阶偏导数，不过是对低阶导函数求一阶偏导，因此原则上与求一阶偏导数没有区别，可以沿用原来的中间变量，也可以视情况重新设定新的中间变量.

【例 8.4.7】　设 $z=\sin(x+y)^2\cos(x-y)^2$，求 $\frac{\partial^2 z}{\partial y\partial x}$.

解　默记中间变量 $u=x+y$，$v=x-y$，应用复合函数求导法则得

$$\begin{aligned}\frac{\partial z}{\partial y}&=2(x+y)\cos(x+y)^2\cos(x-y)^2+2(x-y)\sin(x+y)^2\sin(x-y)^2\\&=2x\cos[(x+y)^2-(x-y)^2]+2y\cos[(x+y)^2+(x-y)^2]\\&=2x\cos(4xy)+2y\cos 2(x^2+y^2);\end{aligned}$$

$$\frac{\partial^2 z}{\partial y\partial x}=2\cos(4xy)+2x\frac{\partial}{\partial x}[\cos(4xy)]+2y\frac{\partial}{\partial x}[\cos 2(x^2+y^2)].$$

第一个偏导数以 $u=4xy$ 为中间变量，第二个偏导数以 $v=x^2+y^2$ 为中间变量，求导得

$$\frac{\partial^2 z}{\partial y\partial x}=2\cos(4xy)-8xy\sin(4xy)-8xy\sin 2(x^2+y^2).$$

8.4.2　隐函数的求导公式

1. 一元隐函数的求导公式

在一元函数中，我们曾学习过隐函数的导数的求法，但未能给出一般的求导公式.现在根据多元复合函数的求导法，就可以给出一元隐函数的求导公式.

设方程 $F(x,y)=0$ 确定了函数 $y=y(x)$，则将它代入方程变为恒等式

$$F(x,y(x))\equiv 0.$$

两端对 x 求导，把方程中的 y 视作中间变量，根据复合函数求导法则，可得

$$F_x+F_y\cdot\frac{\mathrm{d}y}{\mathrm{d}x}=0.$$

若 $F_y\neq 0$，则 $\frac{\mathrm{d}y}{\mathrm{d}x}=-\frac{F_x}{F_y}$.

这就是一元隐函数的求导公式.

【例 8.4.8】 设 $x^2+y^2=2x$，求$\frac{\mathrm{d}y}{\mathrm{d}x}$.

解 令 $F(x,y)=x^2+y^2-2x$，则

$$F_x=2x-2, F_y=2y,$$

所以
$$\frac{\mathrm{d}y}{\mathrm{d}x}=-\frac{F_x}{F_y}=-\frac{2x-2}{2y}=\frac{1-x}{y}.$$

2. 二元隐函数的求导公式

设方程 $F(x,y,z)=0$ 确定了隐函数 $z=z(x,y)$，若 F_x,F_y,F_z 连续，且 $F_z\neq0$，则可仿照一元隐函数的求导法则，得出 z 对 x,y 的两个偏导数的求导公式.

将 $z=z(x,y)$代入方程 $F(x,y,z)=0$ 中，得恒等式

$$F(x,y,z(x,y))\equiv0,$$

上式两端对 x,y 求偏导，把方程中的 z 作为中间变量，根据复合函数求导法则，可得

$$F_x+F_z\cdot\frac{\partial z}{\partial x}=0;$$

$$F_y+F_z\cdot\frac{\partial z}{\partial y}=0.$$

因为 $F_z\neq0$，所以
$$\frac{\partial z}{\partial x}=-\frac{F_x}{F_z}, \frac{\partial z}{\partial y}=-\frac{F_y}{F_z}.$$

这就是二元隐函数求偏导数的公式.

【例 8.4.9】 设方程 $\mathrm{e}^z=xyz$ 确定了隐函数 $z=z(x,y)$，求$\frac{\partial z}{\partial x},\frac{\partial z}{\partial y}$.

解 令 $F(x,y,z)=\mathrm{e}^z-xyz$，则

$$F_x=-yz, F_y=-xz, F_z=\mathrm{e}^z-xy,$$

所以
$$\frac{\partial z}{\partial x}=-\frac{F_x}{F_z}=\frac{yz}{\mathrm{e}^z-xy}, \frac{\partial z}{\partial y}=-\frac{F_y}{F_z}=\frac{xz}{\mathrm{e}^z-xy}.$$

二元隐函数的高阶偏导数

隐函数求高阶偏导数，可以在上述求导公式的基础上继续求导，即可得到结果，但必须始终记住 z 是 x,y 的函数.

【例 8.4.10】 求上例中的隐函数 z 的二阶偏导数$\frac{\partial^2 z}{\partial y\partial x},\frac{\partial^2 z}{\partial y^2}$.

解 在上例中已经求得 $\frac{\partial z}{\partial x}=\frac{yz}{\mathrm{e}^z-xy}, \frac{\partial z}{\partial y}=\frac{xz}{\mathrm{e}^z-xy}$,

$$\frac{\partial^2 z}{\partial y\partial x}=\frac{\partial}{\partial x}\left(\frac{xz}{\mathrm{e}^z-xy}\right)=\frac{(z+z_x)(\mathrm{e}^z-xy)-xz(\mathrm{e}^z z_x-y)}{(\mathrm{e}^z-xy)^2}.$$

将已得的 z_x 结果代入，得

$$\frac{\partial^2 z}{\partial y\partial x}=\frac{z(\mathrm{e}^z-xy)^2-xyz^2\mathrm{e}^z+yz(1-x)(\mathrm{e}^z-xy)}{(\mathrm{e}^z-xy)^3}.$$

$$\frac{\partial^2 z}{\partial y^2}=\frac{\partial}{\partial y}\left(\frac{xz}{e^z-xy}\right)=\frac{xz_y(e^z-xy)-xz(e^z z_y-x)}{(e^z-xy)^2}.$$

将已得的 z_y 结果代入，得

$$\frac{\partial^2 z}{\partial y^2}=\frac{2x^2z(e^z-xy)-x^2z^2e^z}{(e^z-xy)^3}.$$

小结

用链式法则求复合函数的偏导数时，要会根据题意画出函数结构图.在求隐函数的一阶导数时，注意公式中任何一个变量都不是其余变量的函数，分子、分母中的变量彼此都有同等的地位.

数学实验

求多元函数的导数.

命令：diff(f,t)——函数 f 对符号变量 t 求导数；

diff(f,x,2)——函数 f 对符号变量 x 求二阶偏导数；

diff(f,x,n)——函数 f 对符号变量 x 求 n 阶偏导数.

【例 1】 求函数 $f(x,t)=\sin(ax)+\cos(bt)$ 的偏导.

输入：
```
syms a b t x y
f = sin(a * x) + cos(b * t)
dfx = diff(f)
dft = diff(f,t)
```
结果：
```
dfx =
    cos(a * x) * a
dft =
    - sin(b * t) * b
```

【例 2】 求函数 $f(x,t)=\sin(ax)+\cos(bt)$ 的二阶偏导.

输入：
```
syms a b t x y
f = sin(a * x) + cos(b * t);
dfxx = diff(f,2)
```
结果：
```
dfxx =
    - sin(a * x) * a^2
```
输入：
```
dftt = diff(f,t,2)
```
结果：
```
dftt =
    - cos(b * t) * b^2
```
输入：
```
dfxt = diff(diff(f),t)
```
结果：
```
dfxt =
    0
```

【例 3】 已知函数 $f(x,y,z)=\sin(x^2y)e^{-x^2y-z^2}$，求 $\dfrac{\partial^4 f(x,y,z)}{\partial x^2\partial y\partial z}$.

输入：syms x y z

```
f = sin(x^2 * y) * exp( - x^2 * y - z^2);
df = diff(diff(diff(f,x,2),y),z)
```

结果：df = - 4 * cos(x^2 * y) * z * exp(- x^2 * y - z^2) + 40 * cos(x^2 * y) * y * x^2 * z * exp(- x^2 * y - z^2) - 16 * sin(x^2 * y) * x^4 * y^2 * z * exp(- x^2 * y - z^2) - 16 * cos(x^2 * y) * x^4 * y^2 * z * exp(- x^2 * y - z^2) + 4 * sin(x^2 * y) * z * exp(- x^2 * y - z^2)

【例 4】 已知函数 $x^2+2y^2+3z^2+xy-z-9=0$，求$\frac{\partial z}{\partial x}$，$\frac{\partial z}{\partial y}$.

输入：syms x y z

```
f = x^2 + 2 * y^2 + 3 * z^2 + x * y - z - 9;
dfz = diff(f,z);
dfy = diff(f,y);
dfx = diff(f,x);
dzx = - dfx * dfz
```

结果：dzx =

```
( - 2 * x - y)/(6 * z - 1)
```

输入：dzy = - dfy/dfz

结果：dzy =

```
( - 4 * y - x)/(6 * z - 1)
```

扫一扫

习题 8.4 答案

习题 8.4

1. 求下列函数的偏导数或导数.

(1) $z=u^v$，$u=3x+1$，$v=x^2-3$，求$\frac{dz}{dx}$；

(2) $z=e^{x-2y}$，$x=\sin t$，$y=t^3$，求$\frac{dz}{dt}$；

(3) $z=\ln u\cdot\sin v$，其中 $u=x^2-y^2$，$v=x+2y$，求$\frac{\partial z}{\partial x}$，$\frac{\partial z}{\partial y}$；

(4) $z=\arctan\frac{v}{u}$，其中 $u=x+y$，$v=x-y$，求$\frac{\partial z}{\partial x}$，$\frac{\partial z}{\partial y}$.

2. 求下列函数关于各自变量的一阶偏导数，其中 f 可微.

(1) 设 $z=f(x^2y-xy^2+xy)$，求$\frac{\partial z}{\partial x}$，$\frac{\partial z}{\partial y}$；

(2) 设 $z=f(x+y,xy)$，求$\frac{\partial z}{\partial x}$，$\frac{\partial z}{\partial y}$；

(3) 设 $u=f\left(\frac{x}{y},\frac{y}{z}\right)$，求$\frac{\partial u}{\partial x}$，$\frac{\partial u}{\partial y}$，$\frac{\partial u}{\partial z}$.

3. 设 $z=y+f(u)$，$u=x^2-y^2$，其中 f 可微，证明 $y\cdot\frac{\partial z}{\partial x}+x\cdot\frac{\partial z}{\partial y}=x$.

4. 求由下列方程所确定的隐函数的导数.

(1) 设 $e^{xy}+x^2y=\cos y$，求$\frac{dy}{dx}$；

(2) 设 $\ln\sqrt{x^2+y^2}=\arctan\frac{y}{x}$，求$\frac{dy}{dx}$；

(3) 设$\frac{x}{z}=\ln\frac{z}{y}$，求$\frac{\partial z}{\partial x},\frac{\partial z}{\partial y}$；

(4) 设 $xyz=\sin(x+y+z)$，求$\frac{\partial z}{\partial x},\frac{\partial z}{\partial y}$.

8.5　多元函数的极值和最值

本节导引

在求一元函数的最值问题时，往往是利用其一阶导数求得一元函数的极值，再进一步求得最大、最小值.在许多实际问题中，通常需要解决多元函数的最值问题.例如，要设计一个容量为 V 的长方体无盖水箱，问水箱的长、宽、高各等于多少时，其表面积最小？这是求三元函数的最小值问题.解决这类问题时，是否可以与一元函数类似，先利用偏导数求得多元函数的局部极值，再进一步求得最大、最小值.本节着重讨论二元函数的情形.

8.5.1　二元函数的极值

二元函数的极值

1. 二元函数的极值定义

定义 8.5.1　设 $z=f(x,y)$在点 $P_0(x_0,y_0)$的某一邻域内有定义，若对于该邻域内任一异于 P_0 的点 $P(x,y)$都有

$$f(x,y)<f(x_0,y_0)\,[\text{或 } f(x,y)>f(x_0,y_0)],$$

则称函数 $z=f(x,y)$在点 P_0 取得极大(或极小)值，点 P_0 称为 $z=f(x,y)$的极大(或极小)值点.极大值和极小值统称为极值；极大值点和极小值点统称为极值点.

因为极大值、极小值 $f(x_0,y_0)$是与某个邻域内的函数值相较而言的，因此准确地说，只是局部极值.为此，也称极大值为峰值，极小值为谷值.

对某些比较简单的函数，极值或极值点问题一目了然.例如，

$z=2x^2+y^2$ 在点(0,0)处有极小值 0；

$z=\sqrt{1-x^2-y^2}$ 在点(0,0)处有极大值 1；

$z=xy$ 在点(0,0)的任意邻域内既能取正值，也能取负值，所以(0,0)不是 z 的极值点.

对一般的函数，判定极值的存在与否就不那么直观了.与一元函数类似，可以应用偏导数来研究二元函数取得极值的必要条件和充分条件.

2. 极值存在的必要条件

假设函数 $z=f(x,y)$在点 $P_0(x_0,y_0)$取得极值，则当固定 $y=y_0$ 时，一元函数 $f(x,$

y_0)必定在 $x=x_0$ 处取得极值,据一元函数极值存在的必要条件,应有 $f_x(x_0,y_0)=0$;同理,一元函数 $f(x_0,y)$ 在 $y=y_0$ 处取得极值,应有 $f_y(x_0,y_0)=0$.于是得二元函数取极值的必要条件如下:

定理 8.5.1(极值存在的必要条件) 设函数 $z=f(x,y)$ 在点 $P_0(x_0,y_0)$ 存在偏导数,且在 P_0 处取得极值,则有 $\begin{cases} f_x(x_0,y_0)=0, \\ f_y(x_0,y_0)=0. \end{cases}$

满足 $\begin{cases} f_x(x_0,y_0)=0, \\ f_y(x_0,y_0)=0 \end{cases}$ 的点 (x_0,y_0) 称为函数 $f(x,y)$ 的驻点,但驻点不一定是极值点.例如,(0,0)是函数 $z=xy$ 的驻点$\left(\left.\dfrac{\partial z}{\partial x}\right|_{(0,0)}=y|_{(0,0)}=0,\left.\dfrac{\partial z}{\partial y}\right|_{(0,0)}=x|_{(0,0)}=0\right)$,但不是函数的极值点.

那么在什么条件下,驻点是极值点呢?

3. 极值存在的充分条件

定理 8.5.2(极值存在的充分条件) 设 $P_0(x_0,y_0)$ 为函数 $z=f(x,y)$ 的驻点,且函数在点 P_0 的某邻域内二阶偏导数连续.令

$$A=f_{xx}(x_0,y_0),B=f_{xy}(x_0,y_0),C=f_{yy}(x_0,y_0),\Delta=AC-B^2,$$

则 (1) 当 $\Delta>0$ 且 $A>0$ 时,$f(x_0,y_0)$ 是极小值;

当 $\Delta>0$ 且 $A<0$ 时,$f(x_0,y_0)$ 是极大值.

(2) 当 $\Delta<0$ 时,$f(x_0,y_0)$ 不是极值.

(3) 当 $\Delta=0$ 时,不能确定函数在点 P_0 是否取得极值.

综上所述,若函数 $z=f(x,y)$ 的二阶偏导数连续,我们可以按照下列步骤求该函数的极值:

第一步,解方程组 $\begin{cases} f_x(x,y)=0, \\ f_y(x,y)=0, \end{cases}$ 求出所有驻点;

第二步,求三个二阶偏导数 $f_{xx}(x,y),f_{xy}(x,y),f_{yy}(x,y)$;

第三步,分别计算每个驻点处 $A=f_{xx}(x_0,y_0),B=f_{xy}(x_0,y_0),C=f_{yy}(x_0,y_0)$ 的值及 $\Delta=AC-B^2$ 的符号,据此判定出极值点,并求出极值.

【例 8.5.1】 求函数 $f(x,y)=x^3-4x^2+2xy-y^2+1$ 的极值.

解 解方程组 $\begin{cases} f_x(x,y)=3x^2-8x+2y=0, \\ f_y(x,y)=2x-2y=0, \end{cases}$ 得驻点(0,0)及(2,2).

三个二阶偏导数分别为

$$f_{xx}(x,y)=6x-8,f_{xy}(x,y)=2,f_{yy}(x,y)=-2.$$

在(0,0)处,有 $A=-8,B=2,C=-2$,故 $\Delta=AC-B^2=12>0$,所以点(0,0)是极值点,且 $A=-8<0$,因此函数在点(0,0)处有极大值 $f(0,0)=1$.

在(2,2)处,有 $A=4,B=2,C=-2$,故 $\Delta=AC-B^2=-12<0$,所以点(2,2)不是极值点.

【例 8.5.2】 求 $z=\sin(x+2y)$ 的极值点与极值.

解 解方程组 $\begin{cases} z_x=\cos(x+2y)=0, \\ z_y=2\cos(x+2y)=0, \end{cases}$ 得 $x+2y=k\pi+\dfrac{\pi}{2}(k\in\mathbf{Z})$.

所以函数 $z=\sin(x+2y)$ 有无限多个驻点，这些驻点都分布在平行直线上.

$$z_{xx}=-\sin(x+2y),z_{xy}=-2\sin(x+2y),z_{yy}=-4\sin(x+2y),$$

$$\Delta=AC-B^2=4\sin^2(x+2y)-4\sin^2(x+2y)\equiv 0.$$

对于这无限多个驻点不能应用定理 8.5.2 判定它们是否是极值点.

事实上，因为 $|f(x,y)|\leqslant 1$，当 k 是偶数时，$\sin\left(k\pi+\dfrac{\pi}{2}\right)=1$ 必定是极大值；当 k 是奇数时，$\sin\left(k\pi+\dfrac{\pi}{2}\right)=-1$ 必定是极小值.因此，所有的驻点都是极值点.

从本例可以看出，二元函数的极值问题远比一元函数复杂，而且定理 8.5.2 的判定有限.

对二元以上的函数，例如，$u=f(x,y,z)$ 也可以像二元函数那样定义极值.极值点的必要条件是：函数对各变量的一阶偏导数为 0，但充分条件要比二元函数复杂得多.

注意：与一元函数的情形相同，函数在偏导数不存在的点处也可能取得极值.例如，$f(x,y)=\sqrt{x^2+y^2}$ 在原点没有偏导数，但 $f(0,0)$ 是函数的极小值.

8.5.2 多元函数的最值

本章第一节中已指出，如果函数 $z=f(x,y)$ 在有界闭区域 D 上连续，那么函数在区域 D 上一定存在最大值和最小值.函数最大(小)值的求法与一元函数最值的求法类似，考察函数 $z=f(x,y)$ 的所有驻点、一阶偏导数不存在的点及边界上的点的函数值，比较这些值，其中最大者(或最小者)即为函数在 D 上的最大(小)值.但这远比一元函数复杂，首先二元函数的驻点可能有无限多个，其次二元函数的边界通常是曲线，边界点也有无限多个，比较无限个函数值，从中找出最值，常常还要再次解决求极值问题.

在实际问题中，如果根据问题的实际意义，知道函数在区域 D 内存在最大值(或最小值)，又知函数在 D 内可微，且只有唯一的驻点，则该点处的函数值就是所求的最大值(或最小值)，不必再花费时间去验证了.

【例 8.5.3】 在 xOy 坐标平面上找出一点 P，使它到三点 $P_1(0,0)$，$P_2(1,0)$，$P_3(0,1)$ 的距离的平方和最小.

解 设 $P(x,y)$ 为所求的点，l 为 P 到 P_1，P_2，P_3 三点距离的平方和，即 $l=|PP_1|^2+|PP_2|^2+|PP_3|^2$，由两点间的距离公式得

$$\begin{aligned} l &=x^2+y^2+(x-1)^2+y^2+x^2+(y-1)^2 \\ &=3x^2+3y^2-2x-2y+2. \end{aligned}$$

这样问题就转化为求二元函数 $l=3x^2+3y^2-2x-2y+2$ 的最小值.

解方程组 $\begin{cases} l_x=6x-2=0, \\ l_y=6y-2=0, \end{cases}$ 得驻点为 $\left(\dfrac{1}{3},\dfrac{1}{3}\right)$.

由问题的实际意义，到三点距离的平方和最小的点一定存在，函数 l 可微且只有一个驻点，因此 $\left(\dfrac{1}{3},\dfrac{1}{3}\right)$ 即为所求的点.

现在来解决本节导引提到的水箱设计问题.

【例 8.5.4】 要设计一个容量为 V 的长方体无盖水箱，问水箱的长、宽、高各等于多少时，其表面积最小？

解 设水箱的长、宽、高分别为 x，y，z，则 $V=xyz$，箱子的表面积为 $S=xy+2(xz+yz)$. 由于 $z=\dfrac{V}{xy}$，所以 $S=xy+2\left(\dfrac{V}{y}+\dfrac{V}{x}\right)(x>0,y>0)$. 问题就转化为求二元函数的最小值.

解方程组 $\begin{cases} S_x=y-\dfrac{2V}{x^2}=0, \\ S_y=x-\dfrac{2V}{y^2}=0, \end{cases}$ 得驻点为$(\sqrt[3]{2V},\sqrt[3]{2V})$.

由问题的实际意义可知，面积 S 在 $x>0,y>0$ 时的最小值是存在的. 又因为 S 可微且只有一个驻点，所以取长 $x=\sqrt[3]{2V}$，宽 $y=\sqrt[3]{2V}$，高 $z=\dfrac{V}{xy}=\sqrt[3]{\dfrac{V}{4}}$ 时，长方体无盖水箱的表面积最小.

【例 8.5.5】 某工厂生产甲、乙两种产品，其出售的单价分别为 10 元和 9 元，若生产 x 单位的甲产品与生产 y 单位的乙产品所需总费用为 $C(x,y)=400+2x+3y+0.01(3x^2+xy+3y^2)$（单位：元），求甲、乙两种产品的产量各为多少时，可获得最大利润.

解 由题意知，总利润函数为

$$\begin{aligned} L(x,y)&=(10x+9y)-[400+2x+3y+0.01(3x^2+xy+3y^2)] \\ &=8x+6y-400-0.01(3x^2+xy+3y^2), \end{aligned}$$

由 $\begin{cases} L_x(x,y)=8-0.01(6x+y)=0, \\ L_y(x,y)=6-0.01(x+6y)=0 \end{cases}$ 得唯一驻点$(120,80)$.

所以，当 $x=120$，$y=80$ 时，函数 $L(x,y)$ 可达到极大值，即生产甲产品 120 件、乙产品 80 件时所获得的利润最大，且最大利润为 $L(120,80)=320$ 元.

8.5.3 二元函数的条件极值

在许多实际问题中，求多元函数的极值时，其自变量常常受一些条件的限制. 例如，在例 8.5.4 中，求 $S=xy+2(xz+yz)$ 的最小值，自变量不仅要符合定义域的要求$(x>0,y>0,z>0)$，还要受条件 $xyz=V$ 的约束，这类附有约束条件的极值问题称为条件极值问题. 而自变量仅仅限制在定义域内，此外没有其他约束条件的极值问题，称为无条件极值问题. 例 8.5.3 就是无条件极值问题.

当约束条件比较简单时，可以用消元法将条件极值问题转化为无条件极值问题来处理. 如例 8.5.4，就是从约束条件 $xyz=V$ 中解出 $z=\dfrac{V}{xy}$，代入函数 $S(x,y,z)$ 中，便转化为二元函数 $S=S(x,y)$ 的无条件极值问题. 但是，一般的条件极值问题是不易转化成无条件极值问题的.

下面我们介绍的拉格朗日乘数法就是一种不直接依赖消元法而求解条件极值问题的有效方法. 我们从 f，φ 皆为二元函数这一简单情形入手.

设二元函数 $z=f(x,y)$ 和 $\varphi(x,y)=0$ 在所考虑的区域内有连续的一阶偏导数，且 $\varphi_x(x,y)$，$\varphi_y(x,y)$ 不同时为零，求函数 $z=f(x,y)$ 在约束条件 $\varphi(x,y)=0$ 下的极值. 求解步骤如下：

第一步，构造辅助函数 $L(x,y)=f(x,y)+\lambda\varphi(x,y)$.

第二步，组成方程组

$$\begin{cases}L_x(x,y)=f_x(x,y)+\lambda\varphi_x(x,y)=0,\\ L_y(x,y)=f_y(x,y)+\lambda\varphi_y(x,y)=0,\\ \varphi(x,y)=0.\end{cases}$$

第三步，解方程组，得 $x=x_0$，$y=y_0$（解可能多于一组），则点 (x_0,y_0) 就是函数 $z=f(x,y)$ 在约束条件 $\varphi(x,y)=0$ 下的极值点.在实际问题中，往往就是所求的极值点.

这个方法称为拉格朗日乘数法，其中辅助函数 $L(x,y)$ 称为拉格朗日函数，λ 称为拉格朗日乘数.

同样，拉格朗日乘数法也可以推广到两个以上自变量或一个以上约束条件的情况.

【例 8.5.6】 用拉格朗日乘数法求例 8.5.4.

解　所要解决的问题就是求函数 $S=xy+2(xz+yz)$ 在条件 $xyz-V=0$ 下的最小值.

设 $L(x,y,z)=xy+2(xz+yz)+\lambda(xyz-V)$，组成方程组

$$\begin{cases}L_x=y+2z+\lambda yz=0,\\ L_y=x+2z+\lambda xz=0,\\ L_z=2x+2y+\lambda xy=0,\\ xyz-V=0,\end{cases}$$

由方程组的前三式，易得

$$-\frac{y+2z}{yz}=-\frac{x+2z}{xz}=-\frac{2x+2y}{xy}=\lambda.$$

由
$$-\frac{y+2z}{yz}=-\frac{x+2z}{xz}\quad 可得\ x=y,$$

由
$$-\frac{x+2z}{xz}=-\frac{2x+2y}{xy}\quad 可得\ y=2z.$$

所以 $x=y=2z$，把它代入方程组的最后一个方程中，得 $x=y=\sqrt[3]{2V}$，$z=\sqrt[3]{\dfrac{V}{4}}$.实际上，由于本问题确实存在最小值，且可能的极值点只有一个，所以当长为 $\sqrt[3]{2V}$、宽为 $\sqrt[3]{2V}$、高为 $\sqrt[3]{\dfrac{V}{4}}$ 时，长方体表面积最小.

【例 8.5.7】 抛物面 $x^2+y^2=z$ 被平面 $x+y+z=1$ 截成一个椭圆，求这个椭圆到坐标原点的最长与最短距离.

解　设椭圆上的点为 $M(x,y,z)$，根据两点间距离公式，点 M 与原点的距离为

$$d=\sqrt{x^2+y^2+z^2},$$

若 d 的平方最小，则 d 一定最小，故问题可转化为求函数

$$f(x,y,z)=x^2+y^2+z^2$$

在条件 $x^2+y^2-z=0$ 及 $x+y+z-1=0$ 下的最大、最小值问题.

作辅助函数

$$L(x,y,z)=x^2+y^2+z^2+\lambda(x^2+y^2-z)+\mu(x+y+z-1).$$

组成方程组
$$\begin{cases}L_x=2x+2\lambda x+\mu=0,\\ L_y=2y+2\lambda y+\mu=0,\\ L_z=2z-\lambda+\mu=0,\\ x^2+y^2-z=0,\\ x+y+z-1=0,\end{cases}$$
解得两组解
$$x=y=\frac{-1+\sqrt{3}}{2},z=2-\sqrt{3}\text{或 }x=y=\frac{-1-\sqrt{3}}{2},z=2+\sqrt{3}.$$

由于实际问题中确实存在最大值与最小值，且
$$f\left(\frac{-1+\sqrt{3}}{2},\frac{-1+\sqrt{3}}{2},2-\sqrt{3}\right)=9+5\sqrt{3},$$
$$f\left(\frac{-1-\sqrt{3}}{2},\frac{-1-\sqrt{3}}{2},2+\sqrt{3}\right)=9-5\sqrt{3},$$
所以该椭圆到原点的最长距离为$\sqrt{9+5\sqrt{3}}$，最短距离为$\sqrt{9-5\sqrt{3}}$.

注意：此例有两个约束条件，所以设了两个拉格朗日乘数 λ,μ.

二元函数极值存在的必要条件和充分条件是讨论函数极值的理论基础.利用充分条件求极值时，关键是正确算出三个二阶偏导数的值.应注意的是，除驻点外，偏导数不存在的点也是可能的极值点.利用拉格朗日乘数法求条件极值时，要注意正确写出拉格朗日函数，题目较复杂时，难点在于如何求解方程组.

习题 8.5 答案

1. 求下列函数的极值点与极值.

(1) $z=3xy-x^3-y^3$;

(2) $z=e^{2x}(x+y^2+2y)$;

(3) $z=x^3+y^3-3(x^2+y^2)$.

2. 求一点，使它到直线 $x=0$、直线 $y=0$ 和直线 $x+2y-16=0$ 的距离的平方和最小.

3. 求抛物线 $y^2=4x$ 上的点，使它与直线 $x-y+4=0$ 相距最近.

4. 求函数 $f(x,y)=x^2+y^2$ 在约束条件 $2x+y=2$ 下的极小值.

8.6 二重积分的概念与性质

本节导引

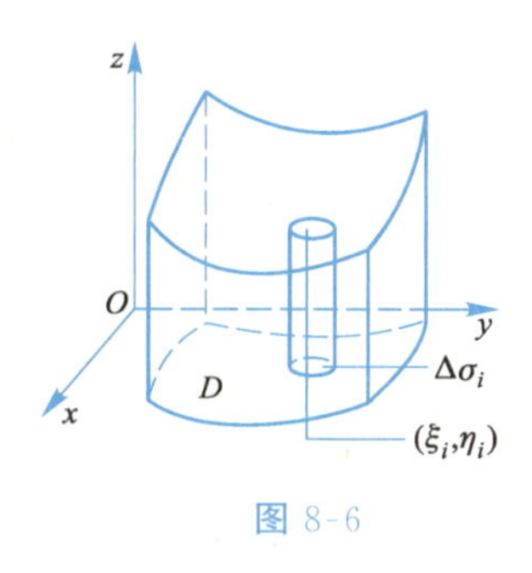

图 8-6

对于规则形状的几何体，如长方体、圆柱、正棱柱等，它们的体积都可以用公式求得.而对于不规则形状的几何体，如有一立体，它的底是 xOy 面上的有界闭区域 D，它的侧面是以 D 的边界曲线为准线而母线平行于 z 轴的柱面，它的顶是曲面 $z=f(x,y)$，这里 $z=f(x,y)$ 为定义在 D 上的非负连续的二元函数(图 8-6)，这种立体称为 D 上的曲顶柱体.那该曲顶柱体的体积如何求得？在前面，我们运用“分割、近似求和、取极限”的方法求得曲边梯形的面积，那么能否运用这一思路来解决上述问题呢？

8.6.1 二重积分的概念

二重积分的概念

1. 二重积分的应用——求曲顶柱体的体积

我们知道，对于平顶柱体，即当 $f(x,y)\equiv h$，其高是不变的，它的体积用公式“$V=$底面积$\times$高”来计算.现在柱体的顶是曲面，它的高 $f(x,y)$ 在 D 上是变量，它的体积就不能用上面的公式来计算.

但是我们可以仿照求曲边梯形面积的思路，把 D 分成多个小闭区域，由于 $f(x,y)$ 在 D 上连续，因此它在每个小区域上的变化就很小，因而相应每个小区域上的小曲顶柱体的体积就可用平顶柱体的体积来近似替代，且区域 D 分割得越细，近似值的精度就越高.于是通过求和、取极限就能算得整个曲顶柱体的体积.具体做法如下：

(1) 分割.把区域 D 任意分成 n 个小闭区域. $\Delta\sigma_1,\Delta\sigma_2,\cdots,\Delta\sigma_n$，并以 $\Delta\sigma_i(i=1,2,\cdots,n)$ 表示第 i 个小区域的面积.然后分别以这些小区域的边界曲线为准线，作母线平行于 z 轴的柱面，这些柱面就把原来的曲顶柱体分成 n 个小曲顶柱体.

(2) 近似.在每个小曲顶柱体的底 $\Delta\sigma_i$ 上任取一点 $(\xi_i,\eta_i)(i=1,2,\cdots,n)$，用以 $f(\xi_i,\eta_i)$ 为高、$\Delta\sigma_i$ 为底的平顶柱体的体积 $f(\xi_i,\eta_i)\Delta\sigma_i$ 近似替代第 i 个小曲顶柱体的体积，即

$$\Delta V_i\approx f(\xi_i,\eta_i)\Delta\sigma_i.$$

(3) 求和.将这 n 个小平顶柱体的体积相加，得到原曲顶柱体体积的近似值，即

$$V=\sum_{i=1}^{n}\Delta V_i\approx\sum_{i=1}^{n}f(\xi_i,\eta_i)\Delta\sigma_i.$$

(4) 取极限.将区域 D 无限细分且每个小闭区域趋向于缩成一点，这个近似值就趋向于原曲顶柱体的体积，即

$$V=\lim_{\lambda\to 0}\sum_{i=1}^{n}f(\xi_i,\eta_i)\Delta\sigma_i.$$

其中，λ 是这 n 个小区域的最大直径(有界闭区域的直径是指区域中任意两点间距离的最大值).

至此，可以看到，求曲顶柱体的体积也与定积分概念一样，是通过“分割、近似、求和、取

极限”这四个步骤得到的，所不同的是，现在讨论的对象为定义在平面区域上的二元函数.于是像总结出定积分的概念一样，我们抽去 $f(x,y)$ 的具体含义，只考虑二元函数通过上述步骤所得的和式极限，进而引入二重积分的概念.

2. 二重积分的定义

定义 8.6.1 设二元函数 $z=f(x,y)$ 定义在有界闭区域 D 上.将区域 D 任意分成 n 个小闭区域 $\Delta\sigma_i(i=1,2,\cdots,n)$，并以 $\Delta\sigma_i$ 表示第 i 个小区域的面积.在 $\Delta\sigma_i$ 上任取一点 (ξ_i,η_i)，作和 $\sum\limits_{i=1}^{n}f(\xi_i,\eta_i)\Delta\sigma_i$.如果当各个小区域的直径中的最大值 λ 趋于零时，此和式的极限存在，则称此极限值为函数 $f(x,y)$ 在区域 D 上的二重积分，记作 $\iint\limits_D f(x,y)\mathrm{d}\sigma$，即

$$\iint\limits_D f(x,y)\mathrm{d}\sigma=\lim_{\lambda\to 0}\sum_{i=1}^{n}f(\xi_i,\eta_i)\Delta\sigma_i.$$

这时，称 $f(x,y)$ 在 D 上可积，其中 $f(x,y)$ 称为被积函数，$f(x,y)\mathrm{d}\sigma$ 称为被积表达式，$\mathrm{d}\sigma$ 称为面积元素，x,y 称为积分变量，D 称为积分区域.$\iint$ 称为二重积分号.

按照二重积分的定义，曲顶柱体的体积就是曲顶柱体的顶 $f(x,y)$ 在区域 D 上的二重积分，即

$$V=\iint\limits_D f(x,y)\mathrm{d}\sigma.$$

与一元函数定积分存在定理一样，如果 $f(x,y)$ 在有界闭区域 D 上连续，那么无论如何分割 D 和选取点 (ξ_i,η_i)，上述和式的极限一定存在，即在有界闭区域上连续的函数一定可积.今后如不特别声明，我们总假定所讨论的函数在有界闭区域上都是可积的.

3. 二重积分的几何意义

当被积函数 $f(x,y)\geqslant 0$ 时，$\iint\limits_D f(x,y)\mathrm{d}\sigma$ 表示以区域 D 为底，以 $f(x,y)$ 为顶的曲顶柱体的体积；当 $f(x,y)<0$ 时，曲顶柱体在 xOy 平面的下方，$\iint\limits_D f(x,y)\mathrm{d}\sigma$ 表示以区域 D 为底，以 $f(x,y)$ 为顶的曲顶柱体的体积的相反数；当 $f(x,y)$ 在 D 上有正有负时，$\iint\limits_D f(x,y)\mathrm{d}\sigma$ 表示各区域上曲顶柱体的体积的代数和.

【例 8.6.1】 试以二重积分表示下列曲顶柱体的体积：旋转抛物面 $z=1-(x^2+y^2)$ 与 xOy 平面所构成的钟形体的体积.

解 由图 8-7 可见，该立体是以曲面 $z=1-(x^2+y^2)$ 为顶，xOy 面上的圆 $x^2+y^2=1$ 所围区域为底的曲顶柱体，所以

$$V=\iint\limits_D[1-(x^2+y^2)]\mathrm{d}\sigma，其中积分区域 D 为 x^2+y^2\leqslant 1.$$

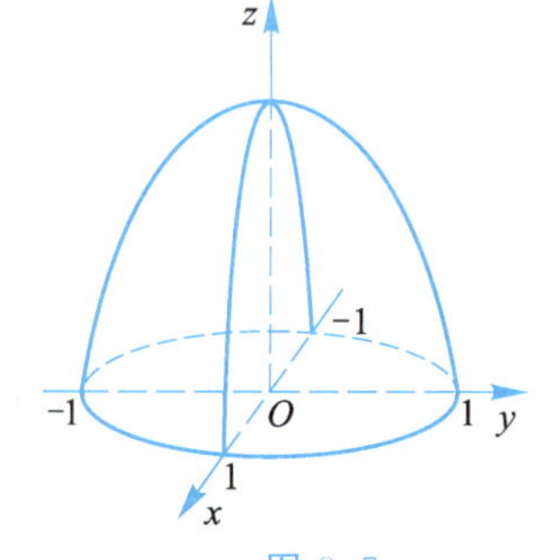

图 8-7

8.6.2 二重积分的性质

二重积分与定积分有类似的性质.现将这些性质叙述如下，其中 D 是 xOy 面上的有界闭区域.

性质 1　常数因子可以提到积分号外，即

$$\iint_D kf(x,y)\mathrm{d}\sigma = k\iint_D f(x,y)\mathrm{d}\sigma \ (k \text{ 为常数}).$$

性质 2　函数和、差的积分等于各个函数积分的和、差，即

$$\iint_D [f(x,y) \pm g(x,y)]\mathrm{d}\sigma = \iint_D f(x,y)\mathrm{d}\sigma \pm \iint_D g(x,y)\mathrm{d}\sigma.$$

性质 3（区域可加性质）　如果闭区域 D 被一条曲线分为两个闭区域 D_1, D_2，即 $D = D_1 \cup D_2$（图 8-8），则

$$\iint_D f(x,y)\mathrm{d}\sigma = \iint_{D_1} f(x,y)\mathrm{d}\sigma + \iint_{D_2} f(x,y)\mathrm{d}\sigma.$$

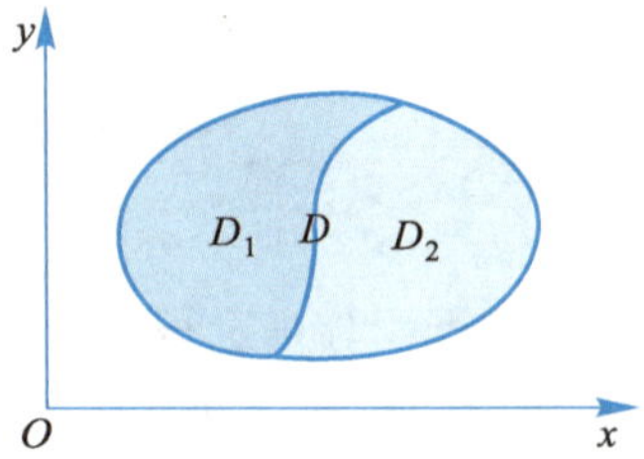

图 8-8

性质 4　如果在区域 D 上有 $f(x,y) \equiv 1$，且 D 的面积为 σ，则

$$\iint_D 1\mathrm{d}\sigma = \iint_D \mathrm{d}\sigma = \sigma.$$

这个性质的几何意义表示，高为 1 的平顶柱体的体积在数值上等于柱体的底面积.依据这个性质，可利用二重积分计算平面图形的面积的数值.

性质 5　若 $f(x,y) \leqslant g(x,y), (x,y) \in D$，则

$$\iint_D f(x,y)\mathrm{d}\sigma \leqslant \iint_D g(x,y)\mathrm{d}\sigma.$$

性质 6（估值定理）　设 M, m 分别是 $f(x,y)$ 在有界闭区域 D 上的最大值和最小值，σ 是区域 D 的面积，则有不等式

$$m\sigma \leqslant \iint_D f(x,y)\mathrm{d}\sigma \leqslant M\sigma.$$

这个性质对于估计二重积分的值十分有用.

性质 7（二重积分的中值定理）　设 $f(x,y)$ 在有界闭区域 D 上连续，σ 是区域 D 的面积，则在 D 上至少存在一点 (ξ,η)，使得

$$\iint_D f(x,y)\mathrm{d}\sigma = f(\xi,\eta)\sigma.$$

中值定理表明，必定存在同底、高为 $f(\xi,\eta)$ 的平顶柱体，它们的体积与曲顶柱体的体积相等（图 8-9）.

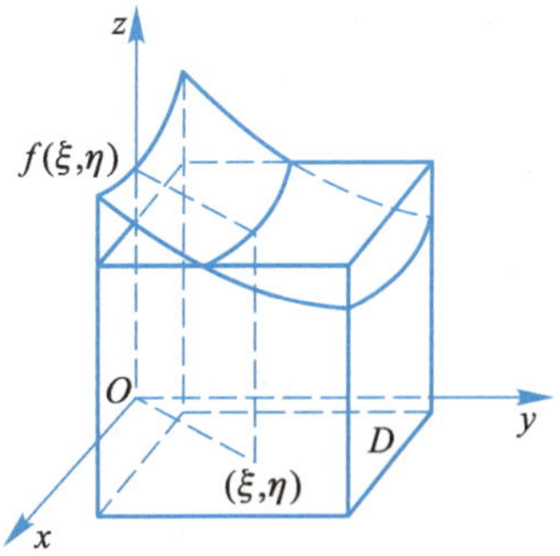

图 8-9

【例 8.6.2】　比较二重积分 $\iint_D \ln(x+y)\mathrm{d}\sigma$ 与 $\iint_D [\ln(x+y)]^2\mathrm{d}\sigma$ 的大小，其中 D 是三角形闭区域，三顶点分别为 $(1,0),(1,1),(2,0)$.

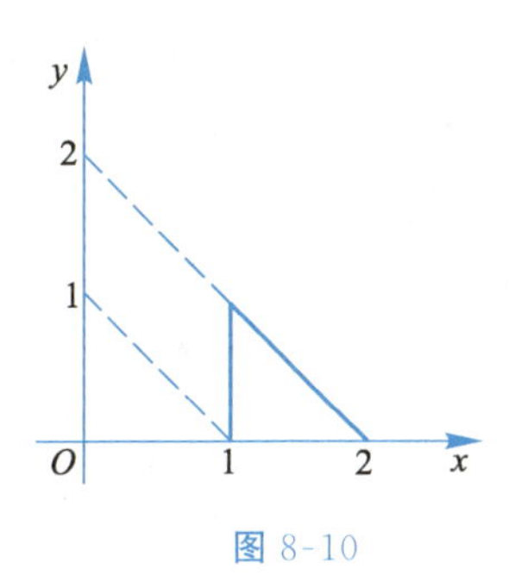

图 8-10

解　如图 8-10 所示，区域 D 为 $1 \leqslant x+y \leqslant 2$，

则有　　$0 \leqslant \ln(x+y) \leqslant \ln 2 < \ln \mathrm{e} = 1$，

所以 $\ln(x+y) \geqslant [\ln(x+y)]^2$，由性质 5 得

$$\iint_D \ln(x+y)\mathrm{d}\sigma \geqslant \iint_D [\ln(x+y)]^2 \mathrm{d}\sigma.$$

【例 8.6.3】 估计二重积分 $\iint_D (x+3y+7)\mathrm{d}\sigma$ 的值，其中 D 为矩形闭区域：$0\leqslant x\leqslant 1$，$0\leqslant y\leqslant 2$.

解 因为在区域 D 上，$7\leqslant x+3y+7\leqslant 14$，而 D 的面积 $\sigma=2$，由性质 6 可得

$$14\leqslant \iint_D (x+3y+7)\mathrm{d}\sigma \leqslant 28.$$

小结

二重积分是定积分的推广，用“分割、近似、求和、取极限”这四个步骤可求得曲顶柱体的体积.读者应学习并掌握用这种类比处理问题的方法来研究、认识新概念和新问题.

习题 8.6

习题 8.6 答案

1. 试以二重积分表示半球 $x^2+y^2+z^2\leqslant a^2$，$z\geqslant 0$ 的体积 V.

2. 利用二重积分的性质，不经计算直接给出二重积分的值.

(1) $\iint_D \mathrm{d}\sigma$，D：$|x|\leqslant 1$，$|y|\leqslant 2$；　　(2) $\iint_D \mathrm{d}\sigma$，D：$x^2+y^2=4$.

3. 根据二重积分的性质，比较下列二重积分的大小.

(1) $\iint_D (x+y)^2\mathrm{d}\sigma$ 与 $\iint_D (x+y)^3\mathrm{d}\sigma$，其中 D 是由 x 轴、y 轴与直线 $x+y=1$ 所围成的闭区域；

(2) $\iint_D \mathrm{e}^{xy}\mathrm{d}\sigma$ 与 $\iint_D \mathrm{e}^{2xy}\mathrm{d}\sigma$，其中 D：$0\leqslant x\leqslant 1$，$0\leqslant y\leqslant 1$.

4. 利用二重积分的性质，估计二重积分 $\iint_D (x+y+1)\mathrm{d}\sigma$ 的值，其中 D 为矩形闭区域：$0\leqslant x\leqslant 1$，$0\leqslant y\leqslant 2$.

8.7 二重积分的计算与应用

本节导引

在实际应用中，直接通过二重积分的定义与性质来计算二重积分一般是困难的，需要找出一种实际可行的计算方法.根据二重积分的几何意义知，当 $f(x,y)\geqslant 0$ 时，$\iint_D f(x,y)\mathrm{d}\sigma$ 就是以区域 D 为底，曲面 $z=f(x,y)$ 为顶的曲顶柱体的体积.所以我们可以从计算曲顶柱体的体积出发来给出二重积分的计算方法.在一元函数微积分中，我们已掌握了“微元法”求旋转体体积的方法，那么我们能否用微元法的思想来求曲顶柱体的体积呢？

8.7.1 直角坐标系下二重积分的计算

由二重积分的定义可知,若 $f(x,y)$在区域 D 上的二重积分存在,则二重积分的值与区域 D 的分法无关.因此,在直角坐标系中,可以用平行于坐标轴的直线网把区域 D 分成若干个矩形小区域(图 8-11),则矩形小区域的面积 $\Delta\sigma_i=\Delta x\cdot\Delta y$,并且可记为

$$d\sigma=dx\,dy.$$

其二重积分可以写成

$$\iint\limits_D f(x,y)d\sigma=\iint\limits_D f(x,y)dx\,dy.$$

图 8-11

设函数 $z=f(x,y)$在有界闭区域 D 上连续且 $f(x,y)\geqslant 0$,下面我们用微元法来计算二重积分 $\iint\limits_D f(x,y)dx\,dy$ 所表示的曲顶柱体的体积.

1. 设积分区域 D 为 X-型

积分区域 D 由 $x=a$,$x=b(a<b)$,连续曲线 $y=\varphi_1(x)$,$y=\varphi_2(x)$围成,即

$$D=\{(x,y)\mid\varphi_1(x)\leqslant y\leqslant\varphi_2(x),a\leqslant x\leqslant b\}.$$

这样的区域称为 X-型区域(图 8-12).

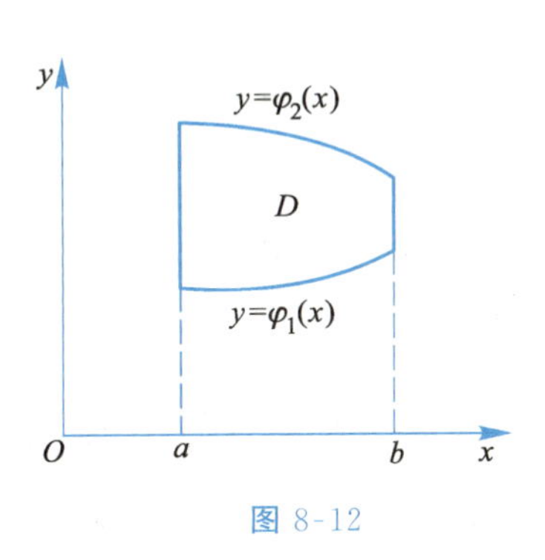

图 8-12

选 x 为积分变量,任取子区间$[x,x+dx]\subset[a,b]$.过点 x 作垂直于 x 轴的平面,此平面截曲顶柱体得一截面,用 $A(x)$表示该截面的面积,则曲顶柱体体积 V 的微元 dV 为

$$dV=A(x)dx.$$

据定积分知识,可得

$$V=\iint\limits_D f(x,y)dx\,dy=\int_a^b A(x)dx. \tag{8-9}$$

由图 8-13 可见,该截面是一个以区间$[\varphi_1(x),\varphi_2(x)]$为底边,以曲线 $z=f(x,y)$(x 是固定的)为曲边的曲边梯形,其面积又可表示为

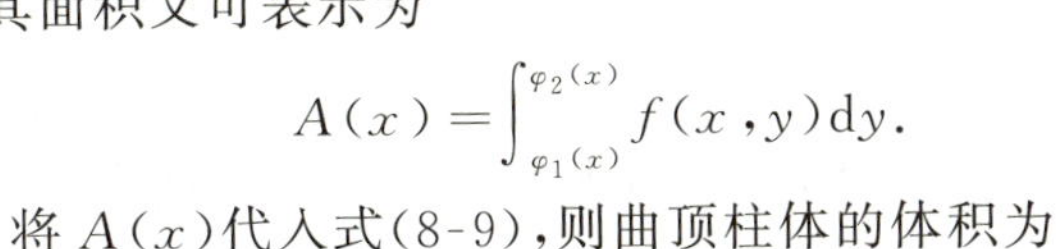

$$A(x)=\int_{\varphi_1(x)}^{\varphi_2(x)}f(x,y)dy.$$

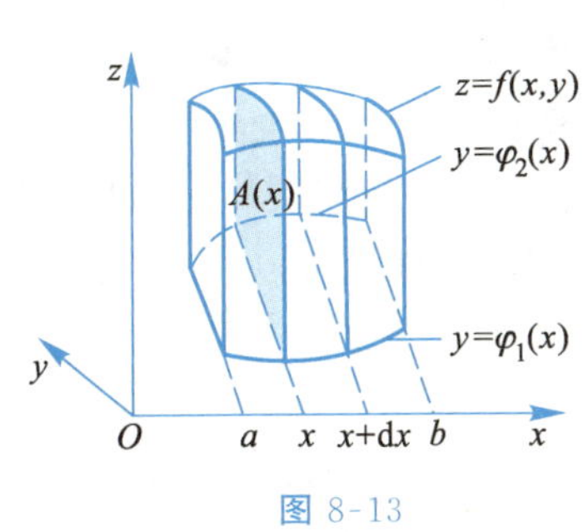

图 8-13

将 $A(x)$代入式(8-9),则曲顶柱体的体积为

$$V=\int_a^b\left[\int_{\varphi_1(x)}^{\varphi_2(x)}f(x,y)dy\right]dx. \tag{8-10}$$

以上公式把二重积分的计算问题转化为两次定积分的计算:第一次积分时,把 x 看作常数,对变量 y 积分,一般地,它的积分限是 x 的函数;第二次是对变量 x 积分,它的积分限是常量.这种先对一个变量积分,然后再对另一个变量积分的方法,称为累次积分法.公式(8-10)称为先积 y(也称内积分对 y)后积 x(也称外积分对 x)的累次积分公式.通常也可写成

$$\iint_D f(x,y)\mathrm{d}x\mathrm{d}y=\int_a^b \mathrm{d}x\int_{\varphi_1(x)}^{\varphi_2(x)} f(x,y)\mathrm{d}y. \tag{8-11}$$

2. 设积分区域 D 为 Y-型

积分区域 D 由 $y=c$，$y=d(c<d)$，连续曲线 $x=\psi_1(y)$，$x=\psi_2(y)$围成，即

$$D=\{(x,y)\mid \psi_1(y)\leqslant x\leqslant \psi_2(y),c\leqslant y\leqslant d\}.$$

这样的区域称为 Y-型区域(图 8-14).

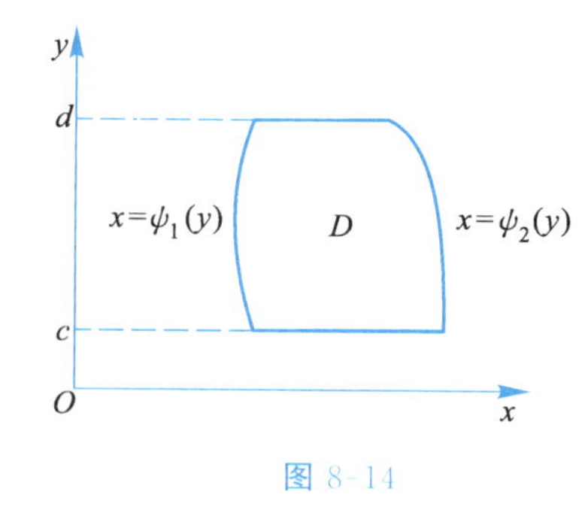

图 8-14

用垂直于 y 轴的平面截曲顶柱体，可类似地得到曲顶柱体的体积

$$V=\int_c^d\left[\int_{\psi_1(y)}^{\psi_2(y)} f(x,y)\mathrm{d}x\right]\mathrm{d}y. \tag{8-12}$$

公式(8-12)称为先积 x 后积 y 的累次积分公式，通常也可写成

$$\iint_D f(x,y)\mathrm{d}x\mathrm{d}y=\int_c^d \mathrm{d}y\int_{\psi_1(y)}^{\psi_2(y)} f(x,y)\mathrm{d}x. \tag{8-13}$$

3. 一般积分区域的情况

如果 D 既是 X-型区域$\{(x,y)\mid \varphi_1(x)\leqslant y\leqslant \varphi_2(x),a\leqslant x\leqslant b\}$，又是 Y-型区域$\{(x,y)\mid \psi_1(y)\leqslant x\leqslant \psi_2(y),c\leqslant y\leqslant d\}$，那么

$$\iint_D f(x,y)\mathrm{d}x\mathrm{d}y=\int_a^b \mathrm{d}x\int_{\varphi_1(x)}^{\varphi_2(x)} f(x,y)\mathrm{d}y=\int_c^d \mathrm{d}y\int_{\psi_1(y)}^{\psi_2(y)} f(x,y)\mathrm{d}x. \tag{8-14}$$

公式(8-14)常用来交换二重积分的积分次序.

若二重积分 $\iint_D f(x,y)\mathrm{d}x\mathrm{d}y$ 的积分区域 D 比较复杂，这时可以用平行于 y 轴(或平行于 x 轴)的直线，把 D 分成若干个 X-型、Y-型的小区域，应用二重积分区域可加性性质，D 上二重积分就是这些小区域上二重积分的和. 如图 8-15 所示的区域 D，可以用平行于 y 轴的直线把 D 分割成 D_1，D_2，D_3 三部分.

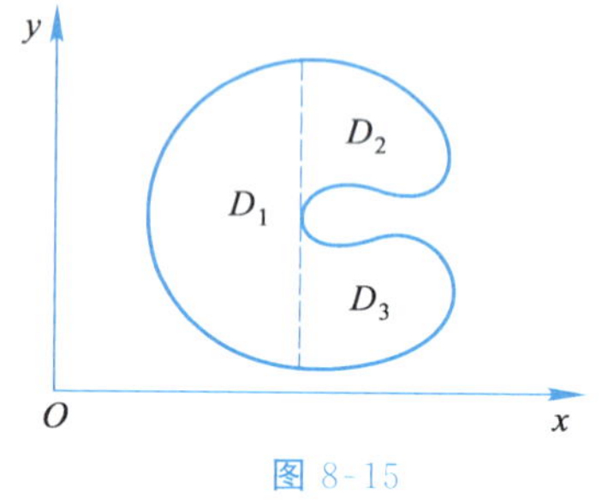

图 8-15

把二重积分转化为累次积分计算时，其关键是根据所给出的积分域，定出两次积分的上下限.我们通过以下这道例题来说明如何确定二重积分的上下限.

【例 8.7.1】 试将 $\iint_D f(x,y)\mathrm{d}x\mathrm{d}y$ 化为两种不同次序的累次积分.其中积分区域 D 是由 $y=2-x$，$y=x$ 和 x 轴围成.

解 首先画出积分区域 D 的图形，并求出边界曲线的交点(1,1)，(0,0)及(2,0).

(1) 若视 D 为 Y-型[图 8-16(a)]，则将 D 投影到 y 轴上，得到投影区间[0,1]，即 $0\leqslant y\leqslant 1$.在[0,1]上任意找一点 y，过 y 画一条与 x 轴平行的直线，该直线与区域 D 的边界交于两点，其横坐标分别为 $x=y$，$x=2-y$，即 $y\leqslant x\leqslant 2-y$，所以有

$$D=\{(x,y)\mid y\leqslant x\leqslant 2-y,0\leqslant y\leqslant 1\},$$

$$\iint_D f(x,y)\mathrm{d}x\mathrm{d}y=\int_0^1\mathrm{d}y\int_y^{2-y}f(x,y)\mathrm{d}x.$$

(2) 若视 D 为 X-型[图 8-16(b)],则将 D 投影到 x 轴上,得投影区间[0,2],即 $0\leqslant x\leqslant 2$.在[0,2]上任意找一点 x,过 x 画一条与 y 轴平行的直线,我们发现该直线在不同的区间上([0,1],[1,2])与区域 D 的边界的交点不同,因此需将区域 D 分成 D_1 和 D_2,且

$$D_1=\{(x,y)\mid 0\leqslant y\leqslant x,0\leqslant x\leqslant 1\},$$

$$D_2=\{(x,y)\mid 0\leqslant y\leqslant 2-x,1\leqslant x\leqslant 2\},$$

所以

$$\iint_D f(x,y)\mathrm{d}x\mathrm{d}y=\iint_{D_1}f(x,y)\mathrm{d}x\mathrm{d}y+\iint_{D_2}f(x,y)\mathrm{d}x\mathrm{d}y$$

$$=\int_0^1\mathrm{d}x\int_0^x f(x,y)\mathrm{d}y+\int_1^2\mathrm{d}x\int_0^{2-x}f(x,y)\mathrm{d}y.$$

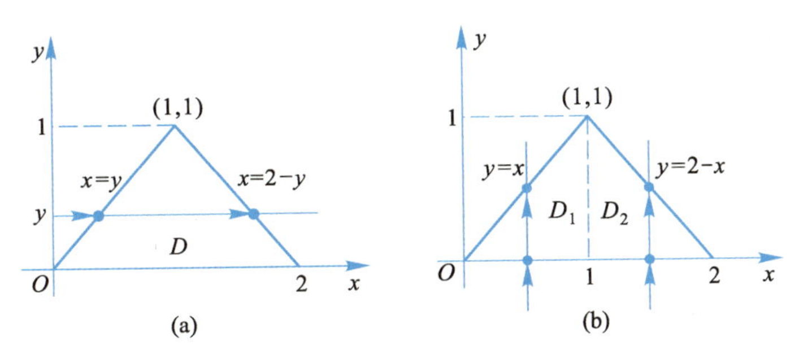

图 8-16

【例 8.7.2】 计算二重积分 $\iint_D(2-x-y)\mathrm{d}x\mathrm{d}y$,其中 D 为由直线 $y=x$ 与抛物线 $y=x^2$ 所围成的区域.

解 作出区域 D 的草图.

若视 D 为 X-型[图 8-17(a)],则将 D 投影到 x 轴上,得投影区间[0,1],即 $0\leqslant x\leqslant 1$.在[0,1]上任意找一点 x,过 x 画一条与 y 轴平行的直线,该直线与区域 D 的边界交于两点,其纵坐标分别为 $y=x^2$,$y=x$,即 $x^2\leqslant y\leqslant x$.

所以 $$D=\{(x,y)\mid x^2\leqslant y\leqslant x,0\leqslant x\leqslant 1\}.$$

原积分 $=\int_0^1\mathrm{d}x\int_{x^2}^x(2-x-y)\mathrm{d}y$

$$=\int_0^1\left[(2-x)y-\frac{1}{2}y^2\right]\Big|_{x^2}^x\mathrm{d}x=\frac{1}{2}\int_0^1(4x-7x^2+2x^3+x^4)\mathrm{d}x$$

$$=\frac{1}{2}\left(2x^2-\frac{7}{3}x^3+\frac{x^4}{2}+\frac{x^5}{5}\right)\Big|_0^1=\frac{11}{60}.$$

若视 D 为 Y-型[图 8-17(b)],则将 D 投影到 y 轴上,得投影区间[0,1],即 $0\leqslant y\leqslant 1$.在[0,1]上任意找一点 y,过 y 画一条与 x 轴平行的直线,该直线与区域 D 的边界交于两点,其横坐标分别为 $x=y$,$x=\sqrt{y}$,即 $y\leqslant x\leqslant\sqrt{y}$.所以 $D=\{(x,y)\mid y\leqslant x\leqslant\sqrt{y},0\leqslant y\leqslant 1\}$.

原积分 $=\int_0^1\mathrm{d}y\int_y^{\sqrt{y}}(2-x-y)\mathrm{d}x$

$$=\int_0^1\left(2x-\frac{x^2}{2}-yx\right)\Big|_y^{\sqrt{y}}\mathrm{d}y=\frac{1}{2}\int_0^1(4\sqrt{y}-5y-2y^{\frac{3}{2}}+3y^2)\mathrm{d}y=\frac{11}{60}.$$

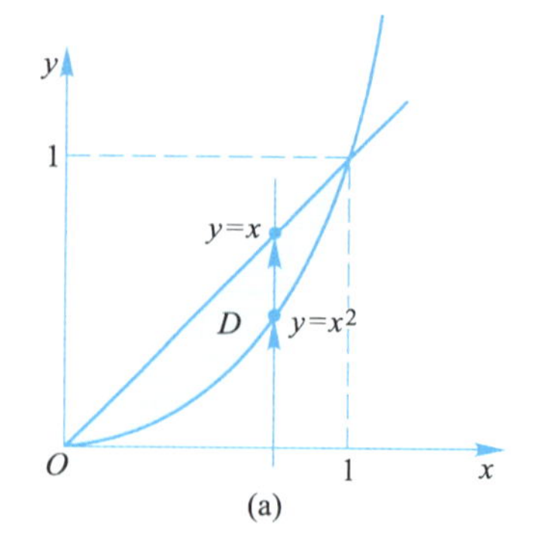

(a)

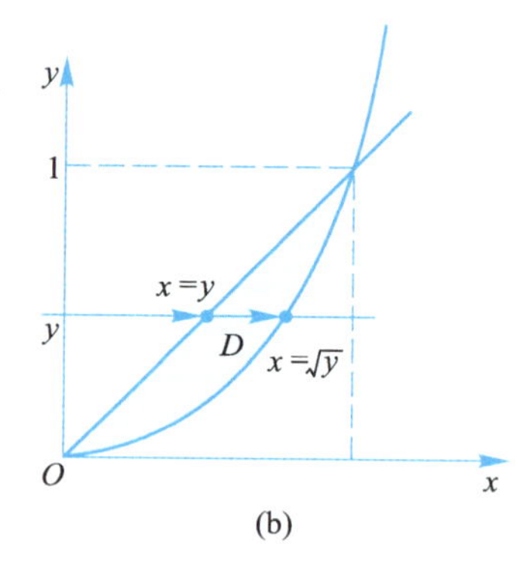

(b)

图 8-17

【例 8.7.3】 计算二重积分 $\iint\limits_D xy\,\mathrm{d}x\,\mathrm{d}y$，其中 D 是由抛物线 $y^2=x$ 及直线 $y=x-2$ 所围成的区域.

解 求出抛物线与直线的交点坐标(1,−1),(4,2),作出区域 D 的草图.

若视 D 为 Y-型[图 8-18(a)],则将 D 投影到 y 轴上,得投影区间[−1,2],即 $-1\leqslant y\leqslant 2$.在[−1,2]上任意找一点 y,过 y 画一条与 x 轴平行的直线,该直线与区域 D 的边界交于两点,其横坐标分别为 $x=y^2$,$x=y+2$,即 $y^2\leqslant x\leqslant y+2$.

所以有 $$D=\{(x,y)\mid y^2\leqslant x\leqslant y+2,-1\leqslant y\leqslant 2\},$$则

$$原积分=\int_{-1}^2\mathrm{d}y\int_{y^2}^{y+2}xy\,\mathrm{d}x=\int_{-1}^2 y\,\mathrm{d}y\int_{y^2}^{y+2}x\,\mathrm{d}x=\int_{-1}^2 y\cdot\left(\frac{1}{2}x^2\right)\Big|_{y^2}^{y+2}\mathrm{d}y$$

$$=\frac{1}{2}\int_{-1}^2(4y+4y^2+y^3-y^5)\mathrm{d}y$$

$$=\frac{1}{2}\left(2y^2+\frac{4}{3}y^3+\frac{1}{4}y^4-\frac{1}{6}y^6\right)\Big|_{-1}^2=\frac{45}{8}.$$

若视 D 为 X-型[图 8-18(b)],则需把 D 划分为两部分,即 $D=D_1\cup D_2$,且

$$D_1=\{(x,y)\mid -\sqrt{x}\leqslant y\leqslant\sqrt{x},0\leqslant x\leqslant 1\},$$
$$D_2=\{(x,y)\mid x-2\leqslant y\leqslant\sqrt{x},1\leqslant x\leqslant 4\}.$$

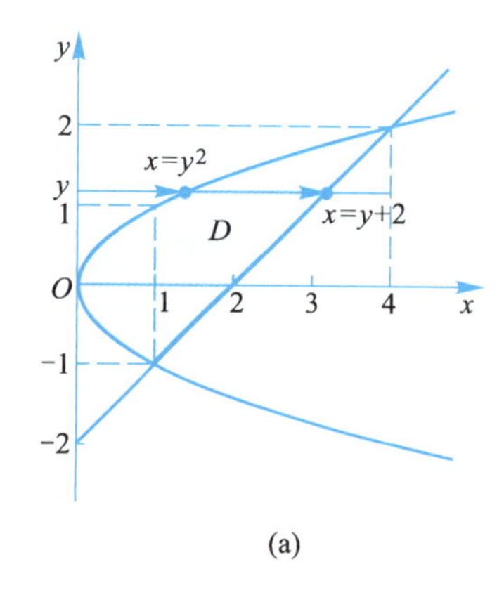

(a)

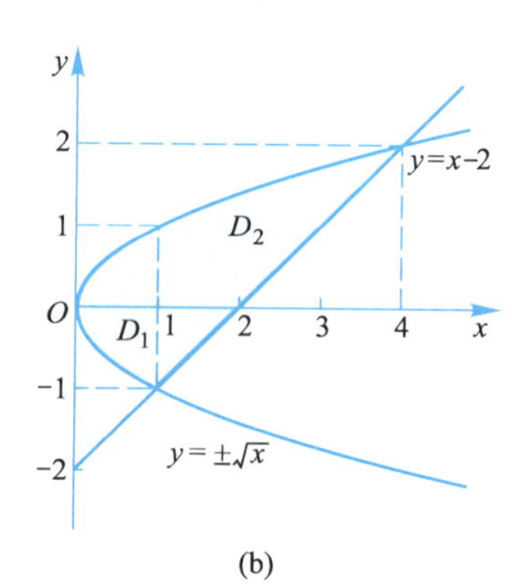

(b)

图 8-18

$$\text{原积分}=\iint_{D_1}xy\,\mathrm{d}x\,\mathrm{d}y+\iint_{D_2}xy\,\mathrm{d}x\,\mathrm{d}y=\int_0^1\mathrm{d}x\int_{-\sqrt{x}}^{\sqrt{x}}xy\,\mathrm{d}y+\int_1^4\mathrm{d}x\int_{x-2}^{\sqrt{x}}xy\,\mathrm{d}y$$

$$=\int_0^1\left(\frac{xy^2}{2}\Big|_{-\sqrt{x}}^{\sqrt{x}}\right)\mathrm{d}x+\int_1^4\left(\frac{xy^2}{2}\Big|_{x-2}^{\sqrt{x}}\right)\mathrm{d}x=\int_1^4\left(-2x+\frac{5}{2}x^2-\frac{1}{2}x^3\right)\mathrm{d}x$$

$$=\left(-x^2+\frac{5}{6}x^3-\frac{x^4}{8}\right)\Big|_1^4=\frac{45}{8}.$$

比较两种算法，显然把 D 视为 Y-型，计算先 x 后 y 的累次积分比较简单.

【例 8.7.4】 计算二重积分 $\iint_D \mathrm{e}^{-y^2}\mathrm{d}x\mathrm{d}y$，其中 D 是由直线 $y=x$，$y=1$，$x=0$ 所围成的区域.

解 作出区域 D 的草图(图 8-19).

若视 D 为 Y-型区域：$D=\{(x,y)\mid 0\leqslant x\leqslant y,0\leqslant y\leqslant 1\}$，则原积分 $=\int_0^1\mathrm{d}y\int_0^y \mathrm{e}^{-y^2}\mathrm{d}x=\int_0^1 y\mathrm{e}^{-y^2}\mathrm{d}y=-\frac{1}{2}\mathrm{e}^{-y^2}\Big|_0^1=\frac{1}{2}(1-\mathrm{e}^{-1})$.

若视 D 为 X-型区域：$D=\{(x,y)\mid x\leqslant y\leqslant 1,0\leqslant x\leqslant 1\}$，则原积分 $=\int_0^1\mathrm{d}x\int_x^1 \mathrm{e}^{-y^2}\mathrm{d}y$.

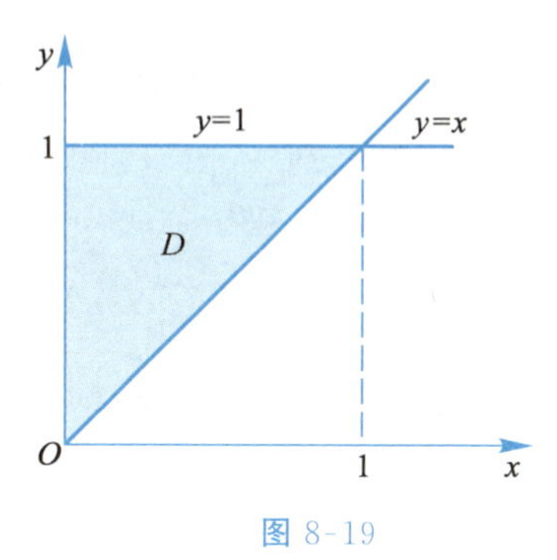

图 8-19

因为函数 e^{-y^2} 不存在有限形式的原函数，故无法计算下去了.

本例从区域表示来看，视 D 为 X-型或 Y-型都十分简单，但从被积函数来看，却只能把 D 视为 Y-型，以先 x 后 y 的累次积分次序计算，才能得到结果.由此可见，在计算二重积分时，将积分区域视为 X-型还是 Y-型，不仅要看积分区域的特征，而且要考虑到被积函数的特点.原则上是既要使计算能进行，又要使计算尽可能简便.这需要读者通过自己的实践，逐渐掌握其规律.

8.7.2 极坐标系下二重积分的计算

在具体计算二重积分时，根据被积函数的特点和积分区域的形状，选择适当的坐标系，会使计算变得简单.下面介绍极坐标系下二重积分的计算方法.

显然，将二重积分 $\iint_D f(x,y)\mathrm{d}\sigma$ 化为极坐标形式，会遇到两个问题：一个是如何把被积函数 $f(x,y)$、积分区域 D 化为极坐标形式；另一个是如何把面积元素 $\mathrm{d}\sigma$ 化为极坐标形式.

第一个问题是容易解决的.如果我们选取极点 O 为直角坐标系的原点、极轴为 x 轴，则由直角坐标与极坐标的关系

$$\begin{cases}x=r\cos\theta,\\ y=r\sin\theta,\end{cases}$$

即得
$$f(x,y)=f(r\cos\theta,r\sin\theta).$$

为了解决第二个问题，在极坐标系中，我们以 $r=$常数(以极点为中心的一组同心圆)和 $\theta=$常数(自极点出发的一组射线)这两组曲线，把 D 分割成许多小区域(图 8-20).当分割更细时，图中阴影所示小区域的面积近似等于以 $r\mathrm{d}\theta$ 为长、$\mathrm{d}r$ 为宽的小矩形面积，可记为

$$d\sigma = r\,dr\,d\theta.$$

于是二重积分的极坐标形式为

$$\iint_D f(x,y)\,d\sigma = \iint_D f(r\cos\theta, r\sin\theta)\,r\,dr\,d\theta. \quad (8\text{-}15)$$

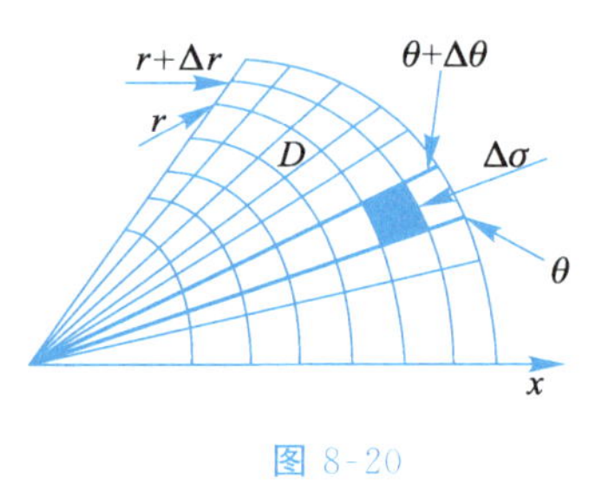

图 8-20

在实际使用时，仍需把二重积分的极坐标形式化为累次积分.这里只介绍先 r 后 θ 的积分次序.至于如何确定两次积分的上下限，要根据极点与积分区域 D 的位置而定，现分三种情况加以讨论：

(1) 极点在区域 D 的外面[图 8-21(a)].

从极点作两条射线 $\theta=\alpha$，$\theta=\beta$ 夹紧区域 D，则 α，β 分别是对 θ 积分的下限和上限.在 α 与 β 之间任作一条射线与积分区域 D 的边界交于两点，它们的极径分别为 $r=r_1(\theta)$，$r=r_2(\theta)$，假定 $r_1(\theta)\leqslant r_2(\theta)$，那么 $r_1(\theta)$ 与 $r_2(\theta)$ 分别是对 r 积分的下限与上限，积分区域 $D=\{(r,\theta)\mid \alpha\leqslant\theta\leqslant\beta, r_1(\theta)\leqslant r\leqslant r_2(\theta)\}$，所以

$$\iint_D f(r\cos\theta, r\sin\theta)\,r\,dr\,d\theta = \int_\alpha^\beta d\theta\int_{r_1(\theta)}^{r_2(\theta)} f(r\cos\theta, r\sin\theta)\,r\,dr. \quad (8\text{-}16)$$

(2) 极点在区域 D 的边界上[图 8-21(b)].

从极点作两条射线 $\theta=\alpha$，$\theta=\beta$ 夹紧区域 D.这时积分区域 $D=\{(r,\theta)\mid \alpha\leqslant\theta\leqslant\beta, 0\leqslant r\leqslant r(\theta)\}$，所以

$$\iint_D f(r\cos\theta, r\sin\theta)\,r\,dr\,d\theta = \int_\alpha^\beta d\theta\int_0^{r(\theta)} f(r\cos\theta, r\sin\theta)\,r\,dr. \quad (8\text{-}17)$$

(3) 极点在区域 D 的内部[图 8-21(c)].

这时积分区域 $D=\{(r,\theta)\mid 0\leqslant\theta\leqslant 2\pi, 0\leqslant r\leqslant r(\theta)\}$，所以

$$\iint_D f(r\cos\theta, r\sin\theta)\,r\,dr\,d\theta = \int_0^{2\pi} d\theta\int_0^{r(\theta)} f(r\cos\theta, r\sin\theta)\,r\,dr. \quad (8\text{-}18)$$

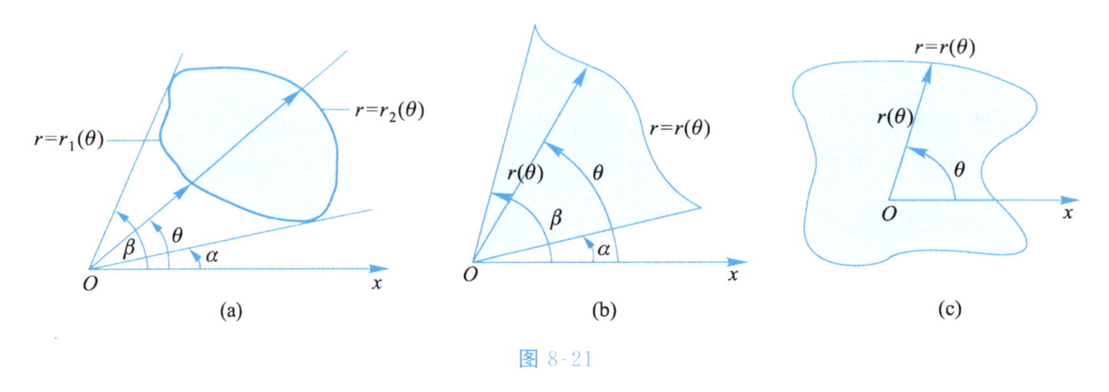

图 8-21

【例 8.7.5】 把 $\iint_D f(x,y)\,d\sigma$ 化为极坐标系下的累次积分，其中 D 是由圆 $x^2+y^2=2Ry$ 所围成的区域.

解 由于圆的方程可化为 $x^2+(y-R)^2=R^2$ 的形式，故该圆的圆心在 $(0,R)$ 处.

在极坐标系中画出积分区域 D(图 8-22)，并把 D 的边界曲线 $x^2+y^2=2Ry$ 化为极坐标方程，即为

$$r=2R\sin\theta.$$

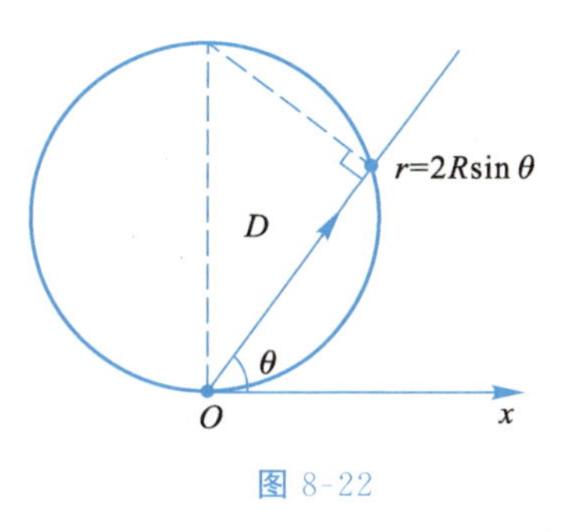

图 8-22

从图中看出，极点在积分区域 D 的边界上，作两条射线 $\theta=0,\theta=\pi$ 夹紧区域 D，则 $0\leqslant\theta\leqslant\pi$. 在 $[0,\pi]$ 中任作射线与积分区域 D 的边界交于两点，这两点的极径分别为 $r_1=0$，$r_2=2R\sin\theta$，即 $D=\{(r,\theta)\mid 0\leqslant r\leqslant 2R\sin\theta,0\leqslant\theta\leqslant\pi\}$，所以

$$\iint_D f(x,y)\mathrm{d}\sigma=\iint_D f(r\cos\theta,r\sin\theta)r\mathrm{d}r\mathrm{d}\theta$$
$$=\int_0^{\pi}\mathrm{d}\theta\int_0^{2R\sin\theta}f(r\cos\theta,r\sin\theta)r\mathrm{d}r.$$

【例 8.7.6】 在极坐标系下，计算二重积分 $\iint_D (x^2+y^2)\mathrm{d}x\mathrm{d}y$，其中 D 是圆环 $\{(x,y)\mid 1\leqslant x^2+y^2\leqslant 4\}$ 在第一象限的部分.

解 在极坐标系中画出积分区域 D（图 8-23），并把 D 的边界曲线化为极坐标方程，即

$$x^2+y^2=1\Rightarrow r=1,$$
$$x^2+y^2=4\Rightarrow r=2.$$

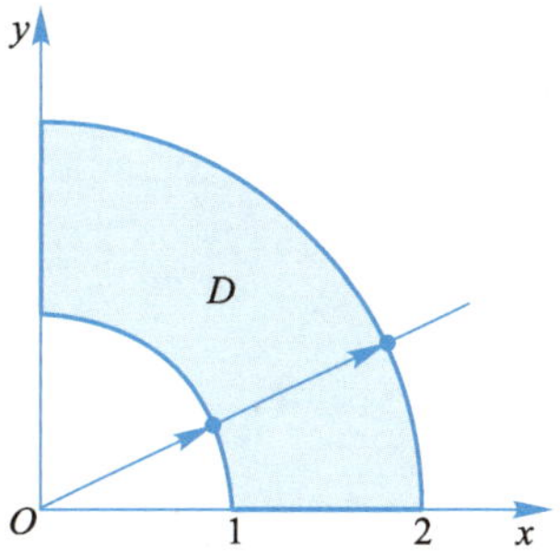

从图中可以看出，极点在积分区域 D 的外面. 作两条射线 $\theta=0$ 与 $\theta=\dfrac{\pi}{2}$ 夹紧积分区域 D，则 $0\leqslant\theta\leqslant\dfrac{\pi}{2}$. 在 $\left[0,\dfrac{\pi}{2}\right]$ 内任作一射线与积分区域 D 的边界交于两点，这两点的极径分别为 $r_1=1,r_2=2$，即 $D=\left\{(r,\theta)\,\middle|\,1\leqslant r\leqslant 2,0\leqslant\theta\leqslant\dfrac{\pi}{2}\right\}$，

图 8-23

所以
$$\iint_D (x^2+y^2)\mathrm{d}x\mathrm{d}y=\iint_D r^2\cdot r\mathrm{d}r\mathrm{d}\theta=\int_0^{\frac{\pi}{2}}\mathrm{d}\theta\int_1^2 r^3\mathrm{d}r$$
$$=\int_0^{\frac{\pi}{2}}\left(\frac{r^4}{4}\right)\Bigg|_1^2\mathrm{d}\theta=\int_0^{\frac{\pi}{2}}\frac{15}{4}\mathrm{d}\theta=\frac{15}{8}\pi.$$

【例 8.7.7】 计算二重积分 $\iint_D \mathrm{e}^{-x^2-y^2}\mathrm{d}x\mathrm{d}y$，其中 D 是由圆 $x^2+y^2=R^2(R>0)$ 所围成的区域.

解 在极坐标系中画出积分区域 D（图 8-24），并把 D 的边界曲线化为极坐标方程，即

$$x^2+y^2=R^2\Rightarrow r=R.$$

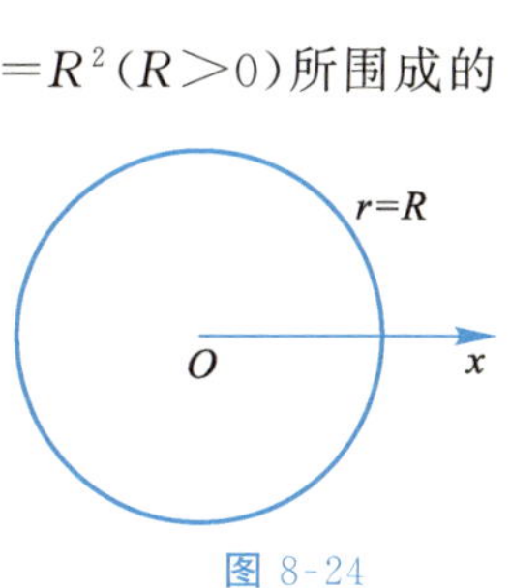

图 8-24

从图中可以看出，极点在积分区域 D 的内部，所以有

$$D=\{(r,\theta)\mid 0\leqslant r\leqslant R,0\leqslant\theta\leqslant 2\pi\},$$

于是原积分 $=\displaystyle\int_0^{2\pi}\mathrm{d}\theta\int_0^R \mathrm{e}^{-r^2}r\mathrm{d}r$

$$=2\pi\cdot\left(-\frac{1}{2}\mathrm{e}^{-r^2}\right)\Bigg|_0^R=\pi(1-\mathrm{e}^{-R^2}).$$

这个积分在直角坐标系中无法计算（为什么？请读者想一想）.

通过以上几个例子，我们看到，如果二重积分的被积函数是以 x^2+y^2 为变量的函数，或

者积分区域是圆形域或圆形域的一部分,那么,它在极坐标系中的计算一般要比在直角坐标系中的计算简单.

8.7.3 二重积分的应用

二重积分在几何、物理等许多学科中有着广泛的应用,这里做一些简单介绍.

1. 立体的体积

【例 8.7.8】 求由两个圆柱面 $x^2+y^2=R^2$,$x^2+z^2=R^2$ 所围成的立体的体积.

解 由立体对坐标面的对称性,所求体积是它位于第一卦限那部分[图 8-25(a)]体积 V_1 的 8 倍.立体在第一卦限的积分区域 $D_1=\{(x,y)\mid 0\leqslant x\leqslant R,0\leqslant y\leqslant\sqrt{R^2-x^2}\}$[图 8-25(b)],它的曲顶为 $z=\sqrt{R^2-x^2}$,于是

$$\begin{aligned}V_1&=\iint_{D_1}\sqrt{R^2-x^2}\,\mathrm{d}x\,\mathrm{d}y=\int_0^R\mathrm{d}x\int_0^{\sqrt{R^2-x^2}}\sqrt{R^2-x^2}\,\mathrm{d}y\\&=\int_0^R\left(\sqrt{R^2-x^2}\cdot y\right)\Big|_0^{\sqrt{R^2-x^2}}\mathrm{d}x\\&=\int_0^R(R^2-x^2)\mathrm{d}x=\left(R^2x-\frac{x^3}{3}\right)\Big|_0^R=\frac{2}{3}R^3.\end{aligned}$$

所以
$$V=8V_1=\frac{16}{3}R^3.$$

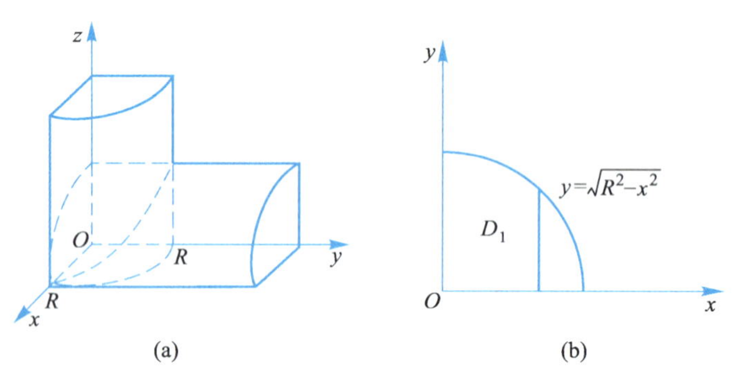

图 8-25

【例 8.7.9】 求由锥面 $z=\sqrt{x^2+y^2}$ 及旋转抛物面 $z=6-x^2-y^2$ 所围成的立体的体积.

解 画出该立体的图形(图 8-26).

它在 xOy 面上的投影区域为 D,则所求立体的体积 $V=V_2-V_1$,其中 V_2 是以 $z=6-x^2-y^2$ 为顶、以 D 为底的曲顶柱体的体积,V_1 是以 $z=\sqrt{x^2+y^2}$ 为顶、以 D 为底的曲顶柱体的体积.区域 D 的边界可以看成两个曲面的交线 $\begin{cases}z=\sqrt{x^2+y^2},\\z=6-x^2-y^2\end{cases}$ 在 xOy 面上的投影,所以从方程组中消去 z,得到

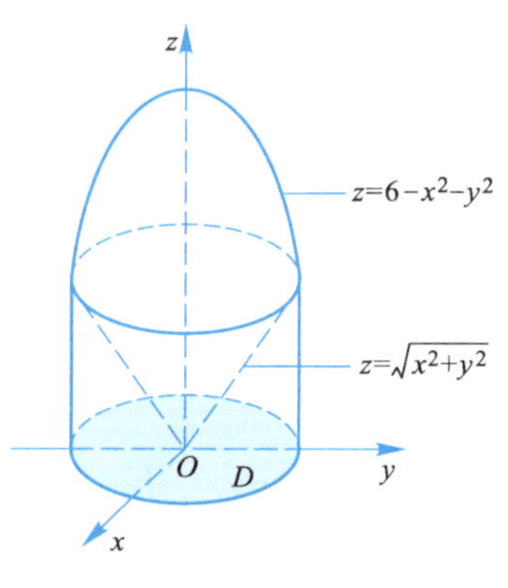

图 8-26

$$\sqrt{x^2+y^2}=6-x^2-y^2 \xrightarrow{\text{令}\sqrt{x^2+y^2}=a} a^2+a-6=0 \to a=2 \to x^2+y^2=4,$$

投影区域 D 为 $x^2+y^2\leqslant 4$.

于是 $V=V_2-V_1=\iint\limits_D(6-x^2-y^2)\mathrm{d}x\mathrm{d}y-\iint\limits_D\sqrt{x^2+y^2}\,\mathrm{d}x\mathrm{d}y$

$$=\iint\limits_D(6-x^2-y^2-\sqrt{x^2+y^2})\mathrm{d}x\mathrm{d}y.$$

显然，这个二重积分放在极坐标系中计算比较简单，即有

$$V=\iint\limits_D(6-r^2-r)r\,\mathrm{d}r\mathrm{d}\theta=\int_0^{2\pi}\mathrm{d}\theta\int_0^2(6r-r^3-r^2)\mathrm{d}r=\frac{32\pi}{3}.$$

2. 曲面的面积

设曲面 S 的方程为 $z=f(x,y)$，它在 xOy 面上的投影区域为 D，且函数 $z=f(x,y)$ 在区域 D 上有一阶连续的偏导数，可以证明曲面 S 的面积为

$$S=\iint\limits_D\sqrt{1+f_x^2(x,y)+f_y^2(x,y)}\,\mathrm{d}x\mathrm{d}y. \tag{8-19}$$

注意：曲面 S 可看作曲顶柱体的顶，投影区域 D 可看作曲顶柱体的底.

【例 8.7.10】 求抛物面 $z=x^2+y^2$ 在平面 $z=9$ 下方部分的面积.

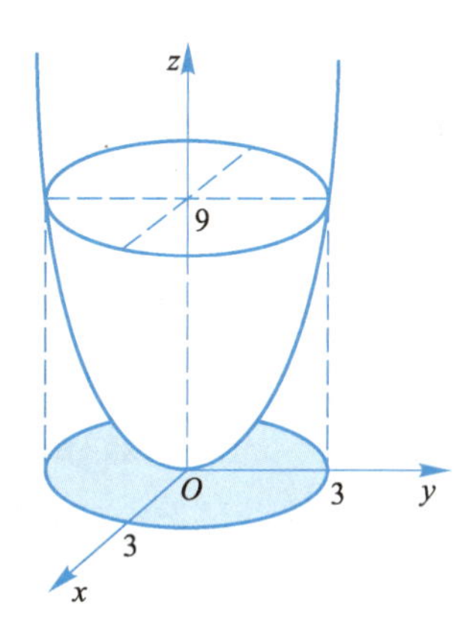

图 8-27

解 如图 8-27 所示，曲面在 xOy 面上的投影区域的边界可看成是曲线 $\begin{cases}z=x^2+y^2,\\ z=9\end{cases}$ 在 xOy 面上的投影.从方程中消去 z，得到 $x^2+y^2=9$，则投影区域为 $D=\{(x,y)\mid x^2+y^2\leqslant 9\}$，且 $\frac{\partial z}{\partial y}=2x,\frac{\partial z}{\partial y}=2y$.

于是由曲面的面积公式(8-19)得

$$S=\iint\limits_D\sqrt{1+(2x)^2+(2y)^2}\,\mathrm{d}x\mathrm{d}y=\int_0^{2\pi}\mathrm{d}\theta\int_0^3\sqrt{1+4r^2}\cdot r\mathrm{d}r$$

$$=2\pi\cdot\frac{1}{8}\cdot\frac{2}{3}(1+4r^2)^{\frac{3}{2}}\Big|_0^3=\frac{\pi}{6}(37\sqrt{37}-1).$$

3. 其他一些应用

【例 8.7.11】 某城市 2008 年的人口密度近似为 $P(x,y)=\dfrac{20}{\sqrt{x^2+y^2+96}}$，其中 (x,y) 表示如图 8-28 所示的某坐标点，单位为 km；人口密度单位为万人/km². 试求距离市中心 2 km 区域内的人口数.

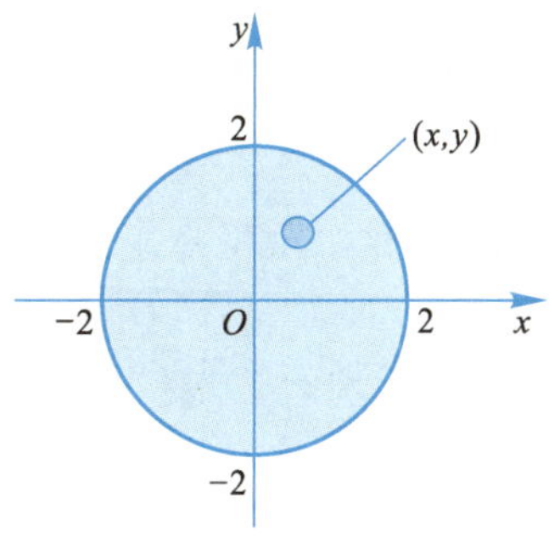

图 8-28

分析 当 $f(x,y)>0$ 时，$\iint\limits_D f(x,y)\mathrm{d}\sigma$ 表示 $f(x,y)$ 向 xOy 面投影所对应的曲顶柱体的体积.因此，若需解决的问题是关于被积函数 $f(x,y)\mathrm{d}\sigma$ 的问题(类似于体积问题)，那么我们可以通过计算二重积分来解决问题.

解 因为人口总数=区域面积×人口密度,

所以 $\iint\limits_D P(x,y)\mathrm{d}\sigma=\iint\limits_{x^2+y^2\leqslant 4}\frac{20}{\sqrt{x^2+y^2+96}}\mathrm{d}x\mathrm{d}y$

$$=20\times\int_0^{2\pi}\left[\int_0^2\frac{1}{\sqrt{r^2+96}}r\mathrm{d}r\right]\mathrm{d}\theta$$

$$=20\times\int_0^{2\pi}\left[\int_0^2\frac{1}{2\sqrt{r^2+96}}\mathrm{d}(r^2+96)\right]\mathrm{d}\theta$$

$$=20\times\int_0^{2\pi}\left[\sqrt{r^2+96}\,\Big|_0^2\right]\mathrm{d}\theta$$

$$=20\times\int_0^{2\pi}(10-4\sqrt{6})\mathrm{d}\theta$$

$$=20\times 2\pi\times(10-4\sqrt{6})\approx 25.4(\text{万人}).$$

因此,距离市中心 2 km 范围内的人口约为 25.4 万人.

小结

计算二重积分时,应首先选择适当的坐标系,再根据积分区域的特点确定积分的上限和下限.选用何种积分次序,不但要考虑积分区域的类型,还要考虑被积函数的特点.利用二重积分求立体的体积、曲面的面积时,要注意对称性的应用,这是一种重要的计算技巧,读者应予以重视.

数学实验

求二重积分.

命令:int(y,x,minx,maxx)——函数 y 对符号变量 x 在区间[min$x$,max$x$]上求积分.

【例】 求积分 $\int_1^2\mathrm{d}y\int_0^1 x^y\mathrm{d}x$.

输入:
```
syms x y
a = int(int(x^y,x,0,1),y,1,2)
```

结果:
```
a =
log(3) - log(2)
```

习题 8.7

习题 8.7 答案

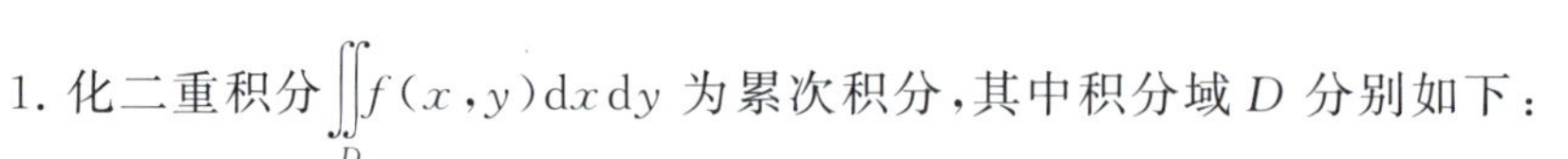

1. 化二重积分 $\iint\limits_D f(x,y)\mathrm{d}x\mathrm{d}y$ 为累次积分,其中积分域 D 分别如下:

(1) $1\leqslant x\leqslant 3,2\leqslant y\leqslant 5$;

(2) 直线 $y=x$ 及抛物线 $y^2=4x$ 所围成的区域;

(3) 抛物线 $y=x^2$ 及 $y=4-x^2$ 所围成的区域;

(4) 由 x 轴及圆 $x^2+y^2=R^2$ 所围成的上半圆.

2. 计算下列二重积分.

(1) $\iint\limits_D (x+2y)\mathrm{d}x\mathrm{d}y$，其中 D 是矩形区域：$\{(x,y)\mid -1\leqslant x\leqslant 1,0\leqslant y\leqslant 2\}$；

(2) $\iint\limits_D (x-y)\mathrm{d}x\mathrm{d}y$，其中 D 是由 $y-x=0$，$x=1$ 及 x 轴所围成的三角形区域；

(3) $\iint\limits_D x\cdot\sqrt{y}\,\mathrm{d}x\mathrm{d}y$，其中 D 是由两条抛物线 $y=\sqrt{x}$，$y=x^2$ 所围成的区域；

(4) $\iint\limits_D \left(\frac{x}{y}\right)^2\mathrm{d}x\mathrm{d}y$，其中 D 是由直线 $y=x$，$x=2$ 及双曲线 $xy=1$ 所围成的区域；

(5) $\iint\limits_D \frac{\sin y}{y}\mathrm{d}x\mathrm{d}y$，其中 D 是由直线 $y=x$，$x=0$，$y=\frac{\pi}{2}$，$y=\pi$ 所围成的区域.

3. 利用极坐标计算下列二重积分.

(1) $\iint\limits_D \mathrm{e}^{x^2+y^2}\mathrm{d}x\mathrm{d}y$，其中 $D=\{(x,y)\mid x^2+y^2\leqslant 1,x\geqslant 0,y\geqslant 0\}$；

(2) $\iint\limits_D \sqrt{1-x^2-y^2}\,\mathrm{d}x\mathrm{d}y$，其中 D 是圆心在原点的单位圆的上半部分；

(3) $\iint\limits_D \sqrt{x^2+y^2}\,\mathrm{d}x\mathrm{d}y$，其中 D 是半圆域：$x^2+y^2\leqslant 2x,y\geqslant 0$；

(4) $\iint\limits_D \frac{x+y}{x^2+y^2}\mathrm{d}x\mathrm{d}y$，其中 $D=\{(x,y)\mid x^2+y^2\leqslant 1,x+y\geqslant 1\}$.

4. 求由下列曲面所围成的立体的体积.

(1) 旋转抛物面 $z=6-x^2-y^2$ 与 xOy 坐标平面所围的立体；

(2) 旋转抛物面 $z=2-x^2-y^2$ 与 $z=x^2+y^2$ 所围的立体.

5. 求球面 $x^2+y^2+z^2=25$ 被平面 $z=3$ 所截上半部分曲面的面积.

复 习 题 八

一、选择题.

复习题八答案

1. 函数 $f(x,y)=\frac{\sqrt{4x-y^2}}{\ln[1-(x^2+y^2)]}$ 的定义域是(　　).

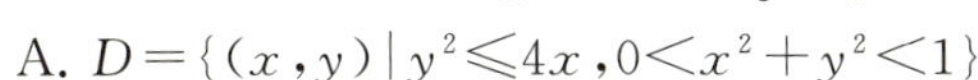
A. $D=\{(x,y)\mid y^2\leqslant 4x,0<x^2+y^2<1\}$

B. $D=\{(x,y)\mid y^2\leqslant 4x,0\leqslant x^2+y^2\leqslant 1\}$

C. $D=\{(x,y)\mid y^2<4x,0<x^2+y^2<1\}$

D. $D=\{(x,y)\mid y^2<4x,0\leqslant x^2+y^2\leqslant 1\}$

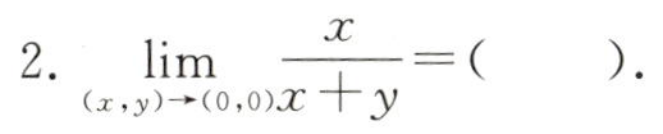
2. $\lim\limits_{(x,y)\to(0,0)}\frac{x}{x+y}=$(　　).

A. 0　　　　B. 1　　　　C. 不存在　　　　D. ∞

3. 设 $z=f(x,y)$，则 $\left.\frac{\partial z}{\partial x}\right|_{(x_0,y_0)}=$(　　).

A. $\lim\limits_{\Delta x\to 0}\frac{f(x_0+\Delta x,y_0+\Delta y)-f(x_0,y_0)}{\Delta x}$

B. $\lim\limits_{\Delta x\to 0}\dfrac{f(x_0+\Delta x,y_0)-f(x_0,y_0)}{\Delta x}$

C. $\lim\limits_{\Delta x\to 0}\dfrac{f(x+\Delta x,y_0)-f(x_0,y_0)}{\Delta x}$

D. $\lim\limits_{\Delta x\to 0}\dfrac{f(x+\Delta x,y)-f(x,y)}{\Delta x}$

4. 函数 $z=f(x,y)$在点 $P_0(x_0,y_0)$处的两个偏导数$\dfrac{\partial z}{\partial x}$和$\dfrac{\partial z}{\partial y}$存在是它在 P_0 处可微的(　　).

A. 充分条件　　B. 必要条件　　C. 充要条件　　D. 无关条件

5. 若 $f_x(x_0,y_0)=0,f_y(x_0,y_0)=0$,则 $f(x,y)$在点(x_0,y_0)处(　　).

A. 有极值　　B. 无极值　　C. 不一定有极值　　D. 有极大值

6. 设函数 $z=x\ln(xy)$,则$\dfrac{\partial^2 z}{\partial x\partial y}$等于(　　).

A. $\dfrac{1}{x}$　　B. $\dfrac{1}{y}$　　C. 0　　D. $\ln(xy)+1$

7. 设 $I=\iint\limits_D\sqrt[3]{x^2+y^2-1}\,\mathrm{d}x\mathrm{d}y$,其中 D 是圆环 $1\leqslant x^2+y^2\leqslant 2$ 所确定的闭区域,则必有(　　).

A. $I>0$　　B. $I<0$

C. $I=0$　　D. $I\neq 0$,但符号不能确定

8. 设 D 是由$|x|=2,|y|=1$所围成的闭区域,则$\iint\limits_D xy^2\mathrm{d}x\mathrm{d}y$ 等于(　　).

A. $\dfrac{4}{3}$　　B. $\dfrac{8}{3}$　　C. $\dfrac{16}{3}$　　D. 0

二、填空题.

1. 设 $f(x+y,x-y)=x^2+y^2$,则 $f(x,y)=$________.

2. $\lim\limits_{(x,y)\to(0,1)}\dfrac{\arctan(x^2+y^2)}{1+\mathrm{e}^{xy}}=$________.

3. 设二元函数 $f(x,y)=yx^2+\mathrm{e}^{xy}$,则 $f_x(1,2)=$________.

4. 设 $z=xy+\dfrac{x}{y}$,则 $\mathrm{d}z=$________.

5. 设二元函数 $z=\ln(x-2y)$,则$\dfrac{\partial^2 z}{\partial x\partial y}=$________.

6. 设 $z=(x-y)^x$,则$\dfrac{\partial z}{\partial y}=$________.

7. 已知 $x\ln y+y\ln z+z\ln x=1$,则$\dfrac{\partial z}{\partial x}\cdot\dfrac{\partial x}{\partial y}\cdot\dfrac{\partial y}{\partial z}=$________.

8. 二元函数 $f(x,y)=x^3+y^3+xy$ 的极值是________,且它是极________(填“大”或“小”)值.

9. 设 D 是由圆环 $2 \leqslant x^2+y^2 \leqslant 4$ 所确定的闭区域，则 $\iint\limits_D \mathrm{d}x\,\mathrm{d}y=$________.

三、讨论函数 $f(x,y)=\dfrac{x^2y^2}{(x^2-y^2)^2}$ 当 $(x,y)\to(0,0)$ 时的极限.

四、设 $z=f(x^2-y^2,\mathrm{e}^{xy})$，其中 f 具有一阶连续偏导数，求 z_x, z_y.

五、设方程 $2xyz+\ln(xyz)=0$ 确定的函数为 $z=f(x,y)$，求 $\dfrac{\partial z}{\partial x}, \dfrac{\partial z}{\partial y}$.

六、求对角线长度为 $2\sqrt{3}$，而体积为最大的长方体的体积.

七、计算下列二重积分.

(1) $\iint\limits_D (x^2+y^2-x)\,\mathrm{d}x\,\mathrm{d}y$，其中 D 是由直线 $y=2, y=x, y=2x$ 所围成的闭区域；

(2) $\iint\limits_D y\,\mathrm{d}x\,\mathrm{d}y$，其中 D 是由圆 $x^2+y^2=a^2(a>0)$ 和两坐标轴所围成的位于第一象限的闭区域.

八、求由锥面 $z=\sqrt{x^2+y^2}$ 及上半球面 $z=\sqrt{8-x^2-y^2}$ 所围成的立体的体积.

九、求球面 $x^2+y^2+z^2=25$ 被平面 $z=3, z=4$ 所夹部分曲面的面积.

第 9 章

无穷级数

教学目标

1. 知识目标　了解正项级数敛散性的比较判别法、比值判别法，了解交错级数的莱布尼兹判别法；了解条件收敛和绝对收敛的概念及两者的关系，会判别任意数项级数的收敛类型；理解幂级数敛散性的概念，掌握求各类幂级数的收敛半径和收敛区间的方法.

2. 能力目标　能根据级数的类型选择合理的判别方法；会利用幂级数解决数项级数的求和问题.

3. 思政目标　通过级数收敛的判断方法，培养学生脚踏实地、持之以恒、坚持不懈、锲而不舍的精神，领会厚积薄发的做人道理.

思维导图

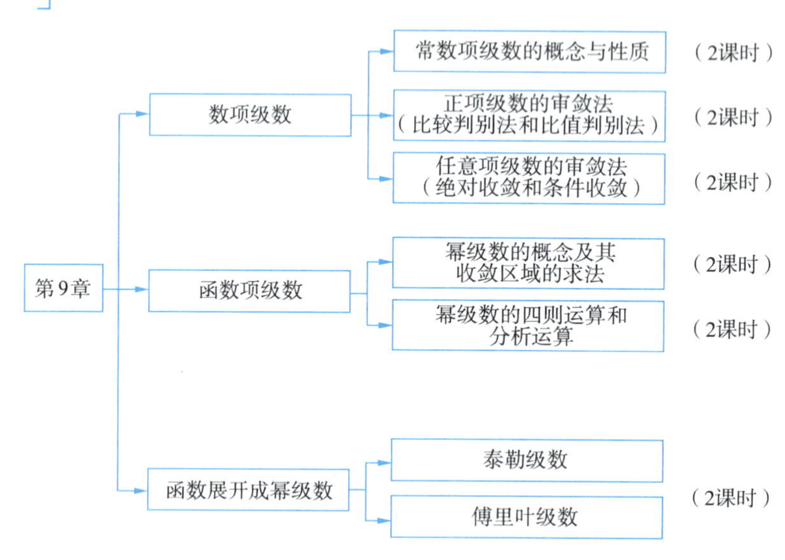

本章导引

我们知道,有限个实数相加,其结果是一个实数.那无限个实数相加结果是什么呢?在《庄子·天下篇》中有这么一句话:一尺之棰,日取其半,万世不竭.这句话的意思是说,一尺长的木棒每天都取一半,永远也取不完.那么,如果把每天截下的那部分木棒都加起来,其长度应等于

$$\frac{1}{2}+\frac{1}{2^2}+\frac{1}{2^3}+\cdots+\frac{1}{2^n}+\cdots.$$

这就是"无限个数相加"的例子.从直观上看,它的和是1.再看下面"无限个数相加"的表达式

$$1+(-1)+1+(-1)+\cdots,$$

若将它写成$(1-1)+(1-1)+(1-1)+\cdots=0+0+0+\cdots$,结果就是0;若写成

$$1+[(-1)+1]+[(-1)+1]+[(-1)+1]+\cdots=1+0+0+0+\cdots,$$

结果就是1.由此提出问题:无限个数相加是否存在"和"?如果存在,"和"等于什么?这就是本章要研究的问题.

9.1 常数项级数的概念和性质

本节导引

无穷级数是由实际计算的需要而产生的,它是高等数学的一个组成部分.无穷级数作为函数的一种表示形式,是近似计算的有力工具.本节讨论常数项级数及无穷级数的概念和基本性质.

9.1.1 数项级数的基本概念

定义 9.1.1 设给定一个数列 $u_1,u_2,\cdots,u_n,\cdots$,则式子

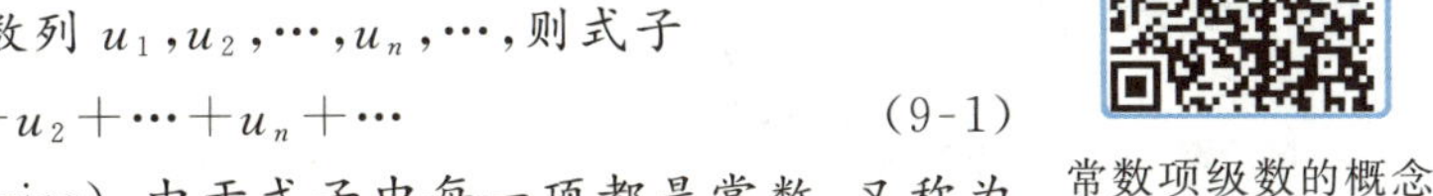

$$u_1+u_2+\cdots+u_n+\cdots \tag{9-1}$$

扫一扫

常数项级数的概念

称为数项无穷级数(infinite series),由于式子中每一项都是常数,又称为常数项级数,记为 $\sum\limits_{n=1}^{\infty}u_n$,其中第 n 项 u_n 称为级数的一般项,级数的前 n 项和

$$S_n=\sum_{k=1}^{n}u_k=u_1+u_2+\cdots+u_n \tag{9-2}$$

称为级数的前 n 项部分和,简称部分和.

定义 9.1.2 若数项级数的部分和数列$\{S_n\}$收敛于 S ($\lim\limits_{n\to\infty}S_n=S$),则称数项级数收敛,称 S 为数项级数的和,记作

$$S=\sum_{n=1}^{\infty}u_n=u_1+u_2+\cdots+u_n+\cdots.$$

若部分和数列$\{S_n\}$的极限不存在，则称数项级数发散.显然，发散级数不存在和.

当级数收敛时，其和与部分和的差

$$R_n=S-S_n=u_{n+1}+u_{n+2}+\cdots$$

称为级数的余项.用S_n作为S的近似值所产生的误差，就是余项的绝对值$|R_n|$.当级数收敛时，显然有$\lim\limits_{n\to\infty}R_n=0$.

【例 9.1.1】 讨论级数$\sum\limits_{n=1}^{\infty}n=1+2+3+\cdots+n+\cdots$的敛散性.

解 因为级数的部分和$S_n=1+2+3+\cdots+n=\dfrac{n(n+1)}{2}\to\infty(n\to\infty)$，即部分和数列$\{S_n\}$发散，从而级数发散.

【例 9.1.2】 讨论级数$\dfrac{1}{1\cdot 2}+\dfrac{1}{2\cdot 3}+\cdots+\dfrac{1}{n(n+1)}+\cdots$的敛散性.

解 级数的部分和

$$\begin{aligned}S_n&=\frac{1}{1\cdot 2}+\frac{1}{2\cdot 3}+\cdots+\frac{1}{n(n+1)}\\&=\left(1-\frac{1}{2}\right)+\left(\frac{1}{2}-\frac{1}{3}\right)+\cdots+\left(\frac{1}{n}-\frac{1}{n+1}\right)=1-\frac{1}{n+1}.\end{aligned}$$

由于$\lim\limits_{n\to\infty}S_n=\lim\limits_{n\to\infty}\left(1-\dfrac{1}{n+1}\right)=1$，所以该级数收敛.

【例 9.1.3】 讨论几何级数

$$\sum_{n=1}^{\infty}aq^n=aq^0+aq^1+aq^2+\cdots+aq^{n-1}+\cdots(a\neq 0)$$

的敛散性.

解 前n项部分和$S_n=aq^0+aq^1+aq^2+\cdots+aq^{n-1}$.

(1) 当$|q|<1$时，$S_n=\dfrac{a(1-q^n)}{1-q}$，$\lim\limits_{n\to\infty}S_n=\dfrac{a}{1-q}$；

(2) 当$|q|>1$时，$S_n=\dfrac{a(1-q^n)}{1-q}$，$\lim\limits_{n\to\infty}S_n=\infty$；

(3) 当$q=1$时，$S_n=na$，$\lim\limits_{n\to\infty}S_n=\infty$；

(4) 当$q=-1$时，$S_n=\dfrac{a[1-(-1)^n]}{2}$，$S_n$的极限不存在.

综合上述讨论可知，几何级数当且仅当$|q|<1$时收敛，且$\sum\limits_{n=0}^{\infty}aq^n=\dfrac{a}{1-q}$；其余情况均发散.

【例 9.1.4】 [几何级数] 某些心脏病患者经常要服用洋地黄毒苷.洋地黄毒苷在体内的清除速率正比于体内洋地黄毒苷的药量.一天(24 小时)大约有 10%的药物被清除.假设每天给某患者 0.05 mg 的维持剂量，试估算治疗几个月后该患者体内的洋地黄毒苷的总量.

解 给患者 0.05 mg 的初始剂量，一天后，0.05 mg 的 10%被清除，体内将残留(0.90)(0.05)mg 的药量；在第二天末，体内将残留(0.90)(0.90)(0.05)mg 的药量；如此下去，第n天末，体内残留的药量为$(0.90)^n(0.05)$，如图 9-1 所示.

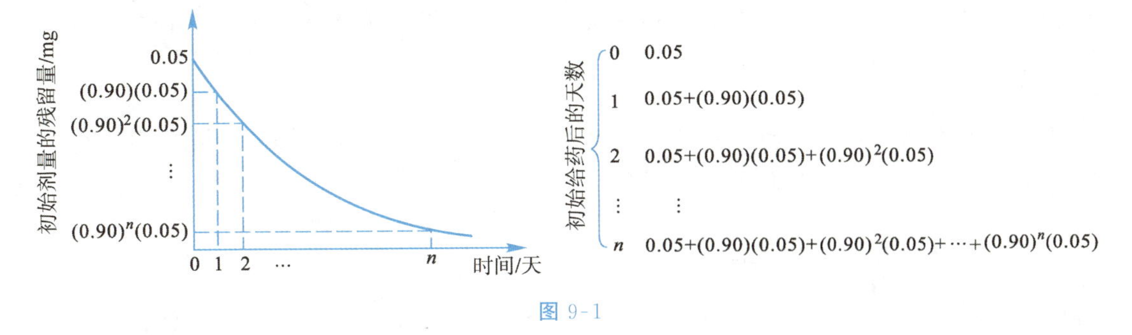

图 9-1

我们看到，每一次重新给药时体内的药量是下列几何级数的部分和：

$$0.05+(0.90)(0.50)+(0.90)^2(0.05)+(0.90)^3(0.05)+\cdots.$$

这个级数的和为

$$\frac{a}{1-r}=\frac{0.05}{1-0.90}=\frac{0.05}{0.10}=0.5.$$

由于此级数的部分和趋近于此级数的和，所以我们说，每天给患者 0.05 mg 的维持剂量将最终使患者体内的洋地黄毒苷水平达到一个 0.5 mg 的"平台".

当我们要将"平台"降低 10%，也就是让水平达到$(0.90)(0.5)=0.45$ mg 时，就需要调整维持剂量，这在药物的治疗中是一个重要的技术.

如果能求出部分和 S_n 的表达式，不但能对级数的敛散性做出判断，而且在收敛的情况下还能得到级数的和.但能求出 S_n 表达式的情况并不多，更多的情况是从 S_n 的定义出发，应用极限理论来讨论数列 S_n 的极限存在与否.其中，应用得最多的是单调有界原理：单调有界数列必定存在极限.

【例 9.1.5】 讨论调和级数

$$\sum_{n=1}^{\infty}\frac{1}{n}=1+\frac{1}{2}+\cdots+\frac{1}{n}+\cdots$$

的敛散性.

解 考虑调和级数的部分和数列$\{S_n\}$中下标为 $2^k(k=0,1,2,3,\cdots)$的项：

$S_1=1$；

$S_2=1+\dfrac{1}{2}$；

$S_4=1+\dfrac{1}{2}+\dfrac{1}{3}+\dfrac{1}{4}>1+\dfrac{1}{2}+\left(\dfrac{1}{4}+\dfrac{1}{4}\right)=1+\dfrac{2}{2}$；

$$S_8=1+\frac{1}{2}+\frac{1}{3}+\frac{1}{4}+\frac{1}{5}+\frac{1}{6}+\frac{1}{7}+\frac{1}{8}>1+\frac{1}{2}+\left(\frac{1}{4}+\frac{1}{4}\right)+\left(\frac{1}{8}+\frac{1}{8}+\frac{1}{8}+\frac{1}{8}\right)=1+\frac{3}{2}.$$

一般地，对任意正整数 k，有

$$S_{2^k}=1+\frac{1}{2}+\left(\frac{1}{3}+\frac{1}{4}\right)+\left(\frac{1}{5}+\cdots+\frac{1}{8}\right)+\left(\frac{1}{9}+\cdots+\frac{1}{16}\right)+\cdots+\left(\frac{1}{2^{k-1}+1}+\frac{1}{2^{k-1}+2}+\cdots+\frac{1}{2^k}\right)>1+\frac{1}{2}+\frac{1}{2}+\frac{1}{2}+\frac{1}{2}+\cdots+\frac{1}{2}=1+\frac{1}{2}k.$$

由于 k 可以任意大,所以数列$\{S_{2^k}\}$无界,从而部分和数列$\{S_n\}$也无界,因此调和级数 $\sum_{n=1}^{\infty}\frac{1}{n}$发散.

【例 9.1.6】 [调和级数的另一种证明思路] 雅各布·伯努利(Jakob Bernoulli,1654—1705) 证明调和级数发散的方法:

因为
$$\frac{1}{n+1}+\frac{1}{n+2}+\cdots+\frac{1}{n^2}>(n^2-n)\frac{1}{n^2}=1-\frac{1}{n},$$
所以
$$\frac{1}{n}+\frac{1}{n+1}+\frac{1}{n+2}+\cdots+\frac{1}{n^2}>1.$$

这意味着可将原级数中的项分组并使每一组的和都大于 1,于是我们总可以得到调和级数的有限多项的和,使它大于任何给定的量,从而整个级数的和必是无穷.

9.1.2 无穷级数的基本性质

性质 1 设级数 $\sum a_n$ 和 $\sum b_n$ 都收敛,c 为常数,则

(1) 级数 $\sum ca_n$ 收敛,并且 $\sum ca_n=c\sum a_n$;

(2) 级数 $\sum(a_n\pm b_n)$ 收敛,并且 $\sum(a_n\pm b_n)=\sum a_n\pm\sum b_n$.

本性质说明收敛级数中各项的公因子可以提出来,两个收敛级数可以逐项相加或相减.

【例 9.1.7】 求级数 $\sum_{n=1}^{\infty}\left[\frac{1}{n(n+1)}+\frac{1}{2^n}\right]$的和.

解 根据性质 1 和例 9.1.2、例 9.1.3 的结论,得
$$\sum_{n=1}^{\infty}\left[\frac{1}{n(n+1)}+\frac{1}{2^n}\right]=\sum_{n=1}^{\infty}\frac{1}{n(n+1)}+\sum_{n=1}^{\infty}\left(\frac{1}{2}\right)^n=1+\frac{\frac{1}{2}}{1-\frac{1}{2}}=2.$$

性质 2 将级数去掉、添加或改变有限项,不会改变级数的敛散性.如果是收敛级数,级数的和可能会改变.

性质 3 收敛级数加括号后所构成的级数仍收敛于原来的和.

证明 设级数 $S=\sum_{n=1}^{\infty}u_n$ 加括号后为$(u_1+u_2)_1+(u_3+u_4+u_5)_2+\cdots+(u_k+\cdots+u_n)_m+\cdots$,则加括号后的级数部分和为
$$\sigma_1=S_2,\sigma_2=S_5,\cdots,\sigma_m=S_n,\cdots.$$
于是 $\lim\limits_{m\to\infty}\sigma_m=\lim\limits_{n\to\infty}S_n=S$,即加括号后所成的级数仍收敛于原来的和.

注意:一个级数加括号后收敛,原级数不一定收敛.例如,以 $u_n=1+(-1)$为通项的级数$[1+(-1)]+[1+(-1)]+\cdots+[1+(-1)]+\cdots$收敛于 0,但去掉括号后的级数 $1+(-1)+1+(-1)+\cdots+(-1)+\cdots$却是发散的.

性质 4(收敛的必要条件) 设级数 $\sum a_n$ 收敛,则$\lim\limits_{n\to\infty}a_n=0$.

证明 因为$\sum a_n$ 收敛,设和为 S,则有$\lim\limits_{n\to\infty}S_n=S$,当然也有$\lim\limits_{n\to\infty}S_{n-1}=S$,由于 $a_n=S_n-S_{n-1}$,所以$\lim\limits_{n\to\infty}a_n=\lim\limits_{n\to\infty}(S_n-S_{n-1})=S-S=0$.

注意： 该性质说明如果级数 $\sum a_n$ 收敛，则通项的极限等于 0，反之不成立，如调和级数 $\sum_{n=1}^{\infty}\frac{1}{n}$，虽然 $\lim_{n\to\infty}\frac{1}{n}=0$，但此级数发散.另外，如果通项的极限不等于 0，级数一定是发散的，这就是下面的推论.

推论　若 $\lim_{n\to\infty}a_n\neq 0$，则级数 $\sum a_n$ 发散.

【例 9.1.8】 讨论下列级数的敛散性.

(1) $\sum_{n=1}^{\infty}\frac{n}{2n+3}$；　　(2) $\sum_{n=1}^{\infty}\left(\frac{n-1}{n}\right)^n$.

解　(1) 通项 $u_n=\frac{n}{2n+3}$，因为 $\lim_{n\to\infty}u_n=\frac{1}{2}\neq 0$，所以原级数发散.

(2) 通项 $u_n=\left(\frac{n-1}{n}\right)^n=\left(1-\frac{1}{n}\right)^n$，因为 $\lim_{n\to\infty}u_n=\lim_{n\to\infty}\left[\left(1+\frac{1}{-n}\right)^{-n}\right]^{-1}=\frac{1}{e}\neq 0$，所以级数发散.

【例 9.1.9】 讨论级数 $\sum_{n=1}^{\infty}\cos\frac{n\pi}{2}$ 的敛散性.

解　因为数列 $\left\{\cos\frac{n\pi}{2}\right\}$ 就是 $0,-1,0,1,0,-1,\cdots$，这个数列发散，所以级数也发散.

小结

学习本节时应注意以下几点：(1) 了解无穷级数的有关概念，如一般项、部分和、和、收敛、发散等；(2) 掌握级数的四个性质和一个推论；(3) 几何级数和调和级数是两个特别重要的级数，加上下一节将要介绍的 p 级数，是衡量其他级数敛散性的三把尺子.

习题 9.1

习题 9.1 答案

1. 写出下列级数 $\sum_{n=1}^{\infty}u_n$ 的前四项，其中

(1) $u_n=\frac{n}{2^n-1}$；　　(2) $u_n=\frac{(-1)^{n+1}}{n^n}$；

(3) $u_n=\frac{1\cdot 3\cdot 5\cdot\cdots\cdot(2n-1)}{2\cdot 4\cdot 6\cdot\cdots\cdot 2n}$.

2. 写出下列级数的一般项.

(1) $1-\frac{1}{2}+\frac{1}{3}-\frac{1}{4}+\cdots$；　　(2) $x-\frac{x^3}{3!}+\frac{x^5}{5!}-\frac{x^7}{7!}+\cdots$.

3. 判断下列级数的敛散性.

(1) $\sum_{n=1}^{\infty}\frac{1}{(2n-1)(2n+1)}$；　　(2) $\sum_{n=1}^{\infty}(\sqrt{n+1}-\sqrt{n})$；

(3) $\sum_{n=1}^{\infty}\left[\frac{1}{2^n}+\left(\frac{-1}{3}\right)^n\right]$；　　(4) $\sum_{n=1}^{\infty}\sin\frac{n\pi}{6}$；

(5) $\sum_{n=1}^{\infty}(-1)^{n-1}\frac{2n+1}{n(n+1)}$;　　(6) $\sum_{n=1}^{\infty}\ln\frac{n+1}{n}$.

9.2 数项级数的审敛法

本节导引

在这一节我们将介绍数项级数的审敛法,读者要正确区分级数的类型,用合适的方法及技巧去判断一个级数的敛散性.其中,比较判别法是基本的审敛法,比值判别法是核心审敛法.

例如,对于级数 $\sum_{n=1}^{\infty}\frac{1}{n^p}$($p$ 为实数)来说,当 $p=1$ 时发散,那么 $p\neq1$ 时敛散性如何?如何判断呢?

9.2.1 正项级数的审敛法

所谓正项级数,就是级数的每一项都是非负常数,即 $u_n\geqslant0$.以后许多级数的敛散性问题都会归结为正项级数的敛散性问题.

定理 9.2.1 正项级数 $\sum_{n=1}^{\infty}u_n$ 收敛的充分必要条件是它的部分和数列有界.

证明(充分性) 因为 $u_n\geqslant0$,故部分和数列$\{S_n\}$是单调增加数列,所以当它有界时,根据单调有界数列必收敛的原则,知$\{S_n\}$是收敛数列,$\lim\limits_{n\to\infty}S_n=S$,即级数收敛.

(必要性) 级数 $\sum_{n=1}^{\infty}u_n$ 收敛时,部分和数列$\{S_n\}$有极限,而有极限的数列必为有界数列,所以$\{S_n\}$有界.

定理 9.2.2(比较判别法) 设有正项级数 $\sum_{n=1}^{\infty}u_n$ 和 $\sum_{n=1}^{\infty}v_n$,且 $u_n\leqslant v_n$,$n=1,2,\cdots$.

(1) 若 $\sum_{n=1}^{\infty}v_n$ 收敛,则 $\sum_{n=1}^{\infty}u_n$ 也收敛;

(2) 若 $\sum_{n=1}^{\infty}u_n$ 发散,则 $\sum_{n=1}^{\infty}v_n$ 也发散.

正项级数的比较判别法

证明 (1) 设 s_n 和 t_n 分别为级数 $\sum_{n=1}^{\infty}u_n$ 和 $\sum_{n=1}^{\infty}v_n$ 的部分和,则 $0\leqslant u_n\leqslant v_n$.因为级数 $\sum_{n=1}^{\infty}v_n$ 收敛,由定理 9.2.1 知数列$\{v_n\}$有界,故数列$\{u_n\}$有界,从而级数 $\sum_{n=1}^{\infty}u_n$ 也收敛.

(2) 用反证法.假定级数 $\sum_{n=1}^{\infty}v_n$ 收敛,由(1)可知级数 $\sum_{n=1}^{\infty}u_n$ 也收敛,引起矛盾.

【例 9.2.1】 判断级数 $\sum\limits_{n=1}^{\infty}\frac{1}{n\cdot 2^n}$ 的敛散性.

解 因为 $\frac{1}{n\cdot 2^n}\leqslant\frac{1}{2^n}$，而级数 $\sum\limits_{n=1}^{\infty}\frac{1}{2^n}$ 是公比为 $\frac{1}{2}$ 的几何级数，它是收敛的.由定理 9.2.2 知 $\sum\limits_{n=1}^{\infty}\frac{1}{n\cdot 2^n}$ 是收敛的.

【例 9.2.2】 判断级数 $\sum\limits_{n=1}^{\infty}\frac{1}{\sqrt{n(n+1)}}$ 的敛散性.

解 因为 $n(n+1)<(n+1)^2$，故 $\frac{1}{\sqrt{n(n+1)}}>\frac{1}{n+1}$.

级数 $\sum\limits_{n=1}^{\infty}\frac{1}{n+1}=\frac{1}{2}+\frac{1}{3}+\cdots+\frac{1}{n+1}+\cdots$ 是调和级数 $\sum\limits_{n=1}^{\infty}\frac{1}{n}$ 去掉第一项后所成的级数.由级数的性质知它是发散的，再由比较判别法知，级数 $\sum\limits_{n=1}^{\infty}\frac{1}{\sqrt{n(n+1)}}$ 是发散的.

定理 9.2.3 对于 p 级数 $\sum\limits_{n=1}^{\infty}\frac{1}{n^p}$（$p$ 为实数），当 $p\leqslant 1$ 时发散，当 $p>1$ 时收敛.

证明 当 $p<0$ 时，$\lim\limits_{n\to\infty}\frac{1}{n^p}=\lim\limits_{n\to\infty}n^{-p}=\infty$，级数发散.

当 $p=0$ 时，级数显然发散.

当 $0<p\leqslant 1$ 时，$\frac{1}{n^p}\geqslant\frac{1}{n}$，而 $\sum\limits_{n=1}^{\infty}\frac{1}{n}$ 是调和级数，由比较判别法知级数发散.

当 $p>1$ 时，对于任意实数 x，总有 $n-1<x<n$，于是

$$\frac{1}{n^p}\leqslant\frac{1}{x^p},$$

$$\frac{1}{n^p}=\int_{n-1}^{n}\frac{1}{n^p}\mathrm{d}x\leqslant\int_{n-1}^{n}\frac{1}{x^p}\mathrm{d}x=\frac{x^{1-p}}{1-p}\bigg|_{n-1}^{n}=\frac{1}{p-1}\left[\frac{1}{(n-1)^{p-1}}-\frac{1}{n^{p-1}}\right].$$

级数

$$\sum_{n=2}^{\infty}\frac{1}{p-1}\left[\frac{1}{(n-1)^{p-1}}-\frac{1}{n^{p-1}}\right]$$

的部分和为

$$\begin{aligned}S_n&=\frac{1}{p-1}\left[\left(1-\frac{1}{2^{p-1}}\right)+\left(\frac{1}{2^{p-1}}-\frac{1}{3^{p-1}}\right)+\cdots+\left(\frac{1}{n^{p-1}}-\frac{1}{(n+1)^{p-1}}\right)\right]\\&=\frac{1}{p-1}\left[1-\frac{1}{(n+1)^{p-1}}\right].\end{aligned}$$

因为

$$\lim_{n\to\infty}S_n=\lim_{n\to\infty}\frac{1}{p-1}\left[1-\frac{1}{(n+1)^{p-1}}\right]=\frac{1}{p-1},$$

所以级数 $\sum\limits_{n=2}^{\infty}\frac{1}{p-1}\left[\frac{1}{(n-1)^{p-1}}-\frac{1}{n^{p-1}}\right]$ 收敛，由比较判别法知，级数 $\sum\limits_{n=1}^{\infty}\frac{1}{n^p}$ 也收敛.

【例 9.2.3】 判别下列级数的敛散性：

(1) $\sum_{n=1}^{\infty} \frac{1}{\sqrt{n}}$;　　　　(2) $\sum_{n=1}^{\infty} \frac{1}{\sqrt{n^3}}$.

解　(1) 由定理 9.2.3 知,这是 $p=\frac{1}{2}<1$ 的 p 级数,所以该级数发散.

(2) 由定理 9.2.3 知,这是 $p=\frac{3}{2}>1$ 的 p 级数,所以该级数收敛.

定理 9.2.4(比较判别法的极限形式,又称极限法)　设有正项级数 $\sum_{n=1}^{\infty} u_n$ 和 $\sum_{n=1}^{\infty} v_n$,若极限 $\lim\limits_{n\to\infty}\frac{u_n}{v_n}=k$,则

(1) 当 $k>0$ 时, $\sum_{n=1}^{\infty} u_n$ 和 $\sum_{n=1}^{\infty} v_n$ 具有相同的敛散性;

(2) 当 $k=0$ 时, $\sum_{n=1}^{\infty} v_n$ 收敛时, $\sum_{n=1}^{\infty} u_n$ 必定收敛;

(3) 当 $k=+\infty$时, $\sum_{n=1}^{\infty} v_n$ 发散时, $\sum_{n=1}^{\infty} u_n$ 必定发散.

【例 9.2.4】　判别下列级数的敛散性:

(1) $\sum_{n=1}^{\infty} \sin\frac{1}{n}$;　　　　(2) $\sum_{n=6}^{\infty} \frac{\sqrt{n}}{(n+1)(2n-5)}$.

解　(1) 因为 $\lim\limits_{n\to\infty}\frac{\sin\frac{1}{n}}{\frac{1}{n}}=1>0$,而级数 $\sum_{n=1}^{\infty}\frac{1}{n}$发散,由定理 9.2.4 知,级数 $\sum_{n=1}^{\infty}\sin\frac{1}{n}$也发散.

(2) $\lim\limits_{n\to\infty}\frac{\frac{\sqrt{n}}{(n+1)(2n-5)}}{\frac{1}{n^{3/2}}}=\lim\limits_{n\to\infty}\frac{1}{2-3\frac{1}{n}-5\frac{1}{n^2}}=\frac{1}{2}>0$,级数 $\sum_{n=1}^{\infty}\frac{1}{n^{3/2}}$是收敛的,由定理 9.2.4 知,级数 $\sum_{n=6}^{\infty}\frac{\sqrt{n}}{(n+1)(n-5)}$收敛.

【例 9.2.5】　判定级数 $\sum_{n=1}^{\infty}\ln\left(1+\frac{1}{n^2}\right)$的敛散性.

解　因为当 $n\to\infty$时,$\ln\left(1+\frac{1}{n^2}\right)\sim\frac{1}{n^2}$,即

$$\lim_{n\to\infty}\frac{\ln\left(1+\frac{1}{n^2}\right)}{\frac{1}{n^2}}=1,$$

级数 $\sum_{n=1}^{\infty}\frac{1}{n^2}$收敛,所以有 $\sum_{n=1}^{\infty}\ln\left(1+\frac{1}{n^2}\right)$收敛.

定理 9.2.5(比值判别法,又称达朗贝尔判别法)　设有正项级数 $\sum_{n=1}^{\infty} u_n$,且 $\lim\limits_{n\to\infty}\frac{u_{n+1}}{u_n}=$

ρ,则

(1) 当 $\rho<1$ 时,级数收敛;

(2) 当 $\rho>1$ 时,级数发散;

(3) 当 $\rho=1$ 时,级数可能收敛,也可能发散.

注意:关于(3),例如 $\sum\limits_{n=1}^{\infty}\frac{1}{n^p}$($p$ 级数),$\rho=\lim\limits_{n\to\infty}\frac{u_{n+1}}{u_n}=\lim\limits_{n\to\infty}\frac{n^p}{(n+1)^p}=1$,但我们知道该级数的敛散性是因 p 取不同值而定的.

【例 9.2.6】 判别下列级数的敛散性:

(1) $\sum\limits_{n=1}^{\infty}\frac{n}{3^n}$;　　(2) $\sum\limits_{n=1}^{\infty}\frac{a^n}{n!}$($a>0$,为常数);　　(3) $\sum\limits_{n=1}^{\infty}\frac{3^n n!}{n^n}$.

解 (1) $\lim\limits_{n\to\infty}\frac{u_{n+1}}{u_n}=\lim\limits_{n\to\infty}\frac{\frac{n+1}{3^{n+1}}}{\frac{n}{3^n}}=\frac{1}{3}\lim\limits_{n\to\infty}\frac{n+1}{n}=\frac{1}{3}<1$,

由比值判别法知,级数 $\sum\limits_{n=1}^{\infty}\frac{n}{3^n}$ 收敛.

(2) $\lim\limits_{n\to\infty}\frac{u_{n+1}}{u_n}=\lim\limits_{n\to\infty}\frac{\frac{a^{n+1}}{(n+1)!}}{\frac{a^n}{n!}}=\lim\limits_{n\to\infty}\frac{a}{n+1}=0<1$,

由比值判别法知,级数 $\sum\limits_{n=1}^{\infty}\frac{a^n}{n!}$ 收敛.

(3) $\lim\limits_{n\to\infty}\frac{u_{n+1}}{u_n}=\lim\limits_{n\to\infty}\frac{\frac{3^{n+1}(n+1)!}{(n+1)^{n+1}}}{\frac{3^n n!}{n^n}}=\lim\limits_{n\to\infty}\frac{3}{\left(1+\frac{1}{n}\right)^n}=\frac{3}{\mathrm{e}}>1$,

由比值判别法知,级数 $\sum\limits_{n=1}^{\infty}\frac{n!}{n^n}$ 发散.

定理 9.2.6(根值判别法,又称柯西判别法) 设有正项级数 $\sum\limits_{n=1}^{\infty}u_n$,若 $\lim\limits_{n\to\infty}\sqrt[n]{u_n}=\rho$,则当 $\rho<1$ 时级数收敛,当 $\rho>1$ 或 $\rho=+\infty$ 时级数发散,当 $\rho=1$ 时可能收敛,也可能发散.

【例 9.2.7】 判别级数 $\sum\limits_{n=1}^{\infty}\frac{n^n}{3^{n^2}}$ 的敛散性.

解 $\rho=\lim\limits_{n\to\infty}\sqrt[n]{u_n}=\lim\limits_{n\to\infty}\sqrt[n]{\frac{n^n}{3^{n^2}}}=\lim\limits_{n\to\infty}\frac{n}{3^n}=0$,由根值判别法知,所求级数收敛.

9.2.2 交错级数的审敛法

形如 $\sum\limits_{n=1}^{\infty}(-1)^{n-1}u_n$($u_n\geqslant 0$)的级数称为交错级数.

定理 9.2.7(交错级数判别法,又称莱布尼茨判别法) 若交错级数 $\sum\limits_{n=1}^{\infty}(-1)^{n-1}u_n$($u_n\geqslant$

0)满足下列条件：

(1) $u_{n+1} \leqslant u_n (n=1,2,\cdots)$；

(2) $\lim\limits_{n\to\infty} u_n = 0$，

则级数收敛，且其和 $S \leqslant u_1$.

【例 9.2.8】 判别下列级数的敛散性：

(1) $\sum\limits_{n=1}^{\infty} (-1)^n \dfrac{1}{n}$；　　(2) $\sum\limits_{n=1}^{\infty} (-1)^{n+1} \dfrac{n}{2n+1}$；

(3) $\sum\limits_{n=1}^{\infty} (-1)^{n+1} \dfrac{n+3}{n+2} \cdot \dfrac{1}{\sqrt{n+1}}$.

解 (1) 该级数叫作交错调和级数.因为 $u_{n+1} = \dfrac{1}{n+1} < \dfrac{1}{n} = u_n$，$\lim\limits_{n\to\infty} \dfrac{1}{n} = 0$，所以该级数收敛.

(2) 因为 $\lim\limits_{n\to\infty} u_n = \lim\limits_{n\to\infty} \dfrac{n}{2n+1} = \dfrac{1}{2} \neq 0$，故该级数发散.

(3) $\dfrac{u_n}{u_{n+1}} = \dfrac{\dfrac{n+3}{(n+2)\sqrt{n+1}}}{\dfrac{(n+1)+3}{[(n+1)+2]\sqrt{(n+1)+1}}} = \dfrac{(n+3)^2\sqrt{n+2}}{(n+2)(n+4)\sqrt{n+1}} > 1$，即 $u_{n+1} \leqslant u_n$，

有
$$\lim_{n\to\infty} u_n = \lim_{n\to\infty} \frac{n+3}{(n+2)\sqrt{n+1}} = 0,$$
所以该级数收敛.

9.2.3 任意项级数的绝对收敛与条件收敛

如果数项级数的项可正可负，则称之为任意项级数.对于任意项级数，有绝对收敛和条件收敛的概念.

定理 9.2.8 如果级数 $\sum\limits_{n=1}^{\infty} |u_n|$ 收敛，则 $\sum\limits_{n=1}^{\infty} u_n$ 也收敛.

证明 因为 $0 \leqslant \dfrac{|u_n| + u_n}{2} \leqslant |u_n|$，$0 \leqslant \dfrac{|u_n| - u_n}{2} \leqslant |u_n|$，由比较审敛法知，$\sum\limits_{n=1}^{\infty} \dfrac{|u_n| + u_n}{2}$ 与 $\sum\limits_{n=1}^{\infty} \dfrac{|u_n| - u_n}{2}$ 都收敛，所以它们的差 $\sum\limits_{n=1}^{\infty} u_n$ 也收敛.

【例 9.2.9】 判别级数 $\sum\limits_{n=1}^{\infty} \dfrac{\cos n\alpha}{n^2}$ 的敛散性.

解 因为 $\left| \dfrac{\cos n\alpha}{n^2} \right| \leqslant \dfrac{1}{n^2}$，而级数 $\sum\limits_{n=1}^{\infty} \dfrac{1}{n^2}$ 是 $p=2$ 的 p 级数，故 $\sum\limits_{n=1}^{\infty} \left| \dfrac{\cos n\alpha}{n^2} \right|$ 收敛，则由定理 9.2.8 知所给级数收敛.

我们约定：

(1) 若 $\sum\limits_{n=1}^{\infty} |u_n|$ 收敛，则称 $\sum\limits_{n=1}^{\infty} u_n$ 是绝对收敛的.

(2) 若 $\sum_{n=1}^{\infty} u_n$ 收敛，但 $\sum_{n=1}^{\infty} |u_n|$ 不收敛，则称 $\sum_{n=1}^{\infty} u_n$ 是条件收敛的.

【例 9.2.10】 级数 $\sum_{n=1}^{\infty} \frac{(-1)^n}{\sqrt{n}}$ 是否收敛？如果收敛，是绝对收敛还是条件收敛？

解　所给级数是交错级数，先考虑加绝对值后的级数 $\sum_{n=1}^{\infty} \frac{1}{\sqrt{n}}$，它是 $p=\frac{1}{2}$ 的 p 级数，所以发散；又由莱布尼茨判别法，因为 $\lim_{n\to\infty}\frac{1}{\sqrt{n}}=0$ 且 $\frac{1}{\sqrt{n}}>\frac{1}{\sqrt{n+1}}$，故级数 $\sum_{n=1}^{\infty} \frac{(-1)^n}{\sqrt{n}}$ 收敛，故为条件收敛.

小结

对于判别级数敛散性问题，一般步骤是：(1) 先区分级数的类型，确定用哪一种审敛法；(2) 检查是否有 $\lim_{n\to\infty} u_n=0$，若否，则级数发散，若是，则进行下一步；(3) 用比较判别法或比较判别法的极限形式判别；(4) 当级数的一般项为连乘、连除或乘幂的形式时，用比值判别法或根值判别法比较好，若 $\rho=1$，则用其他方法；若为交错级数，则用交错级数判别法.

处理任意项级数的方法是：先给一般项取绝对值，判定级数是否收敛.若收敛，就是绝对收敛.如果不是绝对收敛，则继续判定它是否收敛.若收敛，此时是条件收敛；否则，级数发散.

习题 9.2 答案

习题 9.2

1. 用比较判别法或它的极限形式判别下列级数的敛散性.

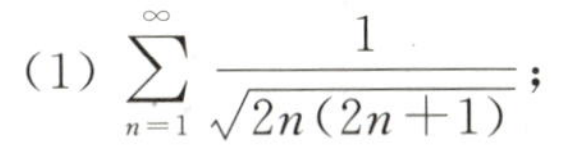

(1) $\sum_{n=1}^{\infty} \frac{1}{\sqrt{2n(2n+1)}}$；　　(2) $\sum_{n=1}^{\infty} \frac{n+1}{n(n+2)}$；

(3) $\sum_{n=1}^{\infty} \frac{1}{n}\sin\frac{1}{n}$；　　(4) $\sum_{n=1}^{\infty} \frac{3^n}{2^n-1}$.

2. 用比值判别法判别下列级数的敛散性.

(1) $\sum_{n=1}^{\infty} \frac{2^{n-1}}{(n-1)!}$；　　(2) $\sum_{n=1}^{\infty} \frac{n!}{2^n+1}$；

(3) $\sum_{n=1}^{\infty} \frac{n^2}{e^n}$；　　(4) $\sum_{n=1}^{\infty} \frac{n!}{3^n}$.

3. 用根值判别法判别下列级数的敛散性.

(1) $\sum_{n=1}^{\infty} \frac{2^{n-1}}{n^n}$；　　(2) $\sum_{n=1}^{\infty} \frac{1}{n^n}$；

(3) $\sum_{n=1}^{\infty} \left(\frac{n}{3n+1}\right)^n$；　　(4) $\sum_{n=1}^{\infty} \frac{(2n^3-1)^n}{n^{3n}}$.

4. 判别下列交错级数的敛散性.

(1) $\sum_{n=1}^{\infty} \frac{(-1)^n}{n^4}$；　　(2) $\sum_{n=1}^{\infty} \cos n\pi$；

(3) $\sum_{n=1}^{\infty}\frac{(-1)^n}{\ln n}$;　　(4) $\sum_{n=1}^{\infty}(-1)^{n-1}\frac{n}{3^{n-1}}$.

5. 判断下列级数的敛散性及绝对敛散性.

(1) $\sum_{n=1}^{\infty}(-1)^n\frac{2^n+1}{3^n-1}$;　　(2) $\sum_{n=1}^{\infty}\sin\left[(n-1)\pi+\frac{\pi}{3}\right]\frac{n}{n^2+n-1}$.

9.3 函数项级数与幂级数

本节导引

本节主要讨论由幂函数列$\{a_n(x-x_0)^n\}$所产生的函数项级数$\sum_{n=1}^{\infty}a_n(x-x_0)^n$(称为幂级数),它是一类最简单的函数项级数,从某种意义上说,它也可以看作是多项式函数的延伸.幂级数在理论和实际中有很多应用,特别是在函数表示方面的应用,使我们对它的作用有许多新的认识.

9.3.1 函数项级数的概念

定义 9.3.1 设有定义在区间I上的函数列:$u_1(x),u_2(x),\cdots,u_n(x),\cdots$,称$\sum_{n=1}^{\infty}u_n(x)$为函数项级数(简称级数).当固定$x$在某点$x_0\in I$时,$\sum_{n=1}^{\infty}u_n(x_0)$即是数项级数.若$\sum_{n=1}^{\infty}u_n(x_0)$收敛,则称级数$\sum_{n=1}^{\infty}u_n(x)$在$x_0$处收敛,并称$x_0$为级数$\sum_{n=1}^{\infty}u_n(x)$的收敛点,否则称为发散点.级数的全体收敛点组成的集合称为该级数的收敛域,所有发散点组成的集合称为发散域.

在收敛域上,级数的每一点都有一个确定的和$S(x)$,称为级数$\sum_{n=1}^{\infty}u_n(x)$的和函数,即

$$S(x)=\sum_{n=1}^{\infty}u_n(x).$$

显然,在收敛域上,$\lim_{n\to\infty}S_n(x)=S(x)$.记$R_n(x)=S(x)-S_n(x)$,称为级数的余项且$\lim_{n\to\infty}R_n(x)=0$.

【例 9.3.1】 求级数$\sum_{n=1}^{\infty}x^n$的收敛域.

解 因为这是几何级数,当$|x|<1$时级数收敛,所以该级数的收敛域为$(-1,1)$.

9.3.2 幂级数及其收敛区间的求法

形如

$$\sum_{n=0}^{\infty}a_n(x-x_0)^n=a_0+a_1(x-x_0)+a_2(x-x_0)^2+\cdots \tag{9-3}$$

的级数称为幂级数.当 $x_0=0$ 时,式(9-3)成为

$$\sum_{n=0}^{\infty}a_nx^n=a_0+a_1x+a_2x^2+\cdots. \tag{9-4}$$

根据幂级数的定义,例 9.3.1 中的级数就是一个幂级数,它的收敛域是一个开区间.观察幂级数容易发现,它至少有一个收敛点 $x=0$.下面的定理表明,幂级数如果不只在一点收敛,则它的收敛域一定是一个区间.

定理 9.3.1　对于幂级数,若它在 $x=x_0\neq0$ 处收敛,则对满足 $|x|<|x_0|$ 的一切 x,它都绝对收敛;若它在 $x=x_0$ 处发散,则对满足 $|x|>|x_0|$ 的一切 x,级数都发散.

定理 9.3.1 表明,如果幂级数在 $x_0\neq0$ 处收敛,则在 $(-|x_0|,|x_0|)$ 内任何点处级数都收敛;如果幂级数在 x_0 处发散,则在 $(-|x_0|,|x_0|)$ 外的任何点处级数都发散.也就是说,幂级数的收敛区间是以原点为中心的区间.如图 9-2 所示,从原点出发向右(或向左)移动,最初只遇到收敛点,然后只遇到发散点.

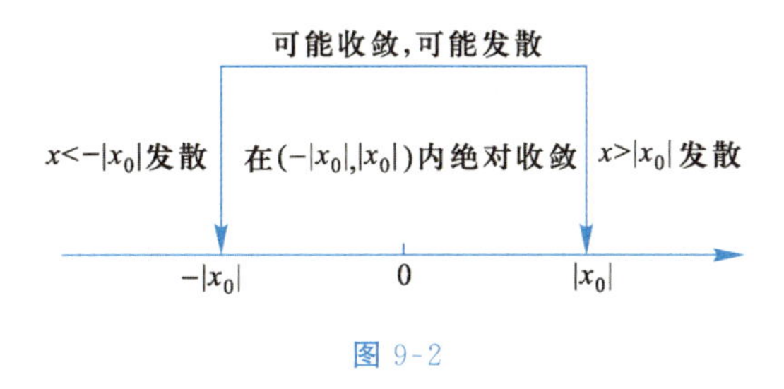

图 9-2

设 $x=R>0$ 是幂级数收敛与发散的分界点,由上述分析知,$x=-R$ 也是幂级数收敛与发散的分界点,称正数 R 为级数的收敛半径.

开区间 $(-R,R)$ 称为幂级数的收敛区间,再由幂级数在 $x=\pm R$ 处的敛散性决定它的收敛区间是开区间、闭区间还是半开区间(称为收敛域).

如果幂级数只在 $x=0$ 处收敛,则 $R=0$;如果幂级数对一切 x 都收敛,则 $R=+\infty$.关于幂级数收敛半径的求法,有以下定理.

定理 9.3.2　设幂级数 $\sum\limits_{n=0}^{\infty}a_nx^n$ 的收敛半径为 R.如果 $\lim\limits_{n\to\infty}\left|\dfrac{a_{n+1}}{a_n}\right|=\rho$,则

(1) 当 $\rho\neq0$ 时,$R=\dfrac{1}{\rho}$,收敛区间为 $(-R,R)$;

(2) 当 $\rho=0$ 时,$R=+\infty$,收敛区间为 $(-\infty,+\infty)$;

(3) 当 $\rho=+\infty$ 时,$R=0$,收敛区间为 $\{0\}$.

(说明:对于完整型幂级数,也可以直接求 R.$R=\lim\limits_{n\to\infty}\left|\dfrac{a_n}{a_{n+1}}\right|$)

一般地,对于任意项级数 $\sum\limits_{n=1}^{\infty}a_n(x-x_0)^n$,在点 $x=x_0$ 处必收敛.若收敛半径 $R\neq0$,则其收敛区间为以 x_0 为中心的区间 (x_0-R,x_0+R);若 $R=0$,则其收敛区间为 $\{x_0\}$;若 $R=+\infty$.则其收敛区间为 $(-\infty,+\infty)$.

【例 9.3.2】　求幂级数 $\sum\limits_{n=1}^{\infty}(-1)^{n-1}\dfrac{x^n}{n}$ 的收敛区间和收敛域.

解　先求收敛半径 R.

$\rho=\lim\limits_{n\to\infty}\left|\dfrac{a_{n+1}}{a_n}\right|=\lim\limits_{n\to\infty}\left|\dfrac{(-1)^n\dfrac{1}{n+1}}{(-1)^{n-1}\dfrac{1}{n}}\right|=\lim\limits_{n\to\infty}\dfrac{n}{n+1}=1$，得收敛半径 $R=\dfrac{1}{\rho}=1$，则级数的收敛区间为$(-1,1)$.

当 $x=-1$ 时，级数为 $\sum\limits_{n=1}^{\infty}-\dfrac{1}{n}$，发散；当 $x=1$ 时，级数为 $\sum\limits_{n=1}^{\infty}(-1)^{n-1}\dfrac{1}{n}$，收敛.

所以收敛域是$(-1,1]$.

【例 9.3.3】 求幂级数 $\sum\limits_{n=1}^{\infty}\dfrac{2n-1}{2^{2n-1}}x^n$ 的收敛区间.

解 $\rho=\lim\limits_{n\to\infty}\left|\dfrac{a_{n+1}}{a_n}\right|=\lim\limits_{n\to\infty}\dfrac{\dfrac{2n+1}{2^{2n+1}}}{\dfrac{2n-1}{2^{2n-1}}}=\dfrac{1}{4}\lim\limits_{n\to\infty}\dfrac{2n+1}{2n-1}=\dfrac{1}{4}$.收敛半径 $R=\dfrac{1}{\rho}=4$，级数的收敛区间是$(-4,4)$.

【例 9.3.4】 求幂级数 $\sum\limits_{n=1}^{\infty}\dfrac{x^n}{n!}$的收敛区间.

解 $\rho=\lim\limits_{n\to\infty}\left|\dfrac{a_{n+1}}{a_n}\right|=\lim\limits_{n\to\infty}\dfrac{n!}{(n+1)!}=\lim\limits_{n\to\infty}\dfrac{1}{n+1}=0$，所以 $R=\pm\infty$，收敛区间为$(-\infty,+\infty)$.

【例 9.3.5】 求幂级数 $\sum\limits_{n=1}^{\infty}n!x^n$ 的收敛半径和收敛域.

解 $\rho=\lim\limits_{n\to\infty}\left|\dfrac{a_{n+1}}{a_n}\right|=\lim\limits_{n\to\infty}\dfrac{(n+1)!}{n!}=\lim\limits_{n\to\infty}(n+1)=+\infty$，所以 $R=0$，该级数只在 $x=0$ 处收敛，收敛域为$\{0\}$.

【例 9.3.6】 求幂级数 $\sum\limits_{n=1}^{\infty}\dfrac{(-1)^n}{\sqrt{n(n+1)}}(x+1)^n$ 的收敛区间.

解法一 $R=\lim\limits_{n\to\infty}\left|\dfrac{a_n}{a_{n+1}}\right|=\lim\limits_{n\to\infty}\dfrac{\sqrt{(n+1)(n+2)}}{\sqrt{n(n+1)}}=1$，则收敛区间为$(-1-1,-1+1)=(-2,0)$.

解法二 令 $t=x+1$，所给幂数变形为

$$\sum_{n=1}^{\infty}\frac{(-1)^n}{\sqrt{n(n+1)}}t^n,$$

则

$$\rho=\lim_{n\to\infty}\left|\frac{a_{n+1}}{a_n}\right|=\lim_{n\to\infty}\frac{\dfrac{1}{\sqrt{(n+1)(n+2)}}}{\dfrac{1}{\sqrt{n(n+1)}}}=\lim_{n\to\infty}\sqrt{\frac{n}{n+2}}=1.$$

所以收敛半径 $R=1$，则级数 $\sum\limits_{n=1}^{\infty}\dfrac{(-1)^n}{\sqrt{n(n+1)}}t^n$ 的收敛区间为$(-1,1)$，即 $-1<t<1$.以 $t=x+1$ 回代，得 $-1<x+1<1$，即 $-2<x<0$.故原级数的收敛区间为$(-2,0)$.

【例 9.3.7】 求幂级数 $\sum\limits_{n=1}^{\infty}\dfrac{(x-1)^{2n}}{n\cdot 9^n}$ 的收敛区间和收敛域.

解法一　这是缺少奇次项的幂级数,称为缺项型幂级数.对于缺项型幂级数,不能使用定理 9.3.2.我们暂时把 x 看成不为 1 的常数,利用比值判别法来求它的收敛区间.因为

$$\lim_{n\to\infty}\left|\frac{u_{n+1}}{u_n}\right|=\lim_{n\to\infty}\frac{\dfrac{(x-1)^{2n+2}}{(n+1)\cdot 9^{n+1}}}{\dfrac{(x-1)^{2n}}{n\cdot 9^n}}=\lim_{n\to\infty}\frac{n(x-1)^2}{9(n+1)}=\frac{(x-1)^2}{9},$$

由比值判别法知,当 $\dfrac{(x-1)^2}{9}<1$ 时,该级数收敛,即 $|x-1|<3$,所以 $-2<x<4$.故级数的收敛区间为 $(-2,4)$.

当 $x=-2$ 时,级数为 $\sum\limits_{n=1}^{\infty}\dfrac{1}{n}$,发散;当 $x=4$ 时,级数仍为 $\sum\limits_{n=1}^{\infty}\dfrac{1}{n}$,发散.

故级数的收敛域为 $(-2,4)$.

解法二　对于缺奇数项的幂级数,还可以换元.

令 $(x-1)^2=t$,所以 $\sum\limits_{n=1}^{\infty}\dfrac{(x-1)^{2n}}{n\cdot 9^n}=\sum\limits_{n=1}^{\infty}\dfrac{t^n}{n\cdot 9^n}$,$R_t=\lim\limits_{n\to\infty}\dfrac{(n+1)\cdot 9^{n+1}}{n\cdot 9^n}=9$,即 $(x-1)^2\leqslant 9$,所以收敛区间为 $-2<x<4$.

当 $x=-2$ 时,级数为 $\sum\limits_{n=1}^{\infty}\dfrac{1}{n}$,发散;当 $x=4$ 时,级数仍为 $\sum\limits_{n=1}^{\infty}\dfrac{1}{n}$,发散.

故级数的收敛域为 $(-2,4)$.

9.3.3　幂级数的四则运算

定理 9.3.3　设有两个幂级数 $\sum\limits_{n=0}^{\infty}a_nx^n$ 和 $\sum\limits_{n=0}^{\infty}b_nx^n$,它们的收敛半径分别为 R_1,R_2,和函数分别为 $S_1(x),S_2(x)$.设 $R=\min\{R_1,R_2\}$,则在 $(-R,R)$ 内有

(1) $\sum\limits_{n=0}^{\infty}a_nx^n\pm\sum\limits_{n=0}^{\infty}b_nx^n=\sum\limits_{n=0}^{\infty}(a_n\pm b_n)x^n=S_1(x)\pm S_2(x)$,且 $\sum\limits_{n=0}^{\infty}(a_n\pm b_n)x^n$ 在 $(-R,R)$ 内绝对收敛.

(2) $\left(\sum\limits_{n=0}^{\infty}a_nx^n\right)\left(\sum\limits_{n=0}^{\infty}b_nx^n\right)=\sum\limits_{n=0}^{\infty}(a_0b_n+a_1b_{n-1}+\cdots+a_nb_0)x^n=S_1(x)S_2(x)$,且在 $(-R,R)$ 内绝对收敛.

(3) $\dfrac{\sum\limits_{n=0}^{\infty}a_nx^n}{\sum\limits_{n=0}^{\infty}b_nx^n}=\sum\limits_{n=0}^{\infty}c_nx^n$,其中 c_n 由比较 $\sum\limits_{n=0}^{\infty}a_nx^n=\left(\sum\limits_{n=0}^{\infty}b_nx^n\right)\left(\sum\limits_{n=0}^{\infty}c_nx^n\right)$ 两端的系数而得到:

$a_0=b_0c_0$,

$a_1=b_1c_0+b_0c_1$,

$a_2=b_2c_0+b_1c_1+b_0c_2$,

……

$a_n=b_nc_0+b_{n-1}c_1+\cdots+b_0c_n$,

……

$\sum\limits_{n=0}^{\infty}c_nx^n$ 的收敛半径一般要比 $R=\min\{R_1,R_2\}$ 小得多.

例如,设有级数 $\sum\limits_{n=0}^{\infty}a_nx^n=1$ 和 $\sum\limits_{n=0}^{\infty}b_nx^n=1-x$,它们的收敛半径为 $R=+\infty$.容易看出,

$$\sum_{n=0}^{\infty}c_nx^n=\frac{\sum\limits_{n=0}^{\infty}a_nx^n}{\sum\limits_{n=0}^{\infty}b_nx^n}=\frac{1}{1-x}=\sum_{n=0}^{\infty}x^n,$$

这个几何级数仅在$(-1,1)$内收敛.

【例 9.3.8】 求幂级数 $\sum\limits_{n=1}^{\infty}\left(\frac{(-1)^n}{2^n}+3^n\right)x^n$ 的收敛半径.

解 $\sum\limits_{n=1}^{\infty}\left(\frac{(-1)^n}{2^n}+3^n\right)x^n=\sum\limits_{n=1}^{\infty}\frac{(-1)^n}{2^n}x^n+\sum\limits_{n=1}^{\infty}3^nx^n$,$\sum\limits_{n=1}^{\infty}\frac{(-1)^n}{2^n}x^n$ 的收敛半径为 2,$\sum\limits_{n=1}^{\infty}3^nx^n$ 的收敛半径为$\frac{1}{3}$,所以原级数的收敛半径为$\frac{1}{3}$.

9.3.4 幂级数的分析运算

定理 9.3.4 设幂级数 $\sum\limits_{n=0}^{\infty}a_nx^n$ 的收敛半径为 R,且在区间$(-R,R)$内有和函数 $S(x)$,即

$$S(x)=\sum_{n=1}^{\infty}a_nx^n,$$

则有

(1) $S(x)$在$(-R,R)$内连续.

(2) $S(x)$在$(-R,R)$内可导,且有逐项求导公式

$$S'(x)=\sum_{n=1}^{\infty}(a_nx^n)'=\sum_{n=1}^{\infty}na_nx^{n-1}(-R<x<R).$$

(3) $S(x)$在$(-R,R)$内可积,且有逐项积分公式

$$\int_0^x S(t)\mathrm{d}t=\int_0^x\sum_{n=0}^{\infty}a_nt^n\mathrm{d}t=\sum_{n=0}^{\infty}\int_0^x a_nt^n\mathrm{d}t=\sum_{n=0}^{\infty}\frac{a_n}{n+1}x^{n+1}\ (-R<x<R).$$

经逐项求导和逐项积分后得到的新级数与原来的级数有相同的收敛半径.

幂级数在代数运算和微分与积分运算中的这些性质,在求幂级数的和函数时常常用到.例如,已知幂级数 $\sum\limits_{n=0}^{\infty}x^n$ 的收敛域为$(-1,1)$,且和函数 $S(x)=\frac{1}{1-x}$,即

$$\frac{1}{1-x}=1+x+x^2+\cdots+x^n+\cdots,x\in(-1,1).$$

显然，和函数在$(-1,1)$内是连续的.

利用定理9.3.4求$S(x)$的导数，可逐项求导，得

$$\frac{1}{(1-x)^2}=1+2x+3x^2+\cdots+nx^{n-1}+\cdots, x\in(-1,1).$$

利用定理9.3.4求$S(x)$的积分，得

$$\int_0^x \frac{1}{1-t}\mathrm{d}t=\int_0^x (1+t+t^2+\cdots+t^n+\cdots)\mathrm{d}t, x\in(-1,1).$$

即
$$-\ln(1-x)=x+\frac{x^2}{2}+\frac{x^3}{3}+\cdots+\frac{x^{n+1}}{n+1}+\cdots, x\in(-1,1).$$

事实上，我们经常会用到无穷递减等比级数的和函数公式：

$$\sum_{n=0}^{\infty}x^n=\frac{1}{1-x}, x\in(-1,1) \text{或} \sum_{n=0}^{\infty}(-x)^n=\frac{1}{1+x}, x\in(-1,1).$$

【例9.3.9】 在$(-1,1)$内求幂级数$\sum\limits_{n=0}^{\infty}\frac{x^n}{n+1}$的和函数$S(x)$.

解 因为$S(x)=\sum\limits_{n=0}^{\infty}\frac{x^n}{n+1}$，从而$xS(x)=\sum\limits_{n=0}^{\infty}\frac{x^{n+1}}{n+1}$，对它在$(-1,1)$内逐项求导有

$$(xS(x))'=\left(\sum_{n=0}^{\infty}\frac{x^{n+1}}{n+1}\right)'=\sum_{n=0}^{\infty}\frac{(n+1)x^n}{n+1}=\sum_{n=0}^{\infty}x^n=\frac{1}{1-x}.$$

对上式在$[0,x]$上逐项求积有

$$\int_0^x (tS(t))'\mathrm{d}t=\int_0^x \frac{1}{1-t}\mathrm{d}t,$$

即
$$xS(x)=-\ln(1-x).$$

于是当$x\neq 0$时，有$S(x)=-\frac{\ln(1-x)}{x}$.

从而幂级数$\sum\limits_{n=0}^{\infty}\frac{x^n}{n+1}$的和函数$S(x)=\begin{cases}-\frac{\ln(1-x)}{x}, & 0<|x|<1,\\ 1, & x=0.\end{cases}$

【例9.3.10】 求幂级数$\sum\limits_{n=1}^{\infty}\frac{(-1)^{n-1}}{n}x^n$在收敛区间上的和函数，并求级数$\sum\limits_{n=1}^{\infty}\frac{(-1)^{n-1}}{n}$的和.

解 易求得幂级数的收敛区间为$(-1,1)$.记其和函数为$S(x)$，两边求导得

$$S'(x)=\left[\sum_{n=1}^{\infty}\frac{(-1)^{n-1}}{n}x^n\right]'=\sum_{n=1}^{\infty}\left[\frac{(-1)^{n-1}}{n}x^n\right]'=\sum_{n=1}^{\infty}(-1)^{n-1}x^{n-1}=\frac{1}{1+x},$$

两边积分有

$$\int_0^x S'(t)\mathrm{d}t=S(t)\Big|_0^x=S(x)-S(0)=\int_0^x \frac{1}{1+t}\mathrm{d}t=\ln(1+x), x\in(-1,1).$$

因为$S(0)=0$，所以$S(x)=\ln(1+x), x\in(-1,1)$.

令$x=1$，得$\sum\limits_{n=1}^{\infty}\frac{(-1)^{n-1}}{n}=\ln 2$.

思考：(1) $\sum\limits_{n=1}^{\infty}\frac{(-1)^{n-1}}{n}$与$\sum\limits_{n=0}^{\infty}\frac{(-1)^n}{n+1}$一样吗？

(2) 求$\sum\limits_{n=1}^{\infty}\frac{(-1)^n}{n+1}$.

注意：应用公式时一定要注意 n 的首个取值.

【例 9.3.11】 求级数 $\sum\limits_{n=1}^{\infty}(-1)^{n-1}\frac{x^{2n-1}}{2n-1}$在收敛区间$(-1,1)$内的和函数，并求级数$\sum\limits_{n=1}^{\infty}\frac{(-1)^n}{2n-1}\left(\frac{3}{4}\right)^n$的和.

解 设 $S(x)=\sum\limits_{n=1}^{\infty}(-1)^{n-1}\frac{x^{2n-1}}{2n-1}$，求导得

$$S'(x)=\left(\sum_{n=1}^{\infty}(-1)^{n-1}\frac{x^{2n-1}}{2n-1}\right)'=\sum_{n=1}^{\infty}(-1)^{n-1}x^{2n-2}=\sum_{n=1}^{\infty}(-1)^{n-1}(x^2)^{n-1}$$

$$=\sum_{n=1}^{\infty}(-x^2)^{n-1}=\frac{1}{1+x^2},x\in(-1,1).$$

两边积分得

$$S(x)-S(0)=\int_0^x\frac{1}{1+t^2}\mathrm{d}t=\arctan x.$$

因为 $S(0)=0$，所以 $S(x)=\arctan x,x\in(-1,1)$.

令 $x=\frac{\sqrt{3}}{2}$，代入上式得

$$\sum_{n=1}^{\infty}(-1)^{n-1}\frac{\left(\frac{\sqrt{3}}{2}\right)^{2n-1}}{2n-1}=\arctan\frac{\sqrt{3}}{2},$$

即
$$\sum_{n=1}^{\infty}\frac{(-1)^n}{2n-1}\left(\frac{\sqrt{3}}{2}\right)^{2n}\left(-\frac{\sqrt{3}}{2}\right)^{-1}=\arctan\frac{\sqrt{3}}{2},$$

求得
$$\sum_{n=1}^{\infty}\frac{(-1)^n}{2n-1}\left(\frac{3}{4}\right)^n=-\frac{\sqrt{3}}{2}\arctan\frac{\sqrt{3}}{2}.$$

在初等数学中，我们已学会用解析法来表示函数，而所用到的解析表达式都是有限的.但学习幂级数以后，我们可以用一个级数即无限项的表达式来表示函数，这为我们进一步研究函数及其性质创造了新的条件.

小结

本节学习时应注意以下几点：(1) 对于形如式(9-4)的幂级数，按照定理 9.3.2 提供的方法求收敛半径和收敛区间；(2) 对于形如式(9-3)的幂级数，作变量代换 $t=x-x_0$，化为形如式(9-4)的幂级数，再求其收敛半径和收敛区间；(3) 对于缺项的幂级数，在一般项取绝对值后用比值审敛法确定其收敛区间；(4) 求幂级数在收敛区间上的和函数的方法为当级数的系数为 n 的有理分式时，先求导，后积分；当级数的系数为 n 的有理整式时，先积分，后求导，一步一步地求解.

数学实验

求级数.

命令：symsum(y,n,n 的下限,n 的上限)

【例】 求级数 $\sum_{n=1}^{\infty}\frac{1}{n^2}$的和,以及前 10 项的部分和.

```
输入：syms n
      y = 1/n^2;
      symsum(y,n,1,inf)
结果：ans =
      1/6 * pi^2
输入：symsum(y,n,1,10)
结果：ans =
      1968329/1270080
```

扫一扫

习题 9.3 答案

习题 9.3

1. 求下列幂级数的收敛半径和收敛区间.

(1) $\sum_{n=1}^{\infty}\frac{(-1)^{n-1}}{n}x^n$;　(2) $\sum_{n=1}^{\infty}\frac{x^n}{n\cdot 2^n}$;

(3) $\sum_{n=1}^{\infty}nx^n$;　(4) $\sum_{n=1}^{\infty}\frac{n!x^n}{n^2}$.

2. 求下列幂级数的收敛区间.

(1) $\sum_{n=1}^{\infty}\frac{x^n}{n!}$;　(2) $\sum_{n=1}^{\infty}(-1)^n(2n+1)^2x^n$;

(3) $\sum_{n=1}^{\infty}\frac{x^{2n}}{2n}$;　(4) $\sum_{n=1}^{\infty}\frac{x^n}{n^n}$.

3. 求下列幂级数的和函数.

(1) $\sum_{n=1}^{\infty}\frac{x^{2n-1}}{2n-1}$;　(2) $\sum_{n=1}^{\infty}\frac{x^n}{3^n\cdot n}$.

4. 求幂级数 $\sum_{n=0}^{\infty}(n+1)x^n$ 的和函数并求级数 $\sum_{n=0}^{\infty}(n+1)\left(\frac{1}{2}\right)^n$ 的和.

9.4 函数展开成幂级数

本节导引

把一个已知函数表示为幂级数的形式,称为函数的幂级数展开式.把函数展开成幂级数后,可以使大批原来有定义域、对应法则而无解析表达式的函数,如 $\sin x$,$\cos x$,$\tan x$,e^x

及稍微复杂一些的 $\int \frac{\sin x}{x}\mathrm{d}x$，$\int_0^x x\mathrm{e}^{-t^2}\mathrm{d}t$ 等具有一种明确的表示式，而且表示式是各项都十分简单的幂函数，从而便于进一步研究这些函数的性质.

引例 麦克劳林公式的运用：电容式传感器的灵敏度比较.

如图 9-3 所示是变极距型差动式平板电容传感器的结构示意图.

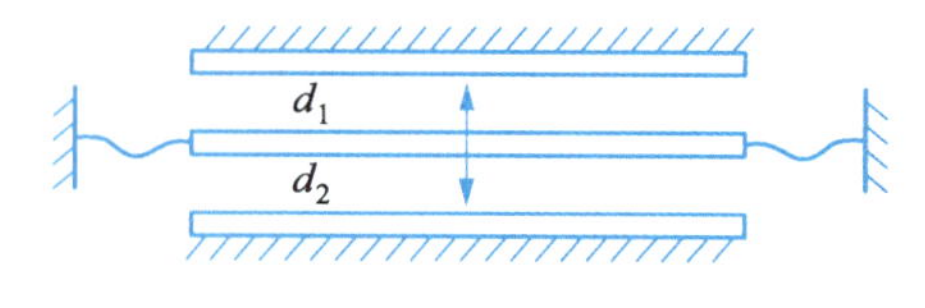

图 9-3

当差动式平板电容器的动极板位移 Δd 时，电容器 C_1 的间隙 d_1 变为 $d_0-\Delta d$，电容器 C_2 的间隙 d_2 变为 $d_0+\Delta d$，则由电容值公式得 $C_1=C_0\dfrac{1}{1-\dfrac{\Delta d}{d_0}}$，$C_2=C_0\dfrac{1}{1+\dfrac{\Delta d}{d_0}}$.

当 $\dfrac{\Delta d}{d_0}<1$ 时，则按级数展开，有

$$C_1=C_0\left[1+\frac{\Delta d}{d_0}+\left(\frac{\Delta d}{d_0}\right)^2+\left(\frac{\Delta d}{d_0}\right)^3+\cdots\right],$$

$$C_2=C_0\left[1-\frac{\Delta d}{d_0}+\left(\frac{\Delta d}{d_0}\right)^2-\left(\frac{\Delta d}{d_0}\right)^3+\cdots\right].$$

电容值总的变化量为

$$\Delta C=C_1-C_2=C_0\left[2\frac{\Delta d}{d_0}+2\left(\frac{\Delta d}{d_0}\right)^3+2\left(\frac{\Delta d}{d_0}\right)^5+\cdots\right].$$

电容值的相对变化量为

$$\frac{\Delta C}{C_0}=2\frac{\Delta d}{d_0}\left[1+\left(\frac{\Delta d}{d_0}\right)^2+\left(\frac{\Delta d}{d_0}\right)^4+\cdots\right].$$

略去高次项，则

$$\frac{\Delta C}{C_0}\approx 2\frac{\Delta d}{d_0}.$$

比较以上式子可见，电容传感器做成差动式之后，灵敏度提高一倍.

9.4.1 泰勒级数

定义 9.4.1 若 $f(x)$ 在 $x=x_0$ 的某邻域内有 $n+1$ 阶导数，则称

$$f(x)=f(x_0)+f'(x_0)(x-x_0)+\frac{f''(x_0)}{2!}(x-x_0)^2+\cdots+\frac{f^{(n)}(x_0)}{n!}(x-x_0)^n+R_n(x) \tag{9-5}$$

为 $f(x)$ 的 n 阶泰勒公式，其中 $R_n(x)=\dfrac{f^{(n+1)}(\xi)}{(n+1)!}(x-x_0)^{n+1}$，$\xi$ 在 x 与 x_0 之间，称 $R_n(x)$ 为余项.

定义 9.4.2　若 $f(x)$ 在 $x=x_0$ 的某邻域内有任意阶导数，则称幂级数

$$\sum_{n=0}^{\infty}\frac{f^{(n)}(x_0)}{n!}(x-x_0)^n=f(x_0)+f'(x_0)(x-x_0)+\frac{f''(x_0)}{2!}(x-x_0)^2+\cdots+\frac{f^{(n)}(x_0)}{n!}(x-x_0)^n+\cdots \tag{9-6}$$

为 $f(x)$ 在 $x=x_0$ 处的泰勒级数，$a_n=\dfrac{f^{(n)}(x_0)}{n!}$ 叫作泰勒系数.

定义 9.4.3　当 $x_0=0$ 时，泰勒级数成为

$$\sum_{n=0}^{\infty}\frac{f^{(n)}(0)}{n!}x^n=f(0)+f'(0)x+\frac{f''(0)}{2!}x^2+\cdots+\frac{f^{(n)}(0)}{n!}x^n+\cdots, \tag{9-7}$$

称为 $f(x)$ 的麦克劳林级数.

定理 9.4.1　若 $f(x)$ 在 $x=x_0$ 的某邻域内有任意阶导数，则 $f(x)$ 在 $x=x_0$ 处的泰勒级数在该邻域内收敛于 $f(x)$ 的充要条件是在式(9.5)中有 $\lim\limits_{n\to\infty}R_n(x)=0$.

当 $R_n(x)\to 0(n\to\infty)$ 时，

$$f(x)=\sum_{n=0}^{\infty}\frac{f^{(n)}(x_0)}{n!}(x-x_0)^n \tag{9-8}$$

称为 $f(x)$ 在 $x=x_0$ 处的泰勒级数展开式，这是关于 $(x-x_0)$ 的幂级数.实际上，无论用什么方法将 $f(x)$ 展开成关于 $(x-x_0)$ 的幂级数，都一定有 $a_n=\dfrac{f^{(n)}(x_0)}{n!}(n=0,1,2,\cdots)$，这叫作函数展开成幂级数的唯一性.

9.4.2　函数展开成幂级数的直接展开法

利用定理 9.4.1 中的方法将函数展开成幂级数的方法称为直接展开法.

【例 9.4.1】　将 $f(x)=\mathrm{e}^x$ 展开成 x 的幂级数.

解　分四步来做：

(1) 先求函数的各阶导数及其在 $x=0$ 处的值.

$$f(x)=\mathrm{e}^x,f'(x)=\mathrm{e}^x,\cdots,f^{(n)}(x)=\mathrm{e}^x,\cdots,$$
$$f(0)=1,f'(0)=1,f''(0)=1,\cdots,f^{(n)}(0)=1,\cdots.$$

(2) 写出 $f(x)$ 的麦克劳林级数：

$$1+x+\frac{x^2}{2!}+\cdots+\frac{x^n}{n!}+\cdots,$$

因为 $\rho=\lim\limits_{n\to\infty}\dfrac{n!}{(n+1)!}=0$，所以 $R\to+\infty$，即该级数的收敛区间为 $(-\infty,+\infty)$.

(3) 在收敛区间内考察余项的极限：因为

$|R_n(x)|=\left|\dfrac{\mathrm{e}^{\xi}}{(n+1)!}x^{n+1}\right|<\mathrm{e}^{|x|}\left|\dfrac{x^{n+1}}{(n+1)!}\right|$，其中 ξ 介于 0 和 x 之间，而 $\dfrac{x^{n+1}}{(n+1)!}$ 是绝对收敛级数 $\sum\limits_{n=0}^{\infty}\dfrac{x^{n+1}}{(n+1)!}$ 的一般项，必有 $\left|\dfrac{x^{n+1}}{(n+1)!}\right|\to 0(n\to\infty)$，所以有

$$\lim_{n\to\infty}R_n(x)=0.$$

(4) 写出 $f(x)$的展开式及收敛区间:

$$e^x=\sum_{n=0}^{\infty}\frac{x^n}{n!}=1+x+\frac{x^2}{2!}+\cdots+\frac{x^n}{n!}+\cdots\quad(-\infty<x<+\infty).$$

【例 9.4.2】 将 $f(x)=\sin x$ 展开成 x 的幂级数.

解 $f^{(n)}(x)=\sin\left(x+n\cdot\frac{\pi}{2}\right)(n=1,2,\cdots)$.

当 $x=0$ 时,$f^{(n)}(0)$依次取 $0,1,0,-1,0,1,0,-1,\cdots$,于是可以写出 $f(x)=\sin x$ 的麦克劳林级数

$$x-\frac{x^3}{3!}+\frac{x^5}{5!}-\cdots+(-1)^n\frac{x^{2n+1}}{(2n+1)!}+\cdots,$$

容易求出它的收敛半径为 $R=+\infty$.对于一切 x(ξ 介于 0 与 x 之间),有

$$|R_n(x)|=\left|\frac{\sin\left(\xi+\frac{n+1}{2}\pi\right)}{(n+1)!}x^{n+1}\right|\leqslant\left|\frac{x^{n+1}}{(n+1)!}\right|\to0\quad(n\to\infty).$$

故有

$$\begin{aligned}\sin x&=\sum_{n=0}^{\infty}(-1)^n\frac{x^{2n+1}}{(2n+1)!}\\&=x-\frac{x^3}{3!}+\frac{x^5}{5!}-\cdots+(-1)^n\frac{x^{2n+1}}{(2n+1)!}+\cdots\quad(-\infty<x<+\infty).\end{aligned}$$

9.4.3 函数展开成幂级数的间接展开法

利用已知函数的展开式及幂级数的分析运算,求函数展开式的方法称为间接展开法.

【例 9.4.3】 将 $f(x)=\cos x$ 展开成 x 的幂级数.

解 由 $\sin x$ 的展开式得

$$\cos x=(\sin x)'=\sum_{n=0}^{\infty}\left((-1)^n\frac{x^{2n+1}}{(2n+1)!}\right)'=\sum_{n=0}^{\infty}(-1)^n\frac{x^{2n}}{(2n)!}\quad(-\infty<x<+\infty).$$

【例 9.4.4】 将$\frac{1}{1+x^2}$展开成 x 的幂级数.

解 由$\frac{1}{1-x}=\sum_{n=0}^{\infty}x^n(-1<x<1)$,得

$$\begin{aligned}\frac{1}{1+x^2}&=\frac{1}{1-(-x^2)}=1-x^2+x^4-\cdots+(-1)^nx^{2n}+\cdots\quad(-1<x<1)\\&=\sum_{n=0}^{\infty}(-1)^nx^{2n}\quad(-1<x<1).\end{aligned}$$

【例 9.4.5】 将 $\ln(1+x)$展开成 x 的幂级数.

解 $(\ln(1+x))'=\frac{1}{1+x}=\sum_{n=0}^{\infty}(-1)^nx^n(-1<x<1)$.将上式两边同时从 0 到 x 积分,得

$$\int_0^x(\ln(1+t))'\mathrm{d}t=\int_0^x\sum_{n=0}^{\infty}(-1)^nt^n\mathrm{d}t,$$

即
$$\ln(1+t)\big|_0^x=\sum_{n=0}^{\infty}\int_0^x(-1)^n t^n\,\mathrm{d}t,$$

所以
$$\ln(1+x)=\sum_{n=0}^{\infty}\frac{(-1)^n}{n+1}x^{n+1}\quad(-1<x<1).$$

在 $x=1$ 处，$\ln(1+x)$有定义且连续，上式右端在 $x=1$ 时也收敛，所以上面展开式对 $x=1$ 也成立.

所以，$\ln(1+x)=\sum\limits_{n=0}^{\infty}\frac{(-1)^n}{n+1}x^{n+1}(-1<x\leqslant 1)$.

【例 9.4.6】 将 $\arctan x$ 展开成 x 的幂级数.

解　$(\arctan x)'=\frac{1}{1+x^2}=\sum\limits_{n=0}^{\infty}(-1)^n(x^2)^n=\sum\limits_{n=0}^{\infty}(-1)^n x^{2n},x\in(-1,1)$，

两边同时积分，得
$$\int_0^x\frac{1}{1+t^2}\mathrm{d}t=\int_0^x\left[\sum_{n=0}^{\infty}(-1)^n t^{2n}\right]\mathrm{d}t,$$

即
$$\arctan x=\sum_{n=0}^{\infty}\frac{(-1)^n x^{2n+1}}{2n+1},x\in[-1,1].$$

上式右端当 $x=\pm1$ 时，所得级数都收敛，而左端的函数在 $x=\pm1$ 处有定义且连续，所以
$$\arctan x=\sum_{n=0}^{\infty}\frac{(-1)^n x^{2n+1}}{2n+1},x\in[-1,1].$$

在上述函数的麦克劳林展开式中，有部分基本初等函数的展开式，这部分展开式是求其他函数展开式的基础，必须记住展开式的形式和相应的可展域.其中特别重要的是以下 5 种形式：

(1) $\frac{1}{1-x}=1+x+x^2+\cdots+x^n+\cdots=\sum\limits_{n=0}^{\infty}x^n,x\in(-1,1)$；

(2) $\mathrm{e}^x=1+x+\frac{x^2}{2!}+\cdots+\frac{x^n}{n!}+\cdots=\sum\limits_{n=0}^{\infty}\frac{1}{n!}x^n,x\in(-\infty,+\infty)$；

(3) $\sin x=x-\frac{x^3}{3!}+\frac{x^5}{5!}-\cdots+(-1)^{n-1}\frac{x^{2n+1}}{(2n+1)!}+\cdots=\sum\limits_{n=0}^{\infty}\frac{(-1)^n}{(2n+1)!}x^{2n+1},x\in(-\infty,+\infty)$；

(4) $\cos x=1-\frac{1}{2!}x^2+\frac{1}{4!}x^4-\frac{1}{6!}x^6+\cdots+(-1)^n\frac{1}{(2n)!}x^{2n}+\cdots=\sum\limits_{n=0}^{\infty}\frac{(-1)^n}{(2n)!}x^{2n},x\in(-\infty,+\infty)$；

(5) $\ln(1+x)=x-\frac{1}{2}x^2+\frac{1}{3}x^3+\cdots+\frac{(-1)^{n-1}}{n}x^n+\cdots=\sum\limits_{n=0}^{\infty}\frac{(-1)^n}{n+1}x^{n+1},x\in(-1,1]$.

【例 9.4.7】 把函数 $f(x)=\ln(2-3x+x^2)$展开为 x 的幂级数.

解　$f(x)=\ln(2-3x+x^2)=\ln(1-x)(2-x)=\ln(1-x)+\ln(2-x)$，在 $\ln(1+x)$的公式中，把 x 换成$-x$，得到
$$\ln(1-x)=-x-\frac{x^2}{2}-\frac{x^3}{3}-\cdots-\frac{x^n}{n}-\cdots,x\in[-1,1).$$

因为 $\ln(2-x)=\ln 2+\ln\left(1-\frac{x}{2}\right)=\ln 2-\frac{x}{2}-\frac{1}{2}\frac{x^2}{2^2}-\frac{1}{3}\frac{x^3}{2^3}-\cdots-\frac{1}{n}\frac{x^n}{2^n}-\cdots, x\in[-2,2)$，再将上述两个幂级数逐项相加得到

$$\ln(2-3x+x^2)=\ln 2-\left(1+\frac{1}{2}\right)x-\frac{1}{2}\left(1+\frac{1}{2^2}\right)x^2-\frac{1}{3}\left(1+\frac{1}{2^3}\right)x^3-\cdots-\frac{1}{n}\left(1+\frac{1}{2^n}\right)x^n-\cdots$$

$$=\ln 2-\sum_{n=1}^{\infty}\frac{1}{n}\left(1+\frac{1}{2^n}\right)x^n, x\in[-1,1).$$

【例 9.4.8】 应用幂级数的展开式求和：(1) $\sum\limits_{n=0}^{\infty}\frac{1}{2^n\cdot n!}$；(2) $\sum\limits_{n=1}^{\infty}\frac{1}{2^n\cdot n!}$.

解 (1) $e^x=\sum\limits_{n=0}^{\infty}\frac{1}{n!}x^n$，令 $x=\frac{1}{2}$，得 $\sum\limits_{n=0}^{\infty}\frac{1}{2^n\cdot n!}=\sqrt{e}$；

(2) $\sum\limits_{n=1}^{\infty}\frac{1}{2^n\cdot n!}=\sum\limits_{n=0}^{\infty}\frac{1}{2^n\cdot n!}-1=\sqrt{e}-1$.

小结

通过本节的学习，读者应记住五个重要函数的麦克劳林展开式及其收敛区间，并会用间接展开法求一些简单函数的麦克劳林展开式，以及应用展开式求和.

幂级数的运用：计算 $\ln 2$ 的近似值，使结果精确到 10^{-4}.

解 已知

$$\ln(1+x)=x-\frac{x^2}{2}+\frac{x^3}{3}-\frac{x^4}{4}+\cdots\quad(-1<x\leqslant 1),$$

用此式求 $\ln 2$ 计算量大，而且已知

$$\ln(1-x)=-x-\frac{x^2}{2}-\frac{x^3}{3}-\frac{x^4}{4}-\cdots\quad(-1\leqslant x<1),$$

故

$$\ln\frac{1+x}{1-x}=\ln(1+x)-\ln(1-x)=2\left(x+\frac{1}{3}x^3+\frac{1}{5}x^5+\cdots\right)\quad(-1<x<1).$$

令 $\frac{1+x}{1-x}=2$，得 $x=\frac{1}{3}$，于是有

$$\ln 2=2\left(\frac{1}{3}+\frac{1}{3}\cdot\frac{1}{3^3}+\frac{1}{5}\cdot\frac{1}{3^5}+\frac{1}{7}\cdot\frac{1}{3^7}+\cdots\right).$$

在上述展开式中取前四项，因为

$$|r_1|=2\left(\frac{1}{9}\cdot\frac{1}{3^9}+\frac{1}{11}\cdot\frac{1}{3^{11}}+\frac{1}{13}\cdot\frac{1}{3^{13}}+\cdots\right)<\frac{2}{3^{11}}\left[1+\frac{1}{9}+\left(\frac{1}{9}\right)^2+\cdots\right]$$

$$=\frac{2}{3^{11}}\cdot\frac{1}{1-\frac{1}{9}}=\frac{1}{4\cdot 3^9}=\frac{1}{78\ 732}<0.2\times 10^{-4},$$

所以 $\ln 2\approx 2\left(\frac{1}{3}+\frac{1}{3}\cdot\frac{1}{3^3}+\frac{1}{5}\cdot\frac{1}{3^5}+\frac{1}{7}\cdot\frac{1}{3^7}\right)\approx 0.693\ 1$.

数学实验

1. 泰勒展开式.

命令：

taylor(f)——将函数 f 展开成默认变量 x 的 $n-1$ 阶麦克劳林展开式，并给出前 6 项.

taylor(f,a)——将函数 f 在 $x=a$ 点展开成默认变量 x 的 $n-1$ 项泰勒展开式，并给出前 6 项.

taylor(f,m,a)——将函数 f 在 $x=a$ 点展开成默认变量 x 的 $m-1$ 阶泰勒展开式，并给出前 m 项.

【例 1】 将函数 $f(x)=e^x$ 展成麦克劳林展开式，显示前 5 项.

输入：
```
syms x
f = exp(x);
taylor(f,5)
```
结果：
```
ans =
1 + x + 1/2 * x^2 + 1/6 * x^3 + 1/24 * x^4
```

【例 2】 将函数 $f(x)=x^2\ln(1+2x)$ 展开成 $x-2$ 的幂级数，并显示前 7 项.

输入：
```
syms x y
f = x^2 * log(1 + 2 * x);
taylor(f,7,2)
```
结果：
```
ans =
4 * log(5) + (8/5 + 4 * log(5)) * (x - 2) + (32/25 + log(5)) * (x - 2)^2 + 62/375 * (x - 2)^3 - 38/1875 * (x - 2)^4 + 184/46875 * (x - 2)^5 - 44/46875 * (x - 2)^6
```

2. 绘制泰勒级数的图形.

命令：

taylortool——默认 $f(x)=x\cos x$ 在 $[-2\pi,2\pi]$ 上的麦克劳林级数图形，并在级数显示框显示级数的前 7 项.

taylortool('f')——显示指定函数 f 在相应区间上和相应点 $x=a$ 处的级数图形，并在级数显示框显示级数的前 7 项.

【例 3】 绘制函数 $f(x)=x\sin^2 x$ 在 $[-2\pi,2\pi]$ 上的麦克劳林级数的图形.

输入：
```
taylortool('x * sin(x)^2')
```
图形略.

可以对该窗口中的参数进行修改，得到函数在 $x=a$ 处的泰勒级数图形.

习题 9.4

习题 9.4 答案

1. 将下列函数展开成 x 的幂级数.

(1) $f(x)=\dfrac{1}{1-x^2}$；　(2) $f(x)=e^{x^2}$；

(3) $f(x)=\cos 2x$；　(4) $f(x)=\dfrac{1}{2+x}$；

(5) $f(x)=\sin^2 x$；　　(6) $f(x)=(1+x)\mathrm{e}^x$；

(7) $f(x)=\dfrac{1}{x^2+3x+2}$；　　(8) $f(x)=\ln\dfrac{1+x}{1-x}$.

2. 应用幂级数的展开式求和.

(1) $\sum\limits_{n=0}^{\infty}\dfrac{(-1)^n}{(2n+1)!}\left(\dfrac{\pi}{6}\right)^{2n+1}$；　　(2) $\sum\limits_{n=1}^{\infty}\dfrac{(-1)^n}{2^n}$.

*9.5 傅里叶级数

本节导引

18世纪初，人们把函数的概念理解为一个解析式子，认为分段函数不能用一个式子表示，称为伪函数.在傅里叶发现分段函数能用三角级数表示后，原有的函数概念才被推翻.傅里叶级数在自然科学、工程技术中有着广泛的应用.本节讨论傅里叶级数的概念及其收敛情况，以及如何将周期为 2π 的函数展开成傅里叶级数.

9.5.1 三角函数系的正交性、三角级数

自然界中周期现象的数学描述就是周期函数.例如，单摆的摆动、弹簧的振动、交流电的电流和电压的变化等，都可用正弦函数 $A\sin(\omega x+\varphi)$ 或余弦函数 $A\cos(\omega x+\varphi)$ 表示.

但是在实际问题中，如电磁波、机械振动和热传导等复杂的周期现象，就不能仅用一个正弦函数或余弦函数来表示，需要用很多甚至无穷多个正弦函数和余弦函数的叠加来表示.

【例 9.5.1】 设有一个由电阻 R、自感 L、电容 C 和电源 E 串联组成的电路，如图 9-4 所示，其中 R,L 及 C 为常数.电源电动势 $E=E(t)$.设电路中的电流为 $i(t)$，电容器两极板上的电压为 U_C，那么根据基尔霍夫回路定律，就得到一个二阶常系数非齐次线性微分方程：

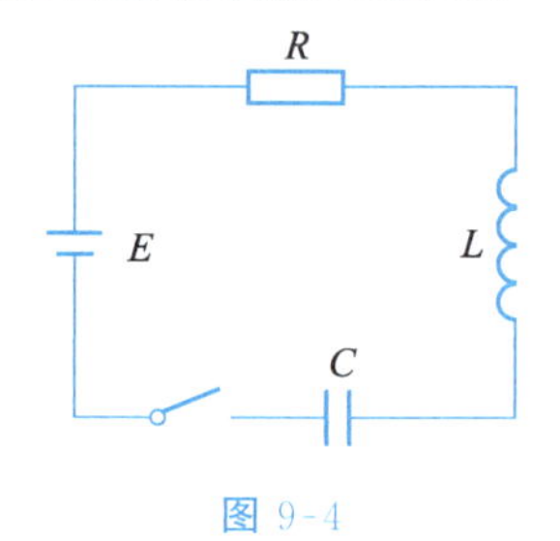

图 9-4

$$\frac{\mathrm{d}^2U_C}{\mathrm{d}t^2}+2\beta\frac{\mathrm{d}U_C}{\mathrm{d}t}+\omega_0^2U_C=f(t),$$

其中 $\beta=\dfrac{R}{2L},\omega_0=\dfrac{1}{\sqrt{LC}},f(t)=\dfrac{E(t)}{LC}$.

这就是串联电路的振荡方程.如果电源电动势 $E(t)$ 呈现非正弦变化，即 $f(t)$ 不是正弦函数，那么求解该微分方程就会变得十分复杂.

在电学中解决这类问题的办法是将 $f(t)$ 近似地表示成许多不同周期的正弦型函数的叠加，即 $f(t)\approx\sum\limits_{k=0}^{n}A_k\sin(k\omega t+\theta_k)$，这样，串联电路的振荡方程的解 $U_C(t)$ 就化成了 $n+1$ 个正弦函数的方程的解 $U_{C_k}(t)$ 的叠加，于是可求得原方程的解 $U_C(t)$ 的近似解.当 $n\to\infty$

时,就得精确解 $U_C(t)=\sum_{k=0}^{\infty}U_{C_k}(t)$.

这种方法称为谐波分析法,它是将一个非正弦型的信号分解成一系列不同频率的正弦信号的叠加,即

$$f(t)=\sum_{n=0}^{\infty}A_n\sin(n\omega t+\theta_n)\quad\left(\theta_0=\frac{\pi}{2}\right).$$

记 $x=\omega t,a_0=2A_0,a_n=A_n\sin\theta_n,b_n=A_n\cos\theta_n(n=1,2,\cdots)$,则得到形如

$$\frac{a_0}{2}+\sum_{n=1}^{\infty}(a_n\cos nx+b_n\sin nx)\tag{9-9}$$

的级数,称为**三角级数**,其中 $a_0,a_n,b_n(n=1,2,\cdots)$都是常数.

称函数列

$$1,\cos x,\sin x,\cos 2x,\sin 2x,\cdots,\cos nx,\sin nx,\cdots\tag{9-10}$$

为**三角函数系**,我们仅在$[-\pi,\pi]$上讨论三角函数系.

可以验证(9-10)中任意两个不同的函数之积在$[-\pi,\pi]$上的定积分为零,称这个性质为**三角函数系的正交性**,即

$$\int_{-\pi}^{\pi}\cos nx\,\mathrm{d}x=0\quad(n=1,2,3,\cdots),$$

$$\int_{-\pi}^{\pi}\sin nx\,\mathrm{d}x=0\quad(n=1,2,3,\cdots),$$

$$\int_{-\pi}^{\pi}\sin mx\cos nx\,\mathrm{d}x=0\quad(m,n=1,2,3,\cdots),$$

$$\int_{-\pi}^{\pi}\cos mx\cos nx\,\mathrm{d}x=0\quad(m,n=1,2,3,\cdots,m\neq n),$$

$$\int_{-\pi}^{\pi}\sin mx\sin nx\,\mathrm{d}x=0\quad(m,n=1,2,3,\cdots,m\neq n).$$

以下证明 $\int_{-\pi}^{\pi}\sin mx\sin nx\,\mathrm{d}x=\begin{cases}0, & m\neq n,\\ \pi, & m=n\neq 0.\end{cases}$

证明 当 $m=n$ 时,

$$\int_{-\pi}^{\pi}\sin mx\sin nx\,\mathrm{d}x=\int_{-\pi}^{\pi}\sin^2 mx\,\mathrm{d}x=\frac{1}{m}\int_{-\pi}^{\pi}\sin^2 mx\,\mathrm{d}(mx)$$
$$=\frac{1}{m}\left(\frac{mx}{2}-\frac{\sin 2mx}{4}\right)\Bigg|_{-\pi}^{\pi}=\pi;$$

当 $m\neq n$ 时,

$$\int_{-\pi}^{\pi}\sin mx\sin nx\,\mathrm{d}x=-\frac{1}{2}\left[\int_{-\pi}^{\pi}\cos(m+n)x\,\mathrm{d}x-\int_{-\pi}^{\pi}\cos(m-n)x\,\mathrm{d}x\right]$$
$$=-\frac{1}{2}\left[\frac{\sin(m+n)x}{m+n}-\frac{\sin(m-n)x}{m-n}\right]\Bigg|_{-\pi}^{\pi}=0.$$

类似地可证明其余等式,请读者自行验证.

9.5.2 函数展开成傅里叶级数

设 $f(x)$是周期为 2π 的周期函数,并展开成三角级数

$$f(x)=\frac{a_0}{2}+\sum_{n=1}^{\infty}(a_n\cos nx+b_n\sin nx),\tag{9-11}$$

那么系数 $a_0,a_1,b_1,\cdots$与函数 $f(x)$之间存在着怎样的关系？如何利用 $f(x)$把 $a_0,a_1,b_1,\cdots$表示出来？为此，我们进一步假设 $f(x)$可以逐项积分.

先求 a_0，对式(9-11)从$-\pi$ 到 π 逐项积分，得

$$\int_{-\pi}^{\pi}f(x)\mathrm{d}x=\int_{-\pi}^{\pi}\frac{a_0}{2}\mathrm{d}x+\sum_{k=1}^{\infty}\left[a_k\int_{-\pi}^{\pi}\cos kx\,\mathrm{d}x+b_k\int_{-\pi}^{\pi}\sin kx\,\mathrm{d}x\right],$$

根据三角函数系的正交性，等式右端除第一项外，其余各项均为零，所以

$$a_0=\frac{1}{\pi}\int_{-\pi}^{\pi}f(x)\mathrm{d}x.$$

其次求 a_n，用 $\cos nx$ 乘式(9-11)两端，再从$-\pi$ 到 π 逐项积分，我们得到

$$\int_{-\pi}^{\pi}f(x)\cos nx\,\mathrm{d}x=\frac{a_0}{2}\int_{-\pi}^{\pi}\cos nx\,\mathrm{d}x+\sum_{k=1}^{\infty}\left[a_k\int_{-\pi}^{\pi}\cos kx\cos nx\,\mathrm{d}x+b_k\int_{-\pi}^{\pi}\sin kx\cos nx\,\mathrm{d}x\right],$$

利用三角函数系的正交性，等式右端除 $k=n$ 的一项外，其余各项均为零，所以

$$\int_{-\pi}^{\pi}f(x)\cos nx\,\mathrm{d}x=a_n\int_{-\pi}^{\pi}\cos^2 nx\,\mathrm{d}x=a_n\pi.$$

于是得 $a_n=\dfrac{1}{\pi}\displaystyle\int_{-\pi}^{\pi}f(x)\cos nx\,\mathrm{d}x,n=1,2,3,\cdots$.

类似地，用 $\sin nx$ 乘式(9-11)两端，再从$-\pi$ 到 π 逐项积分，可以得到

$$b_n=\frac{1}{\pi}\int_{-\pi}^{\pi}f(x)\sin nx\,\mathrm{d}x,n=1,2,3,\cdots.$$

由于当 $n=0$ 时，a_n 的表达式正好给出 a_0，因此将已得结果合并写成

$$\begin{cases}a_n=\dfrac{1}{\pi}\displaystyle\int_{-\pi}^{\pi}f(x)\cos nx\,\mathrm{d}x,n=0,1,2,\cdots,\\ b_n=\dfrac{1}{\pi}\displaystyle\int_{-\pi}^{\pi}f(x)\sin nx\,\mathrm{d}x,n=1,2,3,\cdots.\end{cases}\tag{9-12}$$

如果 $f(x)$在$[-\pi,\pi]$上能展开成式(9-11)，则其系数必为式(9-12).称式(9-12)所确定的 $a_0,a_n,b_n,\cdots(n=1,2,\cdots)$为 $f(x)$的傅里叶系数.当式(9-11)中的系数由式(9-12)确定后，称三角级数式(9-11)为 $f(x)$的**傅里叶级数**(fourier series)，表示为

$$\frac{a_0}{2}+\sum_{n=1}^{\infty}(a_n\cos nx+b_n\sin nx).$$

那么傅里叶级数在什么条件下才收敛？下面的定理就回答了这个问题.

定理 9.5.1 狄利克雷收敛定理(充分条件) 设 $f(x)$是以 2π 为周期的周期函数，如果 $f(x)$满足条件：(1) 在一个周期内连续或只有有限个第一类间断点；(2) 在一个周期内至多只有有限个极值点，则 $f(x)$的傅里叶级数收敛，且

当 x 是 $f(x)$的连续点时，级数收敛于 $f(x)$，即

$$f(x)=\frac{a_0}{2}+\sum_{n=1}^{\infty}(a_n\cos nx+b_n\sin nx);$$

当 x 是 $f(x)$的间断点时，级数收敛于$\dfrac{f(x+0)+f(x-0)}{2}$.

该定理告诉我们,函数的傅里叶级数在连续点处收敛于该点的函数值,在间断点处收敛于该点左极限与右极限的算术平均数.

【例 9.5.2】 以 2π 为周期的函数 $f(x)$ 在 $[-\pi,\pi)$ 上的表达式为 $f(x)=\begin{cases}0, & -\pi\leqslant x\leqslant 0,\\ x, & 0<x<\pi,\end{cases}$ 试将 $f(x)$ 展开成傅里叶级数.

解 所给函数满足收敛定理的条件,且当 $x\neq(2k+1)\pi(k=0,\pm1,\pm2,\cdots)$ 时,$f(x)$ 连续.以下求 $f(x)$ 的傅里叶系数.

$$a_0=\frac{1}{\pi}\int_{-\pi}^{\pi}f(x)\mathrm{d}x=\frac{1}{\pi}\int_0^{\pi}x\,\mathrm{d}x=\frac{\pi}{2};$$

$$\begin{aligned}a_n&=\frac{1}{\pi}\int_{-\pi}^{\pi}f(x)\cos nx\,\mathrm{d}x=\frac{1}{\pi}\int_0^{\pi}x\cos nx\,\mathrm{d}x\\&=\frac{1}{\pi}\left[x\,\frac{\sin n\pi}{n}\bigg|_0^{\pi}-\frac{1}{n}\int_0^{\pi}\sin nx\,\mathrm{d}x\right]=\frac{1}{\pi}\left[\frac{\cos nx}{n^2}\right]_0^{\pi}\\&=\frac{1}{n^2\pi}(\cos n\pi-1)=\frac{(-1)^n-1}{n^2\pi}=\begin{cases}0, & n\text{ 为偶数},\\ \dfrac{-2}{n^2\pi}, & n\text{ 为奇数};\end{cases}\end{aligned}$$

$$\begin{aligned}b_n&=\frac{1}{\pi}\int_{-\pi}^{\pi}f(x)\sin nx\,\mathrm{d}x=\frac{1}{\pi}\int_0^{\pi}x\sin nx\,\mathrm{d}x\\&=\frac{1}{\pi}\left[-\frac{x\cos nx}{n}\bigg|_0^{\pi}+\frac{1}{n}\int_0^{\pi}\cos nx\,\mathrm{d}x\right]=\frac{(-1)^{n-1}}{n},n=1,2,3,\cdots.\end{aligned}$$

于是在连续点处,有

$$f(x)=\frac{\pi}{4}-\frac{2}{\pi}\left(\frac{\cos x}{1^2}+\frac{\cos 3x}{3^2}+\frac{\cos 5x}{5^2}+\cdots\right)+\left(\frac{\sin x}{1}-\frac{\sin 2x}{2}+\frac{\sin 3x}{3}-\cdots\right),$$
$$x\in\mathbf{R},x\neq(2k+1)\pi\quad(k=0,\pm1,\pm2,\cdots).$$

在不连续点处,$f(x)$ 的傅里叶级数收敛于 $\dfrac{f(\pi-0)+f(\pi+0)}{2}=\dfrac{\pi+0}{2}=\dfrac{\pi}{2}$.

$f(x)$ 的图形如图 9-5 所示,$f(x)$ 的傅里叶级数的和函数的图形如图 9-6 所示,这两个图形是有区别的.

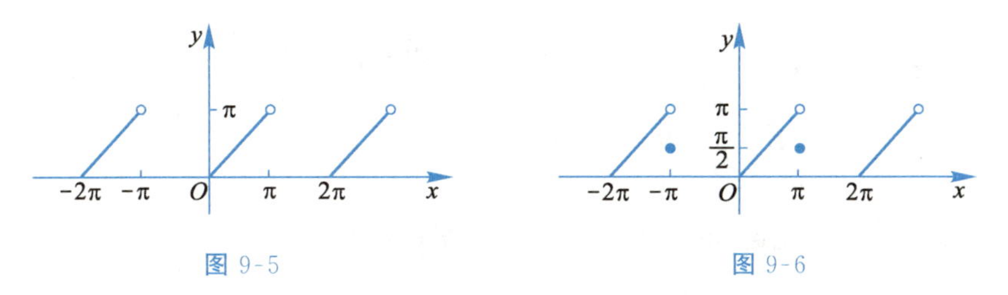

图 9-5　　图 9-6

小结

本节学习要点:三角函数系的正交性概念;三角级数与傅里叶级数的区别;傅里叶系数的求解方法;函数展开成傅里叶级数的具体步骤;和函数的图形特点.

习题 9.5

1. 设 $f(x)$ 是以 2π 为周期的周期函数，它在 $[-\pi,\pi)$ 上的表达式为

$$f(x)=\begin{cases}-1, & -\pi\leqslant x<0,\\ 1, & 0\leqslant x<\pi,\end{cases}$$

将 $f(x)$ 展开成傅里叶级数.

2. 设 $f(x)$ 是以 2π 为周期的周期函数，它在 $[-\pi,\pi)$ 上的表达式为 $f(x)=3x^2+1$，将 $f(x)$ 展开成傅里叶级数.

复习题九

复习题九答案

一、填空题.

1. 级数 $1+\frac{1}{3}+\frac{1}{3^2}+\cdots+\frac{1}{3^n}+\cdots$ 的和为__________.

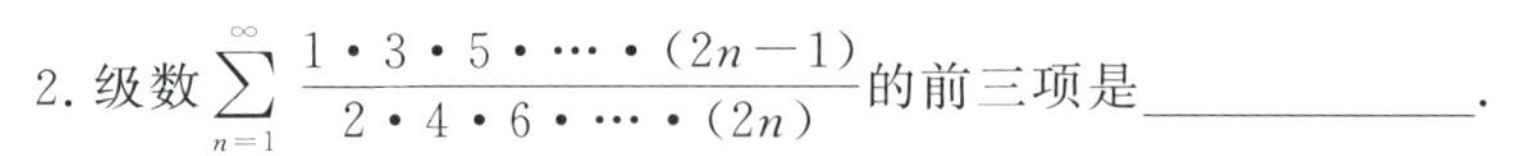

2. 级数 $\sum\limits_{n=1}^{\infty}\frac{1\cdot3\cdot5\cdot\cdots\cdot(2n-1)}{2\cdot4\cdot6\cdot\cdots\cdot(2n)}$ 的前三项是__________.

3. 级数 $\frac{2}{1}-\frac{3}{2}+\frac{4}{3}-\frac{5}{4}+\frac{6}{5}-\cdots$ 的一般项是__________.

4. 幂级数 $\sum\limits_{n=1}^{\infty}\frac{2^n}{n}x^n$ 的收敛域为__________.

5. 幂级数 $\sum\limits_{n=1}^{\infty}\frac{1}{n}\left(\frac{x-2}{3}\right)^n$ 的收敛域为__________.

6. $\sum\limits_{n=1}^{\infty}\frac{x^{2n-1}}{2n-1}$ 的收敛区间为__________，和函数 $S(x)$ 为__________.

二、判断题.

1. 设 $\sum\limits_{n=1}^{\infty}u_n$ 收敛，则 $\sum\limits_{n=1}^{\infty}(u_n+10)$ 收敛.(　　)

2. 设 $\sum\limits_{n=1}^{\infty}u_n$ 发散，$\sum\limits_{n=1}^{\infty}v_n$ 发散，则 $\sum\limits_{n=1}^{\infty}(u_n-v_n)$ 也发散.(　　)

3. 级数 $\sum\limits_{n=1}^{\infty}(-1)^{n-1}\cdot\frac{n}{10^n}$ 是条件收敛的.(　　)

4. 若 $\lim\limits_{n\to\infty}\left|\frac{c_n}{c_{n+1}}\right|=2$，则幂级数 $\sum\limits_{n=1}^{\infty}c_nx^{2n}$ 的收敛半径为 2.(　　)

三、选择题.

1. 下列级数收敛的是(　　).

A. $\sum\limits_{n=1}^{\infty}\frac{4^n+8^n}{8^n}$　　B. $\sum\limits_{n=1}^{\infty}\frac{8^n-4^n}{8^n}$

C. $\sum\limits_{n=1}^{\infty}\frac{2^n+4^n}{8^n}$　　D. $\sum\limits_{n=1}^{\infty}\frac{2^n\cdot4^n}{8^n}$

2. 设 $\sum_{n=1}^{\infty} u_n$ 为正项级数,下列命题错误的是(　　).

A. 如果 $\lim_{n\to\infty}\frac{u_{n+1}}{u_n}=\rho<1$,则 $\sum_{n=1}^{\infty} u_n$ 收敛

B. 如果 $\lim_{n\to\infty}\frac{u_{n+1}}{u_n}=\rho>1$,则 $\sum_{n=1}^{\infty} u_n$ 发散

C. 如果 $\frac{u_{n+1}}{u_n}<1$,则 $\sum_{n=1}^{\infty} u_n$ 收敛

D. 如果 $\frac{u_{n+1}}{u_n}>1$,则 $\sum_{n=1}^{\infty} u_n$ 发散

3. 下列级数中,不收敛的是(　　).

A. $\sum_{n=1}^{\infty}\ln\left(1+\frac{1}{n}\right)$

B. $\sum_{n=1}^{\infty}\frac{1}{3^n}$

C. $\sum_{n=1}^{\infty}\frac{1}{n(n+2)}$

D. $\sum_{n=1}^{\infty}\frac{3^n+(-1)^n}{4^n}$

4. 下列级数中,绝对收敛的是(　　).

A. $\sum_{n=1}^{\infty}(-1)^n\frac{1}{n}$

B. $\sum_{n=2}^{\infty}\frac{(-1)^{n+1}}{\ln n}$

C. $\sum_{n=1}^{\infty}\frac{(-1)^{n+1}}{n\sqrt{n}}$

D. $\sum_{n=2}^{\infty}(-1)^n\sin\frac{1}{n}$

5. 函数 $f(x)=\mathrm{e}^{-x^2}$ 展开成 x 的幂级数为(　　).

A. $\sum_{n=0}^{\infty}\frac{x^{2n}}{n!}$

B. $\sum_{n=0}^{\infty}\frac{(-1)^n\cdot x^{2n}}{n!}$

C. $\sum_{n=0}^{\infty}\frac{x^n}{n!}$

D. $\sum_{n=0}^{\infty}\frac{(-1)^n\cdot x^n}{n!}$

四、解答题.

1. 判定下列级数的敛散性.

(1) $\sum_{n=1}^{\infty}\frac{1}{2n-1}$;

(2) $\sum_{n=1}^{\infty}\frac{1}{(n+1)(n+3)}$;

(3) $\sum_{n=1}^{\infty}\frac{n!}{10^n}$;

(4) $\sum_{n=1}^{\infty}\frac{(2n)!}{n!7^n}$.

2. 判定下列级数是否收敛.若收敛,是条件收敛还是绝对收敛?

(1) $\sum_{n=1}^{\infty}(-1)^{n-1}\frac{n}{3^{n-1}}$;

(2) $\sum_{n=1}^{\infty}(-1)^{n-1}\frac{1}{\ln(1+n)}$.

3. 求下列级数的收敛域及和函数.

(1) $\sum_{n=1}^{\infty}nx^{n-1}$;

(2) $\sum_{n=1}^{\infty}\frac{x^{4n+1}}{4n+1}$.

4. 将下列函数展开成 x 的幂级数.

(1) $f(x)=\sin 2x$;

(2) $f(x)=\frac{1}{3-x}$.

第 10 章

MATLAB 基础及其应用

10.1 MATLAB 简介

10.1.1 MATLAB 的基本功能

MATLAB 是美国 Mathworks 公司出品的商业数学软件，与 Mathematica、Maple 并称为三大数学软件.MATLAB 以矩阵运算为基础，把计算、可视化(将计算结果以可视图形方式显示出来)、程序设计融合在一个简单易用的交互式工作环境中，是一款数据分析和处理功能都非常强大的工程实用软件.

10.1.2 MATLAB 的特点

在 MATLAB 软件工作环境下，我们可以直接执行基于 MATLAB 语言的各种命令.如果计算比较复杂，我们也可以编写一个程序文件，然后执行它.下面我们就结合 MATLAB 软件和 MATLAB 语言谈谈 MATLAB 的特点.

1. 语言简洁紧凑，使用方便灵活

MATLAB 最突出的特点就是简洁，它用直观的、符合人们思维习惯的代码，代替了 C 语言和 FORTRAN 语言的冗长代码.

例如，我们要用其他编程语言编写一个利用矩阵方法解齐次线性方程组的程序，程序中至少要包括变量声明、数据输入、数据处理、数据输出等几部分，没有几百条语句是无法实现的.但是，使用 MATLAB 就简单多了，我们只需首先创建一个矩阵变量，然后执行命令 x=rref(A)求 A 的最简矩阵，则方程组的解也就求出来了.

由上例可以看出，MATLAB 几乎压缩掉了一切不必要的编程工作，如程序的初始化声明、变量声明、数据输入语句等.

此外，在上例中，由于计算比较简单，因此我们直接在命令窗口(Command Window)中的“>>”提示符下输入相关命令，并按回车键执行.如果计算比较复杂，还可创建扩展名为 m 的程序文件，然后利用 MATLAB 提供的编辑器将相关命令放入该程序文件，最后执行该程序.

2. 运算符和库函数非常丰富

首先，由于 MATLAB 是用 C 语言编写的，因此它提供了几乎和 C 语言一样多的运算符;其次,由于 MATLAB 提供了多达数百个工程中要用到的数学函数(如矩阵运算、数值运算与数据分析、符号运算、概率统计等),从而使用户得以避开复杂的编程工作.

3. MATLAB 兼具结构化和面向对象特性

MATLAB 既支持结构化程序设计,例如,具有 for 循环、while 循环、Break 语句和 if 语句等;又支持面向对象编程特性,例如,支持类、对象等.

4. MATLAB 的图形功能强大

在 FORTRAN 和 C 语言中,绘图都很不容易,但在 MATLAB 中,数据的可视化非常简单.例如,在“>>”提示符下执行 fplot('x^2',[-10,10])命令,即可绘制 $y=x^2$ 在(-10,10)区间中的曲线.

5. MATLAB 具有内容丰富、功能强大的工具箱

MATLAB 主要包含两部分内容:一是数百个内部函数的核心部分;二是各种功能强大的工具箱.用户可直接借助这些工具箱来执行一些专业性很强的数据计算、数据分析、数据通信等工作.

实际上,这些所谓的工具箱就是一个个子程序包.一般情况下,我们在安装 MATLAB 时会自动安装软件自带的多种工具箱,其安装目录位于 MATLAB 安装目录的 toolbox 目录下,用户可以直接利用各文件夹中的程序名来调用它们.

MATLAB 的工具箱大致分为两类,分别是功能性工具箱和学科性工具箱.其中,功能性工具箱主要用来扩充其符号计算功能、图示建模仿真功能、文字处理功能,以及与硬件实时交互功能等;而学科性工具箱是专业性比较强的,如信号处理工具箱、通信工具箱、数据库工具箱等.

6. 源程序的开放性

开放性也许是 MATLAB 最受人们欢迎的特点.除内部函数外,所有 MATLAB 的核心文件和工具箱文件都是可读可改的源文件,用户可通过对源文件的修改及加入自己的文件构成新的工具箱.

与其他高级语言相比,由于 MATLAB 程序不用执行编译等预处理,也不生成可执行文件,程序为解释执行,因此程序的运行速度较慢.

10.1.3 MATLAB 的操作界面

MATLAB 的操作界面主要由标题栏、菜单栏、工作空间(Workspace)、命令窗口(Command Window)和命令历史(Command History)等部分组成.其中,工作空间、命令窗口和命令历史三个区域的用途如下:

(1) 工作空间:此处是 MATLAB 用来存储变量的地方.

(2) 命令窗口:此处是用户用来输入命令的地方.

(3) 命令历史:此处记录了用户曾经执行的各种命令.

在上述三个区域中,只能有一个区域为活动状态,要在它们之间进行切换,只需在其中单击鼠标即可.如果某个区域为活动状态,其标题栏将显示为蓝色,否则,其标题栏将显示为灰色.

要新建 M-文件,可选择“文件”“新建”“M-文件”菜单,或者按<Ctrl+N>组合键,此

后系统会在画面右侧命令窗口上方打开一个程序编辑器窗口.要执行编辑的程序,应首先确认该区域处于活动状态,然后可以按<F5>键或选择“调试”“运行”菜单.要保存程序,可单击程序编辑器窗口上方的“保存”工具.

使用 MATLAB 的要点:

(1) 要打开某个 M—文件,可选择“文件”“打开”菜单.

(2) 要关闭命令窗口、命令历史等窗口,可单击该窗口右上角的“关闭”按钮.

(3) 要打开或关闭某个窗口或工具栏等,可选择“桌面”菜单中的“Command Window”“Command History”“工具栏”等选项.

(4) 要恢复窗口默认布局,可选择“桌面”“桌面布局”“默认”菜单.

10.2 MATLAB 基本运算与函数

10.2.1 MATLAB 基本运算

MATLAB 能识别常用的加(+)、减(—)、乘(*)、除(/)等绝大部分数学运算符号,以及幂次运算符号(^).因此,要在 MATLAB 中进行基本的数学运算,只需在命令窗口中的提示符(>>)之后直接输入运算式并按<Enter>键即可.

例如:(2*3+3*4)/10　　　　返回结果:ans=1.8000

如果不为表达式赋值,MATLAB 会将运算结果存入变量 ans,并将其数值显示于屏幕上.

不过,我们也可将上述运算式的结果保存到某个变量中.

例如:x=(2*3+3*4)/10　　　　返回结果:x=1.8000

10.2.2 MATLAB 常用的函数

MATLAB 常用的函数如表 10-1 所示.

表 10-1

命令	含义	命令	含义	命令	含义
abs(x)	绝对值	sqrt(x)	开平方	sign(x)	符号函数
pi	圆周率	inf	无穷大	exp(x)	e^x
log(x)	lnx	sin(x)	正弦函数	cos(x)	余弦函数
tan(x)	正切函数	asin(x)	反正弦函数	acos(x)	反余弦函数
atan(x)	反正切函数	dot(x,y)	向量内积	cross(x,y)	向量外积

10.3　一元函数的极限、导数与积分

10.3.1　利用 MATLAB 求极限

MATLAB 中可以利用 limit 函数求极限，limit 函数有四种形式，如表 10-2 所示.

表 10-2

limit(s,a)	返回当 $x \to a$ 时表达式 s 的极限
limit(s,0)或 limit(s)	返回当 $x \to 0$ 时表达式 s 的极限
limit(s,a,'left')	返回当 $x \to a^-$ 时表达式 s 在 $x=a$ 处的左极限
limit(s,a,'right')	返回当 $x \to a^+$ 时表达式 s 在 $x=a$ 处的右极限

注意：应先使用命令 syms x 定义变量 x，然后再使用 limit 函数求极限.

【例 10.3.1】　求下列函数的极限：

(1) $\lim\limits_{x \to 2} \dfrac{x-2}{\sqrt{x+2}-2}$；　(2) $\lim\limits_{x \to 0} \dfrac{1-\cos 2x}{\sin 2x}$；　(3) $\lim\limits_{x \to \infty} \left(\dfrac{x-1}{x+1}\right)^{2x}$.

在 MATLAB 中提示符(>>)后输入：

(1) syms x; limit((x-2)/(sqrt(x+2)-2),2)

返回结果：ans=4.

(2) limit((1-cos(2 * x))/sin(2 * x))

注意：2 和 x 中间需用 * 连接，即 2 * x.

返回结果：ans=0.

(3) limit(((x-1)/(x+1))^(2 * x),inf)

返回结果：ans=exp(-4).

10.3.2　利用 MATLAB 求导数

MATLAB 中可以用 diff 函数来求一元函数的导数，diff 函数有两种形式，如表 10-3 所示.

表 10-3

diff(s)	返回表达式 s 对变量 x 的 1 阶导数
diff(s,n)	返回表达式 s 对变量 x 的 n 阶导数

【例 10.3.2】　求函数 $y=x^3+4x^2+1$ 对 x 的一阶导数和二阶导数.

在 MATLAB 中提示符(>>)后输入：

(1) syms x;diff(x^3+4 * x^2+1)

返回结果：ans=3 * x^2+8 * x.

(2) diff(x^3+4 * x^2+1,2)

返回结果：ans=6 * x+8.

10.3.3 利用 MATLAB 求积分

MATLAB 中可以用 int 函数来求表达式的不定积分和定积分，求定积分和不定积分的形式如表 10-4 所示.

表 10-4

int(s)	返回表达式 s 对变量 x 的不定积分，结果中不包含常数 C
int(s,a,b)	返回表达式 s 对变量 x 从 a 到 b 的定积分

【例 10.3.3】 求下列不定积分：

(1) $\int \frac{1}{x^2}\mathrm{d}x$；　(2) $\int (x^2-3x+2)\mathrm{d}x$；　(3) $\int \cos^2\left(\frac{x}{2}\right)\mathrm{d}x$.

在 MATLAB 中提示符(>>)后输入：

(1) syms x; int(1/x^2)

返回结果：ans=-1/x.

(2) int(x^2-3*x+2)

返回结果：ans=1/3*x^3-3/2*x^2+2*x.

(3) int(cos(x/2)^2)

返回结果：ans=cos(1/2*x)*sin(1/2*x)+1/2*x.

【例 10.3.4】 求下列定积分：

(1) $\int_0^1 \sqrt{1-x^2}\,\mathrm{d}x$；　(2) $\int_1^4 (x^2+1)\mathrm{d}x$.

在 MATLAB 中提示符(>>)后输入：

(1) syms x; int((1-x^2)^(1/2),0,1)

返回结果：ans=1/4*pi.

(2) int(x^2+1,1,4)

返回结果：ans=24.

习题 10.3

习题 10.3 答案

1. 利用 MATLAB 计算下列函数的极限.

(1) $\lim\limits_{x\to 0}\sqrt{x^2-2x+5}$；　(2) $\lim\limits_{x\to 0}\frac{\sqrt{x+1}-1}{x}$；

(3) $\lim\limits_{x\to\infty}\left(1+\frac{1}{x}\right)^{\frac{x}{2}}$；　(4) $\lim\limits_{x\to\infty}\left(\frac{3+x}{6-x}\right)^{\frac{x-1}{2}}$.

2. 利用 MATLAB 求下列函数的导数.

(1) $y=x^3+\frac{7}{x^4}-\frac{2}{x}+12$；　(2) $y=\sin x\cos x$；

(3) $y=\ln\cos x$；　(4) $y=\sqrt{1+\ln^2 x}$.

3. 利用 MATLAB 求下列不定积分和定积分.

(1) $\int \frac{x^2}{1+x^2}dx$；　　(2) $\int \sin 2x \cos 3x\,dx$；

(3) $\int_{-\pi}^{\pi} \sin x\,dx$；　　(4) $\int_0^{\frac{\pi}{4}} \tan^2 x\,dx$.

10.4 导数应用

在导数应用中，可以利用 MATLAB 计算驻点和二阶导数为零的点，为计算函数的极值点和拐点提供方便，同时可以利用 MATLAB 来绘制函数的图形.

10.4.1 利用 diff 函数求极值点和拐点

【例 10.4.1】 计算函数 $y=2x^3-6x^2-18x-7$ 的极值点.

在提示符(>>)后输入：syms x;y=2*x^3-6*x^2-18*x-7;dy1=diff(y)

返回结果：dy1=6*x^2-12*x-18.

即 $f'(x)=6x^2-12x-18$.

接着输入：solve(dy1)

注意：solve 函数用来求方程的根.

返回结果：ans=3　-1.

即 $6x^2-12x-18=0$ 有两个根 3 和 -1.

然后可以根据驻点两侧的单调性，得出 $x=-1$ 为极大值点，$x=3$ 为极小值点.

【例 10.4.2】 计算函数 $y=x^3-5x^2+3x+5$ 的拐点.

在提示符(>>)后输入：syms x;y=x^3-5*x^2+3*x+5;dy2=diff(y,2)

返回结果：dy2=6*x-10.

即 $f''(x)=6x-10$.

接着输入：solve(dy2)

返回结果：ans=5/3.

即　使 $f''(x)=0$ 的点为 $x=\frac{5}{3}$，

然后可以根据 $x=\frac{5}{3}$ 两侧的凹凸性，得出 $\left(\frac{5}{3},\frac{20}{27}\right)$ 为函数的拐点.

10.4.2 绘制函数图形

在 MATLAB 中，可以利用 fplot 函数来绘制函数的图形，其格式为 fplot('fun',[xmin,xmax])，其中 fun 为一已定义的函数名称，如 $\sin(x)$，$\cos(x)$ 等；xmin，xmax 是设定绘图横轴的下限及上限.

【例 10.4.3】 绘制函数 $y=x^3-5x^2+3x+5$ 在 $(-20,20)$ 上的图形.

在提示符(>>)后输入：fplot('x^3-5*x^2+3*x+5',[-20,20])

系统自动打开图形窗口，得到如图 10-1 所示的图形.

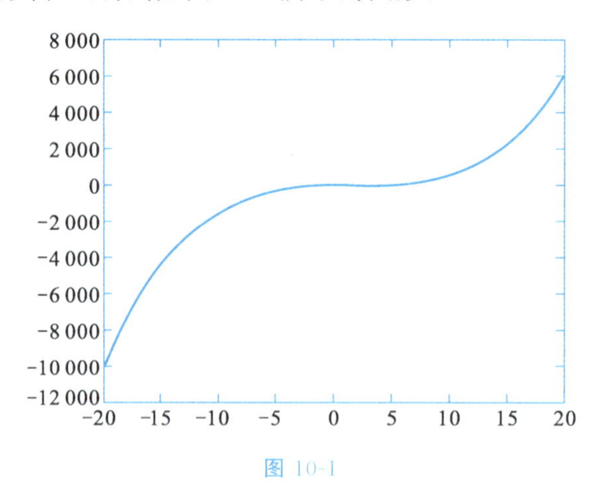

图 10-1

【例 10.4.4】 绘制函数 $y=\dfrac{x}{x^2+1}$在(－5,5)上的图形.

在提示符(>>)后输入：fplot('x/(x^2+1'),[－5,5])

得到如图 10-2 所示的图形.

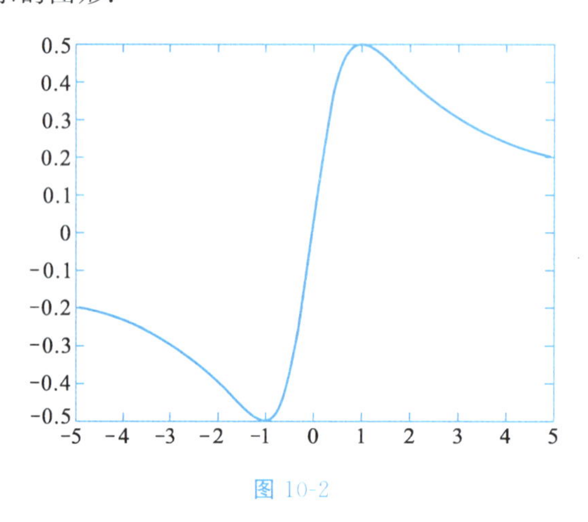

图 10-2

习题 10.4 答案

1. 利用 MATLAB 计算函数 $y=x+\sqrt{1-x}$ 的极值点.
2. 利用 MATLAB 计算函数 $y=\ln(x^2+1)$的拐点.
3. 利用 MATLAB 绘制函数 $y=x^3-3x^2$ 在(－2,4)上的图形.

10.5　常微分方程

在 MATLAB 中，dsolve 函数用来求解常微分方程，应用此函数可以求得常微分方程的通解，以及给定初始条件的特解.在介绍 dsolve 函数之前，要注意的是平时出现的常微分方程在 MATLAB 中需要改写，如 y' 或 $\frac{dy}{dx}$ 需写成 Dy，y'' 或 $\frac{d^2y}{dx^2}$ 需写成 D2y.

dsolve 函数的格式如表 10-5 所示.

表 10-5

dsolve('equ','x')	x 为指定的自变量，默认的变量为 t
dsolve('equ','cond1','cond2',…,'x')	cond1，cond2，…为给定的常微分方程的初始条件

说明：cond1，cond2，…为给定的常微分方程的初始条件，其格式如表 10-6 所示.

表 10-6

$f(a)=b$	y(a)=b
$f'(c)=d$	Dy(c)=d
$f''(e)=f$	D2y(e)=f

【例 10.5.1】　求微分方程 $y'-2xy=x$ 的通解.

在提示符(>>)后输入：syms x;y=dsolve('Dy－2 * x * y=x','x')

返回结果：y=－1/2＋exp(x^2) * C1.

即 $y=-\frac{1}{2}+Ce^{x^2}$.

【例 10.5.2】　求方程 $xy''=y'$ 满足初始条件 $y'|_{x=1}=2,y|_{x=0}=1$ 的特解.

在提示符(>>)后输入：y=dsolve('x * D2y=Dy','Dy(1)=2','y(0)=1','x')

返回结果：y=1＋x^2.

即 $y=1+x^2$.

习题 10.5

习题 10.5 答案

1. 利用 MATLAB 求下列微分方程的通解.

(1) $y''=x^2+x-\sin x$；　(2) $xy'+y=3$；　(3) $y''+y'=x$.

2. 利用 MATLAB 求方程 $\frac{d^2y}{dx^2}+2x=2y$ 满足初始条件 $y|_{x=2}=5,y'|_{x=1}=2$ 的特解.

10.6 线性代数

10.6.1 特殊矩阵

MATLAB 中各类特殊矩阵的表示方法如表 10-7 所示.

表 10-7

zeros(n)	n 阶全零矩阵	zeros(m,n)	$m\times n$ 全零矩阵
ones(n)	n 阶全 1 矩阵	ones(m,n)	$m\times n$ 全 1 矩阵
rand(n)	n 阶随机数(0—1)矩阵	rand(m,n)	$m\times n$ 阶随机数(0—1)矩阵
magic(n)	n 阶幻方矩阵		

10.6.2 矩阵的运算

1. 矩阵的行列式值

求矩阵的行列式的值可由函数 det(A)来实现.

【例 10.6.1】 求矩阵 $\boldsymbol{A}=\begin{pmatrix}3&2&4\\1&-1&5\\2&-1&3\end{pmatrix}$ 的行列式值.

在提示符(>>)后输入:

A=[3 2 4;1 −1 5;2 −1 3];det(A)

返回结果:ans=24

即 $|\boldsymbol{A}|=24$.

2. 矩阵的数乘、加减与乘法

矩阵的加法、减法和乘法可以通过符号"+"、"−"和"*"来实现.

【例 10.6.2】 已知矩阵 $\boldsymbol{A}=\begin{pmatrix}1&3\\2&-1\end{pmatrix}$, $\boldsymbol{B}=\begin{pmatrix}3&0\\1&2\end{pmatrix}$, 求 $2\boldsymbol{A}-3\boldsymbol{B}$, $\boldsymbol{AB}$.

在提示符(>>)后输入:

```
(1) A=[1 3;2 -1];B=[3 0;1 2];2*A-3*B
ans=-7      6
     1     -8
(2) A*B
ans=6      6
    5     -2
```

因为矩阵的加减运算的规则是对应元素相加减,所以参与加减运算的矩阵必须是同阶矩阵,而矩阵相乘的前提是两矩阵对应的行列必须相等.

10.6.3 矩阵的逆矩阵

在 MATLAB 中,求一个 n 阶方阵的逆矩阵远比线性代数中介绍的方法简单,只需要调用 inv 函数即可.

【例 10.6.3】 已知矩阵 $\boldsymbol{A}=\begin{pmatrix}1&0&1\\2&1&2\\0&4&6\end{pmatrix}$,求 $\boldsymbol{A}^{-1}$.

在提示符(>>)后输入:

```
A=[1 0 1;2 1 2;0 4 6];format rat;inv(A)
```

说明:format rat 是数据输出的一种格式,即输出的是分数,而非小数.如果不加 format rat 命令,输出的结果即为小数.

返回结果:

```
ans=-1/3        2/3        -1/6
     -2          1           0
     4/3       -2/3         1/6
```

即 $\boldsymbol{A}^{-1}=\begin{pmatrix}-\frac{1}{3}&\frac{2}{3}&-\frac{1}{6}\\-2&1&0\\\frac{4}{3}&-\frac{2}{3}&\frac{1}{6}\end{pmatrix}$.

10.6.4 矩阵的除法

有了矩阵的逆运算之后,就可以通过逆矩阵来进行矩阵的除法运算.

若 $\boldsymbol{AX}=\boldsymbol{B}$,则有 $\boldsymbol{X}=\boldsymbol{A}^{-1}\boldsymbol{B}$,可以通过 inv(A) * B 来实现.

当然 MATLAB 中还是保留了除法运算,即 A\B=inv(A) * B,符号"\"称为左除,即分母放在左边.

【例 10.6.4】 求下列线性方程组的解:$\begin{cases}x_1+4x_2-7x_3+6x_4=0,\\2x_2+x_3+x_4=-8,\\x_2+x_3+3x_4=-2,\\x_1+x_3-x_4=1.\end{cases}$

设系数矩阵 $\boldsymbol{A}=\begin{pmatrix}1&4&-7&6\\0&2&1&1\\0&1&1&3\\1&0&1&-1\end{pmatrix}$,$\boldsymbol{X}=\begin{pmatrix}x_1\\x_2\\x_3\\x_4\end{pmatrix}$,$\boldsymbol{B}=\begin{pmatrix}0\\-8\\-2\\1\end{pmatrix}$,

则原方程组可记为 $\boldsymbol{AX}=\boldsymbol{B}$,有两种方法可以计算出 $\boldsymbol{X}$,一种是 inv(A) * B,另一种是A\B.

在提示符(>>)后输入:

```
A=[1 4 -7 6;0 2 1 1;0 1 1 3;1 0 1 -1];B=[0;-8;-2;1];x=A\B
```

或

```
A=[1 4 -7 6;0 2 1 1;0 1 1 3;1 0 1 -1];B=[0;-8;-2;1];x=inv(A) * B
```

都可以得到解为 $x_1=3,x_2=-4,x_3=-1,x_4=1$.

10.6.5 矩阵的秩

矩阵的秩是线性代数中一个重要的概念,它描述了矩阵的一个数值特征.在 MATLAB

中求矩阵的秩可由 rank 函数来完成.

【例 10.6.5】 求矩阵 $\boldsymbol{A}=\begin{pmatrix}1 & 3 & -9 & 3\\0 & 1 & -3 & 4\\-2 & -3 & 9 & 6\end{pmatrix}$的秩.

在提示符(>>)后输入:A=[1 3 −9 3;0 1 −3 4;−2 −3 9 6];rank(A)

返回结果:ans=2　　　　　即矩阵 $\boldsymbol{A}$ 的秩为 2.

习题 10.6

习题 10.6 答案

1. 利用 MATLAB 求矩阵 $\boldsymbol{A}=\begin{pmatrix}1 & 3 & 6\\-2 & 0 & 4\\3 & -1 & 5\end{pmatrix}$的行列式值.

2. 已知矩阵 $\boldsymbol{A}=\begin{pmatrix}1 & 0\\2 & 1\end{pmatrix}$,$\boldsymbol{B}=\begin{pmatrix}2 & 0\\1 & -3\end{pmatrix}$,利用 MATLAB 求 $3\boldsymbol{A}-\boldsymbol{B}$,$\boldsymbol{AB}$.

3. 已知矩阵 $\boldsymbol{A}=\begin{pmatrix}1 & 0 & -2\\2 & 1 & 5\\1 & 4 & -3\end{pmatrix}$,利用 MATLAB 求 $\boldsymbol{A}^{-1}$.

4. 利用 MATLAB 求下列线性方程组的解:$\begin{cases}2x_1-x_2+3x_3+2x_4=6,\\3x_1-3x_2+3x_3+2x_4=5,\\3x_1-x_2-x_3+2x_4=3,\\3x_1-x_2+3x_3-x_4=4.\end{cases}$

5. 利用 MATLAB 求矩阵 $\boldsymbol{A}=\begin{pmatrix}2 & 1 & 11 & 2\\1 & 0 & 4 & 1\\11 & 4 & 56 & 5\\2 & -1 & 5 & -6\end{pmatrix}$的秩.

10.7 二元函数微积分

10.7.1 二元显函数求导

在 MATLAB 中,对多元函数求偏导数及重积分等使用的函数和一元函数微积分相同,都是使用 diff 函数,只是在设置命令中的参数时有所不同,如表 10-8 所示.

表 10-8

diff(f(x,y),x)	返回表达式 $f(x,y)$对变量 x 的 1 阶偏导数
diff(f(x,y),x,n)	返回表达式 $f(x,y)$对变量 x 的 n 阶偏导数
diff(f(x,y),y)	返回表达式 $f(x,y)$对变量 y 的 1 阶偏导数
diff(f(x,y),y,n)	返回表达式 $f(x,y)$对变量 y 的 n 阶偏导数

【例 10.7.1】 求二元函数 $f(x,y)=y^2\sin x^2$ 对 x 的一阶偏导数和对 y 的一阶偏导数.

在提示符(>>)后输入:

(1) syms x y;diff(y^2 * sin(x^2),x)

返回结果:ans=2 * y^2 * cos(x^2) * x.

即 $\frac{\partial f}{\partial x}=2xy^2\cos x^2$.

(2) diff(y^2 * sin(x^2),y)

返回结果:ans=2 * y * sin(x^2).

即 $\frac{\partial f}{\partial y}=2y\sin x^2$.

【例 10.7.2】 若 $f(x,y)=\frac{2xy}{x^2+y^2}$,求:(1) $\frac{\partial f}{\partial x}$;(2) $\frac{\partial^2 f}{\partial x\partial y}$.

在提示符(>>)后输入:

(1) syms x y;S=2 * x * y/(x^2+y^2);dx=diff(S,x)

返回结果:dx=2 * y/(x^2+y^2)-4 * x^2 * y/(x^2+y^2)^2.

即 $\frac{\partial f}{\partial x}=\frac{2y}{x^2+y^2}-\frac{4x^2y}{(x^2+y^2)^2}$.

对 dx 再求 y 的偏导数,即 $\frac{\partial^2 f}{\partial x\partial y}$.

(2) dxy=diff(dx,y)

返回结果:2/(x^2+y^2)-4 * y^2/(x^2+y^2)^2-4 * x^2/(x^2+y^2)^2+16 * x^2 * y^2/(x^2+y^2)^3.

即 $\frac{\partial^2 f}{\partial x\partial y}=\frac{2}{x^2+y^2}-\frac{4y^2}{(x^2+y^2)^2}-\frac{4x^2}{(x^2+y^2)^2}+\frac{16x^2y^2}{(x^2+y^2)^3}$.

10.7.2 二元隐函数求导

若由 $z=f(x,y)$ 所确定的隐函数 $F(x,y,z)=0$,则有

$$\frac{\partial z}{\partial x}=-\frac{F_x}{F_z},\frac{\partial z}{\partial y}=-\frac{F_y}{F_z}.$$

根据此公式,可以利用 MATLAB 中求导函数 diff 求二元隐函数的偏导数.

【例 10.7.3】 设 $x^2+2y^2+3z^2=4$,求 $\frac{\partial z}{\partial x}$.

先把二元函数 $x^2+2y^2+3z^2=4$ 转化成 $F(x,y,z)=0$ 的形式,即

$$F(x,y,z)=x^2+2y^2+3z^2-4=0.$$

在 MATLAB 中提示符(>>)后输入:

syms x y z; F=x^2+2 * y^2+3 * z^2-4;dx=-diff(F,x)/diff(F,z)

返回结果:dx=-1/3 * x/z.

即 $\frac{\partial z}{\partial x}=-\frac{x}{3z}$.

10.7.3 二重积分

对于二重积分,可使用 int 函数求解,int 函数求二重积分有两种方法,如表 10-9 所示.

表 10-9

int(s,x,a,b)	对表达式 s 关于变量 x 从 a 到 b 的定积分
int(s,y,a,b)	对表达式 s 关于变量 y 从 a 到 b 的定积分

【例 10.7.4】 求下列二重积分 $\iint\limits_D \frac{\sin x}{x}\mathrm{d}x\,\mathrm{d}y$,其中 D 是由直线 $y=x$,$y=\frac{x}{2}$ 及 $x=2$ 围成的区域.

需要把二重积分转化为累次积分,得到 $\iint\limits_D \frac{\sin x}{x}\mathrm{d}x\,\mathrm{d}y=\int_0^2\left(\int_{\frac{x}{2}}^{x}\frac{\sin x}{x}\mathrm{d}y\right)\mathrm{d}x$.

在提示符(>>)后输入:

```
syms x y; S=sin(x)/x;s1=int(S,y,x/2,x);int(s1,x,0,2)
```

返回结果:ans=-1/2 * cos(2)+1/2.

即 $\iint\limits_D \frac{\sin x}{x}\mathrm{d}x\,\mathrm{d}y=-\frac{1}{2}\cos 2+\frac{1}{2}$.

习题 10.7

习题 10.7 答案

1. 若 $f(x,y)=y\ln(x^2+y^2)$,利用 MATLAB 求:(1) $\frac{\partial f}{\partial x}$;(2) $\frac{\partial f}{\partial y}$.

2. 设 $\frac{x}{z}=\ln\frac{z}{y}$,利用 MATLAB 求:(1) $\frac{\partial z}{\partial x}$;(2) $\frac{\partial z}{\partial y}$.

3. 利用 MATLAB 求下列二重积分 $\iint\limits_D e^{x+y}\mathrm{d}x\,\mathrm{d}y$,其中 $D=\{(x,y)|0\leqslant x\leqslant 1,0\leqslant y\leqslant 1\}$.

4. 利用 MATLAB 求下列二重积分 $\iint\limits_D xy\,\mathrm{d}x\,\mathrm{d}y$,其中 D 是由直线 $y^2=x$ 及 $y=x-2$ 围成的区域.

10.8 级　数

在 MATLAB 中可以用 taylor 函数来实现一元函数的泰勒级数展开,其调用的格式有三种形式,如表 10-10 所示.

表 10-10

taylor(f)	返回表达式 f 的 6 阶泰勒展开式
taylor(f,n)	返回表达式 f 的$(n-1)$阶的泰勒展开式
taylor(f,n,a)	返回表达式 f 的$(n-1)$阶的泰勒级数在指定的 a 点的展开式

【例 10.8.1】 求 $f(x)=e^x$ 的泰勒展开式.

在提示符(>>)后输入:sym s x;f=exp(x);taylor(f)

返回结果:ans=1+x+1/2 * x^2+1/6 * x^3+1/24 * x^4+1/120 * x^5.

即 $e^x=1+x+\frac{x^2}{2}+\frac{x^3}{6}+\frac{x^4}{24}+\frac{x^5}{120}+\cdots$.

【例 10.8.2】 求 $f(x)=\cos x$ 的泰勒展开式.

在提示符(>>)后输入:f=cos(x);taylor(f,7)

返回结果:ans=1-1/2 * x^2+1/24 * x^4-1/720 * x^6.

即 $\cos x=1-\frac{x^2}{2}+\frac{x^4}{24}-\frac{x^6}{720}+\cdots$.

【例 10.8.3】 求 $f(x)=x^3-2x^2+x+3$ 在 $x=1$ 处的泰勒展开式.

在提示符(>>)后输入:f=x^3-2 * x^2+x+3;taylor(f,7,1)

返回结果:ans=3+(x-1)^2+(x-1)^3.

即 $f(x)=3+(x-1)^2+(x-1)^3+\cdots$.

习题 10.8 答案

习题 10.8

1. 利用 MATLAB 求 $f(x)=\frac{1}{5+x}$ 的泰勒展开式.
2. 利用 MATLAB 求 $f(x)=\ln(1+x)$ 的泰勒展开式.
3. 利用 MATLAB 求 $f(x)=\sin\frac{x}{3}$ 的泰勒展开式.
4. 利用 MATLAB 求 $f(x)=2x^3-3x^2+x-3$ 在 $x=1$ 处的泰勒展开式.

附录 1

三位数学家简介

芝诺(Zeno)(约前490—约前430)

芝诺悖论的历史,大体上也就是连续性、无限大和无限小这些概念的历史.

——卡约里

大圆的面积是我的知识,小圆的面积是你的知识,我的知识比你们的多.但是,这两个圆圈的外面就是你们和我无知的部分.大圆圈的周长比小圆圈的周长更长,因而我接触的无知的范围比你们更大.这就是我为什么常常怀疑自己的知识的原因.

——芝诺

芝诺生活在古希腊的埃利亚城邦,他是埃利亚学派的著名哲学家巴门尼德的学生和朋友.芝诺因其悖论而著名,并在数学和哲学两个领域享有不朽的声誉.芝诺悖论是一系列关于运动的不可分性的哲学悖论.他的悖论概括为以下四点:

第一,二分法悖论.任何一个物体要想由 A 点运动到 B 点,必须首先到达 AB 的中点 C,随后需要到达 CB 的中点 D,再随后要到达 DB 的中点 E.依此类推,这个二分过程可以无限地进行下去,这样的中点有无限多个.因此,该物体永远也到不了终点 B.

不仅如此,我们会得出运动是不可能发生的,或者说这种旅行连开始都有困难.因为在进行后半段路程之前,必须先完成前半段路程,而在此之前又必须先完成前 1/4 路程……因此,物体根本不能开始运动,因为它被道路无限分割阻碍着.

第二,阿基里斯追龟悖论.如果让乌龟先行一段路程,那么阿基里斯将永远追不上乌龟.假定乌龟先行了一段距离,阿基里斯为了赶上乌龟,必须到达乌龟的出发点 A.但当阿基里斯到达 A 点时,乌龟已经前进到了 B 点.而当阿基里斯到达 B 点时,乌龟又已经到了 B 点前面的 C 点……依此类推,两者虽越来越接近,但阿基里斯永远落在乌龟的后面而追不上乌龟.

第三,飞矢不动悖论.任何一个东西待在一个地方就不叫运动,可是飞动着的箭在任何一个时刻不也是待在一个地方吗?既然飞矢在任何一个时刻都能待在一个地方,那飞矢当然是不动的.

第四,运动场悖论.芝诺提出这一悖论可能是针对时间存在着最小单位一说(普朗克时间,Planck time),对此,他做出如下论证:设想有三列实体,最初它们首尾对齐.设想在最小时间单元内,C 列不动,A 列向左移动一位,B 列向右移动一位,相对 B 而言,A 移动了两位.就是说,我们应该有一个能让 B 相对于 A 移动一位的时间.自然,这个时间是单元时间的一半,但单元时间是假定不可分的,那么这两个时间就是相同的,即最小时间单元与它的一半相等.

这些悖论中最著名的两个是"阿基里斯追不上乌龟"和"飞矢不动".而芝诺的最大成果就在于提出动和静的关系、无限和有限的关系、连续和离散的关系,并进行了辩证的考察.这些方法现在可以用微积分(无限)的概念进行解释.

芝诺在哲学上被亚里士多德誉为辩证法的发明人.黑格尔在他的《哲学史讲演录》中指出:"芝诺主要是客观地、辩证地考察了运动",并称芝诺是"辩证法的创始人".

牛顿(Newton)(1643—1727)

我不知道在别人看来,我是什么样的人;但在我自己看来,我不过就像是一个在海滨玩耍的小孩,为不时发现比寻常更为光滑的一块卵石或比寻常更为美丽的一片贝壳而沾沾自喜,而对于展现在我面前的浩瀚的真理的海洋,却全然没有发现.

——牛顿

在牛顿的全部科学贡献中,数学成就占有突出的地位,其成果可以概括为以下四个方面:

第一,发现了二项式定理,而二项式的展开是研究级数论、函数论、数学分析、方程理论的有力工具.

第二,创立了微积分,牛顿称之为"流数术",它所处理的一些具体问题,如切线问题、求积问题、瞬时速度问题及函数的极大和极小值问题等,都超越了前人.

第三,引入极坐标,发展三次曲线理论.牛顿对解析几何做出了意义深远的贡献,他是极坐标的创始人,是第一个对高次平面曲线进行广泛研究的人.

第四,推进方程论,开拓变分法.牛顿在代数方面也做出了突出的贡献,他的《广义算术》极大地推动了方程论的发展.他发现了实系数多项式的虚根必定成双出现、求多项式根的上界的规则等.

牛顿说过这样的话:"如果我比其他人看得更远些,那是因为我站在巨人的肩上."在这些巨人当中,最高大的有笛卡尔、开普勒和伽利略.从笛卡尔那里,牛顿继承了解析几何;从开普勒那里,牛顿继承了行星运动的三个基本定律;从伽利略那里,得到了成为他自己动力学奠基石的运动三定律中的前两个.所以,牛顿是动力学和天体力学的建筑师.

牛顿是坚强的,在生命的最后三年,他一直在和病魔作斗争,表现出毫不畏惧的勇气和忍耐力;牛顿是幸运的,他在世时就得到了他应得的一切.

莱布尼茨(Leibniz)(1646—1716)

好的数学符号能节省思维劳动,运用符号的技巧是数学成功的关键之一.

——莱布尼茨

我有很多想法,如果有一天,比我更有洞察力的人把他们卓越的才智与我的劳动结合起来,深入地研究这些想法,那时它们也许会有些用处.

——莱布尼茨

莱布尼茨是17、18世纪之交德国最重要的数学家、物理学家和哲学家之一,是一个举世罕见的科学天才,和牛顿同为微积分的创立人.他博览群书,涉猎百科,对人类丰富的科学知识宝库做出了杰出的贡献."样样皆通的大师",这是对莱布尼茨最恰当的描述.

莱布尼茨对数学领域中的分析和组合(或连续与离散)进行了深入的研究.他曾讨论过负数和复数的性质,得出复数的对数并不存在、共轭复数的和是实数的结论.在后来的研究中,莱布尼茨证明了自己的结论是正确的.他还对线性方程组进行了研究,对消元法从理论上进行了探讨,并首先引入了行列式的概念,提出关于行列式的某些理论.此外,莱布尼茨还创立了符号逻辑学的基本概念.

在积分法方面,他从求曲线所围面积的积分概念出发,把积分看作无穷小的和,并引入积分符号.他的这个符号,以及微分学的要领和法则一直保留在当今的教材中;莱布尼茨还发现了微分和积分是一对互逆的运算,并建立了沟通微分与积分内在联系的微积分基本定理,从而使原本各自独立的微分学和积分学构成了统一的微积分学的整体.

莱布尼茨奋斗的主要目标是寻求一种可以获得知识和创造发明的普遍方法,这种努力使许多数学成果得以发现.例如,他的"普适符号"超越了他的时代两个世纪,可以说莱布尼茨不止活了一生,而是活了好几世.他作为外交官、历史学家、哲学家、数学家,在每一个领域中都完成了足够一个普通人干一辈子的事情.

附录 2

常用积分表

（一）含有 $a+bx$ 的积分

1. $\int \frac{dx}{a+bx}=\frac{1}{b}\ln|a+bx|+C$

2. $\int (a+bx)^n dx=\frac{(a+bx)^{n+1}}{b(n+1)}+C \quad (n\neq -1)$

3. $\int \frac{x\,dx}{a+bx}=\frac{1}{b^2}(a+bx-a\ln|a+bx|)+C$

4. $\int \frac{x\,dx}{(a+bx)^2}=\frac{1}{b^2}\left(\ln|a+bx|+\frac{a}{a+bx}\right)+C$

5. $\int x(a+bx)^n dx=\frac{(a+bx)^{n+2}}{b^2(n+2)}-\frac{a(a+bx)^{n+1}}{b^2(n+1)}+C \quad (n\neq 1,-2)$

6. $\int \frac{x^2 dx}{a+bx}=\frac{1}{b^3}\left[\frac{1}{2}(a+bx)^2-2a(a+bx)+a^2\ln|a+bx|\right]+C$

7. $\int \frac{x^2 dx}{(a+bx)^2}=\frac{1}{b^3}\left(a+bx-2a\ln|a+bx|-\frac{a^2}{a+bx}\right)+C$

8. $\int \frac{dx}{x(a+bx)}=-\frac{1}{a}\ln\left|\frac{a+bx}{x}\right|+C$

9. $\int \frac{dx}{x(a+bx)^2}=\frac{1}{a(a+bx)}-\frac{1}{a^2}\ln\left|\frac{a+bx}{x}\right|+C$

10. $\int \frac{dx}{x^2(a+bx)}=-\frac{1}{ax}+\frac{b}{a^2}\ln\left|\frac{a+bx}{x}\right|+C$

11. $\int \frac{dx}{x^3(a+bx)}=\frac{2bx-a}{2a^2x^2}+\frac{a^2}{b^3}\ln\left|\frac{a+bx}{x}\right|+C$

（二）含有 $\sqrt{a+bx}$ 的积分

12. $\int \sqrt{a+bx}\,dx=\frac{2}{3b}\sqrt{(a+bx)^3}+C$

13. $\int x\sqrt{a+bx}\,dx=-\frac{2(2a-3bx)\sqrt{(a+bx)^3}}{15b^2}+C$

14. $\int x^2\sqrt{a+bx}\,dx=\frac{2(8a^2-12abx+15b^2x^2)\sqrt{(a+bx)^3}}{105b^3}+C$

15. $\int x^3\sqrt{a+bx}\,dx=-\frac{2(35b^3x^3-30a^2bx^2+24ab^2x-16b^3)\sqrt{(a+bx)^3}}{315b^4}+C$

16. $\int\frac{x\,dx}{\sqrt{a+bx}}=-\frac{2(2a-bx)}{3b^2}\sqrt{a+bx}+C$

17. $\int\frac{x^2dx}{\sqrt{a+bx}}=\frac{2(8a^2-4abx+3b^2x^2)}{15b^3}\sqrt{a+bx}+C$

18. $\int\frac{dx}{x\sqrt{a+bx}}=\begin{cases}\frac{1}{\sqrt{a}}\ln\frac{|\sqrt{a+bx}|-\sqrt{a}}{\sqrt{a+bx}+\sqrt{a}}+C & (a>0)\\ \frac{2}{\sqrt{-a}}\arctan\sqrt{\frac{a+bx}{-a}}+C & (a<0)\end{cases}$

19. $\int\frac{dx}{x^2\sqrt{a+bx}}=-\frac{\sqrt{a+bx}}{ax}-\frac{b}{2a}\int\frac{dx}{x\sqrt{a+bx}}$

（三） 含有 $a^2\pm x^2$ 的积分

20. $\int\frac{dx}{a^2+x^2}=\frac{1}{a}\arctan\frac{x}{a}+C$

21. $\int\frac{dx}{(a^2+x^2)^n}=\frac{x}{2(n-1)a^2(x^2+a^2)^{n-1}}+\frac{2n-3}{2(n-1)a^2}\int\frac{dx}{(x^2+a^2)^{n-1}}$

22. $\int\frac{dx}{a^2-x^2}=\frac{1}{2a}\ln\left|\frac{a+x}{a-x}\right|+C$

（四） 含有 $a\pm bx^2$ 的积分

23. $\int\frac{dx}{a+bx^2}=\frac{1}{\sqrt{ab}}\arctan\sqrt{\frac{b}{a}}x+C\quad(a>0,b>0)$

24. $\int\frac{dx}{a-bx^2}=\frac{1}{2\sqrt{ab}}\ln\left|\frac{\sqrt{a}+\sqrt{b}x}{\sqrt{a}-\sqrt{b}x}\right|+C$

25. $\int\frac{x\,dx}{a+bx^2}=\frac{1}{2b}\ln|a+bx^2|+C$

26. $\int\frac{x^2dx}{a+bx^2}=\frac{x}{b}-\frac{a}{b}\int\frac{dx}{a+bx^2}$

27. $\int\frac{dx}{x(a+bx^2)}=\frac{1}{2a}\ln\left|\frac{x^2}{a+bx^2}\right|+C$

28. $\int\frac{dx}{x^2(a+bx^2)}=-\frac{1}{ax}-\frac{b}{a}\int\frac{dx}{a+bx^2}$

29. $\int\frac{dx}{(a+bx^2)^2}=\frac{x}{2a(a+bx^2)}+\frac{1}{2a}\int\frac{dx}{a+bx^2}$

（五）含有$\sqrt{x^2+a^2}$的积分

30. $\int \sqrt{x^2+a^2}\,dx = \frac{x}{2}\sqrt{x^2+a^2}+\frac{a^2}{2}\ln(x+\sqrt{x^2+a^2})+C$

31. $\int \sqrt{(x^2+a^2)^3}\,dx = \frac{x}{8}(2x^2+5a^2)\sqrt{x^2+a^2}+\frac{3a^4}{8}\ln(x+\sqrt{x^2+a^2})+C$

32. $\int x\sqrt{x^2+a^2}\,dx = \frac{\sqrt{(x^2+a^2)^3}}{3}+C$

33. $\int x^2\sqrt{x^2+a^2}\,dx = \frac{x}{8}(2x^2+a^2)\sqrt{x^2+a^2}-\frac{a^4}{8}\ln(x+\sqrt{x^2+a^2})+C$

34. $\int \frac{1}{\sqrt{x^2+a^2}}\,dx = \ln(x+\sqrt{x^2+a^2})+C$

35. $\int \frac{1}{\sqrt{(x^2+a^2)^3}}\,dx = \frac{x}{a^2\sqrt{x^2+a^2}}+C$

36. $\int \frac{x}{\sqrt{x^2+a^2}}\,dx = \sqrt{x^2+a^2}+C$

37. $\int \frac{x^2}{\sqrt{x^2+a^2}}\,dx = \frac{x}{2}\sqrt{x^2+a^2}-\frac{a^2}{2}\ln(x+\sqrt{x^2+a^2})+C$

38. $\int \frac{x^2}{\sqrt{(x^2+a^2)^3}}\,dx = -\frac{x}{\sqrt{x^2+a^2}}+\ln(x+\sqrt{x^2+a^2})+C$

39. $\int \frac{1}{x\sqrt{x^2+a^2}}\,dx = \frac{1}{a}\ln\frac{|x|}{a+\sqrt{x^2+a^2}}+C$

40. $\int \frac{1}{x^2\sqrt{x^2+a^2}}\,dx = -\frac{\sqrt{x^2+a^2}}{a^2x}+C$

41. $\int \frac{\sqrt{x^2+a^2}}{x}\,dx = \sqrt{x^2+a^2}-a\ln\frac{a+\sqrt{x^2+a^2}}{|x|}+C$

42. $\int \frac{\sqrt{x^2+a^2}}{x^2}\,dx = -\frac{\sqrt{x^2+a^2}}{x}+\ln(x+\sqrt{x^2+a^2})+C$

（六）含有$\sqrt{x^2-a^2}$的积分

43. $\int \frac{1}{\sqrt{x^2-a^2}}\,dx = \ln|x+\sqrt{x^2-a^2}|+C$

44. $\int \frac{1}{\sqrt{(x^2-a^2)^3}}\,dx = -\frac{x}{a^2\sqrt{x^2-a^2}}+C$

45. $\int \frac{x}{\sqrt{x^2-a^2}}\,dx = \sqrt{x^2-a^2}+C$

46. $\int \sqrt{x^2-a^2}\,dx = \frac{x}{2}\sqrt{x^2+a^2}-\frac{a^2}{2}\ln|x+\sqrt{x^2-a^2}|+C$

47. $\int \sqrt{(x^2-a^2)^3}\,dx=\frac{x}{8}(2x^2-5a^2)\sqrt{x^2-a^2}+\frac{3a^4}{8}\ln|x+\sqrt{x^2-a^2}|+C$

48. $\int x\sqrt{x^2-a^2}\,dx=\frac{\sqrt{(x^2-a^2)^3}}{3}+C$

49. $\int \sqrt{(x^2-a^2)^3}\,dx=\frac{\sqrt{(x^2-a^2)^5}}{5}+C$

50. $\int x^2\sqrt{x^2-a^2}\,dx=\frac{x}{8}(2x^2-a^2)\sqrt{x^2-a^2}-\frac{a^4}{8}\ln|x+\sqrt{x^2-a^2}|+C$

51. $\int \frac{x^2}{\sqrt{x^2-a^2}}\,dx=\frac{x}{2}\sqrt{x^2-a^2}+\frac{a^2}{2}\ln|x+\sqrt{x^2-a^2}|+C$

52. $\int \frac{x^2}{\sqrt{(x^2-a^2)^3}}\,dx=-\frac{x}{\sqrt{x^2-a^2}}+\ln|x+\sqrt{x^2-a^2}|+C$

53. $\int \frac{1}{x^2\sqrt{x^2-a^2}}\,dx=\frac{1}{a}\arccos\frac{a}{x}+C$

54. $\int \frac{1}{x^2\sqrt{x^2-a^2}}\,dx=\frac{\sqrt{x^2-a^2}}{a^2x}+C$

55. $\int \frac{\sqrt{x^2+a^2}}{x}\,dx=\sqrt{x^2-a^2}-a\arccos\frac{a}{x}+C$

56. $\int \frac{\sqrt{x^2-a^2}}{x^2}\,dx=-\frac{\sqrt{x^2-a^2}}{x}+\ln|x+\sqrt{x^2-a^2}|+C$

（七）含有$\sqrt{a^2-x^2}$的积分

57. $\int \frac{dx}{\sqrt{a^2-x^2}}=\arcsin\frac{x}{a}+C$

58. $\int \frac{dx}{\sqrt{(a^2-x^2)^3}}=\frac{x}{a^2\sqrt{a^2-x^2}}+C$

59. $\int \frac{dx}{\sqrt{a^2-x^2}}=\arcsin\frac{x}{a}+C$

60. $\int \frac{x\,dx}{\sqrt{(a^2-x^2)^3}}=\frac{1}{\sqrt{a^2-x^2}}+C$

61. $\int \frac{x^2\,dx}{\sqrt{a^2-x^2}}=-\frac{x}{a}\sqrt{a^2-x^2}+\frac{a^2}{2}\arcsin\frac{x}{a}+C$

62. $\int \sqrt{a^2-x^2}\,dx=\frac{x}{2}\sqrt{a^2-x^2}+\frac{a^2}{2}\arcsin\frac{x}{a}+C$

63. $\int \sqrt{(a^2-x^2)^3}\,dx=\frac{x}{8}(5a^2-2x^2)\sqrt{a^2-x^2}+\frac{3a^4}{8}\arcsin\frac{x}{a}+C$

64. $\int x\sqrt{a^2-x^2}\,dx=-\frac{\sqrt{(a^2-x^2)^3}}{3}+C$

65. $\int x\sqrt{(a^2-x^2)^3}\,dx=-\frac{\sqrt{(a^2-x^2)^3}}{5}+C$

66. $\int x^2\sqrt{a^2-x^2}\,dx=\frac{x}{8}(2x^2-a^2)\sqrt{a^2-x^2}+\frac{a^4}{8}\arcsin\frac{x}{a}+C$

67. $\int \frac{x^2dx}{\sqrt{(a^2-x^2)^3}}=\frac{x}{\sqrt{a^2-x^2}}-\arcsin\frac{x}{a}+C$

68. $\int \frac{dx}{x\sqrt{a^2-x^2}}=\frac{1}{a}\ln\left|\frac{x}{a+\sqrt{a^2-x^2}}\right|+C$

69. $\int \frac{dx}{x^2\sqrt{a^2-x^2}}=-\frac{\sqrt{a^2-x^2}}{a^2x}+C$

70. $\int \frac{\sqrt{a^2-x^2}}{x}dx=\sqrt{a^2-x^2}-a\ln\left|\frac{a+\sqrt{a^2-x^2}}{x}\right|+C$

71. $\int \frac{\sqrt{a^2-x^2}}{x^2}dx=-\frac{\sqrt{a^2-x^2}}{x}-\arcsin\frac{x}{a}+C$

(八) 含有 $a+bx\pm cx^2\ (c>0)$ 的积分

72. $\int \frac{dx}{a+bx-cx^2}=\frac{1}{\sqrt{b^2+4ac}}\ln\left|\frac{\sqrt{b^2+4ac}+2cx-b}{\sqrt{b^2+4ac}-2cx+b}\right|+C$

73. $\int \frac{dx}{a+bx+cx^2}=\begin{cases}\frac{2}{\sqrt{4ac-b^2}}\arctan\frac{2cx+b}{\sqrt{4ac-b^2}}+C & (b^2<4ac)\\ \frac{1}{\sqrt{b^2-4ac}}\ln\left|\frac{2cx+b-\sqrt{b^2-4ac}}{2cx+b+\sqrt{b^2-4ac}}\right|+C & (b^2>4ac)\end{cases}$

(九) 含有 $\sqrt{a+bx\pm cx^2}\ (c>0)$ 的积分

74. $\int \frac{dx}{\sqrt{a+bx+cx^2}}=\frac{1}{\sqrt{c}}\ln|2cx+b+2\sqrt{c}\sqrt{a+bx+cx^2}|+C$

75. $\int \sqrt{a+bx+cx^2}\,dx=\frac{2cx+b}{4c}\sqrt{a+bx+cx^2}-\frac{b^2-4ac}{8\sqrt{c^3}}\ln|2cx+b+2\sqrt{c}\sqrt{a+bx+cx^2}|+C$

76. $\int \frac{x\,dx}{\sqrt{a+bx+cx^2}}=\frac{\sqrt{a+bx+cx^2}}{c}-\frac{b}{2\sqrt{c^3}}\ln|2cx+b+2\sqrt{c}\sqrt{a+bx+cx^2}|+C$

77. $\int \frac{dx}{\sqrt{a+bx-cx^2}}=\frac{1}{\sqrt{c}}\arcsin\frac{2cx-b}{\sqrt{b^2+4ac}}+C$

78. $\int \sqrt{a+bx-cx^2}\,dx=\frac{2cx-b}{4c}\sqrt{a+bx-cx^2}+\frac{b^2+4ac}{8\sqrt{c^3}}\arcsin\frac{2cx-b}{\sqrt{b^2+4ac}}+C$

79. $\int \frac{x\,dx}{\sqrt{a+bx-cx^2}}=-\frac{\sqrt{a+bx-cx^2}}{c}+\frac{b}{2\sqrt{c^3}}\arcsin\frac{2cx-b}{\sqrt{b^2+4ac}}+C$

(十) 含有$\sqrt{\frac{a\pm x}{b\pm x}}$的积分和含有$\sqrt{(x-a)(b-x)}$的积分

80. $\int\sqrt{\frac{a+x}{b+x}}\,dx=\sqrt{(a+x)(b+x)}+(a-b)\ln(\sqrt{a+x}+\sqrt{b+x})+C$

81. $\int\sqrt{\frac{a-x}{b+x}}\,dx=\sqrt{(a-x)(b+x)}+(a+b)\arcsin\sqrt{\frac{x+b}{a+b}}+C$

82. $\int\sqrt{\frac{a+x}{b-x}}\,dx=-\sqrt{(a+x)(b-x)}-(a+b)\arcsin\sqrt{\frac{b-x}{a+b}}+C$

83. $\int\frac{1}{\sqrt{(x-a)(b-x)}}\,dx=2\arcsin\sqrt{\frac{x-a}{b-a}}+C$

(十一) 含有三角函数的积分

84. $\int\sin x\,dx=-\cos x+C$

85. $\int\sin^2 x\,dx=\frac{x}{2}-\frac{1}{4}\sin 2x+C$

86. $\int\sin^n x\,dx=-\frac{\sin^{n-1}x\cos x}{n}+\frac{n-1}{n}\int\sin^{n-2}x\,dx$

87. $\int\sin ax\,dx=-\frac{1}{a}\cos ax+C$

88. $\int\sin^2 ax\,dx=\frac{x}{a}-\frac{1}{4a}\cos 2ax+C$

89. $\int\sin^3 ax\,dx=-\frac{1}{a}\cos ax+\frac{1}{3a}\cos^3 ax+C$

90. $\int\cos x\,dx=\sin x+C$

91. $\int\cos^2 x\,dx=\frac{x}{2}+\frac{1}{4}\sin 2x+C$

92. $\int\cos^n x\,dx=\frac{\cos^{n-1}x\sin x}{n}+\frac{n-1}{n}\int\cos^{n-2}x\,dx$

93. $\int\cos ax\,dx=\frac{1}{a}\sin ax+C$

94. $\int\cos^2 ax\,dx=\frac{x}{2}+\frac{1}{4a}\sin 2ax+C$

95. $\int\cos^3 ax\,dx=\frac{1}{a}\sin ax-\frac{1}{3a}\sin^3 ax+C$

96. $\int\tan x\,dx=-\ln|\cos x|+C$

97. $\int\tan ax\,dx=-\frac{1}{a}\ln|\cos ax|+C$

98. $\int \tan^2 ax\,dx = \frac{1}{a}\tan x - x + C$

99. $\int \tan^3 ax\,dx = \frac{1}{2a}\tan ax + \frac{1}{a}\ln|\cos ax| + C$

100. $\int \cot x\,dx = \ln|\sin x| + C$

101. $\int \cot ax\,dx = \frac{1}{a}\ln|\sin ax| + C$

102. $\int \cot^2 ax\,dx = -\frac{1}{a}\cot ax - x + C$

103. $\int \cot^3 ax\,dx = -\frac{1}{2a}\cot^2 ax - \frac{1}{a}\ln|\sin ax| + C$

104. $\int \sec x\,dx = \ln|\sec x + \tan x| + C = \ln\left|\tan\left(\frac{\pi}{4} + \frac{\pi}{2}\right)\right| + C$

105. $\int \sec^2 x\,dx = \tan x + C$

106. $\int \csc x\,dx = \ln|\csc x - \cot x| + C = \ln\left|\tan\frac{x}{2}\right| + C$

107. $\int \csc^2 x\,dx = -\cot x + C$

108. $\int \sec x \tan x\,dx = \sec x + C$

109. $\int \csc x \cot x\,dx = -\csc x + C$

110. $\int \frac{1}{\sin^n x}dx = -\frac{1}{n-1}\frac{\cos x}{\sin^{n-1} x} + \frac{n-2}{n-1}\int \frac{dx}{\sin^{n-2} x}$

111. $\int \frac{1}{\cos^n x}dx = \frac{1}{n-1}\frac{\sin x}{\cos^{n-1} x} + \frac{n-2}{n-1}\int \frac{dx}{\cos^{n-2} x}$

112. $\int \cos^n x \sin^n x\,dx = \frac{\cos^{m-1} x \sin^{n+1} x}{m+n} + \frac{m-1}{m+n}\int \cos^{m-2} x \sin^n x\,dx$

$= -\frac{\sin^{n-1} x \cos^{m+1} x}{m+n} + \frac{n-1}{m+n}\int \cos^m x \sin^{n-2} x\,dx$

113. $\int \sin mx \cos nx\,dx = -\frac{\cos(m+n)x}{2(m+n)} - \frac{\cos(m-n)x}{2(m-n)} + C \quad (m \neq n)$

114. $\int \sin mx \sin nx\,dx = -\frac{\sin(m+n)x}{2(m+n)} + \frac{\sin(m-n)x}{2(m-n)} + C \quad (m \neq n)$

115. $\int \cos mx \cos nx\,dx = \frac{\sin(m+n)x}{2(m+n)} + \frac{\sin(m-n)x}{2(m-n)} + C \quad (m \neq n)$

116. $\int x \sin ax\,dx = \frac{1}{a^2}\sin ax - \frac{1}{a}x\cos ax + C$

117. $\int x^2 \sin ax\,dx = -\frac{1}{a}x^2\cos ax + \frac{2}{a^2}x\sin ax + \frac{2}{a^3}\cos ax + C$

118. $\int x\cos ax\,\mathrm{d}x=\frac{1}{a^2}\cos ax+\frac{1}{a}x\sin ax+C$

119. $\int x^2\cos ax\,\mathrm{d}x=\frac{1}{a}x^2\sin ax+\frac{2}{a^2}x\cos ax-\frac{2}{a^3}\sin ax+C$

（十二）含有反三角函数的积分

120. $\int \arcsin\frac{x}{a}\mathrm{d}x=x\arcsin\frac{x}{a}+\sqrt{a^2-x^2}+C$

121. $\int x\arcsin\frac{x}{a}\mathrm{d}x=\left(\frac{x^2}{2}-\frac{a^2}{4}\right)\arcsin\frac{x}{a}+\frac{x}{4}\sqrt{a^2-x^2}+C$

122. $\int x^2\arcsin\frac{x}{a}\mathrm{d}x=\frac{x^3}{3}\arcsin\frac{x}{a}+\frac{1}{9}(x^2+2a^2)\sqrt{a^2-x^2}+C$

123. $\int \arccos\frac{x}{a}\mathrm{d}x=x\arcsin\frac{x}{a}-\sqrt{a^2-x^2}+C$

124. $\int x\arccos\frac{x}{a}\mathrm{d}x=\left(\frac{x^2}{2}-\frac{a^2}{4}\right)\arccos\frac{x}{a}-\frac{x}{4}\sqrt{a^2-x^2}+C$

125. $\int x^2\arccos\frac{x}{a}\mathrm{d}x=\frac{x^3}{3}\arccos\frac{x}{a}-\frac{1}{9}(x^2+2a^2)\sqrt{a^2-x^2}+C$

126. $\int \arctan\frac{x}{a}\mathrm{d}x=x\arctan\frac{x}{a}-\frac{a}{2}\ln(a^2+x^2)+C$

127. $\int x\arctan\frac{x}{a}\mathrm{d}x=\frac{1}{2}(a^2+x^2)\arctan\frac{x}{a}-\frac{ax}{2}+C$

128. $\int x^2\arctan\frac{x}{a}\mathrm{d}x=\frac{x^3}{3}\arctan\frac{x}{a}-\frac{ax}{6}+\frac{a^2}{6}\ln(a^2+x^2)+C$

（十三）含有指数函数的积分

129. $\int a^x\,\mathrm{d}x=\frac{a^x}{\ln a}+C$

130. $\int \mathrm{e}^{ax}\,\mathrm{d}x=\frac{\mathrm{e}^{ax}}{a}+C$

131. $\int \mathrm{e}^{ax}\sin bx\,\mathrm{d}x=\frac{\mathrm{e}^{ax}(a\sin bx-b\cos bx)}{a^2+b^2}+C$

132. $\int \mathrm{e}^{ax}\cos bx\,\mathrm{d}x=\frac{\mathrm{e}^{ax}(b\sin bx+a\cos bx)}{a^2+b^2}+C$

133. $\int x\,\mathrm{e}^{ax}\,\mathrm{d}x=\frac{\mathrm{e}^{ax}}{a^2}(ax-1)+C$

（十四）含有对数函数的积分

134. $\int \ln x\,\mathrm{d}x=x\ln x-x+C$

135. $\int \frac{1}{x\ln x}\mathrm{d}x=\ln|\ln x|+C$

136. $\int x^n\ln x\,\mathrm{d}x=x^{n+1}\left(\frac{\ln x}{n+1}-\frac{1}{(n+1)^2}\right)+C$